"十四五"普通高等教育本科省级规划教材

机械系统动力学

(第2版)

李有堂　编著

冯瑞成　党兴武　石建飞　张鹏程　参编

U0355232

国防工业出版社

·北京·

内 容 简 介

本书根据高等院校机械工程专业“机械系统动力学”课程的教学要求，结合多年讲授“机械系统动力学”和“机械振动”课程的教学与科研实践，参考多种同类教材与学术著作编写而成。

全书共分9章，内容包括：机械系统动力学基础，机械系统刚性动力学，机械系统弹性动力学，机械系统的振动与平衡，机械系统动力学仿真分析等。书内各章均有相当数量的例题、思考题和习题，便于读者理解和练习。书中重点词汇用双语表达，书末列出了与机械系统动力学有关的中英文对照表，便于读者与相关的英文教材和学术著作对照，为双语教学奠定基础。

本书可作为高等院校机械工程等相关专业本科生的“机械系统动力学”课程教材，也可供机械工程、工程力学等专业的本科生、研究生及从事教学、研究和设计的工程技术人员参考与使用。

图书在版编目（CIP）数据

机械系统动力学/李有堂编著．—2版．—北京：国防工业出版社，2024．10．—ISBN 978－7－118－13424－7

Ⅰ．TH113

中国国家版本馆CIP数据核字第2024KC2548号

※

国防工業出版社出版发行

（北京市海淀区紫竹院南路23号　邮政编码100048）

三河市天利华印刷装订有限公司印刷

新华书店经售

*

开本 787×1092　1/16　**印张** 22¼　**字数** 512千字

2024年10月第2版第1次印刷　**印数** 1—3000册　**定价** 58.00元

前　言

机械系统动力学是机械学的一个重要分支，其研究任务和内容包括机械系统的振动、机械结构动强度和机构动力学分析。机械系统动力学广泛应用于结构设计、工艺过程设计、设备状态监测、故障诊断等装备设计和制造过程的各个环节。在高速、精密机械设计中，为了保证机械的精确度和稳定性，需要对结构进行动力学分析和动态设计。现代机械设计已经从为实现某种功能的运动学设计转为以改善和提高机器运动和动力特性为主要目标的动力学综合分析与设计。机械系统动力学对现代机械设计有着重要且深远的意义，对机械行业的发展起着关键性的作用。随着机械系统动力学的迅速发展，出现了许多新理论、新方法和新成果，总结这些新理论和成果，并将其运用于教学实践中，使学生掌握现代动态设计的基本理论和方法，是机械工程学科发展的迫切需要。目前的教学模式向厚基础宽口径的方向发展，迫切需要既注重基础理论，又重视应用技巧的实用教材。

本书是在2010年出版的《机械系统动力学》基础上，结合近年来的教学、科研实践和学科发展情况，系统总结和全面修订而成。本书在指导思想、内容选材、结构体系和写作方面有以下特点：注重结构体系的完整性，将力学基础、刚性动力学、弹性动力学、机械系统动平衡、机械振动和机械系统动态仿真分析有机结合起来，内容全面，结构完整；注重内容的合理衔接，突出机械系统动力学和相关课程的逻辑关系；注重理论与应用的结合，在阐明基本理论和分析方法的基础上，突出各类理论的应用和实践；注重学习与实践的结合，每章后均有若干思考题，便于读者理解和思考；注重课堂学习和课后巩固的结合，每章附有大量的习题，便于读者练习与实践；注重课程学习和外语学习的结合，部分重点词汇以双语表达，并在书末给出中英文对照表。

本书系统阐述了机械系统动力学的基本理论与应用问题。主要内容有：机械系统动力学基础，包括自由度与广义坐标、达朗伯原理与动力学普遍方程、拉格朗日方程、哈密顿方程等；机械系统刚性动力学，包括单自由度机械系统刚性动力学和两自由度系统刚性动力学问题；刚性平面机构惯性力的平衡，包括机构的平衡条件，惯性力和惯性力矩的平衡方法等；单自由度系统的振动，包括振动理论与应用问题；多自由度系统的振动，包括两自由度系统和多自由度系统的振动理论与应用问题；机械系统弹性动力学，包括齿轮机构、凸轮机构和传动系统的动力学模型与分析；转子系统的动平衡与振动分析，包括转子的物理效应、挠性转子的动平衡、转子的振动等问题；机械系统动力学仿真分析等。

本书内容反映了本学科的基础理论和方法，突出了本学科的最新研究现状和趋势。本书可以作为机械工程及自动化、车辆工程等专业的本科生和研究生教材，也可供从事机械工程等学科教学、研究和设计的工程技术人员参考。

限于编者水平，书中疏漏和不妥之处在所难免，真诚希望使用本书的师生和广大读者批评指正。

编 者

2024 年 9 月

目　　录

第 1 章　绪　　论

机械系统动力学是机械原理的重要组成部分，是现代机械设计的基础，主要研究机械在运转过程中的受力、机械中各构件的质量与机械运动之间的相互关系。传统设计方法中，大多是进行类比设计和静态设计，对于系统的动力学问题考虑较少。现代机械设计已经从为实现某种功能的运动学设计转为以改善和提高机器运动及动力特性为主要目标的动力学综合分析与设计。为了保证机械的精确度和稳定性，需要对结构进行动力学分析和动态设计。因此，机械系统动力学对现代机械设计有着重要且深远的意义，对机械行业的发展起着关键性的作用。

1.1　系统与机械系统

1.1.1　系统

系统可定义为一些元素的组合，这些元素之间相互关联、相互制约、相互影响，并组成为一个整体。从此定义来看，系统是由多个元素组成的，单一元素不能构成系统。系统的概念范围很广，大到天体系统，小到微观系统。

按照受力性质，系统可以分为静态系统（static system）和动态系统（dynamic system）。

按照应用性质，系统一般可分为工程系统和非工程系统两类。

- 工程系统（engineering system）
  - 机械系统（mechanical system）
  - 电气系统（electrical system）
  - 气动系统（pneumatic system）
  - 液压系统（hydraulic system）
- 非工程系统（non－engineering systems）
  - 经济学系统（economical system）
  - 生物学系统（biologic system）
  - 星球系统（celestial system）
  - 其他系统（others system）

从工程应用的角度来考虑，把研究和处理的对象定义为一个工程系统。例如，对于一个机械设备而言，一般由动力装置、传动装置和工作装置三大部分组成。而将每一部分作为对象来研究时，就形成一个系统，即动力系统、传动系统和执行系统，如图 1－1 所示。对图 1－1 中的传动系统，在机床和车辆中大多数是齿轮传动箱，而齿轮传动箱要完成传递动力的任务，需要齿轮箱内部各元件如齿轮、轴、轴承等

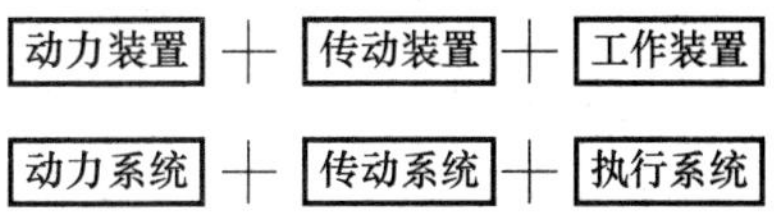

图 1－1　机械设备的组成

协调配合起来完成工作，不得出现卡死、干涉等现象，这样才能实现自身功能，发挥自己的作用与任务。除了系统中各个元件（元素）协调工作之外，系统与系统之间也必须协调工作，配合默契，才能完成机械分配给系统的任务。

1.1.2 机械结构

机械产品或机械装备一般由机械部件构成，如车床中的主轴部件、进给部件，汽车中的发动机、悬挂装置和制动装置等。机械部件一般由不同的机械结构组成，如齿轮机构、凸轮机构、飞轮机构、轴承等。机械结构是组成机械装备的基本单元。

1.1.3 机械系统

机械系统是由一些机械元件组成的系统。例如平面连杆机构，由凸轮元件组成的凸轮机构，由齿轮元件组成的齿轮机构等。这些机械系统常常与电气系统、液压系统等结合起来，组成一种新的系统。如：机械系统和电气系统结合形成的机电一体化系统，机械系统和液压系统结合形成的机液控制系统等。

1.2 动载荷与动力学问题的特征

1.2.1 动载荷

物体在外部载荷作用下将会改变其原有的形状和运动状态，物体内各部分之间的相互作用力也随之发生变化。这些变化统称为物体对于外部作用的响应。物体承受的载荷多种多样，根据引起物体响应的不同，可将载荷分为静载荷和动载荷。静载荷是指加载过程缓慢，物体由此而产生的加速度很小，惯性效应可以略去不计，因而在此加载过程中可以认为物体的各部分都处于静力平衡状态。如果在加载过程中能使物体产生显著的加速度，且由加速度所引起的惯性力对物体的变形和运动有明显的影响，这类载荷称为动载荷。例如：金属切削机床所受的切削力；车辆的碰撞；海浪、水下爆炸对舰船的冲击；空气流动、飞行物对飞机的影响；等等。动载荷大致可表示为图 1-2 所示的 5 种类型，分别为周期载荷、非周期载荷、爆炸波载荷、地震载荷和冲击载荷，后 3 种载荷统称为短时强载荷。

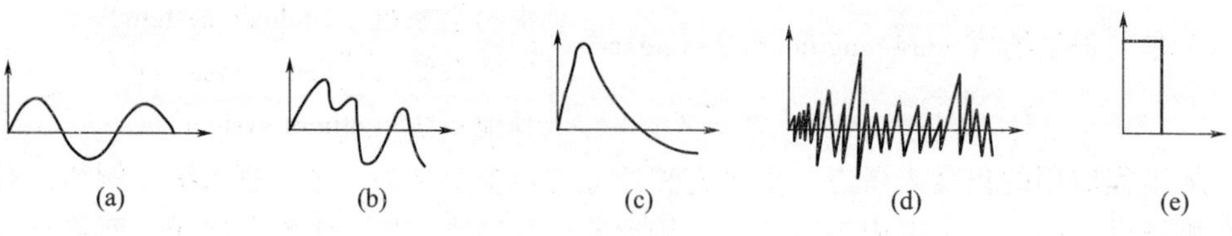

图 1-2 动载荷分类

同静载荷相比，物体对动载荷的响应在性质上存在着很大的差异。在静力问题中，对于给定的载荷，响应具有单一的解答，也就是说求解静态响应只需要考虑加载前的初始状态和加载后的变形状态之间的差异。这是由于略去了惯性效应，使得物体当局部受到扰动后，整个物体所有各部分的响应立即完成，而不需要任何时间过程。而在动力问题中，局部的扰动并不能立即引起离扰动源较远部分的响应，而且物体中每一点处的响应也将随时间而变化。

不同形式的载荷将引起系统的不同响应，且和材料性质、运动状态和系统的结构形式等密切相关。对于一般周期载荷和载荷强度、撞击速度不高的非周期载荷，需要重点分析系统的弹性振动问题，关注振动失稳和共振等问题。而对于爆炸载荷和撞击载荷等短时强载荷，作用时间很短，强度或者速度很高，输入系统的能量就很大，引起系统的应力和变形比将超出弹性极限而进入塑性状态，因而需要研究系统的塑性动力响应、塑性波效应、塑性动力失效等问题。

1.2.2 动力学问题的特征

动力学是研究特定范畴及其运动方式与受力要素之函数关系的科学，是侧重于工程技术应用方面的一个力学分支，虽然其控制方程仅比静力学方程多出了惯性项和时间变量，但相对而言，动力学问题不仅在数学求解上困难得多，而且其物理本质也复杂得多。动力学研究以牛顿运动定律为基础，而牛顿运动定律的建立则以实验为依据。研究对象、动力和运动是动力学的三要素，即研究动力学问题，必须针对具体的研究对象，研究对象是运动的，而运动必须有动力支持。

动力学问题具有代偿性、协同性和参照系法则三大特征。代偿性是指动力学的参量转换、当量代换、拓扑变换，都是可以等效代换的。协同性是指物理方程在适用条件下都是协同一致与互济互补的。参照系法则是指物理方程涉及的所有参量只能以同一个参照系作为测量基准，而最佳参照系只能是与物体相邻的零点参照系。

动力学的研究对象一般包括弹性体和弹塑性体两类。当系统受到动载荷作用时，对于弹性体，当载荷的峰值不大于使系统进入塑性状态所需的载荷时，系统呈现弹性振动状态。对于弹塑性体，尽管外载荷的峰值远远超过静力极限载荷，但由于载荷作用的持续时间短，输入到系统的能量有限，且由于塑性变形的吸能效应，系统仍可处于许可的工作状态。

物体的运动形式具有波动、振动两类。从物理角度看，波就是扰动（或能量）的传播。若在物体的某一局部受到突加的扰动，则受扰动点将立即把这种扰动传给与之相邻的质点。把扰动质点所挟带的能量依次通过相邻质点传播，这种扰动以波的形式通过有限的速度向远处传播的现象称为波动。根据初始扰动和物体材料性质、物体的结构形式，波形、波速特征和传播的特点都有很大的不同。如果介质是无界的，扰动将随时间一直传播出去。然而实际的物体总是有界的，当扰动到达边界时，将与边界发生相互作用而产生反射。在外载荷作用下，物体在其平衡位置附近的周期性运动现象称为振动。对弹性体而言，这就是物体的弹性振动。

动态稳定性也是动力学问题的研究内容，动态稳定性包含材料失稳和运动失稳两个方面，材料失稳表现为材料的软化，运动失稳则是考虑结构系统本身平衡和运动的稳定性。参数共振、跟踪载荷、冲击载荷等都是影响运动稳定性的因素。

1.3 机械系统动力学模型组成与选择

机械系统的动力学模型需要根据系统本身的结构和进行动力学研究的目的而确定。机械设备的组成不同，动力学模型也不同。同一种机械用于不同目的的分析，模型也可能不同。所以，动力学模型的复杂程度也随上述两方面因素而异。机械系统一般由质量元件、弹性元件和阻尼组成。任何机械元件和构件都具有弹性和质量。当组成机械的各构件弹性变形很小时，可以将机械视为刚体，只考虑构件的质量；而当弹性变形不能忽略时，就必须考虑构件的弹性和质量。

1.3.1 质量元件

质量元件是机械系统中的运动主体，在分析其运动时一般不考虑弹性变形，即认为质量元件是刚性的。质量元件的运动有平动、定轴转动和一般运动 3 种形式，如图 1-3 所示。图 1-3（a）为质量为 m 的刚性构件，当仅作平动时，其动力学特性与物体大小无关，可视为一集中质量。在外力 F 的作用下，m 的运动状态发生变化，产生加速度 $\boldsymbol{a}$。图 1-3（b）为一绕固定轴旋转的构件，质心在 s 点，$\boldsymbol{M}$ 为作用于其上的外力矩，$\boldsymbol{\varepsilon}$ 为转动的角加速度。由于其运动状态是旋转，其动力学特性不仅与质量 m 有关，还与质量的分布状态、转动惯量 I_0 有关。对于一般运动的构件，如图 1-3（c）所示，其参数有质量 m、转动惯量 I_s、构件长度 l 和质心位置 l_s。构件受到外力 $\boldsymbol{F}$ 和外力矩 $\boldsymbol{M}$ 作用，产生加速度 $\boldsymbol{a}$ 和角加速度 $\boldsymbol{\varepsilon}$。

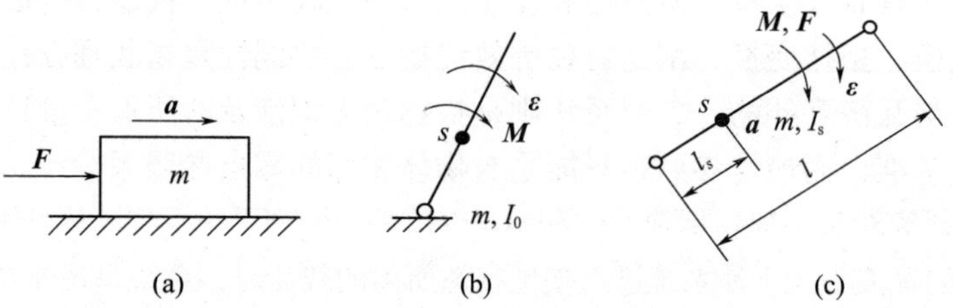

图 1-3　质量元件的力学模型

1.3.2 弹性元件

建立弹性元件的力学模型，关键是如何处理弹性元件的质量及刚度的分布。

1. 无质量的弹性元件

由于机械中常见的弹簧元件，其构件质量很小，可视为无质量的弹性元件，如图 1-4（a）所示。若弹簧刚度为 k，弹簧伸长量为 $\boldsymbol{x}$，则弹簧的弹性恢复力为

$$\boldsymbol{f} = -k\boldsymbol{x}^n \tag{1-1}$$

式中：n 为弹簧指数，由材料和弹簧结构确定，当弹簧力与位移为线性关系时，$n=1$。

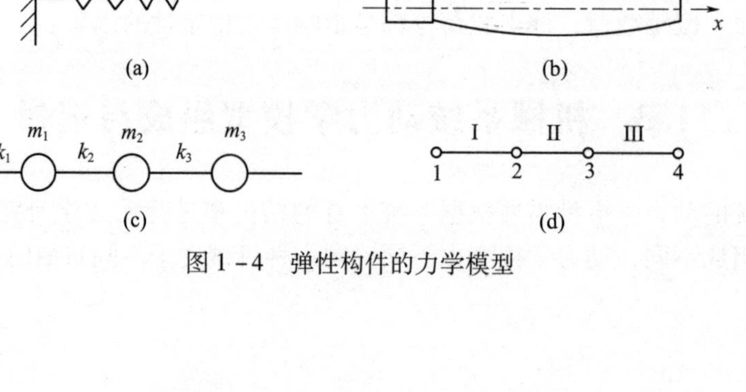

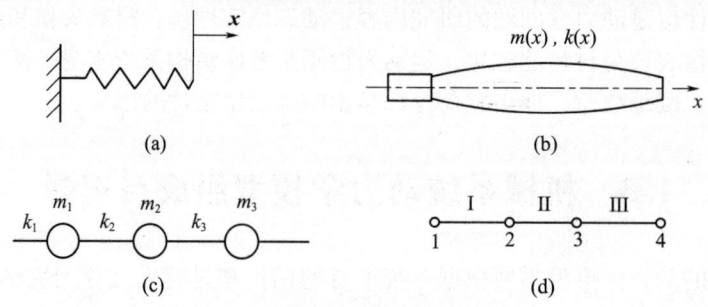

图 1-4　弹性构件的力学模型

2. 连续质量模型

在许多情况下，弹性元件质量不可忽略，有时甚至是机械系统的传动或执行元件。这时可以把质量和弹性均看成连续的系统。图1－4（b）为一维弹性元件，其质量分布为$m(x)$，分布刚度系数为$k(x)$。通常这些函数关系特别是刚度系统函数，在元件的形状或连接状态比较复杂时难以导出，因此在处理工程实际问题时，常常需要进行简化。

3. 离散集中质量系统

离散集中质量系统是将连续的弹性元件，如图1－4（b）中的轴简化为多个集中质量，如图1－4（c）所示。这些集中质量之间以无质量的弹性段相联结。这种处理方法可使动力学方程易于求解。集中质量的数目视所研究的问题而定。一般而言，离散集中质量数目多，精确度就高，但太多的离散集中质量有可能由于计算的舍入误差而降低精度。

4. 有限元方法

有限元方法是处理连续系统动力学问题的有效手段，可用于流体、温度场等不同系统的分析。有限元方法的基本思想是将一连续系统，如图1－4（b）所示的连续轴分成Ⅰ，Ⅱ，…若干单元，各单元通过节点1，2，…相联结，如图1－4（d）所示。在单元内部仍是一个连续体。单元内各点状态之间的关系用假设的函数来表示。这样既把系统看成了连续系统，又可降低系统的自由度。

1.3.3 阻尼

机械系统中，阻尼的特征是消耗能量，一般有黏性阻尼和非黏性阻尼两类。

1. 黏性阻尼

图1－5（a）所示为黏性阻尼模型的示意图，阻尼器所受到的外力$\boldsymbol{F}_d$，是振动速度的函数，即

$$\boldsymbol{F}_d = \boldsymbol{f}(\dot{\boldsymbol{x}}) \tag{1-2}$$

与运动速度成正比的阻尼称为黏性阻尼，对于黏性阻尼，$\boldsymbol{F}_d$是速度的线性函数，如图1－5（b）所示。

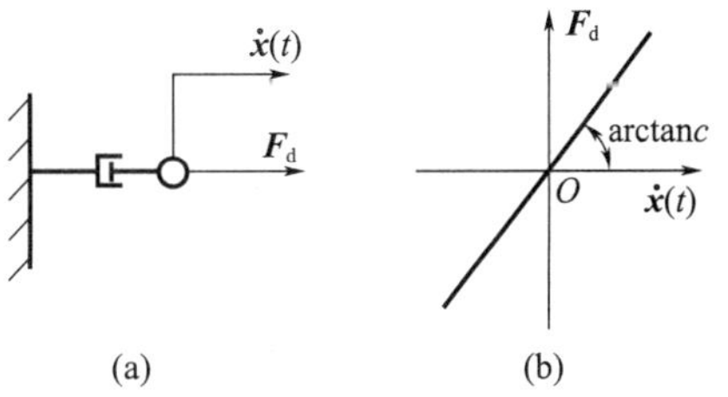

图1－5　黏性阻尼模型

$$\boldsymbol{F}_d = c\dot{\boldsymbol{x}}(t) \tag{1-3}$$

式中：c为阻尼系数，其量纲为MT^{-1}，通常取单位为N·s/m或N·s/mm。阻尼系数c是阻尼器产生单位速度所需要施加的力。

对角振动系统，阻尼元件为扭转阻尼器，其阻尼系数c是产生单位角速度所需要施加的力矩，其量纲为ML^2T^{-1}，通常取为N·m·s/rad，阻尼力矩$\boldsymbol{M}_d$是角速度的线性函数，即

$$\boldsymbol{M}_d = c\dot{\boldsymbol{\theta}}(t) \tag{1-4}$$

在工程实际中，通常假设阻尼器没有质量，也没有弹性；阻尼器通常以热能、声能等方式耗散系统的机械能，耗能过程可以是线性的，也可以是非线性的。

2. 非黏性阻尼

除黏性阻尼外的其他阻尼统称为非黏性阻尼。在处理非黏性阻尼问题时，通常将之折算为等效的黏性阻尼系数 c_e。折算的原则是：一个振动周期内由非黏性阻尼所消耗的能量等于等效黏性阻尼所消耗的能量。常见的非黏性阻尼有库仑阻尼、固体阻尼、流体阻尼和结构阻尼等 4 种。

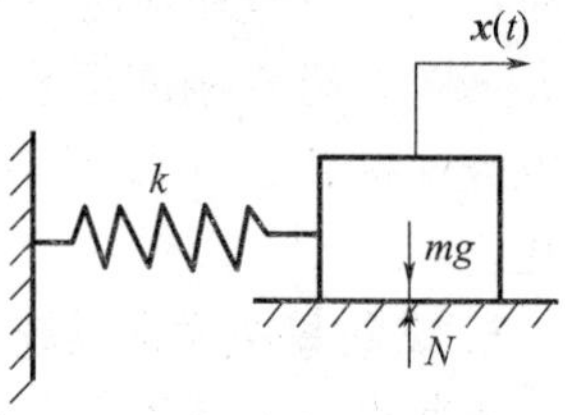

图 1－6　库仑阻尼模型

（1）库仑阻尼。库仑阻尼也称干摩擦阻尼，如图 1－6 所示。库仑阻尼的性质非常复杂，一般可以表示为

$$\boldsymbol{F}_t = -\mu N \frac{\dot{\boldsymbol{x}}(t)}{|\dot{\boldsymbol{x}}(t)|} \tag{1-5}$$

式中：μ 为摩擦因数；N 为接触面正压力；$\dot{\boldsymbol{x}}(t)$ 为 $\boldsymbol{x}(t)$ 的一阶导数，表示物体与接触面的相对速度。

当 $\dot{\boldsymbol{x}}(t)=0$ 时，库仑阻力是不定的，取决于合外力的大小，而方向与之相反。

（2）固体阻尼。固体阻尼也称内阻尼，这是存在于弹性元件材料内部的阻尼，通常认为是由于材料的黏性引起的。材料的化学成分、应力的形式与大小、应力变化的频率以及温度等因素都影响固体阻尼。根据假设，可认为阻尼力与应力成正比。由于应力和位移成正比，因此可表达为

$$\boldsymbol{F}_i = -\xi \frac{|\boldsymbol{x}(t)|\dot{\boldsymbol{x}}(t)}{|\dot{\boldsymbol{x}}(t)|} \tag{1-6}$$

式中：ξ 为固体阻尼系数。

（3）流体阻尼。流体阻尼是当物体以较大速度在黏性较小的流体（如空气、液体）中运动时，由流体介质所产生的阻尼。流体阻尼力始终与运动速度方向相反，而大小与速度的平方成正比，即

$$\boldsymbol{F}_a = -\gamma \dot{\boldsymbol{x}}^2(t) \frac{\dot{\boldsymbol{x}}(t)}{|\dot{\boldsymbol{x}}(t)|} \tag{1-7}$$

式中：γ 为常数。

（4）结构阻尼。由材料内部摩擦所产生的阻尼称为材料阻尼；由结构各部件连接面之间相对滑动而产生的阻尼称为滑移阻尼，两者统称为结构阻尼。试验表明：对材料反复加载和卸载，其应力－应变曲线会成为一个滞后回线。此曲线所围的面积表示一个循环中单位体积的材料所消耗的能量，这部分能量以热能的形式耗散掉，从而对结构的振动产生阻尼。因此，这种阻尼又称为滞后阻尼。大量试验结果表明，对于大多数金属，材料阻尼在一个周期内所消耗的能量 ΔE_s 与振幅的平方成正比，而在相当大的范围内与振动功率无关，即有

$$\Delta E_s = \alpha |\boldsymbol{x}(t)|^2 \tag{1-8}$$

式中：α 为由材料性质所决定的常数；$|\boldsymbol{x}(t)|$ 为振幅。

1.3.4　流体润滑动压轴承

流体润滑的油膜轴承是机械中常用的元件。其力学特性与流体的力学性质有关，既具有弹簧特性又具有阻尼特性，通常化为图 1－7 所示的形式。x、y 方向的力 $\boldsymbol{F}_x$、$\boldsymbol{F}_y$ 分

别为

$$\boldsymbol{F}_x = k_{xx}\boldsymbol{x} + k_{xy}\boldsymbol{y} + c_{xx}\dot{\boldsymbol{x}} + c_{xy}\dot{\boldsymbol{y}}, \quad \boldsymbol{F}_y = k_{yx}\boldsymbol{x} + k_{yy}\boldsymbol{y} + c_{yx}\dot{\boldsymbol{x}} + c_{yy}\dot{\boldsymbol{y}} \tag{1-9}$$

式中：k_{xx}，k_{yy}分别为x、y方向刚度系数；k_{xy}，k_{yx}分别为交叉刚度系数；c_{xx}，c_{yy}分别为x、y方向的阻尼系数；c_{xy}，c_{yx}分别为交叉阻尼系数。有交叉项的原因是流体的力学特性所致。当流体承受一个方向的压力时，能向各个方向扩散。

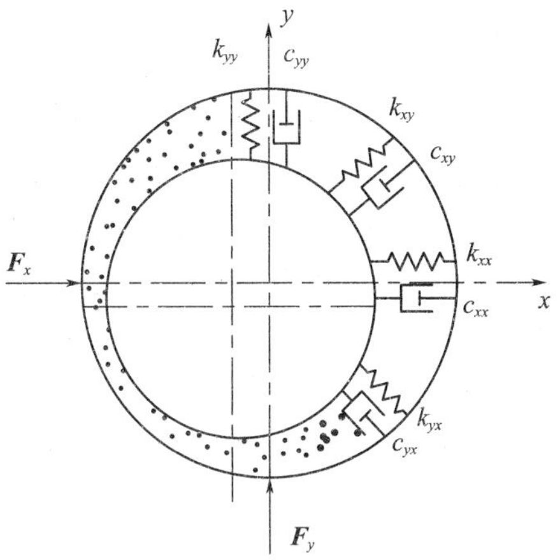

图 1-7　油膜轴承的简化形式

1.3.5　机械系统动力学模型的选择

在建立机械系统的动力学模型时，要根据组成元件的性质、机械运行的速度和所要解决的问题，确定采用哪一种模型。同一个构件，在不同运动速度下，可以是刚体，也可以是弹性体，在需要研究不同问题时，也有不同的处理方法。

例如，由一个旋转构件组成的旋转机械，当其运行速度不高，轴间跨距不大时，可简化成如图 1-8（a）所示的刚度系统。当轴的长度比直径大得多，且运行速度较高时，轴的横向变形不可忽略，则可简化成如图 1-8（b）所示的离散质量系统。在需要研究轴承特性对系统的影响时，则应将轴承的力学特性引入动力学模型，如图 1-8（c）所示。如果整个机械安装在比较软的基础上，或需要考虑基础对机械运行状态的影响时，则可建立如图 1-8（d）所示的动力学模型。

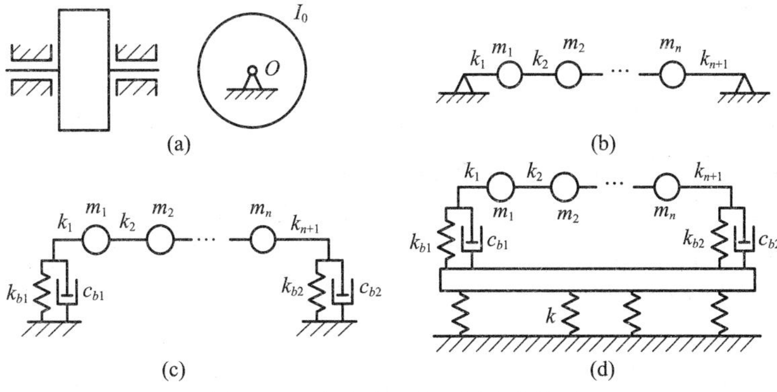

图 1-8　旋转机械的不同力学模型

机械系统中还往往包含着各种机构，例如凸轮、齿轮、连杆机构等，根据这些机构的特点和运行速度也有不同的建模方法。

1.4 系统模型与分类

1.4.1 力学模型与数学模型

在分析一个动态系统时，必须首先建立力学模型，然后根据力学模型建立数学模型，最后通过求解数学模型分析系统的动态特性。力学模型是对实际系统的抽象，是抓住实际系统本身的关键性问题，而忽略掉次要因素抽象出来的一种物理模型，是分析问题的起点。例如，理论力学中的质点、刚体、弹簧系统，材料力学中的梁、板、壳等都是抽象化的模型。建立的力学模型是否符合实际系统，将大大地影响其动态分析结果，所以力学模型应尽可能地反映实际系统。数学模型是对系统动态特性进行描述的数学表达式，是分析问题的关键。如果数学模型不能建立起来，就无法对系统进行分析。数学模型通常用微分方程的形式来表达。

1.4.2 系统分类

一般来讲，一个系统可按下列情况进行分类：

- 力学模型（是否连续）
  - 离散系统（discrete system）
  - 连续系统（continuous system）
- 数学模型（是否线性）
  - 线性系统（linear system）
  - 非线性系统（nonlinear system）
- 激励（是否确定）
  - 确定性系统（deterministic system）
  - 随机性系统（random system）
- 系统参数（是否变化）
  - 定常系统（steady system）
  - 参变系统（alterable parameters system）
- 阻尼（是否有阻尼）
  - 无阻尼系统（no - damping system）
  - 有阻尼系统（damping system）

1.4.3 离散系统与连续系统

根据质量的分布特性，动力学模型可分为离散系统和连续系统两大类。离散系统是具有集中参数元件所组成的系统。连续系统是由分布参数元件组成的系统。如图1-9（a）所示的简支梁系统，当研究梁在垂直平面内的振动时，若只考虑梁作为一个整体而振动，且简化点取在梁的中点处时，则梁有总体质量 m 和纵向方向的变形，可简化为图1-9（b）所示的具有 m 和 k 集中参数元件的系统，即用离散系统来研究和分析。而要研究每点的振动特性时，由于梁具有分布的空间质量和每点都有不同的变形，故图1-9（a）可作为连续系统模型来处理。

安装在基础上的机床如图1-10（a）所示，为了进行隔振，在基础下面设置有变形较大的隔振垫，其弹性用 k 来表示。在振动过程中，隔振垫有内摩擦作用，隔振垫与基础及周围也有摩擦阻尼的作用，将此简化为一个阻尼器 c，如图 1－10（b）所示的集中参数系统，即离散系统。

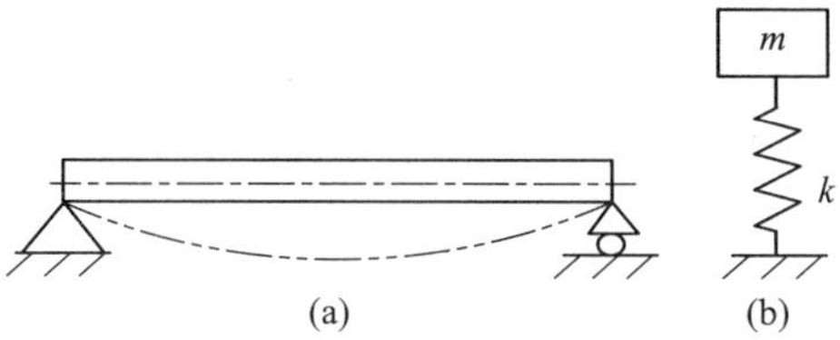

图 1－9　简支梁及其简化

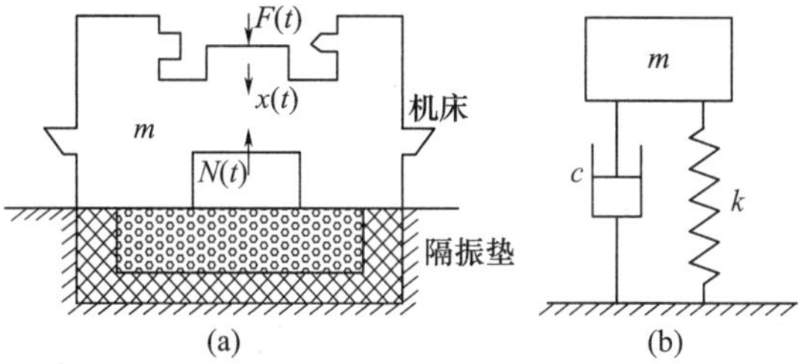

图 1－10　机床及其简化

1.4.4　线性系统与非线性系统

1. 线性系统及叠加原理

当系统质量不随运动参数而变化，且系统弹性力和阻尼力可以简化为线性时，可用线性方程来表示。如：

$$m\ddot{x}(t)+c\dot{x}(t)+kx(t)=0 \tag{1-10}$$

是二阶齐次线性微分方程，线性微分方程描述的系统是线性系统。线性系统很重要的特征是可以利用叠加原理来求解。

叠加原理：如果系统在 $F_1(t)$ 激励下的响应为 $x_1(t)$，系统在 $F_2(t)$ 激励下的响应为 $x_2(t)$，则当以 $F_1(t)$、$F_2(t)$ 的线性组合 $c_1F_1(t)+c_2F_2(t)$ 激励系统时，系统的响应为 $c_1x_1(t)+c_2x_2(t)$。即：对于同时作用于系统的两个不同的输入（激励），所产生的输出是这两个输入单独作用于系统所产生的输出（响应）之和。如图 1－11 所示。

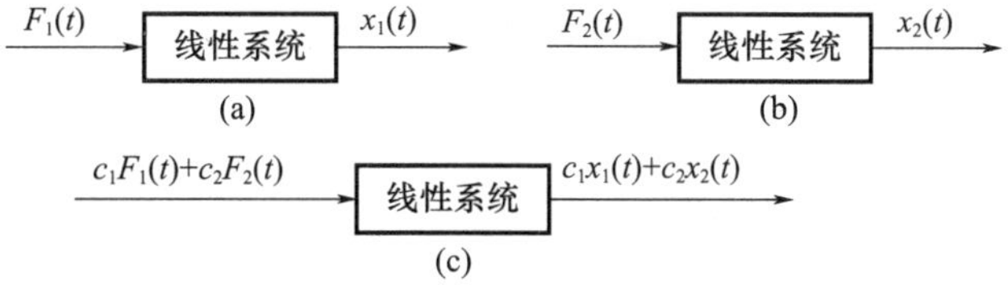

图 1－11　线性系统的叠加原理

叠加原理是求解线性系统问题的基本原理，傅里叶级数分析法、傅里叶变换法、脉冲响应函数法等就是叠加原理成功应用的典型代表。这是因为对于任何复杂的激励，都可将其分解为一系列的简单激励，将系统对于这些简单激励的响应相叠加，就得到了系统对于复杂激励的响应。根据所分解的简单激励的形式不同，出现了不同的分析方法。例如，将周期性激励分解为基波及其高次谐波的组合，将这些谐波的响应进行叠加，就是傅里叶级数分析法；将任意激励分解为具有所有频率成分的无限多个无限小的谐波的组合，对这些谐波响应进行叠加，就是傅里叶变换法；将任意激励分解为无穷多个幅值不同的脉冲的组合，再对这些脉冲的响应进行叠加，就是脉冲响应函数法。

2. 非线性系统及线性化处理

凡不能简化为线性系统的动力学系统都称为非线性系统，如：

$$m\ddot{x}(t)+c\dot{x}(t)+k[x(t)+x^3(t)]=0 \tag{1-11}$$

在实际工程中的系统一般为非线性系统，严格的线性系统是不存在的。只有在小位移或小变形的情况下才可简化为线性系统。非线性问题有材料非线性和几何非线性两类。

对材料力学中的应力应变曲线（$\sigma-\varepsilon$），当 $\sigma\leqslant\sigma_p$（比例极限）时，σ 与 ε 成正比，线性关系成立，即满足胡克定律 $\sigma=E\varepsilon$。而当 $\sigma>\sigma_p$ 时，σ 与 ε 呈非线性关系，这类由材料性质引起的非线性问题就是材料非线性。

对图 1－12 的单摆系统，其运动微分方程为

$$\ddot{\theta}+\frac{g}{l}\sin\theta=0 \tag{1-12}$$

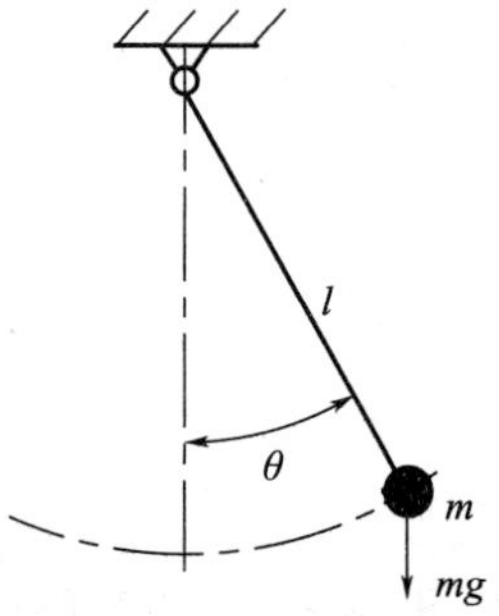

图 1－12　单摆系统

式（1－12）是非线性方程，这类由运动性质引起的非线性问题就是几何非线性。对非线性函数 $\sin\theta$ 作傅里叶级数展开，代入式（1－12），得

$$\ddot{\theta}+\frac{g}{l}\left(\theta-\frac{\theta^3}{3}+\frac{\theta^5}{5}-\frac{\theta^7}{7}+\cdots\right)=0 \tag{1-13}$$

当摆作微小摆动时，即 $|\theta|\ll 1$ 时，$\sin\theta\approx\theta$，此时方程式（1－12）简化为线性方程，即

$$\ddot{\theta}+\frac{g}{l}\theta=0 \tag{1-14}$$

1.4.5　确定性激励与随机性激励

系统的输入信号称为激励。激励是系统振动的前提条件，激励可以概括为

- 激励
  - 确定性激励
    - 外激励
      - 激励力
        - 周期性激励
          - 简谐激励
          - 任意周期激励
        - 任意激励
      - 激励位移
    - 内激励
  - 随机性激励

（1）确定性激励。系统的激励是时间的确定性函数。例如，正弦与余弦函数激励、脉冲函数激励等，如果系统的质量、弹性和阻尼以及激励都是确定性的，则系统可用确定的微分方程来表示。当初始条件已知时，就可求出系统的运动状态。

（2）随机性激励。系统的激励是时间的非确定性函数，不能用解析式或表达式给出，必须用随机过程来表示，所对应的微分方程为随机微分方程。例如，汽车在道路上行驶时，路面高低凹凸不平给予汽车的激励，就可看成是随机的。

1.5 工程中常见的动力学问题

从应用的角度，机械系统动力学研究的问题有以下几个方面。

1. 机械振动分析

机械振动是机械运动过程中普遍存在的重要问题。惯性力的不平衡、外载荷变化及其系统参数变化等因素，都有可能引起振动。减小或隔离振动是提高机械装备运动特性及运动精度的基本任务。可以用动平衡、改进机械本身结构或主动控制方法等消除或减小振动。

2. 机械运行状态分析

机械运行一般有两种状态，即稳定运行状态和瞬时运行状态。在稳定运行状态下，机械的运行是稳定、周期性的；在瞬时运行状态下，机械运动呈非周期状态。当机械启动、停车或发生意外事故时，会呈现瞬时运行状态。对机械运行状态进行分析，不仅可了解机械正常工作的状态，而且对机械运行状态的监测、故障分析和诊断都很重要。通过动力学分析可以知道各类故障对机械运行状态有什么影响，从而确定监测的参数及部位，为故障分析提供依据。

3. 机械动态精度分析

在一些情况下，特别是对于轻型高速机械，由于其构件本身变形或者运动副中间隙的影响，机械运行状态不能达到预期的精度，此时机械的运行状态不仅和作用力有关，还和机械运动的速度有关，这种状态下所具有的精度称为动态精度。研究构件的弹性变形、运动副间隙对机械运动的影响是机械动力学研究的一个重要方面。

4. 机械动载分析

机械设备中的动载荷有周期性、非周期性、短时强载荷等类型。不同类型的动载荷将引起机械系统的不同响应，且与材料性质、运行状态和机械设备的结构形式等密切相关。机械设备中的动载荷往往是构件磨损和破坏的重要因素，也是影响机械设备动态特性的重要因素。因此，机械系统的动载荷分析是改善机械性能、达到优化设计的必要手段。

5. 机械动态设计

机械动态设计是提高机械设备动态特性和运动精度，实现优化设计的重要手段。机械动态设计包括驱动部件的选择、构件参数（质量分布、刚度）的设计、机械惯性力平衡设计等。

6. 性能主动控制

许多机械设备的工作环境是变化的，需要采用相应的手段来控制机械系统动力特性，以保证系统在不同条件下按预期要求工作。控制的因素包括输入的动力、系统的参数或外加控制力等。在分析控制方法的有效性和控制参数的范围等问题上，均需要进行动力学分析和机械性能主动控制。

1.6 机械系统动力学分类和理论体系

1.6.1 机械系统动力学分类

机械系统动力学的研究内容非常丰富，可从以下几个方面对动力问题进行分类和分析。

1. 按照问题特性分类

对图 1－1 机械系统的组成，可用图 1－13 来描述。根据图 1－13，动力学研究的问题可归结为 3 类。

（1）已知激励 x 和系统 S，求响应 y。这类问题称为系统动力响应分析，又称为动态分析。这是工程中最常见和最基本的问题，其主要任务在于计算和校核机器、结构的强度、刚度、允许的振动能量水平等。动力响应包括位移、速度、加速度、应力和应变等。

（2）已知激励 x 和响应 y，求系统 S。这类问题称为系统辨识，即求系统的数学模型及其结构参数，也可称为振动系统设计。主要是指获得系统的物理参数（如质量、刚度及阻尼等），以便了解系统的固有特性（如自然频率、主振型等）。在目前现代化测试试验手段已十分完备的情况下，这类研究十分有效。

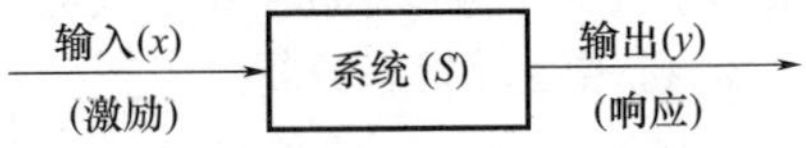

图 1－13　系统组成

（3）已知系统 S 和响应 y，求激励 x。这一类问题称为环境预测。例如，为了避免产品在运输过程中的损坏，需要通过记录车辆或产品的振动，以便通过分析而了解运输过程的振动环境，以及对产品产生的激励，为减振包装提供依据。又如飞机在飞行过程中，通过检测飞行的动态响应预测飞机飞行时的随机激励环境，为优化设计提供依据。

2. 按照材料变形特性分类

根据是否考虑材料的变形、连续性和响应特性，机械系统动力学中的动态分析问题可以分为刚性动力学、弹性动力学、塑性动力学和断裂动力学。如图 1－14 所示各向同性材料的应力－应变曲线，这几类动力学分别对应于应力轴、弹性变形段（σ_e之下）、塑性变形段（$\sigma_e \sim \sigma_s$）、材料屈服与断裂段（$\sigma_s \sim \sigma_b$）。

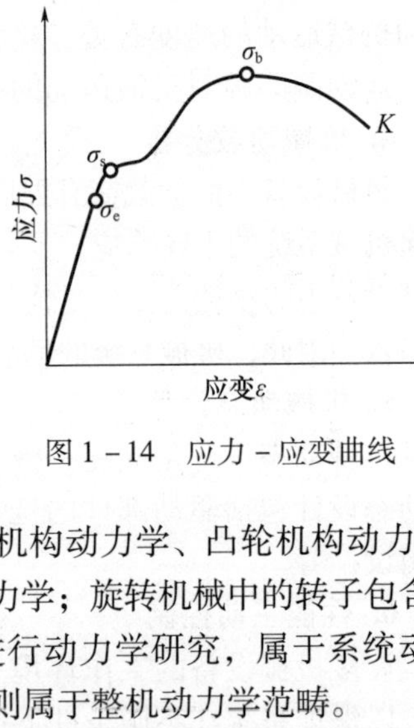

图 1－14　应力－应变曲线

3. 按照系统的组成层次分类

根据机械装备的组成层次和结构特点，机械系统动力学可以分为单元、结构、系统和整机 4 个层次。例如对轴、齿轮等零件进行动力学分析属于单元动力学；齿轮机构动力学、凸轮机构动力学、轴承动力学等是从结构层次进行动力学研究，属于结构动力学；旋转机械中的转子包含齿轮机构，轴承和轴系等，因此转子动力学是从系统角度进行动力学研究，属于系统动力学；对机床、飞机和汽车等从整体角度进行动力学研究，则属于整机动力学范畴。

4. 按照应用性质分类

机械系统动力学的基本问题是研究系统、激励和响应三者之间的关系问题，在实际分析中，有正问题和反问题两类动力学问题。机械系统动力学的正问题，是在已知系统和工作环境的条件下，分析、求解系统的动态响应，其中包括确定和描述动态激励、系统模型和响应的求解问题。机械系统动力学的反问题，则是已知动态响应时进行载荷识别、故障诊断、模型的修正和优化等。

5. 按照应用领域分类

按照应用领域，动力学问题有机床动力学、车辆动力学、船舶动力学、飞机动力学、机器人动力学等。各类设备的动力学研究既有共性问题，也有各自的特殊问题。在进行各类机械设备的动力学问题研究时可以相互借鉴。

6. 按照应用目标分类

按照在动力学分析、动态设计和设备运行维护等目标，机械系统动力学主要有机械振动分析、动力学参数测试与识别、机械系统的状态监测与故障诊断、机械结构的动态设计方法等问题。

1.6.2 机械系统动力学理论体系

根据以上分析，机械系统动力学的研究内容和体系如图 1－15 所示。

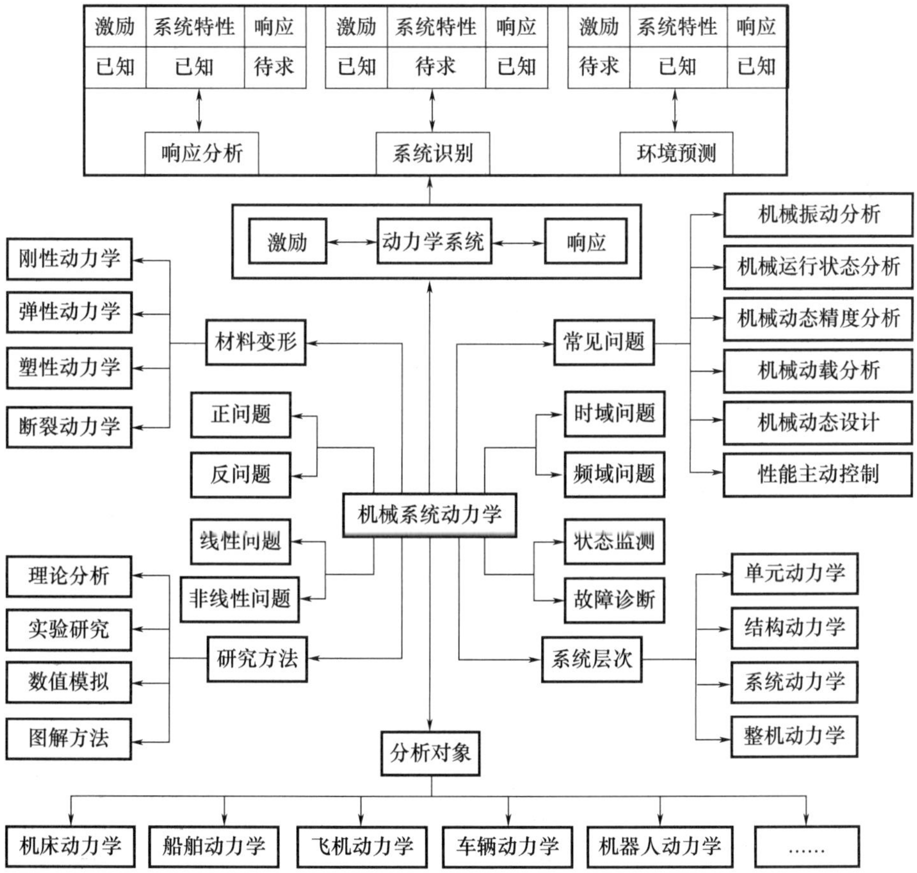

图 1－15 机械系统动力学的研究内容和体系框图

思考题

1. 同静力系统相比，动力系统仅多了一个时间变量，求解问题的难度有何变化？
2. 一个机械系统，如果没有激励，能否形成动力学系统？
3. 动力学系统由系统、输入和输出三部分组成，知道其中的两个，就可以确定第三个。试述由此形成的 3 类动力学问题，并举例说明。

4. 机械系统动力学模型由哪几类元件组成？这些元件在运动时各形成什么力？

5. 根据系统的力学模型，线性系统和非线性系统有无本质区别？试举例说明。

6. 如果质量元件是完全刚性的，弹性元件在弹性范围内变形，则系统是否一定是线性问题？

7. 在工程实际中，离散系统与连续系统有无本质区别？质量连续分布的系统是否必须按照连续系统问题处理？

8. 从你熟悉的机械中举例说明机械系统中存在的动力学问题，并说明属于什么动力学范畴？

9. 机械设备完成设计，并制造出来后，则其系统参数即确定，试问该设备是否一定是定常系统？

10. 金属切削机床的加工对象确定后，则在加工过程中，该系统是否一定是确定性系统？

11. 叠加原理是否是解决一切动力学问题的普遍方法？

12. 建立机械系统的动力学模型，应考虑哪些因素？

13. 建立机械动力学方程有哪些方法？这些方法是否适用于不同类型的动力学问题？

14. 在建立机械系统的动力学模型时，要根据哪些因素确定采用哪一种模型？试举例说明。

15. 材料变形是否是决定刚性动力学、弹性动力学和塑性动力学的唯一因素？构件有弹性变形的动力学系统能否按照刚性动力学原理进行分析？

16. 机械系统的动力学正问题和动力学反问题有何区别？

17. 在实际工程中，有阻尼系统和无阻尼系统有无明确的界限？

18. 机床动力学、车辆动力学、船舶动力学、飞机动力学等动力学的分析方法是否完全不同？有无共同之处？

第2章 机械系统动力学基础

2.1 动力学基本概念

2.1.1 运动与位形

由 n 个质点通过一定的联系而组成的系统称为质点系。质点 M 的位置随时间在空间的迁移称为运动，即运动表现为构形的时间序列。质点 M 的位置可由矢量坐标 $\boldsymbol{r}$ 或直角坐标 x_i 确定，质点在 t 时刻的位置可表示为

$$\boldsymbol{r}=\boldsymbol{r}(t) \quad \text{或} \quad x_i=x_i(t),\ i=1,\ 2,\ 3 \tag{2-1}$$

由 n 个质点 P_i（$i=1$，2，…，n）组成的质点系需要 n 个矢量坐标 r_i（$i=1$，2，…，n）或 $3n$ 个笛卡儿坐标（x_i，y_i，z_i）（$i=1$，2，…，n）确定系统内部各质点的位置，这 $3n$ 个坐标的集合构成质点系的位形。所形成的抽象空间的 $3n$ 维空间称为质点系的位形空间。质点系的每个瞬时的位形与位形空间中的点一一对应，质点系的运动过程可以抽象为位形空间中点的位置随时间的变化过程。

2.1.2 状态变量与状态空间

运动中的质点在任一瞬时所占据的位置以及所具有的速度组合起来称为质点在该瞬时的状态变量，由3个坐标及其导数共6个标量组成。由 n 个质点 P_i（$i=1$，2，…，n）组成的质点系需要 $2n$ 个状态矢量（$\boldsymbol{r}_i$，$\dot{\boldsymbol{r}}_i$）（$i=1$，2，…，n）或 $6n$ 个状态变量（x_i，y_i，z_i，$\dot{x}_i$，$\dot{y}_i$，$\dot{z}_i$）（$i=1$，2，…，n）确定系统内部各质点的位置和速度，这 $6n$ 个状态变量形成的 $6n$ 维空间称为质点系的状态空间。位形空间是状态空间的 $3n$ 维子空间。质点系在每个瞬时的运动状态与状态空间中的点一一对应，后者称为相点。随着时间的推移，相点在状态空间中的位置变化所描绘的超曲线称为相轨迹。

2.1.3 约束及其分类

对于质点系位形和运动的限制或限制条件称为约束。质点系内部各质点之间的相互约束称为内约束；质点系内部质点受到的外部约束称为外约束。约束可以通过一定的数学表达式描述，这个数学表达式称为约束方程或约束不等式。根据约束的性质，从不同的角度可将约束分类如下。

1. 几何约束与运动约束

仅限制质点系空间位形的约束称为几何约束。相应的约束方程只含各质点的位置坐标，其一般形式为

$$f_k(\boldsymbol{r}_i, t) = f_k(x_i, y_i, z_i; t) = 0, \quad i=1, 2, \cdots, n \tag{2-2}$$

对于质点系的限制，除了空间位形外，还包括运动情况的约束，称为运动约束。相应的约束方程含有各质点的位置坐标及其关于时间的导数，其一般形式为

$$f_k(\boldsymbol{r}_i, \dot{\boldsymbol{r}}_i, t) = f_k(x_i, y_i, z_i; \dot{x}_i, \dot{y}_i, \dot{z}_i; t) = 0, \quad i=1, 2, \cdots, n \tag{2-3}$$

如图 2-1 所示的单摆，由杆 OA 和质量 A 组成，摆长为 l，在 Oxy 平面内摆动。质量 A 的运动受到杆的约束为几何约束。约束方程为

$$x^2 + y^2 - l^2 = 0 \tag{2-4}$$

如图 2-2 所示为在倾角为 α 的冰面上运动的冰刀，简化为长度为 l 的均质杆 AB，其质心 O_c 的速度方向保持与刀刃 AB 一致，约束条件为冰刀中心速度的方向总是沿着冰刀刀刃方向，此约束为运动约束，如果以冰刀中心的坐标（x_c，y_c）以及冰刀的方向角 θ 描述冰刀的位形，则约束方程为

$$\dot{y}_c - \dot{x}_c \tan\theta = 0 \tag{2-5}$$

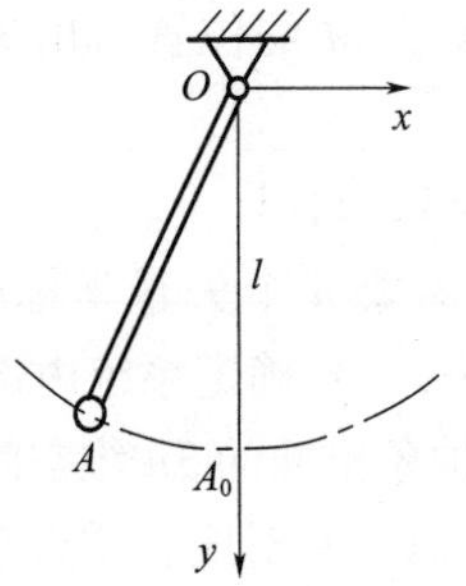

图 2-1　单摆

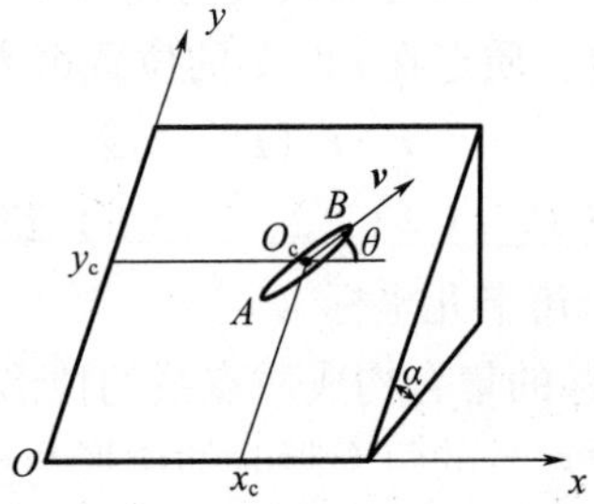

图 2-2　冰面上运动的冰刀

2. 定常约束与非定常约束

对于质点系的限制条件不随时间变化的约束称为定常约束，定常约束的约束方程不显含时间 t。限制条件随时间变化的约束称为非定常约束，非定常约束的约束方程显含时间 t。

如图 2-1 所示的单摆，约束方程（2-4）不随时间变化，为定常约束。而如图 2-3 中，滑块 A 依据某正弦函数在其平衡位置附近所受约束为非定常约束，约束方程为

$$(x - \sin t)^2 + y^2 = l^2 \tag{2-6}$$

3. 双面约束与单面约束

对于质点系的限制条件唯一确定，或由等式描述的约束称为双面约束或固执约束。限制条件非唯一确定，或由不等式描述的约束称为单面约束或非固执约束。

如图 2-1 所示的单摆，质点只能在半径为 l 的圆周上运动，约束方程（2-4）是等式，为双面约束。而如图 2-4 中，摆由不可伸长的软绳与质量组成，质点可以在半径为 l 的圆周内运动，约束方程是不等式，为单面约束。约束方程为

$$x^2 + y^2 \leqslant l^2 \tag{2-7}$$

如果绳子 O 端以速度 v 收缩，则约束方程又成为

$$(l - vt)^2 - (x^2 + y^2) \geqslant 0 \tag{2-8}$$

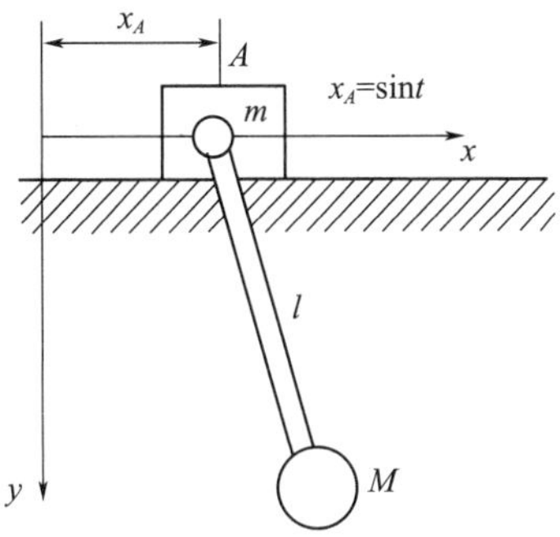

图 2－3　滑块与摆

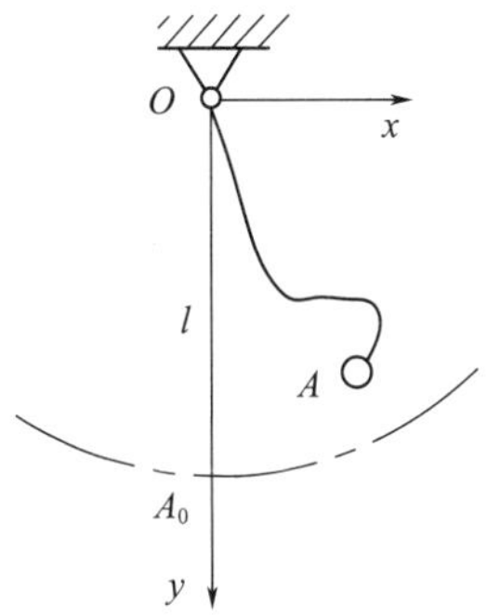

图 2－4　软绳摆

4. 完整约束与非完整约束

完整约束包括几何约束和可转化成几何约束的运动约束，即约束方程中不含速度项的约束，不能转化成几何约束的运动约束称为非完整约束。仅受完整约束的质点系称为完整系统，所受约束包含非完整约束的质点系称为非完整系统。

如图 2－1 所示的单摆是几何约束，因而是完整约束，对于质量 A 而言是一个外约束。因此，该系统是几何、定常、双面、完整的约束。对于图 2－2 所示的在冰面上运动的冰刀，以运动形式表示的约束方程（2－5）中不存在积分因子，不能转化为几何约束，所以冰刀在冰面上的运动是非完整约束。

如图 2－5 所示，半径为 R 的圆轮在平面上沿直线做纯滚动。轮受到平面的两个约束，其一是轮心 O 到平面的距离不变，即 $y_O-R=0$，这是几何、定常、双面、完整的约束；其二是轮 O 的速度 v 与角速度 $\dot{\varphi}$ 的比例关系，约束方程为

$$v-R\dot{\varphi}=0 \tag{2-9}$$

式（2－9）是运动约束，但通过积分可转化为几何约束，即

$$x-R\varphi=c \tag{2-10}$$

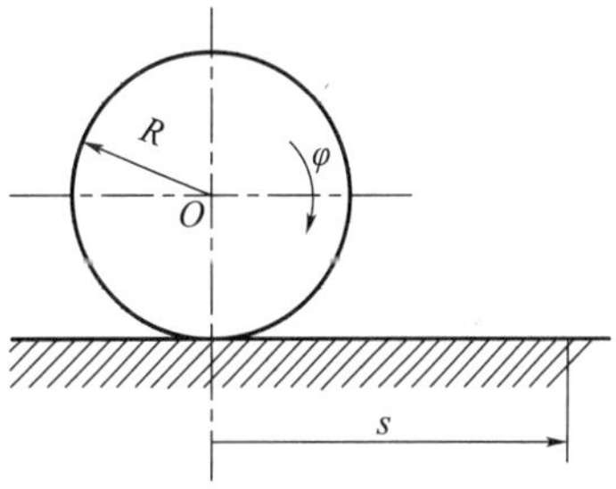

图 2－5　纯滚动的圆轮

其中，c 为积分常数，因此该约束是完整约束。

对有 s 个非完整约束的非完整系统，其约束方程为质点速度的一次代数方程，可写为

$$\sum_{i=1}^{3n}A_{ki}\dot{x}_i+A_{k0}=0,\quad k=1,2,\cdots,s \tag{2-11}$$

在式（2－11）的两边乘以 dt，化为

$$\sum_{i=1}^{3n}A_{ki}\mathrm{d}x_i+A_{k0}\mathrm{d}t=0,\quad k=1,2,\cdots,s \tag{2-12}$$

对于定常约束情形，系数 A_{ki}，A_{k0} 为 x_i（$i=1$，2，…，$3n$）的函数。若约束为非定常，则 A_{ki}，A_{k0} 也是时间 t 的函数。对完整约束方程（2－2）计算全微分，可得到与式（2－12）形式相同的方程

$$\sum_{i=1}^{3n}\frac{\partial f_k}{\partial x_i}\mathrm{d}x_i+\frac{\partial f_k}{\partial t}\mathrm{d}t=0,\quad k=1,2,\cdots,r \tag{2-13}$$

微分形式的约束方程（2－12）也可同时表示完整约束，称为线性微分约束。也可认为完整约束是微分方程（2－12）的可积分形式。若系统内同时存在 r 个完整约束和 s 个非完整约束，则可统一表示为

$$\sum_{i=1}^{3n}A_{ki}\mathrm{d}x_i+A_{k0}\mathrm{d}t=0,\quad k=1,2,\cdots,r+s \tag{2-14}$$

其中，r 个完整约束的系数规定为

$$A_{ki}=\frac{\partial f_k}{\partial x_i},\quad A_{k0}=\frac{\partial f_k}{\partial t},\quad k=1,2,\cdots,r;\ i=1,2,\cdots,3n \tag{2-15}$$

系数 A_{k0} 源自约束随时间的变化，定常约束对应的 A_{k0} 为零。

2.2 自由度与广义坐标

2.2.1 自由度

在动力问题分析中，需要建立系统质量上的惯性力、阻尼力、弹性力与其加速度、速度、位移等运动参量之间的关系，而速度、加速度分别是位移对时间的一阶和二阶导数，位移又与质量在任意时刻所处的位置有关，由此就引出了自由度的概念。

对于完整系统，确定系统位形所需的最少参量数或独立参量数，称为系统的自由度。自由度数等于确定系统位形的代数坐标数减去约束方程数。由 n 个质点组成的质点系，具有 r 个完整约束时，系统的自由度为 $f=3n-r$。

若系统除 r 个完整约束外，还受到 s 个非完整约束的限制，则系统的自由度数减少为 $f=3n-r-s$。

例 2－1 对图 2－6 所示的滑轮－质块－弹簧系统，按考虑定滑轮质量与不计定滑轮质量的情况分别确定系统的自由度。

解 若不计定滑轮的质量，则本系统的两个集中质量 m_1、m_2 在任一时刻的位置可分别用它们在竖直方向的位移 $y_1(t)$ 和 $y_2(t)$ 来确定，系统的自由度为 2。若考虑定滑轮的质量，由于定滑轮做刚体定轴转动，只需用其转过的角度 $\theta(t)$ 就能描述其上所有质点在任何时刻的位置。在绳子不打滑的前提下，有

$$\theta(t)=y_1(t)/R$$

即 $\theta(t)$ 不是独立参量，故系统的自由度数目与不计定滑轮质量的情况相同，仍然为 2。

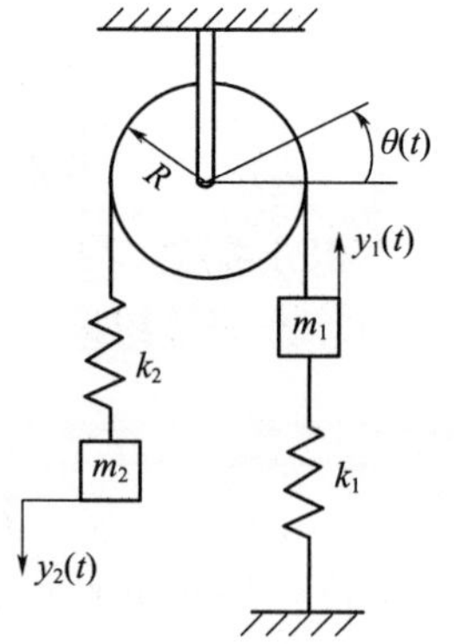

图 2－6 滑轮－质块－弹簧系统

2.2.2 广义坐标

集中参数系统的自由度和广义坐标是与系统的约束有连带关系的两个概念。把能完

备地描述系统位形所需要的独立参变量，称为广义坐标，记作 q_j（$j=1$，2，…，k），k 为广义坐标数。广义坐标具有两个特性：一是完备性，即能够完全地确定系统在任一时刻的位置或形状；二是独立性，即各个坐标都能在一定范围内任意取值，其间不存在函数关系。广义坐标可以是具有明确物理意义的线坐标、角坐标，也可以是不具有任何物理意义，但便于描述系统位形的量。

广义坐标的完备性和独立性决定了完整系统的广义坐标数目与系统的自由度相等，广义坐标数小于系统的自由度，坐标不完备；广义坐标数大于系统的自由度，坐标不独立。广义坐标可根据系统的具体结构和问题的要求选定。

如图 2－7 所示的双摆系统，质量 m_1 和 m_2 被限制在图示平面内摆动，可以用 m_1、m_2 的坐标（x_1，y_1）、（x_2，y_2）来描述其运动，但是 m_1、m_2 的坐标并不独立，满足的约束方程为

$$x_1^2+y_1^2=l_1^2, \quad (x_2-x_1)^2+(y_2-y_1)^2=l_2^2 \tag{2-16}$$

因此，坐标（x_1，y_1）、（x_2，y_2）中只有两个是独立的，系统只有两个自由度，只需要两个参变量。例如图中的两个摆角 θ_1 与 θ_2，就可以完全描述双摆的运动。

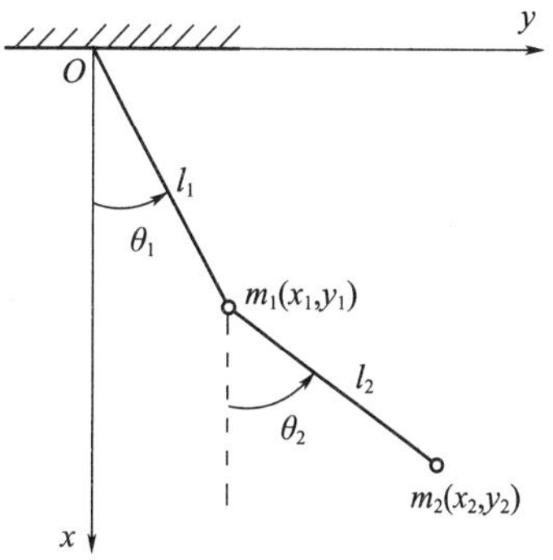

图 2－7　双摆系统

对于定常约束情况而言，系统中任一点的位置矢径 $\boldsymbol{r}_i$ 均可以表达为广义坐标 q_i 的函数，即

$$\boldsymbol{r}_i=\boldsymbol{r}_i\ (q_1,\ q_2,\ \cdots,\ q_k;\ t), \quad i=1,\ 2,\ \cdots,\ n \tag{2-17}$$

式（2－17）也可写为笛卡儿坐标形式，即

$$x_i=x_i\ (q_1,\ q_2,\ \cdots,\ q_k;\ t), \quad i=1,\ 2,\ \cdots,\ 3n \tag{2-18}$$

运动系统的广义坐标将随速度变化，广义坐标对时间 t 的导数称为广义速度。由式（2－17），可将系统各个质点的速度通过广义速度表示为

$$\dot{\boldsymbol{r}}_i=\sum_{j=1}^{k}\frac{\partial \boldsymbol{r}_i}{\partial q_j}\dot{q}_j+\frac{\partial \boldsymbol{r}_i}{\partial t}, \quad i=1,2,\cdots,n \tag{2-19}$$

式（2－19）也可写为笛卡儿坐标形式，即

$$\dot{x}_i=\sum_{j=1}^{k}\frac{\partial x_i}{\partial q_j}\dot{q}_j+\frac{\partial x_i}{\partial t}, \quad i=1,2,\cdots,3n \tag{2-20}$$

例如，在图 2－7 所示的双摆系统中，可以选择独立参变量 θ_1，θ_2 为广义坐标，也可以选择 y_1，y_2 为广义坐标，m_1，m_2 两质点的坐标和广义坐标之间存在下列关系：

$$x_1=l_1\sin\theta_1, \quad y_1=l_1\cos\theta_1; \quad x_2=l_1\sin\theta_1+l_2\sin\theta_2, \quad y_2=l_1\cos\theta_1+l_2\cos\theta_2 \tag{2-21}$$

在实际应用中应该根据需要选择合适的广义坐标，既要满足完备性，也要满足独立性。图 2－7 所示的双摆系统最方便的就是选取 θ_1，θ_2 为广义坐标，θ_1，θ_2 完全确定了双摆系统在任一时刻的位置，同时 θ_1 和 θ_2 之间也不存在函数关系，所以 θ_1，θ_2 是双摆系统的一组广义坐标。

例 2－2　试求图 2－8 所示刚性杆－弹簧系统的自由度，并规定出一组该系统中可用的广义坐标系。

解　因为该杆是刚性的，所以该系统只有 1 个自由度。选择杆的角位移 θ 为广义坐

标，并从系统的平衡状态开始度量，顺时针为正方向。

例 2－3 试求图 2－9 所示圆盘－质量－弹簧系统的自由度，并规定一组系统振动分析时所用的广义坐标系。

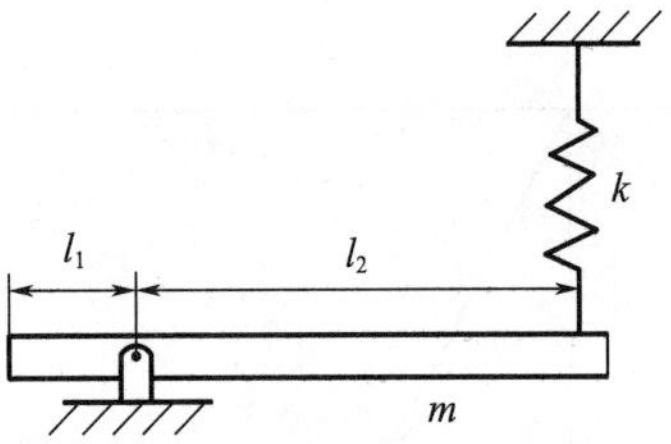

图 2－8 刚性杆－弹簧系统

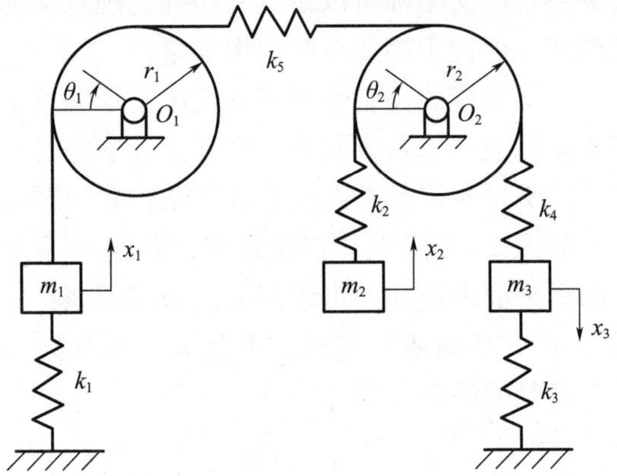

图 2－9 圆盘－质量－弹簧系统

解 该系统有 3 个质量块和 2 个圆盘，可以选择 5 个参量来描述，分别如下。

θ_1：以 O_1 为圆心的圆盘从平衡位置起顺时针角位移；

θ_2：以 O_2 为圆心的圆盘从平衡位置起顺时针角位移；

x_1：物块 m_1 向上的位移；

x_2：物块 m_2 向上的位移；

x_3：物块 m_3 向下的位移。

注意到物块 m_1 向上的位移由 $r_1\theta_1$ 给出，即 $x_1=r_1\theta_1$。从运动上来讲，它对于该圆盘的运动是不独立的。故系统有 4 个自由度，一套可行的广义坐标为：$(x_2, x_3, \theta_1, \theta_2)$。

2.3 理想约束与虚位移原理

2.3.1 功和能

牛顿第二定律是讨论动力学问题的基础，牛顿第二定律可以表示为

$$\boldsymbol{F}=m\ddot{\boldsymbol{r}} \tag{2-22}$$

在式（2－22）的两端点乘微分位移 $\mathrm{d}\boldsymbol{r}$，得到

$$\boldsymbol{F}\cdot\mathrm{d}\boldsymbol{r}=m\ddot{\boldsymbol{r}}\cdot\mathrm{d}\boldsymbol{r}=\mathrm{d}\left(\frac{1}{2}m\dot{\boldsymbol{r}}\cdot\dot{\boldsymbol{r}}\right) \tag{2-23}$$

式（2－23）左端表示力 $\boldsymbol{F}$ 在微分位移 $\mathrm{d}\boldsymbol{r}$ 上所做的功，将其记为 $\mathrm{d}W$；而右端表示一标量函数

$$T=\frac{1}{2}m\dot{\boldsymbol{r}}\cdot\dot{\boldsymbol{r}}=\frac{1}{2}m\dot{\boldsymbol{r}}^2 \tag{2-24}$$

的增量，此函数就是动能，从而得到

$$\mathrm{d}W=\boldsymbol{F}\cdot\mathrm{d}\boldsymbol{r}=\mathrm{d}T \tag{2-25}$$

即力 $\boldsymbol{F}$ 在 $\mathrm{d}\boldsymbol{r}$ 上做功，使质点的动能增加 $\mathrm{d}T$。如图 2－10 所示，如果质点在 $\boldsymbol{F}$ 力作用下，从位置 $\boldsymbol{r}_1$ 运动到 $\boldsymbol{r}_2$，则将式（2－25）从 $\boldsymbol{r}_1$ 到 $\boldsymbol{r}_2$ 积分，得到

$$\int_{r_1}^{r_2}\boldsymbol{F}\cdot\mathrm{d}\boldsymbol{r}=T_2-T_1=\frac{1}{2}m\dot{\boldsymbol{r}}_2\cdot\dot{\boldsymbol{r}}_2-\frac{1}{2}m\dot{\boldsymbol{r}}_1\cdot\dot{\boldsymbol{r}}_1 \tag{2-26}$$

即 $\boldsymbol{F}$ 推动质点沿轨线从位置 $\boldsymbol{r}_1$ 移动到 $\boldsymbol{r}_2$ 所做的功等于质点动能的增量。在许多情况下，如果作用力 $\boldsymbol{F}$ 仅仅与质点所在的位置有关，则 $\boldsymbol{F}\cdot\mathrm{d}\boldsymbol{r}$ 可以表示为某一标量函数的全微分

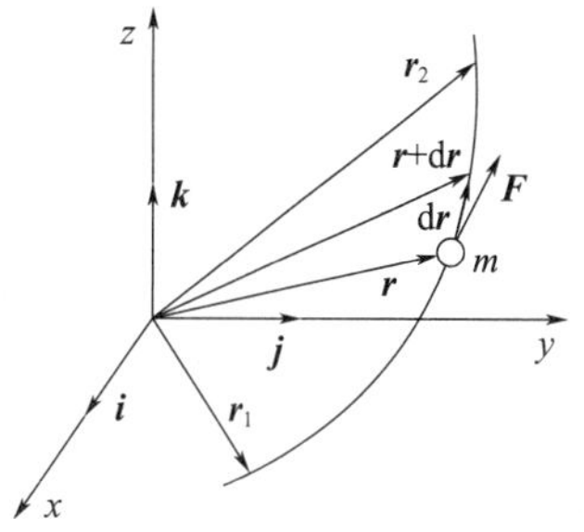

图 2－10　质点的运动关系

$$\mathrm{d}W=\boldsymbol{F}(\boldsymbol{r})\cdot\mathrm{d}\boldsymbol{r}=-\mathrm{d}V(\boldsymbol{r}) \tag{2-27}$$

式中，$V(\boldsymbol{r})$ 为势能函数；$\boldsymbol{F}(\boldsymbol{r})$ 为势场力，或称保守力。这表明势场力做功，消耗了部分势能。

2.3.2　虚位移

对于具有 n 个质点的质点系，若系统内同时存在 r 个完整约束和 s 个非完整约束，各质点在无限小的时间间隔 $\mathrm{d}t$ 内所产生的无限小位移 $\mathrm{d}\boldsymbol{r}_i$（$i=1, 2, \cdots, n$）或 $\mathrm{d}x_i$（$i=1, 2, \cdots, n$）受约束方程（2－14）的限制。满足约束方程（2－14）的无限小位移称为质点系的可能位移。对于定常约束情形，对应的 A_{k0} 为零，可能位移约束方程简化为

$$\sum_{i=1}^{3n}A_{ki}\mathrm{d}x_i=0,\quad k=1,2,\cdots,r+s \tag{2-28}$$

质点系实际发生的微小位移称为实位移。实位移是无数可能位移中的一个，除满足约束条件（2－14）或（2－28）外，还必须满足动力学的基本定律和运动的初始条件，且与时间有关。实位移具有确定的方向，可能是微小值，也可能是有限值。某给定瞬时，质点或质点系为约束所允许的无限小的位移称为质点或质点系的虚位移。虚位移是一个纯粹的几何概念，只与约束条件有关，不需经历时间。虚位移为无穷小，根据约束情况可能有多种不同的方向。对于定常约束情形，虚位移就是可能位移。对于非定常约束，各质点的虚位移相当于时间突然停滞，约束在瞬间“凝固”时的可能位移。

如图 2－11 所示，$\delta\theta$、δr_A、δr_B 分别是曲柄－滑块机构中点 O、A、B 处的虚位移。

平衡的物体不会发生实位移，但可以使其具有虚位移。实位移可用矢径 $\boldsymbol{r}$ 的微分 $\mathrm{d}\boldsymbol{r}$ 表示；虚位移用变分符号 δ 表示，如 $\delta\boldsymbol{r}$ 或其投影 δx_i、δy_i、δz_i 等，表示在时间不变的情况下，线位移或角位移的无穷小变化。变分符号 δ 的运算规则与微分算子 d 的运算规则相同。令式（2－14）中 $\mathrm{d}t=0$，将 $\mathrm{d}x_i$ 换作 δx_i，即转化为虚位移的约束方程

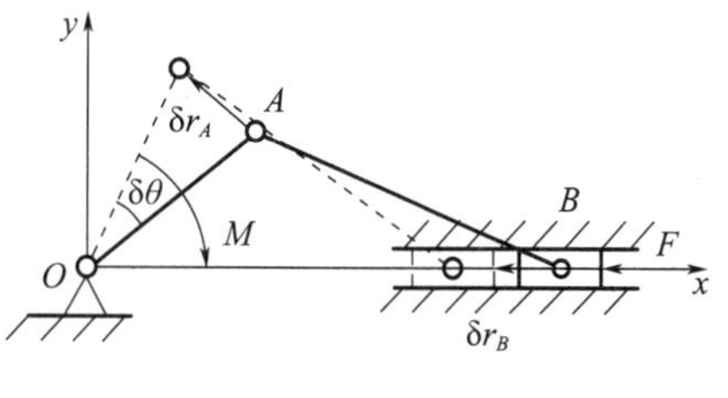

图 2－11　曲柄－滑块机构及其虚位移

$$\sum_{i=1}^{3n}A_{ki}\delta x_i=0,\quad k=1,2,\cdots,r+s \tag{2-29}$$

比较式（2－14）和式（2－29）可以看出，对于定常约束，虚位移与可能位移完全相同。但对于非定常约束，一般情况下，约束条件式（2－29）不同于式（2－14），因此虚位移不一定等同于可能位移。

2.3.3 虚功、广义力与理想约束

力在虚位移上所做的功称为虚功，记为 δW。力 $\boldsymbol{F}_i$的虚功可表示为

$$\delta W = \boldsymbol{F}_i \cdot \delta \boldsymbol{r}_i = \boldsymbol{F}_i \cdot \sum_{j=1}^{k} \frac{\partial r_i}{\partial q_j}\delta q_j = \sum_{j=1}^{k}\left(\boldsymbol{F}_i \cdot \frac{\partial r_i}{\partial q_j}\right)\delta q_j \tag{2-30}$$

具有 n 个质点的质点系的虚功为

$$\delta W = \sum_{i=1}^{n} \boldsymbol{F}_i \cdot \sum_{j=1}^{n} \frac{\partial r_i}{\partial q_j}\delta q_j = \sum_{j=1}^{k} Q_j \delta q_j = 0 \tag{2-31}$$

式中

$$Q_j = \sum_{i=1}^{n} \boldsymbol{F}_i \cdot \frac{\partial r_i}{\partial q_j}, \quad j = 1,2,\cdots,k \tag{2-32}$$

称为力 $\boldsymbol{F}_i$对应于广义坐标 q_j（$j=1$，2，…，k）的广义力。质点系的广义力是各个力对应的广义力之和，虚功也可表示为各个广义力与广义虚位移乘积之和。系统受到有势力（或保守力）$\boldsymbol{F}_i$作用时，势能是系统的位形的函数，是广义坐标的复合函数，即

$$V = V(\boldsymbol{r}_i) = V[\boldsymbol{r}_i(q_j)] \tag{2-33}$$

则有势力 $\boldsymbol{F}_i$相应的广义力可表示为

$$Q_j = \sum_{i=1}^{n} \boldsymbol{F}_i \cdot \frac{\partial r_i}{\partial q_j} = -\sum_{i=1}^{n} \frac{\partial V}{\partial \boldsymbol{r}_i} \cdot \frac{\partial \boldsymbol{r}_i}{\partial q_j} = -\frac{\partial V}{\partial q_j} \tag{2-34}$$

从式（2－34）可见，有势力相应的广义力等于负的势能关于广义坐标的偏导数。

在质点系 P_i（$i=1$，2，…，n）中，约束对质点的作用力称为约束力。第 i 个质点上作用的约束力记为 $\boldsymbol{F}_{\mathrm{N}i}$（$i=1$，2，…，$n$）。凡约束力对质点系内任何虚位移所做的元功之和等于零的约束称为理想约束。相应的约束力称为理想约束力。理想约束满足下列条件：

$$\sum_{i=1}^{n} \boldsymbol{F}_{\mathrm{N}i} \cdot \partial \boldsymbol{r}_i = 0 \tag{2-35}$$

常见的理想约束有以下几种。

（1）光滑固定面或按照某种给定规律运动的光滑曲面。在此情形下，曲面的约束力 $\boldsymbol{F}_{\mathrm{N}i}$均沿着曲面的法向，而满足约束条件的质点虚位移 δr_i 一定位于该点的切平面内。

（2）光滑固定铰链和轴承。在此情形下，没有约束力矩，仅有过固定点的约束力，而刚体的虚位移等于零，虚功之和等于零。

（3）连接物体的光滑圆柱铰链。在此情形下，彼此相连接的物体，均直接跟光滑圆柱铰链发生相互作用。此时虚位移和约束力相互垂直，虚功之和等于零。

（4）二力杆和不可伸长的柔索。在此情形下，质点所受的沿柔索或二力杆的约束力相等，而质点彼此之间沿柔索或二力杆没有相对运动，虚功之和等于零。

（5）刚体在固定面上所做纯滚动（不计滚阻力偶）。在此情形下，可将约束力分解为沿法线方向的 $\boldsymbol{F}_{\mathrm{N}i}$和位于切平面内的 $\boldsymbol{F}_{1i}$，而虚位移 $\delta \boldsymbol{r}_i$ 被限定在切平面内。由于法向

约束力 $\boldsymbol{F}_{Ni}$ 与虚位移 $\delta \boldsymbol{r}_i$ 相互垂直，且静摩擦力所做的功等于零，故虚功之和等于零。

2.3.4 虚位移原理

对于具有双面、完整、定常、理想约束的质点系，由式（2-35）知，n 个质点的约束力应该满足

$$\delta W = \sum_{i=1}^{n} \boldsymbol{F}_i \cdot \delta \boldsymbol{r}_i = 0 \tag{2-36}$$

由式（2-36）可见，具有理想约束的质点系平衡的充分必要条件是作用于质点系的主动力在任何虚位移中所作虚功之和等于零。这就是虚位移原理，也称为虚功原理。式（2-36）是矢量形式的虚位移原理，也可写为直角坐标形式，即

$$\delta W = \sum_{i=1}^{n} (F_{ix} \cdot \delta x_i + F_{iy} \cdot \delta y_i + F_{iz} \cdot \delta z_i) = 0 \tag{2-37}$$

式中：F_{ix}，F_{iy}，F_{iz} 分别为作用于点 $\boldsymbol{r}_i$ 处的主动力 $\boldsymbol{F}_i$ 在坐标轴上的投影；δx_i，δy_i，δz_i 分别为虚位移 $\delta \boldsymbol{r}_i$ 在坐标轴上的投影。

例 2-4 对于图 2-12 所示的机构，线性弹簧原长为 x_0，系统的约束如图所示。当弹簧未伸长时，可以不计质量的刚性杆处于水平位置，如图上虚线所示。试利用虚功原理确定系统处于静平衡位置时的 θ 角。

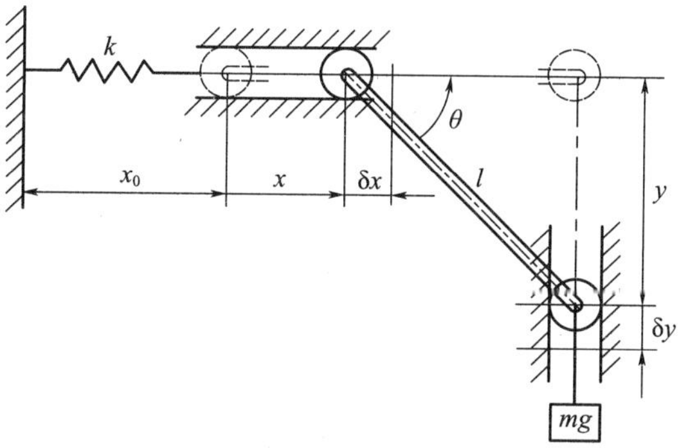

图 2-12 杆轮弹簧机构

解 在平衡位置附近，系统产生的虚位移为 δx、δy，则弹性力与重力所做的虚功之和为

$$\delta W = -kx\delta x + mg\delta y = 0 \tag{2-38}$$

系统为单自由度系统，取 θ 角为广义坐标，由几何关系可以得到 x、y 坐标与 θ 角的关系为

$$x = l(1-\cos\theta), \quad y = l\sin\theta \tag{2-39}$$

对式（2-39）的两端取微分，得

$$\delta x = l\sin\theta\delta\theta, \quad \delta y = l\cos\theta\delta\theta \tag{2-40}$$

将式（2-40）代入式（2-38），得

$$\delta W = -kl(1-\cos\theta)\sin\theta + mg\cos\theta = 0 \tag{2-41}$$

化简式（2-41），得

$$(1-\cos\theta)\ \tan\theta=\frac{mg}{kl} \qquad (2-42)$$

式（2 – 42）就是确定平衡时的广义坐标 θ 值的表达式。

2.4　达朗伯原理与动力学普遍方程

2.4.1　达朗伯原理

1. 惯性力

惯性力是指物体在外力作用下发生运动状态改变时，给予施力物体的反作用力。如图 2 – 13 所示，非自由质点 A 沿轨迹 s 运动，受到主动力 $\boldsymbol{F}$ 和约束力 $\boldsymbol{F}_{\mathrm{N}}$作用，根据牛顿第二定律可得

$$\boldsymbol{F}+\boldsymbol{F}_{\mathrm{N}}-m\boldsymbol{a}=\boldsymbol{0} \qquad (2-43)$$

惯性力的方向与物体加速度的方向相反，作用在使物体运动状态发生改变的施力物体上。

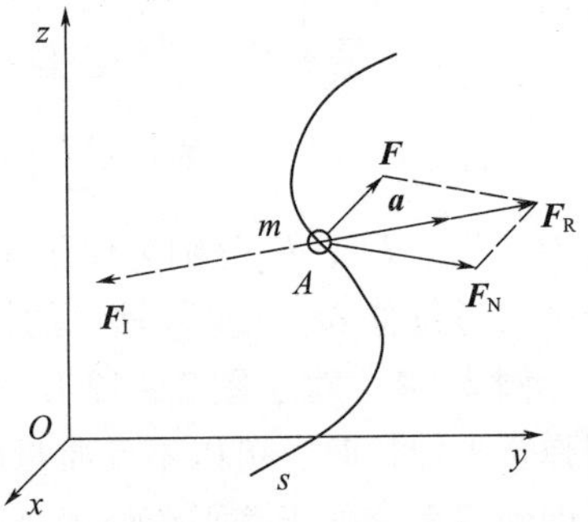

图 2 – 13　质点的运动

2. 质点的达朗伯原理

若记

$$\boldsymbol{F}_{\mathrm{I}}=-m\boldsymbol{a} \qquad (2-44)$$

将式（2 – 44）代入式（2 – 43）可得

$$\boldsymbol{F}+\boldsymbol{F}_{\mathrm{N}}+\boldsymbol{F}_{\mathrm{I}}=0 \qquad (2-45)$$

式（2 – 45）是非自由质点的达朗伯原理，它所描述的是在质点运动的任一瞬时，作用在质点上的主动力和约束力与假想施加在质点上的惯性力，在形式上组成一个平衡力系。达朗伯原理是求解有约束质点系动力问题的基本方法。

式（2 – 45）在形式上与静力学的平衡方程一致。但静力学中构成平衡力系的都是外界物体对质点的作用力，而惯性力并不是外加的。所以，惯性力是一种为了便于解决问题而假设的“虚拟力”。

3. 质点系的达朗伯原理

设质点系由 n 个质点组成，其中质量为 m_i的质点在主动力 $\boldsymbol{F}_i$和约束力 $\boldsymbol{F}_{\mathrm{N}i}$的作用下运动。其加速度为 $\boldsymbol{a}_i$，该质点的惯性力为 $\boldsymbol{F}_{\mathrm{I}i}=-m_i\boldsymbol{a}_i$，根据质点的达朗伯原理有

$$\boldsymbol{F}_i+\boldsymbol{F}_{\mathrm{N}i}+\boldsymbol{F}_{\mathrm{I}i}=0,\quad i=0,1,2,\cdots,n \qquad (2-46)$$

对质点系的每个质点都作这样的处理，则作用于整个质点系的主动力系、约束力系和惯性力系组成一空间力系，此时力系的主矢和力系向任一点 O 简化的主矩都等于零，即由式（2 – 43）可知，质点系运动的每一瞬时，作用于系内每个质点上的主动力、约束力和质点的惯性力构成一平衡力系，这就是质点系的达朗伯原理。利用静力学平衡方程得到

$$\sum_{i=1}^{n}\boldsymbol{F}_i+\sum_{i=1}^{n}\boldsymbol{F}_{\mathrm{N}i}+\sum_{i=1}^{n}\boldsymbol{F}_{\mathrm{I}i}=\boldsymbol{0},\quad \sum_{i=1}^{n}M_O(\boldsymbol{F}_i)+\sum_{i=1}^{n}M_O(\boldsymbol{F}_{\mathrm{N}i})+\sum_{i=1}^{n}M_O(\boldsymbol{F}_{\mathrm{I}i})=\boldsymbol{0} \qquad (2-47)$$

如果将力系按外力系和内力系划分，用 $\boldsymbol{F}_i^{(\mathrm{o})}$ 和 $\boldsymbol{F}_i^{(\mathrm{i})}$ 分别表示质点系外力系主矢和内力系主矢，$M_O\boldsymbol{F}_i^{(\mathrm{o})}$ 和 $M_O\boldsymbol{F}_i^{(\mathrm{i})}$ 分别表示质点系外力系和内力系对任一点 O 的主矩，由于质点系内力系的主矢和主矩均等于零，故式（2－47）可以改写为

$$\sum_{i=1}^{n}\boldsymbol{F}_i^{(\mathrm{o})}+\sum_{i=1}^{n}\boldsymbol{F}_{\mathrm{I}i}=0,\quad \sum_{i=1}^{n}M_O\boldsymbol{F}_i^{(\mathrm{o})}+\sum_{i=1}^{n}M_O(\boldsymbol{F}_{\mathrm{I}i})=0 \tag{2-48}$$

式（2－48）表明：任一瞬时，作用于质点系上的外力系和虚加在质点系上的惯性力系在形式上构成一平衡力系。

2.4.2 动力学普遍方程

1. 虚功形式的动力学普遍方程

动力学普遍方程是分析力学的基本原理，可叙述为：具有理想双侧约束的质点系在运动的任意瞬时，其主动力和惯性力对系统内任意虚位移所做的虚功之和等于零，即

$$\sum\delta W=\sum_{i=1}^{n}(\boldsymbol{F}_i-m_i\ddot{\boldsymbol{r}}_i)\cdot\delta\boldsymbol{r}_i=0 \tag{2-49}$$

式（2－49）称为虚功形式的动力学普遍方程或拉格朗日形式的达朗贝尔原理。其解析表达式为

$$\sum\delta W=\sum_{i=1}^{n}[(F_{ix}-m_i\ddot{x}_i)\delta x_i+(F_{iy}-m_i\ddot{y}_i)\delta y_i+(F_{iz}-m_i\ddot{z}_i)\delta z_i]=0 \tag{2-50}$$

在分析静力学中，式（2－23）所示的虚功原理的适用范围被严格限制为受完整、定常、理想、双侧约束的质点系，而在动力学方程中，由于非定常约束对质点运动的影响已在惯性力中得到体现，因此动力学普遍方程也适用于受非定常约束的质点系。

2. 虚功率形式的动力学普遍方程

在约束被“凝固”，质点位置不变的条件下，其虚速度的方向与虚位移的方向完全一致。因此动力学普遍方程（2－49）中的虚位移 $\delta\boldsymbol{r}_i$ 可以虚速度 $\delta\dot{\boldsymbol{r}}_i$ 代替，写为

$$\sum_{i=1}^{n}(\boldsymbol{F}_i-m_i\ddot{\boldsymbol{r}}_i)\cdot\delta\dot{\boldsymbol{r}}_i=0 \tag{2-51}$$

力对虚速度所做的功的功率称为虚功率。方程（2－51）称为虚功率形式的动力学普遍方程，也称为若丹（Jourdain）原理。由于刚体的虚速度可直接利用运动学公式导出，且虚速度 $\delta\dot{\boldsymbol{r}}_i$ 不受无限小量的限制，因此虚功率形式的动力学普遍方程更便于实际应用，尤其适合处理碰撞问题和非完整系统的动力学问题。

3. 高斯形式的动力学普遍方程

理想约束条件式（2－35）中的虚位移 $\delta\boldsymbol{r}_i$ 也可以虚加速度 $\delta\ddot{\boldsymbol{r}}_i$ 代替。以沿约束曲面运动的质点为例，在约束被“凝固”，质点保持位置和速度不变的条件下，质点可能运动的法向加速度必保持不变，其加速度变分只能沿切向与理想约束正交。因此，理想约束条件式（2－35）可改写为

$$\sum_{i=1}^{n}\boldsymbol{F}_{\mathrm{N}i}\cdot\partial\ddot{\boldsymbol{r}}_i=0 \tag{2-52}$$

从达朗贝尔原理式（2－46）和式（2－52）可以导出

$$\sum_{i=1}^{n}(F_i-m_i\ddot{\boldsymbol{r}}_i)\cdot\delta\ddot{\boldsymbol{r}}_i=0 \tag{2-53}$$

方程（2-53）称为高斯形式的动力学普遍方程，也称高斯原理，其最大优点是可转化为变分问题。

2.5 拉格朗日方程

2.5.1 第二类拉格朗日方程

由 n 个质点 P_i（$i=1, 2, \cdots, n$）组成的具有 r 个完整约束和 s 个非完整约束的非完整系统，其自由度为 $f=3n-r-s$。选取 $k=3n-r$ 个广义坐标 q_j（$j=1, 2, \cdots, k$），系统的位形由广义坐标表达式（2-17）表示，相应于广义坐标的广义虚位移 δq_1，δq_2，…，δq_k 相互独立，用广义坐标表达的虚位移为

$$\delta \boldsymbol{r}_i = \sum_{j=1}^{k} \frac{\partial \boldsymbol{r}_i}{\partial q_j}\delta q_j, \quad i = 1,2,\cdots,n \tag{2-54}$$

将式（2-54）代入虚功形式的动力学普遍方程式（2-49），得

$$\sum_{j=1}^{k}\left(\sum_{i=1}^{n} \boldsymbol{F}_i \cdot \frac{\partial \boldsymbol{r}_i}{\partial q_j} - \sum_{i=1}^{n} m_i \ddot{\boldsymbol{r}}_i \cdot \frac{\partial \boldsymbol{r}_i}{\partial q_j}\right)\delta q_j = 0 \tag{2-55}$$

式（2-55）左端括号内第一项即式（2-32）定义的广义力 Q_j，将括号内第二项化为

$$\sum_{i=1}^{n} m_i \ddot{\boldsymbol{r}}_i \cdot \frac{\partial \boldsymbol{r}_i}{\partial q_j} = \sum_{i=1}^{n} m_i \frac{\mathrm{d}\dot{\boldsymbol{r}}_i}{\mathrm{d}t}\frac{\partial \boldsymbol{r}_i}{\partial q_j} = \sum_{i=1}^{n} m_i\left[\frac{\mathrm{d}}{\mathrm{d}t}\left(\dot{\boldsymbol{r}}_i \cdot \frac{\partial \boldsymbol{r}_i}{\partial q_j}\right) - \dot{\boldsymbol{r}}_i \cdot \frac{\mathrm{d}}{\mathrm{d}t}\left(\frac{\partial \boldsymbol{r}_i}{\partial q_j}\right)\right] \tag{2-56}$$

将广义速度的表达式（2-19）两边对某个广义速度 $\dot{q}_j$ 求偏导数，可以导出恒等式

$$\frac{\partial \dot{\boldsymbol{r}}_i}{\partial \dot{q}_j} = \frac{\partial \boldsymbol{r}_i}{\partial q_j}, \quad i=1, 2, \cdots, n; \quad j=1, 2, \cdots, k \tag{2-57}$$

式（2-57）是经典的拉格朗日关系式。质点速度关于广义坐标 q_j 的导数为

$$\frac{\partial \dot{\boldsymbol{r}}_i}{\partial q_j} = \sum_{l=1}^{k} \frac{\partial^2 \boldsymbol{r}_i}{\partial q_l \partial q_j}\dot{q}_l + \frac{\partial^2 \boldsymbol{r}_i}{\partial t \partial q_j} \tag{2-58}$$

质点位移关于广义坐标的导数仍为广义坐标的函数，求其关于时间求全导数，可得

$$\frac{\mathrm{d}}{\mathrm{d}t}\left(\frac{\partial \boldsymbol{r}_i}{\partial q_j}\right) = \sum_{l=1}^{k} \frac{\partial}{\partial q_l}\left(\frac{\partial \boldsymbol{r}_i}{\partial q_j}\right)\dot{q}_l + \frac{\partial}{\partial t}\left(\frac{\partial \boldsymbol{r}_i}{\partial q_j}\right) = \sum_{l=1}^{k} \frac{\partial^2 \boldsymbol{r}_i}{\partial q_j \partial q_l}\dot{q}_l + \frac{\partial^2 \boldsymbol{r}_i}{\partial q_j \partial t} \tag{2-59}$$

这里，假设矢量坐标 $\boldsymbol{r}_i$ 一阶与二阶连续可微。比较式（2-58）与式（2-59）两边，得到恒等关系式

$$\frac{\partial \dot{\boldsymbol{r}}_i}{\partial q_j} = \frac{\mathrm{d}}{\mathrm{d}t}\left(\frac{\partial \boldsymbol{r}_i}{\partial q_j}\right), \quad i=1, 2, \cdots, n; \quad j=1, 2, \cdots, k \tag{2-60}$$

利用式（2-57）和式（2-60），将式（2-56）化简为

$$\sum_{i=1}^{n} m_i \ddot{\boldsymbol{r}}_i \cdot \frac{\partial \boldsymbol{r}_i}{\partial q_j} = \sum_{i=1}^{n} m_i\left[\frac{\mathrm{d}}{\mathrm{d}t}\left(\dot{\boldsymbol{r}}_i \cdot \frac{\partial \boldsymbol{r}_i}{\partial q_j}\right) - \dot{\boldsymbol{r}}_i \cdot \frac{\partial \dot{\boldsymbol{r}}_i}{\partial q_j}\right] = \frac{\mathrm{d}}{\mathrm{d}t}\left(\frac{\partial T}{\partial \dot{q}_j}\right) - \frac{\partial T}{\partial q_j} \tag{2-61}$$

式中：T 为质点系的动能。

将式（2-32）、式（2-61）代入式（2-55）得到用动能表示的动力学普遍方程为

$$\sum_{j=1}^{k}\left[Q_j - \frac{\mathrm{d}}{\mathrm{d}t}\left(\frac{\partial T}{\partial \dot{q}_j}\right) + \frac{\partial T}{\partial q_j}\right]\delta q_j = 0 \tag{2-62}$$

若系统为无多余坐标的完整系统，则广义坐标数目 k 与自由度 n 相等，动力学普遍方程式（2－62）可写为

$$\sum_{j=1}^{n}\left[Q_j-\frac{d}{dt}\left(\frac{\partial T}{\partial \dot{q}_j}\right)+\frac{\partial T}{\partial q_j}\right]\delta q_j=0 \tag{2-63}$$

由于 n 个广义坐标的变分 δq_j（$j=1,\ 2,\ \cdots,\ n$）为独立变量，可以任意选取，因此方程(2－63)成立的充分必要条件为 δq_j 前的系数等于零，从而导出

$$\frac{\mathrm{d}}{\mathrm{d}t}\left(\frac{\partial T}{\partial \dot{q}_j}\right)-\frac{\partial T}{\partial q_j}=Q_j,\quad j=1,\ 2,\ \cdots,\ n \tag{2-64}$$

式（2－64）称为第二类拉格朗日方程或简称拉格朗日方程，该方程是确定质点系运动规律的普遍形式的动力学方程。式（2－64）是常微分形式的方程，方程的数目等于系统的自由度。

2.5.2 保守系统的拉格朗日方程

若质点系为保守系统，主动力都是有势力，式（2－34）表明，广义力等于势能对广义坐标的偏导数的负值，则拉格朗日方程（2－64）成为

$$\frac{\mathrm{d}}{\mathrm{d}t}\left(\frac{\partial T}{\partial \dot{q}_j}\right)-\frac{\partial T}{\partial q_j}+\frac{\partial V}{\partial q_j}=0,\quad j=1,\ 2,\ \cdots,\ n \tag{2-65}$$

由于势能仅取决于质点系的位形，只是广义坐标的函数，即 $V=V(q_1,\ q_2,\ \cdots,\ q_k)$，从而 $\partial V/\partial \dot{q}_j=0$。引入函数

$$L=T-V \tag{2-66}$$

式中：L 称为拉格朗日函数或动势，且有 $L=L(\dot{q}_1,\ \dot{q}_2,\ \cdots,\ \dot{q}_k;\ q_1,\ q_2,\ \cdots,\ q_k)$，则方程（2－65）可表示为

$$\frac{\mathrm{d}}{\mathrm{d}t}\left(\frac{\partial L}{\partial \dot{q}_j}\right)-\frac{\partial L}{\partial q_j}=0,\quad j=1,\ 2,\ \cdots,\ n \tag{2-67}$$

可见，质点系的运动规律由拉格朗日函数 L 完全确定，因此 L 也称为质点系的动力学函数。若质点系同时受到非有势力的作用，可将拉格朗日方程写为更一般的形式

$$\frac{\mathrm{d}}{\mathrm{d}t}\left(\frac{\partial L}{\partial \dot{q}_j}\right)-\frac{\partial L}{\partial q_j}=Q_j,\quad j=1,\ 2,\ \cdots,\ n \tag{2-68}$$

应用拉格朗日方程建立质点系的动力学方程的一般过程为：①明确研究的系统对象及其约束的性质。②分析确定系统的自由度，选取适当的广义坐标。③计算系统的动能，并通过广义速度及广义坐标表示。④计算广义力。⑤将动能与广义力代入拉格朗日方程（2－64），求导并整理得到系统的运动微分方程组。对于保守系统，只需计算系统的动能与势能，利用方程（2－67）即可得到运动微分方程。

系统的广义力可以按照定义公式（2－34）计算，也可利用虚功通过下式计算：

$$Q_j=\frac{(\sum\delta W)_j}{\delta q_j},\quad j=1,\ 2,\ \cdots,\ n \tag{2-69}$$

式中：$(\sum\delta W)_j$ 为只有广义虚位移 $\delta q_j\neq 0$ 时，质点系的总虚功。

例 2－5 水平面内的行星轮机构如图 2－14 所示，均质杆 OA 的质量为 m_1，可绕轴 O 转动，A 端通过光滑铰与轮心连接，均质小圆轮 A 的质量为 m_2，半径为 r，大圆轮固定，轮心位于 O 处，半径为 R。当杆在力偶矩 M 作用下转动时，带动小轮转动，使

小轮与大轮在接触点处无相对滑动。求：杆的角加速度。

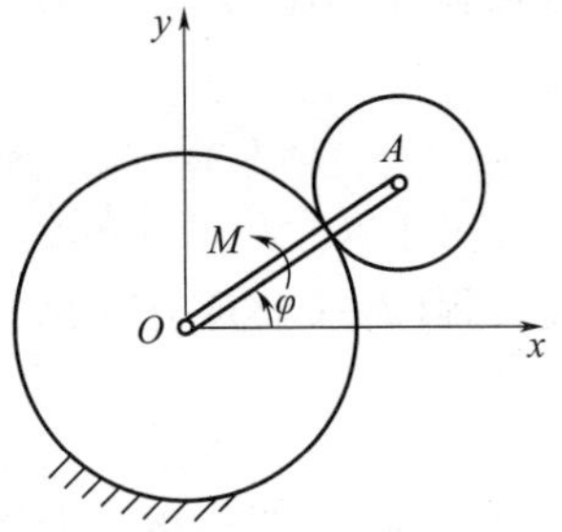

图2-14　行星轮机构

解　以杆 OA 与小轮 A 组成的系统为研究对象，其自由度为1，选取杆的角坐标 φ 为广义坐标。杆 OA 定轴转动的动能为

$$T_1=\frac{1}{2}I_O\dot{\varphi}^2=\frac{1}{6}m_1(R+r)\dot{\varphi}^2 \tag{2-70}$$

小轮做平面运动，轮心速度 $v_A=(R+r)\dot{\varphi}$，角速度 $\omega_2=v_A/r$，小轮的动能为

$$T_2=\frac{1}{2}m_2v_A^2+\frac{1}{2}I_A\omega_2^2=\frac{1}{2}m_2(R+r)^2\dot{\varphi}^2+\frac{1}{4}m_2(R+r)^2\dot{\varphi}^2 \tag{2-71}$$

系统的动能及其对广义速度的导数为

$$T=T_1+T_2=\frac{1}{12}(2m_1+9m_2)(R+r)^2\dot{\varphi}^2,\quad \frac{\partial T}{\partial\dot{\varphi}}=\frac{1}{6}(2m_1+9m_2)(R+r)^2\dot{\varphi}^2 \tag{2-72}$$

系统受到定常约束，相应的动能只有广义速度 $\dot{\varphi}$ 的二次项。

系统的约束是理想约束，只有主动力偶做功，利用虚功表达式或定义式，可得广义力为

$$Q_\varphi=\frac{M\delta\varphi}{\delta\varphi}=M \tag{2-73}$$

将广义力与动能及其导数的表达式代入拉格朗日方程（2-68），得

$$\frac{1}{6}(2m_1+9m_2)(R+r)^2\ddot{\varphi}=M \tag{2-74}$$

从式（2-74）得到杆的角加速度为

$$\ddot{\varphi}=\frac{6M}{(2m_1+9m_2)(R+r)^2} \tag{2-75}$$

2.5.3　拉格朗日乘子法

拉格朗日方程只适用于不含多余坐标的完整系统。拉格朗日乘子法是处理非完整系统的一种实用方法。

1. 第一类拉格朗日方程

设质点系由 n 个质点 P_i（$i=1, 2, \cdots, n$）组成，以 $3n$ 个笛卡儿坐标确定其位形。若系统内同时存在 r 个完整约束和 s 个非完整约束，则约束方程由式（2-14）的微分形式表示，也可写作关于虚位移的约束条件（2-29），系统内各质点的运动必须满足动力学普遍方程（2-49）。将主动力 $\boldsymbol{F}_i$（$i=1, 2, \cdots, n$）相对某个参考坐标系的 $3n$ 个分量依次排列为 F_i（$i=1, 2, \cdots, 3n$），则动力学普遍方程（2-49）的标量形式为

$$\sum_{i=1}^{3n}(F_i-m_i\ddot{x}_i)\delta x_i=0 \tag{2-76}$$

由于 $r+s$ 个独立约束条件（2-29）的存在，在 $3n$ 个坐标变分 δx_i（$i=1, 2, \cdots, 3n$）中，只有 $f=3n-r-s$ 个独立变量。至于 $3n$ 个坐标变分哪些是独立的，则可以任意指定。引入 $r+s$ 个未定乘子 λ_k 分别与式（2-29）中标号相同的各式相乘，然后将其和

式与式（2－76）相加，得

$$\sum_{i=1}^{3n}\left(F_i - m_i\ddot{x}_i + \sum_{k=1}^{r+s}\lambda_k A_{ki}\right)\delta x_i = 0 \tag{2-77}$$

如果选择适当的 $r+s$ 个未定乘子 λ_k，使式（2－77）中 $r+s$ 个事先指定为不独立变分 δx_i（$i=1$，2，…，$r+s$）前的系数等于零，可得到 $r+s$ 个方程。在式（2－77）中只包含 f 个与独立变分 δx_i（$i=r+s+1$，$r+s+2$，…，$3n$）有关的和式。这 f 个坐标变分既然是独立变量，则式（2－77）成立的充分必要条件是各坐标变分前的系数等于零，共得到 f 个方程，连同已得到的 $r+s$ 个方程，共列出 $3n$ 个方程：

$$F_i - m_i\ddot{x}_i + \sum_{k=1}^{r+s}\lambda_k A_{ki} = 0 \quad (i=1,2,\cdots,3n) \tag{2-78}$$

式（2－78）称为第一类拉格朗日方程，式中包含的 $r+s$ 个未定乘子称为拉格朗日乘子。由于方程中除特定的各质点坐标 x_i（$i=1$，2，…，$3n$）以外，又增加了待定的拉格朗日乘子，共有 $3n+r+s$ 个未知变量，因此还须列出 r 个完整约束方程（2－2）和 s 个线性非完整约束方程（2－3），才能使方程组封闭。

2. 拉格朗日乘子的物理意义

设一质点在固定曲面 $f(x_1, x_2, x_3)$ 上运动，取 λ 为拉格朗日乘子，第一类拉格朗日方程为

$$m_i\ddot{x}_i = F_i + \lambda\left(\frac{\partial f}{\partial x_i}\right), \quad i=1,\ 2,\ 3 \tag{2-79}$$

利用牛顿运动定律，得

$$m_i\ddot{x}_i = F_i + F_{Ni}, \quad i=1,\ 2,\ 3 \tag{2-80}$$

比较式（2－79）和式（2－80）可以看出，拉格朗日乘子与约束反力 $\boldsymbol{F}_{Ni}$ 成正比，即有

$$\lambda\left(\frac{\partial f}{\partial x_i}\right) = F_{Ni}, \quad \mathrm{i}=1,\ 2,\ 3 \tag{2-81}$$

式（2－81）表明，动力学普遍方程中已被消去的理想约束力通过拉格朗日乘子又被引回来了。因此，利用第一类拉格朗日方程可同时得到系统的约束力。

例 2－6 如图 2－15 所示，长度为 l 的无质量直杆的一端用球铰 O 与支座固定，另一端固定一质量为 m 的小球 A，长度为 h 的软绳一端固定于 C 点，另一端固定于杆上的 B 点，BO 的距离为 b，平衡时 OA 水平而 BC 垂直。试用拉格朗日乘子方法建立小球的运动微分方程。

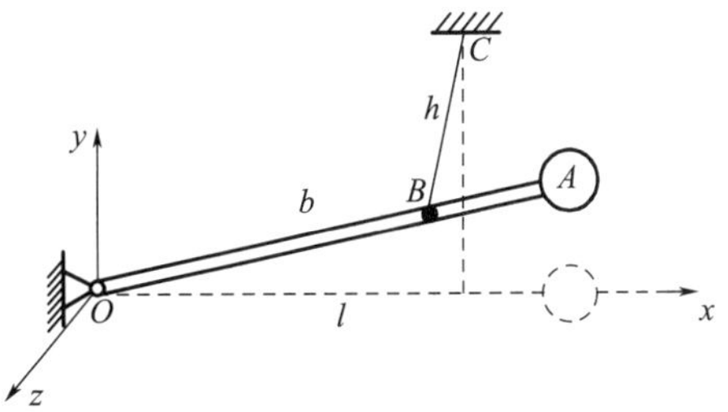

图 2－15 杆－球－绳系统

解 小球 A 具有一个自由度，设小球的坐标为 x，y，z，如图 2－15 所示，则 B 点的坐标为 bx/l，by/l，bz/l。由于 OA、BC 的长度不变，可列出两个约束方程为

$$\lambda_1 = x^2 + y^2 + z^2 - l^2, \qquad \lambda_2 = \left(b - \frac{bx}{l}\right)^2 + \left(h - \frac{by}{l}\right)^2 + \left(\frac{bz}{l}\right)^2 - h^2 \tag{2-82}$$

约束方程（2-82）的变分形式为

$$x\delta x+y\delta y+z\delta z=0,\quad b(x-l)\delta x+(by-hl)\delta y+bz\delta z=0 \tag{2-83}$$

小球 A 受到的主动力为重力，沿 y 轴的负方向，即有

$$F_x=0,\quad F_y=-mg,\quad F_z=0 \tag{2-84}$$

将式（2-83）分别乘以 λ_1，λ_2，代入第一类拉格朗日方程（2-78），导出

$$m\ddot{x}=\lambda_1 x+\lambda_2 b(x-l),\quad m\ddot{y}=-mg+\lambda_1 y+\lambda_2(by-hl),\quad m\ddot{z}=\lambda_1 z+\lambda_2 bz \tag{2-85}$$

式（2-85）与约束条件式（2-82）联立确定小球的运动规律。

2.5.4 阿佩尔方程

1. 准速度与准坐标

设质点系由 n 个质点 P_i（$i=1, 2, \cdots, n$）组成，且系统内同时存在 r 个完整约束和 s 个非完整约束，选择 $k=3n-r$ 个广义坐标 q_j（$j=1, 2, \cdots, k$）描述系统的位形。由于 s 个非完整约束方程的存在，广义坐标数 k 大于系统的自由度 $f=k-s$，k 个广义速度 $\dot{q}_j$ 中只有 $f=k-s$ 个为独立参量。原则上，可在 $\dot{q}_j$（$j=1, 2, \cdots, k$）中选取 f 个广义速度代替不独立的广义坐标 q_j（$j=1, 2, \cdots, k$），作为确定非完整系统的独立变量。在更普遍的情况下，也可构造出 f 个独立的广义速度的线性组合作为独立变量，记作 u_v（$v=1, 2, \cdots, f$）

$$u_v=\sum_{j=1}^{k}f_{vj}\dot{q}_j+f_{v0},\quad v=1,2,\cdots,f \tag{2-86}$$

式中：系数 f_{vj}，f_{v0} 均为 q_j 和 t 的函数。具有速度量纲的变量 u_v 称为准速度，可在形式上表示成某个变量的导数，即

$$u_v=\dot{\pi}_v,\quad v=1, 2, \cdots, f \tag{2-87}$$

式（2-87）通常不可积分，因此变量 u_v（$v=1, 2, \cdots, f$）通常仅具有形式而无实际坐标意义，称为准坐标或伪坐标。仅在准速度等于广义速度的特殊情形，准坐标才等同于广义坐标。一般情况下不可能用准坐标表示系统的位形。限制广义速度的 s 个非完整约束方程和（2-86）构成 k 个线性无关的代数方程组，从中解出 $\dot{q}_j$，得

$$\dot{q}_j=\sum_{v=1}^{f}h_{jv}u_v+h_{j0},\quad j=1,2,\cdots,k \tag{2-88}$$

将式（2-88）再对时间 t 微分一次，得

$$\ddot{q}_j=\sum_{v=1}^{f}h_{jv}\dot{u}_v+\eta_v,\quad j=1,2,\cdots,k \tag{2-89}$$

式中：η_v 为与 $\dot{u}_v$ 无关的项；参数 h_{jv} 为广义速度对准速度的偏导数，满足

$$h_{jv}=\frac{\partial\dot{q}_j}{\partial u_v}=\frac{\partial\ddot{q}_j}{\partial\dot{u}_v},\quad j=1, 2, \cdots, k;\quad v=1, 2, \cdots, f \tag{2-90}$$

2. 阿佩尔方程

虚功率形式的动力学普遍方程（2-51）中，各质点的速度 $\dot{\boldsymbol{r}}_i$（$i=1, 2, \cdots, n$）由式（2-19）确定，其中不独立的 k 个广义速度 $\dot{q}_j$（$j=1, 2, \cdots, k$）可通过式（2-88）由 f 个独立的准速度 u_v（$v=1, 2, \cdots, f$）确定。式（2-88）中的 $\dot{q}_j$ 的变分 $\delta\dot{q}_j$，以准速度变分表示 δu_v 为

$$\delta\dot{q}_j = \sum_{v=1}^{k} h_{jv}\delta u_v, \quad j = 1,2,\cdots,k \tag{2-91}$$

利用式（2－19）计算各个质点在同一时间同一位置的速度变分 $\delta\dot{\boldsymbol{r}}_i$，将式（2－91）代入，改变求和次序，得

$$\delta\dot{\boldsymbol{r}}_i = \sum_{j=1}^{k}\frac{\partial \boldsymbol{r}_i}{\partial q_j}\delta q_j = \sum_{v=1}^{f}\sum_{j=1}^{k}\frac{\partial \boldsymbol{r}_i}{\partial q_j}h_{jv}\delta u_v, \quad i = 1,2,\cdots,n \tag{2-92}$$

将式（2－19）再对时间 t 微分一次，得

$$\ddot{\boldsymbol{r}}_i = \sum_{j=1}^{k}\frac{\partial \boldsymbol{r}_i}{\partial q_j}\ddot{q}_j + \boldsymbol{\eta}_i, \quad i = 1,2,\cdots,n \tag{2-93}$$

式中：$\boldsymbol{\eta}_i$ 为与 $\ddot{q}_j$ 无关的项。

从式（2－19）、式（2－93）导出以下恒等式：

$$\frac{\partial \ddot{\boldsymbol{r}}_i}{\partial \ddot{q}_j} = \frac{\partial \dot{\boldsymbol{r}}_i}{\partial \dot{q}_j} = \frac{\partial \boldsymbol{r}_i}{\partial q_j}, \quad i=1,\ 2,\ \cdots,\ n; \quad j=1,\ 2,\ \cdots,\ k \tag{2-94}$$

将式（2－91）、式（2－93）代入动力学方程式（2－51），适当改变求和顺序，并利用式（2－94），得

$$\sum_{v=1}^{f}\left[\sum_{j=1}^{k}\left(\sum_{i=1}^{n}\boldsymbol{F}_i\cdot\frac{\partial \boldsymbol{r}_i}{\partial q_j}\right)h_{jv} - \sum_{i=1}^{n}m_i\ddot{\boldsymbol{r}}\cdot\left(\sum_{j=1}^{k}\frac{\partial \ddot{\boldsymbol{r}}_i}{\partial \ddot{q}_j}h_{jv}\right)\right]\delta u_v = 0 \tag{2-95}$$

式（2－95）左端第一个圆括号内的求和，就是式（2－32）定义的广义力 Q_j（$j=1,\ 2,\ \cdots,\ k$），利用式（2－90），将式（2－95）左端第二个圆括号内的项化为

$$\sum_{j=1}^{k}\frac{\partial \ddot{\boldsymbol{r}}_i}{\partial \ddot{q}_j}h_{jv} = \sum_{j=1}^{k}\frac{\partial \ddot{\boldsymbol{r}}_i}{\partial \ddot{q}_j}\frac{\partial \ddot{q}_j}{\partial \dot{u}_v} = \frac{\partial \ddot{\boldsymbol{r}}_i}{\partial \dot{u}_v}, \quad i = 1,2,\cdots,n; \quad j = 1,2,\cdots,k \tag{2-96}$$

将式（2－96）代回式（2－95），得

$$\sum_{v=1}^{f}\left(\sum_{j=1}^{k}Q_jh_{jv} - \sum_{i=1}^{n}m_i\ddot{\boldsymbol{r}}_i\cdot\frac{\partial \ddot{\boldsymbol{r}}_i}{\partial \dot{u}_v}\right)\delta u_v - 0 \tag{2-97}$$

定义与准速度 u_v 对应的广义力 $\widetilde{Q}_v$ 为

$$\widetilde{Q}_v = \sum_{j=1}^{k}Q_jh_{jv}, \quad v = 1,2,\cdots,f \tag{2-98}$$

引入质点系的吉布斯函数或加速度能 G，G 表示为

$$G = \frac{1}{2}\sum_{i=1}^{n}m_i\ddot{\boldsymbol{r}}_i\cdot\ddot{\boldsymbol{r}}_i \tag{2-99}$$

加速度能 G 用加速度代替了动能中的速度，在形式上与动能相似，但并不具备能量的含义，是系统的另一类动力学函数。利用上述物理量将式（2－97）改写为

$$\sum_{v=1}^{f}\left(\widetilde{Q}_v - \frac{\partial G}{\partial \dot{u}_v}\right)\delta u_v = 0 \tag{2-100}$$

由于 δu_v 为独立变分，从式（2－100）成立的充分必要条件导出 f 个独立的动力学方程，即

$$\frac{\partial G}{\partial \dot{u}_v} = \widetilde{Q}_v, \quad v=1,\ 2,\ \cdots,\ f \tag{2-101}$$

式（2－101）称为阿佩尔方程。

例 2－7　滑块 A 及悬挂在滑块上的单摆 B 组成的系统，如图 2－16 所示。摆长为

l，滑块和摆的质量分别为 m_A、m_B，滑块受弹簧约束且受黏性摩擦力作用，弹簧刚度系数为 k，黏性摩擦力系数为 c，试用阿佩尔方程建立其动力学方程。

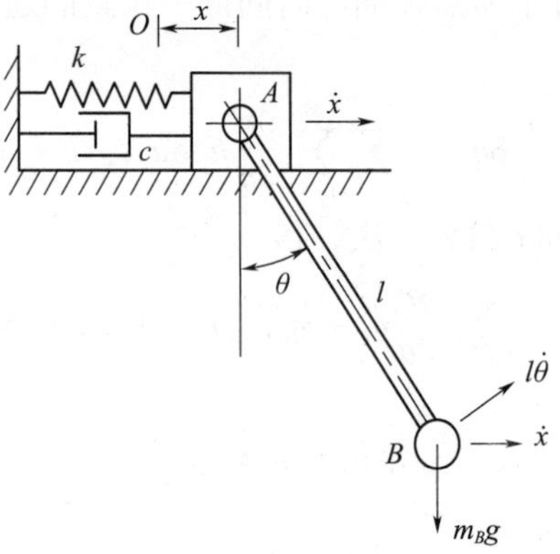

图 2 - 16　滑块 - 悬挂摆系统

解　将广义坐标 x，θ 的导数取作准速度，令 $u_1=\dot{x}$，$u_2=\dot{\theta}$，滑块 A 和摆 B 的加速度如图 2 - 16 所示。系统的加速度能为

$$G=\frac{1}{2}m_A\ddot{x}^2+\frac{1}{2}m_B\left[(l\ddot{\theta}+\ddot{x}\cos\theta)^2+(l\dot{\theta}^2-\ddot{x}\sin\theta)^2\right]$$

$$=\frac{1}{2}(m_A+m_B)\ddot{x}^2+\frac{1}{2}m_B\left[(l\ddot{\theta}^2+2l\ddot{x}(\ddot{\theta}\cos\theta-\dot{\theta}^2\sin\theta)^2\right]+\cdots \quad (2-102)$$

为计算广义力，先列出全部作用力的虚功率

$$\delta P=-(c\dot{x}+kx)\delta\dot{x}-mgl\sin\theta\delta\theta \quad (2-103)$$

由于准速度与广义速度相同，所对应的广义力也完全相同，由式（2 - 103）导出

$$\widetilde{Q}_x=Q_x=-(c\dot{x}+kx),\quad \widetilde{Q}_\theta=Q_\theta=-m_Bgl\sin\theta \quad (2-104)$$

将式（2 - 102）、式（2 - 104）代入阿佩尔方程（2 - 101），得到动力学方程为

$$(m_A+m_B)\ddot{x}+c\dot{x}+kx+m_Bl(\ddot{\theta}\cos\theta-\dot{\theta}^2\sin\theta)=0,\quad m_Bl\ddot{\theta}+\ddot{x}\cos\theta+g\sin\theta=0 \quad (2-105)$$

3. 刚体的加速度能

刚体是一种特殊的质点系。刚体内质点 m_i 的加速度 $\ddot{\boldsymbol{r}}_i$ 可分解为质心加速度 $\ddot{\boldsymbol{r}}_C$ 和由转动引起的相对加速度 $\ddot{\boldsymbol{\rho}}_i$，即

$$\ddot{\boldsymbol{r}}_i=\ddot{\boldsymbol{r}}_C+\ddot{\boldsymbol{\rho}}_i \quad (2-106)$$

对于刚体做平面运动的特殊情形，刚体的角速度 ω 垂直于此平面，质点的相对加速度 $\ddot{\boldsymbol{\rho}}_i$ 在此平面内，可分解为切向和径向分量，如图 2 - 17 所示。设刚体的质心速度为 $\boldsymbol{v}_C$，则有

$$\ddot{\boldsymbol{r}}_i=\dot{\boldsymbol{v}}_C,\quad \ddot{\boldsymbol{\rho}}_i=\dot{\omega}\rho_i\boldsymbol{e}_t-\omega^2\rho_i\boldsymbol{e}_r \quad (2-107)$$

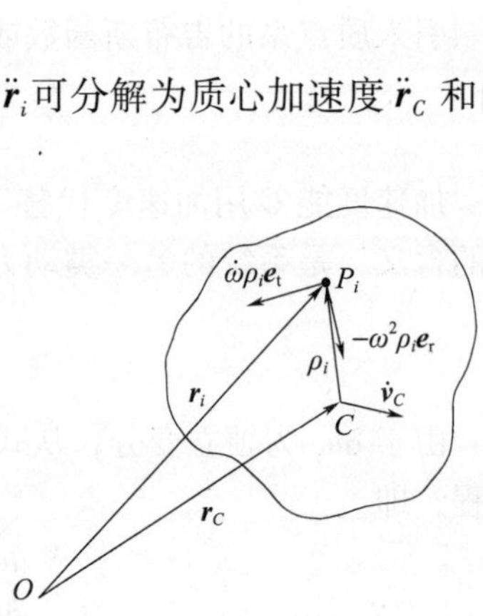

图 2 - 17　平面运动的刚体

式中：$\boldsymbol{e}_t$，$\boldsymbol{e}_r$ 为 m_i 相对质心 O_C 的切向和径向基矢量。将式（2 - 107）代入式（2 - 106）、式（2 - 99），展开后考虑 $\boldsymbol{e}_t$ 与 $\boldsymbol{e}_r$ 正交，设刚体的质量为 m，相对质心的惯性矩

为 I_C，令

$$\sum_i m_i = m, \quad \sum_i m_i\boldsymbol{\rho}_i = 0, \quad \sum_i m_i\boldsymbol{\rho}_i^2 = I_C \tag{2-108}$$

从而导出加速度能的计算公式为

$$G = \frac{1}{2}\left(m\dot{v}_c^2 + I_C\dot{\omega}^2\right) + \cdots \tag{2-109}$$

因此，做平面运动刚体的加速度能等于质心运动与绕质心转动的加速度能之和，与计算刚体动能的柯尼希定理相似。

2.5.5 凯恩方程

凯恩方程以准速度为独立变量，但将准速度改为广义速率。凯恩方程是阿佩尔方程的另一种表达形式。当 f 个广义速率 u_v（$v=1, 2, \cdots, f$）选定以后，系统内各质点的速度 $\boldsymbol{v}_i = \dot{\boldsymbol{r}}_i$ 可唯一地表示为广义速率的线性组合，即

$$\boldsymbol{v}_i = \sum_{v=1}^{f} \boldsymbol{v}_i^{(v)} u_v + \boldsymbol{v}_i^{(0)}, \quad i = 1,2,\cdots,n \tag{2-110}$$

式中，矢量系数 $\boldsymbol{v}_i^{(v)}$（$v=1, 2, \cdots, f$）均为 q_j（$j=1, 2, \cdots, k$）的函数，即

$$\boldsymbol{v}_i^{(v)} = \frac{\partial \boldsymbol{v}_i}{\partial u_v}, \quad i=1, 2, \cdots, n; \quad v=1, 2, \cdots, f \tag{2-111}$$

将矢量系数 $\boldsymbol{v}_i^{(v)}$ 称为第 i 个质点 P_i 的第 v 个偏速度。由于广义速度 u_v 是具有速度或角速度量纲的标量，因此偏速度的作用是赋予广义速度以方向性。在实际计算中，偏速度通常表现为基矢量或基矢量的组合，对式（2-110）各项取速度变分，导出用独立变分 δu_v 表示的各质点速度的变分为

$$\delta\boldsymbol{v}_i - \sum_{v=1}^{f} \boldsymbol{v}_i^{(v)} \delta u_v, \quad i - 1,2,\cdots,n \tag{2-112}$$

利用式（2-94）将式（2-92）改写为

$$\delta\dot{\boldsymbol{r}}_i = \delta\boldsymbol{v}_i = \sum_{v=1}^{f}\sum_{j=1}^{k} \frac{\partial \boldsymbol{v}_i}{\partial q_j} h_{jv} \delta u_v, \quad i = 1,2,\cdots,n \tag{2-113}$$

将式（2-90）代入式（2-113），得

$$\boldsymbol{v}_i^{(v)} = \sum_{j=1}^{l} \frac{\partial \boldsymbol{v}_i}{\partial \dot{q}_j}\frac{\partial \dot{q}_j}{\partial u_v} = \frac{\partial \boldsymbol{v}_i}{\partial u_v}, \quad i = 1,2,\cdots,n; \quad v = 1,2,\cdots,f \tag{2-114}$$

式（2-114）的结果与式（2-112）相同。将式（2-112）代入虚功形式的动力学普遍方程（2-49），以 $\boldsymbol{F}_i^* = -m_i\ddot{\boldsymbol{r}}_i$ 表示质点 P_i 的惯性力，改变求和次序，得

$$\sum_{v=1}^{f}\left(\sum_{i=1}^{n} \boldsymbol{F}_i \cdot \boldsymbol{v}_i^{(v)} + \sum_{i=1}^{n} \boldsymbol{F}_i^* \cdot \boldsymbol{v}_i^{(v)}\right)\delta u_v = 0 \tag{2-115}$$

凯恩给出广义主动力 $\widetilde{F}_v$ 和广义惯性力 $\widetilde{F}_v^*$ 的定义为

$$\widetilde{F}_v = \sum_{i=1}^{n} \boldsymbol{F}_i \cdot \boldsymbol{v}_i^{(v)}, \quad \widetilde{F}_v^* = \sum_{i=1}^{n} \boldsymbol{F}_i^* \cdot v_i^{(v)}, \quad v = 1,2,\cdots,f \tag{2-116}$$

则方程（2-115）改写为

$$\sum_{v=1}^{f}(\widetilde{F}_v + \widetilde{F}_v^*)\delta u_v = 0 \tag{2-117}$$

由于 δu_v 为独立变分，方程（2－117）成立的充分必要条件为

$$\widetilde{F}_v + \widetilde{F}_v^* = 0 \qquad (v = 1,\ 2,\ \cdots,\ f) \tag{2-118}$$

即各广义速度所对应的广义主动力与广义惯性力之和为零。将式（2－118）中的广义主动力与广义惯性力以式（2－116）代入，即得到系统的动力学方程。

例2－8 半径为 r 的圆环绕垂直轴以匀角速度 ω 转动，质量为 m 的小球 P 可在管内无摩擦地滑动，如图2－18所示。试利用凯恩方程建立其动力学方程。

解 取 $u = \dot{\theta}$ 为广义速率，小球速度为

$$\boldsymbol{v} = ru\boldsymbol{e}_\theta \tag{2-119}$$

式中：$\boldsymbol{e}_\theta$ 为 P 点处圆环切线方向的基矢量。

根据式（2－111）的定义，小球的偏速度为

$$v^{(1)} = \frac{\partial \boldsymbol{v}}{\partial u} = r\boldsymbol{e}_\theta \tag{2-120}$$

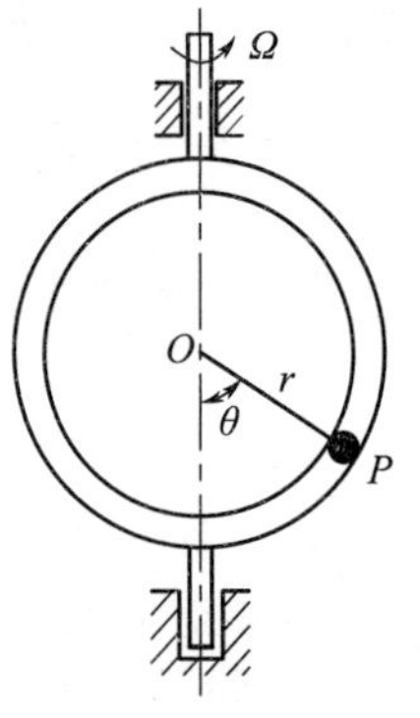

图2－18 圆环轴

利用小球的重力 $\boldsymbol{F}$ 和惯性力 $\boldsymbol{F}^*$ 向圆环切线方向的投影，计算广义主动力和广义惯性力。得到

$$\widetilde{F} = \boldsymbol{F} \cdot \boldsymbol{e}_\theta = -mgr\sin\theta, \qquad \widetilde{F}^* = \boldsymbol{F}^* \cdot \boldsymbol{e}_\theta = -mr^2\theta + mr^2\omega\sin\theta\cos\theta \tag{2-121}$$

将式（2－121）代入方程（2－118），即得到小球的动力学方程为

$$\ddot{\theta} + (g/r - \omega^2\cos\theta)\sin\theta = 0 \tag{2-122}$$

2.6 哈密顿方程

2.6.1 保守系统的哈密顿方程

设质点系由 n 个质点组成，受到 r 个完整约束，具有 $k = 3n - r$ 个自由度。对于理想约束情况，作用于系统的主动力都是有势力，保守系统的拉格朗日方程（2－67）是关于广义坐标 q_j（$j = 1,\ 2,\ \cdots,\ k$）的二阶微分方程组。由广义坐标 q_1，q_2，…，q_k 构成的 k 维空间中，方程（2－67）的解对应于位形空间中的一条曲线。但是，位形空间中的一条轨线却不能唯一地确定方程（2－67）的解，因为广义速度 $\dot{q}_1$，$\dot{q}_2$，…，$\dot{q}_k$ 不能确定，可能有无穷多条相同广义坐标、不同广义速度的轨线重叠在一起。所以，在位形空间中，无法看清动力学方程（2－67）中解的几何性质，而需要同时考虑广义速度 $\dot{q}_1$，$\dot{q}_2$，…，$\dot{q}_k$ 的增广位形空间。

将广义速度与广义坐标看作独立的变量，可以变换 k 个二阶微分方程式（2－67）成为 $2k$ 个一阶微分方程组，这种变换可有多种形式。哈密顿引入广义动量

$$p_i = \frac{\partial L}{\partial \dot{q}_i}, \qquad i = 1,\ 2,\ \cdots,\ k \tag{2-123}$$

以广义动量 p_1，p_2，…，p_k 和广义坐标 q_1，q_2，…，q_k 作为描述系统的状态变量，建立系统的运动微分方程组。与拉格朗日方程、拉格朗日函数 L 以广义速度 $\dot{q}_1$，$\dot{q}_2$，…，$\dot{q}_k$ 和广

义坐标 q_1，q_2，…，q_k 为变量描述系统相比较，相当于将广义速度变换为广义动量，而该广义动量由拉格朗日函数关于广义速度的偏导数生成式（2－123），这将是一个勒让德变换。将广义坐标看作是参数，利用系统动能的广义速度表达式（2－129），可得

$$\det\left[\frac{\partial^2 L}{\partial\dot{q}_i\partial\dot{q}_j}\right]=\det\left[\frac{\partial^2(T_2+T_1+T_0-V)}{\partial\dot{q}_i\partial\dot{q}_j}\right]=\det\underline{\boldsymbol{a}}>0 \tag{2-124}$$

故满足勒让德变换的条件，存在勒让德变换，其逆变换也是勒让德变换。拉格朗日函数 L 变换为

$$H=H(p_1,p_2,\cdots,p_k;q_1,q_2,\cdots,q_k)=\left[\sum_{i=1}^{k}p_i\dot{q}_i-L\right]_{\dot{q}_i\to p_i} \tag{2-125}$$

由逆勒让德变换的生成变量表达式和关于参数偏导数的关系式，可得

$$\dot{q}_i=\frac{\partial H}{\partial p_i},\quad \frac{\partial H}{\partial q_i}=-\frac{\partial L}{\partial q_i},\quad i=1,\ 2,\ \cdots,\ k \tag{2-126}$$

二阶微分的拉格朗日方程，变换后将为一阶微分方程组，并通过函数 H 表示。关于变量 q_i 的一阶微分方程如式（2－126）的第一式所示。利用式（2－123）、式（2－65）和式（2－126）的第二式，得到关于变量 p_i 的一阶微分方程组为

$$\dot{p}_i=\frac{\mathrm{d}}{\mathrm{d}t}\left(\frac{\partial L}{\partial\dot{q}_i}\right)=\frac{\partial L}{\partial q_i}=-\frac{\partial H}{\partial q_i},\quad i=1,\ 2,\ \cdots,\ k \tag{2-127}$$

式（2－126）与式（2－127）组成了关于系统状态变量 q_1，q_2，…，q_k 和 p_1，p_2，…，p_k 的 $2k$ 个一阶微分方程组

$$\dot{q}_i=\frac{\partial H}{\partial p_i},\quad \dot{p}_i=-\frac{\partial H}{\partial q_i},\quad i=1,\ 2,\ \cdots,\ k \tag{2-128}$$

式（2－128）称为哈密顿方程，其中函数 H（p_1，p_2，…，p_k；q_1，q_2，…，q_k）称为哈密顿函数。哈密顿方程由哈密顿函数的偏导数完全确定。哈密顿方程形式简洁，具有广义坐标 q_i 与广义动量 p_i 的对偶性和反对称性。哈密顿方程是代数形式的方程，其数目等于系统自由度的两倍，可用于建立复杂系统的动力学关系及其解的研究。哈密顿函数也是代数量，一般需要通过式（2－125）确定。

2.6.2 哈密顿函数

系统动能的广义速度表达式为

$$T=\frac{1}{2}\sum_{r=1}^{k}\sum_{s=1}^{k}m_{rs}\dot{q}_r\dot{q}_s+\sum_{r=1}^{k}a_r\dot{q}_r+a_0=T_2+T_1+T_0 \tag{2-129}$$

由式（2－129），可得拉格朗日函数 $L=T_2+T_1+T_0-V$。将其代入式（2－125），得到哈密顿函数为

$$\begin{aligned}H&=\sum_{i=1}^{k}\frac{\partial L}{\partial\dot{q}_i}\dot{q}_i-L=\sum_{i=1}^{k}\left(\sum_{j=1}^{k}m_{ij}\dot{q}_j+a_i\right)\dot{q}_j-L\\&=2T_2+T_1-(T_2+T_1+T_0-V)=T_2+V-T_0\end{aligned} \tag{2-130}$$

式（2－130）表明，哈密顿函数 H 是通过广义动量 p_i 和广义坐标 q_i 表示的动力学系统的广义能量。对于定常约束系统，动能分量 $T_0=T_1=0$，则有 $H=T+V$，即哈密顿函数表示系统的机械能。因此，哈密顿函数具有明确的物理意义。

利用动能的广义速度表达式（2－129），将拉格朗日函数表示为

$$L = \frac{1}{2}\sum_{i=1}^{k}\sum_{j=1}^{k} m_{ij}\dot{q}_i\dot{q}_j + \sum_{i=1}^{k} a_i\dot{q}_i + a_0 - V \tag{2-131}$$

将式（2－131）代入式（2－123），得到广义动量为

$$p_i = \sum_{j=1}^{k} m_{ij}\dot{q}_j + a_i, \quad i = 1,2,\cdots,k \tag{2-132}$$

因系数矩阵 $\boldsymbol{m}$ 正定，故可解得广义速度为

$$\dot{q}_i = \sum_{j=1}^{k} d_{ij}p_j + e_i, \quad i = 1,2,\cdots,k \tag{2-133}$$

式中，系数矩阵 $\boldsymbol{d}$ 为 $\boldsymbol{m}$ 的逆矩阵，矢量 $\boldsymbol{e}$ 为 $\boldsymbol{m}$ 的逆矩阵与负的矢量 $\boldsymbol{a}$ 之积，它们都是广义坐标及时间的函数。将式（2－133）代入式（2－130），并利用式（2－132），得到哈密顿函数为

$$\begin{aligned} H &= \frac{1}{2}\sum_{i=1}^{k}\left(\sum_{j=1}^{k} d_{ij}p_j + e_i\right)(p_i - a_i) - c + V \\ &= \frac{1}{2}\sum_{i=1}^{k}\sum_{j=1}^{k} d_{ij}p_ip_j + \sum_{i=1}^{k} e_ip_i - \frac{1}{2}\sum_{i=1}^{k} a_ie_i - a_0 + V \end{aligned} \tag{2-134}$$

因此，哈密顿函数 H 是广义动量 p_i 的二次函数。对于定常约束情况，$a_i = a_0 = 0$，从而 $e_i = 0$（$i = 1, 2, \cdots, k$），则哈密顿函数成为

$$H = \frac{1}{2}\sum_{i=1}^{k}\sum_{j=1}^{k} d_{ij}p_ip_j + V \tag{2-135}$$

式（2－135）中，除 V 是势能外，前一项是广义动量的二次型。利用哈密顿函数（2－134），可将哈密顿方程（2－130）表示为

$$\begin{aligned} \dot{p}_i &= -\frac{1}{2}\sum_{j=1}^{k}\sum_{l=1}^{k}\frac{\partial d_{jl}}{\partial q_i}p_jp_l - \sum_{j=1}^{k}\frac{\partial e_j}{\partial q_i}p_j + \frac{\partial}{\partial q_i}\left(\frac{1}{2}\sum_{j=1}^{k} a_je_i + a_0 - V\right) \\ \dot{q}_i &= \sum_{j=1}^{k} d_{ij}p_j + e_i, \quad i = 1,2,\cdots,k \end{aligned} \tag{2-136}$$

在定常约束情况下，方程（2－136）退化为

$$\dot{p}_i = -\frac{1}{2}\sum_{j=1}^{k}\sum_{l=1}^{k}\frac{\partial d_{jl}}{\partial q_i}p_jp_l - \frac{\partial V}{\partial q_i}, \quad \dot{q}_i = \sum_{j=1}^{k} d_{ij}p_j, \quad i = 1,2,\cdots,k \tag{2-137}$$

利用保守系统的哈密顿函数（2－130），得到哈密顿函数关于时间的全导数为

$$\frac{\mathrm{d}H}{\mathrm{d}t} = \sum_{i=1}^{k}\left(\frac{\partial H}{\partial q_i}\dot{q}_i + \frac{\partial H}{\partial p_i}\dot{p}_i\right) + \frac{\partial H}{\partial t} = \sum_{i=1}^{k}\left(\frac{\partial H}{\partial q_i}\frac{\partial H}{\partial p_i} - \frac{\partial H}{\partial p_i}\frac{\partial H}{\partial q_i}\right) + \frac{\partial H}{\partial t} = \frac{\partial H}{\partial t} \tag{2-138}$$

因此，保守系统的哈密顿函数 H 随时间 t 的变化取决于显含时间的部分。而实际上 H 不显含 t，故 $\mathrm{d}H/\mathrm{d}t = \partial H/\partial t = 0$，即哈密顿函数不随时间变化，系统机械能守恒。

2.6.3 非保守系统的哈密顿方程

对于非保守系统，主动力可以分为有势力与非有势力两类，系统的拉格朗日方程为

$$\frac{\mathrm{d}}{\mathrm{d}t}\left(\frac{\partial L}{\partial \dot{q}_i}\right) - \frac{\partial L}{\partial q_i} = \widetilde{Q}_i, \quad i = 1, 2, \cdots, k \tag{2-139}$$

式中：$\widetilde{Q}_i$ 为非有势力相应的广义力，广义动量仍如式（2－123）所示。拉格朗日函数 L 是广义速度和广义坐标的函数，仍满足条件（2－124），可以应用勒让德变换将广义速度

变换成广义动量，拉格朗日函数 L 变换成如式（2－125）所示的哈密顿函数 H，其逆变换也是勒让德变换，从而式（2－126）仍然成立。但是，广义动量关于时间的全导数为

$$\dot{p}_i=\frac{\mathrm{d}}{\mathrm{d}t}\left(\frac{\partial L}{\partial \dot{q}_i}\right)=\frac{\partial L}{\partial q_i}+\widetilde{Q}_i=-\frac{\partial H}{\partial q_i}+\widetilde{Q}_i,\quad i=1,\ 2,\ \cdots,\ k \tag{2-140}$$

式（2－126）的第一式和式（2－140）组成了非保守系统的哈密顿方程，即

$$\dot{q}_i=\frac{\partial H}{\partial p_i},\quad \dot{p}_i=-\frac{\partial H}{\partial q_i}+\widetilde{Q}_i,\quad i=1,\ 2,\ \cdots,\ k \tag{2-141}$$

式（2－141）与保守系统哈密顿方程（2－128）的区别仅在于第二个方程的右边多了一项非有势力的广义力，非有势力的广义力 $\widetilde{Q}_i$ 应表示为广义坐标和广义动量的函数。哈密顿方程（2－141）建立了一般系统的动力学关系。当广义力 $\widetilde{Q}_i$ 相对于其他力，例如有势力等较小时，方程（2－141）描述的系统称为拟哈密顿方程，拟哈密顿系统的运动将以相应的哈密顿系统的运动为基础。

非保守系统的哈密顿函数 H 仍然可以表示为式（2－134），代入哈密顿方程（2－141），得到

$$\begin{aligned}\dot{p}_i&=-\frac{1}{2}\sum_{j=1}^{k}\sum_{l=1}^{k}\frac{\partial d_{jl}}{\partial q_i}p_jp_l-\sum_{j=1}^{k}\frac{\partial e_i}{\partial q_i}p_j+\frac{\partial}{\partial q_i}\left(\frac{1}{2}\sum_{j=1}^{k}a_je_j+a_0-V\right)+\widetilde{Q}_i\\ \dot{q}_i&=\sum_{j=1}^{k}d_{ij}p_j+e_i,\quad i=1,2,\cdots,k\end{aligned} \tag{2-142}$$

例 2－9 铅直平面内的小球摆如图 2－19 所示，小球质量为 m，通过细绳悬挂，绳另一端绕在固定的圆柱上，圆柱半径为 R。当摆在铅直位置时，绳的直线部分长度为 l，绳的质量不计。求：摆的哈密顿方程，并求系统的运动微分方程。

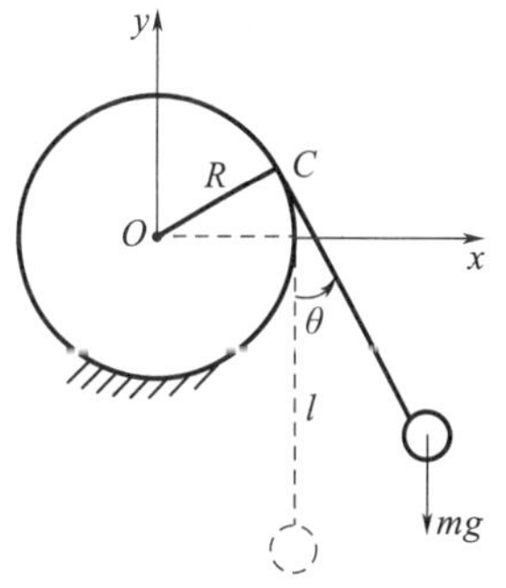

图 2－19　小球摆

解　小球摆为保守系统，所受到的约束为定常、理想、完整约束，系统自由度为 1。选取角度 θ 为广义坐标，系统的动能和势能分别为

$$T=\frac{1}{2}m\ (l+R\theta)^2\dot{\theta}^2$$

$$V=mg\ [\ (l+R\sin\theta)\ -\ (l+R\theta)\ \cos\theta] \tag{2-143}$$

则拉格朗日函数为

$$L=\frac{1}{2}m\ (l+R\theta)^2\dot{\theta}^2-mg\ [\ (l+R\sin\theta)\ -\ (l+R\theta)\ \cos\theta] \tag{2-144}$$

式（2－144）是广义速度的二次函数，因定常约束而无广义速度的一次项。故系统的广义动量为

$$p=\frac{\partial L}{\partial \dot{\theta}}=m\ (l+R\theta)^2\dot{\theta} \tag{2-145}$$

式（2－145）是广义速度的线性函数，一次项系数为正，相当于定常约束的拉格朗日函数，且无零次项。故可得广义速度为

$$\dot{\theta}=\frac{p}{m\ (l+R\theta)^2} \tag{2-146}$$

利用广义速度的表达式，哈密顿函数可表示为

$$H=(p\dot{\theta}-L)_{\dot{\theta}\to p}=\frac{p^2}{2m(l+R\theta)^2}+mg[(l+R\sin\theta)-(l+R\theta)\cos\theta] \quad (2-147)$$

式（2－147）是广义动量的二次函数，因定常约束而无广义动量的一次项，且 H 与 L 的二次项系数的 2 倍互为倒数。哈密顿函数 H 并不直接将广义速度的表达式代入拉格朗日函数 L 的结果，H 与 L 可以相差广义坐标的函数项。对于定常约束情况，上述哈密顿函数可由系统的动能与势能之和得到。

将哈密顿函数 H 代入保守系统的哈密顿方程（2－128），即得到小球摆的哈密顿方程为

$$\dot{\theta}=\frac{\partial H}{\partial p}=\frac{p}{m(l+R\theta)^2},\quad \dot{p}=-\frac{\partial H}{\partial \theta}=\frac{Rp^2}{m(l+R\theta)^3}-mg(l+R\theta)\sin\theta \quad (2-148)$$

式（2－148）的第一式就是广义速度的广义动量表达式，因定常约束而为线性齐次式。式（2－148）是关于系统状态变量（θ，p）的一阶微分方程组。由式（2－148）的第一式得到广义动量，并代入第二式，可得关于广义坐标 θ 的二阶微分方程为

$$(l+R\theta)\ddot{\theta}+R\dot{\theta}^2+g\sin\theta=0 \quad (2-149)$$

式（2－149）就是小球摆的运动微分方程。

思考题

1. 位形空间和状态空间有何异同？

2. 一个系统的约束方程为 $(x-\sin t)^2+y^2\leqslant l^2$，试问：①$t=0$、约束方程取“＝”号时为何种约束？②$t\neq 0$、约束方程取“＝”号时为何种约束？③$t\neq 0$、约束方程取“＜”号时为何种约束？

3. 试问：二维直角坐标、极坐标和三维直角坐标、柱坐标、球坐标有什么特殊性？

4. 根据系统自由度的概念，系统的自由度和系统的质块数量是否总是相同的？

5. 实位移与虚位移有何异同？

6. 计算系统虚位移之间的关系有几种方法？各有什么特点？

7. 虚位移原理与静力学平衡方程有何区别？

8. 动力学普遍方程可以表示为哪几种形式？各种形式之间有何关联？

9. 从拉格朗日方程可以很容易地看出，对于保守系统，系统的动力学行为完全由一个函数确定，从牛顿动力学方程能看出这一点吗？

10. 试用拉格朗日方程导出刚体的定轴转动微分方程和刚体的平面运动学方程。

11. 第一类拉格朗日方程和第二类拉格朗日方程之间有何异同？

12. 阿佩尔方程和凯恩方程之间有何联系？

13. 试述用拉格朗日方程建立系统运动方程的步骤？

14. 哈密顿方程和拉格朗日方程之间有何异同？

15. 试述用哈密顿方程建立运动方程的步骤？

习　题

1. 希立克测振仪由小球 A 和无质量杆组成，如图 2－20 所示。O，B 均为旋转铰，

O'为圆柱铰，设小球质量为 m，试选择广义坐标并写出约束方程。

2. 一杆－圆盘－质点系统如图 2－21 所示，杆长为 l，质量不计，可绕水平轴 O 摆动。在杆的 A 端装有一质量为 M、半径为 r 的均质圆盘，在圆盘的边缘 B 上，固结一质量为 m 的质点，试选择广义坐标并写出约束方程。

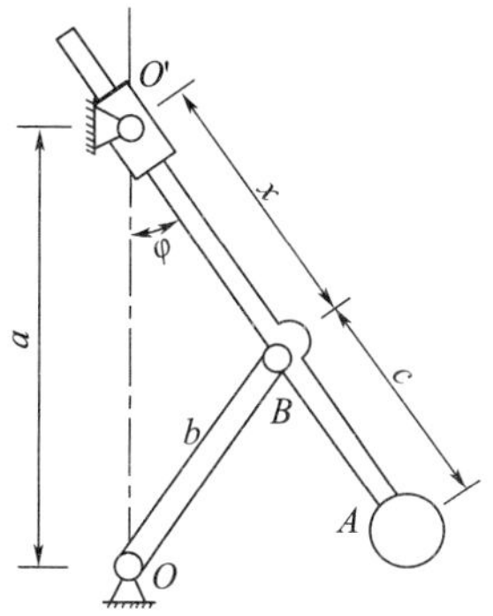

图 2－20　希立克测振仪

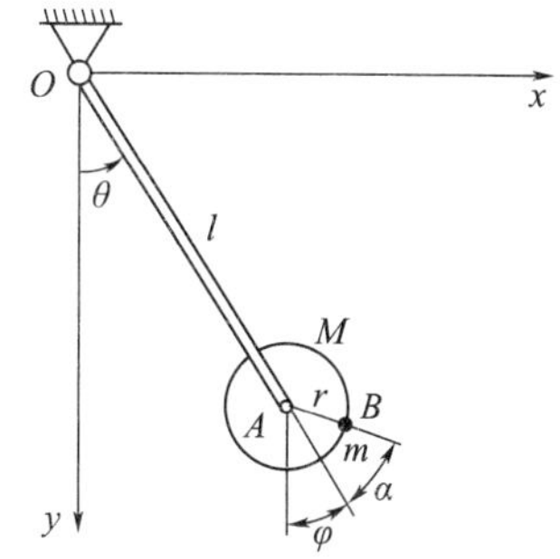

图 2－21　杆－圆盘－质点系统

3. 两球通过直杆连接，置于光滑的球形槽中，如图 2－22 所示。球 A 与 B 的质量分别为 m_1，m_2（$m_1 > m_2$），杆的质量不计，长度 $AB = 2a$，槽的半径为 R（$R > a$），两球在图示状态平衡，试选择广义坐标并写出约束方程。

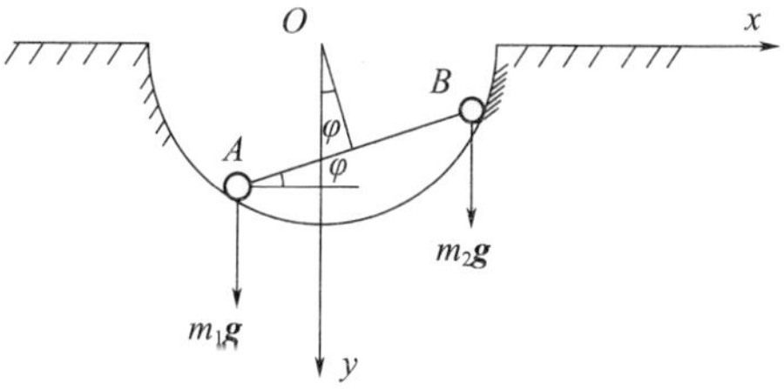

图 2－22　球形槽中的两球系统

4. 试确定图 2－23 所示的各个机械系统的自由度，并规定一套系统运动分析时所用的广义坐标系。

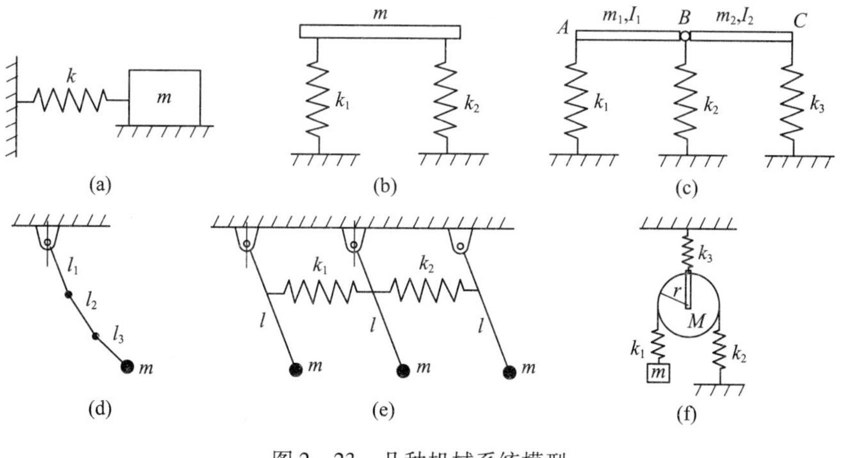

图 2－23　几种机械系统模型

5. 铅直平面内的小球摆如图 2－19 所示，小球质量为 m，通过细绳悬挂，绳另一端绕在固定的圆柱上，圆柱半径为 R。当摆在铅直位置时，绳的直线部分长度为 l，绳的质量不计。试选择广义坐标，并写出约束方程。

6. 对图 2－24 所示系统，两个杆的长度均为 l，质量均为 m，试确定系统的自由度?

7. 对图 2－25 所示系统，杆的长度为 l，杆和质量块的质量均为 m，杆的惯性矩为 I，试确定系统的自由度?

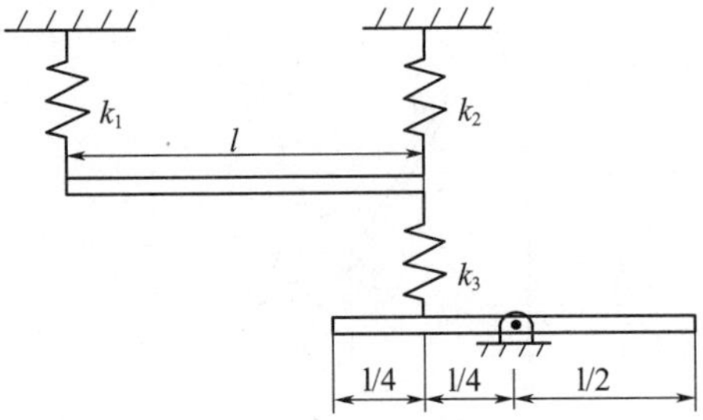

图 2－24　二杆－弹簧系统

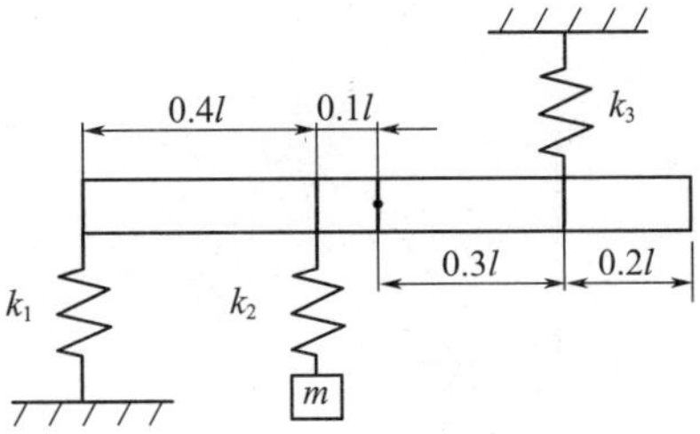

图 2－25　杆－质量－弹簧系统

8. 对图 2－26 所示的多自由度机械系统，试确定系统的自由度? 并选择广义坐标，写出约束方程。

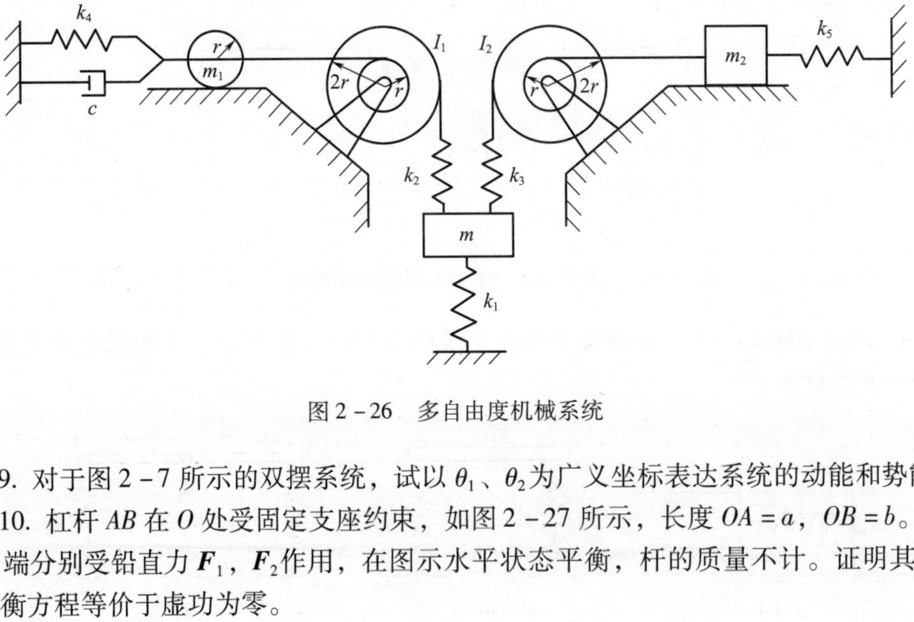

图 2－26　多自由度机械系统

9. 对于图 2－7 所示的双摆系统，试以 θ_1、θ_2 为广义坐标表达系统的动能和势能。

10. 杠杆 AB 在 O 处受固定支座约束，如图 2－27 所示，长度 $OA=a$，$OB=b$。杆 A 与 B 端分别受铅直力 $\boldsymbol{F}_1$，$\boldsymbol{F}_2$ 作用，在图示水平状态平衡，杆的质量不计。证明其力系的平衡方程等价于虚功为零。

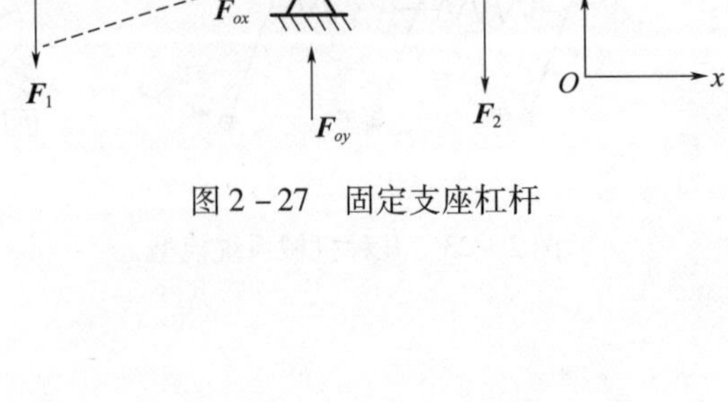

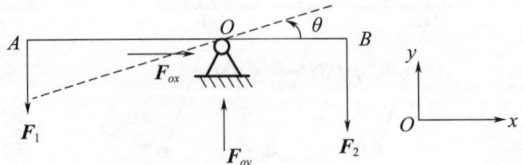

图 2－27　固定支座杠杆

11. 一杆－圆盘－质点系统如图 2－21 所示，杆长为 l，质量不计，可绕水平轴 O 摆动。在杆的 A 端装有一质量为 M、半径为 r 的均质圆盘，在圆盘的边缘 B 上，固结一质量为 m 的质点。试求此系统做微幅振动的运动微分方程。

12. 设滑块 P 在转盘上受到相互正交的弹簧的约束，转盘以角速度 Ω 匀速转动，滑块的质量为 m，弹簧刚度为 k，滑块的平衡位置在盘心处，如图 2－28 所示。试写出滑块的动能和势能，列出滑块的运动微分方程。

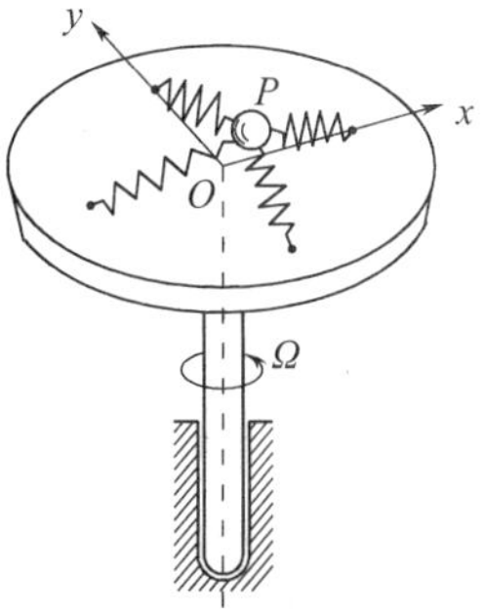

图 2－28　滑块－弹簧－转盘系统

13. 对图 2－16 所示的滑块－悬挂摆系统，摆长为 l，滑块和摆的质量分别为 m_A、m_B，滑块受弹簧约束且受黏性摩擦力作用，弹簧刚度系数为 k，黏性摩擦力系数为 c，试用拉格朗日方程建立系统的动力学方程，并与例 2－7 的结果进行比较。

14. 对图 2－18 的圆环轴，半径为 r 的圆环绕垂直轴以匀角速度 ω 转动，质量为 m 的小球 P 可在管内无摩擦的滑动。试利用拉格朗日方程建立系统的动力学方程，并与例 2－8 的结果进行比较。

15. 对图 2－2 所示的在倾角为 α 的冰面上运动的冰刀，冰刀可简化为长度为 l 的均质杆 AB，其质心的速度方向保持与刀刃 AB 一致，试分别用拉格朗日乘子法、阿佩尔方程、凯恩方程建立冰刀的运动微分方程。

16. 试分别用拉格朗日乘子法、凯恩方程建立图 2－16 所示滑块－悬挂摆系统的运动微分方程，并与例 2－7 的结果进行比较。

17. 试用阿佩尔方程建立图 2－18 所示圆环轴的运动微分方程，并与例 2－8 的结果进行比较。

18. 设某两自由度动力学系统的广义坐标为 q_1、q_2，拉格朗日函数为

$$L=\frac{3}{2}\dot{q}_1^2+\frac{1}{2}\dot{q}_2^2-q_1^2-\frac{1}{2}q_2^2-q_1q_2$$

试求：该系统的哈密顿函数，并求系统的动能和势能。

19. 试用哈密顿方程建立图 2－18 所示圆环轴的运动微分方程，并与例 2－8、题 14、题 17 的结果进行比较。

20. 试用哈密顿方程建立图 2－28 所示滑块－弹簧－转盘系统中滑块 P 的运动微分方程，并与题 12 的结果进行比较。

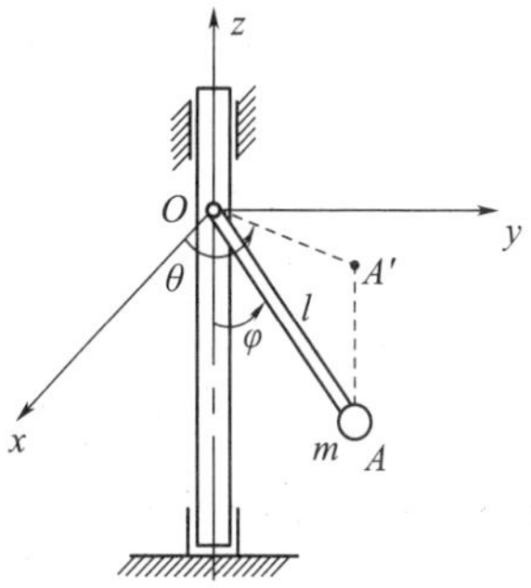

图 2－29　旋转摆

21. 旋转摆如图 2－29 所示，摆球 A 的质量为 m，摆杆 OA 长为 l，摆杆与转轴在 O 处通过光滑柱铰连接，摆杆与旋转轴 z 的夹角为 φ，摆杆与 Oxz 平面的夹角为 θ，摆杆质量忽略不计。试用拉格朗日方程和哈密顿方程建立旋转摆的运动微分方程。

第 3 章　机械系统刚性动力学

3.1　刚性动力学特征及基本假设

忽略弹性变形的构件称为刚体。机械系统的刚性动力学是忽略构件弹性变形的理想机械系统的动力学问题，即研究机械系统在运动过程中的受力情况以及在外力作用下的运动状态的一门科学，主要任务是建立系统的参数与作用于系统的外力和系统运动状态之间的关系。利用这种关系，可以求解在已知外力作用下，系统中各构件的受力和运动状态等正向动力学问题；也可以求解已知某种运动规律，外界施加到系统的外力等逆向动力学问题。

3.1.1　刚性动力学特征

刚体的运动可分为刚体平动、刚体定轴转动、刚体平面运动、刚体定点转动和刚体一般运动。

1. 刚体平动

刚体平动是刚体运动的简单形态，在动力学上有两层意义：①当刚体满足平动的动力学条件时，刚体实际所做的运动；②刚体做一般运动时所分解出的平动部分。刚体平动时，各质点的轨迹、速度和加速度完全一样，所以刚体的平动可用其质心的运动来表示。应用质心运动定理，刚体平动应满足的运动微分方程为

$$m\frac{\mathrm{d}^2\boldsymbol{x}}{\mathrm{d}t^2}=\boldsymbol{F} \tag{3-1}$$

式中：m 为刚体质量；$\mathrm{d}^2\boldsymbol{x}/dt^2$ 为刚体质心的加速度；$\boldsymbol{F}$ 为作用在刚体上所有外力的主矢量。

刚体平动的动力学条件是：$\boldsymbol{F}$ 必须通过刚体质心，且刚体绕质心的初始角速度为零。当不满足刚体平动的动力学条件时，刚体实际上做一般运动。如将刚体的一般运动分解为刚体平动和对质心的转动，根据质心运动定理，无论从哪一层意义上说，刚体平动的运动微分方程和质点的运动微分方程在形式上完全一致。因此，对刚体转动规律的研究是最能体现刚体动力学特征的内容。

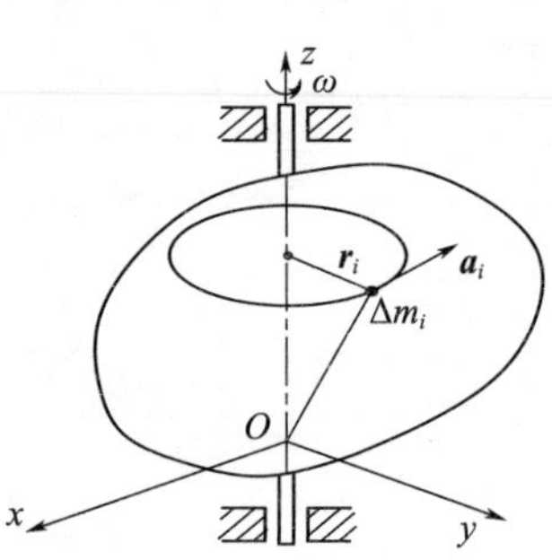

图 3 – 1　刚体的定轴转动

2. 刚体定轴转动

刚体定轴转动是刚体转动的最简单形态，如图 3 – 1 所示。刚体以旋转轴上任意一点 O 为原点，作固定坐标系 $Oxyz$，其中 Oz 沿旋转轴方向。当刚体以角速度 ω 做定

轴转动时，整个刚体对 Oz 轴的动量矩为

$$L_z = \sum_i (\Delta m_i \cdot r_i^2 \omega) = \omega \sum_i (\Delta m_i r_i^2) = I_z \omega = I_z \frac{\mathrm{d}\varphi}{\mathrm{d}t} \tag{3-2}$$

式中：I_z为刚体绕旋转轴的转动惯量。

应用动量矩定理，刚体定轴转动的运动微分方程为

$$I_z \frac{\mathrm{d}\omega}{\mathrm{d}t} = I_z \frac{\mathrm{d}^2\varphi}{\mathrm{d}t^2} = M_z \tag{3-3}$$

式中：$\mathrm{d}\omega/\mathrm{d}t = \varepsilon$ 为刚体绕定轴转动的角加速度；M_z为作用在刚体上所有外力对旋转轴之矩的矢量和。

应用刚体定轴转动的微分方程式（3－3）可对物理摆的运动规律、旋转机械输入和输出功率同平衡转速的关系等进行研究。

3. 刚体平面运动

刚体平面运动是机器部件一种常见的运动形态，例如曲柄连杆、滚轮等的运动。过刚体质心做刚体平面运动的固定平面，此平面在刚体上截得一平面图形。此图形在上述固定平面上的运动完全刻画了刚体的平面运动。由运动学可知，刚体的平面运动可由质心 C 在平面上相对固定坐标系 Oxy 的运动和刚体绕过 C 并同固定平面垂直的轴 $C\eta$ 的转动合成，如图 3－2 所示。刚体的旋转轴 $C\eta$ 虽然在空间中变动，但方向不变，相对刚体的位置也不变，因而刚体绕 $C\eta$ 轴旋转的转动惯量是常值 I_C，绕 $C\eta$ 轴的动量矩为

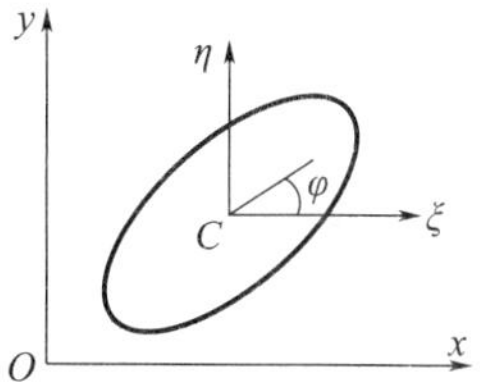

图 3－2　刚体的定轴转动

$$I_C \omega = I_C \frac{\mathrm{d}\varphi}{\mathrm{d}t} \tag{3-4}$$

根据质心运动定理以及绕质心的动量矩定理，可建立刚体平面运动的微分方程为

$$m \frac{\mathrm{d}^2 x_C}{\mathrm{d}t^2} = F_x, \qquad m \frac{\mathrm{d}^2 y_C}{\mathrm{d}t^2} = F_y, \qquad m \frac{\mathrm{d}^2 \varphi}{\mathrm{d}t^2} = M_z \tag{3-5}$$

式中：m 为刚体质量；F_x，F_y为作用在刚体上所有外力在 x、y 轴上投影的代数和；x_C，y_C为质心坐标；M_z为所有外力对 $C\eta$ 轴的矩的代数和。

利用运动微分方程（3－5）并给出刚体运动的初始状态，就可以求出刚体平面运动的规律。

4. 刚体定点转动

质点动力学和刚体动力学都有一个共同的特征，即动力学量（动量或需要的动量矩分量）同相应的运动学量（速度或角速度）之间是乘以标量的关系。但是，刚体定点转动的动力学量，动量矩矢量 $\boldsymbol{L}$ 同相应的运动学量，瞬时角速度矢量 $\boldsymbol{\omega}$ 之间不再是乘以标量的简单关系，而是一种矢量之间的线性变换关系。

假设刚体绕固定点 O 转动。考虑刚体的任一质量元 Δm_i，其矢径为 $\boldsymbol{r}_i$，整个刚体对 O 点的动量矩矢量 $\boldsymbol{L}$ 可表示为

$$\boldsymbol{L} = \sum_i (\boldsymbol{r}_i \times \Delta m_i \boldsymbol{v}_i) = \sum_i [\boldsymbol{r}_i \times \Delta m_i (\boldsymbol{\omega} \times \boldsymbol{r}_i) = \boldsymbol{\omega} \sum_i (\Delta m_i r_i^2) - \sum_i \Delta m_i (\boldsymbol{r}_i \cdot \boldsymbol{\omega}) \boldsymbol{r}_i \tag{3-6}$$

取同刚体固连的坐标系 $Oxyz$，根据惯性张量的定义，得到刚体绕固定点转动的关

系为

$$\begin{Bmatrix} L_x \\ L_y \\ L_z \end{Bmatrix} = \begin{bmatrix} I_{xx} & -I_{xy} & -I_{xz} \\ -I_{xy} & I_{yy} & -I_{yz} \\ -I_{xz} & -I_{yz} & I_{zz} \end{bmatrix} \begin{Bmatrix} \omega_x \\ \omega_y \\ \omega_z \end{Bmatrix} \tag{3-7}$$

式中

$$I_{xx} = \sum_i \Delta m_i (y_i^2 + z_i^2),\quad I_{xy} = \sum_i \Delta m_i x_i y_i,\quad I_{xz} = \sum_i \Delta m_i x_i z_i$$

$$I_{yy} = \sum_i \Delta m_i (z_i^2 + x_i^2),\quad I_{yz} = \sum_i \Delta m_i y_i z_i,\quad I_{zz} = \sum_i \Delta m_i (x_i^2 + y_i^2) \tag{3-8}$$

利用式（3-7），将动量矩定理的矢量方程 $\mathrm{d}\boldsymbol{L}/\mathrm{d}t=\boldsymbol{M}$ 投影到同刚体固连的坐标系上，可以得到刚体绕固定点转动的一般方程。如果特别选定刚体固连坐标系 $Oxyz$ 为刚体对 O 点的惯性主轴坐标系，则全部惯性积为零。此时得到刚体绕固定点转动的欧拉动力学方程为

$$I_{xx}\frac{\mathrm{d}\omega_x}{\mathrm{d}t} + (I_{zz}-I_{yy})\,\omega_y\omega_z = M_x,\quad I_{yy}\frac{\mathrm{d}\omega_y}{\mathrm{d}t} + (I_{xx}-I_{zz})\,\omega_z\omega_x = M_y,$$

$$I_{zz}\frac{\mathrm{d}\omega_z}{\mathrm{d}t} + (I_{yy}-I_{xx})\,\omega_x\omega_y = M_z \tag{3-9}$$

式中：M_x，M_y，M_z为刚体所受各外力对质心 C 的力矩分量的代数和。

欧拉运动学方程为

$$\omega_x = \dot{\psi}\sin\theta\sin\varphi + \dot{\theta}\cos\varphi,\quad \omega_y = \dot{\psi}\sin\theta\cos\varphi + \dot{\theta}\sin\varphi,\quad \omega_z = \dot{\psi}\cos\theta + \dot{\varphi} \tag{3-10}$$

将式（3-9）和式（3-10）结合在一起，就构成了求解刚体绕固定点转动的封闭的运动微分方程组，方程组由 6 个一阶非线性微分方程所组成。从式中消去 ω_x、ω_y、ω_z，可以直接得到对欧拉角 θ、ψ、φ 的 3 个二阶非线性微分方程。

寻求上述运动微分方程组的完全积分，一般说来非常困难。如果 $M_x = M_y = M_z = 0$，则刚体绕固定点的运动称为纯惯性运动，这种运动可以分析求解。对于有外力矩的一般情况，刚体的运动非常复杂，仅在刚体的惯性椭球回转对称，而且初始状态有绕回转轴的高速自转情况下，刚体受外力矩作用下的运动才具有较简单的规律。

5. 刚体一般运动

刚体一般运动是对惯性坐标系而言的。设 C 为刚体的质心，$Cxyz$ 为同刚体固连的质心惯性主轴坐标系。因刚体一般运动可分解为刚体平动和绕质心的转动，故应用质心运动定理和对质心的动量矩定理，可以建立刚体一般运动的平动方程为

$$m\frac{\mathrm{d}^2\boldsymbol{r}_C}{\mathrm{d}t^2} = \boldsymbol{F} \tag{3-11}$$

对质心的转动方程由式（3-9）表示，利用运动微分方程（3-9）和式（3-11），并考虑运动学方程组（3-10）以及初始条件，即可确定刚体在空间中的一般运动。

3.1.2 刚性动力学的基本假设

动力学分析是机械装备动态设计的基本要求。在不影响机械装备运行状况和设计精度的前提下，在进行动力学分析时，常常做一些假设，以降低分析过程的难度、提高分析效率。在刚性动力学中，为了便于分析，对系统作如下假设。

（1）组成理想机械系统的所有构件都是刚体，忽略弹性变形。

（2）组成机械系统的各运动副中无间隙。

（3）组成机械系统的各运动副中无摩擦力。

（4）机械系统的运动速度不高。

3.2 驱动力和工作阻力

作用于机械系统的力，除了重力和摩擦力之外，还有驱动力和工作阻力。由于机械系统的工作情况及使用的原动机种类繁多，工作阻力和驱动力的形式较为复杂。为了研究在力的作用下机械系统的运动特性，按照力（力矩）与运动学参数（位移、速度、时间等）之间的关系，对驱动力和工作阻力进行分类。

3.2.1 驱动力

驱动力是由原动机发出并传给驱动构件的力，此力做正功。驱动力和发动机的机械特性有关，按其机械特性来分类，常见的驱动力有以下几种类型。

（1）驱动力是常数。如利用物体的重力作为驱动力。在一些近似计算中，当电动机转速变化很小时，也可认为其驱动力是常数。

（2）驱动力是位移的函数。如利用弹性元件作为驱动力时，弹性力与弹性元件的变形量成比例。

（3）驱动力是速度的函数。如三相异步电动机，机械特性均表示为输出力矩随角速度变化的曲线。如图 3－3 所示，机械特性曲线 *DA* 段为不稳定运转状态；*AC* 段是稳定运转状态，即工作状态，可用二次函数 $M = a + b\omega + c\omega^2$ 来表示。

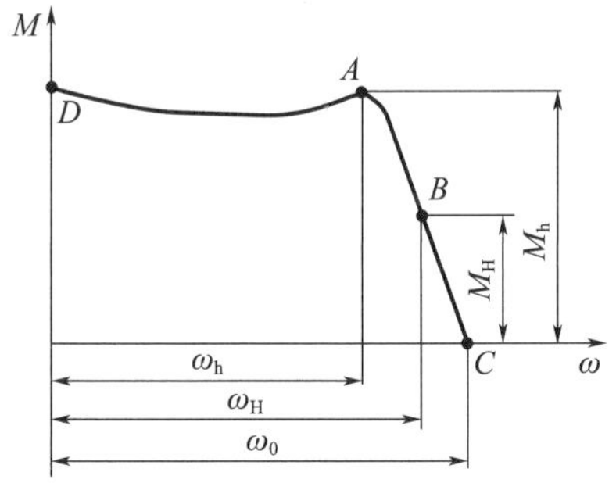

图 3－3　输出力矩随角速度变化的曲线

3.2.2 工作阻力

完成有用功时，作用于机械系统上的阻力称为工作阻力，此力做负功。在工作机械中，按照机械特性来分，常见的工作阻力有如下几种类型。

（1）工作阻力是常数。如起重机的有效工作负荷，机床的制动力矩等。

（2）工作阻力随位移而变化。如往复式压缩机中活塞所受的阻力，曲柄压力机的工作阻力等。

（3）工作阻力随速度而变化。如鼓风机、离心泵、空间飞行器等的工作阻力。

（4）工作阻力随时间而变化。如揉面机、球磨机等的工作阻力。

由以上分类可知，机械特性大多可以表示为驱动力或者工作阻力与某一运动学参数的函数关系。

3.3 单自由度机械系统的等效力学模型

对于单自由度机械系统，可以应用牛顿定律或者达朗贝尔原理建立运动方程，但是由于系统构件较多，建立的运动方程也较多，因此求解复杂。单自由度机械系统的运动只决定于一个参数（坐标），因此只要求解出系统中一个构件的运动规律，则整个系统的运动规律就确定了。所以，单自由度机械系统可以利用等效力学模型来研究。

为了使等效构件的运动与机构的实际运动一致，需要将系统中所有构件上的外力与外力矩通过一定的方法等效地转化到等效构件上，将所有构件的质量也等效地转化到等效构件上，针对等效构件建立的力学模型称为等效力学模型。在等效力学模型中，将复杂的机械系统动力学问题转化为与其等效的一个构件的动力学问题，使问题的研究得到了简化。

3.3.1 等效力学模型

根据功能原理，在某一段时间间隔内作用于系统上的所有外力所做的功应等于系统动能的增量。由此可根据等效力（或等效力矩）所做的元功与所有外力做的元功相等来确定等效质量（或等效转动惯量）。

为了便于计算，通常选取做定轴转动或者直线运动的构件作为等效构件，如图3－4所示。在实际中一般选取以主动构件为等效构件，决定等效构件位置的转角或者位移可以作为广义坐标。若选取做定轴转动的构件作为等效构件，则等效后作用在等效构件上的力矩称为等效力矩，等效构件具有的转动惯量称为等效转动惯量；若选取做直线运动的构件作为等效构件，则等效后作用在等效构件上的力称为等效力，等效构件具有的质量称为等效质量。

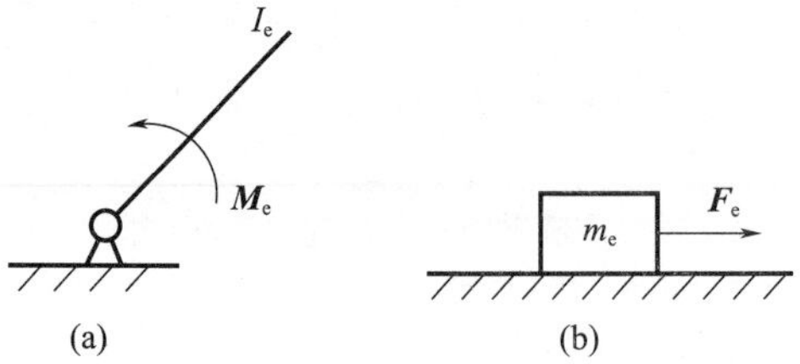

图3－4　等效构件

3.3.2 等效力与等效力矩

由功能原理可知，可以根据等效力或等效力矩所做的功与作用在系统上的所有外力与外力矩所做的功之和相等的原则来确定系统的等效力或等效力矩。为了简便，可以利用等效力或者等效力矩的功率与系统上所有外力与外力矩的功率相等来计算。

设 $\boldsymbol{F}_k$（$k=1, 2, \cdots, m$）和 $\boldsymbol{M}_j$（$j=1, 2, \cdots, n$）分别为作用于机械系统上的外力和外力矩，根据等效力 $\boldsymbol{F}_e$或者等效力矩 $\boldsymbol{M}_e$的功率与机械系统的总功率相等，得到

$$\boldsymbol{F}_e \cdot \boldsymbol{v} = \sum_{k=1}^{m} \boldsymbol{F}_k \cdot \boldsymbol{v}_k + \sum_{j=1}^{n} \boldsymbol{M}_j \cdot \boldsymbol{\omega}_j, \boldsymbol{M}_e \cdot \boldsymbol{\omega} = \sum_{k=1}^{m} \boldsymbol{F}_k \cdot \boldsymbol{v}_k + \sum_{j=1}^{n} \boldsymbol{M}_j \cdot \boldsymbol{\omega}_j \quad (3-12)$$

式中：$\boldsymbol{\omega}$ 为等效构件的角速度；$\boldsymbol{v}$ 为等效构件的速度；$\boldsymbol{v}_k$ 为外力 $\boldsymbol{F}_k$作用点的速度；$\boldsymbol{\omega}_j$ 为外力矩 $\boldsymbol{M}_j$作用的构件的角速度。

根据式（3-12）可求出 $\boldsymbol{F}_e$和 $\boldsymbol{M}_e$的表达式为

$$\boldsymbol{F}_e = \frac{1}{\boldsymbol{v}}\left(\sum_{k=1}^{m} \boldsymbol{F}_k \cdot \boldsymbol{v}_k + \sum_{j=1}^{n} \boldsymbol{M}_j \cdot \boldsymbol{\omega}_j\right), \quad \boldsymbol{M}_e = \frac{1}{\boldsymbol{\omega}}\left(\sum_{k=1}^{m} \boldsymbol{F}_k \cdot \boldsymbol{v}_k + \sum_{j=1}^{n} \boldsymbol{M}_j \cdot \boldsymbol{\omega}_j\right) \quad (3-13)$$

实际计算时，常按标量计算，则式（3-13）可写为

$$F_e = \sum_{k=1}^{m} F_k \cdot \frac{v_k \cos\alpha_k}{v} + \sum_{j=1}^{n} \pm M_j \frac{\omega_j}{v}, \quad M_e = \sum_{k=1}^{m} F_k \cdot \frac{v_k \cos\alpha_k}{\omega} + \sum_{j=1}^{n} \pm M_j \frac{\omega_j}{\omega} \quad (3-14)$$

式中：α_k 为 $\boldsymbol{F}_k$与 $\boldsymbol{v}_k$ 的夹角；F_e，M_e，v_k分别为 $\boldsymbol{F}_e$、$\boldsymbol{M}_e$和 $\boldsymbol{v}_k$的幅值。

式（3-14）中第二项符号的决定方法：当 $\boldsymbol{M}_j$与 $\boldsymbol{\omega}_j$ 同向时取正号，反向时取负号。从式（3-14）中可以看出，等效力（或等效力矩）不仅与外力或者外力矩有关，而且与传动比 ω_j/v、v_k/v（或 ω_j/ω、v_k/ω）有关。在含有连杆机构或凸轮机构的变比传动系统中，传动比仅与机构的位置有关；在仅含有定比传动的系统中，传动比为常数。可见，等效力或等效力矩与构件的真实速度无关，所以等效力或等效力矩可以在机械系统真实运动规律未知的情况下求解。

3.3.3 等效质量与等效转动惯量

等效构件的等效质量或等效转动惯量按照动能相等原则来计算，即等效构件具有的动能等于各构件的动能之和。根据动能相等原则，即可计算出等效构件应具有的等效质量或者等效转动惯量。

做平面运动的构件应具有的动能为

$$T = \frac{1}{2}mv_s{}^2 + \frac{1}{2}I\omega^2 \quad (3-15)$$

式中：m 为构件的质量；I 为构件相对于质心的转动惯量；v_s 为构件质心的速度；ω 为构件的角速度。

对于做刚体平动或定轴转动的构件，式（3-15）可分别简化为

$$T = \begin{cases} mv_s{}^2/2, & \text{平动构件} \\ I_o\omega^2/2, & \text{转动构件} \end{cases} \quad (3-16)$$

式中：I_o为构件相对于转轴的转动惯量。

根据动能相等原则，等效构件的质量 m_e或转动惯量 I_e应满足的关系为

$$\frac{1}{2}m_e v^2 = \sum_{i=1}^{n}\left(\frac{1}{2}m_i v_{si}^2 + \frac{1}{2}I_i\omega_i^2\right), \quad \frac{1}{2}I_e\omega^2 = \sum_{i=1}^{n}\left(\frac{1}{2}m_i v_{si}^2 + \frac{1}{2}I_i\omega_i^2\right) \quad (3-17)$$

从式（3-17）中可以推导出等效构件的质量 m_e 或转动惯量 I_e 的表达式为

$$m_e = \sum_{i=1}^{n}\left[m_i\left(\frac{v_{si}}{v}\right)^2 + I_i\left(\frac{\omega_i}{v}\right)^2\right], \quad I_e = \sum_{i=1}^{n}\left[m_i\left(\frac{v_{si}}{\omega}\right)^2 + I_i\left(\frac{\omega_i}{\omega}\right)^2\right] \quad (3-18)$$

式中：v_{si}为第 i 个构件的质心速度；ω_i 为第 i 个构件的角速度；n 为活动构件的数量。

由式（3－18）可知，等效质量和等效转动惯量与传动比有关，而与机械系统驱动构件的真实速度无关。因而，可以在机械系统真实运动规律未知的情况下求解等效质量和等效转动惯量。

3.3.4　等效构件的运动方程

将机械系统的质量和所受外力转化到等效构件后，即可用等效构件代替原有系统进行研究。为叙述简单起见，以下仅讨论等效构件为定轴转动的情况。若等效构件为直线运动，其分析方法类似。

等效构件的运动方程式有两种描述形式，即能量形式的运动方程式和力矩形式的运动方程式。

1. 能量形式的运动方程式

根据功能原理，等效力矩所做的功 W 等于等效构件动能的变化量 ΔT，即

$$\Delta T = W \tag{3-19}$$

如图 3－5 所示，等效构件由转角 φ_1 运动到 φ_2 时，角速度相应地由 ω_1 变为 ω_2，则式（3－19）可写为能量形式的运动方程式

$$\frac{1}{2}I_{e2}\omega_2^2 - \frac{1}{2}I_{e1}\omega_1^2 = \int_{\varphi_1}^{\varphi_2} M_e \mathrm{d}\varphi \tag{3-20}$$

式中：I_{e1}，I_{e2}分别为等效构件在位置 φ_1、φ_2 时的等效转动惯量，即 $I_{e1} = I_{e1}$（φ_1）、$I_{e2} = I_{e2}$（φ_2）。

若等效构件为直线运动的构件，则相应有

$$\frac{1}{2}m_{e2}v_2{}^2 - \frac{1}{2}m_{e1}v_1^2 = \int_{s_1}^{s_2} F_e \mathrm{d}s \tag{3-21}$$

式中：m_{e1}，m_{e2}分别为等效构件在位置 1、2 时的等效质量；v_1，v_2 分别为等效构件在位置 1、2 时的速度；s_1，s_2 分别为等效构件在位置 1、2 时的坐标。

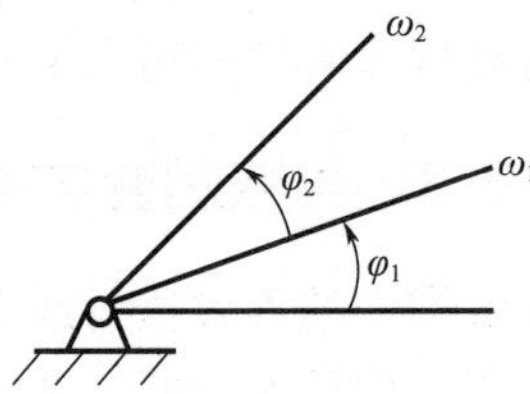

图 3－5　转动等效构件的运动参数

2. 力矩形式的运动方程式

式（3－19）的微分形式为：$\mathrm{d}T = \mathrm{d}W$，由于 $\mathrm{d}W = P\mathrm{d}t$，则有

$$\frac{\mathrm{d}T}{\mathrm{d}t} = P \tag{3-22}$$

式中：$P = M_e\omega$ 为等效力矩的瞬时功率；T 为等效构件的动能。

将式（3－16）的第二式代入式（3－22）得到

$$\frac{\mathrm{d}}{\mathrm{d}t}\left(\frac{1}{2}I_e\omega^2\right) = M_e\omega \tag{3-23}$$

将式（3－23）展开后为

$$I_e\frac{\mathrm{d}^2\varphi}{\mathrm{d}t^2} + \frac{1}{2}\frac{\mathrm{d}I_e}{\mathrm{d}\varphi}\left(\frac{\mathrm{d}\varphi}{\mathrm{d}t}\right)^2 = M_e \tag{3-24}$$

式（3－24）为力矩形式的运动方程式。若等效构件为直线运动的构件，则力形式的运动方程式为

$$M_e \frac{d^2 s}{dt^2} + \frac{1}{2}\frac{dM_e}{ds}\left(\frac{ds}{dt}\right)^2 = F_e \tag{3-25}$$

3.3.5 等效转动惯量及其导数的计算方法

在等效转动惯量的表达式中含有 ω_j/ω、v_{si}/ω。对于连杆机构、凸轮机构等具有变传动比的机构，其传动比为表示机构位置的 φ 的函数，其转动惯量的表达式可能极为复杂，不易用解析法求出。当利用力矩形式的运动方程式（3-24）研究时，还需要求得等效转动惯量的导数 $dI_e/d\varphi$。因此，要得到等效转动惯量 I_e 的函数表达式有时很困难。

在用数值方法求解运动方程时，可以不知道 I_e 和 $dI_e/d\varphi$ 的表达式，而只需知道在一个循环内若干离散位置上 I_e 和 $dI_e/d\varphi$ 的数值即可，通过在计算机上调用运动分析程序来实现。

在运动分析中，机构上任意点的速度、加速度矢量常常用 x、y 方向上的两个分量来表示。因此，等效转动惯量的计算式可改写为

$$I_e = \sum_{i=1}^{n}\left[m_i \frac{1}{\omega^2}(v_{six}^2 + v_{siy}^2) + I_i\left(\frac{\omega_i}{\omega}\right)^2\right] \tag{3-26}$$

将式（3-26）对 φ 求导可得

$$\frac{dI_e}{d\varphi} = \frac{2}{\omega^2}\sum_{i=1}^{n}[m_i(v_{six}a_{six} + v_{siy}a_{siy}) + I_i\omega_i\varepsilon_i] \tag{3-27}$$

由于 I_e 和 $dI_e/d\varphi$ 均与等效构件的真实运动无关，假设等效构件为匀速运动，即等效构件角速度 $\omega_i = 1\text{rad/s}$、角加速度 $\varepsilon_i = 0$。在假设条件下对机构进行运动分析，可求得各构件的角速度 ω_i 和角加速度 ε_i，各构件质心在 x、y 方向上的速度分量 v_{six}、v_{siy} 和加速度分量 a_{six}、a_{siy}，利用式（3-26）、式（3-27）即可求得等效转动惯量 I_e 及其导数 $dI_e/d\varphi$。对机构各位置依次进行运动分析，可求得各位置的 I_e 和 $dI_e/d\varphi$。

例 3-1 在图 3-6 所示的曲柄滑块机构中，已知曲柄长 $l_1 = 0.2\text{m}$，连杆长 $l_2 = 0.5\text{m}$，点 B 到连杆质心 S_2 的距离 $l_{S_2} = 0.2\text{m}$，$e = 0.05\text{m}$，连杆质量 $m_2 = 5\text{kg}$，滑块质量 $m_3 = 10\text{kg}$，曲柄对其转动中心 A 的转动惯量 $I_A = 3\text{kg}\cdot\text{m}^2$，连杆对其质心 S_2 的转动惯量 $I_{S_2} = 0.15\text{kg}\cdot\text{m}^2$。用数值方法计算曲柄滑块机构的等效转动惯量 I_e 及其导数 $dI_e/d\varphi_1$ 随转角 φ_1 的变化规律。

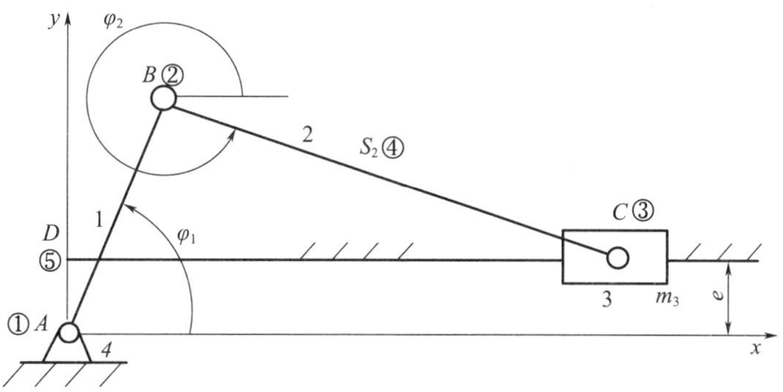

图 3-6　曲柄滑块机构

解 用平面连杆机构分析的解析方法可以列出机构中各杆件的角速度、角加速度的表达式，然后利用式（3－18）计算等效转动惯量，等效转动惯量及其导数可表示为

$$I_e = I_A + I_{S_2}\frac{\omega_2^2}{\omega_1^2} + m_3\frac{v_C^2}{\omega_1^2} + m_2\frac{v_{S_2x}^2 + v_{S_2y}^2}{\omega_1^2}$$

$$\frac{\mathrm{d}I_e}{\mathrm{d}\varphi_1} = \frac{2}{{\omega_1}^2}\left[I_{S_2}\omega_2\varepsilon_2 + m_3 v_C a_C + m_2\left(v_{S_2x}a_{S_2x} + v_{S_2y}a_{S_2y}\right)\right] \tag{3-28}$$

式中：v_{S_2x}，v_{S_2y}分别为质心 S_2在 x、y 方向的速度；a_{S_2x}，a_{S_2y}分别为质心 S_2在 x、y 方向的加速度；v_C，a_C 分别为滑块 C 的速度、加速度。

在进行运动分析时，各构件编号如下：曲柄－1，连杆－2，滑块－3；各关键点编号如下：A－①，B－②，C－③，质心 S_2－④，滑块路径与 y 轴的交点 D－⑤。

将曲柄的运动周期分为若干相等的时间区段，每一区段对应的转角为 $\Delta\varphi_1=2\pi/n$，n 为时间区段的个数，本题中 $n=36$。从 $\varphi_1=0$ 开始依次计算各位置的等效转动惯量，计$\varphi_1=0$ 时的位置为 $i=1$，则第 i 个位置时曲柄的转角为 $\varphi_1^{(i)}=(i-1)\Delta\varphi_1$。由于曲柄做匀速转动，故取角速度 $\omega_1=1\mathrm{rad/s}$、角加速度 $\varepsilon_1=0$。

对每一位置先计算点②的运动学参数（位移、速度、角速度），再计算点③和杆 2 的运动学参数，最后计算点④的运动学参数。然后可计算等效转动惯量 I_e及其导数 $\mathrm{d}I_e/\mathrm{d}\varphi_1$。计算结果如图 3－7 所示。

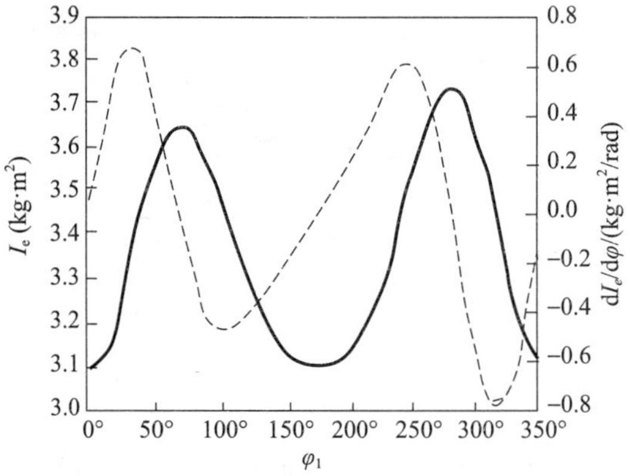

图 3－7　曲柄滑块机构的等效转动惯量及其导数

3.4　运动方程的求解方法

若已知机械系统的受力及其运动的初始状态，则可通过求解运动方程得到等效构件的运动规律。作用在机械系统中的力，可能是角位移 φ 的函数，也可能是角速度 ω 的函数，还可能同时是位移、速度和时间的函数。运动方程在某些简单情况下可以得到解析解，即等效构件角速度随角位移变化的规律或者位移随时间变化的规律的解析解。但是在大多数情况下，例如等效力矩同时是角位移 φ 和角速度 ω 的函数时，只能用数值法或者图线的形式表达其运动规律。

下面将讨论已知等效力矩或等效转动惯量的变化规律，用数值法求解机械系统的运

动微分方程。

3.4.1 等效力矩是等效构件转角的函数

若机械系统所受到的驱动力或者工作阻力均为位置的函数（包括常数），其等效力矩仅为转角 φ 的函数，例如，内燃机中若取曲柄为等效构件，作用于活塞上的驱动力转化到曲柄上为位置的函数，即

$$M_e = M_e(\varphi) \tag{3-29}$$

能量形式的运动方程为

$$\frac{1}{2}I_e(\varphi)\omega^2(\varphi) - \frac{1}{2}I_{e0}\omega_0^{\ 2} = \int_{\varphi_0}^{\varphi} M_e(\varphi)\mathrm{d}\varphi \tag{3-30}$$

式中：I_{e0}，ω_0 分别为初始位置 φ_0 时的等效转动惯量和角速度；$I_e(\varphi)$，$\omega(\varphi)$ 分别为角位移 φ 时的等效转动惯量和角速度；$M_e(\varphi)$ 为转角 φ 的函数的等效力矩。

由式（3-30）可以求出角速度 ω 与转角 φ 的函数关系为

$$\omega(\varphi) = \sqrt{\frac{I_{e0}\omega_0^{\ 2} + 2W(\varphi)}{I_e(\varphi)}} \tag{3-31}$$

式中：$W(\varphi)$ 为等效力矩从初始位置 φ_0 至转角 φ 的过程中所做的功，即

$$W(\varphi) = \int_{\varphi_0}^{\varphi} M_e(\varphi)\mathrm{d}\varphi \tag{3-32}$$

若 $M_e(\varphi)$ 是以表达式形式给出，而且 $W(\varphi)$ 为可积函数时，式（3-31）可以得到解析解。然而 $M_e(\varphi)$ 常常是以线图或者表格形式给出，若只有对应于各转角时的一系列 M_e 的具体数值时，只能用数值积分法来求解 $\omega(\varphi)$ 的一系列数值，常用的数值积分法有梯形法和辛普森法，梯形法求解积分的原理如图 3-8 所示。

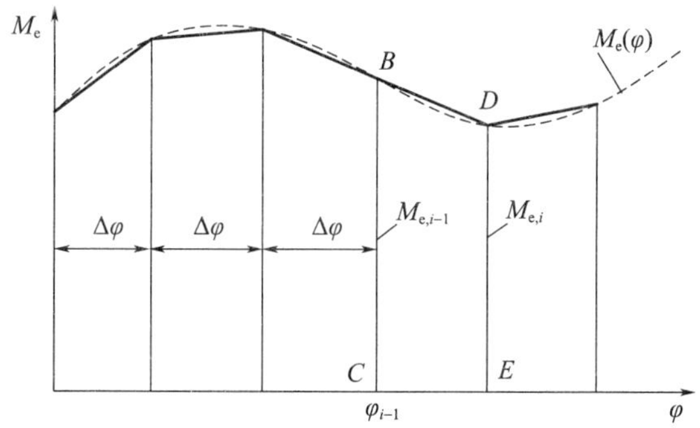

图 3-8　梯形法求积分的原理

如果需要求出用时间函数表示的运动规律 $\varphi = \varphi(t)$，可由 $\omega\mathrm{d}t = \mathrm{d}\varphi$ 积分得

$$t = t_0 + \int_{\varphi_0}^{\varphi} \frac{\mathrm{d}\varphi}{\omega(\varphi)} \tag{3-33}$$

将式（3-31）代入式（3-33）即可确定位置 φ 与时间 t 的关系。

例 3-2　在例 3-1 的曲柄滑块机构中，已知等效力矩与曲柄转角 φ_1 的关系如表 3-1所列。若在初始状态 $t = t_0$ 时，$\varphi_1 = 0°$，$\omega_0 = 62\mathrm{rad/s}$。计算曲柄的角速度 ω 与转角 φ_1 的关系。

表 3-1 等效力矩与曲柄转角的关系

φ_1/(°)	0	10	20	30	40	50	60	70	80	90	100	110	120
M_e/(N·m)	720	540	360	180	0	-240	-480	-720	-840	-900	-840	-720	-480
φ_1/(°)	130	140	150	160	170	180	190	200	210	220	230	240	250
M_e/(N·m)	-240	0	180	360	480	540	420	240	0	-180	-360	-480	-600
φ_1/(°)	260	270	280	290	300	310	320	330	340	350	360		
M_e/(N·m)	-480	-360	-180	0	240	480	720	840	960	840	720		

解 由式(3-31)可求出角速度 ω，但是需要先求出 $W(\varphi)$。用梯形法求此积分，假设在每 10°的间隔内等效力矩 M_e是直线变化的，如图 3-8 所示，每个区间的长度 $\Delta\varphi$ 为

$$\Delta\varphi=\frac{\pi}{180°}\times 10°=0.174533\text{rad}$$

若以 W_i表示 $\varphi_1=(i-1)\Delta\varphi_1$ 处 $W(\varphi_1)$ 的值，则有如下的递推公式

$$W_0=0,\ W_i=W_{i-1}+\frac{\Delta\varphi}{2}[(M_e)_{i-1}+(M_e)_i] \tag{3-34}$$

求出 W_i后，代入式(3-31)可求出角速度 ω，ω 和等效力矩 M_e的计算结果如图 3-9 所示。

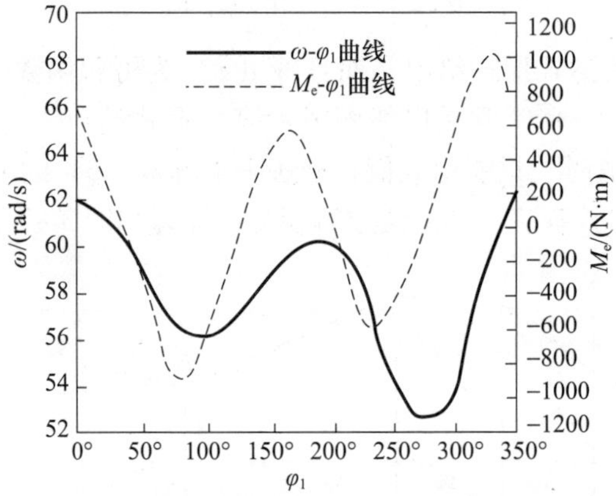

图 3-9 曲柄滑块机构 ω 和 M_e 的计算结果

3.4.2 等效转动惯量是常数，等效力矩是角速度的函数

在仅含定比传动机构的机械系统中，等效转动惯量 I_e为常数，$M_e=M_e(\omega)$。这种情况有两种求解方法，即解析法和数值法。当等效力矩的函数表达式能够积分时用解析法求解；当其函数表达式不能积分，或者等效力矩以一系列离散数值给出时，则用数值法求解。

1. 解析法

由于 $W(\varphi)$ 表达式中的被积函数 M_e是 ω 的函数，而机械系统的实际运动规律尚未求出，因此 $W(\varphi)$ 无法直接求出。在这种情况下，无法应用能量形式的运动方程式，利用力矩形式的运动方程式进行研究比较方便。因为 I_e为常数，故 $dI_e/d\varphi=0$，

式（3－24）可以简化为

$$M_e(\omega)=I_e\frac{d\omega}{dt} \tag{3-35}$$

对式（3－35）分离变量后积分，得到

$$t=t_0+I_e\int_{\omega_0}^{\omega}\frac{d\omega}{M_e(\omega)} \tag{3-36}$$

式（3－36）给出了角速度 ω 与时间 t 的函数关系。

通常情况下，$M_e(\omega)$ 为角速度 ω 的一次函数或者二次函数。当 $M_e(\omega)$ 为 ω 的一次函数时，即有

$$M_e(\omega)=a+b\omega \tag{3-37}$$

将式（3－37）代入式（3－36）并积分，得

$$t=t_0+\frac{I_e}{b}\ln\frac{a+b\omega}{a+b\omega_0} \tag{3-38}$$

当 $M_e(\omega)$ 为角速度 ω 的二次函数时，则有

$$M_e(\omega)=a+b\omega+c\omega^2 \tag{3-39}$$

将式（3－39）代入式（3－36），得

$$t=t_0+I_e\int_{\omega_0}^{\omega}\frac{d\omega}{a+b\omega+c\omega^2} \tag{3-40}$$

当 $b^2-4ac<0$ 时，对式（3－40）积分，得到

$$t=t_0+\frac{2I_e}{\sqrt{4ac-b^2}}\left(\arctan\frac{2c\omega+b}{\sqrt{4ac-b^2}}-\arctan\frac{2c\omega_0+b}{\sqrt{4ac-b^2}}\right) \tag{3-41}$$

当 $b^2-4ac>0$ 时，对式（3－40）积分，得到

$$t=t_0+\frac{2I_e}{\sqrt{b^2-4ac}}\ln\frac{(2c\omega+b-\sqrt{b^2-4ac})(2c\omega_0+b+\sqrt{b^2-4ac})}{(2c\omega+b+\sqrt{b^2-4ac})(2c\omega_0+b-\sqrt{b^2-4ac})} \tag{3-42}$$

当 $b^2-4ac<0$ 时，方程 $a+b\omega+c\omega^2$ 无根，表示机械系统没有稳定转速，式（3－41）的解只会出现在机械停机过程中。在机器的启动过程中，ω 逐渐增加到某个值时，$M_e(\omega)=0$，这时的转速称为稳定转速。只有当 I_e 为常数，M_e 仅为角速度 ω 的函数时，才会存在稳定转速。

若要确定 $\omega-\varphi$ 的关系，可利用积分变换

$$\frac{d\omega}{dt}=\omega\frac{d\varphi}{dt} \tag{3-43}$$

将式（3－43）代入式（3－35），得

$$M_e(\omega)=I_e\omega\frac{d\varphi}{dt} \tag{3-44}$$

对式（3－44）分离变量后积分可得

$$\varphi=\varphi_0+I_e\int_{\omega_0}^{\omega}\frac{\omega d\omega}{M_e(\omega)} \tag{3-45}$$

当 $M_e(\omega)=a+b\omega$ 时，对式（3－45）积分，得

$$\varphi=\varphi_0+\frac{I_e}{b}\left(\omega-\omega_0-\frac{a}{b}\ln\frac{a+b\omega}{a+b\omega_0}\right) \tag{3-46}$$

当 $M_e(\omega)=a+b\omega+c\omega^2$，且 $b^2-4ac<0$ 时，对式（3-45）积分，得

$$\varphi=\varphi_0+\frac{I_e}{2c}\left[\ln\frac{a+b\omega+c\omega^2}{a+b\omega_0+c\omega_0{}^2}-\frac{2b}{\sqrt{4ac-b^2}}\left(\arctan\frac{2c\omega+b}{\sqrt{4ac-b^2}}-\arctan\frac{2c\omega_0+b}{\sqrt{4ac-b^2}}\right)\right] \tag{3-47}$$

当 $M_e(\omega)=a+b\omega+c\omega^2$，且 $b^2-4ac>0$ 时，对式（3-45）积分，得

$$\varphi=\varphi_0+\frac{I_e}{2c}\left[\ln\frac{a+b\omega+c\omega^2}{a+b\omega_0+c\omega_0{}^2}-\frac{2b}{\sqrt{b^2-4ac}}\ln\frac{(2c\omega+b-\sqrt{b^2-4ac})(2c\omega_0+b+\sqrt{b^2-4ac})}{(2c\omega+b+\sqrt{b^2-4ac})(2c\omega_0+b-\sqrt{b^2-4ac})}\right] \tag{3-48}$$

当 $M_e(\omega)$ 不是用简单的代数函数给出时，无法用解析法计算式（3-36）和式（3-45），只能用数值积分法计算。

例 3-3 对如图 3-10 所示电动葫芦，等效转动惯量为：加载前 $I_e=0.007106\text{kg}\cdot\text{m}^2$，加载后 $I'_e=0.009654\text{kg}\cdot\text{m}^2$；其等效力矩为角速度的一次函数，即有 $M_e=159.232-1.0773\omega$。假定钢丝绳未拉直前电动机启动，并达到空载角速度 $\omega_0=157.08\text{rad/s}$，求钢丝绳拉直并将重物吊离地面加载过程中的运动规律。

解 在钢丝绳拉直瞬间，等效转动惯量突然加大，忽略钢丝绳的弹性，则此瞬间的角速度 ω'_0 可由动能相等原则来确定，即有

$$\frac{1}{2}I_e\omega_0^2=\frac{1}{2}I'_e(\omega'_0)^2$$

从上式可得到角速度 ω'_0 为

$$\omega'_0=\sqrt{\frac{I_e}{I'_e}}\omega_0=134.7658\text{rad/s}$$

在初始条件 $t_0=0$ 时，有 $\omega=\omega_0$，由式（3-38）得

$$t=\frac{I'_e}{b}\ln\frac{a+b\omega}{a+b\omega_0}$$

上式的反函数为

$$\omega=\frac{1}{b}\left[e^{qt}(a+b\omega'_0)-a\right]$$

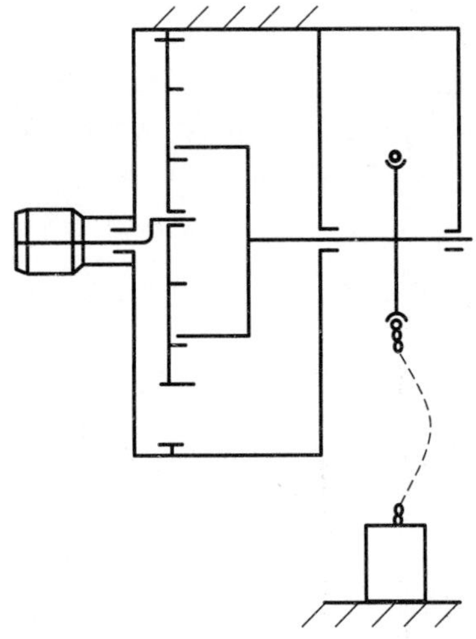

图 3-10 电动葫芦原理简图

式中：$q=b/I'_e$。在上式中代入已知参数，得

$$\omega=-13.041e^{-111.591t}+147.806$$

2. 数值法

当等效力矩的函数式 $M_e(\omega)$ 不能积分，或者等效力矩是以一系列离散数据给出时，需要用数值法来求解。常用的数值方法是梯形法，其原理如图 3-8 所示，将微分方程分段处理，将时间区间划分为很多相等的小区间，近似认为区间内的函数呈直线变化或者按照某种近似规律变化，然后由区间的初始值求区间的终点值，以此类推，得到各个区间的终点值，其精度一般能够满足工程应用的要求。

将式（3-35）写为

$$\frac{M_e(\omega)}{I_e}=\frac{d\omega}{dt}=f(\omega) \tag{3-49}$$

若令

$$\dot{\omega}=f(\omega) \tag{3-50}$$

可由四阶龙格－库塔法求解，其迭代公式为

$$\omega_{i+1}=\omega_i+\frac{h}{6}(k_1+2k_2+2k_3+k_4) \tag{3-51}$$

式中：h 为步长，即划分的小时间区段的长度，且有

$$k_1=f(\omega_i),\quad k_2=f\left(\omega_i+\frac{h}{2}k_1\right),\quad k_3=f\left(\omega_i+\frac{h}{2}k_2\right),\quad k_4=f\left(\omega_i+\frac{h}{2}k_3\right) \tag{3-52}$$

根据给定的初始条件 $t=t_0$，$\omega=\omega_0$ 可求出 t_1 时刻的角速度 ω_1，依次递推就可得到等效构件的运动规律。

3.4.3 等效力矩是等效构件转角和角速度的函数

对于含变传动比机构的系统，由于其等效力矩与传动速比有关，所以一般都与等效构件的转角有关。若发动机的机械特性与速度有关，则等效力矩同时为等效构件转角和角速度的函数，这种类型的系统在工程中非常普遍。

设 $M_e=M_e(\varphi,\omega)$，$I_e=I_e(\varphi)$，由力矩形式的运动方程式（3－24），得到

$$I_e(\varphi)\frac{\mathrm{d}\omega}{\mathrm{d}t}+\frac{1}{2}I'_e(\varphi)\omega^2=M_e(\varphi,\omega) \tag{3-53}$$

式中：$I'_e(\varphi)=\mathrm{d}I_e(\varphi)/\mathrm{d}\varphi$。

由于 $M_e=M_e(\varphi,\omega)$ 同时为 φ 和 ω 的复杂函数，若变量 φ 和 ω 无法分离，则求不出解析解，只能用数值方法近似求解。引入积分变换

$$\frac{\mathrm{d}\omega}{\mathrm{d}t}=\frac{\mathrm{d}\omega}{\mathrm{d}\varphi}\frac{\mathrm{d}\varphi}{\mathrm{d}t}=\omega\frac{\mathrm{d}\omega}{\mathrm{d}\varphi} \tag{3-54}$$

利用式（3－54）将式（3－53）化为 ω 关于 φ 的一阶微分方程，即有

$$\frac{\mathrm{d}\omega}{\mathrm{d}\varphi}=\frac{M_e(\varphi,\omega)-I'_e(\varphi)\omega^2/2}{I_e(\varphi)\omega} \tag{3-55}$$

若令

$$f(\varphi,\omega)=\frac{M_e(\varphi,\omega)-I'_e(\varphi)\omega^2/2}{I_e(\varphi)\omega} \tag{3-56}$$

则可采用计算精度较高的四阶龙格－库塔法进行数值积分，迭代公式仍由式（3－51）表示，其中的参数为

$$k_1=f(\omega_i,\varphi_i),\quad k_2=f\left(\omega_i+\frac{h}{2}k_1,\ \varphi_i+\frac{h}{2}\right)$$

$$k_3=f\left(\omega_i+\frac{h}{2}k_2,\ \varphi_i+\frac{h}{2}\right),\quad k_4=f\left(\omega_i+\frac{h}{2}k_3,\ \varphi_i+\frac{h}{2}\right) \tag{3-57}$$

当给定初始值 $\varphi=\varphi_0$ 和 $\omega=\omega_0$ 后，即可进一步求出各 φ 值下的角速度 ω。

若给定初始条件 $\omega=\omega_0=0$，式（3－56）的分母为零，无法计算，需要另设初始点。将式（3－55）改写为

$$\frac{\mathrm{d}\varphi}{\mathrm{d}\omega}=\frac{I_e(\varphi)\omega}{M_e(\varphi,\omega)-I'_e(\varphi)\omega^2/2} \tag{3-58}$$

利用龙格－库塔法解式（3－58），求出步长 $\Delta\omega$ 的 φ_k 值后，再以 $\varphi=\varphi_k$，$\omega=\Delta\omega$ 为初始点，用式（3－55）求解各转角 φ 下的角速度 ω。

3.5 飞轮转动惯量的计算

3.5.1 机械的稳定运动与自调性

机械的运转过程可以分为启动、稳定运转和制动3个阶段。许多情况下，研究启动、制动等过渡过程没有实际意义，只需要研究稳定运动状态下的速度波动对系统的影响。

稳定运动状态是指角速度不变或者呈周期性变化，等效力矩在一个周期内所做的功为零，即驱动力所做的功等于工作阻力所做的功。等效力矩并非时时为零，而是周期性变化的。在进行动力学分析时，常利用数值法求解微分方程，可以从启动状态开始求解微分方程，并逐步达到稳定运动状态，这需要比较长的时间。常用的方法是任意给定一个初始的角速度（为了收敛性，常取平均角速度为初始值），再求解微分方程。经过几个周期即可满足周期性条件

$$\omega(\varphi)=\omega(\varphi-T) \tag{3-59}$$

式中：T 为运动周期，一般为 2π。

如果机械系统的等效驱动力矩为 $M_d(\varphi)$，等效阻力矩为 $M_r(\varphi)$，在稳定运转的一个周期 T 内，平均阻力矩为

$$M_{rm}=\frac{1}{T}\int_0^T M_r(\varphi)\mathrm{d}\varphi \tag{3-60}$$

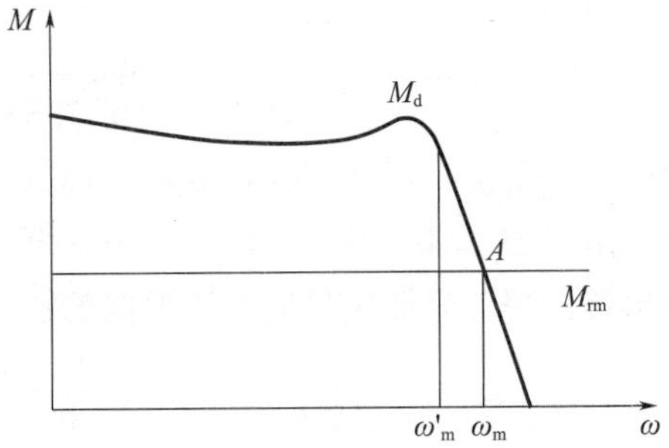

图3－11　力矩与角速度的关系曲线

图3－11中，M_{rm} 与 $M_d(\varphi)$ 的交点 A 的横坐标即为机械系统稳定运动状态下的平均角速度 ω_m。机械系统的运动理论上需要无限长的时间才能达到稳定状态，在实际计算中，只要

$$\frac{|\omega(\varphi)-\omega(\varphi-T)|}{\omega(\varphi)}\leqslant\varepsilon \tag{3-61}$$

即达到稳定状态，ε 是控制精度，不易取得过小，可取为 10^{-3} 或 10^{-4}。

若机械系统具有良好的自调性，应用上述方法收敛较快。自调性是指当驱动力或负载发生一些人为的或者随机的变化时，机械能自动地调整转速，使其在某一新的转速下达到稳定运动状态。图3－12（a）所示为典型的具有自调性的机械驱动力和负载变化曲线，图中 M_d 曲线和 M_r 曲线的交点 A 为当前的工作点，当负载减小时（M_r 曲线移至虚线位置），由于 $M_d>M_r$，机械转速增大，则驱动力矩减小，从而使转速增大趋势变缓，最后在 B 点达到新的平衡；图3－12（b）中曲线所示系统不具有自调性，当负载 M_r 减小后，转速增大，此时驱动力矩 M_d 又增大，这就导致机械系统损坏，若负载 M_r 增大，则转速下降，然而转速下降后驱动力矩 M_d 又进一步下降，这就导致克服不了负载而停车。因此自调性的条件为

$$\frac{\partial M_d}{\partial\omega}<\frac{\partial M_r}{\partial\omega} \tag{3-62}$$

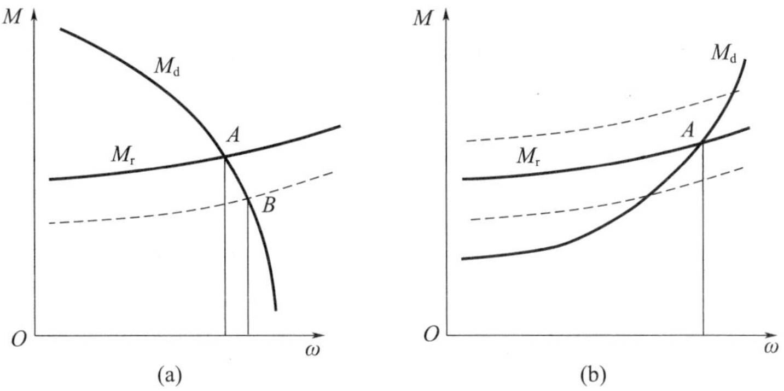

图 3－12　机械驱动力和负载变化曲线

3.5.2　机械的周期性速度波动

机械系统稳定运动阶段，如果存在较大的周期性速度波动，会影响其工作质量或者使其承受附加动载荷。因此，要采取一定的措施对周期性速度波动加以调节和控制，限制在一定的范围之内。

在一个周期内角速度的变化如图 3－13（a）所示，最大和最小角速度分别为 $\omega_{\max}$ 和 $\omega_{\min}$，角速度最大波动值 $\omega_{\max}-\omega_{\min}$ 可以反映出机械角速度变化的绝对值，但不能反映机械运转的不均匀程度，因为同样大小的速度波动值对高速和低速机械系统的影响程度是不同的。因此，通常用运转不均匀系数 δ 来表示机械速度波动的程度。即

$$\delta=\frac{\omega_{\max}-\omega_{\min}}{\omega_{m}} \tag{3-63}$$

式中：ω_m 为一个周期 T 内的平均角速度，即

$$\omega_m=\frac{1}{T}\int_0^T\omega \mathrm{d}t \tag{3-64}$$

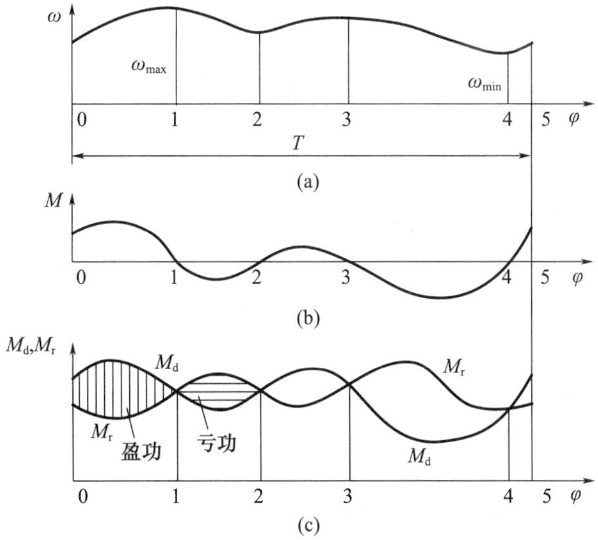

图 3－13　机械的调速原理

在实际应用中，为了计算方便，ω_m可表示为

$$\omega_m = \frac{1}{2}(\omega_{max} + \omega_{min}) \tag{3-65}$$

将式（3-65）代入式（3-63），得

$$\delta = 2\frac{\omega_{max} - \omega_{min}}{\omega_{max} + \omega_{min}} \tag{3-66}$$

一个周期内转矩的变化如图3-13（b）所示。为了减小机械运转时的周期性速度波动，常用的方法是在速度较高的轴上安装具有较大转动惯量的飞轮。设在某一时间间隔内，机械的角速度变大，则飞轮的转速也将增大，增加的动能可以降低角速度的增大幅值；反之，当机械的角速度变小时，飞轮已有的动能可以降低角速度的减小幅值。因此，飞轮能够调节机械的周期性速度波动。

在一个周期内等效驱动力矩和等效阻力矩是变化的，具体调速原理可用图3-13（c）来说明。在区间[0，1]，驱动力矩M_d大于阻力矩M_r，其差值称为盈功，盈功使机械的动能增加，转速增大；在区间[1，2]，驱动力矩M_d小于阻力矩M_r，其差值称为亏功，亏功使机械的动能减小，转速减小。当角位移从φ_0到φ变化时，动能的变化量为

$$\Delta W = \int_{\varphi_0}^{\varphi}(M_d - M_r)\mathrm{d}\varphi \tag{3-67}$$

如果在轴上加一转动惯量为I_f的飞轮，则动能的变化量为

$$\Delta W = \frac{1}{2}(I + I_f)\omega^2 - \frac{1}{2}(I_0 + I_f)\omega_0^2 \tag{3-68}$$

式中：I_0，I分别为机构在φ_0、φ位置时的等效转动惯量；ω_0，ω为机构在φ_0、φ位置时的角速度。一般I_f远大于I_0和I，所以I_0和I之间的差别可以忽略，即认为$I_0 = I$，则有

$$\Delta W = \frac{1}{2}(I + I_f)(\omega^2 - \omega_0^2) \tag{3-69}$$

显然，增加飞轮后，转动惯量的增加可以使周期性角速度的波动减小。

因此，调节周期性速度波动的核心问题是如何确定所加飞轮的转动惯量I_f。计算飞轮转动惯量的方法有很多，下面介绍一种迭代分析法。

3.5.3 飞轮转动惯量计算的迭代分析法

如果给定了飞轮转动惯量I_f，就不难求出稳态运动，进而求出角速度波动的不均匀系数。如何导出给定的不均匀系数和应加的飞轮转动惯量间的关系是解决问题的关键，可以构造一种算法，通过几次迭代求出飞轮转动惯量。

根据给定的允许不均匀系数[δ]，先任意估计一飞轮转动惯量$I_f^{(0)}$，然后求解运动方程，得到稳态运动，再用式（3-66）计算出不均匀系数δ。若满足

$$|\delta - [\delta]| \leq \varepsilon \tag{3-70}$$

则认为所假定的飞轮转动惯量是正确的，ε为精度指标。否则，将飞轮转动惯量修正为

$$I_f^{(1)} = (I_f^{(0)} + I_0)\frac{\delta}{[\delta]} - I_0 \tag{3-71}$$

式中：I_0为不安装飞轮时机械自身转动惯量的平均值。

将$I_f^{(1)}$代入运动方程求不均匀系数，直至满足式（3-70）。

3.6 两自由度刚性机械系统的动力学方程

拉格朗日方程是建立两自由度系统动力学方程的主要方法，第2章讨论了拉格朗日方程，并给出了利用拉格朗日方程建立两自由度机械系统的运动微分方程的步骤。现以平面机构为例，说明利用拉格朗日方程建立两自由度机械系统运动微分方程的方法。

3.6.1 动能的确定

对平面机构，构件的运动有平动、定轴转动和平面运动3种形式。构件的平面运动可以分解为随构件上的一个基点的平动和绕该基点的转动两部分。对于一个两自由度机械系统，其中任意一个做平面运动的构件 i，选取该构件的质心 S_i 为基点，则该构件的运动就分解为随质心 S_i 的平动和绕质心 S_i 的转动。如图3－14所示，设构件 i 的质量为 m_i，质心 S_i 的速度为 v_{si}，角速度为 $\dot{\varphi}_i$，绕质心 S_i 的转动惯量为 I_i，则构件 i 的动能为

$$T_i = \frac{1}{2}m_i v_{si}^2 + \frac{1}{2}I_i\dot{\varphi}_i^2 \qquad (3-72)$$

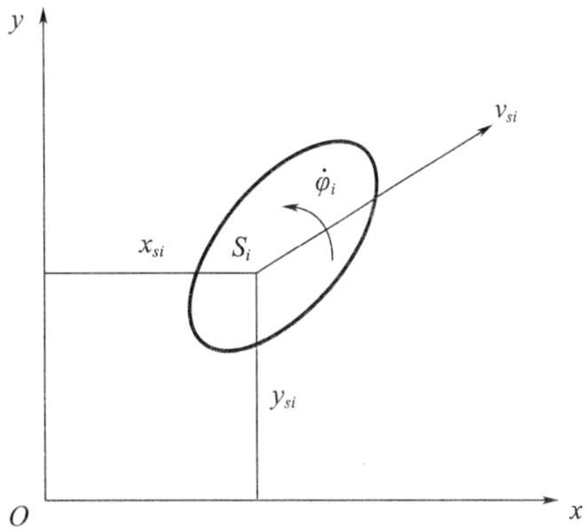

图3－14 构件平面运动的分解

具有 N 个运动构件的平面机构具有的动能为

$$T = \sum_{i=1}^{N} \frac{1}{2}(m_i v_{si}^2 + I_i\dot{\varphi}_i^2) \qquad (3-73)$$

由式（3－73）可知，系统的总动能取决于所有运动构件的质心速度和角速度，因此确定系统的总动能，首先要确定各个运动构件的质心速度和角速度。

1. 位移分析

分析各个构件的几何位置关系，将各运动构件的角位移 φ_i 和构件上有关点 k（如构件上质心 S_i 和外力作用点）的坐标用广义坐标 q_1、q_2 来表示，即

$$\varphi_i = \varphi_i\ (q_1,\ q_2) \qquad (3-74)$$

$$x_k = x_k\ (q_1,\ q_2),\quad y_k = y_k\ (q_1,\ q_2) \qquad (3-75)$$

2. 速度分析

将 φ_i、x_k、y_k 对时间 t 求导，得到各构件的角速度 $\dot{\varphi}_i$ 和有关点 k 的速度投影 $\dot{x}_k$、$\dot{y}_k$，它们都是广义坐标 q_1、q_2 和广义速度 $\dot{q}_1$、$\dot{q}_2$ 的函数，即有

$$\dot{\varphi}_i = \dot{\varphi}_i\ (q_1,\ q_2,\ \dot{q}_1,\ \dot{q}_2) \qquad (3-76)$$

$$\dot{x}_k = \dot{x}_k\ (q_1,\ q_2,\ \dot{q}_1,\ \dot{q}_2),\quad \dot{y}_k = \dot{y}_k\ (q_1,\ q_2,\ \dot{q}_1,\ \dot{q}_2) \qquad (3-77)$$

当 k 点代表质心时，由式（3－77）可得 $\dot{x}_{si}$、$\dot{y}_{si}$，从而可得各个构件的质心速度

$$v_{si} = \sqrt{\dot{x}_{si}^2 + \dot{y}_{si}^2},\quad i = 1,\ 2,\ \cdots,\ N \qquad (3-78)$$

如果 φ_i 和 $\dot{x}_{si}$、$\dot{y}_{si}$ 关于广义坐标 q_1、q_2 的函数表达式已知，则有

$$\dot{\varphi}_i = \frac{\partial \varphi_i}{\partial q_1}\dot{q}_1 + \frac{\partial \varphi_i}{\partial q_2}\dot{q}_2 \tag{3-79}$$

$$\dot{x}_{si} = \frac{\partial x_{si}}{\partial q_1}\dot{q}_1 + \frac{\partial x_{si}}{\partial q_2}\dot{q}_2, \quad \dot{y}_{si} = \frac{\partial y_{si}}{\partial q_1}\dot{q}_1 + \frac{\partial y_{si}}{\partial q_2}\dot{q}_2 \tag{3-80}$$

3. 系统总动能 T 的计算

将式（3-79）、式（3-80）代入式（3-73），可得系统的总动能为

$$T = \frac{1}{2}I_{11}\dot{q}_1^2 + I_{12}\dot{q}_1\dot{q}_2 + \frac{1}{2}I_{22}\dot{q}_2^2 \tag{3-81}$$

式中

$$I_{11} = \sum_{i=1}^{N}\left\{m_i\left[\left(\frac{\partial x_{si}}{\partial q_1}\right)^2 + \left(\frac{\partial y_{si}}{\partial q_1}\right)^2\right] + I_i\left(\frac{\partial \varphi_i}{\partial q_1}\right)^2\right\}$$

$$I_{22} = \sum_{i=1}^{N}\left\{m_i\left[\left(\frac{\partial x_{si}}{\partial q_2}\right)^2 + \left(\frac{\partial y_{si}}{\partial q_2}\right)^2\right] + I_i\left(\frac{\partial \varphi_i}{\partial q_2}\right)^2\right\}$$

$$I_{12} = \sum_{i=1}^{N}\left[m_i\left(\frac{\partial x_{si}}{\partial q_1}\cdot\frac{\partial x_{si}}{\partial q_2} + \frac{\partial y_{si}}{\partial q_1}\cdot\frac{\partial y_{si}}{\partial q_2}\right) + I_i\frac{\partial \varphi_i}{\partial q_1}\cdot\frac{\partial \varphi_i}{\partial q_2}\right] \tag{3-82}$$

由式（3-82）可知，式（3-81）中的系数 I_{11}、I_{22} 和 I_{12} 仅是广义坐标的函数，因此系统动能是广义速度的二次齐次函数。系统动能的计算主要是这些系数的计算，下面讨论这些系数的特点。

4. 等效转动惯量的计算

由式（3-81）看出，系数 I_{11}、I_{22} 和 I_{12} 具有转动惯量的量纲，称为等效转动惯量。

分析式（3-82）可知，I_{11} 与具有广义坐标 q_1 的主动件 1 有关，I_{22} 与具有广义坐标 q_2 的主动件 2 有关，I_{12} 同时与两个主动件有关。I_{11}、I_{22} 和 I_{12} 均为广义坐标 q_1、q_2 的函数，而与广义速度无关。当机构系统各构件尺寸、质量及转动惯量等均已知时，等效转动惯量取决于构件的位置。I_{11}、I_{22} 总是大于 0 的正数，而 I_{12} 则可能为正，也可能为负或 0。

在具体实际问题中，可通过位置分析求出 $\dot{x}_{si}$、$\dot{y}_{si}$ 和 φ_i 关于 q_1、q_2 的函数表达式，并可分别求出相应的对 q_1、q_2 的偏导数，代入式（3-82）即可求得 I_{11}、I_{22} 和 I_{12}。将所求得的 I_{11}、I_{22} 和 I_{12} 代入式（3-81），求得系统的动能。

3.6.2 广义力的确定

两自由度系统的广义力可应用虚功原理间接求得，即利用虚位移相互独立的特性，分别令虚位移 $\delta q_1 = 0$ 或 $\delta q_2 = 0$，就可按式（2-69）求出系统在虚位移 δq_1 和 δq_2 的广义力，即有

$$Q_1 = \frac{(\sum \delta W)_1}{\delta q_1}, \quad Q_2 = \frac{(\sum \delta W)_2}{\delta q_2} \tag{3-83}$$

对于广义力为有势力，可以利用式（2-34）进行计算。在工程实际中，对于具体的两自由度系统，可以利用主动力的功率 P 与广义速度的关系式求得广义力 Q_1 和 Q_2，即有

$$P = Q_1\dot{q}_1 + Q_2\dot{q}_2 \tag{3-84}$$

3.6.3 两自由度机械系统的运动微分方程

应用式（3-81）表达的动能 T 对 q_1、q_2 及 $\dot{q}_1$、$\dot{q}_2$ 求偏导数，可得

$$\frac{\partial T}{\partial q_1}=\frac{1}{2}\dot{q}_1^2\frac{\partial I_{11}}{\partial q_1}+\dot{q}_1\dot{q}_2\frac{\partial I_{12}}{\partial q_1}+\frac{1}{2}\dot{q}_2^2\frac{\partial I_{22}}{\partial q_1},\qquad \frac{\partial T}{\partial \dot{q}_1}=I_{11}\dot{q}_1+I_{12}\dot{q}_2$$

$$\frac{\partial T}{\partial q_2}=\frac{1}{2}\dot{q}_1^2\frac{\partial I_{11}}{\partial q_2}+\dot{q}_1\dot{q}_2\frac{\partial I_{12}}{\partial q_2}+\frac{1}{2}\dot{q}_2^2\frac{\partial I_{22}}{\partial q_2},\qquad \frac{\partial T}{\partial \dot{q}_2}=I_{22}\dot{q}_2+I_{12}\dot{q}_1 \tag{3-85}$$

将式（3-85）代入两自由度系统的拉格朗日方程（3-72），整理后可得

$$I_{11}\ddot{q}_1+I_{12}\ddot{q}_2+\frac{1}{2}\frac{\partial I_{11}}{\partial q_1}\dot{q}_1^2+\frac{\partial I_{11}}{\partial q_2}\dot{q}_1\dot{q}_2+\left(\frac{\partial I_{12}}{\partial q_2}-\frac{1}{2}\frac{\partial I_{22}}{\partial q_1}\right)\dot{q}_2^2=Q_1$$

$$I_{12}\ddot{q}_1+I_{22}\ddot{q}_2+\frac{1}{2}\frac{\partial I_{22}}{\partial q_2}\dot{q}_2^2+\frac{\partial I_{12}}{\partial q_1}\dot{q}_1\dot{q}_2+\left(\frac{\partial I_{12}}{\partial q_1}-\frac{1}{2}\frac{\partial I_{11}}{\partial q_2}\right)\dot{q}_1^2=Q_2 \tag{3-86}$$

式（3-86）就是所求两自由度系统的运动微分方程式，这是一个二阶非线性微分方程组。这类二阶非线性微分方程组，通常无法用解析法求得精确解，因而需要采用数值来求解。目前，已经出现了大量可以对复杂机构运动学和动力学进行仿真的软件，如 ADAMS、Pro/E、RecurDyn 等。这些软件将动力学分析与优化技术紧密结合在一起，已经成为解决现代工程问题的重要工具。

例 3-4 图 3-15 所示的五杆机构为一个两自由度系统，各个杆件的长度分别为 l_1、l_2、l_3、l_4和 l_5，其中 l_5为机架，4 个活动杆件均为均质杆，质量分别为 m_1、m_2、m_3和 m_4，各个活动杆件的质心位置是 s_1、s_2、s_3和 s_4，杆件 1 和 4 上受到的外力矩分别为 M_1和 M_2，杆 1、2、3、4 的转动角度分别用 θ_1、θ_2、θ_3和 θ_4表示。试用拉格朗日方程建立此五杆机构的运动微分方程。

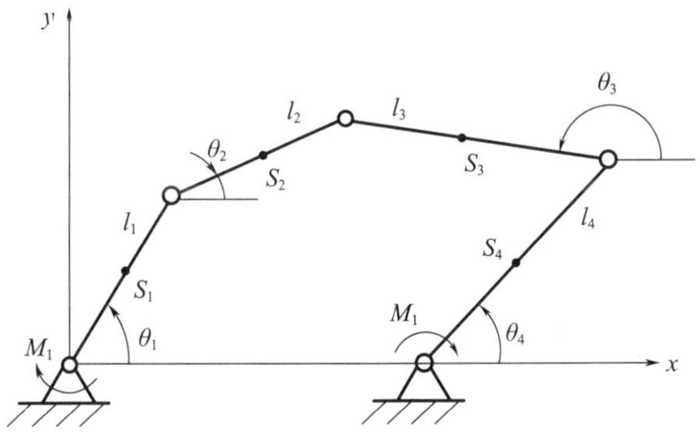

图 3-15 五杆机构

解 （1）选取广义坐标。该五杆机构有 4 个运动构件，杆 l_1、l_4做定轴转动，可以转角 θ_1、θ_4分别描述其运动。而杆 l_3、l_4做平面运动，各需要两个参数描述，因此，系统总共需要 6 个参数来描述。由五杆机构的几何关系，6 个参数间可补充 4 个方程，故该五杆机构是两自由度系统，选择广义坐标为：θ_1、θ_4。

（2）位移分析。五杆机构在运动时，五杆在平面上构成一个封闭的五边形，根据这个封闭的五边形，可以得到各杆位移之间的关系，从而得到各杆位移关于广义坐标

θ_1、θ_4的函数表达式。由图 3-15 可得

$$l_1\sin\theta_1+l_2\sin\theta_2=l_3\sin\theta_3+l_4\sin\theta_4$$
$$l_1\cos\theta_1+l_2\cos\theta_2+l_3\cos(180°-\theta_3)=l_4\cos\theta_4+l_5 \tag{3-87}$$

将式（3-87）对 θ_1求偏导数可得

$$l_1\cos\theta_1+l_2\cos\theta_2\frac{\partial\theta_2}{\partial\theta_1}=l_3\cos\theta_3\frac{\partial\theta_3}{\partial\theta_1},\qquad -l_1\sin\theta_1-l_2\sin\theta_2\frac{\partial\theta_2}{\partial\theta_1}=-l_3\sin\theta_3\frac{\partial\theta_3}{\partial\theta_1} \tag{3-88}$$

求解式（3-88）所示方程组，得

$$\frac{\partial\theta_2}{\partial\theta_1}=\frac{\partial\theta_2}{\partial q_1}=-\frac{l_1\sin(\theta_3-\theta_1)}{l_2\sin(\theta_3-\theta_2)},\qquad \frac{\partial\theta_3}{\partial\theta_1}=\frac{\partial\theta_3}{\partial q_1}=-\frac{l_1\sin(\theta_2-\theta_1)}{l_2\sin(\theta_3-\theta_2)} \tag{3-89}$$

同理，式（3-87）对 θ_4求偏导数可得

$$\frac{\partial\theta_2}{\partial\theta_4}=\frac{\partial\theta_2}{\partial q_2}=-\frac{l_4\sin(\theta_4-\theta_3)}{l_2\sin(\theta_3-\theta_2)},\qquad \frac{\partial\theta_3}{\partial\theta_4}=\frac{\partial\theta_3}{\partial q_2}=-\frac{l_1\sin(\theta_4-\theta_2)}{l_3\sin(\theta_3-\theta_2)} \tag{3-90}$$

（3）速度分析。将 θ_2和 θ_3对时间求导，可得杆 2 和杆 3 的转动角速度关于杆 1 和杆 4 转动角速度的表达式，即

$$\dot\theta_2=\dot q_1\frac{\partial\theta_2}{\partial q_1}+\dot q_2\frac{\partial\theta_2}{\partial q_2},\qquad \dot\theta_3=\dot q_1\frac{\partial\theta_3}{\partial q_1}+\dot q_2\frac{\partial\theta_3}{\partial q_2} \tag{3-91}$$

结合式（3-90）便可求出 $\dot\theta_2$、$\dot\theta_3$ 关于 $\dot q_1$、$\dot q_2$ 的表达式。五杆机构中的各个杆件都是均质杆，所以杆的质心都位于各个杆的几何中心，则 4 个活动杆件的质心位置为

$$x_1=s_1\cos\theta_1,\qquad y_1=s_1\sin\theta_1 \tag{3-92}$$
$$x_2=l_1\cos\theta_1+s_2\cos\theta_2,\qquad y_2=l_1\sin\theta_1+s_2\sin\theta_2 \tag{3-93}$$
$$x_3=l_5+l_4\cos\theta_4+s_3\cos\theta_3,\qquad y_3=l_4\sin\theta_4+s_3\sin\theta_3 \tag{3-94}$$
$$x_4=l_5+s_4\cos\theta_4,\qquad y_4=s_4\sin\theta_4 \tag{3-95}$$

将式（3-92）~式（3-95）所表示质心位置对时间求导，可以求出各杆质心速度的表达式为

$$\dot x_1=-s_1\sin\theta_1\dot\theta_1,\qquad \dot y_1=s_1\cos\theta_1\dot\theta_1 \tag{3-96}$$

$$\dot x_2=-l_1\sin\theta_1\dot\theta_1-s_2\sin\theta_2\left(\dot q_1\frac{\partial\theta_2}{\partial q_1}+\dot q_2\frac{\partial\theta_2}{\partial q_2}\right),\qquad \dot y_2=l_1\cos\theta_1\dot\theta_1+s_2\cos\theta_2\left(\dot q_1\frac{\partial\theta_2}{\partial q_1}+\dot q_2\frac{\partial\theta_2}{\partial q_2}\right) \tag{3-97}$$

$$\dot x_3=-l_4\sin\theta_4\dot\theta_4-s_3\sin\theta_3\left(\dot q_1\frac{\partial\theta_3}{\partial q_1}+\dot q_2\frac{\partial\theta_3}{\partial q_2}\right),\qquad \dot y_3=l_4\cos\theta_4\dot\theta_4+s_3\cos\theta_3\left(\dot q_1\frac{\partial\theta_3}{\partial q_1}+\dot q_2\frac{\partial\theta_3}{\partial q_2}\right) \tag{3-98}$$

$$\dot x_4=-s_4\sin\theta_4\dot\theta_4,\qquad \dot y_4=s_4\cos\theta_4\dot\theta_4 \tag{3-99}$$

4 个活动杆件的转动惯量为

$$I_i=\frac{1}{12}m_il_i^2,\qquad i=1,2,3,4 \tag{3-100}$$

（4）动能和势能计算。系统的总动能为

$$T=\sum_{i=1}^{4}T_i=\frac{1}{2}\sum_{i=1}^{4}[m_i(\dot x_i^2+\dot y_i^2)+I_i\dot\theta_i^2] \tag{3-101}$$

系统的势能为

$$V = \sum_{i=1}^{4} V_i = -\sum_{i=1}^{4} m_i g y_i \tag{3-102}$$

（5）建立系统的运动微分方程。系统的动势 L 为

$$L = T - V = \frac{1}{2}\sum_{i=1}^{4}\left[m_i(\dot{x}_i^2 + \dot{y}_i^2) + I_i\dot{\theta}_i^2 \right] + \sum_{i=1}^{4} m_i g y_i \tag{3-103}$$

由式（3-96）~式（3-101）便可得到系统总动能的表达式，提取系统总动能表达式中的同类项系数，得到系统的动能表达式为

$$T = \frac{1}{2}I_{11}\dot{\theta}_1^2 + I_{14}\dot{\theta}_1\dot{\theta}_4 + \frac{1}{2}I_{44}\dot{\theta}_4^2 \tag{3-104}$$

式中：I_{11}，I_{14}，I_{44} 为当量转动惯量，其表达式为

$$\begin{aligned}
I_{11} &= \left[\frac{1}{2}(m_1 s_1^2 + I_1) + \frac{1}{2}m_2 l_1^2 + \frac{1}{2}(m_2 s_2^2 + I_2)\left(\frac{\partial\theta_2}{\partial\theta_1}\right)^2 + \right.\\
&\quad \left. m_2 l_1 s_2 \frac{\partial\theta_2}{\partial\theta_1}\cos(\theta_1 + \theta_2) + \frac{1}{2}(m_3 s_3^2 + I_3)\left(\frac{\partial\theta_3}{\partial\theta_1}\right)^2\right]\\
I_{14} &= \left[(m_2 s_2^2 + I_2)\frac{\partial\theta_2}{\partial\theta_1}\frac{\partial\theta_2}{\partial\theta_4} + m_2 l_1 s_2 \frac{\partial\theta_2}{\partial\theta_4}\cos(\theta_1 + \theta_2) + \right.\\
&\quad \left.(m_3 s_3^2 + I_3)\frac{\partial\theta_3}{\partial\theta_1}\frac{\partial\theta_3}{\partial\theta_4} + m_3 s_3 l_4 \frac{\partial\theta_3}{\partial\theta_1}\cos(\theta_3 + \theta_4)\right]\\
I_{44} &= \left[\frac{1}{2}(m_4 s_4^2 + I_4) + \frac{1}{2}m_3 l_4^2 + \frac{1}{2}(m_2 s_2^2 + I_2)\left(\frac{\partial\theta_2}{\partial\theta_4}\right)^2 + \right.\\
&\quad \left. m_2 s_3 l_4 \frac{\partial\theta_3}{\partial\theta_4}\cos(\theta_3 + \theta_4) + \frac{1}{2}(m_3 s_3^2 + I_3)\left(\frac{\partial\theta_3}{\partial\theta_4}\right)^2\right]
\end{aligned} \tag{3-105}$$

各个杆件的势能表达式分别为

$$\begin{aligned}
&V_1 = m_1 g l_1 \sin\theta_1, \quad V_2 = m_2 g(l_1\sin\theta_1 + l_2\sin\theta_2)\\
&V_3 = -m_3 g(l_4\sin\theta_4 + l_3\sin\theta_3), \quad V_4 = -m_4 g l_4 \sin\theta_4
\end{aligned} \tag{3-106}$$

将所有杆件的势能相加得到系统的总势能为

$$V = -m_1 g l_1\sin\theta_1 - m_2 g(l_1\sin\theta_1 + l_2\sin\theta_2) - m_3 g(l_4\sin\theta_4 + l_3\sin\theta_3) - m_4 g l_4\sin\theta_4 \tag{3-107}$$

因为五杆机构除了受到有势力作用外，还受到非有势力 M_1 和 M_2 的作用，根据式（2-68)的拉格朗日方程，可以得到五杆机构的运动微分方程为

$$\frac{\mathrm{d}}{\mathrm{d}t}\left(\frac{\partial L}{\partial\dot{\theta}_1}\right) - \frac{\partial L}{\partial\theta_1} = M_1, \quad \frac{\mathrm{d}}{\mathrm{d}t}\left(\frac{\partial L}{\partial\dot{\theta}_4}\right) - \frac{\partial L}{\partial\theta_4} = M_2 \tag{3-108}$$

式中，$L = T - V$，利用式（3-104）和式（3-107），计算得到系统的动势 L，再代入式（3-108），整理简化得到系统的运动方程为

$$\begin{aligned}
M_1 &= I_{11}\ddot{\theta}_1 + I_{14}\ddot{\theta}_4 + \frac{1}{2}\frac{\partial I_{11}}{\partial\theta_1}\dot{\theta}_1^2 + \frac{\partial I_{11}}{\partial\theta_4}\dot{\theta}_1\dot{\theta}_4 + \left(\frac{\partial I_{14}}{\partial\theta_4} - \frac{1}{2}\frac{\partial I_{44}}{\partial\theta_1}\right)\dot{\theta}_4^2 + \\
&\quad m_1 g s_1\cos\theta_1 + m_2 g\left(l_1\cos\theta_1 + s_2\cos\theta_2\frac{\partial\theta_2}{\partial\theta_1}\right) + m_3 g s_3\cos\theta_3\frac{\partial\theta_3}{\partial\theta_1}\\
M_2 &= I_{14}\ddot{\theta}_1 + I_{44}\ddot{\theta}_4 + \frac{\partial I_{44}}{\partial\theta_1}\dot{\theta}_1\dot{\theta}_4 + \frac{1}{2}\frac{\partial I_{44}}{\partial\theta_4}\dot{\theta}_4^2 + \left(\frac{\partial I_{14}}{\partial\theta_1} - \frac{1}{2}\frac{\partial I_{11}}{\partial\theta_4}\right)\dot{\theta}_1^2 +
\end{aligned}$$

$$m_2gs_2\cos\theta_2\frac{\partial\theta_2}{\partial\theta_4}+m_3g\left(l_4\cos\theta_4+s_3\cos\theta_3\frac{\partial\theta_3}{\partial\theta_4}\right)+m_4gl_4\cos\theta_4 \qquad (3-109)$$

3.6.4 两自由度机械手的动力学问题

图3-16（a）所示为一个两杆机械手，由上臂 AB、下臂 BC 和手部 C 组成。在 A 处和 B 处安装有伺服电机，分别产生控制力矩 M_1 和 M_2，M_1 带动整个机械手运动，M_2 带动下臂相对上臂转动。假设此二杆机械手只能在铅垂平面内运动，两臂长为 l_1 和 l_2，自重忽略不计，B 处的伺服电机及减速装置的质量为 m_1，手部 C 握持重物质量为 m_2，试建立此两自由度机械手的动力学方程。

此二杆机械手可以简化为一个双摆系统，该双摆系统在 B、C 处具有质量 m_1、m_2，在 A、B 处有控制力矩 M_1 和 M_2 作用。考虑到控制力矩 M_2 的作用与杆2相对杆1的相对转角 θ_2 有关，故取 θ_1 和 θ_2 为广义坐标，系统的动能为二质点 m_1、m_2 的动能之和，即

$$T=\frac{1}{2}m_1v_B^2+\frac{1}{2}m_2v_C^2 \qquad (3-110)$$

由图3-16（b）所示的速度矢量关系可知

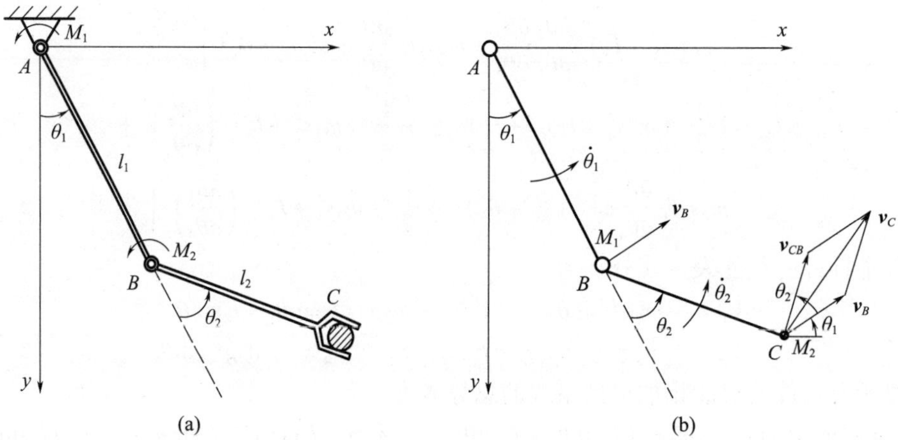

图3-16 两自由度机械手及其速度矢量关系

$$v_B=l_1\dot\theta_1,\quad v_C^2=l_1^2\dot\theta_1^2+l_2^2(\dot\theta_1+\dot\theta_2)^2+2l_1l_2\dot\theta_1(\dot\theta_1+\dot\theta_2)\cos\theta_2 \qquad (3-111)$$

将式（3-111）代入式（3-110），得

$$\begin{aligned}T&=\frac{1}{2}m_1l_1^2\dot\theta_1^2+\frac{1}{2}m_2\left[l_1^2\dot\theta_1^2+l_2^2(\dot\theta_1+\dot\theta_2)^2+2l_1l_2\dot\theta_1(\dot\theta_1+\dot\theta_2)\cos\theta_2\right]\\&=\frac{1}{2}(m_1+m_2)l_1^2\dot\theta_1^2+\frac{1}{2}m_2l_2^2(\dot\theta_1+\dot\theta_2)^2+m_2l_1l_2\dot\theta_1(\dot\theta_1+\dot\theta_2)\cos\theta_2\end{aligned} \qquad (3-112)$$

以 A 处为零势能位置，则系统的势能为

$$V=-m_1gl_1\cos\theta_1-m_2g[l_1\cos\theta_1+l_2\cos(\theta_1+\theta_2)] \qquad (3-113)$$

由式（3-112）和式（3-113）得到拉格朗日函数，即动势为

$$L=E-V=\frac{1}{2}(m_1+m_2)l_1^2\dot\theta_1^2+\frac{1}{2}m_2l_2^2(\dot\theta_1+\dot\theta_2)^2+m_2l_1l_2\dot\theta_1(\dot\theta_1+\dot\theta_2)\cos\theta_2+$$

$$(m_1+m_2)gl_1\cos\theta_1+m_2gl_2\cos(\theta_1+\theta_2) \tag{3-114}$$

由式（2-69），可得广义力为

$$Q_1=M_1,\qquad Q_2=M_2 \tag{3-115}$$

将式（3-114）对 $\dot{\theta}_1$、θ_1和 $\dot{\theta}_2$、θ_2分别求导得到

$$\frac{\partial L}{\partial\dot{\theta}_1}=(m_1+m_2)l_1^2\dot{\theta}_1+m_2l_2^2\dot{\theta}_1+m_2l_2^2\dot{\theta}_2+2m_2l_1l_2\dot{\theta}_1\cos\theta_2+m_2l_1l_2\dot{\theta}_2\cos\theta_2$$

$$\frac{\partial L}{\partial\theta_1}=-(m_1+m_2)gl_1\sin\theta_1-m_2gl_2\sin(\theta_1+\theta_2)$$

$$\frac{\partial L}{\partial\dot{\theta}_2}=m_2l_2^2(\dot{\theta}_1+\dot{\theta}_2)+m_2l_1l_2\dot{\theta}_1\cos\theta_2$$

$$\frac{\partial L}{\partial\theta_2}=-m_2l_1l_2\dot{\theta}_1(\dot{\theta}_1+\dot{\theta}_2)\sin\theta_2-m_2gl_2\sin(\theta_1+\theta_2) \tag{3-116}$$

将式（3-116）代入拉格朗日方程（2-68），整理并引入几个简化记号后可得两杆机械手动力学方程为

$$\begin{aligned}M_1&=D_{11}\ddot{\theta}_1+D_{12}\ddot{\theta}_2+D_{111}\dot{\theta}_1^2+D_{122}\dot{\theta}_2^2+D_{112}\dot{\theta}_1\dot{\theta}_2+D_{121}\dot{\theta}_2\dot{\theta}_1+D_1\\M_2&=D_{21}\ddot{\theta}_1+D_{22}\ddot{\theta}_2+D_{211}\dot{\theta}_1^2+D_{222}\dot{\theta}_2^2+D_{212}\dot{\theta}_1\dot{\theta}_2+D_{221}\dot{\theta}_2\dot{\theta}_1+D_2\end{aligned} \tag{3-117}$$

将式（3-117）写为矩阵形式为

$$\begin{Bmatrix}M_1\\M_2\end{Bmatrix}=\begin{bmatrix}D_{11}D_{12}\\D_{21}D_{22}\end{bmatrix}\begin{Bmatrix}\ddot{\theta}_1\\\ddot{\theta}_2\end{Bmatrix}+\begin{bmatrix}D_{111}D_{122}\\D_{211}D_{222}\end{bmatrix}\begin{Bmatrix}\dot{\theta}_1^2\\\dot{\theta}_2^2\end{Bmatrix}+\begin{bmatrix}D_{112}D_{121}\\D_{212}D_{221}\end{bmatrix}\begin{Bmatrix}\dot{\theta}_1\dot{\theta}_2\\\dot{\theta}_2\dot{\theta}_1\end{Bmatrix}+\begin{bmatrix}D_1\\D_2\end{bmatrix} \tag{3-118}$$

式（3-117）和式（3-118）中，各系数的物理意义及表达式分别如下。

（1）有效惯量 D_{ii}（$i=1,2$）。因为关节 i 的加速度 $\ddot{\theta}_i$ 将在关节 i 上产生一个等于 $D_{ii}\ddot{\theta}_i$ 的惯性力矩，故 D_{ii}称为关节 i 的有效惯量。D_{11}和 D_{22}可表示为

$$D_{11}=(m_1+m_2)l_1^2+m_2l_2^2+2m_2l_1l_2\cos\theta_2,\qquad D_{22}=m_2l_2^2 \tag{3-119}$$

（2）耦合惯量 D_{ij}（$i, j=1, 2, i\neq j$）。因为关节 i 或 j 的加速度 $\ddot{\theta}_i$ 或 $\ddot{\theta}_j$ 将在关节 j 或 i 上分别产生一个等于 $D_{ij}\ddot{\theta}_i$ 或 $D_{ij}\ddot{\theta}_j$ 的惯性力矩，故 D_{ij}称为关节 i 和 j 间的耦合惯量。

$$D_{12}=D_{21}=m_2l_2^2+m_2l_1l_2\cos\theta_2 \tag{3-120}$$

（3）向心加速度系数 D_{ijj}（$i, j=1, 2$）。$D_{ijj}\dot{\theta}_j^2$ 项是由关节 j 的速度 $\dot{\theta}_j$ 在关节 i 处引起的向心力。

$$D_{111}=0,\qquad D_{122}=-m_2l_1l_2\sin\theta_2,\qquad D_{222}=0,\qquad D_{211}=m_2l_1l_2\sin\theta_2 \tag{3-121}$$

（4）科里奥利加速度系数 D_{ijk}（$i, j, k=1, 2$）。（$D_{ijk}\dot{\theta}_j\dot{\theta}_k+D_{ikj}\dot{\theta}_k\dot{\theta}_j$）组合项是由关节 i 和关节 k 处的速度 $\dot{\theta}_j$ 和 $\dot{\theta}_k$ 引起的作用于关节 i 的科里奥利力。

$$D_{112}=D_{121}=-m_2l_1l_2\sin\theta_2,\qquad D_{212}=D_{221}=0 \tag{3-122}$$

（5）重力项 D_i（$i=1, 2$）。D_i表示关节 i 处的重力影响项。

$$D_1=(m_1+m_2)gl_1\sin\theta_1+m_2gl_2\sin(\theta_1+\theta_2),\qquad D_2=m_2gl_2\sin(\theta_1+\theta_2) \tag{3-123}$$

上述这些系数都是广义坐标 θ_1和 θ_2的函数，同时和质量 m_1、m_2 及臂长 l_1、l_2有关。当 m_1、m_2、l_1、l_2确定后，如果要求机械手能够按照预定运动规律 $\theta_1(t)$ 和 $\theta_2(t)$ 运

动，则可由式（3－117）求出两个关节处的控制力矩的变化规律 M_1（t）和 M_2（t）。这同时也是对两个伺服电机输出力矩规律的要求。

思考题

1. 建立单自由度刚性系统动力学模型时，忽略了哪些可能存在的因素？

2. 单自由度刚性系统的力学模型可以采用等效力学模型的原因是什么？

3. 如何选择单自由度刚性系统的等效构件？

4. 等效力和等效力矩由什么原理来确定？等效质量和等效转动惯量又由什么原理来确定？

5. 等效构件的运动方程由什么原理来建立？

6. 动力学问题的求解一般包括 3 个主要步骤，即根据物理模型建立系统的力学模型，根据力学模型建立数学模型，求解方程得到系统的动力响应。对于单自由度刚性系统的动力学问题，建立了系统的数学模型，在求解方程之前还需要解决什么问题？

7. 机械的运转过程一般包括启动、稳定运动和制动 3 个阶段，为什么在实际的分析中主要研究稳定运动状态的速度波动对系统的影响？

8. 对于多自由度刚性动力学问题，建立系统运动方程的方法有哪些？各方法之间是否存在内在的本质联系？

9. 多自由度刚性动力学问题中，计算系统的动能时，为什么需要计算各构件质心的速度？

10. 两自由度机械手的动力学分析中，得到的动力学方程中的各系数为什么具有不同的物理意义？试说明具有哪几类物理参数？

习　　题

1. 如图 3－17 所示的正弦机构中，滑块 3 上所受的阻力 $F=-Cv_3$，C 为常数，设曲柄长为 r，当以曲柄 1 为等效构件时，求阻力 F 的等效力矩。

2. 对图 3－10 所示的电动葫芦。若以电动机轴为等效构件，试写出等效力矩的表达式，并计算加载前和加载后的等效转动惯量。已知：电动机转子连同连杆的转动惯量为 $I_1=0.00715\text{kg}\cdot\text{m}^2$；行星轮、输出装置、链轮等的转动惯量为 $I_2=0.15\text{kg}\cdot\text{m}^2$；行星轮重力 $G_1=20\text{N}$，系杆偏心距 $r=2.5\text{mm}$，链轮半径 $R=100\text{mm}$，起吊重物重力 $G=4000\text{N}$，行星减速器传动比 $i=40$。

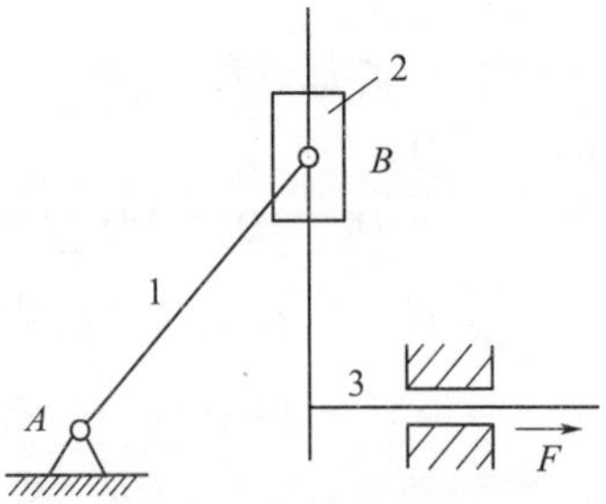

图 3－17　正弦机构

3. 在图 3－18 所示的曲柄连杆机构中，曲柄 AB 和连杆 BC 为均质杆，具有相同的长度 l 和质量 m_1。滑块 C 的质量为 m_2，可沿倾角为 θ 的导轨 AD 滑动。设约束都是理想的，求系统的平衡位置角 φ。

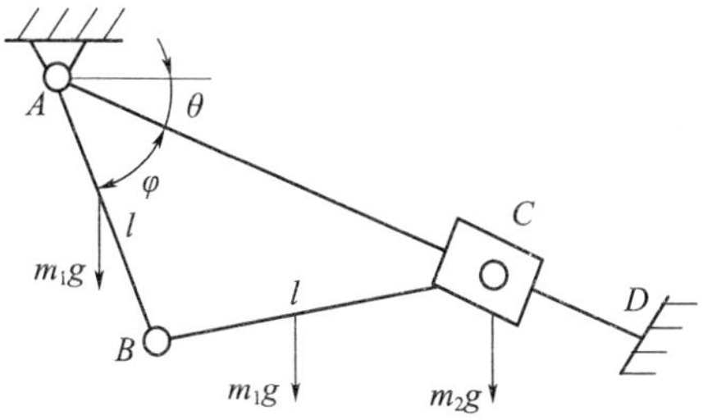

图 3－18　曲柄连杆机构

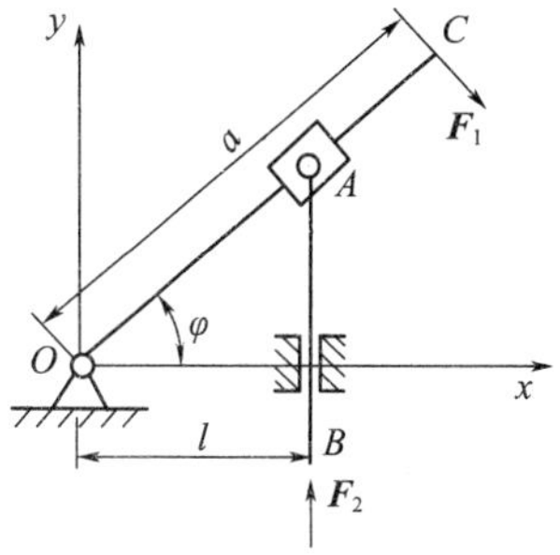

图 3－19　曲柄摆杆机构

4. 在图 3－19 所示的曲柄摆杆机构中，当曲柄 OC 绕 O 轴摆动时，滑块 A 沿曲柄滑动，从而带动摆杆 AB 在铅直导槽 K 内移动。已知：$OC=a$，$OB=l$，在点 C 处垂直于曲柄作用一力 $\boldsymbol{F}_1$；而在点 B 沿 BA 作用一力 $\boldsymbol{F}_2$。求机构平衡时 $\boldsymbol{F}_2$ 与 $\boldsymbol{F}_1$ 的关系。

5. 挖土机挖掘部分示意如图 3－20 所示。支臂 DEF 不动，A、B、D、E、F 为铰链，液压油缸 AD 伸缩时可通过连杆 AB 使挖斗 BFC 绕 F 转动，$EA=FB=a$。当 $\theta_1=\theta_2=30°$ 时杆 $AE\perp DF$，此时油缸推力为 P。若不计构件质量，求此时挖斗 BFC 所承受的最大阻力矩 M。

6. 图 3－21 所示为一凸轮导板机构。偏心圆轮的圆心为 O，半径为 r，偏心距 $O_1O=e$，绕 O_1 轴以匀角速度 ω 转动。当导板 AB 到最低位置时，弹簧的压缩量为 h，导板质量为 m。要使导板在运动过程中始终不离偏心轮，求弹簧刚度 k。

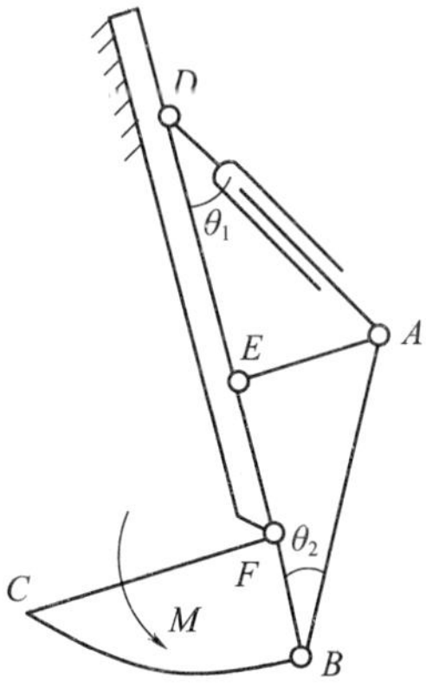

图 3－20　挖土机挖掘机构

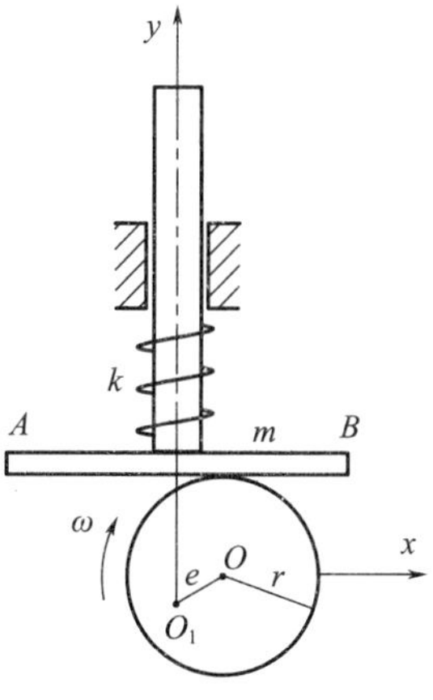

图 3－21　凸轮导板机构

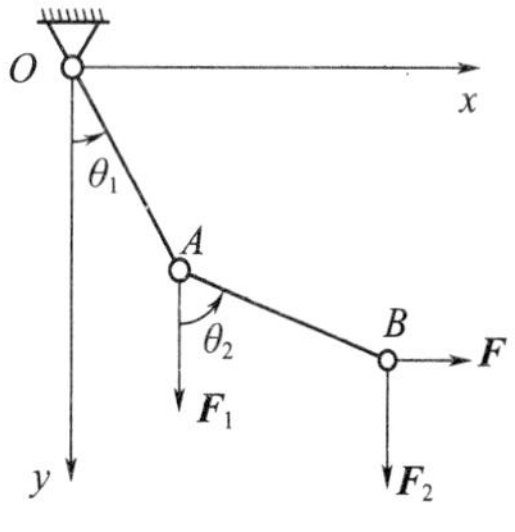

图 3－22　平面双摆系统

7. 对图 2－22 所示的球形槽中的两球系统，杆长为 l，球 A 与 B 的质量分别为 m_1，m_2（$m_1>m_2$），杆的质量不计，长度 $AB=2a$，槽的半径为 R（$R>a$），两球在图示状态平衡，试求：两球处于平衡状态时的偏角 φ。

8. 平面双摆系统如图 3－22 所示，直杆 OA 与 AB 的长度分别为 a，b，两杆在 A 端通过光滑铰连接，O 端为固定铰支座。铰 A 与 B 分别受 y 轴方向的力 $\boldsymbol{F}_1$，$\boldsymbol{F}_2$ 以及 x 轴方向的力 $\boldsymbol{F}$ 作用，在图示状态平衡，各杆质量不计。求：偏角 θ_1 与 θ_2。

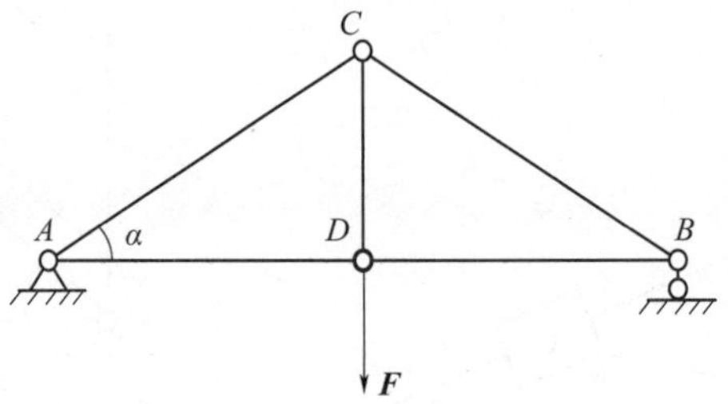

图 3－23　平面桁架结构

9. 平面桁架结构如图 3－23 所示，杆长 $AC = BC = a$，$\angle CAD = \angle CBD = \alpha$，杆 CD 铅直，AD 与 BD 水平，A 端为固定铰支座，B 端为滑动铰支座。铰 D 受铅直力 $\boldsymbol{F}$ 作用，各个杆的质量均忽略不计。求：杆 BD 的内力。

10. 直角杆由均质杆 OA 与 OB 组成，在 O 处通过光滑柱铰与转轴连接，如图 3－24 所示，长度 $OA = a$，$OB = b$，两杆的材料与横截面均相同。设杆随转轴以匀角速度 ω 转动时，杆 OA 与 z 轴的夹角为 φ。求：ω 与 φ 的关系式。

11. 杆－轮－质块系统如图 3－25 所示，杆 BC 水平，长度 $BC = b$，C 端固定，B 端通过光滑铰连接轮心。均质圆轮 B 的半径为 R，质量为 m_2，位于铅直平面内。质块 A 的质量为 m_1，通过绕在轮 B 上的绳子悬挂，绳与杆的质量不计。质块 A 下落时，带动轮 B 转动。求：固定端 C 的约束力。

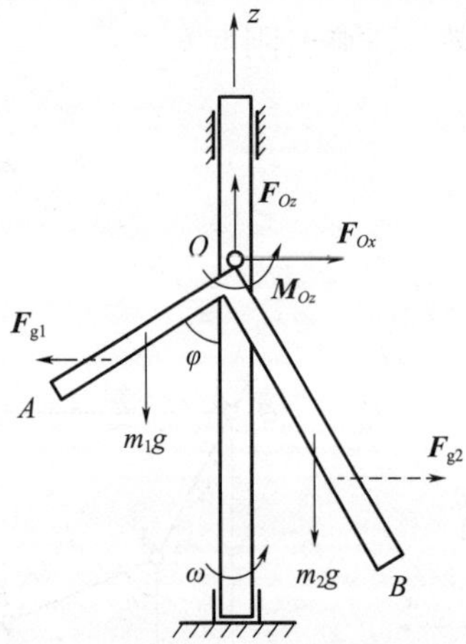

图 3－24　直角杆转轴

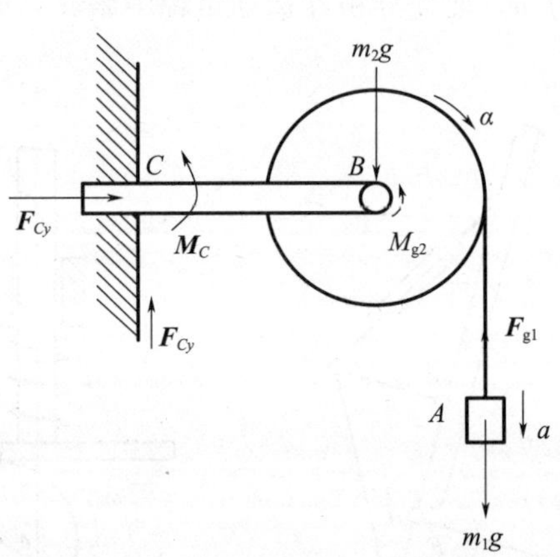

图 3－25　杆－轮－质块系统

第4章　刚性平面机构惯性力的平衡

4.1　机构的平衡及平衡条件

4.1.1　机构的平衡

机械系统的运动构件有平动构件、定轴转动构件和平面运动构件。无论是哪种构件，只要构件有角加速度或者质心有加速度，便会产生惯性力矩或惯性力。即使是绕固定轴匀速转动的构件，当其质心与旋转中心不重合时，也会产生惯性力。高速机械和重型机械中，运动构件要产生较大的惯性力和惯性力矩，机构传递给机座一个摆动力和一个摆动力矩。

惯性力或惯性力矩的存在，会产生几方面的影响：①这些惯性力的大小和方向周期性变化，因而通过构件和运动副传递到机座上的摆动力（或力矩）的大小和方向也呈周期性变化。周期性变化的力和力矩会引起机构在机座上的振动，使机械的精度和工作可靠性下降，并产生噪声，引起共振时还会导致机械的损坏，甚至引起安全事故。②惯性力或惯性力矩的周期性变化，加剧了作用于驱动构件上的平衡力矩的波动，在传动系统中产生冲击载荷，或造成系统的扭转振动。③惯性载荷在机构中引起附加的动应力，影响构件的强度，在运动副中引起附加动反力，加剧磨损并降低机械的效率。因此，为了适应机械高速化和精密化的要求，就必须减小惯性力的影响，必须进行机构的平衡。

机构的平衡，就是采用构件质量再分配等手段完全或部分地消除惯性载荷。对于仅由绕定轴旋转构件组成的旋转机械，构件的惯性力平衡既需要在设计阶段充分考虑，也需要在制造过程中增加平衡工序来完成，还需要在使用过程实施动平衡来保持惯性力的平衡。制造过程中的平衡工序和使用过程中的动平衡主要是通过调整转子内部的质量分布，使惯性力的影响减少到允许的范围内来实现。对于由往复运动构件组成的机械，例如汽车发动机、柱塞泵、活塞式压缩机等，其惯性力不能通过各个构件单独调整得到平衡，必须从整机设计角度来解决，即在这类机械设计时，要充分考虑惯性力的平衡，包括旋转机构类型、机械布局、机械内的质量大小及质量分布等。因此，惯性力的平衡属于系统动力学设计与分析的主要内容。

一般而言，机构的平衡是在机构的运动学设计完成之后进行的动力学设计。在进行平衡分析时，一般并不需要列出振动的微分方程，即并不进行振动的频率分析和响应分析，而仅着眼于全部消除或部分消除引起振动的激振力。

4.1.2　机构质心的位置

对于任意一个平面结构，如图4-1所示的曲柄连杆滑块机构，建立一个固定坐标

系 $Oxyz$，则机构总质心的坐标为

$$x_S = \frac{1}{M}\sum_{i=1}^{n} m_i x_i, \quad y_S = \frac{1}{M}\sum_{i=1}^{n} m_i y_i, \quad z_S = \frac{1}{M}\sum_{i=1}^{n} m_i z_i \tag{4-1}$$

式中：n 为机构中的质点数，整个机构可以看成由 n 个质点组成的质点系，在计算机构质心位置时，n 可为构件数或者质量等效点的数目；m_i 为质点 i 的质量；x_i、y_i、z_i 为相应点的坐标；M 为总质量。

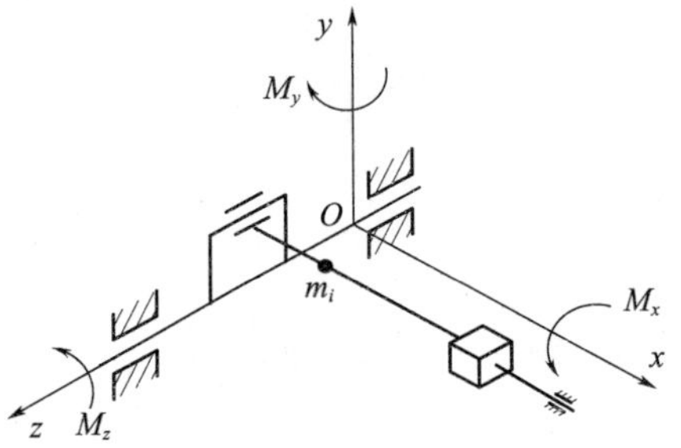

图 4－1　曲柄连杆滑块机构

4.1.3　机构的惯性力、惯性力矩及其在坐标轴上的分量

惯性力是指当物体有加速度时，物体具有的惯性会使物体有保持原有运动状态的倾向，此时若在研究对象上建立坐标系，看起来就仿佛有一股方向相反的力作用在研究对象上，使其产生位移。转动惯量描述的是刚体质量对于转轴的集中度，质量越往转轴集中，转动惯量越小。

机构的惯性力 $\boldsymbol{F}_\text{I}$ 和惯量力矩 $\boldsymbol{M}_\text{I}$ 可以表示为

$$\boldsymbol{F}_\text{I} = -\sum_{i=1}^{n} m_i \ddot{\boldsymbol{r}}_i, \quad \boldsymbol{M}_\text{I} = -\sum_{i=1}^{n} I_i \ddot{\boldsymbol{\theta}}_i \tag{4-2}$$

式中：m_i，I_i 分别为第 i 个构件的质量和转动惯量；$\boldsymbol{r}_i$，$\boldsymbol{\theta}_i$ 分别为第 i 个构件的位移和角位移。

机构的惯性力和惯性力矩在笛卡儿坐标轴上的分量可表示为

$$F_x = -\sum_{i=1}^{n} m_i \ddot{x}_i, \quad F_y = -\sum_{i=1}^{n} m_i \ddot{y}_i, \quad F_z = -\sum_{i=1}^{n} m_i \ddot{z}_i \tag{4-3}$$

$$M_x = -\sum_{i=1}^{n} m_i (y_i \ddot{z}_i - z_i \ddot{y}_i), \quad M_y = -\sum_{i=1}^{n} m_i (z_i \ddot{x}_i - x_i \ddot{z}_i), \quad M_z = -\sum_{i=1}^{n} m_i (x_i \ddot{y}_i - y_i \ddot{x}_i) \tag{4-4}$$

4.1.4　平面机构惯性力的平衡条件

平面机构的运动限制在机构所在平面内，惯性力的平衡条件，即机构的静平衡条件为

$$F_x = -\sum_{i=1}^{n} m_i \ddot{x}_i = 常数, \quad F_y = -\sum_{i=1}^{n} m_i \ddot{y}_i = 常数 \tag{4-5}$$

如果式（4－5）得到满足，则机构的总质心将静止不动。平面机构的惯性力矩的

平衡条件，即机构的动平衡条件为

$$\sum_{i=1}^{n} m_i z_i y_i = 常数, \quad \sum_{i=1}^{n} m_i z_i x_i = 常数, \quad \sum_{i=1}^{n} m_i (x_i \ddot{y}_i - y_i \ddot{x}_i) = 0 \qquad (4-6)$$

当利用式（4-6）的第三式来研究惯性力矩 M_z 时，质点数必须为构件等效的质点数。如果只取构件数或者静等效的质点数，则所计算的惯性力矩只包括了等效质点的惯性力所产生的力矩，没有或没有完全计入构件转动惯量所产生的惯性力矩。

4.2 机构平衡的种类和惯性力的平衡方法

4.2.1 机构平衡的种类

根据机构运动中惯性载荷造成的危害，机构的平衡有 3 种。

（1）机构在机座上的平衡。机构在机座上的平衡是将各运动构件视为一个整体系统进行的平衡，目标是消除或部分消除摆动力和摆动力矩，从而减轻机构整体在机座上的振动。

（2）机构输入转矩的平衡。高速机构中惯性载荷成为载荷的主要成分，做周期性非匀速运动的构件的惯性力和惯性力矩正负交变，使平衡力矩的波动更为剧烈。为降低这一波动的程度，需要进行机构输入转矩的平衡，可用动态静力分析方法计算出维持主动件等速回转而应施加于主动构件上的平衡力矩。

（3）运动副中动压力的平衡。为解决机构中某些运动副中由惯性力引起的动压力过大的问题，可进行运动副中动压力的平衡。

根据惯性载荷被平衡的程度，平衡可分为 3 类，即部分平衡、完全平衡和综合优化平衡。

（1）部分平衡。无论采用什么方法来平衡，都将导致机械重量的增加和结构的复杂，受配重数目和大小的限制，要使摆动力或摆动力矩完全平衡面临很多困难。因此，在进行平衡时，要兼顾机械的重量、结构和动力学特性，使摆动力得到部分平衡。

（2）完全平衡。由于部分平衡只能在一定程度上部分改善动力学特性，因此，应该尽可能地改善动力学性能，争取完全平衡。完全平衡有两类，一是摆动力完全平衡，二是摆动力和摆动力矩完全平衡。

（3）综合优化平衡。部分平衡无法达到动力特性的最优化，而平衡问题的复杂性难以兼顾摆动力的平衡和摆动力矩的平衡，难以实现完全平衡。优化方法提供了综合考虑多个目标平衡的可能性，综合优化平衡应运而生。

根据采用的措施不同，平衡方法可分为两类：一是通过加配重的方法，这是平衡常用的方法；二是通过机构的合理布置或设置附加机构的方法，这种方法在某些场合下可以获得良好的平衡效果。

4.2.2 机构惯性力的平衡方法

机构的惯性力可以通过构件的合理布置、加平衡机构或者加平衡质量等方法得到部分平衡或完全平衡。当机械本身要求多套机构同时工作时，可用图 4-2（a）所示的对称布置方式使惯性力得到完全平衡；也可采用图4－2（b）的结构使惯性力得到部分平衡，这是在多缸活塞式发动机设计中常用的方法，即合理布置各曲柄的相对位置，使各活塞与连杆产生的惯性力相互抵消来达到平衡的目的。

实际工程中，可以采用加平衡机构的方法来平衡惯性力。例如用齿轮机构、连杆机构来部分平衡机构惯性力。例如在图4－2（c）中增加了一套尺寸为原机构 OAB 按比例缩小的平衡机构 $OA'B'$，其构件质量按比例增加，这样可使平衡机构的体积缩小。图4－2（d）是用一个摆动质量 D 来平衡滑块 B 的惯性力，当摆杆 O_2D 比较长时，点 D 的轨迹在小范围内接近直线。

在机构中的某些构件上加平衡质量是平衡惯性力的常用方法。用来确定平衡质量的方法一般有3种，即主导点矢量法、质量等效法和线性独立矢量法。下面将讨论质量等效法和线性独立矢量法。

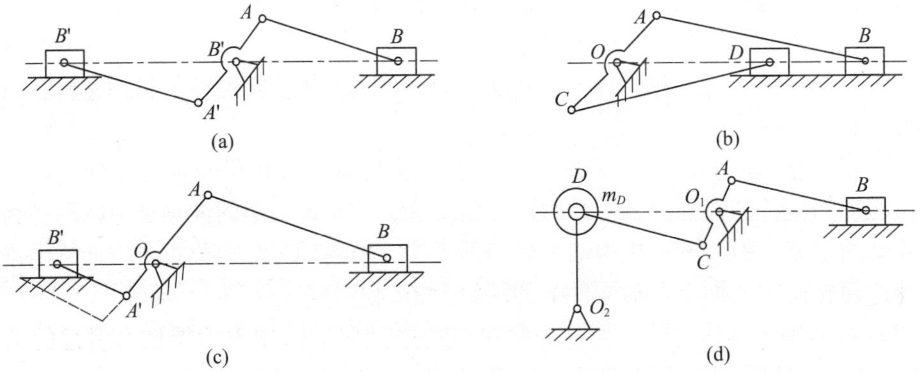

图4－2　机构惯性力的平衡方法

4.3　机构惯性力平衡的质量等效法

用质量等效法确定平衡机构惯性力所应加的质量矩是一种比较直观、简便的方法。质量等效法的基本思路是首先把各构件的质量等效到绕固定轴转动的构件上，然后通过在绕定轴转动的构件上加平衡质量矩的方法，使机构的质心落到固定的转轴上，从而使机构总的质心静止不动，达到平衡的目的。

4.3.1　刚性系统中构件的质量等效

机械运动的构件，可以看成是由无穷多个质点组成的，对于刚性构件，这些质点惯性力将合成为通过质心的主矢量 $\boldsymbol{F}_{\mathrm{I}}$ 和一个惯量力矩 $\boldsymbol{M}_{\mathrm{I}}$，即有

$$\boldsymbol{F}_{\mathrm{I}} = -m\boldsymbol{a}_S,\quad \boldsymbol{M}_{\mathrm{I}} = -I_S\boldsymbol{\varepsilon} \tag{4-7}$$

式中：m 为构件质量；I_S 为绕质心的转动惯量；$\boldsymbol{a}_S$ 为质心加速度；$\boldsymbol{\varepsilon}$ 为构件角加速度。

为了计算构件惯性力和研究惯性力的平衡问题，往往用几个集中质量来等效原来的构件，这种处理方法称为质量等效法。质量等效法分为静等效和动等效两类。质量静等效应保证等效质量的惯性力与原构件相同，即等效前后质心位置不变；而质量动等效不

仅使惯性力相同，惯性力矩也要相等，即等效前后对质心的转动惯量也应保持不变。

1. 两点静等效

对如图 4-3（a）所示的构件，若用 A 和 B 处的两个质量 m_A 和 m_B 来等效原来的质量 m，在保证质心位置不变时，应满足质量不变和力矩平衡，即有

$$m_A+m_B=m,\quad m_Al_{AS}=m_B(l_{AB}-l_{AS}) \tag{4-8}$$

联立求解式（4-8）的两式得到

$$m_A=m\left(1-\frac{l_{AS}}{l_{AB}}\right),\quad m_B=m\frac{l_{AS}}{l_{AB}} \tag{4-9}$$

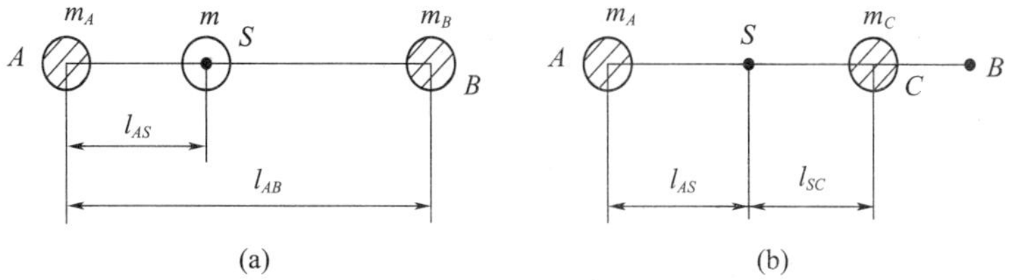

图 4-3　质量等效图

2. 两点动等效

对图 4-3（b）所示的构件，若用两个质量 m_A 和 m_C 来等效原来的质量 m，并保证转动惯量不变，除应满足质量不变和力矩平衡外，还需要满足转动惯量不变，即有

$$m_A+m_C=m,\quad m_Al_{AS}=m_Cl_{SC},\quad m_Al_{AS}^2+m_Cl_{SC}^2=I_S \tag{4-10}$$

联立求解式（4-10）的三式得到

$$m_A=\frac{mI_S}{ml_{AS}^2+I_S},\quad m_C=\frac{m^2l_{AS}^2}{ml_{AS}^2+I_S},\quad l_{SC}=\frac{I_S}{ml_{AS}} \tag{4-11}$$

式中：C 点是以 A 为悬挂点的撞击中心。

3. 广义质量等效

在进行机构平衡时，若所选择的两个（或两个以上）质量等效点与原构件中心不在一条直线上，则不能直接应用式（4-9）来计算等效质量，需要探讨新的等效方法。

在图 4-4 中，构件 AB 的质心在 S 点，质量为 m。当选择 A、B 为质量等效点时，应满足

$$m=m_A+m_B,\quad m\boldsymbol{r}_S=m_A\boldsymbol{r}_A+m_B\boldsymbol{r}_B \tag{4-12}$$

式中：质量与矢量 $\boldsymbol{r}_i$ 的乘积称为质量矩，质量矩也是矢量，矢量之间的惯性可以用复数表示。

从图 4-4 可以看出，矢量之间存在的关系为

$$\boldsymbol{r}_S=\boldsymbol{r}_A+\boldsymbol{l}_{AS},\quad \boldsymbol{l}_{AB}=\boldsymbol{r}_B-\boldsymbol{r}_A \tag{4-13}$$

如果另选坐标系 $A\xi\eta$，ξ 的方向与 AB 方向一致，设 ξ 方向的单位矢量为 $\boldsymbol{e}$，则在 η 方向的单位矢量为 $\mathrm{i}\boldsymbol{e}=\mathrm{i}\boldsymbol{l}_{AB}/l_{AB}$，这里 $\boldsymbol{l}_{AB}$ 为由 A 指向 B 的矢量；l_{AB} 为 AB 杆的长度。在 $A\xi\eta$ 坐标系中，$\boldsymbol{r}_S$ 可用点 S 的坐标 p、q 表示，即有

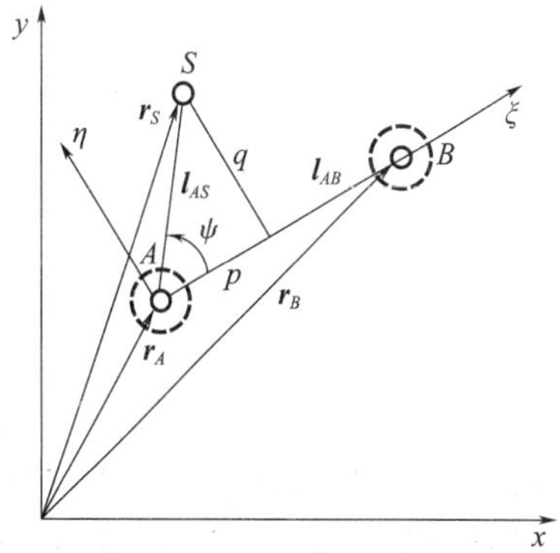

图 4-4　广义质量静等效图

$$\boldsymbol{l}_{AS} = (p + \mathrm{i}q)\ \boldsymbol{e} = (p + \mathrm{i}q)\ \frac{\boldsymbol{l}_{AB}}{l_{AB}} \tag{4-14}$$

式中：p，q 的正负号按照坐标 ξ、η 的正负确定。

将式（4-14）和式（4-13）的第二式代入式（4-13）的第一式得到

$$\boldsymbol{r}_S = (l_{AB} - p - \mathrm{i}q)\ \frac{\boldsymbol{r}_A}{l_{AB}} + (p + \mathrm{i}q)\ \frac{\boldsymbol{r}_B}{l_{AB}} \tag{4-15}$$

将式（4-15）代入式（4-12），得

$$m\ (l_{AB} - p - \mathrm{i}q)\ \frac{\boldsymbol{r}_A}{l_{AB}} + m\ (p + \mathrm{i}q)\ \frac{\boldsymbol{r}_B}{l_{AB}} = m_A\boldsymbol{r}_A + m_B\boldsymbol{r}_B \tag{4-16}$$

比较式（4-16）的两边可知，要使等式成立，两个等效质量应为复数，若用 $\tilde{m}_A$ 和 $\tilde{m}_B$ 表示，则有

$$\tilde{m}_A = \left(\frac{l_{AB} - p}{l_{AB}} - \mathrm{i}\,\frac{q}{l_{AB}}\right)m, \quad \tilde{m}_B = \left(\frac{p}{l_{AB}} + \mathrm{i}\,\frac{q}{l_{AB}}\right)m \tag{4-17}$$

用复数表示的等效质量 $\tilde{m}_A$ 和 $\tilde{m}_B$ 称为广义等效质量。由于满足式（4-12），广义等效质量不仅质量之和与原质量相等，且对任意点的质量矩之和也与原质量对同一点的质量矩相同。

为了进一步说明广义等效质量的物理意义，观察图 4-5 所示的绕定轴转动的构件 OAS，其质心在 S 点，质量为 m，现在要在 O、A 两点确定等效质量。由式（4-17）可得

$$\tilde{m}_A = m\,\frac{p}{l_A} + \mathrm{i}m\,\frac{q}{l_A}, \quad \tilde{m}_B = m\left(1 - \frac{p}{l_A}\right) - \mathrm{i}m\,\frac{q}{l_A} \tag{4-18}$$

式中：l_A为 O 点到 A 点的长度。

$\tilde{m}_A$ 对 O 点的质量矩为

$$\tilde{m}_A\boldsymbol{l}_A = \left(m\,\frac{p}{l_A} + \mathrm{i}m\,\frac{q}{l_A}\right)\boldsymbol{l}_A = mp + \mathrm{i}mq \tag{4-19}$$

式中：$\tilde{m}_A\boldsymbol{l}_A$ 为质量矩矢量，其模和方向分别为

$$|\tilde{m}_A\boldsymbol{l}_A| = \sqrt{(mp)^2 + (mq)^2} = ml_A, \quad \tan\psi = \frac{mp}{mq} = \frac{p}{q} \tag{4-20}$$

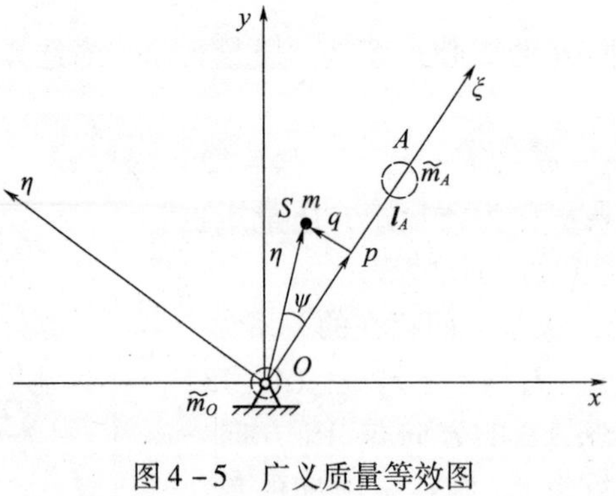

图 4-5　广义质量等效图

从式（4-20）可知，广义等效质量 $\tilde{m}_A$ 对 O 点的质量矩的大小和方向与 m 对 O 点的质量完全一致，即如果在 A 点的广义等效质量为 $\tilde{m}_A = m' + \mathrm{i}m''$，所代表的质量矩的方位在

ψ 方向上，即有

$$|\widetilde{m}_A \boldsymbol{r}_A| = \sqrt{m'^2 + m''^2}\, l_A, \qquad \tan\psi = \frac{m''}{m'} \tag{4-21}$$

质量矩的方位 ψ 可能在4个象限内，究竟处于哪一个象限，应根据 m' 和 m'' 的符号判断。例如当 $m'>0$，$m''<0$ 时，应在第四象限。

4.3.2 含转动副的机构惯性力平衡

当机构只含转动副时，可直接应用式（4-12）或式（4-17）计算等效质量或广义质量，进而求出平衡质量矩。下面通过具体实例来讨论平衡的具体步骤。

例4-1 对图4-6所示的四杆机构，四杆的长度为 l_{AB} = 50mm，l_{BC} = 200mm，l_{CD} = 150mm，l_{AD} = 250mm；各构件的质心坐标参数为：p_1 = 20mm，q_1 = -20mm，p_2 = 80mm，q_2 = 20mm，p_3 = 60mm，q_3 = -12mm；各构件的质量为：m_1 = 7kg，m_2 = 3kg，m_3 = 10kg。试用质量等效法进行惯性力平衡。

解 根据图4-6的四杆机构，B、C 两点均在绕定轴转动的构件上，因此，将质量等效点选在转动副 A、B、C、D 四点上，利用式（4-17）计算，代入已知的数据，可得到

$$\widetilde{m}_{A1} = 4.2 + 2.8\mathrm{i}, \quad \widetilde{m}_{B1} = 2.8 - 2.8\mathrm{i}, \quad \widetilde{m}_{B2} = 1.8 - 0.3\mathrm{i}$$
$$\widetilde{m}_{C2} = 1.2 + 0.3\mathrm{i}, \quad \widetilde{m}_{D3} = 6 + 0.8\mathrm{i}, \quad \widetilde{m}_{C3} = 4 - 0.8\mathrm{i}$$

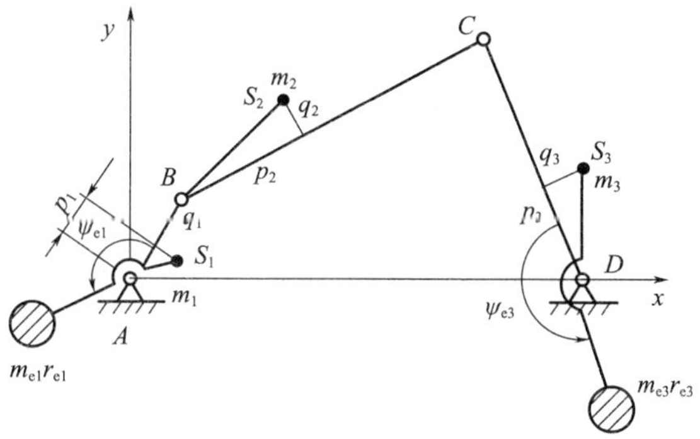

图4-6 四杆机构惯性力平衡图

在 B、C 两点的总等效质量为

$$\widetilde{m}_B = \widetilde{m}_{B1} + \widetilde{m}_{B2} = 4.6 - 3.1\mathrm{i}, \qquad \widetilde{m}_C = \widetilde{m}_{C1} + \widetilde{m}_{C2} = 5.2 - 0.5\mathrm{i}$$

按照式（4-21）计算出 $\widetilde{m}_B$ 和 $\widetilde{m}_C$ 所代表的需要平衡的质量矩的大小和方向，而在构件1和3上应加的平衡量应分别与它们的大小和方向相反，故得到

$$\widetilde{m}_{e1} r_{e1} = \sqrt{4.6^2 + 3.1^2} \times 50 = 277.35\,\mathrm{kg \cdot mm}$$

$$\psi_{e1} = \arctan\left(\frac{3.1}{-4.6}\right) = \arctan 0.6739\ (+/-) = 180° - 33.976° \approx 146°$$

正切值后面括号内的正、负号表示该正切值分子、分母的符号，这是判断该角所在象限的依据。在本例中，分子为正，分母为负，表示 ψ_{e1} 在第二象限。

$$\widetilde{m}_{e3} r_{e3} = \sqrt{5.2^2 + 0.5^2} \times 150 = 783.597\,\mathrm{kg \cdot mm}$$

$$\psi_{e3}=\arctan\left(\frac{0.5}{-5.2}\right)=\arctan 0.096\ (+/-)\ =180^\circ-5.5^\circ=174.5^\circ$$

同样，分子为正，分母为负，表示 ψ_{e3} 在第二象限。

4.3.3 含移动副的广义质量等效法

1. 含有单个移动副的广义质量等效

当机构中含有移动副时，只要该机构或构件组不是被移动副所包围，就可以将该构件的质量通过转动副等效到绕定轴转动的构件上去，从而通过施加平衡量达到惯性力平衡。对图 4-7（a）所示有移动副的导杆机构，若构件 2 的质心在 S 点，质量为 m。因为 B 点只是 2、3 构件的瞬时重合点，故选择 A、B 两点为等效点是不可行的。现在以图 4-7（b）所示的含移动副构件为例，讨论含移动副构件的质量等效原理。设想在构件 2 上选择 A、B、C 三点为等效点，B、C 两点可任意选择，根据质量等效的条件可得

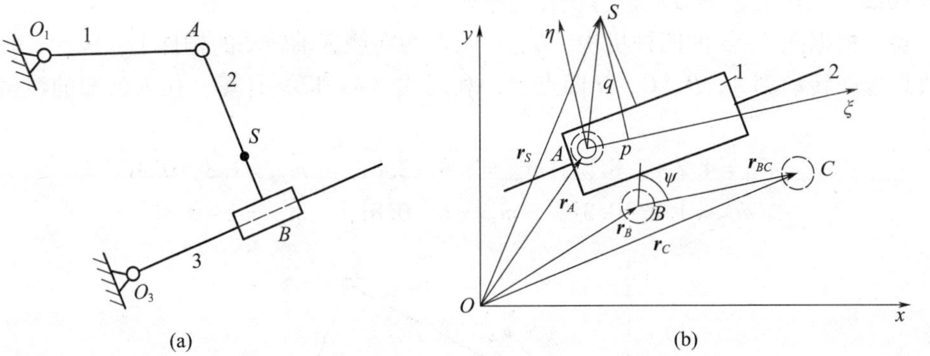

图 4-7　有移动副构件的广义质量等效

$$m=\tilde{m}_A+\tilde{m}_B+\tilde{m}_C,\qquad m\boldsymbol{r}_S=\tilde{m}_A\boldsymbol{r}_A+\tilde{m}_B\boldsymbol{r}_B+\tilde{m}_C\boldsymbol{r}_C \tag{4-22}$$

从图 4-7（b）得知

$$\boldsymbol{r}_S=\boldsymbol{r}_A+\boldsymbol{r}_{AS},\qquad \boldsymbol{r}_{BC}=\boldsymbol{r}_C-\boldsymbol{r}_B \tag{4-23}$$

现以 A 点为原点，取平行于 BC 方向线为 ξ 轴，建立 $O\xi\eta$ 坐标系，则有

$$\boldsymbol{r}_{AS}=(p+\mathrm{i}q)\frac{\boldsymbol{r}_{BC}}{l_{BC}} \tag{4-24}$$

将式（4-24）和式（4-23）的第二式代入式（4-23）的第一式，得

$$\boldsymbol{r}_S=\boldsymbol{r}_A+\frac{1}{l_{BC}}(p+\mathrm{i}q)\boldsymbol{r}_C-\frac{1}{l_{BC}}(p+\mathrm{i}q)\boldsymbol{r}_B \tag{4-25}$$

将式（4-25）代入式（4-22），并比较等式两边，得到

$$\tilde{m}_A=m,\quad \tilde{m}_B=-m\frac{p+\mathrm{i}q}{l_{BC}},\quad \tilde{m}_C=m\frac{p+\mathrm{i}q}{l_{BC}} \tag{4-26}$$

式中：$\tilde{m}_B$ 和 $\tilde{m}_C$ 是两个大小相等，符号相反的广义质量，$\tilde{m}_B+\tilde{m}_C=0$，这两个等效质量对任何点的质量矩之和的大小、方向均相同。例如对 B 点的质量矩为

$$\tilde{m}_C\boldsymbol{r}_{BC}+\tilde{m}_B\times\boldsymbol{0}=-\frac{m}{l_{BC}}(p+\mathrm{i}q)\boldsymbol{r}_{BC}=m(p+\mathrm{i}q) \tag{4-27}$$

等效质量 $\tilde{m}_B$ 和 $\tilde{m}_C$ 的质量矩 $\tilde{m}_C\boldsymbol{r}_{BC}$ 的大小和方向分别为

$$|\tilde{m}_C \boldsymbol{r}_{BC}| = m\sqrt{p^2+q^2} = ml_{AS}, \qquad \tan\psi = \frac{p}{q} \tag{4-28}$$

由式（4－28）可见，ψ 的方向与 AS 平行，即 $\tilde{m}_B$ 和 $\tilde{m}_C$ 对任意点质量矩之和的大小等于质量乘以质心到等效点 A 的距离，方向由 A 指向 S。

由于 A 点的等效质量等于总质量 m，因此可以想象为当把质量 m 由 S 移至 A 点后，增加一个大小为 ml_{AS} 的质量矩，其方向由 A 指向 S，该质量矩在构件 1 上是固定不变的。如果构件 1 有角速度，则该质量矩的方向随之转动。由于构件 1、2 之间为相对移动，角速度相等，这个质量矩也可以看成在构件 2 上，等效点 B、C 也可看成在构件 2 上。这样就给平衡带来很大的方便。如果构件 2 绕定轴转动（或有通向固定件的转动副），则可通过在其上所加的平衡质量来平衡。在构件 2 上所加的平衡质量矩的大小和方向与所选择等效点的位置无关。

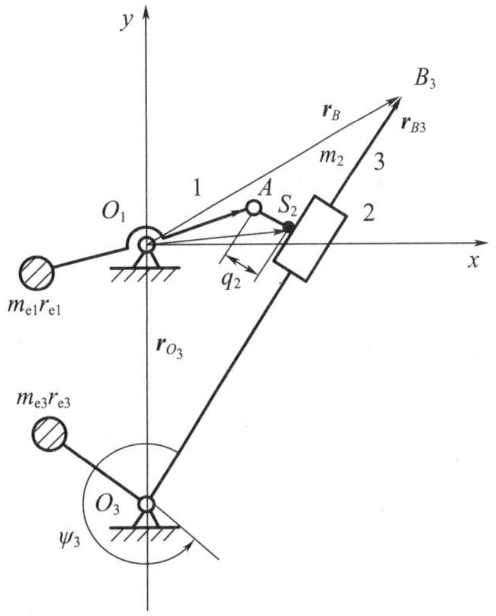

图 4－8　导杆机构惯性力平衡图

例 4－2　对图 4－8 所示的导杆机构，构件 2 的质心为 S_2，质量为 m_2，构件 2 和 3 组成移动副，试分析惯性力的平衡方法。

解　根据含移动副的广义质量等效原理，将质量 m_2 的等效点选在构件 2 和构件 1 组成的转动副 A 和 O_3、B_3 上。由于在该机构中，AS_2 杆与 O_3B_3 杆垂直，故 $p_2=0$。由式（4－26）可得

$$\tilde{m}_A = m_2, \qquad \tilde{m}_{O_3} = \frac{q_2}{l_{O_3B_3}} m_2 \mathrm{i}, \qquad \tilde{m}_{B_3} = -\frac{q_2}{l_{O_3B_3}} m_2 \mathrm{i}$$

从等效结果可以看出，对构件 2 而言，等效后全部质量集中在点 A 上，这样就可以在构件 1 上施加平衡量而获得平衡。$\tilde{m}_B$ 对点 O_3 的质量矩的大小和方向为

$$|\tilde{m}_{B_3} l_{O_3B_3}| = \sqrt{\left(\frac{m_2 q_2}{l_{O_3B_3}}\right)^2} l_{O_3B_3} = m_2 q_2, \qquad \psi_{e3} = \arctan\left(\frac{-m_2 q_2 / l_{O_3B_3}}{0}\right) = \arctan(-\infty) = 270^\circ$$

为平衡此质量矩，应在构件 3 上加平衡量 $m_{e3}r_{e3}$，即

$$m_{e3} r_{e3} = m_2 q_2, \qquad \psi_{e3} = \arctan\left(-\frac{-m_2 q_2 / l_{O_3B_3}}{0}\right) = \arctan\infty = 90^\circ$$

这个结果可以由前面的分析结论得出，即把质量 m_2 移到 A 点，施加一质量矩 m_2q_2，方向由 A 指向 S。因此，在构件 1 上加施加质量矩平衡在 A 点的质量 m_2，而在构件 3 与 $A \to S$ 相反的方向施加质量矩 $m_{e3}r_{e3}$，用来平衡施加质量矩 m_2q_2。

2. 含有两个移动副的广义质量等效

对于含有两个移动副构件的等效质量，同样可以用广义质量等效法。如图 4－9 所示的浮动盘联轴节结构，构件 2 和构件 1、3 之间均形成移动副。设构件 2 的质量为 m_2，质心在 S 点。如果选择构件 2 上的 A 点、构件 3 上的 B 点和 O_3 点 3 个点为等效点，则等效质量为

$$m_2 = \tilde{m}_A + \tilde{m}_B + \tilde{m}_{O_3}, \quad m_2 \boldsymbol{r}_S = \tilde{m}_A \boldsymbol{r}_A + \tilde{m}_B \boldsymbol{r}_B + \tilde{m}_{O_3} \boldsymbol{r}_{O_3} \tag{4-29}$$

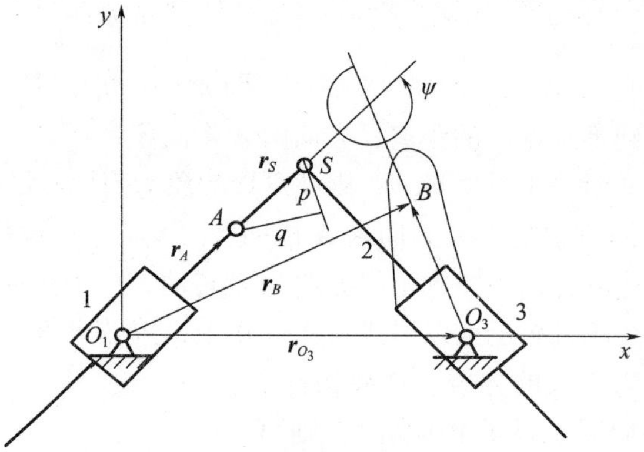

图 4-9　浮动盘联轴节结构

从图 4-9 中可知

$$r_S = r_A + r_{AS},\quad r_{AS} = (p - q\mathrm{i})\frac{r_{O_3B}}{l_{O_3B}} = (p - q\mathrm{i})\frac{1}{l_{O_3B}}(r_B - r_A) \tag{4-30}$$

式中：l_{O_3B}为矢量 r_{O_3B}的模。从而得到

$$m_2 r_S = m_2 r_A + \frac{m_2}{l_{O_3B}}(p - q\mathrm{i})\, r_B - \frac{m_2}{l_{O_3B}}(p - q\mathrm{i})\, r_{O_3} \tag{4-31}$$

对比式（4-31）和式（4-29）的第二式，得

$$\widetilde{m}_A = m_2,\quad \widetilde{m}_B = \frac{m_2}{l_{O_3B}}(p - q\mathrm{i}),\quad \widetilde{m}_{O_3} = -\frac{m_2}{l_{O_3B}}(p - q\mathrm{i}) \tag{4-32}$$

在这 3 个等效质量中，$\widetilde{m}_B$ 和 $\widetilde{m}_{O_3}$在构件 3 上，它们形成的惯性力可以在构件 3 上施加平衡质量来平衡。而 m_A所产生的惯性力却很难平衡，因为点 A 在构件 2 上，到固定回转中心的距离是变化的。由此可以看出，并不是任何机构都能通过施加平衡质量的办法来达到惯性力的完全平衡。

4.4　机构惯性力平衡的线性独立矢量法

线性独立矢量法的基本出发点是使机构的总质心在机构运转中保持静止，基本方法是首先以时间为变量，列出机构总质心的矢量表达式。如果设法使表达式中与时间有关的矢量的系数都等于零，则机构总质心的位置将和时间无关，即机构将保持静止，机构就被平衡了。

4.4.1　平衡条件及其平衡量的确定

1. 无移动副机构的平衡条件与平衡量的确定

对于任何一个机构，其总的质心位置可用式（4-1）来描述，也可用矢量来表达，即

$$r_S = \frac{1}{M}\sum_{i=1}^{n} m_i r_{Si} \tag{4-33}$$

式中：n 为构件数；$\boldsymbol{r}_{Si}$为各构件质心的位置矢量；m_i为各构件的质量；M 为机构的总质量，即有

$$M = \sum_{i=1}^{n} m_i \tag{4-34}$$

为方便起见，$\boldsymbol{r}_{Si}$用复数表示，则对于图 4-10 所示的四杆机构，有

$$\boldsymbol{r}_{S1} = r_1 e^{i(\varphi_1+\theta_1)}, \quad \boldsymbol{r}_{S2} = a_1 e^{i\varphi_1} + r_2 e^{i(\varphi_2+\theta_2)}, \quad \boldsymbol{r}_{S3} = a_4 e^{i\theta_4} + r_3 e^{i(\varphi_3+\theta_3)} \tag{4-35}$$

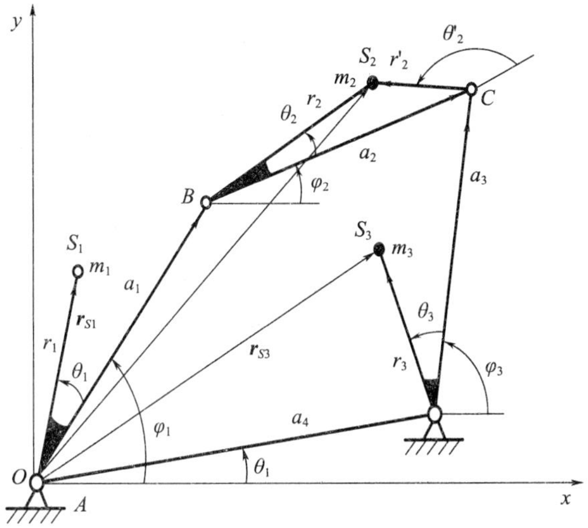

图 4-10　四连杆机构向量示意图

将式（4-35）代入式（4-33），得

$$\boldsymbol{r}_S = \frac{1}{M}\left[(m_1 r_1 e^{i\theta_1} + m_2 a_1) e^{i\varphi_1} + m_2 r_2 e^{i(\theta_2+\varphi_2)} + m_3 r_3 e^{i(\theta_3+\varphi_3)} + m_3 a_4 e^{i\theta_4} \right] \tag{4-36}$$

在式（4-36）中，与时间有关的矢量为 $e^{i\varphi_1}$、$e^{i\varphi_2}$和 $e^{i\varphi_3}$。但这 3 个矢量并不是线性独立的，因为它们必须满足由封闭多边形 *ABCD* 组成的封闭矢量表达式，即

$$a_1 e^{i\varphi_1} + a_2 e^{i\varphi_2} - a_3 e^{i\varphi_3} - a_4 e^{i\theta_4} = 0 \tag{4-37}$$

对于四连杆机构，封闭矢量方程只有式（4-37）一个方程，所以 $e^{i\varphi_1}$、$e^{i\varphi_2}$和 $e^{i\varphi_3}$中有两个是线性独立的。利用式（4-37）可将其中任一个表达为另外两个矢量的线性组合，例如将（4-37）表示为

$$e^{i\varphi_2} = \frac{a_3}{a_2}e^{i\varphi_3} + \frac{a_4}{a_2}e^{i\theta_4} - \frac{a_1}{a_2}e^{i\varphi_1} \tag{4-38}$$

将式（4-38）代入式（4-36），并整理得到

$$\boldsymbol{r}_S = \frac{1}{M}\left(m_1 r_1 e^{i\theta_1} + m_2 a_1 - m_2 r_2 \frac{a_1}{a_2} e^{i\theta_2}\right)e^{i\varphi_1} + \left(m_3 r_3 e^{i\theta_3} + m_2 r_2 \frac{a_3}{a_2}e^{i\theta_2}\right)e^{i\varphi_3} + \left(m_3 a_4 + m_2 r_2 \frac{a_4}{a_2}e^{i\theta_2}\right)e^{i\theta_4} \tag{4-39}$$

要使$\boldsymbol{r}_S$ 为常量，则式（4-39）中所有与时间有关的矢量 $e^{i\varphi_1}$和 $e^{i\varphi_3}$前的系数必须为 0，由此可得到的平衡方程为

$$m_1 r_1 e^{i\theta_1} + m_2 a_1 - m_2 r_2 \frac{a_1}{a_2}e^{i\theta_2} = 0, \quad m_3 r_3 e^{i\theta_3} + m_2 r_2 \frac{a_3}{a_2}e^{i\theta_2} = 0 \tag{4-40}$$

为了更清楚地了解平衡条件，对式（4-40）作如下变换，从图 4-10 看出

$$r_2 e^{i\theta_2} = a_2 + r'_2 e^{i\theta'_2} \tag{4-41}$$

将式（4－41）代入式（4－40），得

$$m_1 r_1 e^{i\theta_1} - m_2 \frac{a_1}{a_2} r'_2 e^{i\theta'_2} = 0, \quad m_3 r_3 e^{i\theta_3} + m_2 r_2 \frac{a_3}{a_2} e^{i\theta_2} = 0 \tag{4-42}$$

从式（4－42）可得四连杆机构的平衡条件为

$$a_2 m_1 r_1 = a_1 m_2 r'_2, \quad \theta_1 = \theta'_2, \quad a_2 m_3 r_3 = a_3 m_2 r_2, \quad \theta_3 = \theta_2 + \pi \tag{4-43}$$

在通常情况下，a_1、a_2、a_3是按照机构的工作条件确定的。式（4－43）表明，在四连杆机构的活动构件 1、2、3 中，若任一个构件的质量和质心位置已经确定，则另外两个构件的质量矩及其位置必须满足该式的条件，机构的惯性力才能平衡。例如，如果构件 2 的质心和质量已经确定，也就是说选择构件 1、3 为施加平衡量的构件，θ_2、θ'_2、m_2、r_2均为已知量，就可用式（4－43）计算出 $m_1 r_1$、θ_1、$m_3 r_3$、θ_3，这时所得的结果是施加平衡量以后的结果。如果构件 1、3 的原始数据为 m_{10}、m_{30}、r_{10}、r_{30}、θ_{10}、θ_{30}，应施加的平衡量的参数为 $\bar{m}_1$、$\bar{m}_3$、$\bar{r}_1$、$\bar{r}_3$、$\bar{\theta}_1$、$\bar{\theta}_3$，则有

$$m_1 r_1 e^{i\theta_1} = m_{10} r_{10} e^{i\theta_{10}} + \bar{m}_1 \bar{r}_1 e^{i\bar{\theta}_1}, \quad m_3 r_3 e^{i\theta_3} = m_{30} r_{30} e^{i\theta_{30}} + \bar{m}_3 \bar{r}_3 e^{i\bar{\theta}_3} \tag{4-44}$$

式中

$$\bar{m}_i \bar{r}_i = \sqrt{(m_i r_i)^2 + (m_{i0} r_{i0})^2 - 2 m_i r_i m_{i0} r_{i0} \cos(\theta_i - \theta_{i0})}$$

$$\tan\bar{\theta}_i = \frac{m_i r_i \sin\theta_i - m_{i0} r_{i0} \sin\theta_{i0}}{m_i r_i \cos\theta_i - m_{i0} r_{i0} \cos\theta_{i0}}, \quad m_i = m_{i0} + \bar{m}_i, \quad i = 1, 3 \tag{4-45}$$

如果选择 1、2 为平衡构件，同样可以利用式（4－43）来确定应加的平衡量。此时 θ_3、m_3、r_3为已知量，从而得到 $m_2 r_2$和 θ_2 为

$$a_3 m_2 r_2 = a_2 m_3 r_3, \quad \theta_2 = \theta_3 - \pi \tag{4-46}$$

为了确定 $m_1 r_1$ 和 θ_1，必须确定 r'_2和 θ'_2。所以要在 m_2 和 r_2 中确定任何一个的数值，这样 r'_2和 θ'_2就可以确定了，然后由式（4－43）得出 $m_1 r_1$。在计算结构 2 上的平衡质量时，应满足

$$\bar{m}_2 = m_2 - m_{20} \tag{4-47}$$

2. 有移动副机构的平衡条件及平衡量的确定

对于有移动副的机构，同样可以用线性独立矢量法来得到平衡条件。如图 4－11 所示的导杆机构，机构参数如图所示，机构的总质心 $\boldsymbol{r}_S$ 为

$$\boldsymbol{r}_S = \frac{1}{M}(m_1 \boldsymbol{r}_{S1} + m_2 \boldsymbol{r}_{S2} + m_3 \boldsymbol{r}_{S3}) \tag{4-48}$$

式中

$$\boldsymbol{r}_{S1} = r_1 e^{i(\varphi_1 + \theta_1)}, \quad \boldsymbol{r}_{S2} = a_1 e^{i\varphi_1} + r_2 e^{i(\varphi_2 + \theta_2)}, \quad \boldsymbol{r}_{S3} = a_4 e^{i\theta_4} + r_3 e^{i(\varphi_3 + \theta_3)} \tag{4-49}$$

式中：θ_2 为 r_2与导轨方向线之间的夹角。在机构运动过程中，由于构件 2、3 间做相对移动，所以此角度为常数。

$$\boldsymbol{r}_S = \frac{1}{M}\left[(m_1 r_1 e^{i\theta_1} + m_2 a_1) e^{i\varphi_1} + (m_2 r_2 e^{i\theta_2} + m_3 r_3 e^{i\theta_3}) e^{i\varphi_3} + m_3 a_4 e^{i\theta_4}\right] \tag{4-50}$$

在式（4－50）中，只有两个随时间变化的矢量 $e^{i\varphi_1}$和 $e^{i\varphi_3}$。由于构成封闭矢量多边形 O_1ABO_3的方程中，第三个随时间变化的矢量 $\boldsymbol{r}_{O_3B}$没有出现，所以不必解封闭矢量方程式。机构惯性力的平衡条件为

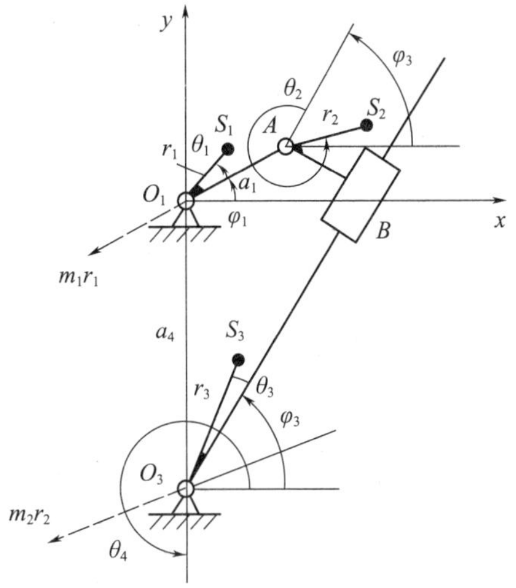

图 4－11　导杆机构的平衡

$$m_1r_1e^{i\theta_1}+m_2a_1=0,\quad m_2r_2e^{i\theta_2}+m_3r_3e^{i\theta_3}=0 \tag{4-51}$$

式（4－51）可写为

$$m_1r_1=m_2a_1,\quad \theta_1=180°,\quad m_2r_2=m_3r_3,\quad \theta_3=\theta_2+180° \tag{4-52}$$

由上述平衡条件可知，在构件 1、3 上施加平衡质量后，构件 1 的质心位置在 A 的对面，构件 3 的质心应在与 r_2 平行、指向相反的方向上，如图 4－11 上的虚线所示。$\bar{m}_1\bar{r}_1$，$\bar{m}_3\bar{r}_3$，$\bar{\theta}_1$，$\bar{\theta}_3$ 可由式（4－45）算出。

在研究机构惯性力平衡问题时，还有两个重要问题：①符合什么条件的机构能够通过加平衡质量的方法使惯性力得到完全平衡？②完全平衡机构惯性力时，最少需要施加质量的数目是多少？下面就讨论这两个问题。

4.4.2　加重方法完全平衡惯性力的条件

机构能够达到惯性力完全平衡的条件是：机构内任何一个构件都有一条通到固定件的途径，在此途径上只经过转动副没有移动副。也就是说，如果机构内存在被移动副包围的构件或构件组，则该机构不能通过施加平衡质量的方法使得惯性力完全平衡。图 4－12表示了能平衡和不能平衡的两种机构。在图 4－12（a）所示的机构中，构件 4、5、6、7 被 3 个移动副 E、F、G 所包围，这些构件通向固定件 8 的途径中，都必须经过移动副，所以该机构不能用施加在构件上加平衡质量的方法使惯性力完全平衡。在图 4－12（b）所示的机构中，任何一个构件都可经过只有转动副的途径通向固定件，例如构件 6 可经过 G、H、E、A 等转动副通到固定件，所以这是一个能通过在构件上加平衡质量的办法使惯性力完全平衡的机构。

对上述结论可作如下说明。图 4－12（a）所示的机构的总质心 $\boldsymbol{r}_S$ 为

$$\begin{aligned}\boldsymbol{r}_S=\frac{1}{M}\{&m_1r_1e^{i(\theta_1+\varphi_1)}+m_2[a_1e^{i\varphi_1}+r_2e^{i(\theta_2+\varphi_2)}]+m_3[a_8+r_3e^{i(\theta_3+\varphi_3)}]+\\&m_4[a_1(t)e^{i\varphi_1}+r_4e^{i(\theta_4+\varphi_4)}]+m_5[a_1(t)e^{i\varphi_1}+b_4e^{i(\theta_4+\varphi_4)}]+\\&m_6[a_1(t)e^{i\varphi_1}+b_4e^{i(\beta_4+\varphi_4)}-de^{i(\theta_4+\varphi_4)}]+m_7a_1(t)e^{i\varphi_1}\}\end{aligned}$$

$$= \frac{1}{M} \{ (m_1 r_1 e^{i\theta_1} + m_2 a_1) e^{i\varphi_1} + m_2 r_2 e^{i\theta_2} e^{i\varphi_2} + m_3 r_3 e^{i\theta_3} e^{i\varphi_3} + [m_4 r_4 e^{i\theta_4} + m_5 b_4 e^{i\alpha_4} + m_6 (b_4 e^{i\alpha_4} - d_4 e^{i\alpha_4})] e^{i\varphi_4} + (m_4 + m_5 + m_6 + m_7) a_1(t) e^{i\varphi_1} + m_3 a_8 \} \quad (4-53)$$

式中，$a_1(t)$ 是矢量 $\boldsymbol{a}_1(t)$ 的模。

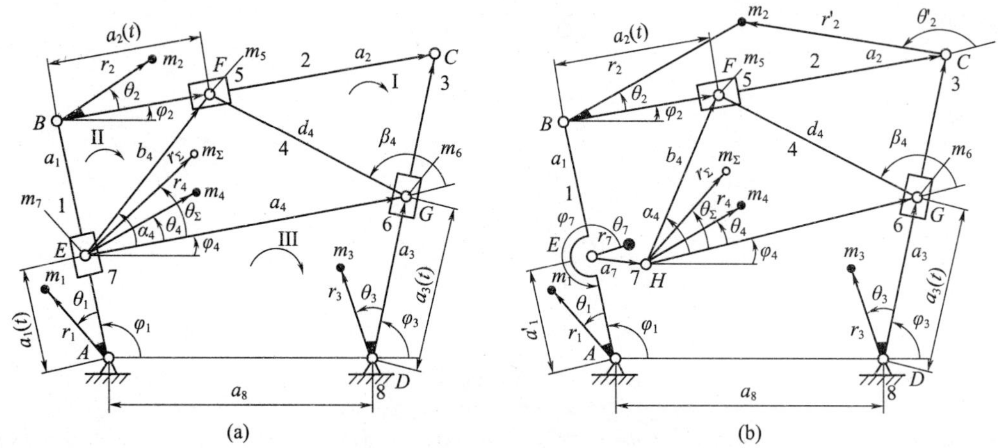

图 4－12　机构惯性力的平衡条件

如果用 m_Σ 表示 m_4、m_5、m_6、m_7 之和，用 r_Σ、θ_Σ 表示该四构件质心的位置，则式（4－53）成为

$$\boldsymbol{r}_S = \frac{1}{M} [(m_1 r_1 e^{i\theta_1} + m_2 a_1) e^{i\varphi_1} + m_2 r_2 e^{i\theta_2} e^{i\varphi_2} + m_3 r_3 e^{i\theta_3} e^{i\varphi_3} + m_\Sigma r_\Sigma e^{i\theta_\Sigma} e^{i\varphi_4} + m_\Sigma a_1(t) e^{i\varphi_1} + m_3 a_8] \quad (4-54)$$

式中：$e^{i\varphi_1}$，$e^{i\varphi_2}$，$e^{i\varphi_3}$，$e^{i\varphi_4}$，$\boldsymbol{a}_1(t)$ 为 5 个与时间有关的矢量。对于任一个由 n 个构件组成的单自由度机构，存在 $n/2-1$ 个独立的封闭矢量方程。本机构由 8 个构件组成，故存在 3 个独立的封闭矢量方程。而 7 个活动构件共有 7 个与时间有关的矢量，除上述 5 个外还有 $\boldsymbol{a}_2(t)$、$\boldsymbol{a}_1(t)$，这 7 个矢量中线性独立的矢量数应为 $7-3=4$ 个，所以在式（4－54）的 5 个矢量中，有 4 个是线性独立的，可以利用矢量封闭方程消去其中某一个。根据惯性力平衡条件，必须使所有与时间有关的矢量的系数为 0，如果能将式（4－54）中的 $a_1(t)e^{i\varphi_1}$ 用其他矢量来表示，则惯性力的平衡才有可能。但是 $a_1(t)e^{i\varphi_1}$ 不可能表示为其他 4 个矢量的组合，这是因为用 3 个封闭矢量方程求解 $a_1(t)e^{i\varphi_1}$ 时，其解中包含 $a_2(t)e^{i\varphi_2}$ 和 $a_3(t)e^{i\varphi_3}$。

3 个封闭矢量方程为

$$\begin{cases} \text{I}: & -a_2(t)e^{i\varphi_2} + a_3(t)e^{i\varphi_3} = a_3 e^{i\varphi_3} - a_2 e^{i\varphi_2} - d_4 e^{i(\varphi_4+\beta_4)} \\ \text{II}: & -a_1(t)e^{i\varphi_1} + a_2(t)e^{i\varphi_2} = b_4 e^{i(\varphi_4+\alpha_4)} e^{i\varphi_3} - a_1 e^{i\varphi_1} \\ \text{III}: & a_1(t)e^{i\varphi_1} - a_3(t)e^{i\varphi_3} = a_8 - a_4 e^{i\varphi_4} \end{cases} \quad (4-55)$$

式（4－55）的系数矩阵为

$$\begin{bmatrix} 0 & -1 & 1 \\ -1 & 1 & 0 \\ 1 & 0 & -1 \end{bmatrix}$$

该矩阵的行列式值为0，秩为2，$a_1(t)e^{i\varphi_1}$、$a_2(t)e^{i\varphi_2}$和$a_3(t)e^{i\varphi_3}$中任何一个解都不能不包括另一个矢量在内，所以式（4－54）中与时间有关的矢量如果不能都消失，机构的惯性力也就不能得到完全平衡。如果用广义质量等效方法，也能很快得出上述结论。质量m_4或m_5不能用位于杆1、2、3上的质量所等效，因此不能用加重方法使惯性力完全平衡。

当机构为图4－12（b）所示的情况时，机构的惯性力可以完全平衡。在该机构中，质心$\boldsymbol{r}_S$为

$$\begin{aligned}\boldsymbol{r}_S =& \frac{1}{M}\{m_1r_1e^{i(\theta_1+\varphi_1)}+m_2[a_1e^{i\varphi_1}+r_2e^{i(\theta_2+\varphi_2)}]+m_3[a_8+r_3e^{i(\theta_3+\varphi_3)}]+\\ & m_4[a'_1e^{i\varphi_1}+a_7e^{i\varphi_7}+r_4e^{i(\theta_4+\varphi_4)}]+m_5[a'_1e^{i\varphi_1}+a_7e^{i\varphi_7}+b_4e^{i(\theta_4+\varphi_4)}]+\\ & m_6[a'_1e^{i\varphi_1}+a_7e^{i\varphi_7}+b_4e^{i(\beta_4+\varphi_4)}-d_4e^{i(\theta_4+\varphi_4)}]+m_7[a'_1e^{i\varphi_1}+r_7e^{i(\theta_7+\varphi_7)}]\}\\ =& \frac{1}{M}\{[m_1r_1e^{i\theta_1}+m_2a_1+(m_2+m_7)a'_1]e^{i\varphi_1}+m_2r_2e^{i\theta_2}e^{i\varphi_2}+m_3r_3e^{i\theta_3}e^{i\varphi_3}+\\ & [m_\Sigma a_7+m_7r_7e^{i\theta_7}]e^{i\varphi_7}+m_\Sigma r_\Sigma e^{i\theta_2}e^{i\varphi_2}+m_3a_8\}\end{aligned} \tag{4-56}$$

式中：$m_\Sigma=m_4+m_5+m_6$；r_Σ、θ_Σ为构件4、5、6的总质心所在位置的距离和方位。

在式（4－56）中，所有构件质心位置都是用只经过转动副连接的途径来决定的，所以方程中不出现$a_2(t)$和$a_3(t)$。这种形式的矢量只包含$e^{i\varphi_1}$、$e^{i\varphi_2}$、$e^{i\varphi_3}$、$e^{i\varphi_4}$和$e^{i\varphi_7}$这5个与时间有关的矢量。又由于机构有4个线性独立矢量，即可用一个封闭矢量方程消去上述5个矢量中的任意一个。封闭矢量方程为

$$a_1e^{i\varphi_1}+a_2e^{i\varphi_2}-a_3e^{i\varphi_3}-a_8=0 \tag{4-57}$$

式（4－57）可改写为

$$a_2e^{i\varphi_2}=a_3e^{i\varphi_3}-a_1e^{i\varphi_1}+a_8 \tag{4-58}$$

将式（4－58）代入式（4－56），得

$$\begin{aligned}\boldsymbol{r}_S=&\frac{1}{M}\left\{\left[m_1r_1e^{i\theta_1}+m_2a_1+m_\Sigma a'_1+m_7a'_1-m_2r_2e^{i\theta_2}\frac{a_1}{a_2}\right]e^{i\varphi_1}+\right.\\ &\left[m_3r_3e^{i\theta_3}+\frac{a_3}{a_2}m_2r_2e^{i\theta_2}\right]e^{i\varphi_3}+[m_\Sigma a_7+m_7r_7e^{i\theta_7}]e^{i\varphi_7}+\\ &\left.m_\Sigma r_\Sigma e^{i\theta_\Sigma}e^{i\varphi_4}+m_3a_8+m_2r_2e^{i\theta_2}\frac{a_8}{a_2}\right\}\end{aligned} \tag{4-59}$$

从式（4－59）得到机构惯性力平衡条件为

$$\begin{gathered}m_\Sigma r_\Sigma e^{i\theta_\Sigma}=0,\quad m_7r_7e^{i\theta_7}=-m_\Sigma a_7,\quad a_2m_3r_3e^{i\theta_3}=-a_3m_2r_2e^{i\theta_2}\\ m_1r_1e^{i\theta_1}=-m_2a_1-(m_\Sigma+m_7)a'_1+m_2r_2\frac{a_1}{a_2}e^{i\theta_2}\end{gathered} \tag{4-60}$$

因为$r_\Sigma=0$，故有

$$\begin{gathered}m_7r_7=-m_\Sigma a_7,\quad \theta_7=\pi,\quad a_2m_3r_3=a_3m_2r_2,\quad \theta_3=\theta_2+\pi\\ m_1r_1\cos\theta_1=-m_2a_1-(m_\Sigma+m_7)a'_1+m_2r'_2\frac{a_1}{a_2}\cos\theta'_2,\quad m_1r_1\sin\theta_1=m_2r'_2\frac{a_1}{a_2}\sin\theta'_2\end{gathered} \tag{4-61}$$

由式（4－61）可知，要平衡图4－12（b）所示的机构的惯性力，需要4个平衡面，即在构件4上施加平衡量，使4、5、6三构件的总质心落在点H上，满足$r_\Sigma=0$，

在1、3、7构件上分别施加平衡量满足其他各项条件。式（4-61）的第三和第四式是利用欧拉方程，通过式（4-60）的第四式得到的。施加平衡质量后的情况，如图4-13所示，$m_{e1}r_{e1}$、$m_{e3}r_{e3}$、$m_{e7}r_{e7}$和$m_{e4}r_{e4}$为应施加的平衡量。

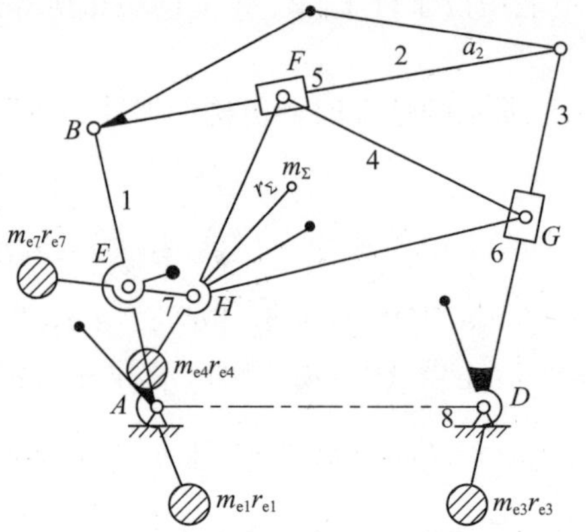

图4-13　机构惯性力的平衡

4.4.3　惯性力完全平衡的最小平衡量数目

由上述分析，可以总结出为使机构惯性力完全平衡应施加的最少平衡量的数目。该机构质心的表达式（4-59）中，包含着P个线性独立矢量，则所列出的平衡条件总共有P个，所以最少加重数目应等于线性独立矢量的数目P。而P的数目又取决于构件数。当机构为由n个构件组成的单自由度机构时，其中与时间有关的矢量为$n-1$个，独立封闭矢量方程为$n/2-1$个，所以线性独立矢量的个数P为

$$P=n-1-\left(\frac{n}{2}-1\right)=\frac{n}{2} \tag{4-62}$$

式（4-62）表明，完全平衡由n个构件组成的单自由度机构时，应至少施加$n/2$个平衡量。

4.5　机构惯性力的部分平衡法

机构惯性力的完全平衡对于有些机构很难实现，而有些机构，即使理论上可以实现完全平衡，由于应施加的平衡量过大，带来许多实际问题，因而不宜采用完全平衡法。在实际工程中，常采用惯性力的部分平衡来减少惯性力所产生的影响。惯性力的部分平衡法包括施加平衡质量和采用平衡机构两种方法。

4.5.1　机构惯性力的回转质量部分平衡法

对工程实际中广泛应用的曲柄滑块机构，可以用两个平衡质量$m_{e1}r_{e1}$和$m_{e2}r_{e2}$达到惯性力的完全平衡，如图4-14（a）所示；也可以用一个回转的平衡量$m_{e1}r_{e1}$来实现部分平衡由于滑块质量和连杆在点B的等效质量做往复性运动而引起的惯性力，如图4-14（b）所示。当采用不同的平衡质量时，部分平衡法的平衡效果不同。因此，

应设法使惯性力的部分平衡达到最佳效果。下面讨论达到最佳平衡效果的部分平衡方法。

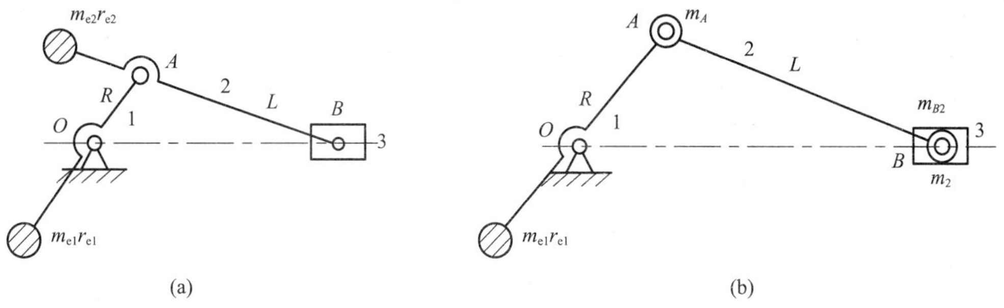

图 4-14 平衡量施加方法

1. 回转质量部分平衡法的惯性力

图 4-14 所示的曲柄滑块机构，用如图 4-14（b）所示的回转平衡质量 $m_{e1}r_{e1}$ 来实现部分平衡。若曲柄半径为 R，$m_B = m_3 + m_{B2}$，当平衡质量 $m_{e1}r_{e1} = (m_A + m_B)R$ 和 $m_{e1}r_{e1} = (m_A + 2m_B/3)R$ 时，机构在各位置的剩余惯性力如图 4-15（a）和（b）所示。图中，F_{I}、F_{II} 分别为滑块第一阶和第二阶惯性力，可表示为

$$F_{\mathrm{I}} = m_B R\omega^2\cos\varphi, \quad F_{\mathrm{II}} = m_B \frac{R^2}{L}\omega^2\cos(2\varphi) \tag{4-63}$$

这里以图 4-15（a）中 $\varphi = 60°$ 时的情况为例，讨论在曲柄 1 上施加平衡量 $m_{e1}r_{e1}$ 后，机构剩余惯性力的求解方法。在 $\varphi = 60°$ 的位置，剩余惯性力 $\boldsymbol{F}_0$ 应为

$$\boldsymbol{F}_0 = \boldsymbol{F}_e + \boldsymbol{F}_{\mathrm{I}} + \boldsymbol{F}_{\mathrm{II}} + \boldsymbol{F}_A = \boldsymbol{F}'_e + \boldsymbol{F}_{\mathrm{I}} + \boldsymbol{F}_{\mathrm{II}} \tag{4-64}$$

式中：$\boldsymbol{F}_e$ 为在此位置时由平衡量产生的惯性力；$\boldsymbol{F}_A$ 为 m_A 产生的惯性力。

考虑到 $\boldsymbol{F}_A$ 可与 $m_{e1}r_{e1}$ 中的第一部分 $m_A R$ 项的惯性力相互抵消，因此只需要计算 $m_{e1}r_{e1}$ 中的另一部分 $m_B R$ 产生的惯性力 $F'_e = m_B R\omega^2$，其方向与 OA 相反。

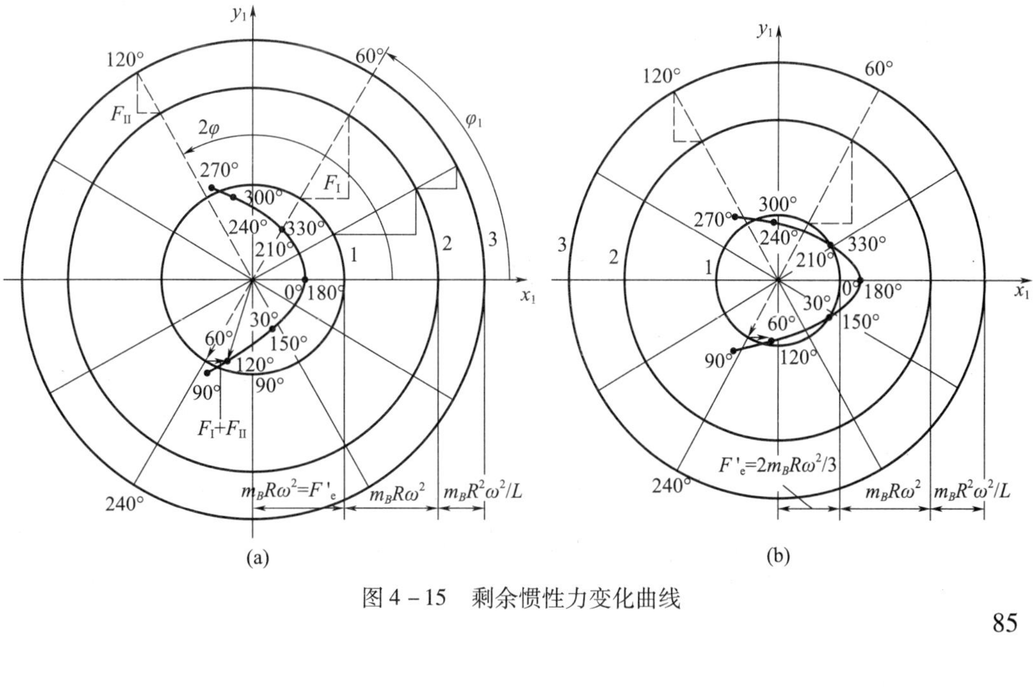

图 4-15 剩余惯性力变化曲线

以 F_e'为半径作圆 1，以（$F_e'+m_BR\omega^2$）为半径作圆 2，并以（$F_e'+m_BR\omega^2+m_BR^2\omega^2/L$）为半径作圆 3，作60°角的矢径交圆 1、2 的圆周，截取两圆间的一段，其水平投影为 F_{I}。作 120°角的矢径，截取圆 2、3 之间一段，其水平投影为 F_{II}。作180° +60° =240°矢径交圆 1，圆 1 内一段 Oa 即为 F_e'。这 3 段之和即为 F_0。其他位置也可类似地作出。

图 4 - 15（b）的作图方法与此类似，但这时 $F_e'=2m_BR\omega^2/3$。

2. 回转质量部分平衡法的最佳平衡量

从剩余惯性力的变化曲线可以看出，图 4 - 15（b）上的最大惯性力小于图 4 - 15（a）上的最大惯性力。如果以剩余惯性力的最大值为最小作为衡量平衡效果的标准，则最佳平衡量可采用下述方法进行选取。

对于任意一个机构，设其主动件为匀速转动，可以用作图法或计算法得出在机构运转一周内，各位置上机构总的惯性力。利用作图法确定各位置上结构的总惯性力，建立固定坐标系 Oxy 和与某一构件固结的动坐标系 $Ox'y'$，两坐标系的关系如图 4 - 16（a）所示。设曲柄转角为 φ，机构总惯性力为 $\boldsymbol{F}$，将这些力画在固定坐标系 Oxy 中，再把矢量端点连成曲线，便得到如图 4 - 16（b）所示的 $\boldsymbol{F}$（φ）曲线。如果在与曲柄方向成 θ_e的角度上加一平衡量，它所产生的惯性力为 $\boldsymbol{F}_e$，则在位置 O 时剩余惯性力为 $\boldsymbol{F}_{r0}$，如图 4 - 16（b）所示。由于平衡量产生的惯性力，在与构件 1（曲柄）固结的动坐标系 $Ox'y'$ 上是不变的，为了便于找出最佳平衡量的大小，把曲线 F（φ）转换到动坐标系 $Ox'y'$中去，得到图 4 - 16（c）中的 α 曲线。转换的方法是把曲柄在 φ_i位置上的 $\boldsymbol{F}_i$按曲线回转的反方向转过 φ_i角画在$Ox'y'$坐标系中即可。这时 $\boldsymbol{F}_i$与 Ox'的夹角为 $\theta'_i=\theta_i-\varphi_i$，如图 4 - 16（a）所示。对于每一位置的 $\boldsymbol{F}_i$作出转换后，就得到动坐标系中的 $\boldsymbol{F}_i$力的矢量端点图，即 α 曲线。当平衡力为 $\boldsymbol{F}_e$时（$\boldsymbol{F}_e$在动坐标中为常量），在第 i 个位置上剩余的不平衡力为 $\boldsymbol{F}_{ri}$，如图 4 - 16（c）所示。假如将 $\boldsymbol{F}_e$沿其作用线移到点 O'，并使 $O'O=\boldsymbol{F}_e$，则由 O'到 α 曲线上任意点的连线等于 $\boldsymbol{F}_{ri}$，$\boldsymbol{F}_{ri}=\boldsymbol{F}_i+\boldsymbol{F}_e$。所以由点 O'到 α 曲线上各点的连线就代表了相应位置时的剩余不平衡力。为了选取使最大剩余不平衡力为最小的最佳平衡量，点 O'应选在 α 曲线的外接圆的圆心上（使该圆和 α 曲线的切点尽可能多）。如果设计者要求在某些方向上惯性力小，而在另一些方向上可适当大一些，同样可以利用曲线 α 来寻求合适的平衡量。

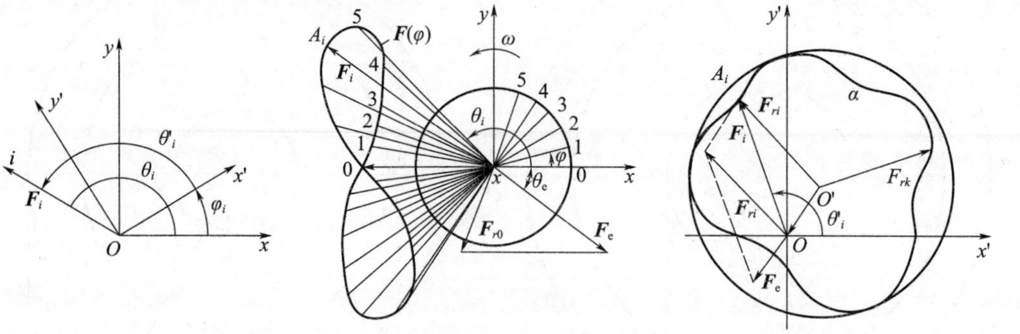

图 4 - 16　坐标系及惯性力变化曲线

对图 4 - 17（a）所示的浮动盘联轴节机构，其 α 曲线为圆心与点 O 重合的圆，如图 4 - 17（b）所示。在这种情况下，沿任何方向加重都会使最大惯性力加大。图 4 - 17

（a）中的 S_2 为浮动盘的质心，由于认为回转件 1、3 已预先平衡，故不计它们的惯性力。虚线圆是点 S_2 的轨迹。由运动学分析可知，当曲柄转一周时，点 S_2 沿该圆走两圈，所以在图 4－17（a）上的 $\boldsymbol{F}$（φ）曲线为两个重叠在一起的圆。

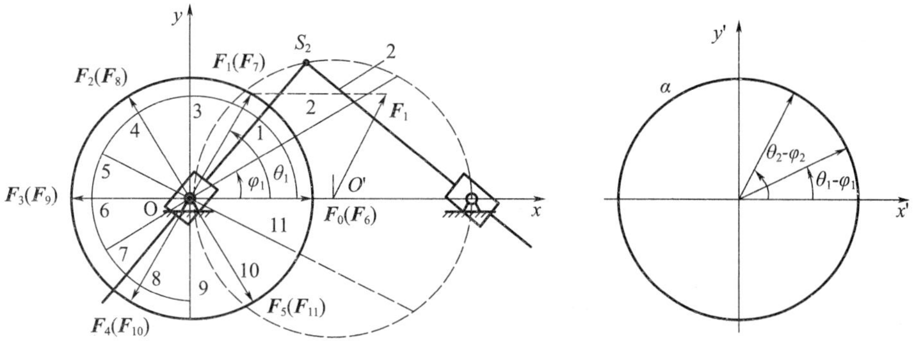

(a)　　　　(b)

图 4－17　浮动盘联轴节机构的惯性力变化曲线

4.5.2　机构惯性力的平衡机构部分平衡法

任何一个机构的总惯性力一般是一个周期函数。因此，惯性力在固定坐标 x、y 上的分量也是周期函数。对于周期函数，可以用傅里叶级数将其展开成为无穷级数，级数中的各项就代表各阶的惯性力。如果要平衡某一阶惯性力，则可采用与该阶频率相同的平衡机构。

由式（4－1）可知，机构总的质量矩为

$$L_x(\varphi) = Mx_S = \sum_{i=1}^{n} m_i x_{Si}(\varphi),\quad L_y(\varphi) = My_S = \sum_{i=1}^{n} m_i y_{Si}(\varphi) \tag{4-65}$$

将式（4－65）展开成傅里叶级数为

$$L_x(\varphi) = a_0 + \sum_{i=1}^{\infty} a_n\cos(n\varphi) + \sum_{i=1}^{\infty} b_n\sin(n\varphi)$$

$$L_y(\varphi) = c_0 + \sum_{i=1}^{\infty} c_n\cos(n\varphi) + \sum_{i=1}^{\infty} c_n\sin(n\varphi) \tag{4-66}$$

式中：a_0，c_0 为函数的平均值；系数 a_n、b_n、c_n、d_n 为展开时各项积分系数，称为傅里叶系数。根据三角函数的正交性可得

$$a_0 = \frac{1}{2\pi}\int_{-\pi}^{\pi} L_x(\varphi)\,\mathrm{d}\varphi,\quad a_n = \frac{1}{2\pi}\int_{-\pi}^{\pi} L_x(\varphi)\cos(n\varphi)\,\mathrm{d}\varphi,\quad b_n = \frac{1}{2\pi}\int_{-\pi}^{\pi} L_x(\varphi)\sin(n\varphi)\,\mathrm{d}\varphi$$

$$c_0 = \frac{1}{2\pi}\int_{-\pi}^{\pi} L_y(\varphi)\,\mathrm{d}\varphi,\quad c_n = \frac{1}{2\pi}\int_{-\pi}^{\pi} L_y(\varphi)\cos(n\varphi)\,\mathrm{d}\varphi,\quad d_n = \frac{1}{2\pi}\int_{-\pi}^{\pi} L_y(\varphi)\sin(n\varphi)\,\mathrm{d}\varphi \tag{4-67}$$

式中，$n = 1, 2, \cdots, \infty$。由式（4－67）可知，要确定傅里叶系数，必须对有关函数进行积分。只要知道被积函数在积分区间内的一系列数值，就可用数值积分法求出积分。常用的数值积分方法有梯形公式、辛普森积分公式和龙贝格数值积分法。

当用辛普森方法对上述函数积分时，可将积分区间［$-\pi$，π］进行 $2m$ 等分，每

两点间的间距 h 称为步长。步长可表示为

$$h=\frac{2\pi}{2m}=\frac{\pi}{m} \tag{4-68}$$

等分数目 $2m$ 可按照所需求的积分精度选取，各分点上的函数值设为 y_1，y_2，…，y_{2m+1}，则有

$$y_1=y_a=f(-\pi),\ y_2=f(-\pi+h),\ \cdots,\ y_i=f[-\pi+(i-1)h],\ \cdots$$
$$y_{2m+1}=y_b=f(-\pi+2mh)=f(\pi),\quad i=1,2,\cdots,2m+1 \tag{4-69}$$

于是有

$$\int_{-\pi}^{\pi}f(\varphi)\mathrm{d}\varphi=\frac{h}{3}[(y_a+y_b)+2\sum_{i=1}^{m-1}y_{2i+1}+4\sum_{i=1}^{m}y_{2i}] \tag{4-70}$$

由机构的质量矩式（4-65）及其展开式（4-66）可得机构惯性力的展开式。因为 $\varphi=\omega t$，故有

$$F_x(t)=-\sum_{i=1}^{n}m_1\ddot{x}_{Si}=\omega^2(a_1\cos\omega t+b_1\sin\omega t+4a_2\cos2\omega t+4b_2\sin2\omega t+\cdots)$$
$$F_y(t)=-\sum_{i=1}^{n}m_1\ddot{y}_{Si}=\omega^2(c_1\cos\omega t+d_1\sin\omega t+4c_2\cos2\omega t+4d_2\sin2\omega t+\cdots)$$
$$\tag{4-71}$$

式中：ω 为主动构件的角速度。

在机构惯性力中，按 ω 频率变化的部分称为一阶惯性力，按 2ω 频率变化的部分称为二阶惯性力，其余依此类推。通常一阶惯性力较大，高阶的惯性力较小。在将惯性力按阶展开后，就可用不同阶的平衡机构平衡不同阶的惯性力，从而得到惯性力的部分平衡。

平衡一阶惯性力可以采用图 4-18 所示的齿轮机构，图中齿轮 1 和 2 同速反方向转动，转动的角速度为 ω。两个齿轮上分别加有平衡量 $m_{e1}r_{e1}$ 和 $m_{e2}r_{e2}$，在齿轮上的方位角分别为 θ_1、θ_2，所产生的惯性力为

$$F_{ex}=m_{e1}r_{e1}\omega^2\cos(\theta_1+\omega t)+m_{e2}r_{e2}\omega^2\cos(\theta_2-\omega t)$$
$$=\omega^2(a\cos\omega t+b\sin\omega t)$$
$$F_{ey}=m_{e1}r_{e1}\omega^2\sin(\theta_1+\omega t)+m_{e2}r_{e2}\omega^2\sin(\theta_2-\omega t)$$
$$=\omega^2(c\cos\omega t+d\sin\omega t) \tag{4-72}$$

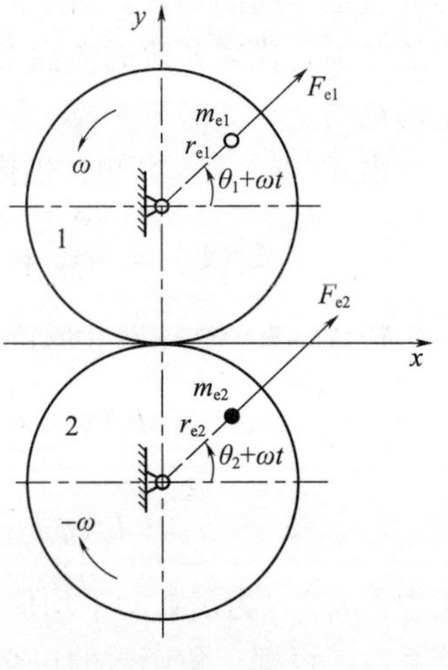

图 4-18　一阶惯性力平衡机构

式中

$$a=m_{e1}r_{e1}\cos\theta_1+m_{e2}r_{e2}\cos\theta_2,\quad b=-m_{e1}r_{e1}\sin\theta_1+m_{e2}r_{e2}\sin\theta_2$$
$$c=m_{e1}r_{e1}\sin\theta_1+m_{e2}r_{e2}\sin\theta_2,\quad d=m_{e1}r_{e1}\cos\theta_1-m_{e2}r_{e2}\cos\theta_2 \tag{4-73}$$

若要平衡一阶惯性力，则式（4-71）中 a_1、b_1、c_1、d_1 与式（4-73）中的 a、b、c、d 应满足的关系为

$$a+a_1=0,\quad b+b_1=0,\quad c+c_1=0,\quad d+d_1=0 \tag{4-74}$$

由此可解出未知量 $m_{e1}r_{e1}$、θ_1 和 $m_{e2}r_{e2}$、θ_2。

例 4-3　试设计用齿轮机构平衡曲柄滑块机构中的一阶惯性力和二阶惯性力的机

构原理，并确定平衡参数。

解　一阶惯性力的齿轮平衡机构如图 4－18 所示，当用来平衡曲柄滑块机构中的一阶惯性力时，其原理如图 4－19（a）所示。根据上面的分析，得到方程

$$m_{e1}r_{e1}\cos\theta_1 + m_{e2}r_{e2}\cos\theta_2 = -m_C R,\qquad m_{e1}r_{e1}\sin\theta_1 = m_{e2}r_{e2}\sin\theta_2$$

$$m_{e1}r_{e1}\sin\theta_1 = -m_{e2}r_{e2}\sin\theta_2,\qquad m_{e1}r_{e1}\cos\theta_1 = m_{e2}r_{e2}\cos\theta_2$$

联立求解该方程组得到

$$m_{e1}r_{e1} = m_{e2}r_{e2} = \frac{m_C R}{2},\qquad \theta_1 = \theta_2 = 180^\circ$$

当需要平衡二阶惯性力时，可采用一对相反方向转动，角速度大小为 2ω 的齿轮机构，如图 4－19（b）所示。齿轮 1、2 上的平衡质量平衡一阶惯性力，齿轮 3、4 上的平衡质量平衡二阶惯性力。

同用回转质量来平衡曲柄滑块机构惯性力相比，用平衡机构来平衡水平方向惯性力时，将不产生垂直方向的惯性力。因为垂直方向的力在平衡机构内相互抵消，故平衡效果较好，但采用平衡机构将使结构复杂、机械尺寸加大，这是这种方法的缺点。

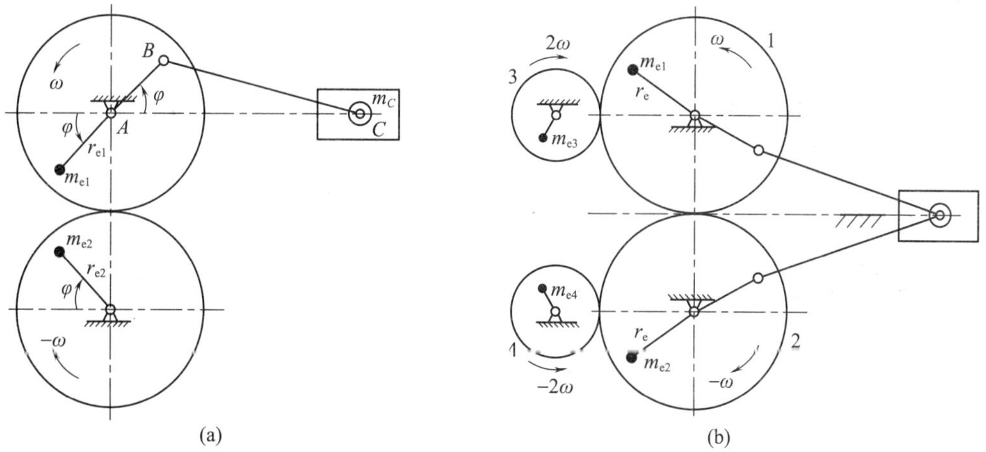

图 4－19　惯性力平衡的曲柄滑块机构

4.6　机构运动平面内的惯性力矩平衡

和机构中的惯性力一样，机构的惯性力矩通常也是周期性变化的，所以也会引起基础振动和增加轴承受力。机构惯性力矩的平衡问题比惯性力的平衡问题更为复杂。本节将通过四杆机构来介绍机构运动平面内的惯性力矩的计算方法、平衡的可能性和平衡方法。

4.6.1　机构惯性力矩的表达式

机构的惯性力矩表达式由式（4－4）所示，对机构运动平面内的惯性力矩 M_z 即为式（4－4）的第三式。为了便于讨论，写成与机构动量矩有关的形式，即

$$M_z = -\sum_{i=1}^{n} m_i(x_i\ddot{y}_i - y_i\ddot{x}_i) = -\frac{\mathrm{d}}{\mathrm{d}t}\sum_{i=1}^{n} m_i(x_i\dot{y}_i - y_i\dot{x}_i) = -\frac{\mathrm{d}H_O}{\mathrm{d}t} \tag{4-75}$$

式中：H_O为 n 个质点对轴 O 的动量矩之和；n 为可动构件数，相当于质量动等效的质点数。若用构件质心的坐标来表示机构的动量矩，就必须要包括构件转动的动量矩。对于图 4－20 表示的由 n 个可动构件组成的机构，其对轴 O 的动量矩为

$$H_O = \sum_{i=1}^{n} m_i(x_i\dot{y}_i - y_i\dot{x}_i + k_i^2\dot{\varphi}_i) \tag{4-76}$$

式中：n 为可动构件数；x_i，y_i为构件 i 质心的坐标；k_i为第 i 个构件的回转半径，其平方等于构件 i 对质心的转动惯量 I_{si}和质量 m_i的比值，即 $k_i^2 = I_{Si}/m_i$；$\dot{\varphi}_i$ 为第 i 个构件的角速度。故有

$$M_z = -\frac{\mathrm{d}H_O}{\mathrm{d}t} = -\frac{\mathrm{d}}{\mathrm{d}t}\left[\sum_{i=1}^{n} m_i(x_i\dot{y}_i - y_i\dot{x}_i + k_i^2\dot{\varphi}_i)\right] \tag{4-77}$$

4.6.2 任意四杆机构的惯性力矩

图 4－21 为一四杆机构，其动量矩 H_O为

$$H_O = \sum_{i=1}^{3} m_i(x_i\dot{y}_i - y_i\dot{x}_i + k_i^2\dot{\varphi}_i) \tag{4-78}$$

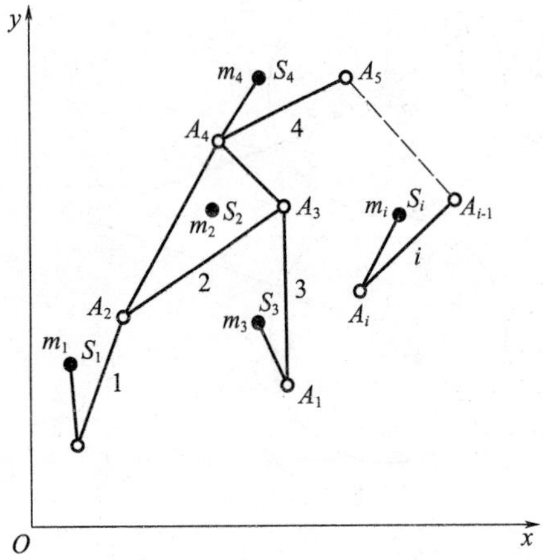

图 4－20　任意构件的坐标

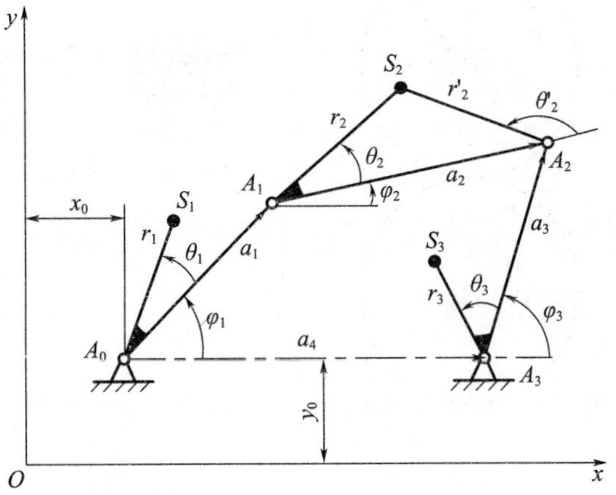

图 4－21　任意四杆机构的坐标

根据机构的运动关系可知

$$x_1 = r_1\cos(\theta_1+\varphi_1) + x_0,\quad y_1 = r_1\sin(\theta_1+\varphi_1) + y_0,$$
$$x_2 = a_1\cos\varphi_1 + r_2\cos(\theta_2+\varphi_2) + x_0$$
$$y_2 = a_1\sin\varphi_1 + r_2\sin(\theta_2+\varphi_2) + y_0,\quad x_3 = r_3\cos(\theta_3+\varphi_3) + a_4 + x_0,$$
$$y_3 = r_3\sin(\theta_3+\varphi_3) + y_0 \tag{4-79}$$

将式（4－79）代入式（4－78）可得

$$H_O = H_{A0} + x_0\sum_{i=1}^{3}(m_i\dot{y}_i) - y_0\sum_{i=1}^{3}(m_i\dot{x}_i) \tag{4-80}$$

式中

$$H_{A0} = m_1(k_1^2+r_1^2)\dot{\varphi}_1 + m_2\left[a_1^2\dot{\varphi}_1 + (k_2^2+r_2^2)\dot{\varphi}_2 + a_1r_2\cos(\varphi_1-\varphi_2-\theta_2) + (\dot{\varphi}_1+\dot{\varphi}_2)\right] + m_3\left[k_3^2+r_2^2+a_3r_4\cos(\theta_3+\varphi_3)\right]\dot{\varphi}_3 \tag{4-81}$$

式（4－80）为任一四杆机构的动量矩表达式，式中的 H_{A0} 就是机构对点 A_0 的动量矩。对于惯性力已经平衡的机构，式（4－80）的后两项为0，所以下面仅讨论与 H_{A0} 有关的问题。对于四杆机构中 $A_0A_1A_2A_3A_0$ 形成的封闭形，有

$$\boldsymbol{a}_1+\boldsymbol{a}_2-\boldsymbol{a}_3-\boldsymbol{a}_4=\boldsymbol{0} \tag{4-82}$$

矢量方程式（4－82）在固结于机构1的动坐标系中，两个投影式为

$$\begin{aligned}&a_1+a_2\cos(\varphi_1-\varphi_2)-a_3\cos(\varphi_1-\varphi_3)-a_4\cos\varphi_1=0\\&a_2\sin(\varphi_1-\varphi_2)-a_3\sin(\varphi_1-\varphi_3)-a_4\sin\varphi_1=0\end{aligned} \tag{4-83}$$

若记

$$\lambda=\frac{a_1}{a_2},\quad \mu=\frac{a_3}{a_2},\quad \nu=\frac{a_4}{a_2} \tag{4-84}$$

将式（4－84）代入式（4－83），得

$$\begin{aligned}&\lambda+\cos(\varphi_1-\varphi_2)-\mu\cos(\varphi_1-\varphi_3)-\nu\cos\varphi_1=0,\\&\sin(\varphi_1-\varphi_2)-\mu\sin(\varphi_1-\varphi_3)-\nu\sin\varphi_1=0\end{aligned} \tag{4-85}$$

设随时间变化的量 T_1、T_2 为

$$T_1=\mu\sin(\varphi_1-\varphi_3)-\nu\sin\varphi_1,\quad T_2=\mu\cos(\varphi_1-\varphi_3)+\nu\cos\varphi_1 \tag{4-86}$$

则式（4－85）变为

$$\cos(\varphi_1-\varphi_2)=T_2-\lambda,\quad \sin(\varphi_1-\varphi_2)=T_1 \tag{4-87}$$

将式（4－87）代入式（4－81），得

$$\begin{aligned}H_{A0}=&\{m_1(k_1^2+r_1^2)+m_2a_1[a_1+r_2(T_2-\lambda)\cos\theta_2+r_2T_1\sin\theta_2]\}\dot{\varphi}_1+\\&m_2[k_2^2+r_2^2+a_1r_2(T_2-\lambda)\cos\theta_2+a_1r_2T_1\sin\theta_2]\dot{\varphi}_2+\\&m_3[k_3^2+r_3^2+a_4r_3(\cos\varphi_3\cos\theta_3-\lambda\sin\varphi_3\sin\theta_3)]\dot{\varphi}_3\end{aligned} \tag{4-88}$$

由于 $a_2-r_2\cos\theta_2=-r'_2\cos\theta'_2$，则式（4－88）整理后成为

$$\begin{aligned}H_{A0}=&[m_1(k_1^2+r_1^2)-m_2a_1\lambda r'_2\cos\theta'_2]\dot{\varphi}_1+m_2[k_2^2+r_2(a_2\cos\theta-r_2)]\dot{\varphi}_2+\\&m_3[k_3^2-r_3(a_3\cos\theta_3-r_3)]\dot{\varphi}_3+V+W\end{aligned} \tag{4-89}$$

式中

$$V=\left[m_2a_1r_2T_2\dot{\varphi}_1+m_2a_1r_2(T_2-\lambda+\lambda^{-1})\dot{\varphi}_2+m_3r_3(a_3+a_4\cos\varphi_3)\frac{\cos\theta_3}{\cos\theta_2}\dot{\varphi}_3\right]\cos\theta_2$$

$$W=\left[m_2a_1r_2T_1(\dot{\varphi}_1+\dot{\varphi}_2)-m_3a_4r_3\sin\varphi_3\frac{\cos\theta_3}{\cos\theta_2}\dot{\varphi}_3\right]\sin\theta_2 \tag{4-90}$$

4.6.3 惯性力平衡的四杆机构的惯性力矩

由于在考虑机构平衡问题时，既要使惯性力平衡，又要使惯性力矩平衡。对于惯性力已经平衡的机构，式（4－80）中的后两项为0。将四杆机构惯性力的平衡条件式（4－43）代入式（4－89），得

$$H_{A0}=\sum_{i=1}^{3}m_i(k_i^2+r_i^2-a_ir_i\cos\theta_i)\dot{\varphi}_i+V+W \tag{4-91}$$

将式（4－43）代入式（4－90），经过一系列复杂的运算，并简化整理得到

$$V=0,\quad W=2m_2a_1r_2T_1\dot{\varphi}_1\sin\theta_2 \tag{4-92}$$

将式（4－92）代入式（4－91），得

$$H_{A0} = \sum_{i=1}^{3} m_i(k_i^2 + r_i^2 - a_i r_i \cos\theta_i)\dot{\varphi}_i + 2m_2 a_1 r_2 T_1 \dot{\varphi}_1 \sin\theta_2 \tag{4-93}$$

对于惯性力平衡的四杆机构，其惯性力矩为

$$M_z = -\frac{dH_{A0}}{dt} = -\sum_{i=1}^{3} m_i(k_i^2 + r_i^2 - a_i r_i \cos\theta_i)\ddot{\varphi}_i - 2m_2 a_1 r_2 (T_1 \ddot{\varphi}_1 + \dot{T}_1 \dot{\varphi}_1)\sin\theta_2 \tag{4-94}$$

4.6.4 惯性力矩的平衡条件

从式（4-94）可以看出，如果一个惯性力已经平衡的四杆机构，要达到惯性力矩完全平衡，则必须满足的条件为

$$M_z = -\sum_{i=1}^{3} m_i(k_i^2 + r_i^2 - a_i r_i \cos\theta_i)\ddot{\varphi}_i - 2m_2 a_1 r_2 (T_1 \ddot{\varphi}_1 + \dot{T}_1 \dot{\varphi}_1)\sin\theta_2 = 0 \tag{4-95}$$

下面根据式（4-95）的条件，讨论机构惯性力矩完全平衡的条件。

1. 惯性力矩平衡的加速度条件

从式（4-95）可以看出，只要满足

$$\begin{cases} \text{条件1：} \theta_2 = 0, \ \ddot{\varphi}_1 = \ddot{\varphi}_2 = \ddot{\varphi}_3 = 0 \\ \text{条件2：} \theta_2 = \ddot{\varphi}_1 = 0, \ \ddot{\varphi}_2 = -\ddot{\varphi}_3 \end{cases} \tag{4-96}$$

则可实现 $M_z = 0$。当平行四杆机构的质心在连杆线上，主动件做匀速转动，则可满足（4-96）的条件1。在这种情况下，只要把机构的惯性力平衡以后，惯性力矩也就平衡了。为满足式（4-96）的条件2，需要对机构进行特殊的设计。

例4-4 对如图4-22所示的四杆机构，主动件做匀速转动，已知 $\theta_2 = 0$，$a_1 = a_4$，$a_2 = a_3$，且惯性力已经平衡，试证明该机构可以实现惯性力矩的完全平衡。

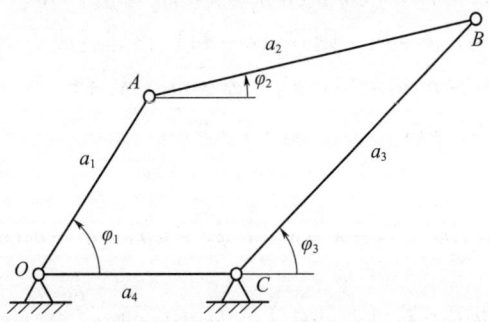

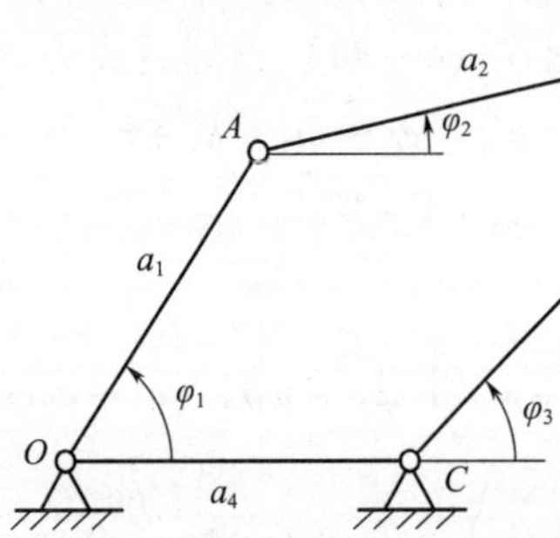

图4-22 惯性力矩平衡的四杆机构

证明 由于该机构满足 $a_1 = a_4$，$a_2 = a_3$，则机构在运动中，总保持 $\angle OAB = \angle OCB$，即

$$180° - \varphi_1 + \varphi_2 = 180° - \varphi_3 \text{或} \ \varphi_1 = \varphi_2 + \varphi_3$$

将该式对时间 t 求导两次得到：$\ddot{\varphi}_1 = \ddot{\varphi}_2 + \ddot{\varphi}_3$。由于主动件做匀速转动，因此 $\ddot{\varphi}_1 = 0$，故有 $\ddot{\varphi}_2 = -\ddot{\varphi}_3$。从而得到 $\theta_2 = \ddot{\varphi}_1 = 0$，$\ddot{\varphi}_2 = -\ddot{\varphi}_3$，满足式（4-96）的条件2，因此该机构可以实现惯性力矩的完全平衡。

2. 惯性力矩平衡的几何参数条件

因为满足惯性力平衡条件时，$\theta_3 = \theta_2 + \pi = \pi$，在式（4-95）中，$\theta_2 = \ddot{\varphi}_1 = 0$，因此式（4-95）可表示为

$$M_z = -m_2(k_2^2 + r_2^2 - a_2 r_2)\ddot{\varphi}_2 - m_3(k_3^2 + r_3^2 - a_3 r_3)\ddot{\varphi}_3 = 0 \tag{4-97}$$

因为 $\ddot{\varphi}_2=-\ddot{\varphi}_3$，故有

$$m_2\left(k_2^2+r_2^2-a_2r_2\right)=m_3\left(k_3^2+r_3^2-a_3r_3\right) \tag{4-98}$$

式（4-98）即为四杆机构惯性力矩平衡的几何参数条件。

3. 减小四杆机构惯性力矩的措施

除了上述两种情况，其他的四杆机构都很难通过改变内部质量分布的办法，使惯性力和惯性力矩都达到平衡。但是根据式（4-95），可以找出一些减少惯性力矩的措施，即做出适当安排使其中某些项消失。下面的一些措施可以减小惯性力矩：①将连杆的质心设计在连杆线上，使 $\theta_2=0$；②主动件做匀速运动，使 $\ddot{\varphi}_1=0$；③设计构件 i 满足关系

$$k_i^2+r_i^2=a_ir_i\cos\theta_i \tag{4-99}$$

例 4-5　对于图 4-23 所示的四杆机构，分析减小惯性力矩有哪些具体措施。

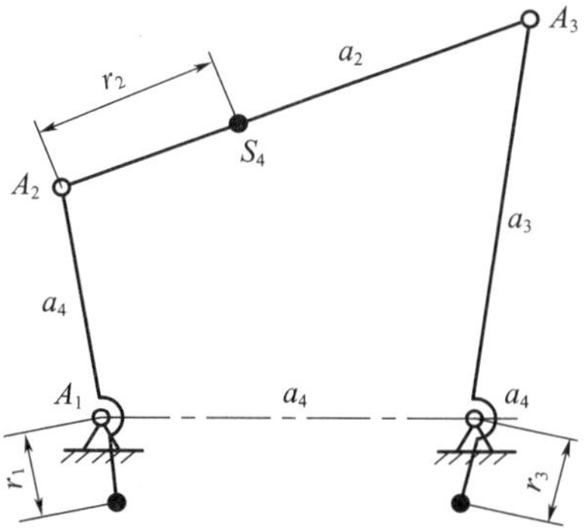

图 4-23　减小惯性力矩平衡的四杆机构

解　根据式（4-95），为了减小该机构的惯性力矩，首先应使 $\theta_2=0$，这样，式（4-95）的第二项即为 0。构件 2 的质心 S_2 位于 A_2A_3 连线上，S_2 离点 A_2 的距离为 r_2。构件 2 的长度为 a_2。为了满足式（4-99），构件 2 的参数应满足

$$a_2=\frac{k_2^2+r_2^2}{r_2} \tag{4-100}$$

这意味着 a_2 等于以 A_2 为悬挂点时物理摆的等值摆长，由此式可确定 r_2 的长度。当机构尺寸及连杆的参数确定后，构件 1 和构件 3 的参数必须满足式（4-43）所表示的惯性力平衡条件。当 $\theta_2=0$ 时，θ_1 和 θ_3 必须为180°，构件 1 和构件 3 便不能再满足式（4-99），因此，满足式（4-99）的构件只能有一个。从质量等效的观点来看，满足式（4-100）就是使点 A_2、A_3 成为构件 2 的动等效的两个点。这样，在满足惯性力平衡的同时，构件 2 的惯性力矩也就消失了。

对于图 4-23 所示的机构，在满足上述条件并经惯性力平衡后，如果主动件做匀速转动，则除了构件 3 的惯性力矩外，其他的惯性力和惯性力矩都被平衡了。这时由式（4-95）可得惯性力矩为

$$M_z=-m_3\left(k_3^2+r_3^2-a_3r_3\right)\ddot{\varphi}_3 \tag{4-101}$$

至于构件 3 的惯性力矩平衡问题，可用平衡机构来解决。

4.6.5　用平衡机构平衡惯性力矩

机构的惯性力矩，虽然一般不能通过机构内部的质量安排得到完全平衡，但是可用

平衡机构方法来平衡。下面介绍两种用来平衡惯性力矩的齿轮机构。

1. 用轮子的转动惯量来平衡惯性力矩

图 4 – 24 表示一惯性力矩平衡机构，该机构相当于一个惯性力矩发生器，可用来平衡绕定轴转动的构件所产生的惯性力矩。其基本原理是：当构件 1 以 $\ddot{\varphi}$ 加速运转时，通过一对齿轮带动构件 2 以 $\ddot{\varphi}_e$ 的加速度运转，这时构件 1、2 的惯性力之和为

$$M_e = -I_1\ddot{\varphi}_1 + I_e\ddot{\varphi}_e = -I_1\ddot{\varphi}_1 + i_e I_e\ddot{\varphi} \tag{4-102}$$

式中：I_1，I_2分别为构件 1、2 的转动惯量；$i_e = \omega_e/\omega$ 为齿轮机构的速比。

将此机构加到需要平衡的机构上，就可平衡一个大小为 M_e，方向与之相反的惯性力矩。例如用它来平衡一四杆机构摆动的惯性力矩时，可将平衡机构的构件 1 与摆杆固结，如图 4 – 25 所示。如果用到前面所讲的惯性力和惯性力矩平衡的各项措施，则机构平衡的惯性力矩由式（4 – 101）表示，为使平衡机构所产生的惯性力矩与其平衡，则应满足$M_z + M_e = 0$，即

$$m_3\ (k_3^2 + r_3^2 - a_3 r_3)\ \ddot{\varphi}_3 + -I\ddot{\varphi}_3 + i_e I_e\ddot{\varphi}_3 = 0 \tag{4-103}$$

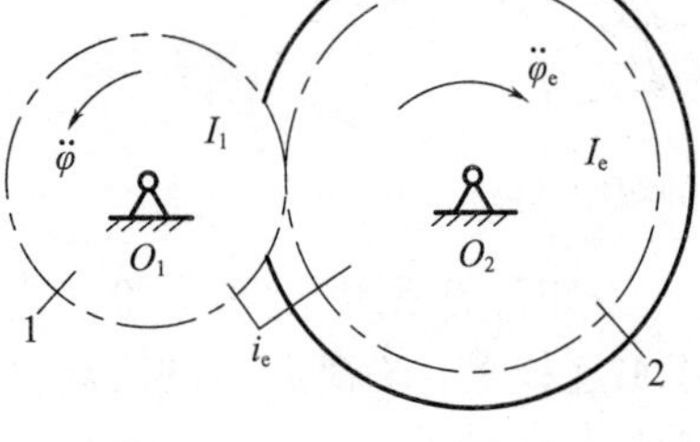

图 4 – 24　惯性力矩平衡机构

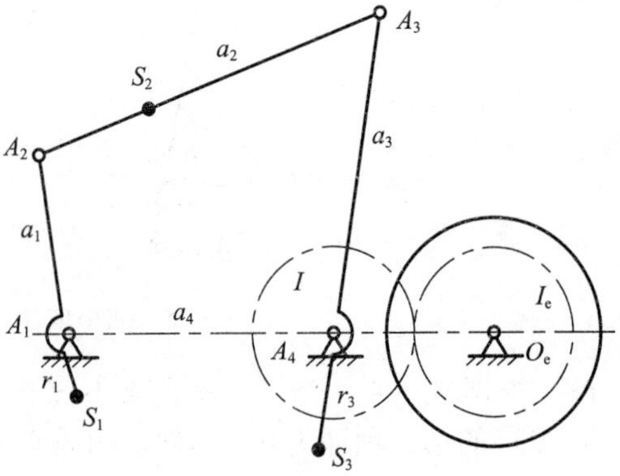

图 4 – 25　完全平衡的四杆机构

从式（4 – 103）可知，平衡机构应设计为

$$i_e I_e - I = m_3\ (k_3^2 + r_3^2 - a_3 r_3) \tag{4-104}$$

用惯性力和惯性力矩平衡的方法来设计图 4 – 25 的四杆机构，在下述条件下，机构的惯性力和惯性力矩能得到完全平衡，这些条件可表示为

$$m_1 r_1 = m_2 r'_2\lambda,\quad \theta_1 = \pi,\quad m_3 r_3 = m_2 r_2\mu,\quad \theta_3 = \pi,\quad a_2 r_2 = k_2^2 + r_2^2$$

$$\theta_2 = 0,\quad i_e I_1 = m_3\ (k_3^2 + r_3^2 + a_3 r_3)\ + I,\quad \ddot{\varphi}_1 = 0 \tag{4-105}$$

如果 $\ddot{\varphi}_1 \neq 0$，也可在构件 1 处再加一个惯性力矩平衡机构，从而使惯性力矩完全平衡。

2. 在齿轮机构上加平衡重来逐阶平衡惯性力矩

和机构的总惯性力一样，机构总的惯性力矩也可以展开成傅里叶级数。设机构主动件的转角为 φ，则有

$$M_z = a_0 + \sum_{i=1}^{\infty} a_n\cos(n\varphi) + \sum_{i=1}^{\infty} b_n\sin(n\varphi) \tag{4-106}$$

若要平衡第 k 阶惯性力矩，可用图 4 – 26 所示的平衡机构，其中齿轮 1 和 3 与机构

主动件的速比为常数，两轮以同方向同速度 ω_k（$\omega_k=k\omega$，$k=1$，2，…）转动，在轮 1 和 3 上施加两个相等的平衡质量 m_{ek}，且位于相等的半径 r_{ek}上，相位差为180°，这两个质量形成的惯性力大小相等、方向相反，所以彼此抵消，但其惯性力矩为

$$M_k=\omega_k^2 m_{ek} r_{ek} A\cos\varphi_{ek} \tag{4-107}$$

式中：A 为齿轮 1、3 的中心距；φ_{ek}为齿轮 1 上平衡质量的矢径和水平轴的夹角。

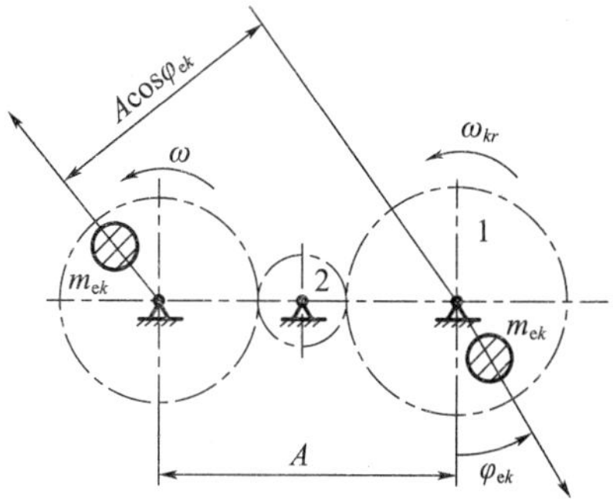

图 4－26　惯性力矩平衡机构

现在要用它来平衡第 k 阶惯性力矩，第 k 阶惯性力矩为

$$M_{zk}=a_k\cos k\varphi+b_k\sin k\varphi=c_k\cos(k\varphi+\theta_k) \tag{4-108}$$

式中

$$c_k=\sqrt{a_k^2+b_k^2},\qquad \theta_k=\arctan\frac{a_k}{b_k} \tag{4-109}$$

平衡条件为 $M_z+M_e=0$，即

$$\omega_k^2 m_{ek} r_{ek}\cos\varphi_{ek}=-c_k\cos(k\varphi+\theta_k) \tag{4-110}$$

所以，齿轮机构上安装的平衡量的大小和相位角为

$$m_{ek}r_{ek}=\frac{c_k}{\omega_k^2 A}=\frac{c_k}{k^2\omega^2 A},\qquad \varphi_{ek}=k\varphi+180°+\theta_k \tag{4-111}$$

到此为止，已经讨论了机构惯性力和在机构运动平面内惯性力矩的平衡问题，即讨论了满足式（4－5）的两个方程和式（4－6）的第三个方程的平衡原理与方法。对于式（4－6）的前两个方程，即机构运动平面外的性力矩的平衡问题不再讨论。

思考题

1. 绕定轴转动的构件，是否只有惯量力矩，而不存在惯性力？试举例说明。

2. 什么是机构惯性力的完全平衡？试以图 4－27 所示的旋转机械中绕 x 轴转动的转子为例，分析其惯性力完全平衡的条件。

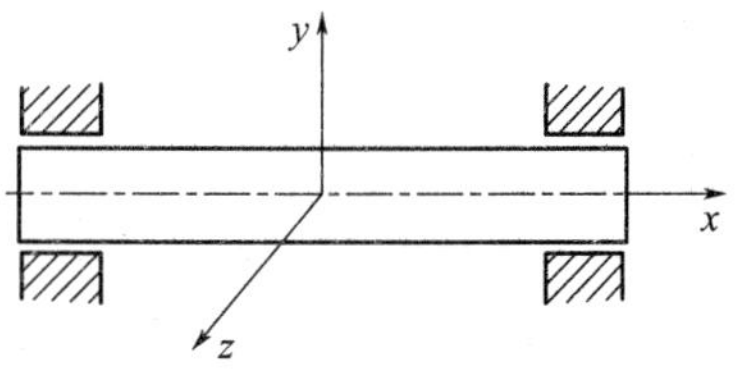

图 4－27　绕 x 轴转动的转子

3. 试述单自由度刚性动力学分析中质量等效与刚性平面机构惯性力平衡中对构件进行质量等效的方法有何区别？

4. 对构件进行质量等效的方法有哪几种？等效的

依据是什么?

5. 平面机构惯性力和惯性力矩平衡的条件，为什么由 5 个方程组成？这 5 个方程分别代表何种平衡条件?

6. 通过构件的合理布置，是否能实现任何情况下的完全平衡?

7. 用线性独立矢量法推导惯性力平衡条件的基本思路是什么？用此方法得到的平衡方程有几个？它与加校正量的数目有何关系?

8. 为什么有时需要用惯性力部分平衡法？如何选取最优平衡面?

9. 满足惯性力平衡后，惯性力矩是否平衡？惯性力矩完全平衡的平面机构，惯性力是否一定平衡?

10. 根据惯性力矩的平衡条件，可以通过哪几种途径实现惯性力矩的完全平衡？若由于实际应用条件的限制无法实现惯性力矩的完全平衡时，可以用哪些措施来减少构件惯性力矩的影响?

11. 用平衡机构平衡惯性力和惯性力矩的原理有何异同?

12. 平面机构惯性力和惯性力矩的平衡条件有 5 个方程，本节讨论了其中 3 个方程的平衡问题，试设想其余 2 个方程的平衡有何困难?

习　题

1. 图 4－28 所示为一导杆机构，机构的所有尺寸已知。构件 2 的质心在 S_2 点，质量为 m_2，试分别用质量等效法和线性独立矢量法求出平衡构件 2 的惯性力在构件 1、3 上应施加的平衡质量矩的大小和相位，并标注在图上。

2. 图 4－29 为缝纫机用四杆机构，已知机构尺寸为 $l_{AB}=12.7\text{mm}$，$l_{BC}=173.5\text{mm}$，$l_{CD}=16.8\text{mm}$；构件质量为 $m_1=330.45\text{g}$，$m_2=84.1\text{g}$，$m_3=115.0\text{g}$；质心位置如图所示，$r_1=1.93\text{mm}$，$r_2=62.11\text{mm}$，$m_3=1.66\text{mm}$，$\theta_1=8.7°$，$\theta_3=15.4°$。试计算惯性力完全平衡时，应在机构 1、3 上施加的平衡质量矩。

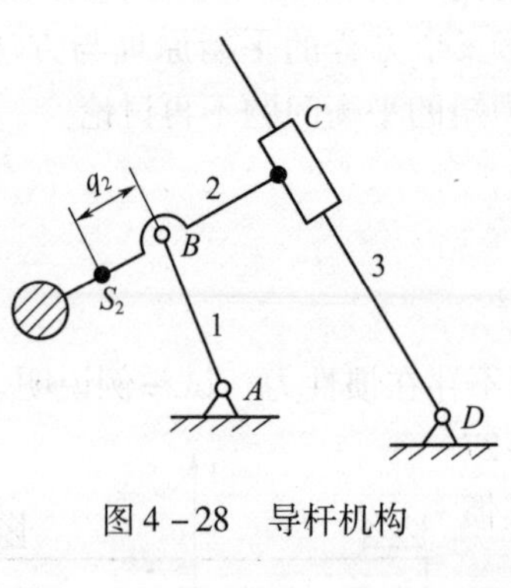

图 4－28　导杆机构

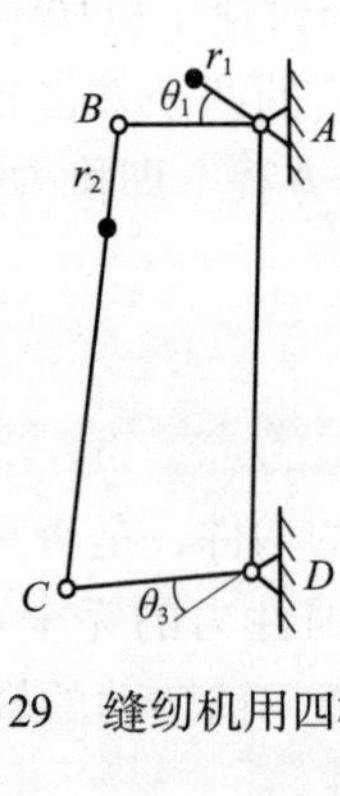

图 4－29　缝纫机用四杆机构

3. 图 4－30 所示为一摆缸机构，机构的尺寸标注在图中。构件 2 的质量 $M_2=2\text{kg}$，质心位置如图所示，试计算在忽略其他构件质量时，使机构惯性力得到平衡，需要在构件 1、3 上施加的平衡质量矩，并标注在图上。

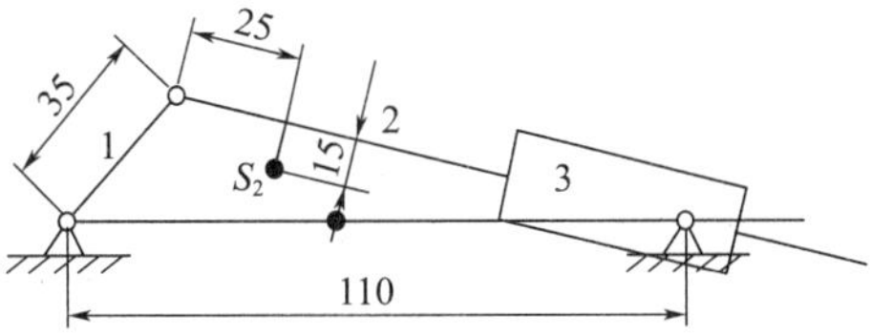

图 4－30　摆缸机构

4. 在图 4－31 所示的连杆机构中，构件 4 的质量为 $M_4=2\text{kg}$，质心位于 S 点，机构的所有尺寸标注在图上。在不计其他构件质量的情况下，试问：①能否用在构件上加平衡质量矩的方法完全平衡构件 2 的惯性力？为什么？②如果能用上述方法达到惯性力完全平衡，使用质量等效法计算应施加的平衡质量矩的数目，大小及方位，并标注在图上；③分析所有的施加平衡量的方案，并比较它们的优缺点。

5. 对图 4－32 所示的多杆平面机构，试分析是否可以用施加平衡质量矩的方法，使机构惯性力得到完全平衡？如果可以，需要施加多少个平衡质量？

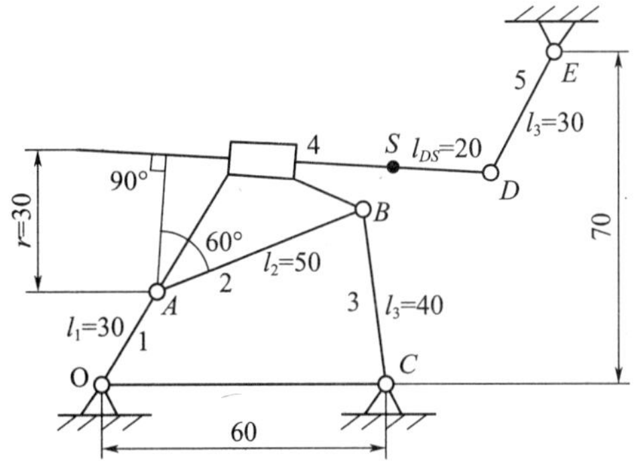

图 4－31　连杆机构

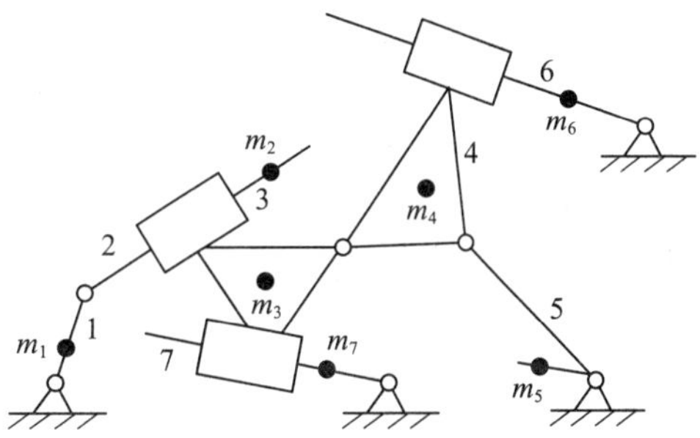

图 4－32　多杆平面机构

6. 对图 4－33 所示的两种五构件连杆机构，由各自的构件 1、2、3、4、5 组成，已知：各构件的质量为 $m_1=1.5\text{kg}$，$m_2=2.0\text{kg}$，$m_3=2.0\text{kg}$，$m_4=1.0\text{kg}$，$m_5=4.0\text{kg}$；质心位置：构件 1 在 A 点，构件 2 在 C 点，构件 3 在 D 点，构件 4 在 E 点，构件 5 在 F 点；各构件的长度为 $l_{AB}=15\text{cm}$，$l_{BC}=25\text{cm}$，$l_{CD}=30\text{cm}$，$l_{AD}=30\text{cm}$，$l_{CE}=30\text{cm}$。要求：①试分析这两种机构是否能用加平衡质量的方法，使运动平面内的惯性力得到完全平衡？②如果能，使用质量等效法求出应加的平衡质量矩，包括选定加平衡质量矩的构件，计算平衡质量矩的大小和方向，并将加重方位标注在图上。

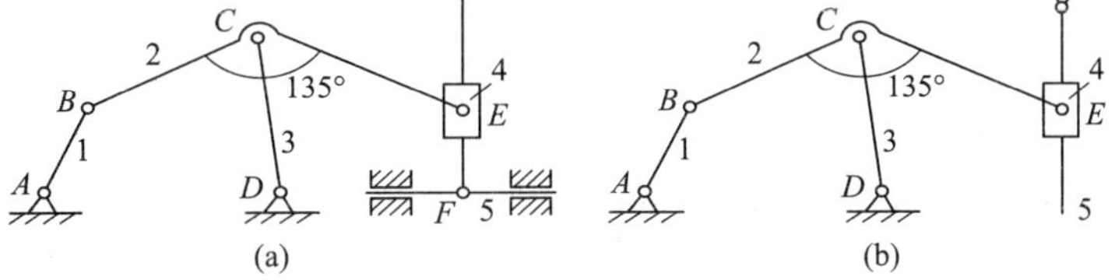

图 4－33　两种五构件连杆机构

7. 对图 4－34 所示的曲柄滑块机构，若考虑只在曲柄上施加平衡量，用以平衡滑块的惯性力，试计算需要在何方位，加多少质量矩能使最大残余惯性力最小？并给出其大小。机构参数为：$r=50\text{mm}$，$l=200\text{mm}$，$m_3=3\text{kg}$，角速度 $\omega=6\text{s}^{-1}$。滑块角速度可近似按以下公式计算：

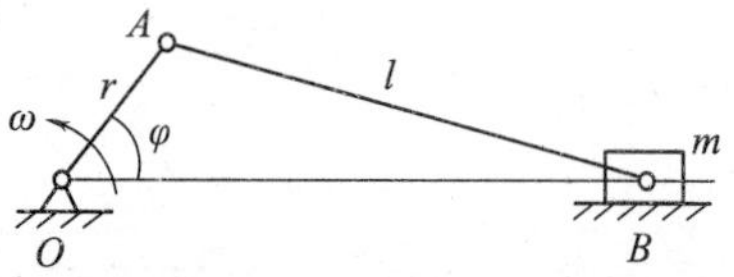

图 4－34　曲柄滑块机构

$$a \approx -\omega^2 r\ (\cos\varphi - \lambda\cos 2\varphi),\ \lambda = r/l$$

8. 对图 4－35 所示连杆导杆机构，试分析能否用施加平衡质量矩的方法，使机构惯性力得到完全平衡？如果可以，试求出应施加的平衡质量矩的大小与方位。设机构尺寸、质心位置和质量 m_2、m_3、m_4、m_5均已知。构件 1 的质量忽略不计。

9. 图 4－36 所示为三自由度机械臂，机构尺寸如图所示，单位为 mm；构件质量为 $m_1=2.0\text{kg}$，$m_2=1.0\text{kg}$，$m_3=0.5\text{kg}$，质心分别在 S_1、S_2、S_3点，要求：①如需要用施加平衡质量矩的方法使惯性力得到平衡，试计算所需的平衡质量矩；②是否可设计一个施加的平衡装置使机构得到平衡？如果可以，试画出装置简图。

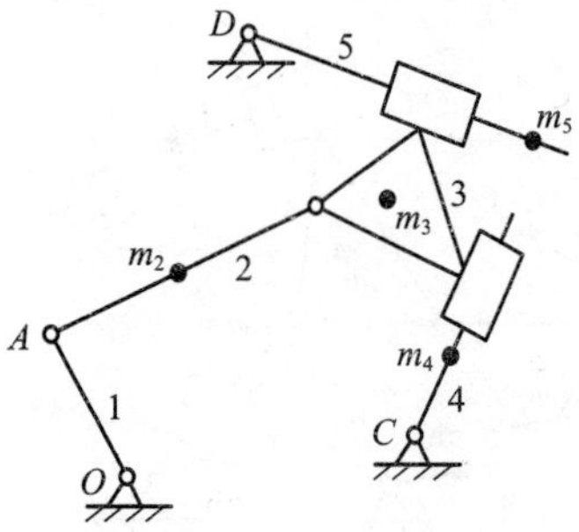

图 4－35　连杆导杆机构

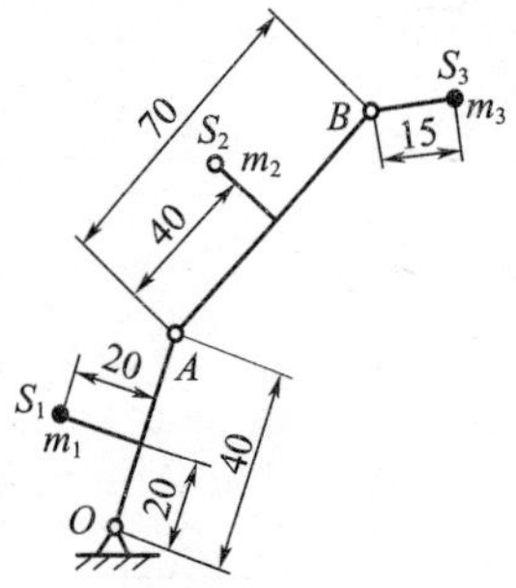

图 4－36　三自由度机械臂

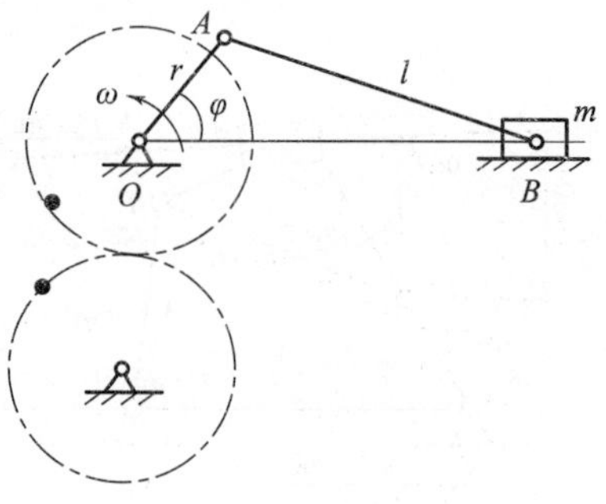

图 4－37　曲柄滑块机构的齿轮平衡

10. 在图 4－37 所示的曲柄滑块机构中，已知 $r=50\text{mm}$，$l=150\text{mm}$，滑块质量 $m=3\text{kg}$，曲柄转速 $n=1000\text{r/min}$，用齿轮机构平衡滑块的一阶惯性力，要求：①应施加的质量矩的大小与方位；②若齿轮的模数为 2，齿数为 50，求出惯性力矩的变化式；③比较平衡前后支座的最大动反力。

11. 用齿轮机构来平衡图 4－38 所示摆缸机构中滑块的一阶惯性力，试确定齿轮上应加的平衡量。

12. 用齿轮机构来平衡图 4－39 所示曲柄滑块机构中滑块的一阶惯性力，试确定齿轮上应加的平衡量。

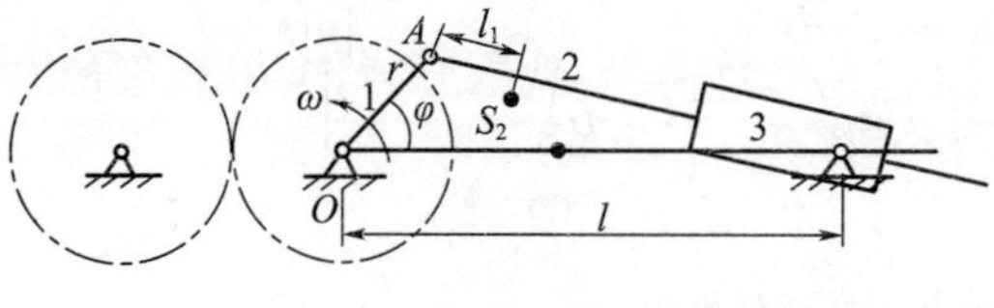

图 4－38　摆缸机构的齿轮平衡

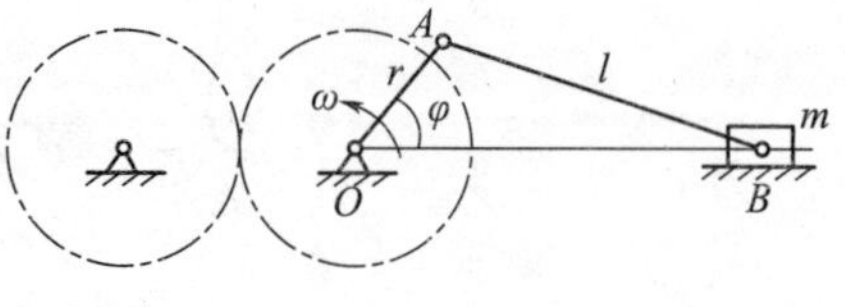

图 4－39　曲柄滑块机构的齿轮平衡

13. 在图 4-40 所示的两导杆机构中，设所有尺寸为已知，构件 1 以角速度 ω_1 转动，构件 2 的质心在 S_2 点，质量为 m_2，试分析平衡构件 2 的惯性力和惯性力矩可能采取的方案，并画出简图。(提示：先进行机构运动学分析，找出惯性力变化规律，平衡方法包括用完全平衡或部分平衡)

13. 图 4-41 所示为一双缸 V 形发动机简图，两缸的连杆和活塞的结构相同，曲柄半径为 r、活塞质量为 m_B。试问能否用在曲柄上施加平衡量的方法使活塞的一阶惯性力得到完全平衡？如果可以，试确定所加平衡量的大小与方位。

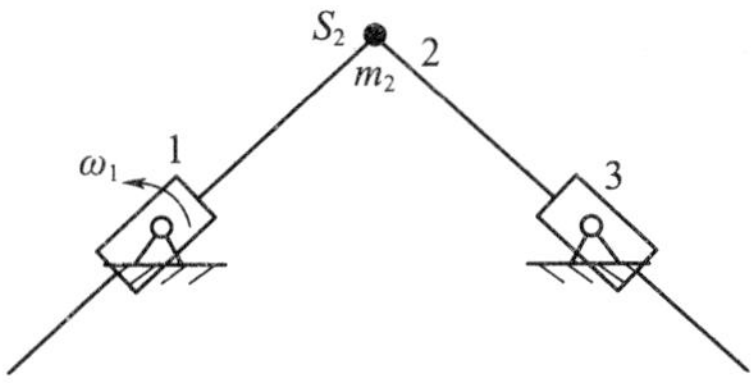

图 4-40　两导杆机构

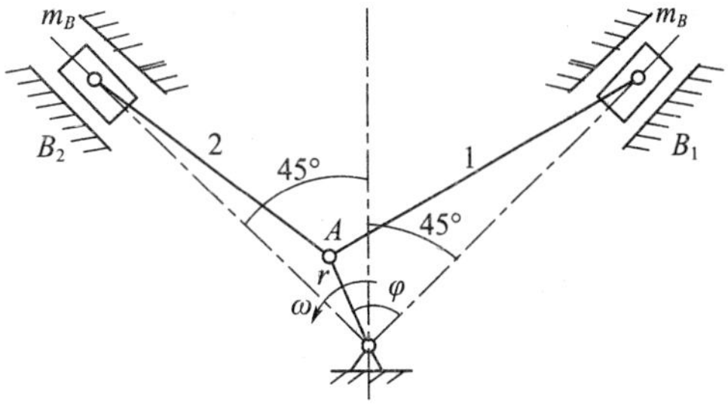

图 4-41　双缸 V 形发动机

第 5 章　单自由度系统的振动

振动就是在一定条件下，振动体在其平衡位置附近所做的往复性机械运动。振动是自然界最普遍的现象之一，大到宇宙，小到亚原子粒子，无不存在振动。各种形式的物理现象，包括声、光、热等都包含振动。人们生活中也离不开振动：心脏的搏动、耳膜和声带的振动，都是人体不可缺少的功能；人的视觉靠光的刺激，而光本质上也是一种电磁振动；生活中不能没有声音和音乐，而声音的产生、传播和接收都离不开振动。在工程技术领域，振动现象也比比皆是。例如，桥梁和建筑物在阵风或地震激励下的振动，飞机和船舶在航行中的振动，机床和刀具在加工时的振动，各种动力机械的振动，控制系统中的自激振动，等等。

实际工程中的振动现象称为机械振动，简称振动，是最典型的一类动力学问题。和其他自然现象一样，振动既有有利的性质，也有有害的性质。要了解、分析和处理好振动问题，必须研究振动的性质，弄清楚振动产生的原因，找出振动的规律，确定振动的影响。研究振动的目的，就是按照不同的情况，采取适当的措施防止振动有害的一面，应用振动有利的一面。

机械装备运动中的振动对装备的运动精度、产品性能、产品寿命等都具有重要的影响。现代机械设计已经从为实现某种功能的运动学设计转向以改善和提高机器运动和动力特性为主要目标的动力学综合分析与设计。在机械装备的设计与运行中，都必须充分考虑振动问题。因此，机械工程人才的培养，需要关注机械振动理论及应用。

5.1　振动分类及振动系统模型

5.1.1　振动分类

振动总体分为宏观振动（如地震、海啸等）和微观振动（基本粒子的热运动、布朗运动等）。一些振动拥有比较固定的波长和频率，一些振动则没有固定的波长和频率。

根据图 1-13 所示的框图，可以按照系统的输入、输出、系统自由度和系统方程性质对振动进行分类。

1. 按系统的输入（激励）分类

（1）自由振动（free vibration）：系统受到初始激励作用，也就是在特定的初始位移和初始速度下产生的振动。

（2）强迫振动（forced vibration）：系统在给定的外界激励作用下的振动，这种受外界控制的激励包括外载荷和系统的非匀速支座运动。

(3) 自激振动（self - excited vibration）：激励受系统振动本身控制的振动。在适当的反馈作用下，系统将自动地激起定幅的振动。一旦系统的振动被抑止，激励也就随之消失。

(4) 参数振动（parametric vibration）：激励方式是通过改变系统的物理特性参数而实现的振动。

2. 按系统的输出（响应）分类

(1) 谐波振动（simple harmonic vibration）：振动量为时间的正弦或余弦函数，即谐波函数。

(2) 周期性振动（periodic vibration）：振动量为时间的周期函数。

(3) 拟期性振动（quasi periodic vibration）：振动量为时间的拟周期函数，拟周期函数是一种特殊的概周期函数，是周期函数的推广。若两个周期函数叠加后不产生新的周期函数，这样的函数称为拟周期函数。拟周期函数为时间的非周期函数，通常只在一定时间内存在。

(4) 瞬态振动（transient vibration）：振动量为时间的非周期函数，通常只在一定时间内存在。

(5) 随机振动（random vibration）：振动量无法用确定性函数来描述，但又有一定的统计规律，或振动量为时间的随机性函数。这类振动不能预测，而只能用概率方法来研究。

(6) 混沌振动（chaotic vibration）：混沌振动是一种由确定性系统产生，对于初始条件极为敏感，具有内禀随机性和预测不可能性的往复非周期运动。混沌振动作为机械振动理论的新分支，已成为一个日趋活跃的研究领域。

3. 按系统的自由度分类

(1) 单自由度系统的振动：振动体的位置或形状只需用一个独立坐标来描述的系统振动。

(2) 两自由度系统的振动：振动体的位置或形状需用两个独立广义坐标确定的系统振动。

(3) 多自由度系统的振动：振动体的位置或形状需用多个独立广义坐标才能确定的系统振动。

(4) 连续系统的振动：须用无限多个自由度才能确定的系统振动，也称为无限多自由度系统振动。

4. 按描述系统的微分方程的性质分类

(1) 线性振动：可用常系数线性微分方程来描述的振动，其弹性力、阻尼力和惯性力分别与位移、速度及加速度成正比。

(2) 非线性振动：要用非线性微分方程来描述的振动，即微分方程中出现非线性项。

5.1.2 单自由度系统的基本模型

实际的振动系统一般都比较复杂，为了能对之进行分析，一般需要对系统加以简化，并在简化的基础上建立合适的力学模型。

振动系统的力学模型一般由 3 种理想化的元件，即质块、阻尼器和弹簧组成。图5－1所示为常见的单自由度系统，图中 m 表示质块，c 表示阻尼器，k 表示弹簧。图5－1（a）～（c）为平动运动系统，图5－1（d）为摆动运动系统。实际上，并不一定能在实际的振动系统中直接找到图5－1 所示的理想元件。图5－1 是对实际物理系统的一种抽象和简化。系统的简化程度取决于所考虑问题的复杂程度与所需要的计算精度。一般而言，所考虑的问题越复杂，要求的计算精度越高，所采用模型的复杂程度也就越高。

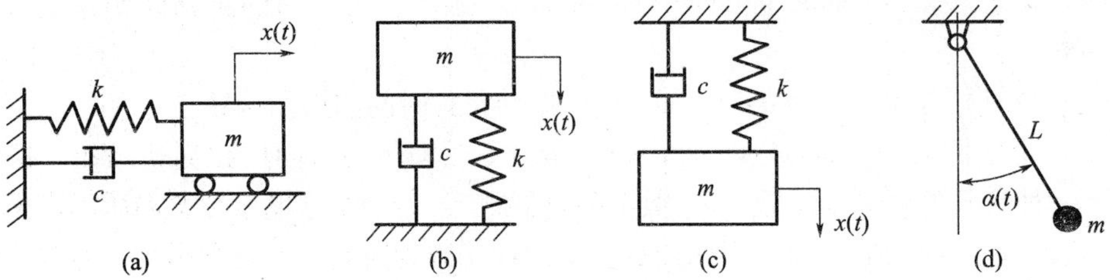

图5－1　单自由度系统的基本模型

5.1.3　单自由度系统模型的简化

模型的抽象和简化是振动分析的第一步工作。对图1－10（a）所示，安装在基础上的机床，当机床工作时，由于机床产生的惯性力的作用，机床和基础一起产生振动。在振动过程中，基础下面的隔振垫产生较大的弹性变形，因此可将它当作弹簧来处理。一般而言，机床和基础的变形相对较小，因而可将机床和基础一起看成没有弹性的质量元件。在振动过程中，地基与隔振垫之间由于弹性较大，内部具有摩擦力，即有摩擦阻尼的作用，因此将其视为阻尼器 c，故机床的振动系统力学模型可简化为如图5－1（b）所示的单自由度模型。

对于图5－2 所示由电动机和梁组成的系统，在建立力学模型时，可以这样来简化：电动机在工作过程中，由于不平衡因素的影响而引起垂直方向的振动，因而是一个振动系统。在电动机与梁这两个元件中，电动机的质量较大，而梁的挠度（弹性）较大。因此，将电动机简化为一个集中质量 m，作为刚体来处理，而忽略梁的质量；将梁简化为一根刚度为 k 的弹簧，而忽略电动机的弹性。梁在变形过程中会产生材料阻尼，故将其可简化为一个集中质量－弹簧－阻尼系统，即如图5－1（b）所示的单自由度系统。

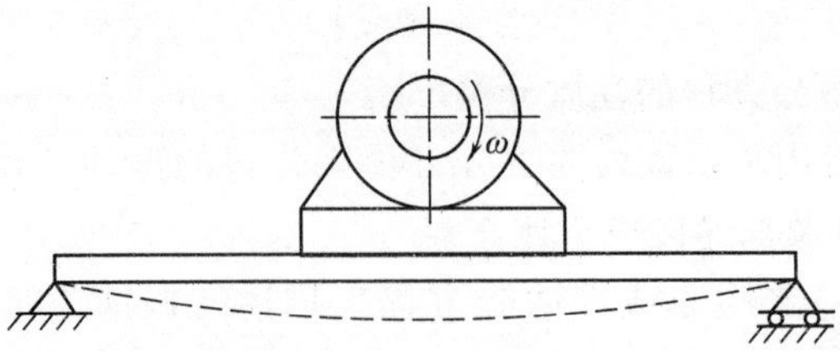

图5－2　电动机和梁

对图5－3 所示的连杆，当研究连杆的角振动 $\theta(t)$ 时，若将连杆的分布质量简化为其质心在 C 处的集中质量 m，则可以简化为图5－1（d）所示的单摆系统。

对图5－4 所示的飞轮模型，由于飞轮的惯性矩相对于轴的惯性矩要大得多，可将轴简化为一扭转弹簧，从而得到单自由度扭振系统，该系统以角度 θ 为坐标，又称为角振动系统。

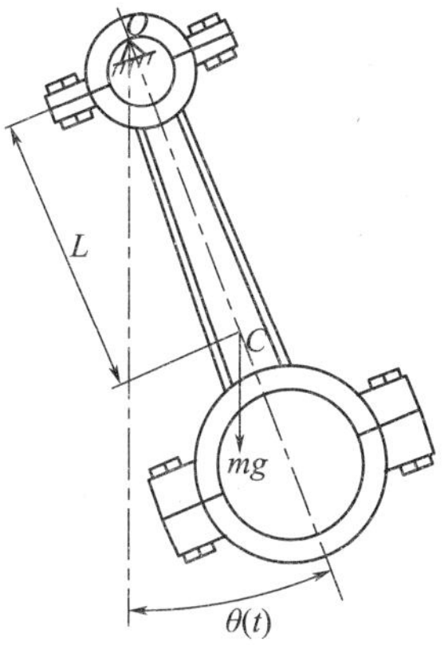

图 5-3　连杆模型

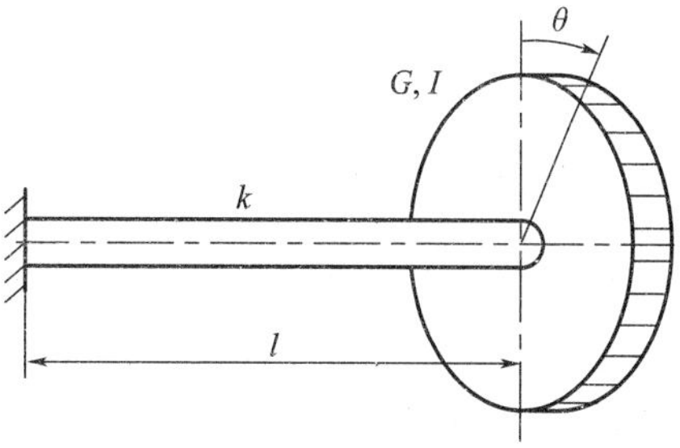

图 5-4　飞轮模型

5.1.4　振动问题的求解步骤

振动是一种特殊的动力学问题，按照求解动力学问题的思想，机械振动问题的求解步骤如下。

1. 建立振动系统的力学模型

力学模型是从系统的物理模型中抽象出来的一个简化的理论模型。在建立力学模型时，要抓住系统振动的主要特征，尽可能反映问题的本质，这样才能保证分析的精度；在满足工程精度要求的条件下，可以忽略次要因素，尽可能将其模型简单化，以便于研究分析计算。

一个振动系统必须具有弹性元件和质量元件，即具有弹性和惯性的系统才可能振动。机械系统的振动现象是弹性和惯性相互交替作用而产生的结果。一般情况下，实际系统都有阻尼，因此一个系统发生振动的条件或者振动三要素是具有质量、弹簧和阻尼。一般常用“质量-弹簧”系统作为一个实际系统的力学模型，简称为“$m-k$”系统。

2. 建立振动系统的数学模型

力学模型建立起来后，要研究此系统的振动特性，必须将振动特性用精确的数学方程来表示，即建立系统的数学模型，系统的力学模型是建立数学模型的基础。系统的数学模型常用微分方程表示。建立运动微分方程的一般步骤为：选取广义坐标，写出运动微分方程。

3. 求解运动微分方程

建立了系统的运动微分方程后，必须求解运动微分方程，才能了解系统的振动特性，分析系统的动力问题。一般情况下求解线性微分方程采用解析法，对于非线性微分方程，常采用数值方法求解。

单自由度系统是只有一个自由度的振动系统，是最简单、最基本的振动系统。单自由度系统具有一般振动系统的基本特性，很多实际问题都可简化为单自由度线性系统来处理。单自由度系统是对多自由度系统、连续系统和非线性系统进行振动分析的基础。

自由振动问题虽然比强迫振动问题单纯，但自由振动反映了系统内部结构的所有信息，是研究强迫振动的基础。所以，本章首先研究单自由度系统的自由振动，然后研究单自由度系统的强迫振动，最后讨论单自由度系统振动的应用。

5.2 单自由度系统的自由振动

5.2.1 单自由度线性系统的运动微分方程及其系统特性

建立系统的运动方程是研究振动问题的核心。建立单自由度系统的运动微分方程的基本方法有牛顿运动定律法、能量法和拉格朗日方程等方法。

1. 牛顿运动定律法

将质量元件作为研究对象，首先对其进行受力分析，包括实际存在的外载荷、弹性力、阻尼力、约束反力等。然后描述所受到的力，将弹性力用位移表示，阻尼力用速度表示（位移对时间的一阶导数），惯性力用加速度（位移对时间的二阶导数）表示；最后应用牛顿运动定律列出系统的运动微分方程。

图5－5（a）所示为一个典型的单自由度振动系统，质块 m 直接受到外界激励 $F(t)$的作用。对质块 m 取脱离体进行受力分析，如图5－5（b）所示。$x(t)$ 表示以 m 的静平衡位置为起点的位移，$F_s(t)$ 表示弹簧作用在 m 上的弹性力，$F_d(t)$ 表示阻尼器作用在 m 上的阻尼力，按照牛顿运动定律，有

$$m\ddot{x}(t)=F(t)-F_s(t)-F_d(t) \tag{5-1}$$

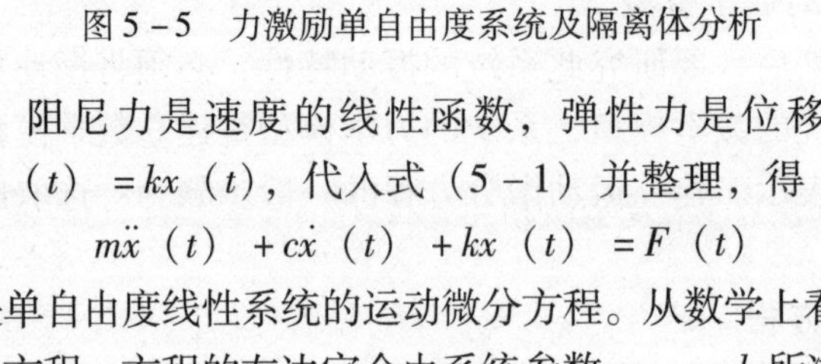

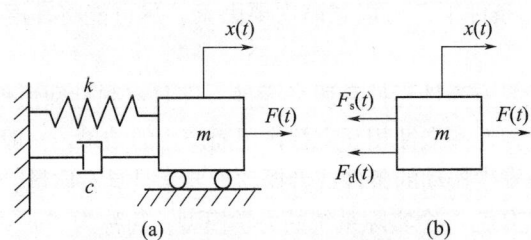

图5－5　力激励单自由度系统及隔离体分析

对于线性系统，阻尼力是速度的线性函数，弹性力是位移的线性函数，即有：$F_d(t)=c\dot{x}(t)$，$F_s(t)=kx(t)$，代入式（5－1）并整理，得

$$m\ddot{x}(t)+c\dot{x}(t)+kx(t)=F(t) \tag{5-2}$$

式（5－2）就是单自由度线性系统的运动微分方程。从数学上看，这是一个二阶常系数、非齐次线性微分方程。方程的左边完全由系统参数 m、c、k 所决定，反映了振动系统本身的自然特性，方程的右边是外加的驱动力 $F(t)$，反映了振动系统的输入特性。

对图5－6（a）所示的单自由度振动系统，外界对振动系统的激励是左端支撑体的位移 $y(t)$，对质块 m 取脱离体，如图5－6（b）所示。以 $x(t)$ 表示 m 的位移，按照牛顿运动定律，有

$$m\ddot{x}(t)=-F_s(t)-F_d(t) \tag{5-3}$$

式中

$$F_s(t)=k[x(t)-y(t)],\quad F_d(t)=c[\dot{x}(t)-\dot{y}(t)] \tag{5-4}$$

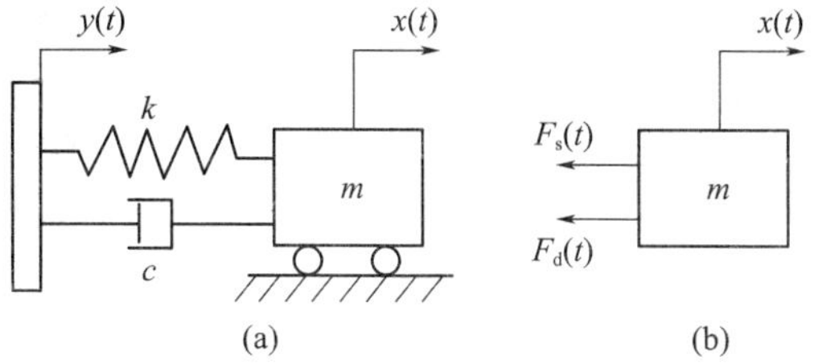

图 5-6　位移激励单自由度系统及隔离体分析

将式（5-4）代入式（5-3）并整理，得

$$m\ddot{x}(t)+c\dot{x}(t)+kx(t)=c\dot{y}(t)+ky(t) \tag{5-5}$$

比较式（5-2）和式（5-5）可知，方程的左边完全相同，两者的差别在于方程的右边。可见，方程的右边不仅描述了振动系统的输入特性，还描述了系统与输入的相互联系方式。式（5-2）中等号右边为 $F(t)$，表示外界激励 $F(t)$ 直接作用在质量 m 上，而式（5-5）中等号右边为 $c\dot{y}(t)+ky(t)$，表示外界激励位移作用在阻尼器 c 和弹簧 k 上，而不是直接作用在质量 m 上。

对于图 5-5 和图 5-6 所示的系统，其弹簧与阻尼器是水平放置的，无重力的影响，系统的平衡位置与弹簧未伸长时的位置是一致的。对于图 5-7 所示的系统，弹簧和阻尼器垂直放置，系统受到重力的影响，弹簧被压缩或伸长，其静变形量 δ_{st} 为

$$\delta_{st}=mg/k \tag{5-6}$$

式中：g 为重力加速度。若从弹簧未变形位置计算位移，由牛顿运动定律，有

$$m[\ddot{x}(t)-\ddot{\delta}_{st}]=F(t)-k[x(t)-\delta_{st}]-c[\dot{x}(t)-\dot{\delta}_{st}]+mg \tag{5-7}$$

式中：$x(t)$ 为从弹簧末端的静变形位置计算的位移。考虑到式（5-6），且 $\dot{\delta}_{st}=\ddot{\delta}_{st}=0$，则式（5-7）简化为

$$m\ddot{x}(t)+c\dot{x}(t)+kx(t)=F(t) \tag{5-8}$$

可见，式（5-8）与式（5-2）完全一致，说明质块的重力对系统的运动方程没有影响。

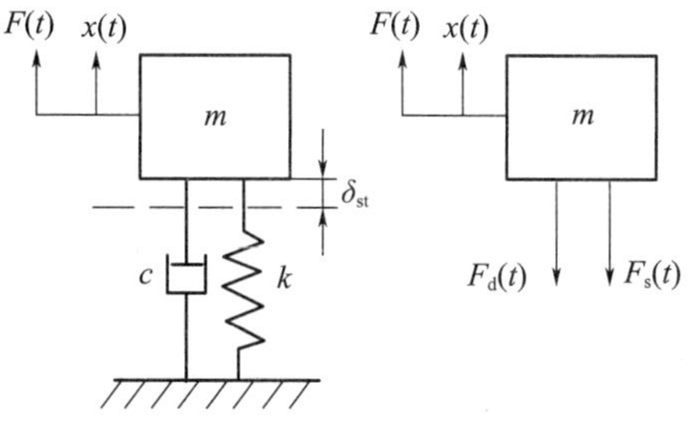

图 5-7　受重力影响振动系统

上述分析表明，振动系统的运动微分方程全面地描述了如下的系统的动态特性。

（1）单自由度线性系统的微分运动方程是一个二阶常系数、非齐次线性微分方程。

（2）方程的左边由系统参数 m、c 和 k 决定，反映振动系统本身的自然特性，方程右边的项反映振动系统的输入特性和系统与输入的相互联系方式。

（3）线性系统中，可忽略恒力及其引起的静位移。

2. 拉格朗日方程法

拉格朗日方程作为动力学问题的普遍方程，可用于单自由度振动系统运动方程的建立。

例 5-1 如图 5-8 所示的系统，由转盘、小车、圆柱体和两个弹簧组成。转盘与绳子之间，圆柱和地面之间均无相对滑动。不计弹簧质量，各组成元件的参数如图所示。如果以小车 m_0 的运动位移 $x(t)$ 作为广义坐标，求该系统的振动微分方程。

解 系统中有 3 个质量元件，质块做平动，转盘做定轴转动，圆柱体做平面运动。转盘的转角位移 $\varphi_1(t)$、圆柱体的转角位移 $\varphi_2(t)$ 与质块的位移 $x(t)$ 之间的关系为

$$\varphi_1(t)=\frac{x(t)}{r_1},\quad \varphi_2(t)=\frac{x(t)}{r_2}$$

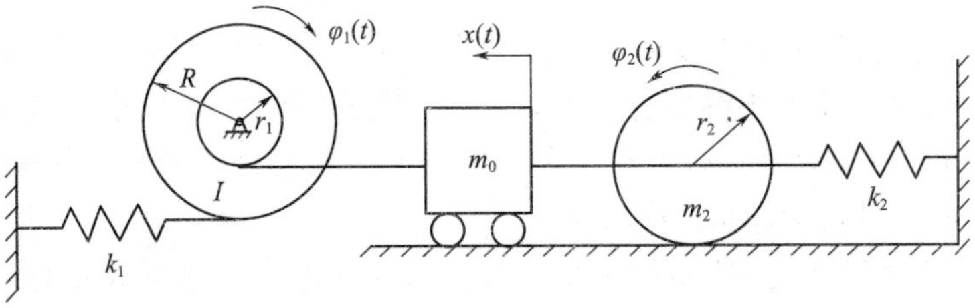

图 5-8 转盘-质块-圆柱体-弹簧系统

系统的动能为

$$T=\frac{1}{2}I\dot{\varphi}_1^2(t)+\frac{1}{2}m_0\dot{x}^2(t)+\frac{1}{2}I_2\dot{\varphi}_2^2(t)+\frac{1}{2}m_2\dot{x}^2(t)$$

其中，I_2 为圆柱体绕中心的转动惯量，可表示为 $I_2=m_2r_2^2/2$，因此动能为

$$T=\frac{1}{2}I\frac{\dot{x}^2(t)}{r_1^2}+\frac{1}{2}m_0\dot{x}^2(t)+\frac{1}{2}\frac{m_2r_2^2}{2}\frac{\dot{x}^2(t)}{r_2^2}+\frac{1}{2}m_2\dot{x}^2(t)=\frac{1}{2}\left[\frac{I}{r_1^2}+m_0+\frac{3}{2}m_2\right]\dot{x}^2(t) \tag{5-9}$$

系统的势能为

$$V=\frac{1}{2}k_1[R\varphi_1(t)]^2+\frac{1}{2}k_2x^2(t)=\frac{1}{2}\left[k_1\frac{R^2}{r_1^2}+k_2\right]x^2(t) \tag{5-10}$$

将式（5-9）对广义速度 $\dot{x}(t)$，式（5-10）对 $x(t)$ 求导数得到

$$\frac{\mathrm{d}T}{\mathrm{d}\dot{x}(t)}=\left[\frac{I}{r_1^2}+m_0+\frac{3}{2}m_2\right]\dot{x}(t),\quad \frac{\mathrm{d}V}{\mathrm{d}x(t)}=\left[k_1\frac{R^2}{r_1^2}+k_2\right]x(t) \tag{5-11}$$

单自由度系统只有一个运动方程，将式（5-11）代入式拉格朗日方程式（2-65），整理运算得到系统的运动微分方程为

$$\left[\frac{I}{r_1^2}+m_0+\frac{3}{2}m_2\right]\ddot{x}(t)+\left[k_1\frac{R^2}{r_1^2}+k_2\right]x(t)=0$$

5.2.2 振动系统的线性化处理

如图 5-9 所示，一台机床安装在地基上，为了减小振动，在地基和机床间装有隔

振垫。将机床简化为一刚性质块，设其质量为 m。机床在铅直方向的位移为 $x(t)$，从静平衡位置开始计算质块的位移。作用在质块上的外力为 $F(t)$，而隔振垫对机床的支反力为 $N(t)$。取机床为隔离体，按牛顿运动定律有

$$m\ddot{x}(t)=F(t)-N(t) \tag{5-12}$$

一般而言，隔振垫的支反力 $N(t)$ 是机床的位移和速度的函数，即

$$N(t)=f[x(t),\dot{x}(t)] \tag{5-13}$$

式（5-13）一般为非线性函数，可按泰勒级数展开，即

$$N(t)=f(0,0)+\frac{\partial f(0,0)}{\partial x(t)}x(t)+\frac{\partial f(0,0)}{\partial \dot{x}(t)}\dot{x}(t)\cdots+\frac{\partial f^n(0,0)}{n!\,\partial^n x(t)}x^n(t)+\frac{\partial f^n(0,0)}{n!\,\partial^n \dot{x}(t)}\dot{x}^n(t)+\cdots \tag{5-14}$$

由于 x 和 $\dot{x}$ 较小，对式（5-14）忽略高阶无穷小项，得到

$$N(t)\approx f(0,0)+\frac{\partial f(0,0)}{\partial x(t)}x(t)+\frac{\partial f(0,0)}{\partial \dot{x}(t)}\dot{x}(t) \tag{5-15}$$

式中：$f(0,0)$ 是常量，表示恒力，对线性系统的振动没有影响，若记

$$\frac{\partial f(0,0)}{\partial x(t)}=k,\quad \frac{\partial f(0,0)}{\partial \dot{x}(t)}=c \tag{5-16}$$

则可将式（5-15）表示为

$$N(t)\approx kx(t)+c\dot{x}(t) \tag{5-17}$$

式（5-17）右边两项分别表示弹性力和阻尼力，代入式（5-12）得到机床的运动微分方程为

$$m\ddot{x}(t)+c\dot{x}(t)+kx(t)=F(t)$$

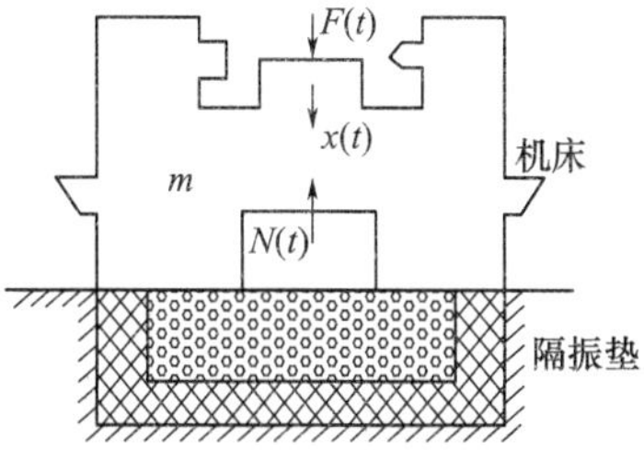

图5-9　安装在地基上的机床

上式即为前面已经得到的运动微分方程式（5-2），系统的模型就成为图5-1（b）所示的由质块、阻尼器和弹簧组成的单自由度系统。以上推导过程表明，弹簧刚度与阻尼系数实际上是泰勒展开式中相应的一阶导数的数值。这表明前述运动微分方程是对振动系统的一种线性近似。对于大多数工程问题，线性化处理足以满足精度要求。

例5-2　一个质量为 m 的均匀半圆柱体在水平面上做无滑动的往复运动，如图5-10所示，圆柱体的半径为 R，重心在 c 点，$Oc=r$，物体对重心的回转半径为 l，试导出系统的运动微分方程。

解　设半圆柱体的角位移为 $\theta(t)$，瞬时与水平面的接触点为 b，对 b 点取矩有

$$I_b\ddot{\theta}(t)+M_b=0 \tag{5-18}$$

式中：I_b 为半圆柱体对 b 点的转动惯量，M_b 为重力产生的恢复力矩。

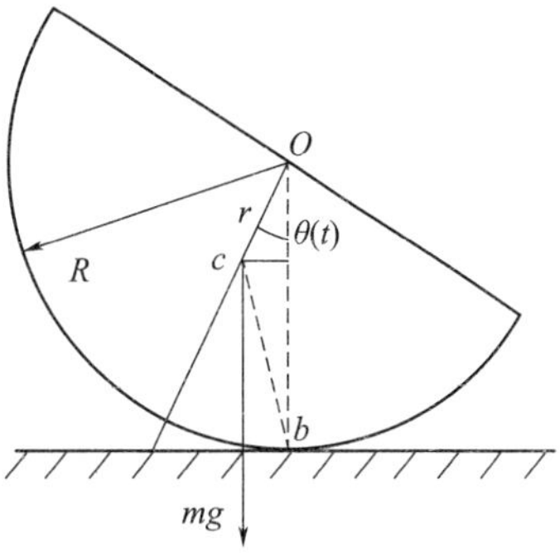

图5-10　往复运动的半圆柱体

由理论力学得到

$$I_b=I_c+m\overline{bc}^2=m(l^2+\overline{bc}^2) \tag{5-19}$$

按余弦定理，$\overline{bc}^2$ 可表示为

$$\overline{bc}^2 = r^2 + R^2 - 2rR\cos\theta(t) \tag{5-20}$$

重力对 b 点的力矩为

$$M_b = mgr\sin\theta(t) \tag{5-21}$$

将式（5－19）～式（5－21）代入式（5－18），整理得到运动微分方程为

$$m\left[l^2 + r^2 + R^2 - 2rR\cos\theta(t)\right]\ddot{\theta}(t) + mgr\sin\theta(t) = 0 \tag{5-22}$$

式（5－22）是非线性微分方程，表明半圆柱体的运动是非线性的。对于微幅振动有：$\cos\theta(t) \approx 1$，$\sin\theta(t) \approx \theta(t)$，从而得到线性化的运动微分方程为

$$\left[l^2 + (R-r)^2\right]\ddot{\theta}(t) + gr\theta(t) = 0 \tag{5-23}$$

5.2.3 单自由度无阻尼系统的自由振动

1. 自由振动的微分方程及其求解

对于无阻尼质量－弹簧系统的自由振动，$c = 0$，$F(t) = 0$，则单自由度系统的运动方程式（5－2）成为

$$m\ddot{x}(t) + kx(t) = 0 \tag{5-24}$$

为了讨论系统的振动特性，需要求解方程式（5－24），若记 $\omega_n^2 = k/m$，式（5－24）成为

$$\ddot{x}(t) + \omega_n^2 x(t) = 0 \tag{5-25}$$

式（5－25）是无阻尼自由振动微分方程的标准形式，是二阶齐次、线性常系数微分方程。这种方程的解具有指数形式，设其特解为 $x(t) = e^{rt}$，代入式（5－25）后，消去公因子 e^{rt}，得到特征方程为

$$r^2 + \omega_n^2 = 0 \tag{5-26}$$

求解式（5－26）得到特征根为：$r_1 = +i\omega_n$，$r_2 = -i\omega_n$，从而得到式（5－24）的通解，即自由振动的运动规律为

$$x(t) = X_1 e^{r_1 t} + X_2 e^{r_2 t} = X_1 e^{-i\omega_n t} + X_2 e^{i\omega_n t} \tag{5-27}$$

式中，X_1和 X_2为由初始条件确定的常数。应用欧拉（Euler）公式

$$e^{\pm i\omega_n t} = \cos\omega_n t \pm i\sin\omega_n t \tag{5-28}$$

将式（5－28）代入式（5－27），得

$$x(t) = (X_1 + X_2)\cos\omega_n t + i(-X_1 + X_2)\sin\omega_n t$$

由于 X_1、X_2为常数，则 $X_1 + X_2$和 $i(-X_1 + X_2)$ 也为常数，设 $X_1 + X_2 = A_1$，$i(-X_1 + X_2) = A_2$，则上式成为

$$x(t) = A_1\cos\omega_n t + A_2\sin\omega_n t \tag{5-29}$$

式中，A_1和 A_2是由初始条件确定的待定常数。

对式（5－29）求时间 t 的一阶和二阶导数，得到系统运动的速度和加速度为

$$\dot{x}(t) = -A_1\omega_n\sin\omega_n t + A_2\omega_n\cos\omega_n t,\quad \ddot{x}(t) = -A_1\omega_n^2\cos\omega_n t - A_2\omega_n^2\sin\omega_n t \tag{5-30}$$

若初始条件为：$x(0) = x_0$，$\dot{x}(0) = v_0$，代入式（5－30），得到 $A_1 = x_0$，$A_2 = v_0/\omega_n$，将得到的 A_1和 A_2代入式（5－29）得到

$$x(t) = x_0\cos\omega_n t + \frac{v_0}{\omega_n}\sin\omega_n t$$

上式右端是一个正弦函数和一个余弦函数的叠加，按照谐波函数的叠加原理，上式可写为

$$x(t)=X\cos(\omega_n t-\psi) \tag{5-31}$$

式中：X 为振幅；ψ 为初相角。X 和 ψ 分别为

$$X=\sqrt{x_0^2+\left(\frac{v_0}{\omega_n}\right)^2},\quad \psi=\arctan\frac{v_0}{\omega_n x_0} \tag{5-32}$$

单自由度无阻尼系统的自由振动的响应特性如图 5－11 所示。图中曲线 a 和 b 分别代表式（5－29）的余弦和正弦曲线，而实际运动曲线 c 是曲线 a 和曲线 b 的叠加，即式（5－31）的函数曲线。式（5－31）表明物体的运动是振动，系统自由振动的角频率为 ω_n。角频率是弹性系统的自然属性，称为自然频率。系统振动的周期为

$$T=\frac{2\pi}{\omega_n}=2\pi\sqrt{\frac{m}{k}}=2\pi\sqrt{\frac{\delta_{st}}{g}} \tag{5-33}$$

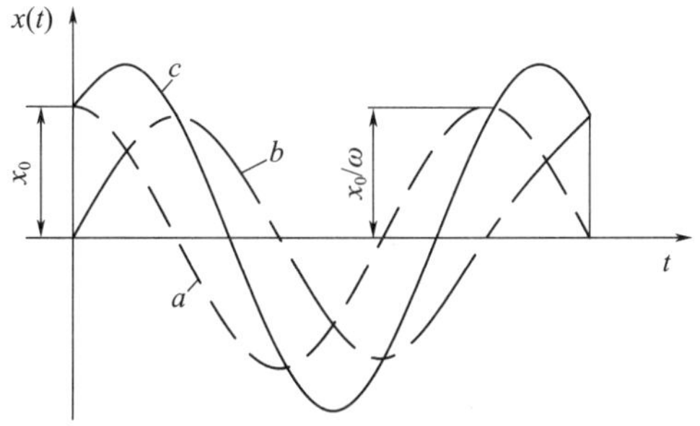

图 5－11　无阻尼自由振动的响应特性

可见，振动的周期只取决于物体的质量 m 和弹性常数 k，质量大而弹簧软的系统振动周期长，质量小而弹簧硬的系统振动周期短。单位时间内的振动次数称为频率，频率是周期的倒数，即

$$f=\frac{1}{T}=\frac{\omega_n}{2\pi}=\frac{1}{2\pi}\sqrt{\frac{k}{m}} \tag{5-34}$$

例 5－3　圆盘的扭转振动系统如图 5－12 所示，圆盘的转动惯量为 I，圆轴直径为 d，长为 l，轴本身的质量忽略不计，在初始干扰下系统进行扭转自由振动。试确定扭转振动方程、自然频率及扭转振动规律。

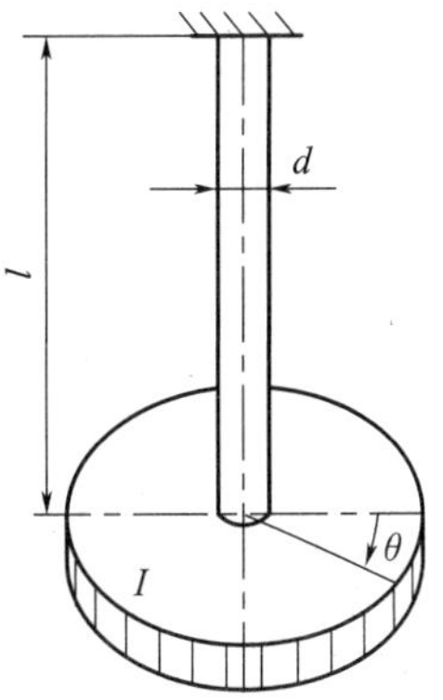

图 5－12　圆盘的扭转振动

解　对于圆盘的扭转振动系统，由于轴较细质量较小，故忽略其质量，仅考虑圆盘的转动惯量，但轴细而长，故弹性变形大，考虑轴的弹性，而忽略圆盘的弹性。对圆盘作隔离体分析，当其受到初始干扰的情况下，任意位置时，轴有一弹性恢复力矩（扭矩）将系统拉回到平衡位置。恢复力矩大小为 $T=k_\theta\theta(t)$，与扭转角成正比。其中，k_θ是扭转弹性常数（扭转刚度），是产生单位扭转角所需的扭矩，单位为N·m/rad。根据刚体定轴转动微分

方程得到

$$I\ddot{\theta}(t)-k_{\theta}\theta(t)=0$$

令系统的自然频率 $\omega_n=\sqrt{k_{\theta}/I}$，得到圆盘扭转振动的方程为

$$\ddot{\theta}(t)+\omega_n^2\theta(t)=0$$

该方程与质量－弹簧系统的自由振动的微分方程形式相同，其通解为

$$\theta(t)=X\sin(\omega_n t-\psi)$$

对上式求导得到自由振动的角速度为

$$\dot{\theta}(t)=X\omega_n\cos(\omega_n t-\psi)$$

设初始条件为：$t=0$ 时，$\theta(0)=\theta_0$，$\dot{\theta}(0)=\dot{\theta}_0$，代入振动角位移和角速度的表达式，得

$$X=\sqrt{\theta_0^2+\left(\frac{\dot{\theta}_0}{\omega_n}\right)^2},\quad \psi=\arctan\left(\frac{\theta_0\omega_n}{\dot{\theta}_0}\right)$$

从而得到系统的振动规律为

$$\theta(t)=\sqrt{\theta_0^2+(\dot{\theta}_0/\omega_n)^2}\sin(\omega_n-\psi)$$

由材料力学知识可知

$$\theta(t)=\frac{M_n l}{GI_p},\quad I_p=\frac{\pi d^4}{32}$$

式中：I_P为轴的截面极惯量矩。按照刚度的定义，系统的扭转刚度为

$$k_{\theta}=\frac{M_n}{\theta(t)}=\frac{GI_p}{l}=\frac{\pi d^4 G}{32l}$$

从而得到系统的自然频率为

$$\omega_n=\sqrt{\frac{\pi d^4 G}{32lI}}$$

2. 无阻尼自由振动的特性

从图 5－11 所示的无阻尼自由振动的运动规律可以得到无阻尼自由振动的振动特性如下。

（1）式（5－29）或式（5－31）表明，单自由度无阻尼系统的自由振动是以正弦或余弦函数，即谐波函数表示，故称为谐波振动，该系统称为谐振子。

（2）自由振动的角频率，即系统的自然频率 $\omega_n=\sqrt{k/m}$，仅由系统本身的参数确定，与外界激励和初始条件无关。

（3）自由振动的振幅 A 和初相角 ψ 由初始条件所决定。

（4）单自由度无阻尼系统的自由振动是等幅振动，这意味着系统一旦受到初始激励的作用，就将按振幅 A 始终振动下去。实际上，绝对的无阻尼是不存在的，当系统的阻力很小，而考察的振动时间间隔又相当短时，阻尼的作用不明显，可近似为谐波振动。

（5）谐波振动可以分解为两部分，一部分与余弦成正比，取决于初位移；另一部分与正弦成正比，取决于初速度。若将振动体推离平衡位置，没有给初速度，只有余弦

振动部分；若在平衡位置振动体有初速度，没有给初位移，只有正弦振动部分。

3. 谐波振动的几种表示方法

谐波振动是最基本的振动，是分析和处理较为复杂的振动信号的基础，因此必须深入理解和掌握。下面介绍谐波振动常用的几种表示方法，即三角函数表示法、旋转矢量表示法和复数表示法。

1）三角函数表示法

三角函数表示法就是用三角函数表示振动量。

振动位移：$x(t) = X\cos(\omega_n t - \psi)$

振动速度：$\dot{x}(t) = -X\omega_n \sin(\omega_n t - \psi) = X\omega_n \cos(\omega_n t - \psi + \pi/2)$

振动加速度：$\ddot{x}(t) = -X\omega_n^2 \cos(\omega_n t - \psi) = X\omega_n^2 \cos(\omega_n t - \psi + \pi)$

可见，振动速度比振动位移超前 π/2，而振动加速度比振动速度超前 π/2。

2）旋转矢量表示法

谐振子的振动是时间的谐波函数，如式（5－29）或式（5－31）所示。沿时间轴展开的谐波函数与平面上的旋转矢量之间存在着严格的一一对应关系，因而可以用平面上的旋转矢量来直观地表示谐波振动，并以旋转矢量的合成表示谐波振动的和。

图 5－13（a）表示一旋转矢量 $\boldsymbol{X}$，其模为 X，以角速度 ω_n 沿逆时针方向旋转，其初始转角为 $-\varphi$，可知在任何时刻 t，$\boldsymbol{X}$ 与图中 x 轴的夹角为（$\omega_n - \varphi$），而 $\boldsymbol{X}$ 在 x 轴上的投影为 $x(t) = X\cos(\omega t - \varphi)$，如图 5－13（b）所示，而这正好是式（5－31）表示的谐波振动。因此，旋转矢量 $\boldsymbol{X}$ 与谐波振动 $x(t)$ 之间具有确定的对应关系，记为 $\boldsymbol{X} \backsim x(t)$，而 $\boldsymbol{X}$ 的有关参数与 $x(t)$ 的有关参数之间的对应关系，如表 5－1 所列。

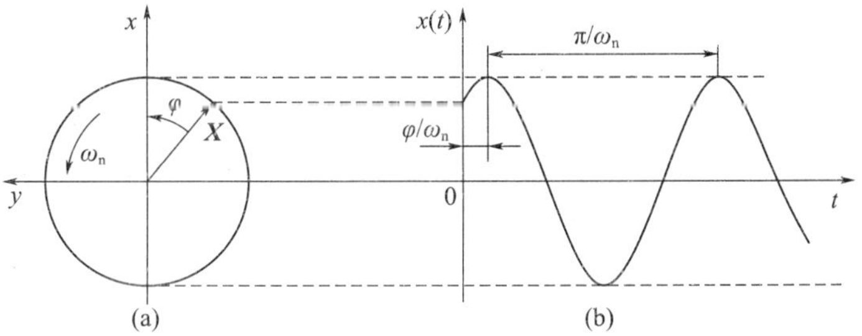

图 5－13　振动的旋转矢量表示

表 5－1　旋转矢量与谐波振动之间的关系

参数	谐波振动	旋转矢量
$\boldsymbol{X}$	振幅（m）	模（m）
$-\psi$	初相角（振幅的初始值与最大值之间的相角）（rad）	X 的初始位置与垂直轴之间的夹角（rad）
ω_n	自然角频率（rad/s）	角速度（rad/s）
$f_n = \omega_n/2\pi$	自然频率（Hz）	转速（1/s）
$T = 2\pi/\omega_n$	周期（s）	旋转 1 周的时间（s）

如果 $\boldsymbol{X}_1$ 和 $\boldsymbol{X}_2$ 是两个以相同的角速度逆时针转动的矢量，如图 5－14 所示，而且有 $\boldsymbol{X}_1 \backsim x_1(t) = A_1\cos(\omega t - \psi_1)$，$\boldsymbol{X}_2 \backsim x_2(t) = A_2\cos(\omega t - \psi_2)$，根据投影定理可知，

如果

$$\boldsymbol{X}=\boldsymbol{X}_1+\boldsymbol{X}_2 \backsim x(t)=X\cos(\omega t-\psi)$$

则有

$$X\cos(\omega t-\psi)=A_1\cos(\omega t-\psi_1)+A_2\cos(\omega t-\psi_2) \tag{5-35}$$

从图5－14可知，图5－14（a）中平面矢量的合成关系比图5－14（b）中谐波振动的叠加关系要直观得多。因而可以遵从平面矢量的平行四边形合成法则立即求出A，ψ与A_1、A_2，ψ_1、ψ_2之间的关系，即

$$X^2=A_1^2+A_2^2-2A_1A_2\cos(\psi_2-\psi_1),\quad \tan\psi=\frac{A_1\sin\psi_1+A_2\sin\psi_2}{A_1\cos\psi_1+A_2\cos\psi_2} \tag{5-36}$$

这样，就将两个谐波振动沿时间轴的叠加，转化成两个对应的旋转矢量在平面上的合成。

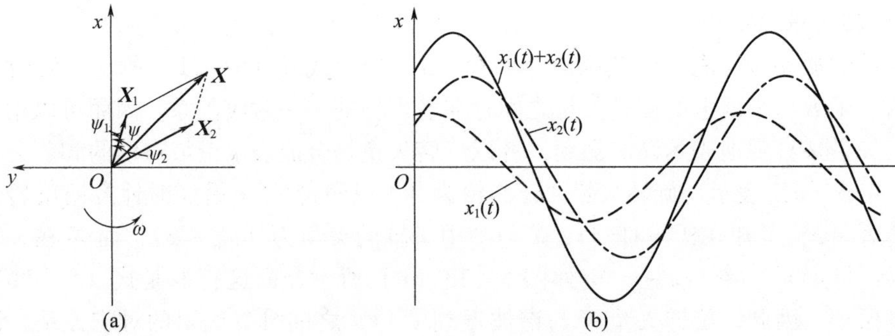

图5－14　振动的旋转矢量合成

3）复数表示法

在复平面内的一个复数可表示成下列形式：

$$z=|z|[\cos(\omega t-\psi)+\mathrm{i}\sin(\omega t-\psi)]=a+\mathrm{i}b$$

该复数的实部为$\mathrm{Re}(z)=|z|\cos(\omega t-\psi)$和虚部$\mathrm{Im}(z)=|z|\sin(\omega t-\psi)$都是谐波函数，因此，可以用复平面内的一个复数（复数的模和幅角）来表示一个谐波振动。

变换后，复数$\vec{z}=X\mathrm{e}^{\mathrm{i}(\omega t-\psi)}=X\mathrm{e}^{-\mathrm{i}\psi}\mathrm{e}^{\mathrm{i}\omega t}=X_0\mathrm{e}^{\mathrm{i}\omega t}$，其中$X_0=X\mathrm{e}^{-\mathrm{i}\psi}$称为复数的振幅。复数$\vec{z}$对时间$t$求导数，则$\dot{\vec{z}}=X_0(\mathrm{i}\omega)\mathrm{e}^{\mathrm{i}\omega t}$（复速度）；$\ddot{\vec{z}}=X_0(\mathrm{i}\omega)^2\mathrm{e}^{\mathrm{i}\omega t}$（复加速度）。表明每求一次导数，幅值增加$\omega$倍，而幅角增加i，即相当于增加$\pi/2$角度。所以，复数的旋转角速度就是振动频率，复数的幅值就是振动的振幅。

4. 等效刚度

研究系统动力学问题时，首先要建立系统的力学模型，这就需要确定系统的简化质量和简化刚度，或者说确定系统的等效质量和等效刚度。

刚度是指系统在某点沿指定方向产生单位位移（或角位移）时，在该点沿同一方向所要施加的力（或力矩）。设指定的方向为x方向，在该方向上施加的力为F_x，在F_x作用下产生的位移为Δx，则刚度为$k=F_x/\Delta x$。下面以一端固定的等直径圆杆为例，说明拉压刚度、弯曲刚度和扭转刚度的确定方法。

一端固定的等直径圆杆，设杆长为l，截面积为A，截面惯性矩为I，截面极惯性矩为I_p，材料的弹性模量为E，剪切模量为G。建立Oxy坐标系如图5－15（a）所示，试

确定端点 B 处在 x 方向、y 方向和绕 x 轴转动方向的刚度。

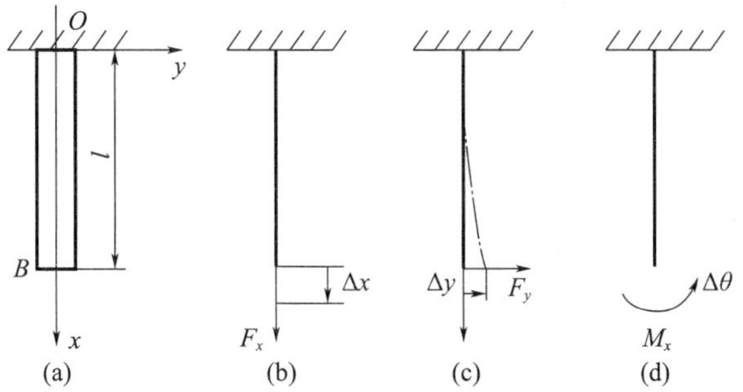

图 5-15　一端固定的等直径圆杆及模型

1）拉压刚度

在 B 处沿 x 方向施加力 F_x，如图 5-15（b）所示。则杆将产生拉伸变形 Δx，按照材料力学中等直径杆拉伸变形公式，得到 $\Delta x = F_x l/(EA)$。根据刚度的定义，得到 x 方向的刚度（拉压刚度）为

$$k_x = \frac{F_x}{\Delta x} = \frac{EA}{l} \tag{5-37}$$

2）弯曲刚度

在 B 处沿 y 方向施加力 F_y，如图 5-15（c）所示。则杆将产生弯曲变形 Δy，根据材料力学中悬臂梁直杆弯曲变形的挠度公式，得到 $\Delta_y = F_y l^3/(3EI)$。根据刚度定义，得到 y 方向的刚度（弯曲刚度）为

$$k_y = \frac{F_y}{\Delta y} = \frac{3EI}{l^3} \tag{5-38}$$

3）扭转刚度

在 B 处绕 x 轴转动方向施加扭矩 M_x，如图 5-15（d）所示。则杆将产生扭转变形 $\Delta\theta$，根据材料力学，B 端相对于固定端的扭转角度 $\Delta\theta = M_x l/(GI_p)$。根据刚度定义，得到绕 x 轴转动方向的刚度（扭转刚度）为

$$k_\theta = \frac{M_x}{\Delta\theta} = \frac{GI_p}{l} \tag{5-39}$$

从上面的讨论可以看出，即使是机械系统中同一元件、同一点，根据所要研究的振动方向不同，会出现不同的刚度。刚度 k 定义中的单位位移可以是线位移，也可以是角位移，对应于线位移所施加的载荷是力（N），刚度单位是 N/m；对应于角位移所施加的载荷是力矩（N·m），刚度单位是 N·m/rad。由上面的分析还可以看出，决定刚度的方法仅仅是运用材料力学或结构力学中的有关计算静变形的方法。

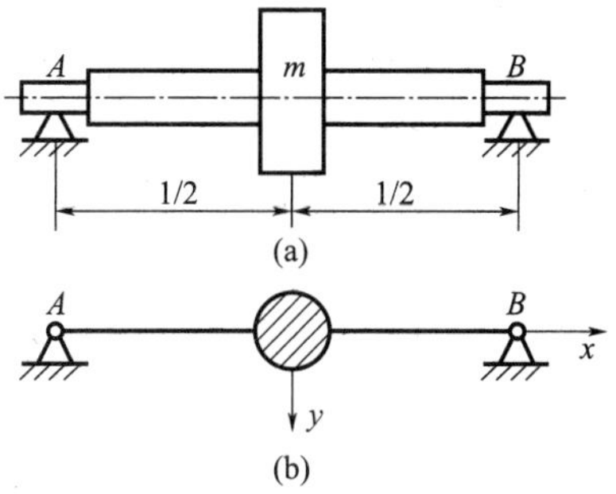

图 5-16　单圆盘转子及其简化

例 5-4　单圆盘转子如图 5-16（a）所示，可化简为图 5-16（b）所示的简支梁系统，求其在跨度中点垂直方向的刚度及系统的自然频率。

解 当忽略轴的质量时，系统简化为图 5 - 16（b）的模型，这是一个弯曲变形振动问题。为了求其刚度，按照材料力学知识，其跨度中点在集中力 P 的作用下，产生的挠度 y 为

$$y=\frac{Pl^3}{48EI}$$

将上式代入刚度的定义式 $k=P/y$，得到

$$k=\frac{48EI}{l^3}$$

系统可简化为 $m-k$ 系统，则单自由度系统的自然频率为

$$\omega_{\mathrm{n}}=\sqrt{\frac{k}{m}}=\sqrt{\frac{48EI}{ml^3}}$$

4）组合刚度（等效刚度）

在机械系统中不只是使用一个弹性元件，而是根据结构的需要将若干个弹簧串联或并联起来使用。这样在分析这个系统的动力学问题时，就需要将这若干个弹簧折算成一个等效弹簧来处理，这种等效弹簧的刚度与原系统组合弹簧的刚度相等，称为等效刚度，也称为组合刚度。

对于图 5 - 17（a）所示的组合弹簧，弹簧 k_1 和弹簧 k_2 首尾相接，这种形式称为串联。对其进行受力分析可知，k_1 和 k_2 的受力相等，即 $k_1x_1=k_2x_2=k_ex$；而质块 m 的位移是弹簧 k_1 和 k_2 的位移之和，即 $x=x_1+x_2$。由此可得到：串联弹簧的特点是两弹簧的受力相等，而变形不相等。两弹簧的变形之和等于质块 m 的位移。由此得到串联弹簧的等效刚度为

$$\frac{1}{k_e}=\frac{1}{k_1}+\frac{1}{k_2}=\sum\frac{1}{k_i} \tag{5-40}$$

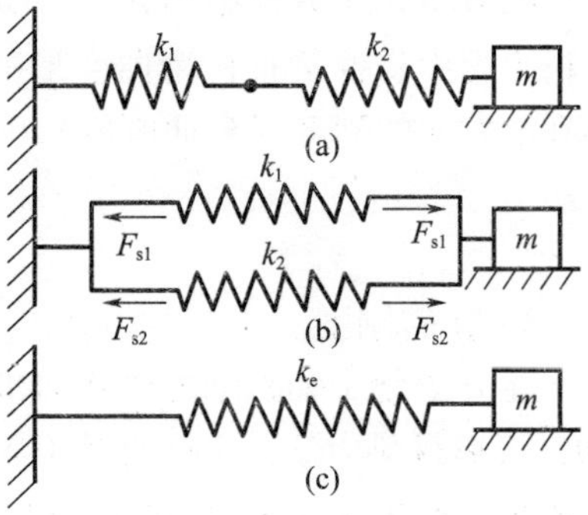

图 5 - 17　弹簧的串联与并联

对于图 5 - 17（b）所示的组合弹簧，两弹簧的两端同时连接于固定面上，又同时连接于质块 m 上，这种形式称为并联。对其进行受力分析可知，k_1 和 k_2 的变形相等，都等于质块 m 的位移，即 $x=x_1=x_2$。但受力不相等，两个弹簧的受力之和等于作用在质块上的力，即 $(k_1+k_2)x=k_ex$。由此可得到：并联弹簧的特点是两弹簧的变形相等，都等于质块的位移，但受力不相等。各个弹簧的受力之和等于作用在质块上的力。由此得到并联弹簧的等效刚度为

$$k_e=k_1+k_2=\sum k_i \tag{5-41}$$

需要指出，确定弹簧元件的组合方式是串联还是并联，关键在于各弹簧的受力相同，还是位移相同。

例 5 - 5　求图 5 - 18 所示几种组合弹簧振动系统的自然频率。

解 （a）根据串、并联弹簧系统的特点，k_1 的两根弹簧为并联，等效刚度为 $2k_1$，而等效后 $2k_1$ 弹簧又与 k_2 是串联，则由串联弹簧的等效刚度公式（5 - 40）得到

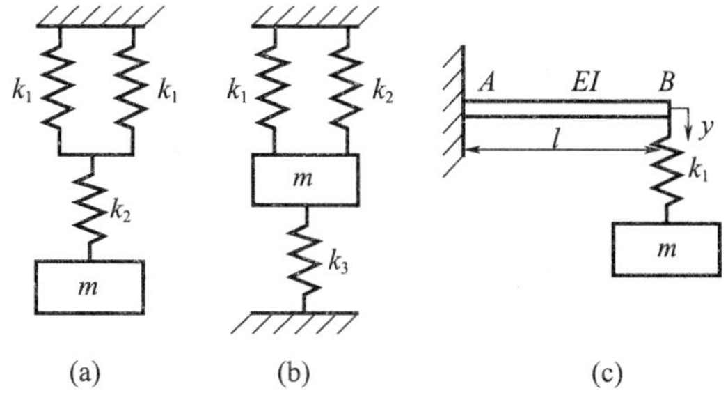

图 5-18　几种组合弹簧

$$k = \frac{2k_1 k_2}{2k_1 + k_2}$$

系统自然频率为

$$\omega_n = \sqrt{\frac{k}{m}} = \sqrt{\frac{2k_1 k_2}{m(2k_1 + k_2)}}$$

（b）当质块 m 发生位移 x 时，弹簧 k_1、k_2和 k_3同时发生位移 x，则 3 个弹簧是并联关系，由并联弹簧的等效刚度公式（5-41）得到等效刚度为

$$k = k_1 + k_2 + k_3$$

系统的自然频率为

$$\omega_n = \sqrt{\frac{k_1 + k_2 + k_3}{m}}$$

（c）系统是悬臂梁和弹簧的组合系统，根据悬臂梁的刚度公式（5-38）得到梁在 B 点处的弯曲刚度为

$$k_B = \frac{mg}{y_B} = \frac{3EI}{l^3}$$

这样，可将梁用弹簧 k_B来代替。k_B的弹簧与 k_1弹簧是串联关系，由串联弹簧的等效刚度公式（5-40）得到

$$k = \frac{k_1 k_B}{k_1 + k_B} = \frac{3Ek_1 I}{3EI + l^3 k_1}$$

系统的自然频率为

$$\omega_n = \sqrt{\frac{k}{m}} = \sqrt{\frac{3Ek_1 I}{m(3EI + l^3 k_1)}}$$

5. 等效质量

在前面的分析中，忽略了弹性元件或弹簧本身的质量，这在一般的振动分析中已经足够精确。但在一些要求比较精确的高精度振动分析中，由于弹性元件本身的质量较大，要占系统总质量的一定比例，这时就需要考虑弹性元件的质量。下面用能量法分析弹性元件的等效质量。

1）弹簧的等效质量

图 5-19 所示的质量-弹簧系统，除了系统的集中质块 m 的质量外，还要考虑弹簧的质量。弹簧在平衡时的长度为 l，线密度为 ρ（kg/m），试求系统的等效质量。

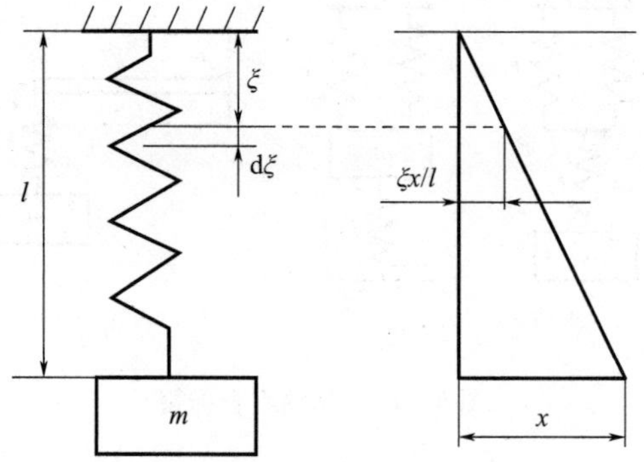

图 5－19　弹簧的等效质量计算模型

单自由度系统的自由振动方程为

$$\ddot{x}(t)+\frac{k}{m}x(t)=0$$

在上面方程的两边乘以 $\dot{x}(t)$，得

$$\ddot{x}(t)\dot{x}(t)+\frac{k}{m}\dot{x}(t)x(t)=0$$

对上式两边积分，得

$$\frac{1}{2}\dot{x}^2(t)+\frac{1}{2}\frac{k}{m}x^2(t)=C$$

在上面的方程两边乘以 m，得

$$\frac{1}{2}m\dot{x}^2(t)+\frac{1}{2}kx^2(t)=Cm$$

上式中，左端第一项表示质量 m 的瞬时动能，左端第二项表示弹簧相对于静平衡位置的瞬时势能，方程的右边表示系统的总能量，方程表示能量守恒。因而可以从能量守恒出发，讨论弹簧的等效质量问题。

振动位移 $x(t)$ 最大时，$\dot{x}(t)=0$，$\frac{1}{2}kx_{\max}^2(t)=Cm$；在平衡位置，$x(t)=0$，$\frac{1}{2}m\dot{x}_{\max}^2(t)=Cm$，从而有

$$\frac{1}{2}m\dot{x}^2(t)+\frac{1}{2}kx^2(t)=\frac{1}{2}kx_{\max}^2(t)=\frac{1}{2}m\dot{x}_{\max}^2(t)=Cm=\text{常数}$$

弹簧 $\mathrm{d}\xi$ 段的动能为

$$\frac{1}{2}\rho(\xi\dot{x}/l)^2\mathrm{d}\xi$$

整根弹簧的动能为

$$T_{\mathrm{s}}=\frac{1}{2}\rho\int_0^l(\xi\dot{x}/l)^2\mathrm{d}\xi=\frac{1}{2}\frac{\rho l\dot{x}^2}{3}=\frac{1}{2}\frac{m_{\mathrm{s}}}{3}\dot{x}^2(t)$$

式中：m_{s}为弹簧的质量。

则系统的总动能为

$$T=\frac{1}{2}m\dot{x}^2(t)+\frac{1}{2}\frac{m_s}{3}\dot{x}^2(t)$$

因此，系统的等效质量为

$$m_e=m+\frac{1}{3}\rho l=m+\frac{1}{3}m_s$$

上式说明，将弹簧质量的1/3加入到集中质量中，就可以对系统的振动进行精确分析。

2）弹性梁的等效质量

图5-20所示的弹性梁系统，其长度为L，弯曲刚度为EI，在梁的悬伸端放一质量为m的物体，梁的质量为m'，密度为$\rho=m'/L$，试确定系统的等效质量。

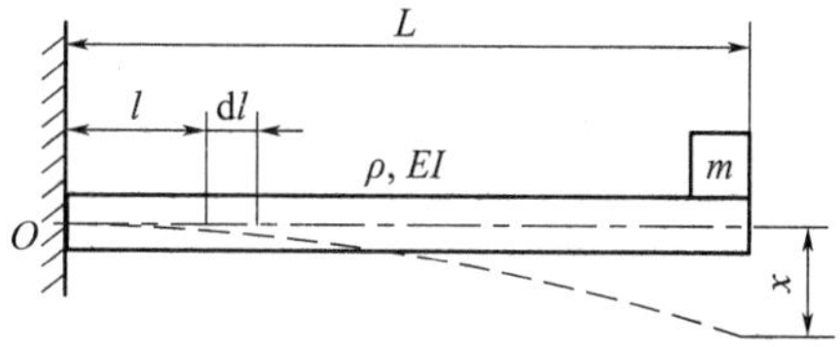

图5-20 悬臂梁的等效质量

假设梁的挠曲线与不计其质量时相同，由材料力学可知，在距O点为l处的静挠度为

$$x_1=\frac{3Ll^2-l^3}{2L^3}x$$

整根梁的动能为

$$T=\int_0^L\frac{1}{2}\rho\dot{x}_1^2\mathrm{d}l=\frac{\rho\dot{x}^2}{8L^6}\int_0^L(3Ll^2-l^3)^2\mathrm{d}l=\frac{1}{2}\frac{33}{140}m'\dot{x}^2$$

从上式可知，弹性梁的等效质量为

$$m_s=\frac{33}{140}m'$$

则整个系统的等效质量为

$$m_e=m+m_s=m+\frac{33}{140}m'$$

不考虑梁的质量时，系统的自然频率为

$$\omega_n=\sqrt{\frac{3EI}{L^3m}}$$

故考虑梁的质量时，系统的自然频率为

$$\omega_n=\sqrt{\frac{3EI}{L^3\left(m+\frac{33}{140}m'\right)}}$$

比较上面的两式可见，不考虑梁的质量时，得到的自然频率比实际的自然频率要大。用等效质量法估计弹性体内的分布质量对系统自然频率的影响，其精度取决于对弹性变形规律假设的正确程度。

例5-6 对如图5-21（a）所示的模型化系统，试将其质量块连接在具有等效刚度的单个弹簧上。

解 根据串、并联情况，系统中质量块左边的弹簧的等效刚度为

$$k_{e1}=\frac{1}{(k+2k)^{-1}+(3k)^{-1}+k^{-1}+(k+2k)^{-1}}=\frac{k}{2}$$

系统中质量块右边的弹簧的等效刚度为

$$k_{e2}=\frac{1}{k^{-1}+(2k)^{-1}}=\frac{2k}{3}$$

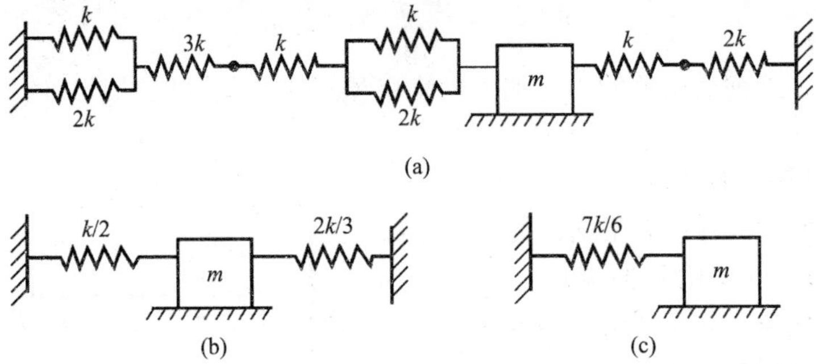

图 5－21　组合弹簧的等效

等效后的模型如图 5－21（b）所示，该模型中每根弹簧的位移相等，作用在质块上的力为作用在每个等效弹簧上的力之和，因此左右两个等效弹簧具有并联弹簧的特征，故可等效为单个弹簧，等效刚度为

$$k_e=k_{e1}+k_{e2}=\frac{k}{2}+\frac{2k}{3}=\frac{7k}{6}$$

等效后的模型如图 5－21（c）所示。

例 5－7　如图 5－22 所示系统，梁的长度为 l，以质块位移为广义坐标，求系统的等效刚度。

解　在自由端受单位集中载荷的悬臂梁在其自由端的挠度为 $l^3/3EI$，因此悬臂梁的等效刚度为 $k_b=3EI/l^3$。由于悬臂梁和上面的弹簧 k_1 的运动等位移，因而两者并联。然后这个并联组合又和弹簧 k_2 串联，最后此串联的组合与弹簧 k_3 并联。因此应用并联和串联的组合式求得系统的等效刚度为

$$k_e=\frac{1}{(k_b+k_1)^{-1}+k_2^{-1}}+k_3=\frac{k_2\ (k_1+k_b)}{k_1+k_2+k_b}+k_3$$

例 5－8　如图 5－23 所示系统，假定盘很薄，并且做无滑动的纯滚动。以从平衡位置算起盘中央的位移为广义坐标，求系统的等效刚度和等效质量。

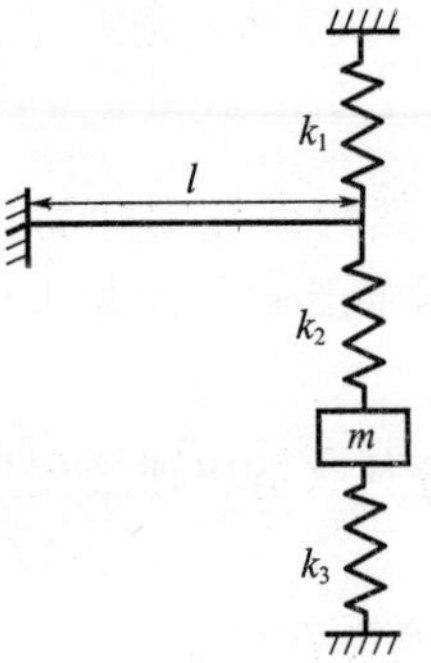

图 5－22　弹簧－梁的组合系统

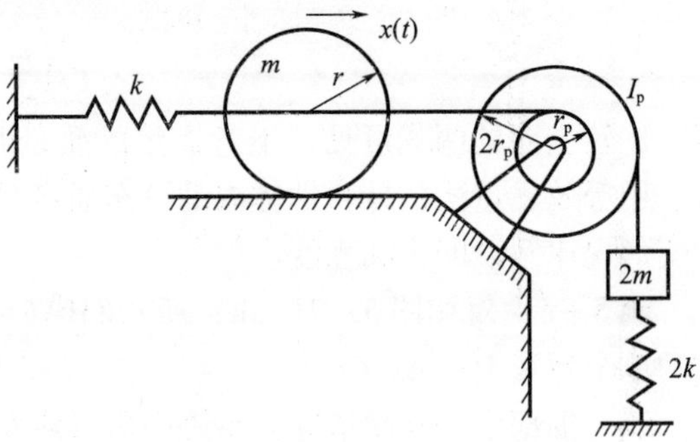

图 5－23　圆盘滑轮质块系统

解 系统有3个质量元件，质块为平动，滑轮为转动，圆盘做平面运动。由于盘做纯滚动，滑轮的角位移 $\theta(t)$ 和质块 $2m$ 的位移 $y(t)$ 可表示为

$$\theta(t)=x(t)/r_{p},\quad y(t)=2r_{p}\theta(t)=2x(t)$$

因此，系统为单自由度。注意到重力作用和静变形相互抵消，系统的势能为

$$V=\frac{1}{2}kx^{2}(t)+\frac{1}{2}(2k)y^{2}(t)=\frac{1}{2}kx^{2}(t)+\frac{1}{2}(2k)[2x(t)]^{2}=\frac{9}{2}kx^{2}(t)$$

从而得到系统的等效刚度为

$$k_{e}=9k$$

系统的动能为

$$T=\frac{1}{2}m\dot{x}^{2}(t)+\frac{1}{2}I_{d}\omega_{d}^{2}(t)+\frac{1}{2}I_{p}\dot{\theta}^{2}(t)+\frac{1}{2}(2m)\dot{y}^{2}(t)$$

由于盘很薄，则 $I_{d}=mr^{2}/2$，并且由于盘做纯滚动，则 $\omega_{d}(t)=\dot{x}(t)/r$，因此，有

$$\begin{aligned}T&=\frac{1}{2}m\dot{x}^{2}(t)+\frac{1}{2}\left(\frac{1}{2}mr^{2}\right)\left[\frac{\dot{x}(t)}{r}\right]^{2}+\frac{1}{2}I_{p}\left[\frac{\dot{x}(t)}{r_{p}}\right]^{2}+\frac{1}{2}(2m)[2\dot{x}(t)]^{2}\\&=\frac{1}{2}\left(\frac{19}{2}m+\frac{I_{p}}{r_{p}^{2}}\right)\dot{x}^{2}(t)\end{aligned}$$

所以系统的等效质量为

$$m_{e}=\frac{19}{2}m+\frac{I_{p}}{r_{p}^{2}}$$

例5-9 如图5-24所示系统，以质块从平衡位置向下的位移 $x(t)$ 为广义坐标，求系统的等效质量、等效刚度和等效阻尼。

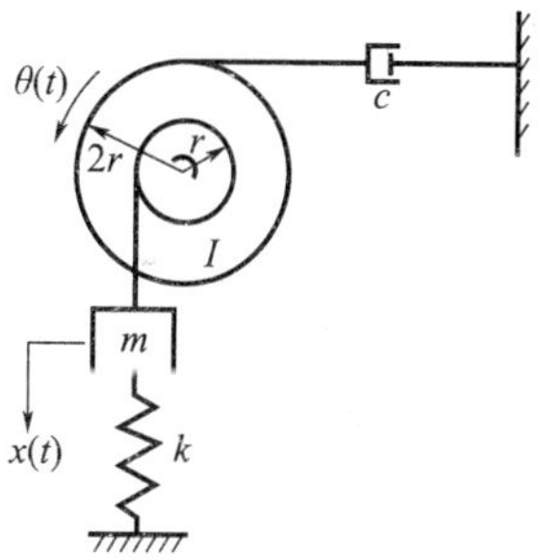

图5-24 滑轮质块阻尼系统

解 圆盘的角位移 $\theta(t)$，阻尼器的位移 $y(t)$，在任意瞬时，$\theta(t)$、$y(t)$ 与 $x(t)$ 的关系为

$$\theta(t)=\frac{x(t)}{r},\quad y(t)=2r\theta(t)$$

系统在任意瞬时的动能为

$$T=\frac{1}{2}m\dot{x}^{2}(t)+\frac{1}{2}I\dot{\theta}^{2}(t)=\frac{1}{2}m\dot{x}^{2}(t)+\frac{1}{2}I\left(\frac{\dot{x}(t)}{r}\right)^{2}=\frac{1}{2}\left(m+\frac{I}{r^{2}}\right)\dot{x}^{2}(t)$$

由于重力引起的势能变化与弹簧静止位移引起的势能变化平衡，系统在任意瞬时的势能为

$$V=\frac{1}{2}kx^{2}(t)$$

黏性阻尼在两个任意瞬时之间所做的功为

$$W=-\int_{x_1}^{x_2}c\dot{y}(t)\,\mathrm{d}y=-\int_{x_1}^{x_2}c[2\dot{x}(t)]\,\mathrm{d}(2x)=-\int_{x_1}^{x_2}4c\dot{x}(t)\,\mathrm{d}x$$

由以上分析可知，等效质量、等效刚度和等效阻尼分别为

$$m_{e}=m+\frac{I}{r^{2}},\quad k_{e}=k,\quad c_{e}=4c$$

5.2.4 自然频率的计算方法

自然频率反映了系统的内在本质与振动特性，是振动研究中的一个重要物理量。当外激励的频率接近系统的自然频率时，系统将会出现剧烈的振动现象，即共振，从而增加系统的附加应力，严重的会导致系统破坏。所以，计算系统的自然频率，对了解系统的自然特性，设计中设法避开共振区具有重要意义。

下面介绍几种常用的自然频率的计算方法，即公式法、静变形法和能量法。

1. 公式法

单自由度无阻尼系统的振动微分方程由式（5－24）或式（5－25）表示，即有

$$m\ddot{x}(t)+kx(t)=\ddot{x}(t)+\omega_n^2x(t)=0$$

式中：ω_n 为无阻尼系统的自然频率。从上式可知

$$\omega_n=\sqrt{\frac{k}{m}} \tag{5-42}$$

可见，可以通过建立振动微分方程的方法来求解系统的自然频率。

例 5－10 如图 5－25 所示的质块－滑轮系统，绳与滑轮间是纯滚动，求系统的运动微分方程和自然频率。

解 系统有两个质量元件 m_1 与 m，但两者间的运动用绳索连接，有确定的关系，可以用一个广义坐标来确定，因此是单自由度系统。选 m_1 的位移 $x(t)$ 为广义坐标，设滑轮中心位移为 $y(t)$，则有：$x(t)=2y(t)=2R\theta(t)$，向 m_1 上等效得到

$$\begin{aligned}\frac{1}{2}m_e\dot{x}^2(t)&=\frac{1}{2}m_1\dot{x}^2(t)+\frac{1}{2}m\dot{y}^2(t)+\frac{1}{2}I\dot{\theta}^2(t)\\&=\frac{1}{2}m_1\dot{x}^2(t)+\frac{1}{2}m\left(\frac{\dot{x}(t)}{2}\right)^2+\frac{1}{2}\cdot\frac{1}{2}mR^2\dot{\theta}^2(t)\\&=\frac{1}{2}\left(m_1+\frac{3}{8}m\right)\dot{x}^2(t)\end{aligned}$$

系统的等效质量为：$m_e=m_1+\frac{3}{8}m$

$$\frac{1}{2}k_ex^2(t)=\frac{1}{2}k_1x^2(t)+\frac{k}{2}\left(\frac{x(t)}{2}\right)^2=\frac{1}{2}\left(k_1+\frac{k}{4}\right)x^2(t)$$

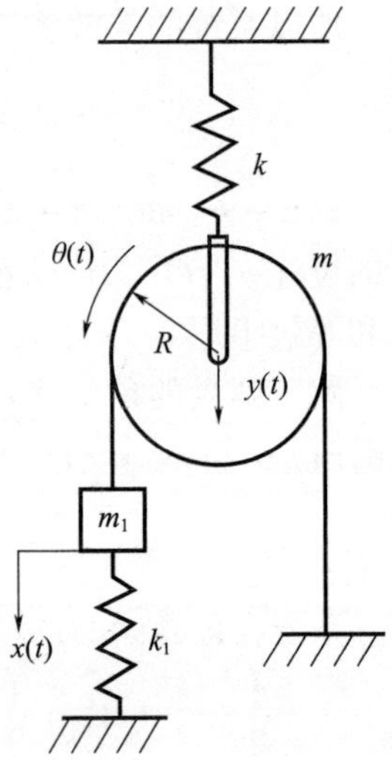

图 5－25 质块－滑轮系统

系统的等效刚度为：$k_e=k_1+\frac{k}{4}$

系统的振动方程为：$\ddot{x}(t)+\frac{k_e}{m_e}x(t)=0$

系统的自然频率为：$\omega_n=\sqrt{\frac{2k+8k_1}{8m_1+3m}}$

2. 静变形法

对于图 5－26 所示的弹簧－质块系统，由于

$$mg-k\delta_{st}=0$$

故有

$$\omega_{\mathrm{n}}=\sqrt{\frac{k}{m}}=\sqrt{\frac{g}{\delta_{\mathrm{st}}}} \tag{5-43}$$

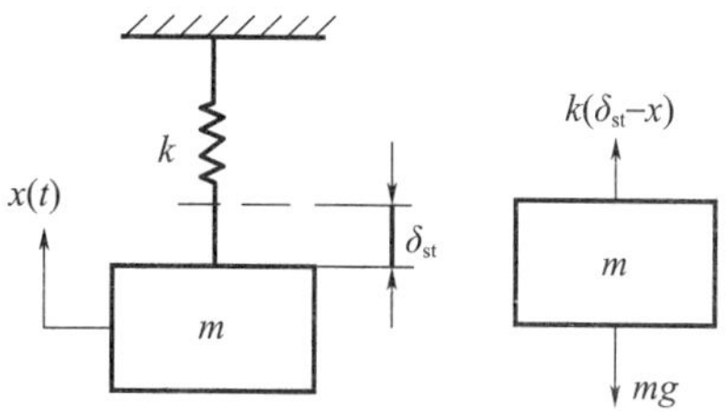

图 5-26　弹簧-质块系统

式（5-43）是静变形法确定自然频率的计算公式，只要计算或测量出系统的静变形 δ_{st}，即可求得系统的自然频率。δ_{st}是指作用在物体振动方向上，其大小等于物体重力的一个静力，使物体在该方向上产生的位移。在计算系统的静变形 δ_{st}时，必须领会其含义。

3. 能量法

系统振动时，能量只是在动能和势能之间进行周期性的转换，但总能量始终保持守恒。设 T_1、V_1、T_2、V_2分别是系统振动中两个不同时刻的动能和势能，则根据能量守恒，有

$$T_1+V_1=T_2+V_2$$

对两个特殊时刻：在静平衡位置，系统的势能等于零，动能达到最大值 $T_{\max}$；在最大位移处，系统的动能为零，势能达到最大值 $V_{\max}$，从而有

$$T_{\max}=V_{\max} \tag{5-44}$$

利用式（5-44），即可方便地计算出系统的自然频率，而无须导出系统的运动微分方程。对于复杂的系统，这种方法十分有效。

例 5-11　测量低频振幅用的传感器中的无定向摆如图 5-27 所示，摆轮 2 上铰接摇杆 1，其质量不计，摇杆 1 的另一端装一敏感质量 m，并在摇杆上连接刚度为 k 的两根弹簧，以保持摆在垂直方向的稳定位置，记系统对 O 点的转动惯量为 I_O，其余参数如图所示，确定系统的自然频率。

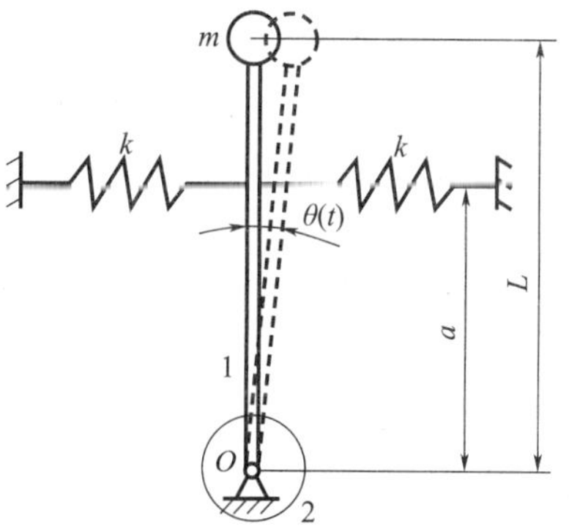

图 5-27　无定向摆

解　设摇杆偏离平衡位置的角振动为 $\theta(t)$，摇杆角摆动的时间历程为

$$\theta(t)=\Theta\cos(\omega_{\mathrm{n}}t-\psi)$$

对上式求导，得到角速度为

$$\dot{\theta}(t)=-\omega_{\mathrm{n}}\Theta\sin(\omega_{n}t-\psi)$$

故有

$$\theta_{\max}=\Theta,\qquad \dot{\theta}_{\max}=\Theta\omega_{\mathrm{n}}$$

系统的最大动能为

$$T_{\max}=\frac{1}{2}I_0\dot{\theta}_{\max}^2=\frac{1}{2}I_0\Theta^2\omega_{\mathrm{n}}^2$$

在摇杆摇到最大角位移处，弹簧储存的最大势能为

$$V_{1,\max}=2\times\frac{1}{2}k(\theta_{\max}\cdot a)^2=ka^2\Theta^2$$

物体重心下降到最低点处失去的势能为

$$V_{2,\max} = mgL\ (1-\cos\theta_{\max}) = -2mgL\sin^2(\theta_{\max}/2) \approx -\frac{1}{2}mgL\Theta^2$$

由式（5－44），得

$$\frac{1}{2}I_O\Theta^2\omega_n^2 \approx ka^2\Theta^2 - \frac{1}{2}mgL\Theta^2$$

从而求得系统的自然频率为

$$\omega_n = \sqrt{\frac{2ka^2 - mgL}{I_O}}$$

5.2.5 有阻尼系统的自由振动

1. 有阻尼系统的自由振动规律

对于图5－28所示的单自由度有阻尼自由振动系统，其运动微分方程为

$$m\ddot{x}(t) + c\dot{x}(t) + kx(t) = 0$$

上式可以写为

$$\ddot{x}(t) + 2\xi\omega_n\dot{x}(t) + \omega_n^2 x(t) = 0 \quad (5-45)$$

式中

$$\omega_n^2 = \sqrt{\frac{k}{m}},\quad \xi = \frac{c}{2m\omega_n} = \frac{c}{2\sqrt{mk}} \quad (5-46)$$

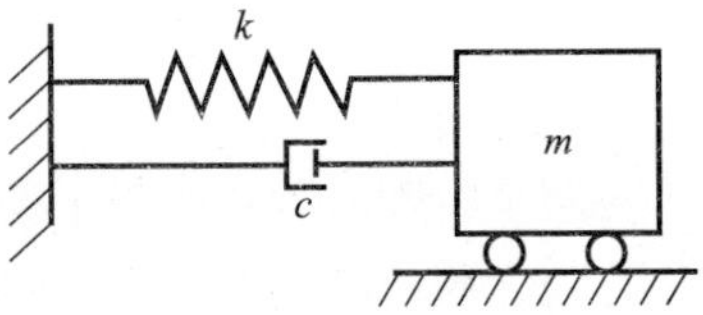

图5－28 有阻尼单自由度系统

式中：ω_n 为系统的自然频率；ξ 为无量纲的黏滞阻尼因子或阻尼率。

设式（5－45）的通解为

$$x(t) = Xe^{st} \quad (5-47)$$

式中：X，s 为待定常数，这里将 X 视为实数，而 s 为复数。将式（5－47）代入式（5－45）得到特征方程为

$$s^2 + 2\xi\omega_n s + \omega_n^2 = 0 \quad (5-48)$$

求解式（5－48），得到两个特征根为

$$s_{1,2} = (-\xi \pm \sqrt{\xi^2-1})\,\omega_n \quad (5-49)$$

由式（5－49）可见，特征根 s_1、s_2 与 ξ、ω_n 有关，但其性质取决于 ξ。所以方程的通解为

$$x(t) = X_1e^{s_1t} + X_2e^{s_2t} = e^{-\xi\omega_nt}(X_1e^{\omega_n\sqrt{\xi^2-1}t} + X_2e^{-\omega_n\sqrt{\xi^2-1}t}) \quad (5-50)$$

由式（5－50）可见，系统的运动特征取决于阻尼率 ξ 值的大小，下面分别讨论对于 ξ 的不同取值情况。

1）无阻尼（$\xi=0$）情况

$\xi=0$，即 $c=0$，就是前面讨论的无阻尼振动情况。由式（5－49）得到此时的两个特征根为虚数，即

$$s_{1,2} = \pm i\omega_n$$

从而得到运动微分方程的两个解为 $X_1e^{i\omega_nt}$，$X_2e^{-i\omega_nt}$，而由于式（5－45）是齐次的，因此这两个解之和仍为原方程的解，故得到通解为

$$x(t) = X_1e^{-i\omega_nt} + X_2e^{i\omega_nt} \quad (5-51)$$

应用式（5－28）的欧拉公式，将式（5－51）展开并整理，得

$$x(t) = (X_1 + X_2)\cos\omega_n t + i(-X_1 + X_2)\sin\omega_n t \tag{5-52}$$

式中：X_1，X_2为两个待定的常数。若记

$$X_1 + X_2 = X\cos\psi, \quad i(X_1 - X_2) = X\sin\psi \tag{5-53}$$

将式（5－53）代入式（5－52），得

$$x(t) = X\cos\psi\cos\omega_n t + X\sin\psi\sin\omega_n t = X\cos(\omega_n t - \psi) \tag{5-54}$$

式（5－54）与式（5－31）完全一致，其中常数 X 和 ψ 由初始条件决定。如图 5－29 所示，这种情况下特征根 $s_1 = i\omega_n$，$s_2 = -i\omega_n$ 在复平面的虚轴上，且处于与原点对称的位置。此时为等幅振动，如图 5－30（a）所示。

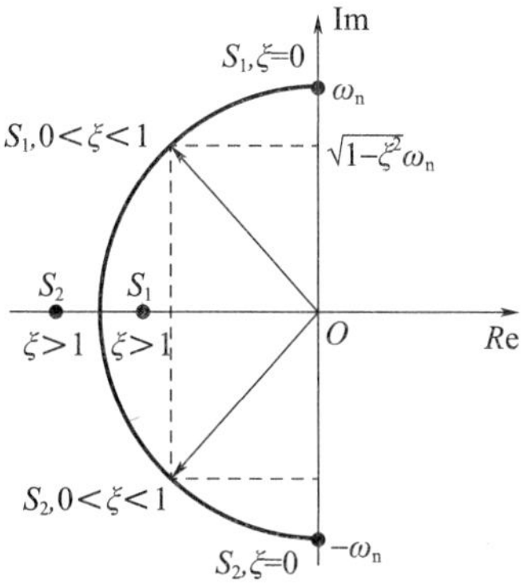

图 5－29　振动的复平面表示

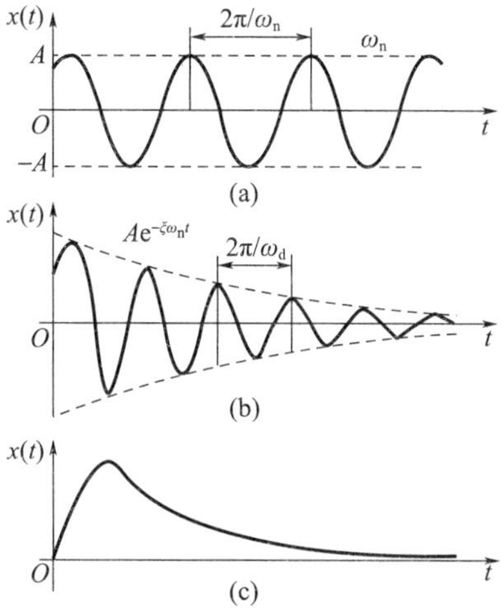

图 5－30　不同阻尼下的运动形式

2）小阻尼（$0 < \xi < 1$）情况

由式（5－49）得到两个特征根为共轭复数根，即

$$s_{1,2} = (-\xi \pm i\sqrt{1-\xi^2})\omega_n = -\xi\omega_n \pm i\omega_d$$

式中

$$\omega_d = \sqrt{1-\xi^2}\,\omega_n \tag{5-55}$$

称为有阻尼自然角频率，或简称为有阻尼自然频率。将 s_1、s_2代入式（5－50），得到

$$x(t) = X_1 e^{(-\xi\omega_n + i\omega_d)t} + X_2 e^{-(\xi\omega_n + i\omega_d)t}$$

应用欧拉公式（5－28），将上式展开并整理，得

$$x(t) = e^{-\xi\omega_n t}\left[(X_1 + X_2)\cos\omega_d t + i(X_1 - X_2)\sin\omega_d t\right]$$

应用式（5－53）的记法并整理，则得到运动方程的解为

$$x(t) = Xe^{-\xi\omega_n t}\cos(\omega_d t - \psi) \tag{5-56}$$

式中：常数 X 和 ψ 由初始条件 x_0、v_0决定，将初始条件代入式（5－56）及其导数式，可以得到

$$X = \sqrt{x_0^2 + \frac{(v_0 + \xi\omega_n x_0)^2}{\omega_d^2}}, \quad \psi = \arctan\frac{v_0 + \xi\omega_n x_0}{x_0\omega_d} \tag{5-57}$$

当 $\xi = 0$ 时，退化为无阻尼的形式。分析上述结果，得到如下振动特性。

（1）系统的特征根 s_1、s_2 为共轭复数，具有负实部，分别位于复平面左半面与实轴对称的位置上，如图5－29所示。

（2）在式（5－56）中，若将 $Xe^{-\xi\omega_n t}$ 视为振幅，则表明有阻尼系统的自由振动是一种减幅振动，其振幅按指数规律衰减。阻尼率 ξ 值越大，振幅衰减越快，其时间历程如图5－30（b）所示。

（3）特征根虚部的取值决定了自由振动的频率，且由式（5－55）可见，阻尼自然频率也完全由系统本身的特性所决定。式（5－55）表明 $\omega_d < \omega_n$，即阻尼自然频率低于无阻尼自然频率。表现在旋转矢量中，则是由于阻尼的作用减慢了矢量旋转的角速度。

（4）初始条件 x_0、v_0 只影响有阻尼自由振动的初始振幅 X 与初相角 ψ。

3）过阻尼（$\xi>1$）情况

由式（5－49）可知，当 $\xi>1$ 时，得到的两个特征根为实数，即

$$s_{1,2} = (-\xi \pm \sqrt{\xi^2-1})\omega_n$$

将上式代入式（5－47），得

$$x(t) = X_1 e^{s_1 t} + X_2 e^{s_2 t} \tag{5-58}$$

式中，常数 X_1 和 X_2 由初始条件 x_0、v_0 决定，将初始条件代入式（5－58）及其导数式，可以得到

$$X_1 = \frac{v_0 - s_2 x_0}{s_1 - s_2}, \quad X_2 = \frac{s_1 x_0 - v_0}{s_1 - s_2}$$

可见，系统的运动规律中没有周期性变化的因子，因此不是振动。这种条件下 s_1、s_2 均为负实数，处于复平面的实数轴上，如图5－29所示。这时系统的运动很快就趋近到平衡位置，如图5－30（c）所示。从物理意义上来看，表明阻尼较大时，由初始激励输入给系统的能量很快就被消耗掉了，系统来不及产生振动。

4）临界阻尼（$\xi=1$）情况

这种情况是小阻尼和过阻尼两种情况的分界线，由式（5－46）的第二式可知 $c_0=2\sqrt{mk}$，即临界阻尼系数 c_0 由系统的参数确定。将 $c_0=2\sqrt{mk}$ 代入式（5－46），得到 $\xi=c/c_0$，这可以看成是阻尼率的一种定义。

由式（5－49）得到此时的特征根为两重根（$-\omega_n$），系统运动的通解为

$$x(t) = (X_1 + X_2 t)e^{-\omega_n t} \tag{5-59}$$

式中，常数 X_1 和 X_2 由初始条件决定。以初始条件 x_0、v_0 代入式（5－59）及其导数式，得到 $X_1=x_0$、$X_2=v_0+\omega_n t$，从而得到系统的运动规律为

$$x(t) = e^{-\omega_n t}[x_0 + (v_0 + \omega_n x_0)t]$$

系统的运动规律中也没有周期性变化的因子，因此不是振动。

5）负阻尼（$\xi<0$）情况

这时，特征值 s_1、s_2 处于复平面的右半平面，而 $x(t)$ 表现为一种增幅运动，机床切削过程的的自激振动就属于这类振动。对于这种情况，本书不做讨论。

例5－12 试求单自由度小阻尼系统对初始速度的响应。

解 当系统受到初速度 v_0 作用时，$x_0=0$，由式（5－57），得

$$X = \frac{v_0}{\omega_d}, \quad \psi = \frac{\pi}{2}$$

由式（5－56）得到系统对于初始速度的响应为

$$x(t)=\frac{v_0}{\omega_d}e^{-\xi\omega_n t}\sin\omega_d t$$

例 5－13 试求单自由度小阻尼系统对初始位移的响应。

解 当系统是受到初位移 x_0 作用时，$v_0=0$，由式（5－57），得

$$X=x_0\sqrt{1+\left(\frac{\xi\omega_n}{\omega_d}\right)^2}=\frac{x_0}{\sqrt{1-\xi^2}},\qquad \psi=\arctan\frac{\xi\omega_n}{\omega_d}$$

由式（5－56）得到系统对于初始位移的响应为

$$x(t)=\frac{x_0}{\sqrt{1-\xi^2}}e^{-\xi\omega_n t}\cos(\omega_d t-\psi)$$

综合以上两例的结果，当初始位移 x_0 和初始速度 v_0 作用时，系统的响应为

$$x(t)=\frac{x_0}{\sqrt{1-\xi^2}}e^{-\xi\omega_n t}\cos(\omega_d t-\psi)+\frac{v_0}{\omega_d}e^{-\xi\omega_n t}\sin\omega_d t \tag{5-60}$$

2. 对数衰减率

与自然频率一样，阻尼率 ξ 也是表征振动系统特性的一个重要参数。一般而言，ω_n 比较容易由实验测定或辨识出，而对 ξ 的测定或辨识则较为困难。利用自由振动的衰减曲线计算阻尼率 ξ 是一种常用的方法。

图 5－31 所示为单自由度系统自由振动的减幅振动曲线，这一曲线可在冲击振动实验中记录到。在间隔一个振动周期 T 的任意两个时刻 t_1、t_2 时，相应的振动位移为 $x(t_1)$、$x(t_2)$，由式（5－56）得到

$$x(t_1)=Xe^{-\xi\omega_n t_1}\cos(\omega_d t_1-\psi) \tag{5-61}$$

$$x(t_2)=Xe^{-\xi\omega_n t_2}\cos(\omega_d t_2-\psi) \tag{5-62}$$

由于 $t_2=t_1+T=t_1+2\pi/\omega_d$，式（5－62）可表示为

$$x(t_2)=Xe^{-\xi\omega_n(t_1+T)}\cos(\omega_d t_1-\psi) \tag{5-63}$$

由式（5－61）和式（5－63）相除，得

$$\frac{x(t_1)}{x(t_2)}=e^{\xi\omega_n t} \tag{5-64}$$

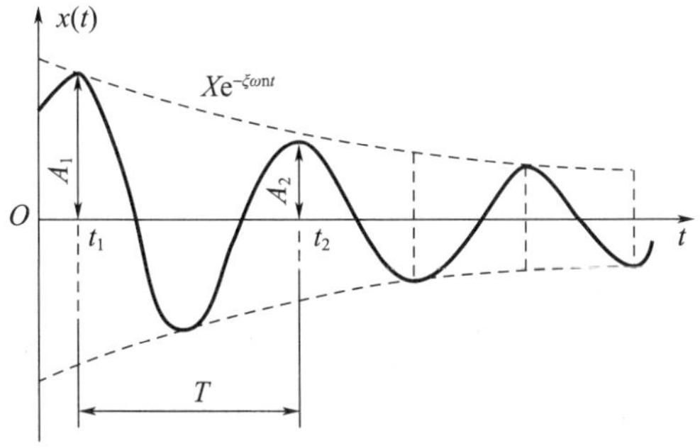

图 5－31 有阻尼系统的减幅振动曲线

为了提高测量与计算的准确度，可将 $x(t_1)$、$x(t_2)$ 分别选在相应的峰值处，如图 5－31所示，式（5－64）成为

$$\frac{A_1}{A_2} = e^{\xi\omega_n t} \tag{5-65}$$

对于正阻尼情况，恒有 $x(t_1) > x(t_2)$，式（5－65）表示振动波形按照 $e^{\xi\omega_n t}$ 的比例衰减，且当阻尼率 ξ 越大时，衰减越快。对式（5－65）取自然对数，得

$$\delta = \ln A_1 - \ln A_2 = \xi\omega_n T = \xi\omega_n \frac{2\pi}{\omega_d} = \frac{2\pi\xi}{\sqrt{1-\xi^2}} \tag{5-66}$$

式中：δ 称为对数衰减率。当由实验记录曲线测出 $x(t_1)$、$x(t_2)$ 后，容易算出对数衰减率 δ，进而得到

$$\xi = \frac{\delta}{\sqrt{4\pi^2 + \delta^2}} \tag{5-67}$$

当 ξ 很小时，$\delta^2 \ll 1$，与 $4\pi^2$ 相比可略去，故 ξ 的近似计算公式为

$$\xi \approx \frac{\delta}{2\pi} \tag{5-68}$$

由于单个周期 T 不易测得准确，实际中常常测量间隔 j 个振动周期 jT 的波形，以便更精确地计算出 δ 值。由于相邻两振动波形的衰减比例均为 $e^{\xi\omega_n T}$，故有

$$\frac{x(t_1)}{x(t_1+jT)} = \frac{x(t_1)}{x(t_1+T)} \cdot \frac{x(t_1+T)}{x(t_1+2T)} \cdot \cdots \cdot \frac{x[t_1+(j-1)T]}{x(t_1+jT)} = e^{j\xi\omega_n T} \tag{5-69}$$

对式（5－69）取对数，并根据式（5－66），有

$$\delta = \frac{1}{j}\ln\frac{x(t_1)}{x(t_1+jT)} \tag{5-70}$$

只要取足够大的 j，测取振动位移 $x(t_1)$、$x(t_1+jT)$，即可按式（5－70）与式（5－67）算出 ξ。

例5－14 龙门起重机设计中，为避免连续启动和制动过程中引起的振动，要求由启动和制动引起的衰减时间不得过长。若有一15吨龙门起重机，其示意如图5－32所示，在做水平纵向振动时，其等效质量 $m_e = 275\text{N}\cdot\text{s}^2/\text{cm}$，水平方向的刚度为19.8kN/cm，实测对数衰减率为 $\delta = 0.10$，若要求振幅衰减到最小振幅的5%，所需的衰减时间应小于30s，试校核该设计是否满足要求。

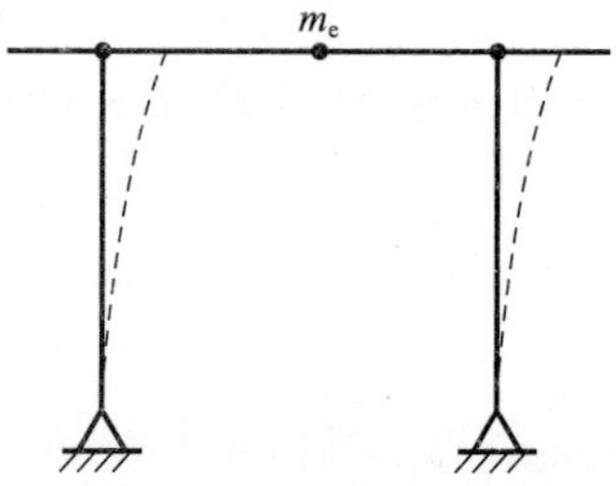

图5－32　龙门起重机模型

解　由式（5－70），得

$$j = \frac{1}{\delta}\ln\frac{x(t_1)}{x(t_1+jT)}$$

将已知条件代入上式，可解得振幅衰减到最大振幅的5%时需要经过的周期 j 为

$$j = \frac{1}{0.1}\ln\frac{1}{0.05} = 29.85732 \approx 30$$

由式（5－42），得到起重机纵向振动的自然频率为

$$\omega_n = \sqrt{\frac{19800}{275}} = 8.48528$$

则周期为

$$T=\frac{2\pi}{\omega_d}\approx\frac{2\pi}{\omega_n}=0.7405$$

经过 30 个周期后所需时间为

$$0.7405\times30=22.2144<30$$

可见，该龙门起重机设计满足要求。

5.3 谐波激励下的强迫振动

在强迫振动时，外激励对于系统做功，用于补充消耗在阻尼上的耗散能量，故振动将持续下去。这种强迫振动现象是区别于自由衰减振动的一种振动，是工程实际中常见的振动现象。

谐波激励是最简单的激励，其特点是系统对于谐波激励的响应仍然是频率相同的谐波。由于线性系统满足叠加原理，各种复杂的激励可先分解为一系列的谐波激励，而系统的总的响应则可由叠加各谐波响应得到。因此，掌握了谐波响应分析方法，原则上就可以求一个线性系统在任何激励下的响应。

5.3.1 谐波激励下系统振动的求解方法

由式（5－2）知，单自由度线性系统强迫振动的运动方程为

$$m\ddot{x}(t)+c\dot{x}(t)+kx(t)=F(t)=F\cos\omega t=kf(t)=kA\cos\omega t \tag{5-71}$$

式中：$F(t)$ 为谐波激励，具有力的量纲，而 $f(t)$ 应具有位移量纲。这样，激励函数 $f(t)$ 与系统的响应 $x(t)$ 均具有位移量纲。$A=F/k$ 为谐波力的力幅，是与谐波激励的力幅 F 相等的恒力作用在系统上所引起的静位移。下面讨论式（5－71）的求解，分析谐波激励下的系统的振动规律。

1. 解析法

引入式（5－46）的记号，得到谐波激励下有阻尼系统的运动方程为

$$\ddot{x}(t)+2\xi\omega_n\dot{x}(t)+\omega_n^2x(t)=\omega_n^2A\cos\omega t \tag{5-72}$$

设式（5－72）的解为

$$x(t)=X\cos(\omega t-\varphi) \tag{5-73}$$

将式（5－73）及其一阶导数和二阶导数代入微分方程式（5－72），并整理，得

$$\begin{aligned}&X[(\omega_n^2-\omega^2)\cos\varphi+2\xi\omega_n\omega\sin\varphi]\cos\omega t+\\&X[(\omega_n^2-\omega^2)\sin\varphi-2\xi\omega_n\omega\cos\varphi]\sin\omega t=\omega_n^2A\cos\omega t\end{aligned} \tag{5-74}$$

式（5－74）对于任意时刻 t 都成立，因此等号两边 $\cos\omega t$ 和 $\sin\omega t$ 项的系数必须相等，即有

$$\begin{aligned}&X[(\omega_n^2-\omega^2)\cos\varphi+2\xi\omega_n\omega\sin\varphi]=\omega_n^2A,\\&X[(\omega_n^2-\omega^2)\sin\varphi-2\xi\omega_n\omega\cos\varphi]=0\end{aligned} \tag{5-75}$$

联立求解方程组式（5－75），得

$$X=A|H(\omega)|,\quad \varphi=\arctan\frac{2\xi\omega/\omega_n}{1-(\omega/\omega_n)^2} \tag{5-76}$$

式中

$$|H(\omega)| = \frac{1}{\sqrt{[1-(\omega/\omega_n)^2]^2+(2\xi\omega/\omega_n)^2}} \tag{5-77}$$

是无量纲的。在物理意义上，表示动态振动的振幅 X 较静态位移 A 的放大倍数，故又称为放大系数。这表明式（5-73）所设的解确是微分方程式（5-72）的解。其中，X 和 φ 由式（5-76）确定。

2. 图解法

矢量和方程存在对应关系，可以通过方程和矢量的对应关系求解方程中的待定常数。下面介绍谐波激励下强迫振动的运动规律中待定常数的图解方法。考虑式（5-73），可将式（5-72）的各项表示为

$$\begin{aligned}
&\omega_n^2 x(t) = \omega_n^2 X\cos(\omega t-\varphi)\\
&2\xi\omega_n \dot{x}(t) = -2\xi X\omega\omega_n \sin(\omega t-\varphi) = 2\xi X\omega\omega_n\cos(\omega t-\varphi+\pi/2)\\
&\ddot{x}(t) = -X\omega^2\cos(\omega t-\varphi) = X\omega^2\cos(\omega t-\varphi+\pi)
\end{aligned} \tag{5-78}$$

将式（5-78）代入运动方程式（5-72），得

$$\omega_n^2\cos(\omega t-\varphi)+2\xi\omega\omega_n\cos(\omega t-\varphi+\pi/2)+\omega^2\cos(\omega t-\varphi+\pi) = \frac{\omega_n^2 A}{X}\cos\omega t \tag{5-79}$$

式（5-79）的恒等式可以用矢量图解法。恒等式左边三项为相互垂直的矢量，恒等式右边的项应该与前三项组成一个封闭多边形，如图5-33（a）所示。

利用直角三角形 ODE，可以求得常数 X 和 φ，如果对各矢量都除以 ω_n^2，则这些矢量便成为无量纲的量，计算更方便，如图5-33（b）所示。从图中可以直接求得 X 和 φ，结果和式（5-76）相同。

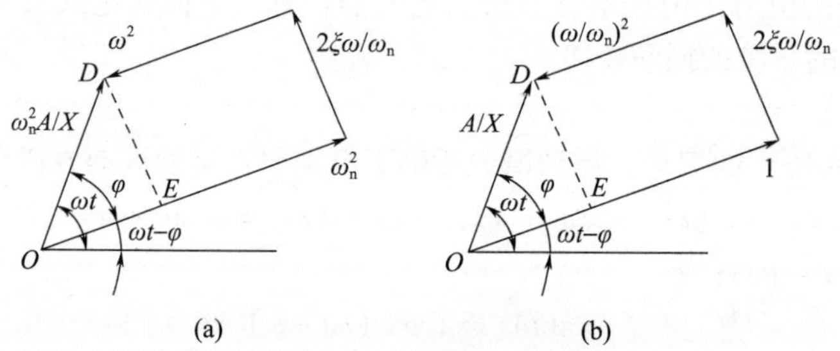

图5-33　恒等式的图解法原理

3. 系统的运动特性

（1）在谐波激励的作用下，强迫振动是谐波振动，振动的频率与激振力的频率 ω 相同。

（2）强迫振动稳态振幅 X 和相位角 φ 都只取决于系统本身的物理特性（ξ，ω_n）、激振力幅值 A 和频率 ω，而与初始条件无关，初始条件只影响系统的瞬态振动。

（3）响应的振幅 X 与激励的振幅 A 成正比。

从式（5-77）中可见，$|H(\omega)|$ 不仅是系统参数 ξ、ω_n、m、c、k 的函数，而且还是激励频率 ω 的函数。因此，即使对于同一系统，激励频率 ω 不同，放大系数 $|H(\omega)|$ 的取值将不同，从而系统响应的振幅也不相同。

（4）相位差 φ 表示响应滞后于激励的相位角。注意此处的 φ 和式（5－56）中的 ψ 的区别，在式（5－56）中，ψ 表示系统自由振动在 $t=0$ 时刻的初始相位，由振动系统的初始条件，即初位移和初速度决定。而式（5－73）中的相位差 φ 反映响应相对于激励的相对滞后，由系统的惯性引起。

4. 振动系统的全部响应

根据微分方程理论，运动微分方程式（5－72）的解包括两部分：一部分是齐次微分方程的通解，即有阻尼系统的自由振动，由式（5－56）确定；另一部分是非齐次微分方程的一个特解，由式（3－39）确定。综合这两部分，谐波激励下的强迫振动的全部解为

$$x(t)=Ce^{-\xi\omega_n t}\cos(\omega_d t-\psi)+A|H(\omega)|\cos(\omega t-\varphi) \tag{5-80}$$

式（5－80）中的第一项对应于自由振动，其中 C 和 ψ 由初始条件决定。随着时间的增长，此项将趋于零，故称为瞬态振动，如图 5－34（a）所示。式（5－80）中的第二项对应于强迫振动，这是一种持续的振动，故称稳态振动，如图 5－34（b）所示。系统的强迫振动是瞬态振动和稳态振动的叠加，如图 3－34（c）所示。

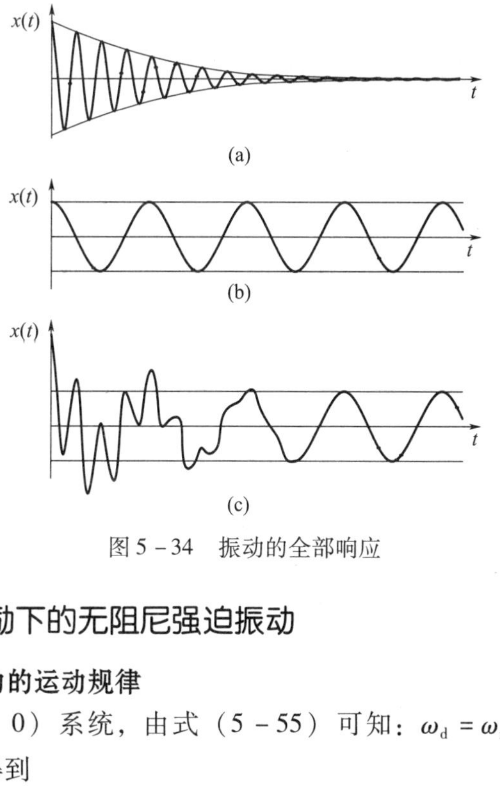

图 5－34　振动的全部响应

5.3.2　谐波激励下的无阻尼强迫振动

1. 无阻尼强迫振动的运动规律

对于无阻尼（$\xi=0$）系统，由式（5－55）可知：$\omega_d=\omega_n$，由式（5－77）和式（5－76）的第二式得到

$$|H(\omega)|=\frac{1}{1-(\omega/\omega_n)^2},\qquad \varphi=0$$

因此无阻尼时，谐波激励下强迫振动的全解式（5－80）成为

$$x(t)=C\cos(\omega_n t-\psi)+\frac{A}{1-(\omega/\omega_n)^2}\cos\omega t \tag{5-81}$$

式（5－81）右端第一项代表系统由于初始条件引起的自由振动。将式（5－81）

对时间求导，得

$$\dot{x}(t)=-C\omega_n\sin(\omega_n t-\psi)-\frac{A\omega}{1-(\omega/\omega_n)^2}\sin\omega t \tag{5-82}$$

如果激励突加在系统上，即初始条件为：$t=0$ 时，$x(0)=0$，$\dot{x}(0)=0$。将初始条件代入式（5－81）和式（5－82），得

$$C\cos\psi=-\frac{A}{1-(\omega/\omega_n)^2},\quad C\omega_n\sin\psi=0$$

从上面两式中得到

$$C=-\frac{A}{1-(\omega/\omega_n)^2},\quad \psi=0$$

将上式代入式（5－81），得到系统的运动规律为

$$x(t)=\frac{A}{1-(\omega/\omega_n)^2}\left[\cos\omega t-\cos\omega_n t\right] \tag{5-83}$$

从式（5－83）可见，即使是零初始条件，强迫振动的解也是两个不同频率的谐波振动的叠加，一是按自然频率振动的自由振动部分，二是按激励频率振动的强迫振动部分。实际运动已经不再是谐波运动，只有当二者的频率可通约时，实际运动才为周期振动。

两部分谐波振动共存的阶段为过渡阶段。实际上，由于阻尼的存在，自由振动部分很快衰减，过渡阶段持续时间很短，很快只剩稳态强迫振动部分。稳态振动部分的振幅可记为 $A\beta$，其中

$$\beta=\frac{1}{1-(\omega/\omega_n)^2} \tag{5-84}$$

称为动力系数，是振幅与激励幅值引起的静位移之比。

2. 动力系数的性质

由式（5－84）可知，动力系数 β 具有如下特点：

（1）动力系数 β 是无量纲的。

（2）动力系数 β 只与激励频率和系统的自然频率之比 ω/ω_n 有关，与其他因素无关。

（3）动力系数 β 可正可负，正号表示位移与激励同步，相位差为 0°，负号表示位移与激励反相，位移落后激励的相位差为180°。

动力系数绝对值与频率比的关系曲线如图 5－35 所示，从图中可见：

（1）频率比 $\omega/\omega_n\to 0$ 时，激励频率与系统的自然频率相比很小，激励变化很慢，接近静载荷的情况，动力系数 $\beta\to 1$。

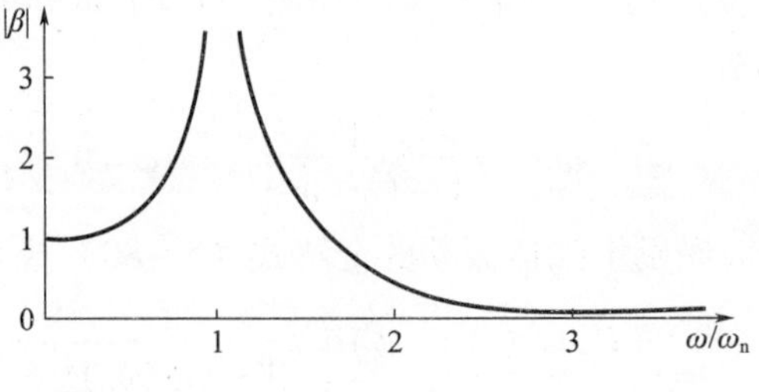

图 5－35　动力系数绝对值与频率比的关系

（2）频率比 $\omega/\omega_n\to\infty$ 时，激励频率与系统的自然频率相比很大，激励变化很快，系统来不及响应，动力系数 $\beta\to 0$。

（3）频率比 $\omega/\omega_n\to 1$ 时，激励频率与系统的自然频率相接近，动力系数 $\beta\to\infty$，系统发生共振现象。激励频率一般由工艺或使用要求决定，可以通过调整结构系统的质量或刚度来避免共振。

动力系数曲线只表示振动系统稳态运动的情形，即激励频率固定在某一 ω 值时振幅达到定值后的情况。在共振时，振幅在理论上将趋近于无穷大，实际上这是不可能的。这是因为：①实际的振动系统不可能完全没有阻尼，只要有极微小的阻尼就可以限制振幅的无限扩大；②在建立运动微分方程时，假设了弹簧力与变形成正比，这在微幅振动时符合实际，在振幅扩大后，弹簧的线性假设已不再成立。

3. 共振现象

如上所述，当频率比 $\omega/\omega_n\to 1$ 时，动力系数 $\beta\to\infty$。动力系数理论上接近于无穷大，系统将发生共振现象。由三角函数的和差化积公式，可将系统的运动规律式（5－83）变化为

$$x(t)=\frac{2A}{1-(\omega/\omega_n)^2}\sin\frac{\omega_n-\omega}{2}t\sin\omega t$$

可见，当频率比 $\omega/\omega_n\to 1$ 时，系统的运动为以 ω 为频率的谐波运动，其振幅

$$X(t)=\frac{2A}{1-(\omega/\omega_n)^2}\sin\frac{\omega_n-\omega}{2}t$$

是时间的函数，当 $\omega/\omega_n\to 1$ 时，有

$$\lim_{\omega\to\omega_n}X(t)=\lim_{\omega\to\omega_n}\frac{2A}{1-(\omega/\omega_n)^2}\sin\left[\left(1-\frac{\omega}{\omega_n}\right)\frac{\omega_n t}{2}\right]=\frac{\omega_n A}{2}t$$

因此，系统的运动规律为

$$x(t)=\frac{\omega_n A}{2}t\sin\omega t \qquad (5-85)$$

将式（5－85）画成曲线如图 5－36 所示。可见共振时，强迫振动的振幅随时间线性增大，需要经过无限长的时间，振幅才能达到无穷大。许多机器在正常运转时，激励频率 ω 远远超过系统的自然频率，在开车和停车过程中都要越过共振区，只要机器有足够的加速功率，一般可以顺利通过共振区而不致发生过大的振幅，必要时可以采用限幅器。如果机器长期逗留在共振区内是危险的，其工作区应该远离共振区。

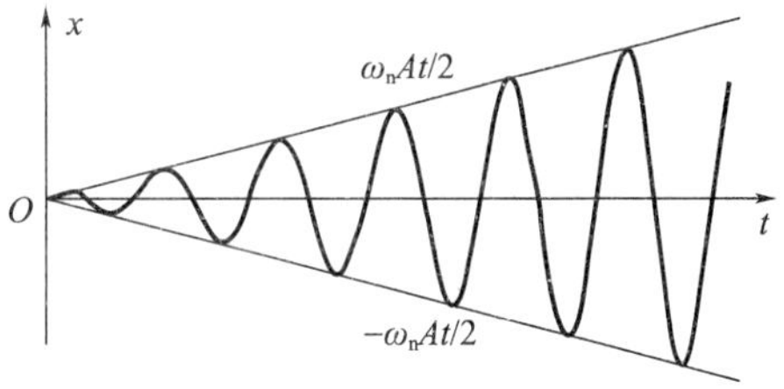

图 5－36　无阻尼系统的共振

4. 拍振现象

在生产实际中，某些利用强迫振动进行正常工作的机械，例如振动运输机、振动筛等，有时出现非常不稳定的运动状态，振幅出现周期性变化，这就是单自由度系统的拍振现象。不考虑阻尼时，在初始条件 $x(0)=0$，$\dot{x}(0)=0$ 时，余弦谐波激励下系统的运动规律式（5－83）可通过和差化积表示为

$$x(t)=2A\beta\sin\frac{\omega_n-\omega}{2}t\sin\frac{\omega_n+\omega}{2}t$$

若记 $\varepsilon = (\omega_n - \omega)/2$，当 ω 和 ω_n 相接近时，$(\omega_n + \omega)/2 \approx \omega_n$，上式表示为

$$x(t) = 2A\beta \sin\varepsilon t \sin\omega_n t \tag{5-86}$$

式（5-86）代表一种特殊的振动，如图3-37所示。其周期和振幅分别为

$$T = \frac{4\pi}{\omega_n + \omega}, \quad X = 2A\beta \sin\varepsilon t \tag{5-87}$$

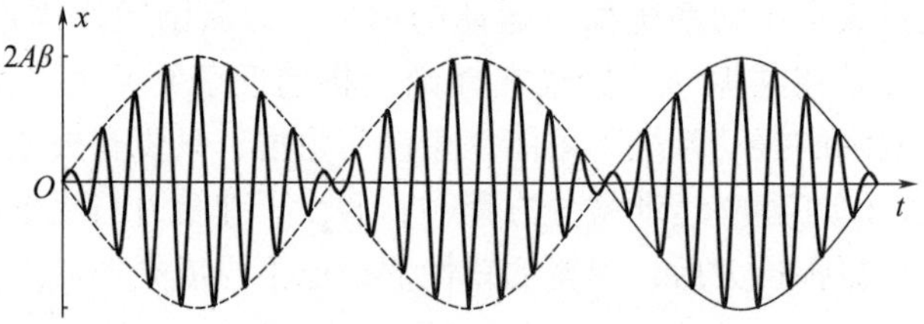

图5-37 余弦谐波激励下的拍振现象

如果激励以正弦形式作用在系统上，则无阻尼系统的运动方程为

$$m\ddot{x}(t) + kx(t) = F(t) = F\sin\omega t = kf(t) = kA\sin\omega t \tag{5-88}$$

按照和前面相同的分析方法，式（5-88）的通解为

$$x(t) = C\cos(\omega_n t - \psi) + A\beta \sin\omega t \tag{5-89}$$

对式（5-89）求导数，得

$$\dot{x}(t) = -C\omega_n \sin(\omega_n t - \psi) + A\beta\omega \cos\omega t \tag{5-90}$$

如果激励突加在系统上，即初始条件为：$t=0$ 时，$x(0)=0$，$\dot{x}(0)=0$。将初始条件代入式（5-89）和式（5-90），得

$$C\cos\psi = 0, \quad C\omega_n \sin\psi = A\beta\omega$$

从上面两个方程得到，$C = (\omega/\omega_n)A\beta$，$\psi = \pi/2$，代入式（5-89），得到系统的运动规律为

$$x(t) = A\beta\left[\sin\omega t + \frac{\omega}{\omega_n}\sin\omega_n t\right] \tag{5-91}$$

若记 $\varepsilon = (\omega_n - \omega)/2$，式（5-89）可表示为

$$x(t) = A\beta\left[\sin\omega t + \frac{\omega}{\omega_n}\sin\omega_n t\right] = \frac{A\beta}{\omega_n}\left[\frac{\omega_n + \omega}{2}(\sin\omega t + \sin\omega_n t) + \frac{\omega_n - \omega}{2}(\sin\omega t - \sin\omega_n t)\right]$$

$$= \frac{A\beta}{\omega_n}\left[(\omega_n + \omega)\sin\left(\frac{\omega_n + \omega}{2}t\right)\cos\varepsilon t - 2\varepsilon\cos\left(\frac{\omega_n + \omega}{2}t\right)\sin\varepsilon t)\right]$$

当 ω 和 ω_n 相接近时，$(\omega_n + \omega)/2 \approx \omega_n$，$\varepsilon \to 0$，可略去上式括号中的第二项，则有

$$x(t) = 2A\beta \cos\varepsilon t \sin\omega_n t \tag{5-92}$$

式（5-92）可以看成是 $\sin\omega_n t$ 的谐波运动，而其振幅为 $2A\beta\cos\varepsilon t$，振幅按谐波形式变化，同样发生拍振现象，如图5-38所示。拍振周期为 π/ε，由于 ε 很小，拍振的周期很长，振幅按 $\cos\varepsilon t$ 变化得很慢。在接近共振时，系统的振幅有时出现周期性忽大忽小的变化，就是因为产生拍振的原因。

5. 动应力幅值

在谐波激励作用下，单自由度系统稳态强迫振动的惯性力及其幅值为

$$B = -m\ddot{x}(t) = -m(-A\omega^2 \sin\omega t) = mA\omega^2 \sin\omega t, \quad B_{max} = mA\omega^2$$

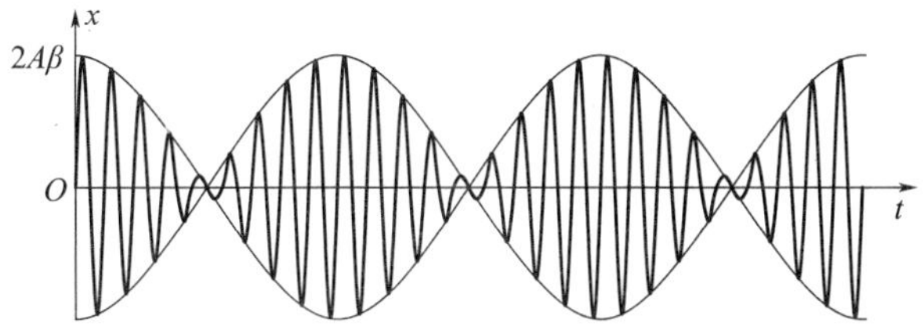

图 5－38　正弦谐波激励下的拍振现象

可见，惯性力与位移始终同步，数值上相差 $m\omega^2$ 倍。与位移一样，惯性力与谐波激励的相位差为0°或180°，即谐波激励达到正的最大时，惯性力达到正的最大或负的最大。

根据惯性力的上述特点，利用动静法，将激励力幅值和惯性力的幅值一起加到振动系统上，即为最大应力，按照静力学方法即可计算得到最大动应力。若谐波激励不是作用在质量运动方向，分别将激励力幅值和惯性力幅值加在振动系统上，计算动应力幅值。若谐波激励作用在质量元件运动方向，激励力和惯性力可以直接叠加，可不计算振幅，只需将激励力幅值扩大 β 倍后加在振动系统上，即可计算动应力幅值。

例 5－15　如图 5－39（a）所示，两跨静定梁上安装一台电动机，重量为 $W=20\text{kN}$，转速 $n=300\text{r/min}$，离心力幅值 $P=4\text{kN}$，梁截面的抗弯刚度为 $EI=2\times10^4\text{kN}\cdot\text{m}^2$，不计梁的自重和阻尼，求电动机工作时梁的最大总挠度和最大总弯矩。

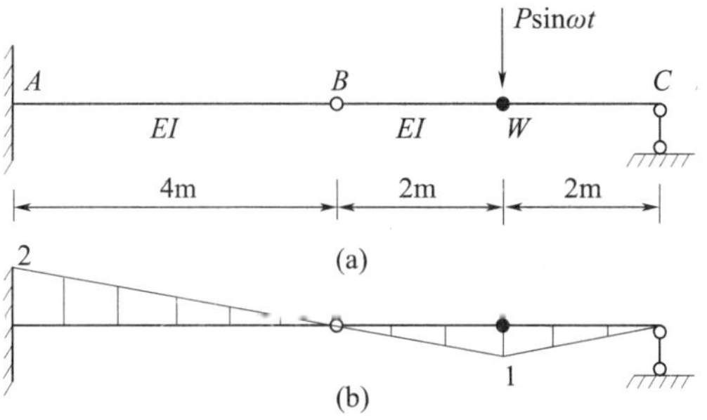

图 5－39　静定梁及弯矩图

解　先画出单位力弯矩图，如图 5－39（b）所示。

梁的柔度系数为

$$\delta=\frac{1}{EI}\left(2\times\frac{1\times2}{2}\times\frac{2}{3}\times1+\frac{2\times4}{2}\times\frac{2}{3}\times2\right)=\frac{20}{3EI}$$

系统的自然频率为

$$\omega_{\text{n}}^2=\frac{g}{W\delta}=\frac{10\times3\times2\times10^4\times10^3}{20\times20\times10^3}=1500\text{s}^{-2}$$

激励力的频率为

$$\omega^2=\left(\frac{\pi\times300}{30}\right)^2=986.96\text{s}^{-2}$$

由式（5－84），得到动力系数为

$$\beta=\frac{1}{1-(\omega/\omega_{\text{n}})^2}=\frac{1}{1-986.96/1500}=2.924$$

该两跨静定梁的最大总挠度为

$$\delta_{max}=\delta W+\beta\cdot\delta P=\delta\ (W+\beta P)\ =\frac{20\times\ (20+2.924\times4)}{3\times2\times10^{4}\times10^{3}}=10.57\text{mm}$$

由于激励力作用在质量运动方向，因此最大总弯矩为

$$M_{max}=2\times\left(\frac{Wl}{4}+\frac{\beta P\cdot l}{4}\right)=2\times\frac{4\times\ (20+2.924\times4)}{4}=63.39\text{kN}\cdot\text{m}$$

5.3.3 谐波激励下的有阻尼强迫振动

1. 幅频曲线及其特性

根据式（5－76）的第一式可知，$|H(\omega)|$与振幅 X 之间仅相差一个常数 A，因此$|H(\omega)|$描述了振幅与激励频率 ω 间的函数关系，故称为系统的幅频特性。图 5－40 表示了单自由度系统对应于不同的 ξ 值的幅频特性曲线。图中横坐标为 ω/ω_n，即频率比。幅频特性曲线具有如下特点。

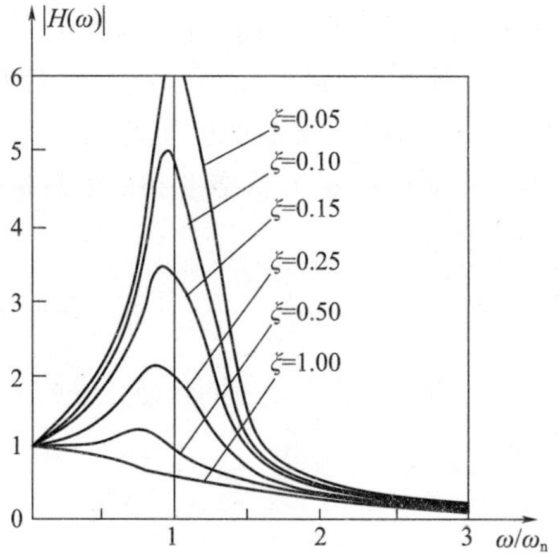

图 5－40　幅频特性曲线

（1）由式（5－77）知，当 $\omega=0$ 时，$|H(0)|=1$，说明所有曲线均从$|H(0)|=1$ 开始。当激励频率很低，即 $\omega\ll\omega_n$，$|H(\omega)|\to1$，说明低频激励时的振动幅值接近于静态位移。这时动态效应很小，强迫振动的这一动态过程可以近似地用静变形过程来描述。$\omega/\omega_n\ll1$的频率范围称为准静态区或刚度区，在这一区域内，振动系统的特性主要是弹性元件作用的结果，阻尼的影响不大。

（2）当激励频率很高，即 $\omega/\omega_n\gg1$ 时，$|H(\omega)|<1$，且当 $\omega/\omega_n\to\infty$ 时，$|H(\omega)|\to0$，说明在高频激励下，由于惯性的影响，系统来不及对高频激励做出响应，振幅很小。$\omega/\omega_n\gg1$ 的频率范围称为惯性区，在这一区域内，振动系统的特性主要是质量元件作用的结果，阻尼的影响很小。

（3）当激励频率 ω 与自然频率 ω_n 相近的范围内，$\omega/\omega_n\approx1$，$|H(\omega)|$曲线出现峰值，说明动态效应很大，振动幅值高出静态位移许多倍。在这一频率范围内，$|H(\omega)|$曲线随阻尼率 ξ 的不同有很大的差异。当 ξ 较大时，$|H(\omega)|$的峰值较低；反之$|H(\omega)|$的峰值较高。$\omega/\omega_n\approx1$ 的频率范围称为阻尼区，在这一区域内，振动系

统的特性主要是阻尼元件作用的结果，增大系统的阻尼对振动有很强的抑制效果。

（4）共振现象。在共振时，对于零初始条件，即 $t=0$ 时，$x(0)=0$，$\dot{x}(0)=0$，容易求得过渡阶段系统的动态响应为

$$x(t)=\frac{A}{2\omega_n\xi}\left[e^{-\xi\omega_n t}\left(\frac{\xi\omega_n}{\omega_r}\sin\omega_r t+\cos\omega_r t\right)-\cos\omega t\right] \tag{5-93}$$

将式（5－93）画成曲线如图5－41所示。将此图与无阻尼情形的图5－36相对照，可以看到，阻尼对强迫振动共振过程具有重要影响。系统的共振频率为

$$\omega_r=\omega_n\sqrt{1-2\xi^2} \tag{5-94}$$

将式（5－94）代入式（5－77），得到 $|H(\omega)|$ 的最大值为

$$|H(\omega_r)|=\frac{1}{2\xi\sqrt{1-\xi^2}} \tag{5-95}$$

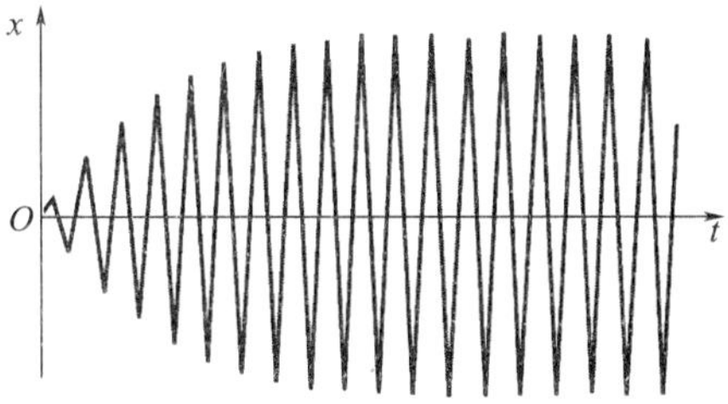

图5－41　过渡阶段系统的运动

当激励频率等于 ω_r 时，$|H(\omega)|$ 取极大值 $|H(\omega_r)|$，这种情况下的强迫振动为共振。故 ω_r 称为共振频率，$|H(\omega_r)|A$ 为共振振幅。共振频率 ω_r、有阻尼自然频率 ω_d 和无阻尼自然频率 ω_n 三者之间的关系为

$$\omega_r\leqslant\omega_d\leqslant\omega_n \tag{5-96}$$

可见，共振并不发生在 ω_n 处，而是发生在略低于 ω_n 的 ω_r 处。$|H(\omega)|$ 的峰值点随 ξ 的增大而向低频方向移动。不仅如此，当 $1-2\xi^2<0$，即 $\xi<\sqrt{1/2}$ 时，ω_n 不存在，$|H(\omega)|$ 无峰值，且 $|H(\omega)|<1$。表示当阻尼系数 $\xi>0.707$ 时，系统不会出现共振，且动态位移比静态位移小。

（5）阻尼率的确定。幅频特性曲线在共振区域的形状与阻尼率有密切关系，ξ 越小，共振峰越尖。据此，可由共振峰的形状估算 ξ，这是实验测定 ξ 的一种常用方法。从式（5－94）和式（5－95）可知，当 ξ 很小时，$\omega_r\approx\omega_n$，$|H(\omega_r)|=|H(\omega_n)|$，记 $Q=|H(\omega_n)|$，则有

$$Q=|H(\omega_n)|\approx\frac{1}{2\xi} \tag{5-97}$$

式中：Q 为品质因数，如图5－42所示。在峰值两边，$H(\omega)=Q/\sqrt{2}$ 处的 ω_1、ω_2 称为半功率点，ω_1 与 ω_2 之间的频率范围（ω_2，ω_1）称为系统的半功率带。由式（5－77）得到

$$|H(\omega_{1,2})|=\frac{1}{\sqrt{[1-(\omega_{1,2}/\omega_n)^2]^2+(2\xi\omega_{1,2}/\omega_n)^2}}=\frac{Q}{\sqrt{2}}\approx\frac{1}{2\sqrt{2}\xi} \tag{5-98}$$

对式（5－98）两边平方，并整理得到

$$\left(\frac{\omega_{1,2}}{\omega_n}\right)^4+2(2\xi^2-1)\left(\frac{\omega_{1,2}}{\omega_n}\right)^2+(1-8\xi^2)=0$$

求解上面的一元二次方程，得

$$\left(\frac{\omega_{1,2}}{\omega_n}\right)^2=1-2\xi^2\mp2\xi\sqrt{1+\xi^2}$$

当 ξ 很小时，有

$$\left(\frac{\omega_{1,2}}{\omega_n}\right)^2\approx1\mp2\xi$$

即 $\omega_2^2-\omega_1^2\approx4\xi\omega_n^2$，或 $(\omega_2+\omega_1)(\omega_2-\omega_1)\approx4\xi\omega_n^2$，由图 5－42 可知，当 ξ 很小时，$\Delta_1=\Delta_2$，则近似有 $\omega_2+\omega_1\approx2\omega_n$，从而有 $\omega_2-\omega_1\approx4\xi\omega_n$，所以得到

$$\xi\approx\frac{\omega_2-\omega_1}{2\omega_n}\tag{5-99}$$

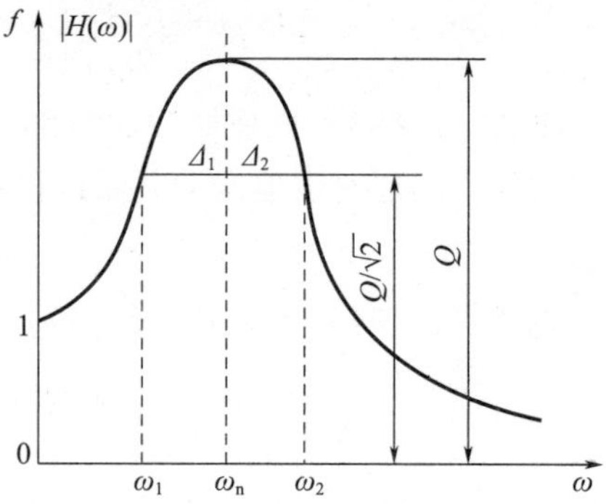

图 5－42　幅频曲线确定阻尼率

通过实验得到 $|H(\omega)|$ 曲线后，找出共振频率 $\omega_r\approx\omega_n$ 和半功率带 $(\omega_2,\ \omega_1)$，即可计算系统的阻尼率 ξ。

2. 相频曲线及其特性

式（5－76）的第二式 $\varphi(\omega)$ 描述了振动位移、激励两信号间的相位差与激励频率之间的函数关系，故称 $\varphi(\omega)$ 为系统的相频特性。图 5－43 所示为单自由度系统对应于不同的 ξ 值的相频特性曲线。

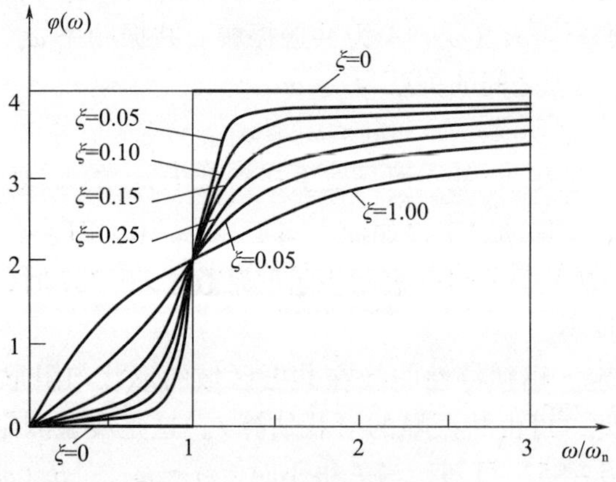

图 5－43　相频特性曲线

相频特性曲线具有如下特点。

（1）由式（5－76）的第二式知，当 $\omega=0$ 时，$|\varphi(0)|=0$，说明所有曲线均从 $|\varphi(0)|=0$ 开始。当激励频率很低时，$\omega\ll\omega_n$，$|\varphi(\omega)|\to0$，说明低频激励时的振动位移 $x(t)$ 与激励 $f(t)$ 之间几乎是相同的，这反映了准静态区的特点。

（2）当 $\omega/\omega_n\gg1$ 时，$|\varphi(\omega)|\to\pi$，即 $x(t)$ 与 $f(t)$ 的相位相反，这反映了惯性区的特点，即系统主要是质量元件作用的结果。因为质块的加速度 $\ddot{x}(t)$ 与其所受到的力 $f(t)$ 同相，$\ddot{x}(t)$ 与 $x(t)$ 反相。

（3）当 $\omega/\omega_n\approx1$ 时，$|\varphi(\omega)|\approx\pi/2$，这反映了阻尼区的特点，即阻尼对系统的

影响很大。因为阻尼器所受到的力 $f(t)$ 与其速度 $\dot{x}(t)$ 同相，又由于 $\dot{x}(t)$ 与 $x(t)$ 正好相差 $\pi/2$。当 $\xi=0$ 时，在 ω 扫过 ω_n 时，φ 由 0 突跳到 π，这种现象称为倒相。

3. 稳态强迫振动中的能量平衡

从能量的角度来看，在稳态强迫振动过程中，外界激励持续地向系统输入能量，这部分能量由黏性阻尼器所消耗。对于一个单自由度系统，在谐波 $F(t)=kA\cos\omega t$ 激励下的稳态响应为

$$x(t)=A|H(\omega)|\cos(\omega t-\varphi) \tag{5-100}$$

记一个振动周期 T 内外力 $F(t)$ 所做的功为 ΔE^+，则有

$$\begin{aligned}\Delta E^+ &= \int F(t)\mathrm{d}x = \int_0^T F(t)\dot{x}(t)\mathrm{d}t = -\int_0^{2\pi/\omega} kA\cos\omega t\cdot A|H(\omega)\omega\sin(\omega t-\varphi)\mathrm{d}t| \\ &= -kA^2|H(\omega)|\omega\int_0^{2\pi/\omega}\cos\omega t\cdot\sin(\omega t-\varphi)\mathrm{d}t \\ &= -kA^2|H(\omega)|\omega\int_0^{2\pi/\omega}\frac{1}{2}[\sin(2\omega t-\varphi)-\sin\varphi]\mathrm{d}t = kA^2|H(\omega)|\pi\sin\varphi\end{aligned} \tag{5-101}$$

由于黏性阻尼的存在，在一个周期 T 内所耗散的能量 ΔE^- 为

$$\Delta E^- = \int c\dot{x}(t)\mathrm{d}x = \int_0^T c\dot{x}(t)\dot{x}(t)\mathrm{d}t = \int_0^T c\dot{x}^2(t)\mathrm{d}t$$

由于 $\dot{x}(t)=A|H(\omega)|\omega\sin(\omega t-\varphi)$，所以有

$$\begin{aligned}\Delta E^- &= cA^2|H(\omega)|^2\omega^2\int_0^{2\pi/\omega}\sin^2(\omega t-\varphi)\mathrm{d}t \\ &= cA^2|H(\omega)|^2\omega^2\int_0^{2\pi/\omega}\frac{1}{2}[1-\cos2(\omega t-\varphi)]\mathrm{d}t = cA^2|H(\omega)|^2\omega\pi\end{aligned} \tag{5-102}$$

在一个周期内，振动系统净增加的能量为

$$\begin{aligned}\Delta E &= \Delta E^+ - \Delta E^- = kA^2|H(\omega)|\pi\sin\varphi - cA^2|H(\omega)|^2\omega\pi \\ &= \pi A^2|H(\omega)|[k\sin\varphi - c\omega|H(\omega)|]\end{aligned} \tag{5-103}$$

只要计算出式（5-103）的 ΔE，就能确定一个振动周期内的能量变化。确定 $|H(\omega)|$ 和 $\varphi(\omega)$ 的图解原理可以很方便地计算 ΔE。如图 5-44 所示，从三角形 ODE 中可以得到

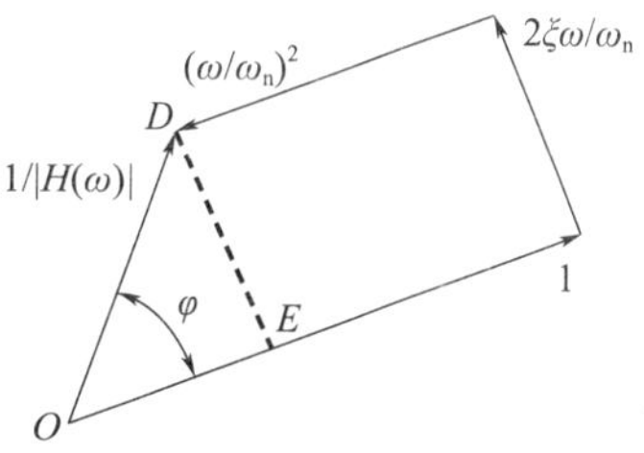

图 5-44　方程的矢量关系

$$\sin\varphi=\frac{2\xi|H(\omega)|\omega}{\omega_n}$$

考虑到式（5-46），得

$$\sin\varphi=\frac{c\omega}{k}|H(\omega)| \tag{5-104}$$

将式（5-104）代入式（5-103），得

$$\Delta E=\pi A^2|H(\omega)|[k\sin\varphi-c\omega|H(\omega)|]=0$$

这表明由式（5-77）和式（5-76）给出的 $|H(\omega)|$ 与 $\varphi(\omega)$ 正好使外力 $F(t)$ 对系统做的功 ΔE^+ 在数值上等于由于黏性阻尼所耗散的能量，即使得振动系统的能量保持平衡。这就是为什么在谐波激励的作用下，振动系统的稳态响应为等幅的谐波振动的原因。

例 5－16 为了估计机器基座的阻尼率 ξ，用激振器使机器上下振动。激振器由两个相同的偏心块组成，两个偏心块沿相反的方向以同一角速度 ω 回转，如图 5－45 所示，这样就可以产生垂直惯性力。当转速 ω 逐渐提高时机器达到最大振幅 $X_{max}=2$cm，继续提高 ω 时，机器振幅达到稳态值 $X=0.25$cm，求其阻尼比 ξ。

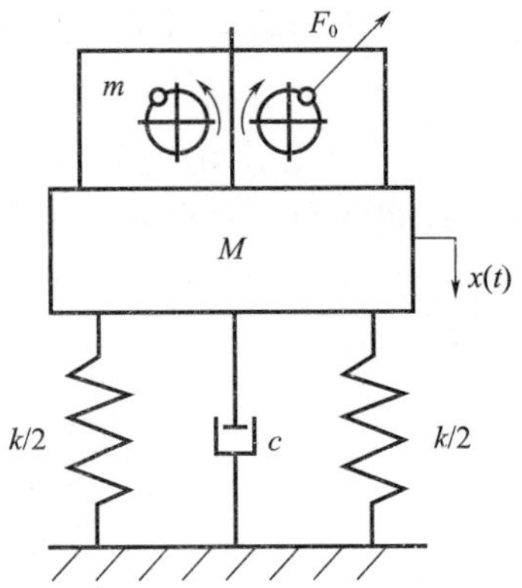

图 5－45 装有激振器的机器模型

解 设系统总质量为 M，转子偏心质量为 m，偏心距为 e，则转子产生的离心惯性力为 $F_0=me\omega^2$，垂直方向的分力为 $F=F_0\sin\omega t=me\omega^2\sin\omega t$，取广义坐标为 $x(t)$，则运动微分方程为

$$M\ddot{x}(t)+c\dot{x}(t)+kx(t)=me\omega^2\sin\omega t \tag{5-105}$$

由于瞬态解是自由振动，很快就衰减掉了，故只考虑强迫振动的稳态解。

设稳态解为 $x(t)=X\sin(\omega t-\varphi)$，由微分方程式（5－105）和式（5－77）、式（5－76），得

$$X=\frac{me}{M}\frac{(\omega/\omega_n)^2}{\sqrt{[1-(\omega/\omega_n)^2]^2+(2\xi\omega/\omega_n)^2}},\qquad \varphi=\arctan\frac{2\xi\omega/\omega_n}{1-(\omega/\omega_n)^2}$$

式中，X 与转子的角速度 ω^2 成正比，即转速越高，振幅越大。定义其放大系数为

$$\beta=\frac{(\omega/\omega_n)^2}{\sqrt{[1-(\omega/\omega_n)^2]^2+(2\xi\omega/\omega_n)^2}}$$

从而得到：$X=me\beta/M$，当 $X=X_{max}$时共振，$\omega/\omega_n=1$，有

$$X_{max}=\frac{me}{M}\times\frac{1}{2\xi}=2$$

稳态时，系统的放大系数 $\beta=1$，所以 $X=me\beta/M=0.25$，从而得到系统的阻尼率为

$$\xi=\frac{me}{2\times2M}=\frac{0.25}{2\times2}=0.063$$

例 5－17 已知小车质量 $m=490$kg，其在路面上行驶时可以简化为图 5－46 所示的振动模型。弹簧刚度 $k=20$kg/cm，轮胎质量与变形都略去不计，设路面成正弦波形，可表示成为 $y(t)=Y\sin(2\pi x/L)$ 的形式，其中 $Y=4$cm，$L=10$cm。试求小车以水平速度 $v=36$km/h 行驶时，车身上下的振幅。

解 取铅直向上为 $y(t)$ 轴，车的运动方向为 $x(t)$ 轴。分别取小车和路面静平衡时的位置为坐标原点，如图 5－46 所示。由于 $x(t)=vt$，故有

$$y(t)=Y\sin\frac{2\pi x(t)}{L}=Y\sin\frac{2\pi v}{L}t=Y\sin\omega t$$

式中，$\omega=2\pi v/L$。在任意时刻 t 对小车作受力分析，得到运动方程为

$$m\ddot{x}(t)+kx(t)=kY\sin\omega t$$

系统的自然频率和激励频率分别为

$$\omega_n=\sqrt{\frac{k}{m}}=\sqrt{\frac{50\times9.8\times100}{490}}=10\text{rad/s},\qquad \omega=\frac{2\pi v}{L}=\frac{2\pi\times36000\div3600}{10}=2\pi\text{rad/s}$$

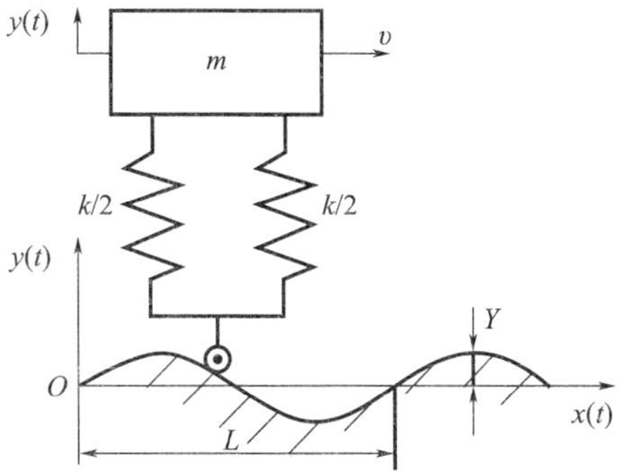

图 5-46　路面上行驶的小车力学模型

设系统的稳态解为，$x(t)=X\sin\omega t$，代入方程后，得到车身上下振动的振幅可以表示为

$$X=\frac{Y}{\left|1-(\omega/\omega_n)^2\right|}=\frac{4}{\left|1-(2\pi/10)^2\right|}=6.6\mathrm{cm}$$

5.4　周期性激励下的强迫振动

前面分析了单自由度线性系统在谐波激励下的强迫振动。谐波激励是一种最常见、最容易求解的周期函数，但在实际工程中系统受到的并不一定是谐波激励，如活塞发动机的振动系统的激励就不是谐波激励。图 5-47 所示的曲柄连杆机构的质量，通过简化可变成为集中于活塞上的质量 m_2 和集中于曲柄轴上的质量 m_1，在发动机运转过程中，m_1 做回转运动，其惯性力在垂直方向上的分力为 $F_1=-m_1R\omega^2\cos\omega t$。质量 m_2 做往复直线运动，在曲柄机构分析中可知，以上死点作为坐标原点，则位移 x_p 可以近似为

$$x_p=R(1-\cos\omega t)+\frac{R^2}{2l}\sin^2\omega t$$

而质量 m_2 的惯性力为

$$F_2=-m_2\ddot{x}_p(t)=-m_2R\omega^2\left(\cos\omega t+\frac{R}{l}\cos 2\omega t\right)$$

因此，系统在垂直方向的分力为

$$F=F_1+F_2=-(m_1+m_2)R\omega^2\cos\omega t-m_2\left(\frac{R}{l}\right)\cos 2\omega t$$

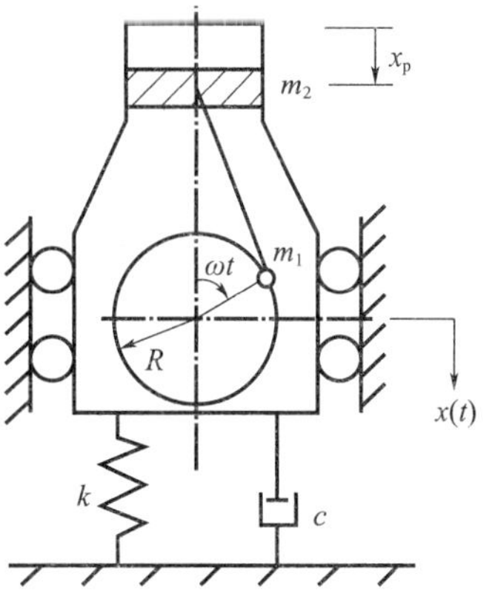

图 5-47　活塞发动机模型

上式表示的激励由不同频率的两部分谐波激励叠加而成，合成后是一种非谐波的周期性激励。非谐波的周期性激励很多，如周期方波激励、周期三角形波激励等。叠加原理是求解线性系统振动响应的基本原理，对于任何复杂的激励，都可将其分解为一系列的简单激励，再将系统对于这些简单激励的响应加以叠加，就得到了系统对于复杂激励的响应。傅里叶级数分析法、傅里叶变换法、脉冲响应函数法就是叠加原理成功应用的例子。

将周期激励分解为基波及其高次谐波的组合，再将系统对这些谐波的响应进行叠加，就是傅里叶级数分析法；将任意激励分解为具有各频率成分的无限多个无限小的谐波的组合，再对这些谐波响应进行叠加，就是傅里叶变换法；将任意激励分解为无穷多个幅值不同的脉冲的组合，再对这些脉冲的响应进行叠加，就是脉冲响应函数法。

5.4.1 傅里叶级数分析法

一个周期函数 $f(t)$ 可展开成为傅里叶级数，即可分解为无穷多个谐波函数的和，其频率分别为 $n\omega_0$（$n=1, 2, \cdots, \infty$）。对于每一谐波激励，可以采用前面的方法求得相应的谐波响应，根据叠加原理，系统对于周期激励的响应就是各谐波激励对系统的响应的叠加。傅里叶级数分析法求解周期激励下的强迫振动的思想如图 5-48 所示，下面进行具体分析。

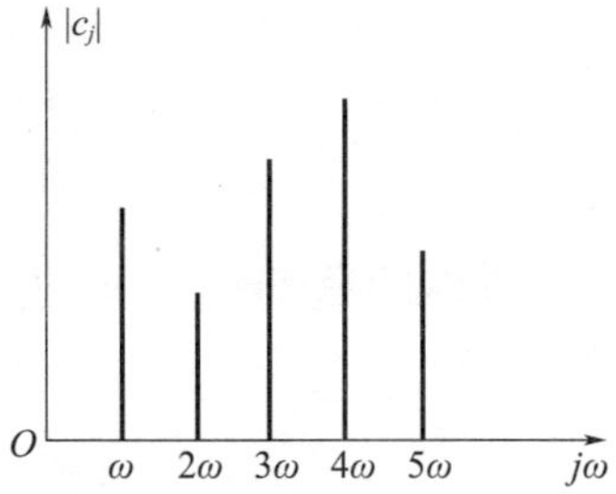

图 5-48 傅里叶级数分析法原理

设激励为周期函数，可表示为

$$f(t \pm nT) = f(t), \quad n=1, 2, \cdots, \infty \tag{5-106}$$

则周期函数 $f(t)$ 可以展开成以下的傅里叶级数

$$f(t) = \frac{a_0}{2} + \sum_{n=1}^{\infty} [a_n \cos(n\omega t) + b_n \sin(n\omega t)] \tag{5-107}$$

式中，$\omega = 2\pi/T$ 是基本频率，简称基频。对应于基频的谐波分量称为基频分量，而频率为 $n\omega$（$n=2, 3, \cdots$）的成分称为高次谐波，如二次谐波、三次谐波等。

上述傅里叶级数中各个谐波分量的系数称为傅里叶系数，利用三角函数的正交性，可求得

$$a_0 = \frac{2}{T}\int_{-T/2}^{T/2} f(t)\,\mathrm{d}t, \quad a_n = \frac{2}{T}\int_{-T/2}^{T/2} f(t)\cos(n\omega t)\,\mathrm{d}t$$

$$b_n = \frac{2}{T}\int_{-T/2}^{T/2} f(t)\sin(n\omega t)\,\mathrm{d}t, \quad n = 1,2,\cdots$$

上式中的积分下、上限也可取为 0、T。傅里叶级数中的正弦项和余弦项可以合并，即

$$f(t) = c_0 + \sum_{n=1}^{\infty} c_n \sin(n\omega t + \psi_n)$$

式中

$$c_0 = \frac{a_0}{2}, \quad c_n = \sqrt{a_n^2 + b_n^2}, \quad \psi_n = \arctan\frac{a_n}{b_n}$$

以 $|c_n|$ 为纵坐标，以谐波频率 $n\omega$ 为横坐标，画出如图 5-48 所示的曲线。由于只是在 $n\omega$（$n=1, 2, \cdots$）各点 $|c_n|$ 才有数值，图形是一组离散的垂线，称为周期函数的频谱，因此傅里叶分析也称为频谱分析。

周期函数对应的谱总是离散谱，但随着周期 T 的不断增大，$\omega = 2\pi/T$ 将不断减小，离散谱的谱线间距将越来越小。对于 $T\to\infty$ 的极限情况，周期函数将失去周期性，而离散频谱将转化为连续谱，此时傅里叶级数将转化为傅里叶积分。

傅里叶级数也可以表示成复数形式，利用欧拉公式（5－28），得

$$f(t) = \frac{a_0}{2} + \frac{1}{2}\sum_{n=1}^{\infty}[a_n(e^{in\omega t} + e^{-in\omega t}) - ib_n(e^{in\omega t} - e^{-in\omega t})]$$

$$= \frac{a_0}{2} + \frac{1}{2}\sum_{n=1}^{\infty}[(a_n - ib_n)e^{in\omega t} + (a_n + ib_n)e^{-in\omega t}]$$

引入记号

$$d_0 = \frac{a_0}{2},\quad d_n = \frac{a_n - ib_n}{2} = \frac{1}{T}\int_{-T/2}^{T/2} f(t)e^{in\omega t}dt,\quad d_{-n} = \frac{a_n + ib_n}{2}$$

则有

$$f(t) = \sum_{n=-\infty}^{\infty} d_n e^{in\omega t} \tag{5-108}$$

5.4.2 任意周期激励下的稳态强迫振动

一个有阻尼的弹簧－质量系统在周期激励$f(t)$作用下，单自由度系统的运动微分方程式可表示为

$$m\ddot{x}(t) + c\dot{x}(t) + kx(t) = c_0 + \sum_{n=1}^{\infty} c_n\sin(n\omega t + \psi_n) \tag{5-109}$$

式（5－109）右端第一项表示一个为常数的力，只影响系统的静平衡位置，只要动位移的原点取在静平衡位置，此常数的力就不会出现在运动微分方程中。式（5－109）的通解仍然包括两部分：一部分是有阻尼的自由振动的齐次解，这部分振动在阻尼作用下经过一段时间后就衰减完了；另一部分是稳态振动的非齐次解，是周期性的等幅振动。对于线性系统，稳态振动的响应按照叠加原理求得

$$x(t) = \sum_{n=1}^{\infty}\frac{c_n}{k\sqrt{([1-(\omega/\omega_n)^2]^2 + (2\xi\omega/\omega_n)^2}}\sin(n\omega t + \psi_n - \alpha_n)$$

式中

$$\alpha_n = \arctan\frac{2\xi\omega/\omega_n}{1-(\omega/\omega_n)^2}$$

从上述分析可知，系统在周期激励下的响应具有如下特点：①线性系统在周期激励（不一定是谐波激励）下的响应仍然是周期函数，且响应的周期与激励的周期相同。②以不同频率成分的谐波激励作用于系统时，系统的放大倍数和相位均不同。因此，响应的波形不同于激励的波形。这表明，尽管响应仍是与激励同频率的周期函数，但响应发生了波形的畸变。一般而言，只有当激励是谐波函数的情况下，线性系统的响应才不发生波形畸变。③对于无阻尼系统，由于$\xi=0$，系统不存在相位的滞后问题，因而其复数频率响应$H(\omega)$中的虚部为零。

5.5 任意激励下的强迫振动

前面分析了谐波激励和周期激励下单自由度系统的响应，在不考虑初始阶段的瞬态振动时，它们分别是谐波的或周期的稳态振动。在许多情况下，外界对系统的激励并非谐波

激励或周期性激励，而是任意的时间函数，或是在极短的时间内的冲击作用。例如，列车在启动时各车厢挂钩之间的撞击力，地震波以及强烈爆炸形成的冲击波对结构物的作用，精密仪器在运输过程中包装箱速度的突变等。在这些激励情况下，系统通常没有稳态振动，而只有瞬态振动。在激励作用停止后，系统按照自然频率继续做自由振动。系统在任意激励下的振动状态，包括激励作用停止后的自由振动，称为任意激励的响应。求解任意激励的响应的方法有脉冲响应法、傅里叶积分变换法和拉普拉斯积分变换法等。

5.5.1 脉冲响应法与时域分析

脉冲响应法也称为杜阿梅尔（Duhamel）积分法，其基本思想是将任意激励分解为一系列脉冲的连续作用，分别求出系统对每个脉冲的响应，然后按照线性系统的叠加原理，得到系统对任意激励的响应。

1. 单位脉冲函数和单位脉冲响应函数

单位脉冲函数就是 Dirac δ - 函数，δ - 函数是一种数学上的广义函数，其定义为

$$\begin{cases}\delta(t-t_0)=\begin{cases}0, & t\neq t_0\\ \infty, & t=t_0\end{cases}\\ \int_{-\infty}^{+\infty}\delta(t-t_0)\,\mathrm{d}t=1\end{cases} \tag{5-110}$$

式（5－110）的定义是一种理想情况，可理解为某一函数的极限过程。例如图 5－49所示的面积为 1 的矩形函数，其中心在 $t=t_0$ 处。在保持该矩形面积始终为 1 的前提下，若其底边宽度 $B\to 0$，则矩形高度将趋于无穷大，这种极限情形即成为一个理想的单位脉冲。从力学定义上讲，单位脉冲函数描述了一个单位冲量，此冲量由一个作用时间极短而幅值又极大的冲击力产生。因此，在 $t=t_0$ 时，产生一个冲量为 P_0的力 $F(t)$，可表示为

$$F(t)=P_0\delta(t-t_0)$$

由于式（5－110）中 δ - 函数对时间的积分是无量纲的，因此 δ 函数的量纲为 s^{-1}，P_0为冲量量纲 MLT^{-1}，$F(t)$ 的量纲为 MLT^{-2}。系统在单位脉冲函数激励下的响应称为单位脉冲响应函数。

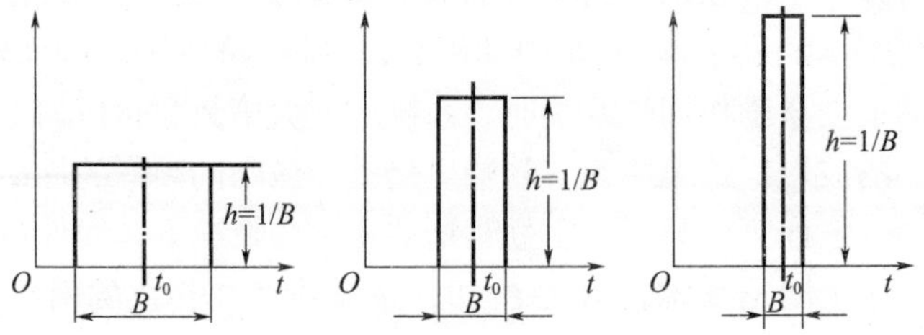

图 5－49　脉冲函数的物理意义

2. 脉冲响应函数法

设有如图 5－50 所示的任意激励力 $F(\tau)$（$0\leqslant\tau\leqslant t$）作用在一个有阻尼的质量弹簧系统上，则系统的运动微分方程为

$$m\ddot{x}(t)+c\dot{x}(t)+kx(t)=F(t) \tag{5-111}$$

假设把时间分成无数极短的时间间隔，每个间隔以微分 dt 表示，则在 $t=\tau$ 时的 $d\tau$ 间隔内，系统的质量 m 上将受到一个脉冲 $F(\tau)\,d\tau$ 的作用，如图 5－50 中的阴影面积所示。根据动量定律有 $F(\tau)\,d\tau=mdv$，质量 m 在时间 $d\tau$ 内将获得速度增量 $dv=F(\tau)\,d\tau/m$ 和位移增量 $dx=dvdt/2$，dx 为高阶无穷小量，可以忽略不计，也就是说还来不及发生位移。于是在 $t<\tau$ 时，即在脉冲尚未作用前，系统不发生运动。当 $t\geqslant\tau$ 时，在脉冲 $F(\tau)\,d\tau$ 作用下，系统将相当于在 $x_0=0$、$\dot{x}_0=dv$ 的初始条件下自由振动。

根据有阻尼自由振动的特性，如果在 $t=0$ 时，对系统作一个脉冲 $F(\tau)\,d\tau$，使系统得到一个初速度 $\dot{x}_0=dv=F(\tau)\,d\tau/m$，则由式（5－80）得到系统的响应为

$$dx=\frac{F(\tau)\,d\tau}{m\omega_d}e^{-\xi\omega_n t}\sin\omega_d t \qquad (5-112)$$

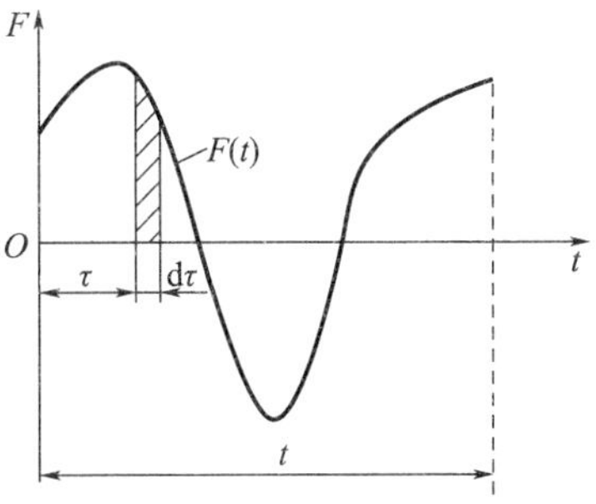

图 5－50　脉冲函数响应法

如果脉冲 $Fd\tau$ 不是作用在 $t=0$，而是作用在 $t=\tau$，则相当于把图 5－49 的坐标原点向右移动 τ，因而式（5－112）可改写为

$$dx=\frac{F(\tau)\,d\tau}{m\omega_d}e^{-\xi\omega_n(t-\tau)}\sin\omega_d(t-\tau)$$

这是系统对一个脉冲 $Fd\tau$ 的响应。在激振力 $F(\tau)$ 由瞬时 $\tau=0$ 到 $\tau=t$ 的连续作用下，系统的响应等于一系列脉冲 $F(\tau)\,d\tau$ 从 $\tau=0$ 到 $\tau=t$ 分别连续作用下系统响应的叠加，如图 5－51 所示，即

$$x(t)=\frac{1}{m\omega_d}\int_0^t F(\tau)e^{-\xi\omega_n(t-\tau)}\sin\omega_d(t-\tau)\,d\tau \qquad (5-113)$$

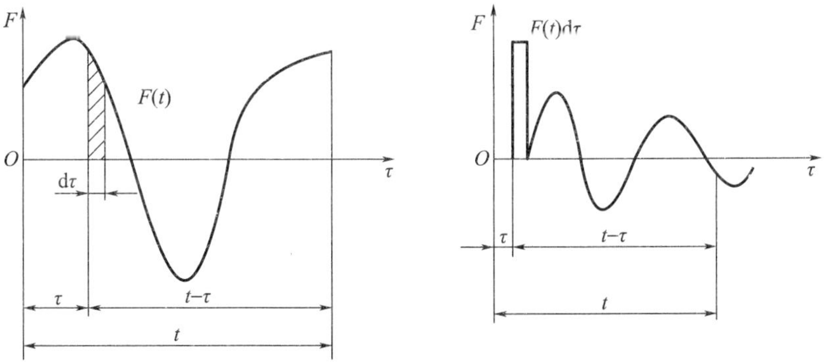

图 5－51　系统响应的叠加

式（5－113）的积分称为杜阿梅尔积分。对于任意初始条件，即在 $\tau=0$ 激振力开始作用时，质量 m 已有初始位移 x_0 和初始速度 v_0，考虑到式（5－80），则系统的全部响应为

$$x(t)=\frac{x_0}{\sqrt{1-\xi^2}}e^{-\xi\omega_n t}\cos(\omega_d t-\psi)+\frac{v_0}{\omega_d}e^{-\xi\omega_n t}\sin\omega_d t+\frac{1}{m\omega_d}\int_0^t F(\tau)e^{-\xi\omega_n(t-\tau)}\sin\omega_d(t-\tau)\,d\tau \qquad (5-114)$$

如果系统是在支承运动下振动，而支承运动是可微的任意函数 $x_s(\tau)$，同样可应

用杜阿梅尔积分，由 $m\ddot{x}(t)+c\dot{x}(t)+kx(t)=kx_s(t)+c\dot{x}(t)$ 可知支承运动相当于系统上作用了两个激振力 $kx_s(t)$ 和 $c\dot{x}_s(t)$，应用线性叠加原理，根据式（5-80）即得系统的响应为

$$x(t)=\frac{1}{m\omega_d}\int_0^t[kx_s(t)+c\dot{x}_s(t)]e^{-\xi\omega_n(t-\tau)}\sin\omega_d(t-\tau)dt$$

$$=\frac{1}{\omega_d}\int_0^t[\omega_n^2x_s(t)+2\xi\omega_n\dot{x}_s(t)]e^{-\xi\omega_n(t-\tau)}\sin\omega_d(t-\tau)dt$$

分析以上结果，可以看出：

（1）脉冲响应函数法表明，任何形式的过程激励 $F(t)$ 都可分解为一系列的脉冲激励，而每一脉冲激励又可转化为该时刻的初始激励，这一初始激励使得系统按照自由振动的规律发展下去，以影响系统后来的振动。系统在 t 时刻的位移响应 $x(t)$ 正是该时刻以前所有脉冲响应在 t 时刻取值的叠加。这也说明，某一时刻的外加激励不仅是影响系统在该时刻的状态，而且还影响系统后来的状态。这就是外加激励对动态系统影响的“后效性”。一个动态系统在任一时刻的响应不仅与该时刻的激励值有关，而且还与该时刻以前系统承受激励的全部历程有关，这也可称为动态系统响应的“记忆效果”。而一个静态系统，其任何时刻的变形量只反映该时刻的载荷作用。

（2）上述分析体现了强迫振动与自由振动的关系。当系统有阻尼时，其自由振动部分会很快衰减掉，只剩下强迫振动，但自由振动在受到激励与产生响应的整个过程中都在起作用。自由振动是强迫振动的基础，任一时刻的强迫振动响应其实只是该时刻前被激起的一系列自由振动响应的叠加。

（3）外界激励力对系统的影响方式完全是系统参数 m、ω、ξ 所决定，即外界激励通过系统本身的内在特性而起作用，引起系统的强迫振动。

例 5-18 在单自由度无阻尼振动系统上作用一线性增长的力 $F(t)=Qt\ (t\geq0)$，如图 5-52（a）所示。求在零初始条件下的响应。

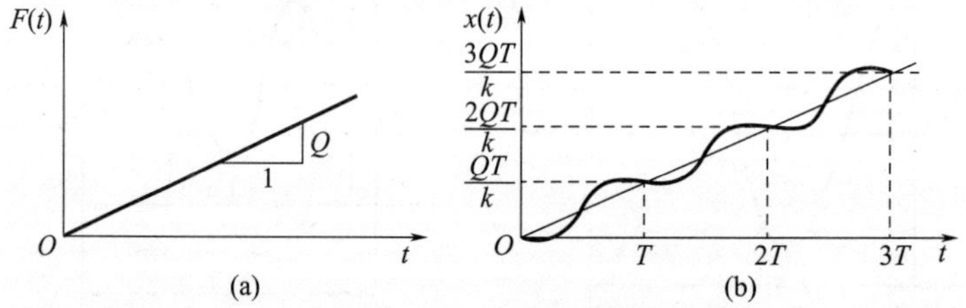

图 5-52 无阻尼系统的线性激励与响应

解 因 $F(t)=Qt\ (t\geq0)$，由式（5-113），得

$$x(t)=\frac{1}{m\omega_n}\int_0^t F(\tau)\sin\omega_n(t-\tau)d\tau=\frac{Q}{m\omega_n}\int_0^t\tau\sin\omega_n(t-\tau)d\tau$$

$$=\frac{Q}{m\omega_n^2}\left[\cos\omega_n(t-\tau)+\frac{1}{\omega_n}\sin\omega_n(t-\tau)\right]=\frac{Q}{k}\left(t-\frac{1}{\omega_n}\sin\omega_n t\right)$$

上式的图形如图 5-52（b）所示。

例 5-19 对如图 5-53（a）所示的阶跃函数载荷 $F(t)=F_0$，求有阻尼振动系统对激励的响应。

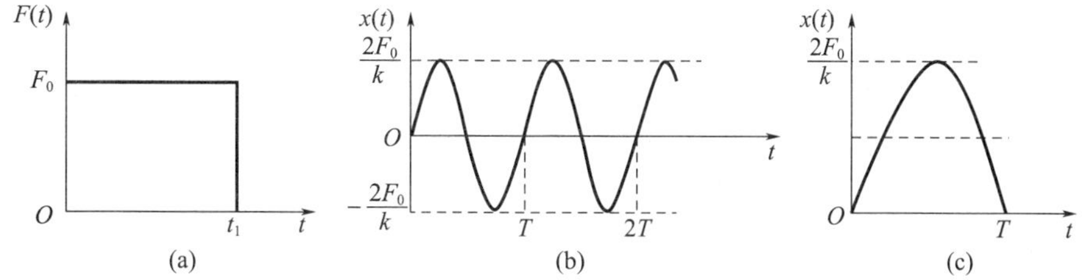

图 5-53　阶跃函数激励与响应

解　因为 $F(t)=F_0$，代入式（5-113）得到系统的响应为

$$x(t)=\frac{F_0}{m\omega_d}\int_0^t F e^{-\xi\omega_n(t-\tau)}\sin\omega_d(t-\tau)\,d\tau \tag{5-115}$$

令 $t'=t-\tau$，$d\tau=-dt'$，运用分步积分，式（5-115）的积分为

$$\int_0^t e^{-\xi\omega_n(t-\tau)}\sin\omega_d t'dt'=\frac{1}{\xi^2\omega_n^2+\omega_d^2}\left[\omega_d-\omega_d e^{-\xi\omega_n t}\cos\omega_d t-\xi\omega_n e^{-\xi\omega_n t}\sin\omega_d t\right]$$

将上式代回式（5-115），并注意到 $\xi^2\omega_n^2+\omega_d^2=\omega_n^2$，$\omega_n^2=k/m$，得到

$$x(t)=\frac{F_0}{k}\left[1-e^{-\xi\omega_n t}\left(\cos\omega_d t+\frac{\xi\omega_n}{\omega_d}\sin\omega_d t\right)\right]=\frac{F_0}{k}\left[1-\frac{e^{-\xi\omega_n t}}{\sqrt{1-\xi^2}}(\cos\omega_d t-\varphi)\right] \tag{5-116}$$

式中

$$\varphi=\arctan\frac{\xi}{\sqrt{1-\xi^2}}$$

式（5-116）说明突加载荷 F_0 不仅使弹簧产生静变形，而且使系统发生减幅振动。当 $\xi=0$ 时，$\varphi=0$，$\omega_d=\omega_n$，式（5-116）成为

$$x(t)=\frac{F_0}{k}(1-\cos\omega_n t)$$

这就是无阻尼系统的响应，如图 5-53（b）所示。

5.5.2　傅里叶变换法与频域分析

1. 由傅里叶级数向傅里叶积分的过渡

由于周期激励函数可展开成离散的傅里叶级数，当一个周期函数的周期 T 趋向无穷时，该函数就变成了一个任意的非周期函数，傅里叶级数就转化成连续的傅里叶积分。在实现由傅里叶级数向傅里叶积分的过渡之前，需要将式（5-108）所示的傅里叶级数加以改造。该式的每一项一般为复数，实际激励的各频率成分只是该级数的各项的实数部分。为了避免这种特殊约定的不便，将由式（5-108）表示的傅里叶级数作如下改造：对该式中的每一项 $d_n e^{in\omega t}$ 再加上一个共轭项 $d_n^* e^{-in\omega t}$，$n=1, 2, \cdots$。每一对相互共轭项之和的一半为

$$\frac{1}{2}(d_n e^{in\omega t}+d_n^* e^{-in\omega t})=\mathrm{Re}(d_n e^{in\omega t}),\quad n=1, 2, \cdots \tag{5-117}$$

式（5-117）表明，改造之后正好为级数式（5-108）中各项的实部，即为激励 $f(t)$ 中的各谐波成分。记

$$b_n = \frac{1}{2}d_n, \quad b_{-n} = \frac{1}{2}d_n^*, \quad n = 1, 2, \cdots \tag{5-118}$$

再补充 $n=0$ 的项，即

$$b_0 = \frac{1}{2}d_0 = \frac{1}{2T}\int_{-T/2}^{T/2} f(t)\,\mathrm{d}t \tag{5-119}$$

则得到级数

$$f(t) = \sum_{n=-\infty}^{\infty} b_n \mathrm{e}^{\mathrm{i}\omega_n t} \tag{5-120}$$

考虑到式（5－118）和式（5－119），可知

$$\sum_{n=-\infty}^{\infty} b_0 \mathrm{e}^{\mathrm{i}\omega_n t} = d_0 + \mathrm{Re}\left(\sum_{n=1}^{\infty} d_n \mathrm{e}^{\mathrm{i}\omega_n t}\right)$$

即级数式（5－120）正好反映了 $f(t)$ 的均值及其各次谐波（实数），而不需要声明“取实部”。

考虑式（5－108）、式（5－118）、式（5－119），级数式（5－120）中的系数 b_n 可表示为

$$b_n = \frac{1}{T}\int_{-T/2}^{T/2} f(t)\mathrm{e}^{\mathrm{i}\omega_n t}\mathrm{d}t, \quad n = \cdots, -2, -1, 0, 1, 2, \cdots \tag{5-121}$$

现以式（5－120）和式（5－121）为基础向傅里叶积分过渡。由于 $\omega_{n+1} - \omega_n = \omega_0 = 2\pi/T = \Delta\omega_n$，可将式（5－120）和式（5－121）写成

$$f(t) = \sum_{n=-\infty}^{\infty} \frac{1}{T}(Tb_n)\mathrm{e}^{\mathrm{i}\omega_n t} = \frac{1}{2\pi}\sum_{n=-\infty}^{\infty}(Tb_n)\mathrm{e}^{\mathrm{i}\omega_n t}\Delta\omega_n \tag{5-122}$$

$$Tb_0 = \int_{-T/2}^{T/2} f(t)\mathrm{e}^{\mathrm{i}\omega_n t}\mathrm{d}t \tag{5-123}$$

令 $T\to\infty$，去掉下标 n，离散变量 ω_n 就成为连续变量，而求和变成积分

$$f(t) = \lim_{\substack{T\to\infty \\ \Delta\omega_n\to 0}} \frac{1}{2\pi}\sum_{n=-\infty}^{\infty} \frac{1}{T}(Tb_n)\mathrm{e}^{\mathrm{i}\omega_n t}\Delta\omega_n = \frac{1}{2\pi}\int_{-\infty}^{\infty} F(\omega)\mathrm{e}^{\mathrm{i}\omega t}\mathrm{d}\omega \tag{5-124}$$

$$F(\omega) = \lim_{\substack{T\to\infty \\ \Delta\omega_n\to 0}} (Tb_n) = \int_{-\infty}^{\infty} f(t)\mathrm{e}^{\mathrm{i}\omega t}\mathrm{d}t \tag{5-125}$$

如果以上两积分存在，则两式构成傅里叶正、逆变换对，其中式（5－124）称为 $f(t)$ 的傅里叶积分，反映了 $f(t)$ 的频率结构。由式（5－124）可见，$f(t)$ 信号处于频带 $\omega \sim \omega + \mathrm{d}\omega$ 中的成分为 $F(\omega)\mathrm{e}^{\mathrm{i}\omega t}\mathrm{d}\omega$，其中 $\mathrm{e}^{\mathrm{i}\omega t}$ 为旋转因子，而 $F(\omega)\mathrm{d}\omega$ 为复数振幅。$F(\omega)$ 则为频率 ω 处单位频宽的复数振幅，故又称为频谱密度。

2. 傅里叶变换法

傅里叶积分式（5－124）将激励信号 $f(t)$ 表示为一系列的谐波 $F(\omega)\mathrm{e}^{\mathrm{i}\omega t}\mathrm{d}\omega$ 之和，而每一个这样的谐波激励所引起的响应为 $H(\omega)F(\omega)\mathrm{e}^{\mathrm{i}\omega t}\mathrm{d}\omega$，再将所有这些响应叠加起来，即得到全部响应为

$$x(t) = \frac{1}{2\pi}\int_{-\infty}^{\infty} H(\omega)F(\omega)\mathrm{e}^{\mathrm{i}\omega t}\mathrm{d}\omega \tag{5-126}$$

记

$$X(\omega) = H(\omega)F(\omega) \tag{5-127}$$

则可将（5－126）写为

$$x(t) = \frac{1}{2\pi}\int_{-\infty}^{\infty} X(\omega)e^{i\omega t}d\omega \tag{5-128}$$

与式（5－124）比较，可见式（5－127）中的 $X(\omega)$ 即为响应 $x(t)$ 的频谱密度，而该式即为$x(t)$的傅里叶逆变换。

由上述讨论可知，以傅里叶变换法求解振动系统对于非周期激励$f(t)$的响应，按照以下程序进行：首先以傅里叶正变换式（5－125）求出$f(t)$的频谱密度 $F(\omega)$；其次按式（5－127）计算响应的频谱密度 $X(\omega)$，最后按照式（5－126），以傅里叶逆变换求出响应 $x(t)$。这是一种迂回的解决办法，可用图5－54表示。

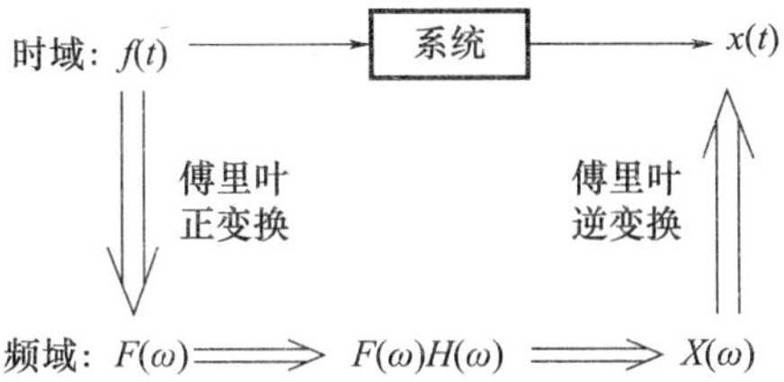

图5－54　傅里叶变换法的求解过程

需要说明，为了保证积分式（5－126）存在，$f(t)$ 函数需要满足两个条件：一是绝对收敛，即积分 $\int_{-\infty}^{\infty}|f(t)|dt$ 是收敛的；二是 Dirichlet 条件，即$f(t)$在区间（$-\infty$，∞）上仅有有限个连续点，而且没有无限个间断点。

3. 脉冲响应函数法与傅里叶变换法之间的关系

脉冲响应函数法与傅里叶变换法是解决非周期激励下强迫振动的两种不同方法。从物理意义上来看，其根本不同在于对非周期函数$f(t)$进行分解的方式不同：傅里叶变换法是将$f(t)$分解成一系列的谐波，而脉冲响应函数法是将$f(t)$分解成一系列的脉冲。尽管处理问题的方法不同，但两种方法的基础都是叠加原理。从数学处理方法上来看，傅里叶变换法是求得$f(t)$的傅里叶变换 $F(\omega)$，再在频域中由复频响应函数 $H(\omega)$与 $F(\omega)$ 的乘积而求得式（5－127）所示响应的频谱函数 $X(\omega)$。最后再求得 $X(\omega)$ 的傅里叶逆变换而得到响应 $x(t)$。脉冲响应函数法则是直接在时间域中求激励函数$f(t)$与系统的单位脉冲响应函数 $h(t)$ 的卷积而得到 $x(t)$，即有

$$x(t) = f(t) * h(t) \tag{5-129}$$

为了表达方便，式（5－129）中已将 $F(t)$ 改记为$f(t)$。为比较式（5－128）和式（5－129），先将式（5－129）作傅里叶变换，并注意到两函数卷积的傅里叶变换，等于该两函数的傅里叶变换之乘积，此即卷积定理。由于 $X(s)$、$F(\omega)$ 分别是 $x(t)$ 与$f(t)$ 的傅里叶变换，再与式（5－127）比较，可知 $H(\omega)$ 必然是 $h(t)$ 的傅里叶变换，即有

$$H(\omega) = \int_{-\infty}^{+\infty} h(t)e^{-i\omega t}dt \tag{5-130}$$

$$h(t) = \frac{1}{2\pi}\int_{-\infty}^{+\infty} H(\omega)e^{i\omega t}d\omega \tag{5-131}$$

即一个系统的脉冲响应函数与其复频率响应函数之间存在傅里叶正、逆变换的关系。从物理概念上来看，$h(t)$ 和 $H(\omega)$ 分别是在时域和频域中用以描述系统动态特性的函数，由系统参数所确定。

5.5.3 拉普拉斯变换法

拉普拉斯变换法广泛应用于线性系统分析，与傅里叶变换法类似，采用这一方法的求解过程为：由常系数线性微分方程以及相应初始条件所表述的初值问题，通过拉普拉斯变换，可以转化为复数域的代数问题。在求得响应的变换（象函数）的代数表达式后，再通过拉普拉斯逆变换，即可求出响应的时间函数（原函数）。单自由度线性系统的运动微分方程，在相应的初始条件下求解，就是以微分方程形式表达的初值问题。对于定义于 $t>0$ 的时间函数 $x(t)$，其拉普拉斯变换记为 $X(s)$，并定义为如下的定积分

$$X(s) = [x(t)] = \int_0^{\infty} \mathrm{e}^{-st} x(t)\,\mathrm{d}t \tag{5-132}$$

式中：s 为复数，称为辅助变量；函数 e^{-st} 为复数的核。

对运动微分方程的两边取拉普拉斯变换，并利用拉普拉斯变换的微分性质 $\ell[\dot{x}(t)] = sX(s) - x(0)$ 得到

$$m[s^2X(s) - sx(0) - \dot{x}(0)] + c[sX(s) - x(0)] + kX(s) = F(s) \tag{5-133}$$

式中：$F(s)$ 为外界激励 $f(t)$ 的拉普拉斯变换，即

$$F(s) = \ell[x(t)] = \int_0^{\infty} \mathrm{e}^{-st} f(t)\,\mathrm{d}t \tag{5-134}$$

将式（5-133）整理后得到

$$(ms^2+cs+k)X(s) = F(s) + m\dot{x}(0) + (ms+c)x(0)$$

引入特征多项式

$$D(s) = ms^2+cs+k = m(s^2+2\xi\omega s+\omega^2) = [H(s)]^{-1} \tag{5-135}$$

式中：$H(s)$ 为传递函数。

则系统响应的拉普拉斯变换为

$$X(s) = H(s)F(s) + H(s)[m\dot{x}(0) + (ms+c)x(0)] \tag{5-136}$$

在零初始条件（$\dot{x}(0) = x(0) = 0$）下，式（5-136）成为

$$X(s) = H(s)F(s) \tag{5-137}$$

如果将激励 $f(t)$ 视为系统的输入，将零初始条件下的响应 $x(t)$ 看成系统的输出，则传递函数的物理意义就是输出的拉普拉斯变换与输入的拉普拉斯变换之比。可以看到，若在式（5-135）中令 $s=\mathrm{i}\omega$，则 $D(\mathrm{i}\omega)$ 就是动刚度，而其倒数就是系统的动柔度，即系统的位移频率特性 $H_{\mathrm{d}}(\omega)$。在非零初始条件下，式（5-136）表示的系统响应 $x(t)$ 的拉普拉斯变换 $X(s)$，对其求拉普拉斯逆变换，得到响应 $x(t)$ 为

$$x(t) = \ell^{-1}[x(s)] = \frac{1}{2\pi \mathrm{i}}\int_{\gamma-\mathrm{i}\omega}^{\gamma+\mathrm{i}\omega} \mathrm{e}^{st} X(s)\,\mathrm{d}s \tag{5-138}$$

式中，γ 为一实数，它大于 $X(s)$ 的所有起点的实部。在具体计算时，可按 $X(s)$ 的特点选取适当的积分路线。在多数情况下，这一积分可用 s 复平面内的围线积分代替，利用复变函数中的留数定理可以方便地求出此积分。从应用的角度来讲，只需要查表即

可。在应用相关工程数学图书中给出的工程上常用的一些拉普拉斯变换时，为了将 $X(s)$ 化成表中列出的一些函数形式，通常采用部分分式法。

如求一般激励下有阻尼的单自由度系统的响应，由式（3－136），有

$$X(s)=\frac{F(s)}{ms^2+cs+k}+\frac{m\dot{x}(0)}{ms^2+cs+k}+\frac{(ms+c)\,x(0)}{ms^2+cs+k} \tag{5-139}$$

式（5－139）右边第一项可以写为

$$\frac{F(s)}{m\omega_r}\cdot\frac{m\omega_r}{ms^2+cs+k}$$

由拉普拉斯变换的卷积定理 $\ell[y(t)*x(t)]=Y(s)X(s)$，并查拉普拉斯变换表，得

$$\ell^{-1}\left(\frac{F(s)}{ms^2+cs+k}\right)=\frac{1}{m\omega_r}\int_0^t f(\tau)\mathrm{e}^{-\xi\omega(t-\tau)}\sin\omega_r(t-\tau)\mathrm{d}\tau$$

类似地，有

$$\ell^{-1}\left(\frac{m\dot{x}_0}{ms^2+cs+k}\right)=\ell^{-1}\left(\frac{\dot{x}_0}{\omega_r}\cdot\frac{\omega_r}{s^2+2\xi\omega s+\omega^2}\right)=\frac{\dot{x}_0}{\omega_r}\mathrm{e}^{-\xi\omega t}\sin\omega_r t$$

$$\ell^{-1}\left(\frac{(ms+c)\;x_0}{ms^2+cs+k}\right)=\ell^{-1}\left(\frac{s+2\xi\omega}{s^2+2\xi\omega s+\omega^2}x_0\right)=x_0\mathrm{e}^{-\xi\omega t}\left(\cos\omega_r t+\frac{\xi\omega}{\omega_r}\sin\omega_r t\right)$$

综合以上 3 个拉普拉斯逆变换，可以得到与其他方法相同的结果。

例 5－20 用拉普拉斯变换求单自由度系统的无阻尼响应，初始条件为零，激励为半正弦脉冲，即

$$f(t)=\begin{cases}\sin\eta\pi t, & 0\leqslant t\leqslant 1/\eta\\ 0, & t>1/\eta\end{cases}$$

解 该半正弦脉冲可视为 $t=0$ 时开始作用的周期为 $2/\eta$ 的正弦函数与在 $t=1/\eta$ 时开始作用的同样的正弦函数之和，利用拉普拉斯变换的延迟性质，激励的拉普拉斯变换为

$$F(s)=\begin{cases}\dfrac{\eta\pi}{s^2+(\eta\pi)^2}, & 0\leqslant t\leqslant\dfrac{1}{\eta}\\ \dfrac{\pi}{\eta}\left(\dfrac{1}{s^2+(\eta\pi)^2}+\dfrac{\mathrm{e}^{-s/\eta}}{s^2+(\eta\pi)^2}\right), & t>\dfrac{1}{\eta}\end{cases}$$

对应于零初始条件，系统响应的拉普拉斯变换为

$$X(s)=H(s)F(s)=\begin{cases}\dfrac{\eta\pi}{m}\dfrac{1}{s^2+(\eta\pi)^2}\dfrac{1}{s^2+\omega^2}, & 0\leqslant t\leqslant\dfrac{1}{\eta}\\ \dfrac{\eta\pi}{m}\left(\dfrac{1}{s^2+(\eta\pi)^2}+\dfrac{\mathrm{e}^{-s/\eta}}{s^2+(\eta\pi)^2}\right)\dfrac{1}{s^2+\omega^2}, & t>\dfrac{1}{\eta}\end{cases}$$

注意到

$$\frac{1}{s^2+(\eta\pi)^2}\frac{1}{s^2+\omega^2}=\left(\frac{1}{s^2+(\eta\pi)^2}-\frac{1}{s^2+\omega^2}\right)\frac{1}{\omega^2-(\eta\pi)^2}$$

查拉普拉斯变换表得到系统响应为

$$x(t)=\begin{cases}\dfrac{\eta\pi}{m}\dfrac{\omega\sin\eta\pi t-\eta\pi\sin\omega t}{\eta\pi\omega[\omega^2-(\eta\pi)^2]}, & 0\leqslant t\leqslant\dfrac{1}{\eta}\\ \dfrac{\eta\pi}{m}\left\{\dfrac{\omega\sin\eta\pi t-\eta\pi\sin\omega t}{\eta\pi\omega[\omega^2-(\eta\pi)^2]}+\dfrac{\omega\sin\eta\pi(t-1/\eta)-\eta\pi\sin\omega(t-1/\eta)}{\eta\pi\omega[\omega^2-(\eta\pi)^2]}\right\}, & t>\dfrac{1}{\eta}\end{cases}$$

化简上式，得到

$$x(t)=\begin{cases}\dfrac{\omega^2}{1-\eta^2T^2/4}\left(\sin\eta\pi t-\dfrac{\eta T}{2}\sin\omega t\right), & 0\leqslant t\leqslant\dfrac{1}{\eta}\\ \dfrac{\eta\omega^2T\cos(\pi/\eta T)}{\eta^2T^2/4-1}\sin\omega\left(t-\dfrac{1}{2\eta}\right), & t>\dfrac{1}{\eta}\end{cases}$$

5.6 单自由度系统振动的应用

单自由度系统振动在工程中得到广泛应用，包括主动利用振动和抑制振动两个方面，下面介绍一些单自由度系统的应用实例。

5.6.1 自由振动的应用

1. 确定转动惯量

在进行机械系统动力学分析和设计计算时，常常需要知道零件或部件的转动惯量。对于一般几何形状规则的零部件，通过公式计算或运用积分法可以求得其转动惯量。但对于一些形状不规则的复杂零部件，计算则是很困难甚至是不可能的，这时采用实测法是简单可行的方法。

1）物理摆振动法

如图5-55所示，悬挂于垂直平面的水平轴 O 且能自由摆动的任何刚体都称为物理摆。在平衡位置，悬挂轴 O 的支承反力正好与摆的重力 mg 大小相等，方向相反、作用在一条铅垂线上，因此摆处于静止平衡状态。如果使此摆绕悬挂轴 O 转离平衡位置一个角度然后释放，则摆将绕轴 O 做往复摆动。摆对悬挂轴的转动惯量 I_O 为

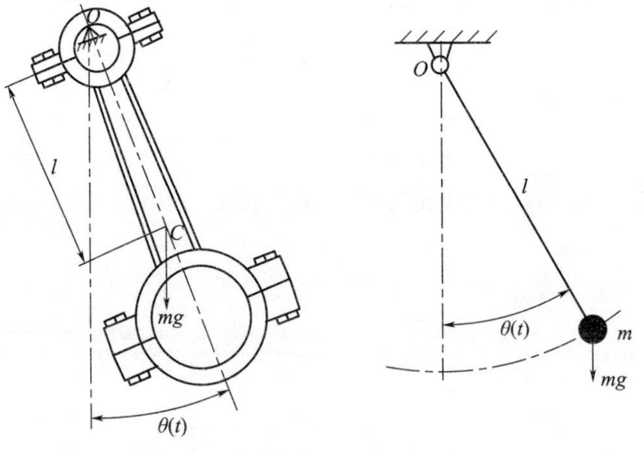

图5-55 物理摆及其力学模型

$$I_O=m(\rho^2+l^2)$$

式中：l 为质心 C 到悬挂点 O 的距离；ρ 为摆通过质心并平行于悬挂轴的惯性半径。在忽略空气阻力及轴承摩擦的情况下，作用在摆上的力矩为 $mgl\sin\theta(t)$，于是摆的转动微分方程为

$$m(\rho^2+l^2)\ddot{\theta}(t) = -mgl\sin\theta(t)$$

在摆动角度较小时，$\sin\theta(t) \approx \theta(t)$，故上式可以写为

$$\ddot{\theta}(t) + \left(\frac{gl}{\rho^2+l^2}\right)\theta(t) = 0$$

从而求得摆动周期为

$$T = 2\pi\sqrt{\frac{\rho^2+l^2}{gl}}$$

从上式可求得

$$\rho^2 = \left(\frac{T}{2\pi}\right)^2 gl - l^2$$

所以，通过重心 C 且平行于悬挂轴的转动惯量为

$$I_C = m\rho^2 = m\left[\left(\frac{T}{2\pi}\right)^2 gl - l^2\right] \tag{5-140}$$

为了求出该零件绕其重心的转动惯量 I_C，可用秒表测定摆动周期 T，按照式（5－140）计算转动惯量。测定周期 T 时，最好进行多次实验，每次测 30～50 个振动周期，取其平均值较为准确。

2）滚动摆振动法

有些零部件不能悬挂而宜于摆动，则可采用图 5－56（a）所示的方法，将一轮和轴的装配体置于两平行的轨道上，让其作微小范围的往复滚动，并用秒表测量其滚动的频率或周期 T，即可获得转动惯量。

由图 5－56（b）可知，作用于装配体的重力矩为：$mgr\sin\theta(t)$。由无滑动的纯滚动这一条件，得到

$$r\dot{\varphi}(t) - (R-r)\dot{\theta}(t)$$

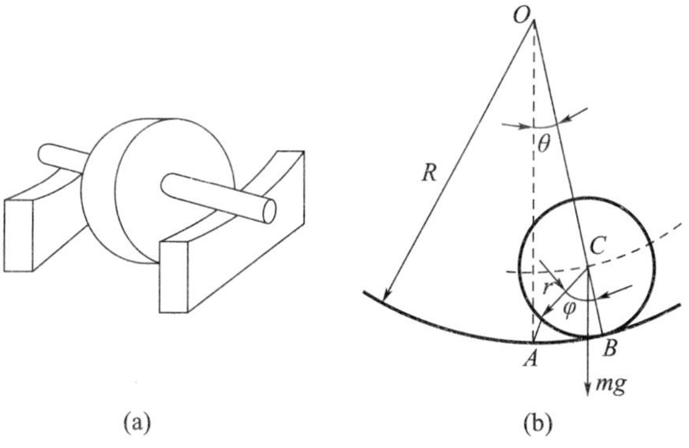

图 5－56　滚动摆及其模型

对上式求导并整理，得到

$$\ddot{\varphi}(t) = \left(\frac{R-r}{r}\right)\ddot{\theta}(t)$$

按照牛顿运动定律，该部件的滚动微分方程可表示为

$$I_B\left(\frac{R-r}{r}\right)\ddot{\theta}(t) = -mgr\sin\theta(t)$$

式中：I_B为该部件绕运动轴线的转动惯量。

在微小角度范围内滚动时，$\sin\theta(t)\approx\theta(t)$，上式可写为

$$\ddot{\theta}(t)+\frac{mgr^2}{I_B(R-r)}\theta(t)=0$$

从而得到

$$\omega_n^2=\frac{mgr^2}{I_B(R-r)}=\frac{4\pi^2}{T^2}$$

从上式得到

$$I_B=\frac{mgr^2T^2}{4\pi^2(R-r)}$$

因为I_B与该部件绕其重心的转动惯量I_C的关系为$I_B=I_C+mr^2$，从而得到

$$I_C=mgr^2\left[\frac{T^2}{4\pi^2(R-r)}-\frac{1}{g}\right] \tag{5-141}$$

通过滚动摆的振动实验，测出振动周期T，代入式（5－141）即可求得转动惯量I_C，这比理论计算更为准确可靠。

3）扭转振动法

为了确定零件对通过重心轴的转动惯量，可用一根钢丝连接于其重心B，并悬挂于固定点A，如图5－57所示。将该零件绕轴线AB扭转一个小的角度，然后释放，则零件绕钢丝轴线做自由扭转振动。由于轴线AB在垂直方向，故零件的重力对转动轴的矩等于零。忽略空气阻力，则只有与扭转角度成正比的钢丝弹性力矩（$-k_i\varphi$），其中k_i是钢丝的扭转弹性系数。不计钢丝的转动惯量，则零件的转动微分方程为

$$\ddot{\varphi}(t)+(k_t/I)\varphi(t)=0$$

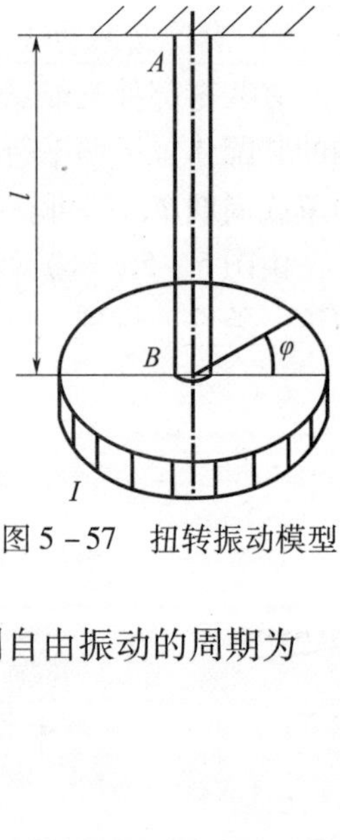

图5－57　扭转振动模型

因此，这种自由扭转振动的周期T为

$$T=\frac{2\pi}{\omega_n}=2\pi\sqrt{\frac{I}{k_t}}$$

由材料力学可知，钢丝的扭转弹性常数$k_t=GI_p/l$，从而得到自由振动的周期为

$$T=2\pi\sqrt{\frac{I}{k_t}}=2\pi\sqrt{\frac{Il}{GI_p}}$$

所求零件的转动惯量I为

$$I=\frac{k_tT^2}{4\pi^2}=\frac{GI_pT^2}{4\pi^2l} \tag{5-142}$$

将钢丝具有的扭转弹性常数和测得的平均周期T代入式（5－142），即可求得零件的转动惯量。

2. 确定摩擦因数

1）固体摩擦因数

图5－58所示为一根菱形杆AB平置于两个反向等速旋转的带槽轮缘上，如果将杆的质心C移至离中心平面OO一段距离，然后释放，试分析此杆的运动。

选取中心点O为坐标原点，并以x轴向右为正，则杆的受力情况如图5－58所示。

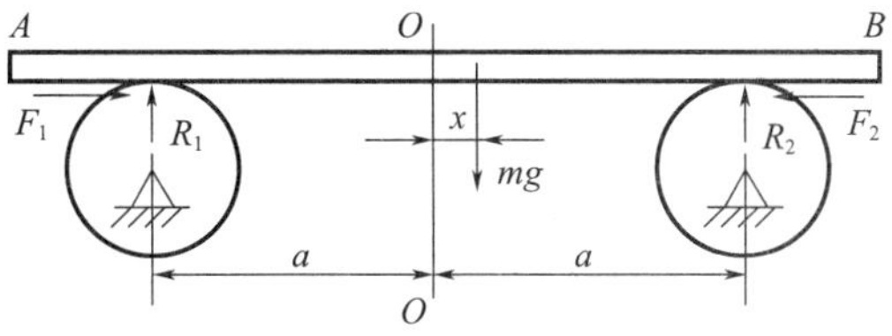

图 5－58　固体摩擦因数的实验模型

其中反作用力 R_1 和 R_2 可写为

$$R_1=\frac{mg}{2a}(a-x),\qquad R_2=\frac{mg}{2a}(a+x)$$

摩擦力 F_1 及 F_2 为

$$F_1=\mu R_1,\qquad F_2=\mu R_2 \tag{5-143}$$

按照牛顿运动定律，杆的运动微分方程为

$$m\ddot{x}(t)=F_1-F_2 \tag{5-144}$$

在图示位置有 $F_2>F_1$，可见有一不平衡力驱使该杆走向中心位置。将式（5－143）代入式（5－144），得

$$\ddot{x}(t)+\left(\frac{\mu g}{a}\right)x(t)=0 \tag{5-145}$$

从而得到系统的自然频率为 $\omega_{\mathrm{n}}^2=(\mu g/a)$，故知该杆做往复运动的周期为

$$T=\frac{2\pi}{\omega_{\mathrm{n}}}=2\pi\sqrt{\frac{a}{\mu g}} \tag{5-146}$$

因此，只要测出周期 T，就可从式（5－146）得到杆与轮缘之间（或这两种材料之间）的摩擦因数为

$$\mu=\frac{4\pi^2a}{gT^2} \tag{5-147}$$

2）液体的黏性阻尼系数

利用图 5－59 所示装置可以测量液体的黏性阻尼系数。将质量为 m，面积为 A 的等厚薄板悬挂于弹簧下端，先使系统在空气中自由振动，测得周期为 T_1（不计空气阻尼）。然后放入被测液体中做衰减振动，测得周期为 T_2。薄板受到的阻尼力为 $R=2\mu Av$，式中 v 为相对速度；μ 为液体黏性阻尼系数，其含义是单位面积、单位速度下的阻力。薄板在空气中的运动方程为

$$\ddot{x}(t)+\frac{k}{m}x(t)=0$$

薄板在空气中的振动周期为

$$T_1=\frac{2\pi}{\omega_{\mathrm{n}}}=2\pi\sqrt{\frac{m}{k}} \tag{5-148}$$

薄板在液体中的运动方程为

$$\ddot{x}(t)+2\left(\frac{\mu A}{m}\right)\dot{x}(t)+\frac{k}{m}x(t)=0 \tag{5-149}$$

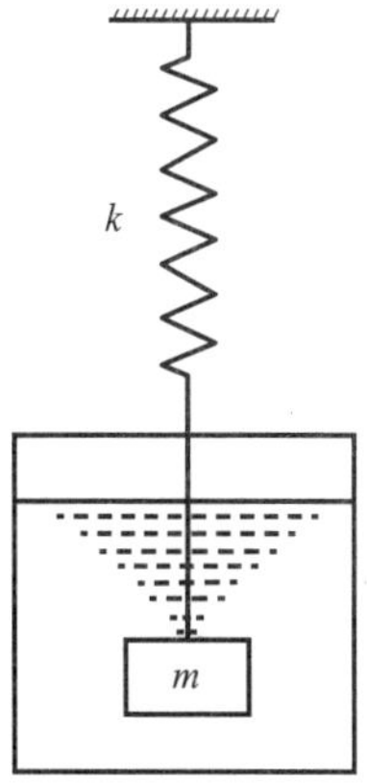

图 5－59　液体黏性阻尼系数的实验模型

式（5－149）与有阻尼系统的振动方程相似，其振动周期为

$$T_2=\frac{2\pi}{\sqrt{\omega_n^2-(\xi\omega_n)^2}}=\frac{2\pi}{\sqrt{(k/m)^2-(\mu A/m)^2}} \tag{5-150}$$

从式（5－148）和式（5－150）中消去k，得

$$\mu=\frac{2\pi m}{AT_1T_2}\sqrt{T_2^2-T_1^2} \tag{5-151}$$

只要分别测出振动周期T_1和T_2，代入式（5－151），就可求得该液体的黏性阻尼系数。

3. 确定特定条件下的动载荷系数

如图5－60所示，起重机以等速v_0下降货物m，试求一旦紧急刹车时钢绳所受的最大拉力和动载荷系数。当起重机紧急刹车时，钢绳上端A突然停住，但货物m具有速度v_0不能立刻停止而在绳上振动。钢绳所受拉力与振幅密切相关，而振幅取决于初始条件。在刹车的瞬时，重物m离其静平衡位置的初位移为$x_0=0$，而初速度即为v_0。则可知其振幅为v_0/ω_n，$\omega_n=\sqrt{k/m}=\sqrt{g/\delta_s}$。因此钢绳的最大拉伸为

$$\delta_m=\delta_s+\frac{v_0}{\omega_n}=\frac{mg}{k}+v_0\sqrt{\frac{\delta_s}{g}}=\frac{mgl}{EA}+v_0\sqrt{\frac{ml}{EA}}$$

式中：E为钢绳的弹性模量；A为钢绳的截面积；k为钢绳的弹性刚度，可以表示为

$$k=\frac{mg}{\delta_s}=\frac{EA}{l}$$

钢绳中的最大拉力为

$$P_m=k\delta_m=mg+v_0\sqrt{mk}=mg\left(1+\frac{v_0}{g}\sqrt{\frac{k}{m}}\right) \tag{5-152}$$

所以起重机在特定条件下钢绳的动载荷系数为

$$\Phi=1+\frac{v_0}{g}\sqrt{\frac{k}{m}}=1+\frac{v_0}{\sqrt{g\delta_s}} \tag{5-153}$$

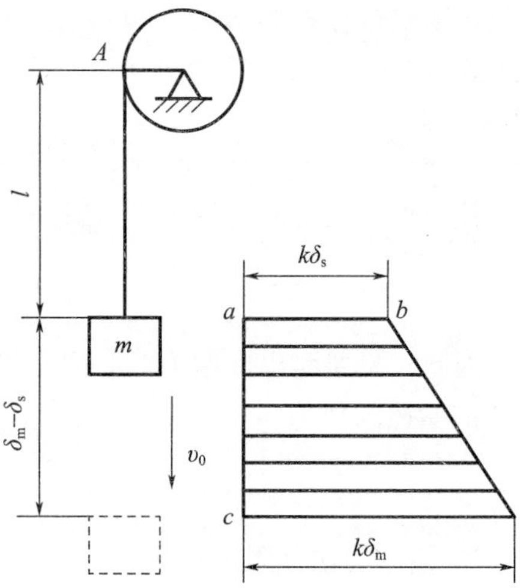

图5－60　起重机模型及分析

如果起重机以45m/min的速度下降2000kg的货物时突然刹车，钢绳的弹性刚度为22.5kN/cm，则可得钢绳的最大拉力为

$$P_m=mg\left(1+\frac{v_0}{g}\sqrt{\frac{k}{m}}\right)=19.6\left(1+\frac{45}{60g}\sqrt{\frac{2250}{2}}\right)=69.9\ (\text{kN})$$

可见，由于紧急刹车使本来只受力19.6kN的钢绳受力突然猛增至69.9kN，动载荷系数达到3.56，这显然是不利的。为了减轻钢绳的动载荷（减小动载荷系数），通常在吊挂装置里装上一个附加弹簧，使之成为弹性吊梁。于是，钢绳系统的弹性有所改变，相当于两个刚度为k_1及k_2的弹簧串联起来，组成一个等效弹簧。如果附加弹簧的刚度为$k_2=5\text{kN/cm}$，则等效弹簧的刚度为

$$k=\frac{k_1k_2}{k_1+k_2}=\frac{22.5\times5}{22.5+5}=4.1\ (\text{kN/cm})$$

按照式（5－153），动载荷系数为

$$\Phi = 1 + \frac{v_0}{g}\sqrt{\frac{k}{m}} = 1 + \frac{45}{60g}\sqrt{\frac{410}{2}} = 2.09$$

这时，钢绳所受的力为

$$P_m = \Phi mg = 2.09 \times 19.6 = 41.1\text{kN}$$

由此可见，由于采用弹性吊梁，使动载荷系数下降，因而使钢绳受力减小，整个提升机构的受力情况大为改善。

5.6.2 强迫振动的应用

1. 轴的临界转速

在大型汽轮机、发电机机组和其他一些旋转机械的启动与停机过程中，当经过某一转速时，会出现剧烈的振动。为了保证机器的运行安全，必须迅速越过这个转速。这个转速在数值上一般非常接近转子横向自由振动的自然频率，称为临界转速。

现以装有一个薄圆盘的转轴为例，说明轴的临界转速的确定方法。假设轴静止时，轴线在垂直方向，与两端轴承的中心线 z 重合；轴承是绝对刚性的，但轴端可以在轴承内自由偏转；圆盘在水平方向，装在轴的中点；轴线通过圆盘的几何中心 O'，而圆盘的质心 C 与 O'之间的微小偏心距为 e，如图 5－61（a）所示。这样重力的影响可以忽略不计，在轴发生挠曲时，圆盘始终保持水平，因而不需要考虑陀螺效应。

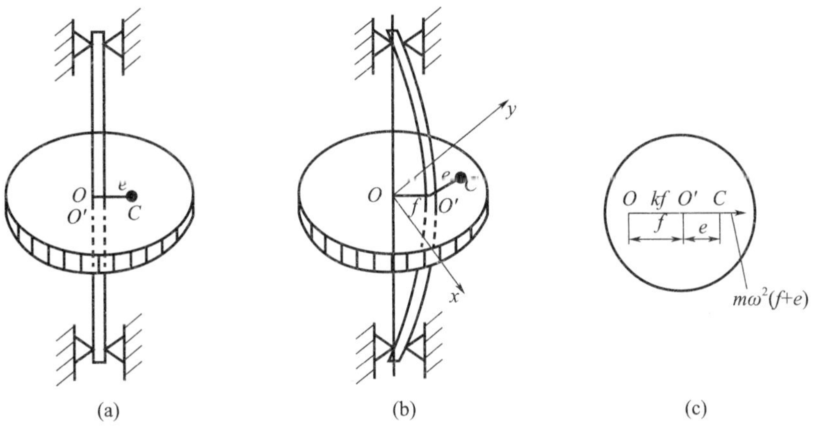

图 5－61　薄盘转轴模型及分析

当轴以某一角速度 ω 匀速转动时，圆盘的离心力将使轴发生挠曲，轴承中心线 z 与盘面相交于某点 O，设轴线中心的挠度为 f，则 $OO' = f$，如图 5－61（b）所示。

在不考虑阻尼的情况下，作用于圆盘的力只有弹性恢复力与离心力，弹性力从 O' 指向 O，大小等于 kf，其中 k 是轴中点的刚度，离心力沿着点 O 与 C 的连线指向朝外，大小为 $m\omega^2(f+e)$，其中 m 为圆盘的质量，如图 5－61（c）所示。这两个力必须是作用线相同，方向相反，大小相等。因此在转动过程中，点 O、O'与 C 始终保持在同一直线上，且 $kf = m\omega^2(f+e)$。从而求得轴线中心的挠度 f 为

$$f = \frac{m\omega^2 e}{k - m\omega^2}$$

考虑到 $\omega_n=\sqrt{k/m}$，故有

$$f=\frac{(\omega/\omega_n)^2 e}{1-(\omega/\omega_n)^2}=\frac{\lambda^2 e}{1-\lambda^2} \tag{5-154}$$

对于已经制造好的转子，转子质量 m、偏心距 e，轴的弹性刚度 k 是一定的，因此在转速 ω 一定时，f 的值也是一定的。圆盘的几何中心 O' 做半径为 f 的圆周运动，而圆盘的质心 C 则做半径为（$f+e$）的圆周运动，轴承弓状变形，但并没有发生任何如前所述的陀螺运动，这种现象称为弓形回转。

式（5-154）可用图 5-62 表示，动挠度 f 随频率比的变化而不同，当转速 ω 很低时，$\lambda\approx 0$，动挠度很小；但当 $\lambda=1$，即转速等于轴的横向振动自然频率时，即使转子平衡，且 e 很小，动挠度 f 也会趋于无穷大。虽然在实际上由于轴承产生的阻尼将挠度限制在一定的有限值上，较大变形产生的非线性恢复力也会限制挠度，但轴的动挠度仍将比较大而易于导致破坏。这时的转速称为临界转速，以 ω_k 表示为

$$\omega_k=\omega_n=\sqrt{k/m}$$

工程上通常用每分钟转数来表示，即

$$n_k=\frac{60\omega_k}{2\pi}$$

所以临界转速在数值上等于转子不转动而做横向自由振动时的自然频率。当 $\lambda>1$ 时，即超越临界转速运行时，f 为负值。这表明动挠度与偏心距反向，重心 C 落在 OO' 之间，如图 5-63 所示。当 $\lambda\to\infty$ 时，$f=-e$，这时轴围绕圆盘重心旋转，重心 C 与 O 重合，称为自动定心。

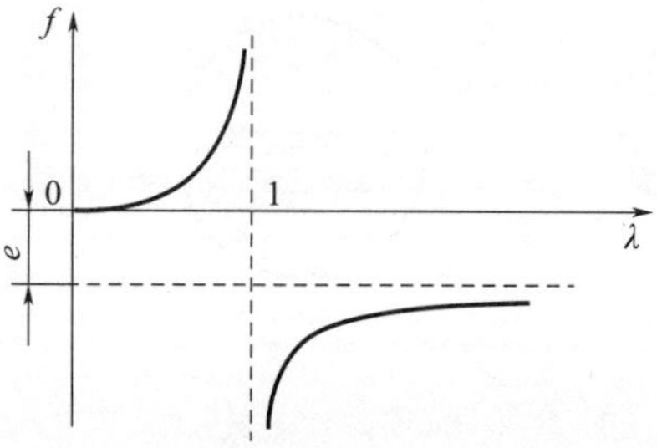

图 5-62 动挠度与频率比的关系

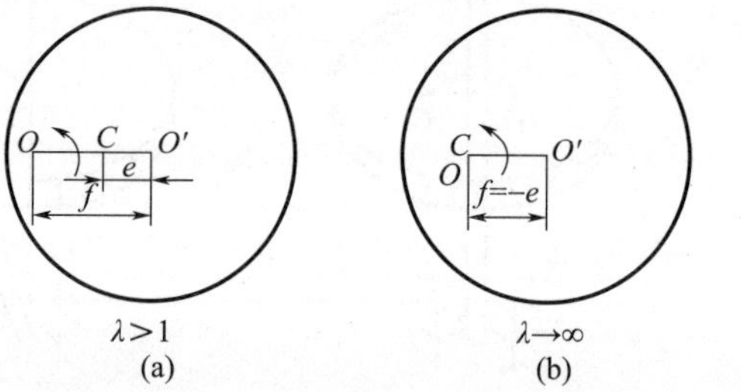

图 5-63 动挠度与频率比的关系

如果考虑阻尼的影响，圆盘上除作用弹性恢复力、离心力外，还作用有阻尼力。此时，质心落在 OO' 的延长线上。CO' 线超前 OO' 线一个相位角 ψ，ψ 的值取决于阻尼 c 和转速 ω。图 5-64 所示为 3 种不同转速情况下质心 C 和几何中心 O' 之间的相对位置。在 $\lambda<1$ 时，$\psi<\pi/2$；在 $\lambda=1$ 时，$\psi=\pi/2$；在 $\lambda>1$ 时，$\pi/2<\psi<\pi$。

需要注意，一根不转动的轴做横向弯曲强迫振动时，轴内产生交变应力，而在弓形回转时，轴内并不产生交变应力。但转子的离心惯性力却对轴承产生一个交变力，并导致支承系统发生强迫振动。这便是临界转速时会产生剧烈振动的原因。正因为如此，工程上常把临界转速时支承发生剧烈振动的现象和共振不加区别。实际上这是两种不同的物理现象。

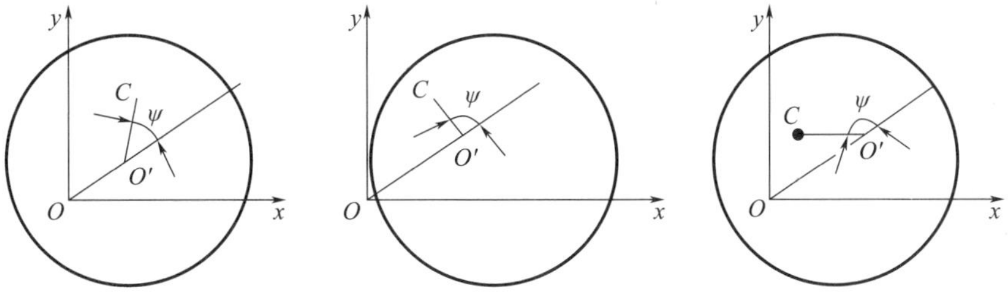

图 5-64　不同转速下质心与几何中心的相对位置

例 5-21　涡轮增压器转子质量 $m=10\text{kg}$，安装在半径 1.0cm，长 32cm 的钢轴中心，轴端固定，钢的弹性模量为 $E=1.96\times10^7\text{N/cm}^2$，密度 $\gamma=7.8\text{g/cm}^3$，阻尼可以忽略不计，设偏心距 $e=0.015\text{mm}$。试求：①临界转速；②在 3000r/min 时转子的振幅；③在3000r/min转速时传至两端轴承的力。

解　涡轮增压器转子的转动质量和转动惯量分别为

$$m_1=\pi r^2 l\rho=3.14\times1^2\times32\times7.8\times10^{-3}=0.784\text{kg}$$

$$I=\frac{1}{2}m_1 r^2=\frac{1}{2}\times0.783\times1^2=0.392\text{kg}\cdot\text{cm}^2$$

转轴为简支梁形式，转轴中间的挠度 $\Delta x=Pl^3/(48EI)$，则转轴的弯曲弹簧刚度系数为

$$k=\frac{P}{\Delta x}=\frac{48EI}{l^3}=\frac{48\times1.96\times10^7}{32^3}\times0.392=11255\text{N/cm}$$

转轴对于中点的有效质量为

$$m_e=0.486m_1=0.486\times0.784=0.38\text{kg}$$

①临界转速即横向振动的自然频率为

$$\omega_n=\sqrt{\frac{k}{m+m_e}}=\sqrt{\frac{11255\times10^2}{10+0.38}}=329\text{s}^{-1}$$

②转轴转速 3000r/min 的频率为

$$\omega=2\pi n/60=2\times\pi\times3000/60=314\text{s}^{-1}$$

由式（5-154），可算得3000r/min 时，转轴的振幅为

$$f=\frac{(\omega/\omega_n)^2 e}{1-(\omega/\omega_n)^2}=\frac{(314\div329)^2\times0.015}{1-(314\div329)^2}=0.1533\text{mm}$$

③传至两个轴承的力为

$$F=(m+m_e)(e+f)\omega^2=10.38\times(0.015+0.1533)\times314^2\times10^{-2}=1722.427\text{N}$$

2. 隔振原理及应用

机器设备运转时会发生强烈的振动，不但会引起机器自身结构或部件破坏、缩短寿命、降低效率，而且会影响周围结构的安全，使周围的精密仪器设备不能正常工作或降低其灵敏度和精确度。地震或各种原因导致的冲击波引起的支座运动，也影响结构物的使用寿命以及精密仪器设备的正常工作。

隔振就是在振源和振动体之间设置隔振系统或隔振装置，以减小或隔离振动的传

递。根据振源的不同，隔振方法有两类：①隔离机械设备通过支座传至地基的振动，以减小动力的传递，称为主动隔振；②防止地基的振动通过支座传至需要保护的精密仪器设备或精密仪表，以减小运动的传递，称为被动隔振。

1）主动隔振

主动隔振也称力隔振，机器本身是振源，使它与基础隔离开来，以减少它对周围设备的影响，隔掉传到基础上的力。如图5－65（a）所示，外激励 $F(t)$ 是按照谐波规律变化的，即 $F(t)=F_0\sin\omega t$，响应 $x(t)=X\sin(\omega t-\varphi)$，则振动幅值为

$$X=\frac{F_0}{k}\frac{1}{\sqrt{(1-\lambda^2)^2+(2\xi\lambda)^2}}$$

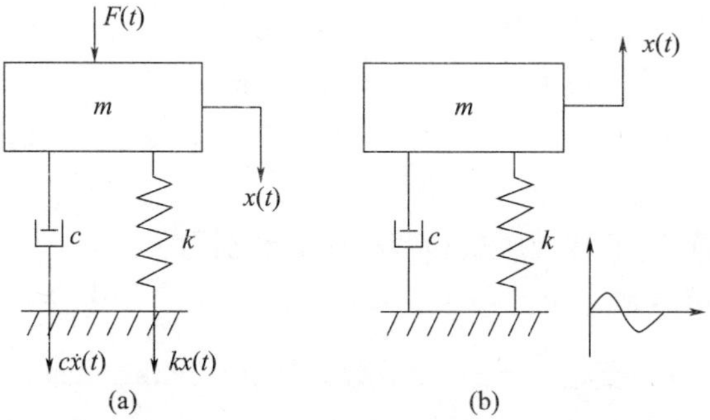

图5－65　主动隔振和被动隔振

通过弹簧传递给基础的力可表示为

$$F_{\mathrm{k}}=kx(t)\sin(\omega t-\varphi)$$

$$F_{\mathrm{kmax}}=\frac{F_0}{\sqrt{(1-\lambda^2)^2+(2\xi\lambda)^2}}$$

通过阻尼器传递给基础的力为 $F_{\mathrm{c}}=c\dot{x}(t)=cX\cos(\omega t-\varphi)$，而 F_{k} 与 F_{c} 的夹角为90°，$F_{\mathrm{cmax}}=cX\omega$。按照矢量合成法，力幅 F_{t} 可表示为

$$F_{\mathrm{t}}=\sqrt{F_{\mathrm{k}}^2+F_{\mathrm{c}}^2}=X\sqrt{(c\omega)^2+k^2}=Xk\sqrt{1+(2\xi\lambda)^2}=F_0\frac{\sqrt{1+(2\xi\lambda)^2}}{\sqrt{(1-\lambda^2)^2+(2\xi\lambda)^2}}$$

设 $T_{\mathrm{r}}=F_{\mathrm{t}}/F_0$，称为传递率或主动隔振系数，则有

$$T_{\mathrm{r}}=\frac{\sqrt{1+(2\xi\lambda)^2}}{\sqrt{(1-\lambda^2)^2+(2\xi\lambda)^2}} \tag{5-155}$$

T_{r} 与 λ 的关系曲线与支承运动的幅频响应特性曲线是一样的。要想使隔振有效果，需要满足 $F_{\mathrm{t}}<F_0$，即 $T_{\mathrm{r}}<1$，只有 $\lambda>\sqrt{2}$ 才能满足此条件，为此弹簧应有足够的柔度。阻尼是隔振和共振都需要关注的参数，一方面，阻尼对于隔振 T_{r} 是不利的，应尽可能减小。另一方面，适当的阻尼是必要的，否则在机器通过共振区时，会产生过大的振幅与附加动应力。因此，在设计系统的阻尼时需要综合考虑。

2）被动隔振

被动隔振也称运动隔振。振源来自基础运动，为了减小外界振动传向机器本身而采取的隔振措施。仍采用弹簧和阻尼器来隔振，如图5－65（b）所示。设其地基运动为

$y(t)=Y\sin\omega t$，与支承运动所引起的强迫振动情况类似，动力放大系数（被动隔振系数）为

$$T_r=\frac{x(t)}{y(t)}=\frac{X}{Y}=\frac{\sqrt{1+(2\xi\lambda)^2}}{\sqrt{(1-\lambda^2)^2+(2\xi\lambda)^2}} \tag{5-156}$$

式（5-156）与式（5-155）的形式一样，但其含义不同。式（5-155）表示主动隔振系数，表示隔掉的是力，即力传递率的大小；而式（5-156）表示被动隔振系数，表示隔掉的是位移，即位移传递率的大小。无论是主动隔振，还是被动隔振，均具有下列特性。

（1）无论阻尼大小如何，只有当频率比 $\lambda>\sqrt{2}$ 时才有隔振效果。

（2）$\lambda>\sqrt{2}$ 以后，随着频率的增加，隔振系数逐渐趋近于零。但当 $\lambda>5$ 以后，T_r 曲线几乎水平，下降效果不很明显，故一般取 λ 值在 2.5～5.0 之间。

（3）$\lambda>\sqrt{2}$ 时，隔振系数随着 ξ 增加而提高，此时阻尼的增大不利于隔振，因此盲目增加阻尼并不能得到很好的隔振效果。

3. 测振原理及应用

测振仪又称为拾振器，其作用是将被测对象的振动信号，在要求的范围内，正确地接受下来并传出或显示出来。惯性式测振仪是常用的测振仪器，有位移计、速度计和加速度计 3 种类型。

如图 5-66 所示，惯性块 m 用弹簧 k 和阻尼 c 连接于外壳上，外壳与振动体固连于一体。在 m 上有指针 Z 用来记录和显示出所测物体的位移或加速度。

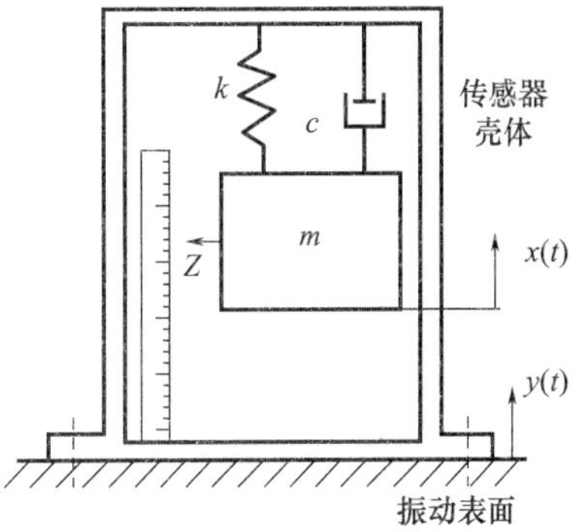

图 5-66　惯性传感器

设振动体的运动规律为 $y(t)=Y\sin\omega t$，m 的绝对位移为 $x(t)$，指针 Z 所显示的是 m 与外壳或振动体间的相对位移：$Z(t)=x(t)-y(t)$。对于质量块 m 进行受力分析，根据牛顿运动定律，有

$$m\ddot{x}(t)=-k[x(t)-y(t)]-c[\dot{x}(t)-\dot{y}(t)]$$

$$m\ddot{Z}(t)+c\dot{Z}(T)+kZ(t)=-m\ddot{y}(t)=m\omega^2\sin\omega t$$

这与旋转偏心质量所引起的强迫振动方程形式是一样的。设 $Z(t)=Z\sin(\omega t-\varphi)$，则振幅 Z 为

$$Z=\frac{mY}{m}\beta=Y\frac{\lambda^2}{\sqrt{(1-\lambda^2)^2+(2\xi\lambda)^2}} \tag{5-157}$$

式（5-157）的幅频响应特性曲线如图 5-67 所示。下面说明测振仪可用作位移计和加速度计。

1）位移计

由式（5-157）可知，$Z/Y=\beta$，而 $\lambda\to\infty$ 时，$\beta\to1$，即 $Z\approx Y$，指针所显示的读数与振动体的位移相等，故可以作为位移计使用。当 $\lambda\to\infty$，即 $\omega/\omega_n\to\infty$ 时，ω_n 非常小，而 $\omega_n=\sqrt{k/m}$，则质量较大而弹簧较软，所以位移计是一种大质量软弹簧的低自然频

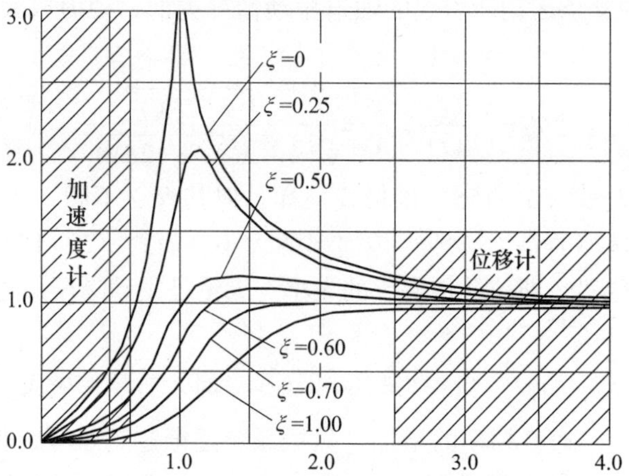

图 5－67　幅频响应特性曲线

率的测振仪，通常使用的范围为 0～500Hz。

位移计的缺点是：质量较大，体积较大而重。对于质量不大的振动体进行测量时影响较大，测量精度低，测量范围小。

位移计的阻尼器对频率使用范围有较大影响，如取阻尼比 $\xi=0.6\sim0.7$，$\lambda>2.5$ 时，Z 就已相当接近 Y。所以合理选择阻尼，实际上扩大了位移计频率使用范围的下限。

2）加速度计

由式（5－157）可知：

$$\frac{Z}{Y}=\beta=\frac{\lambda^2}{\sqrt{(1-\lambda^2)^2+(2\xi\lambda)^2}}=\frac{\omega^2}{\omega_n^2\sqrt{(1-\lambda^2)^2+(2\xi\lambda)^2}} \tag{5-158}$$

从式（5－158）得到

$$Z=\frac{\omega^2 Y}{\omega_n^2\sqrt{(1-\lambda^2)^2+(2\xi\lambda)^2}}=\frac{\ddot{Y}}{\omega_n^2\sqrt{(1-\lambda^2)^2+(2\xi\lambda)^2}} \tag{5-159}$$

$\ddot{Y}$ 是被测物体的振动加速度，当 $\lambda\to0$ 时，$Z\approx\ddot{Y}/\omega_n^2$，此时指针的读数与振动物体的加速度振幅成正比，因此只要给出适当的比例系数，就可以得到振动体的加速度大小。

加速度计要求 $\lambda=\omega/\omega_n\to0$，即自然频率 ω_n 要比振动物体的振动频率 ω 大很多，所以加速度计是一种高自然频率的测振仪。因而是一种小质量大弹簧（硬刚度）的测振仪。其使用频率范围较广泛，体积较小，灵敏度高，因而得到广泛的使用。

加速度计的频率使用范围同样受阻尼的影响较大，如 $\xi=0.65\sim0.7$ 时，$Z\omega^2$ 就已相当接近 $\ddot{Y}$。所以合理选择阻尼，可以使加速度计的频率使用范围更大。惯性式测振仪中的阻尼除了能扩大位移计和加速度计的频率使用范围外，还能影响测振仪的性能。阻尼比 ξ 增大时，能使弹簧质量系统的自由振动迅速衰减，这对测振仪很重要，尤其在测量冲击和瞬态振动时更为重要。阻尼比 ξ 过小的测振仪很难使用，这时测振仪的初始自由振动长时间不衰减，叠加到被测的振动量中，为分析振动问题增加了困难。

阻尼还对测振仪的相频特性有较大影响，因为测振仪指针的值与振动物体的运动之间有相位差 φ。一般情况下相位差 φ 与频率比之间是非线性关系，在测量由若干谐波函数叠加而成的非谐波周期振动时，会造成波形畸变。要避免这种畸变，就必须使相位差 φ 与频率比之间是线性关系，如阻尼比 $\xi=0.7$ 时，在 $\lambda>1$ 的范围内相位差 φ 与频率比之间是线性关系。所以，阻尼的选择在测振仪中是一个重要问题。

例 5-22 一测地震用的加速度计，自然频率为 20s^{-1}，阻尼比为 $\xi=0.7$。如果允许误差为 1%，问该加速度计能测得的最高频率是多少？

解 按照加速度计的误差要求，加速度计测得的振幅应该为实际振幅的 99%，即

$$Z=\frac{1}{\sqrt{(1-\lambda^2)^2+(2\xi\lambda)^2}}=\frac{1}{\sqrt{(1-\lambda^2)^2+(2\times0.7\lambda)^2}}=0.99$$

由上式得到：$\lambda^4-0.04\lambda^2-0.0203=0$，解出 $\lambda^2=0.164$，从而得到 $\lambda=\omega/\omega_n=\pm0.405$，其中 $\lambda=-0.405$ 无意义，故该加速度计能测得的最高频率为

$$\omega=\lambda\omega_n=0.405\times20=8.1\text{s}^{-1}$$

思考题

1. 当系统未受外力的持续激励时，会不会发生振动？

2. 单自由度线性无阻尼系统（谐振子）的自由振动频率由什么决定？与初始条件有无关系？

3. 线性谐振子的振动周期与振幅是否有关？具有什么关系？

4. 单自由度线性系统在一定初始条件下的自由振动，是否与阻尼率 ξ 有关？当 $0<\xi<1$ 时，是什么形式的振动？当 $\xi>1$ 时，是否能够产生振动？

5. 自由振动是初始激励激起的振动，对于一个单自由度线性系统，初始条件不同，自由振动的振幅、相位和频率是否相同？

6. 单自由度无阻尼系统的自由振动频率为自然频率 ω_n，单自由度有阻尼（小阻尼）系统的自由振动频率为阻尼自然频率 ω_d。ω_n 和 ω_d 有何关系？

7. 单自由度线性系统在谐波激励下的稳态强迫振动的频率是否等于外界激励的频率？与系统的自然频率有无关系？

8. 单自由度线性系统的运动微分方程为：$\ddot{x}(t)+2\xi\omega_n\dot{x}(t)+\omega_n^2x(t)=\omega_n^2f(t)$：如果 $x(t)$ 的量纲为 L，则 ξ 和 $f(t)$ 的量纲各为什么？

9. 一个谐波激励力作用到线性系统上，所得到的稳态响应与激励力是否具有相同的频率与相位？

10. 对于一个单自由度线性系统，当阻尼率 $\xi\geqslant1$ 时，在谐波激励下的响应是否为周期运动？

11. 当激励力的频率等于单自由度线性阻尼系统的自然频率时，其振幅达到最大值，对吗？

12. 一个周期激励力作用到单自由度线性系统上，系统响应的波形与激励力的波形是否相同？两波形间存在什么关系？

13. 单自由度无阻尼自由振动、有阻尼自由振动、无阻尼强迫振动、有阻尼强迫振

动的振幅有何变化？如何从能量关系角度进行解释？

14. 周期激励相当于用基频 ω_0 谐波与其各个高次谐波 $p\omega_0$（$p=1, 2, \cdots$）激励系统，非周期激励相当于用所有频率 ω 的谐波激励系统，对吗？如果不对，正确的说法是什么？

15. 冲击响应的最大峰值是否一定发生在冲击作用的时间里，而不能发生在冲击结束以后。

16. 一个无阻尼系统在多次冲击作用下不可能有一种稳态的响应，因为每冲击一次，势必要使系统的速度发生突然改变，因为其动能增加，而系统并无能量耗散，由于能量的积累，势必越振越猛。对吗？如果不对，正确的说法是什么？

17. 当初始条件为零，即 $x_0=v_0=0$ 时，系统会不会有自由振动？

18. 由于阻尼作用，系统的自由响应是否只是在很短的时间内起作用，而强迫激励的响应与自由响应有无关系？

习　题

1. 试求如图 5-68 所示的质块-5 弹簧系统的等效刚度。

2. 对图 5-69 所示的质块-圆盘-弹簧系统，以从系统平衡位置开始算起，质块的向下位移 $x(t)$ 作为广义坐标，求系统的等效质量和等效刚度。

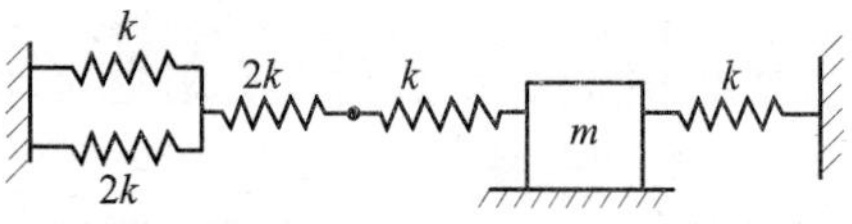

图 5-68　质块-5 弹簧系统

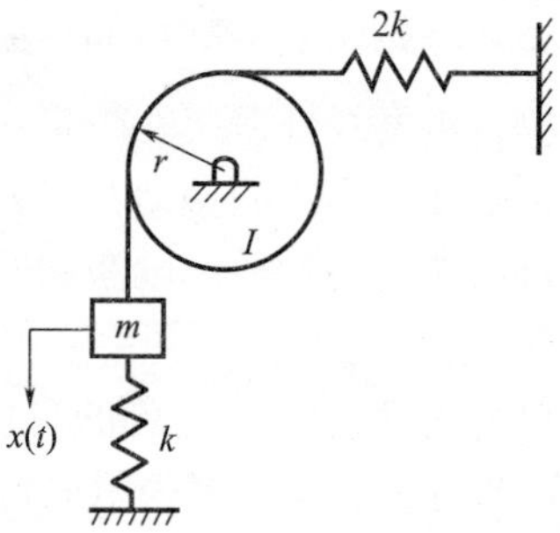

图 5-69　质块-圆盘-弹簧系统

3. 对图 5-70 所示的两杆-弹簧系统，两杆相同，质量均为 m，以刚性无质量细杆连接。以 θ 作为广义坐标，以顺时针转动角为正，从系统的平衡位置测起，求微幅振动时系统的等效转动惯量和等效刚度。

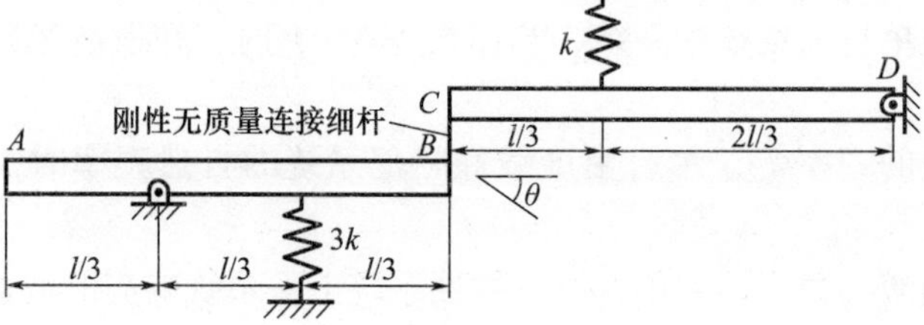

图 5-70　两杆-弹簧系统

4. 对图 5 - 71 所示的摆杆 - 2 弹簧系统，杆的质量为 m，两个弹簧刚度均为 k，质量为 m_s。以 θ 作为广义坐标，以顺时针方向为正，从系统的平衡位置测起，求微幅振动时系统的等效转动惯量和等效刚度。

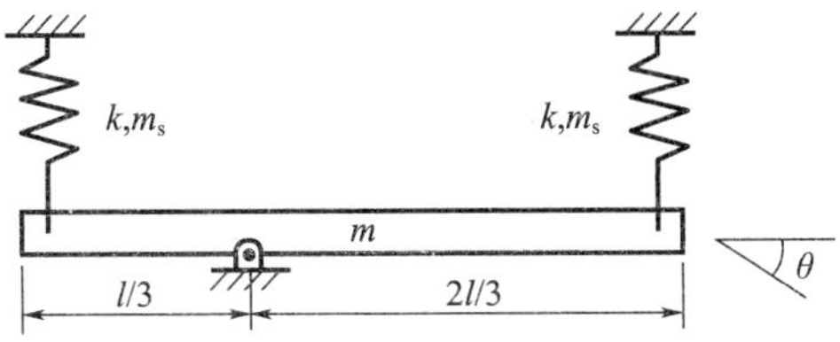

图 5 - 71　摆杆 - 2 弹簧系统

5. 对图 5 - 72 所示的摆杆 - 弹簧系统，杆的质量为 m，弹簧刚度为 k，质量为 m_s。以 θ 作为广义坐标，以顺时针方向为正，从系统的平衡位置测起，求微幅振动时系统的等效转动惯量、等效阻尼和等效刚度。

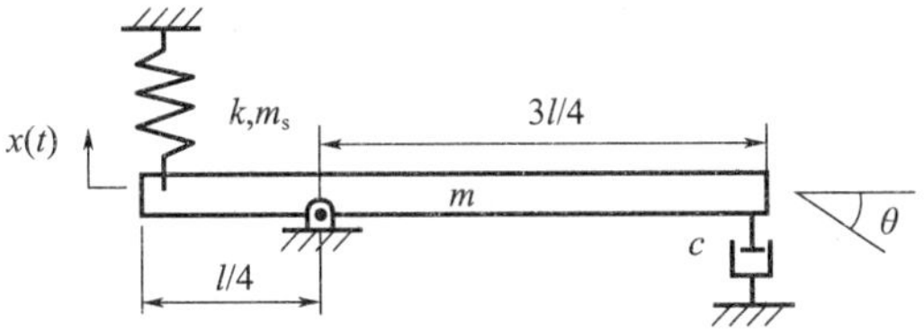

图 5 - 72　摆杆 - 弹簧系统

6. 对图 5 - 73 所示的圆盘 - 拉轮 - 弹簧系统，假定圆盘只滚动不滑动，以圆盘质心从平衡位置起的位移 $x(t)$ 作为广义坐标，求系统的等效质量、等效阻尼和等效刚度。

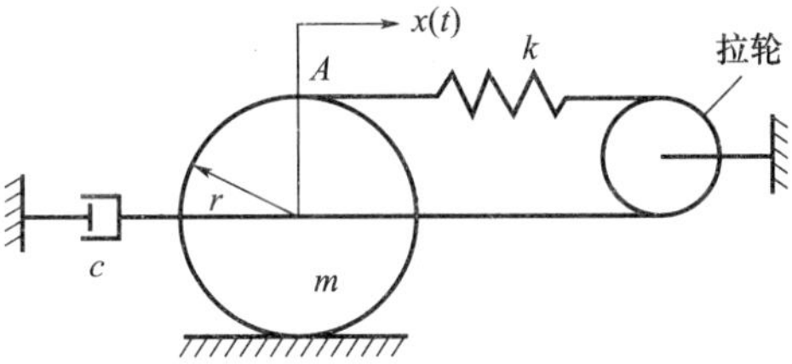

图 5 - 73　圆盘 - 拉轮 - 弹簧系统

7. 对图 5 - 74 所示的摆杆 - 弹簧 - 阻尼系统，杆的质量为 m，其他参数如图所示。以 θ 作为广义坐标，求系统的等效转动惯量、等效阻尼和等效刚度。

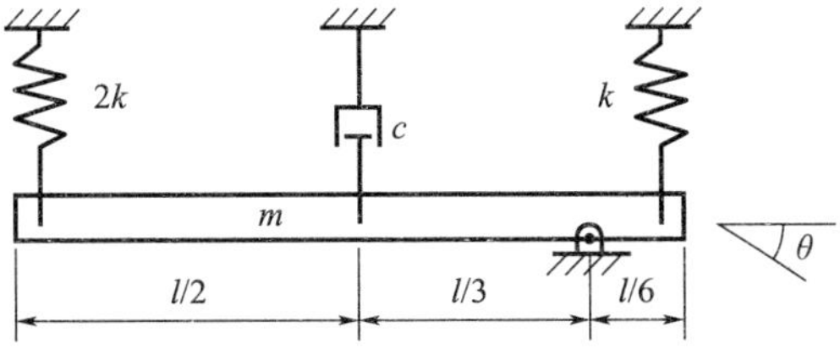

图 5 - 74　摆杆 - 弹簧 - 阻尼系统

8. 对图 5－75 所示的质块－圆盘－滑轮－弹簧－阻尼系统，弹簧质量为 m_s，其他参数如图所示。以质块从平衡位置起的位移 $x(t)$ 作为广义坐标，求系统的等效质量、等效阻尼和等效刚度。

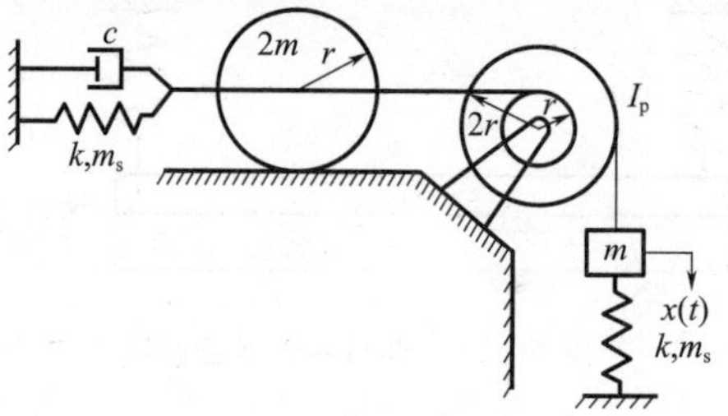

图 5－75　质块－圆盘－滑轮－弹簧－阻尼系统

9. 对图 5－76 所示的质块－滑轮－弹簧系统，系统的参数如图所示。以滑轮的顺时针方向的角位移 θ 作为广义坐标，试确定系统的等效转动惯量和等效刚度。

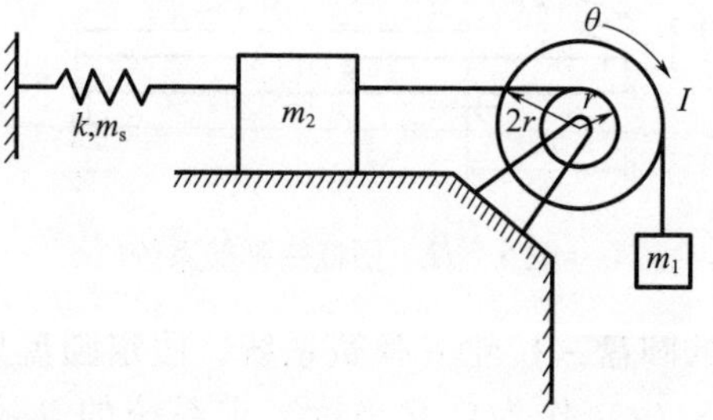

图 5－76　质块－滑轮－弹簧系统

10. 图 5－77 所示的质块－3 弹簧系统，悬挂质量 m，梁的质量不计，梁的净挠度 $\delta = mgl^3/48EI$，求系统的等效刚度。

11. 图 5－78 所示的质块－梁－弹簧系统，梁的质量可略去不计，两悬臂梁和弹簧刚度如图所示，求系统的等效刚度。

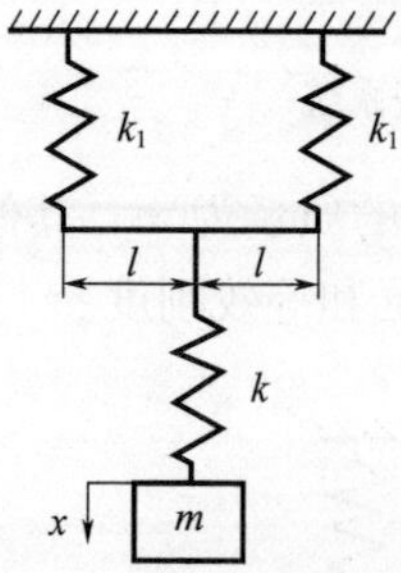

图 5－77　质块－3 弹簧系统

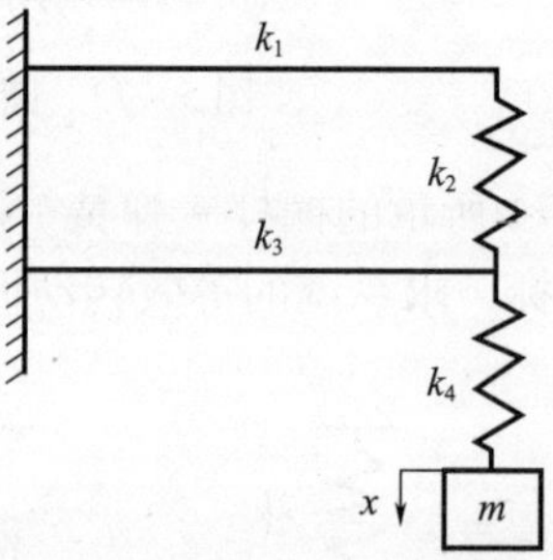

图 5－78　质块－梁－弹簧系统

12. 如图 5－79 所示的均质轮－杆－弹簧系统，均质轮 A 和 B 的质量分别为 m_1 和 m_2，连杆 AB 的质量为 m_3，其他参数如图所示。求系统的等效质量。

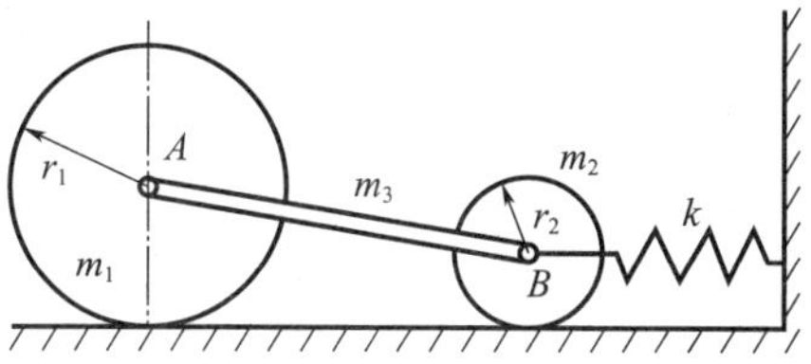

图 5 - 79　均质轮 - 杆 - 弹簧系统

13. 如图 5 - 80 所示的 3 种均质杆摆，均质杆的材料密度为 ρ，其他系统参数如图所示。求摆在微幅振动时的自然频率 ω_n。如将摆杆的质量转化到摆上，求系统的等效质量和自然频率。

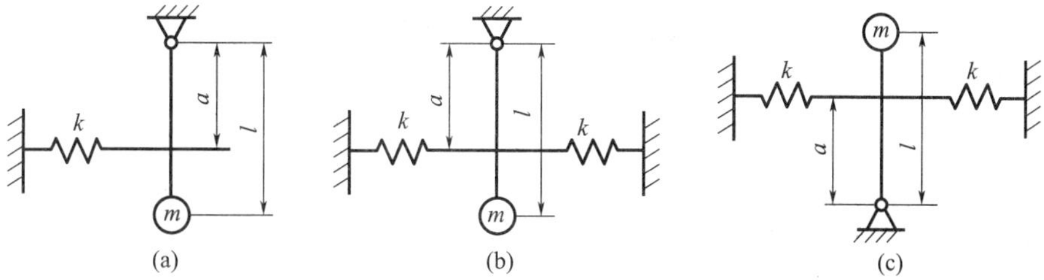

图 5 - 80　均质杆摆

14. 求图 5 - 81 所示各系统的自然频率，系统的参数如图所示。

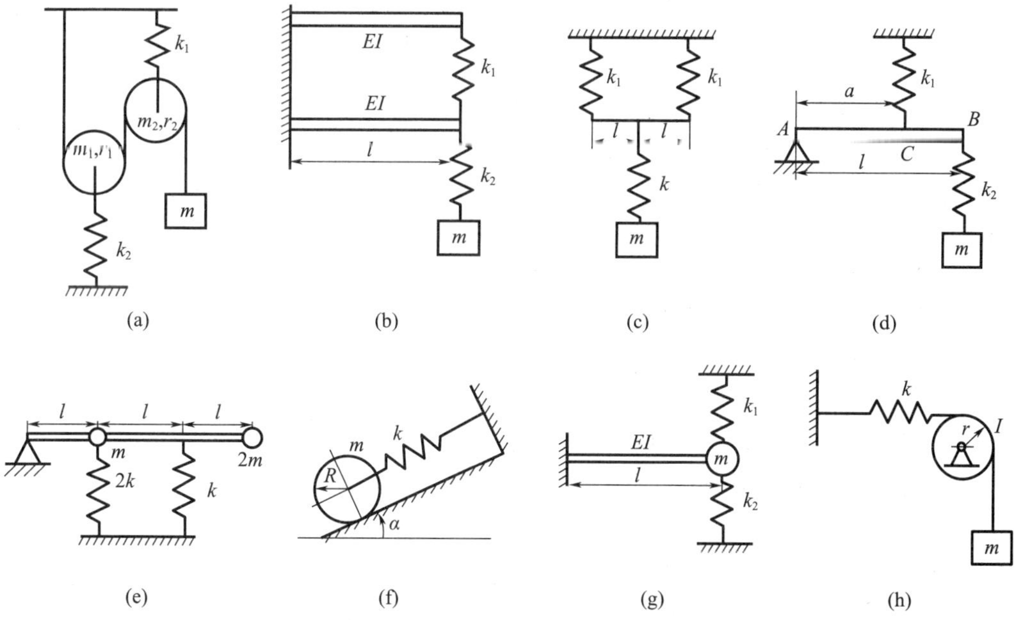

图 5 - 81　题 14 的各种系统图

15. 有一简支梁，抗弯刚度为 EI，跨度为 l，用图 5 - 82（a）、（b）所示的两种方式在梁跨中连接一螺旋弹簧和质量块。弹簧刚度为 k，质块质量为 m，求两种系统的自然频率。

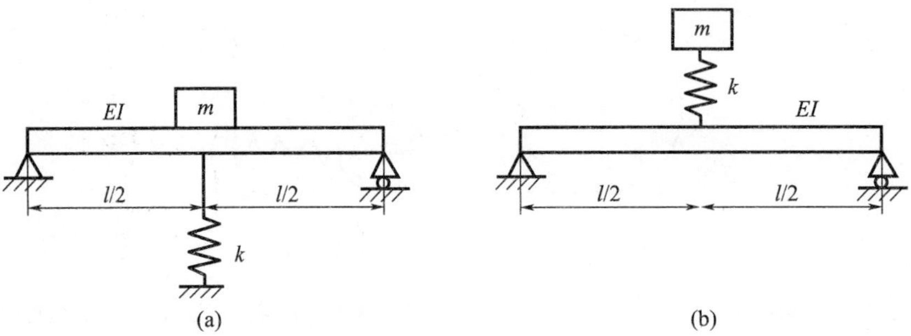

图 5－82　两种方式的简支梁

16. 如图 5－83 所示的摇杆机构，已知杆 BC 对 A 点的转动惯量为 I_A，质量块 m 和 m_1 在光滑的水平面上运动，求机构对于 x 坐标系的等效转动惯量、等效刚度及系统振动的自然频率。

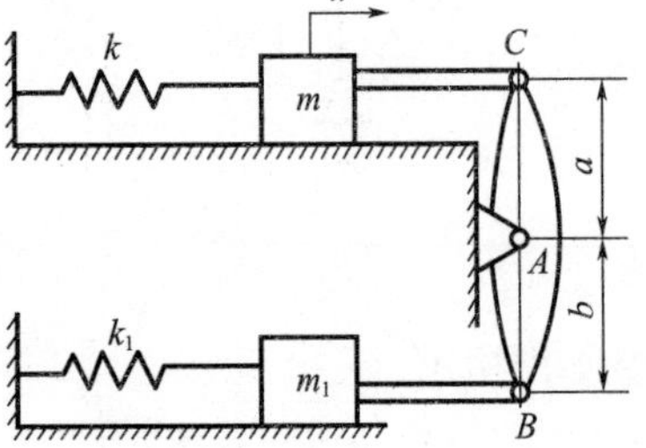

图 5－83　摇杆机构

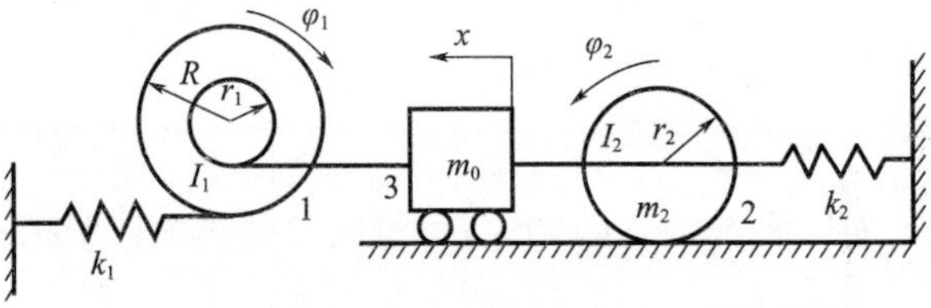

图 5－84　质块－圆轮－弹簧系统

17. 如图 5－84 所示的质块－圆轮－弹簧系统，两弹簧的刚度分别为 k_1 和 k_2，质量略去不计，转盘 1 和圆柱体 2 的转动惯量分别是 I_1 和 I_2，圆柱体 2 和滑块 3 的质量分别为 m_2 和 m_0，1 和 2 件半径分别为 R、r_1 和 r_2。如果把小车 m_0 的平动坐标系 x 作为广义坐标，求图示单自由度系统的振动微分方程及其自然频率。

18. 均质细长杆长为 l，质量为 m_1，均质圆盘焊在杆的中点，圆盘质量为 m_2，半径为 r，杆的一端铰支，另一端挂在弹簧 k 上。如图 5－85 所示为系统静平衡位置，系统做微幅振动，求系统的自然频率。

19. 如图 5－86 所示的圆柱体－弹簧系统，均质圆柱体的半径为 r，质量为 m，可在水平面内做纯滚动，距离其质心 O 为 a 处连有两根刚度为 k 的弹簧。设图示位置为弹簧原长，求圆柱体做微振动时，系统的自然频率。

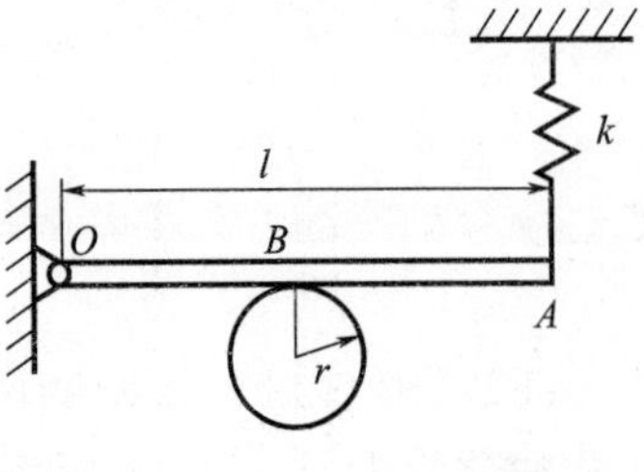

图 5－85　圆盘－杆－弹簧系统

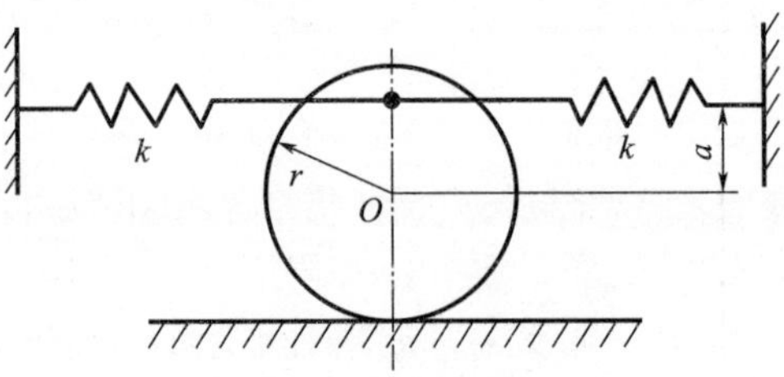

图 5－86　圆柱体－弹簧系统

20. 图 5－87 所示的质点－杆－弹簧系统，均质杆质量为 m_1，长为 $3l$，B 端刚性连接一质量为 m 的质点。杆在 O 处为铰支，两弹簧的刚度为 k。求系统振动的自然频率。

21. 图 5－88 所示为一测量加速度用的传感器模型。OA 为无重杆，质块 B 的质量为 m，在平衡时用弹簧 k 保持在水平位置，质块相对于质心的转动惯量为 I_B，试求系统的自然频率。

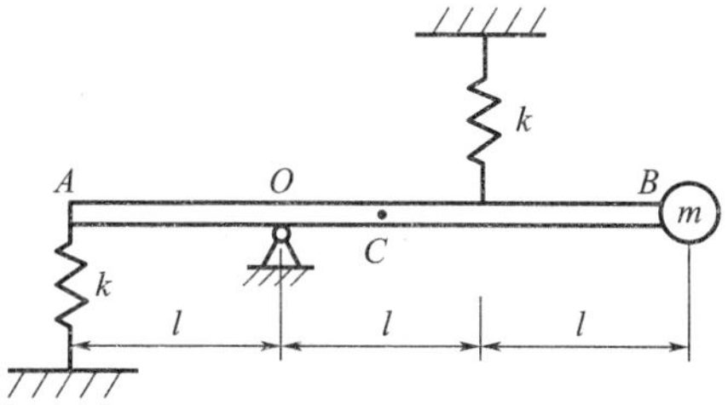

图 5－87　质点－杆－弹簧系统

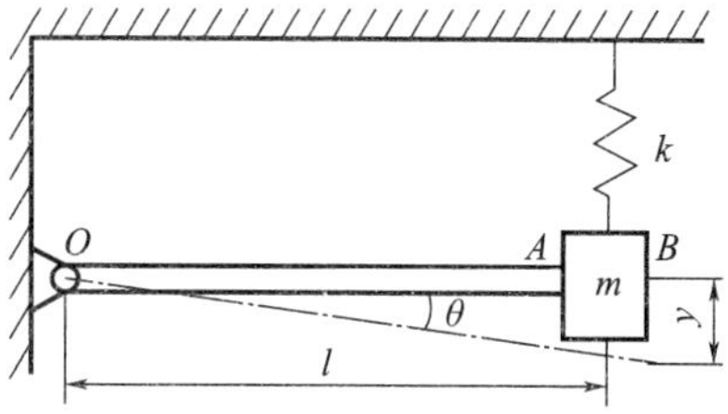

图 5－88　测量加速度用的传感器模型

22. 在图 5－89 所示的质块－滑轮－弹簧系统中，已知均质滑轮的质量为 m，物块的质量为 m_1，其他参数如图所示。求系统的自然频率。

23. 如图 5－90 所示的摩擦轮－弹簧系统，两个摩擦轮可以分别绕水平轴 O_1 与 O_2 转动，两轮间没有相对转动，在图示位置（半径 O_1A 与 O_2B 在同一水平线上）。弹簧互不受力，弹簧刚度为 k_1 与 k_2，摩擦轮可视为等厚均质圆盘，质量为 m_1 和 m_2。试求系统微幅扭转振动的周期。

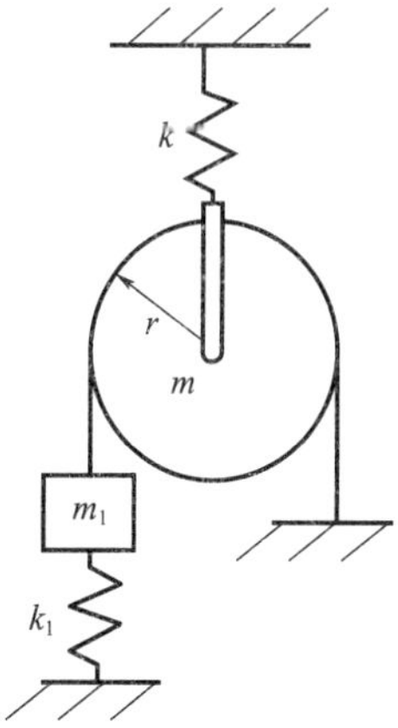

图 5－89　质块－滑轮－弹簧系统

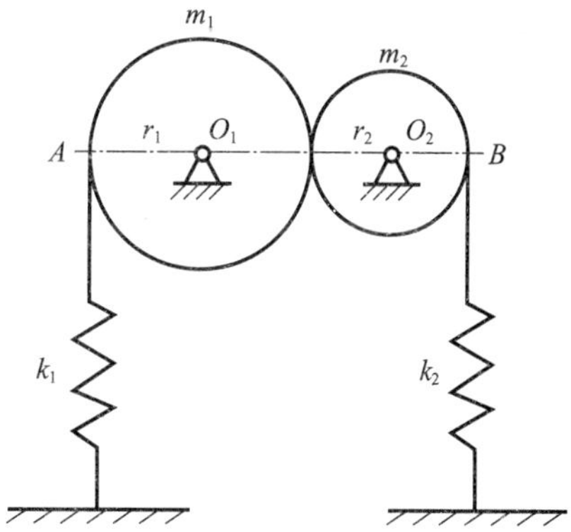

图 5－90　摩擦轮－弹簧系统

24. 训练海员用的浪木模型如图 5－91 所示，均质杆 AD、BE 均为质量为 m，长为 l。在 D 和 E 处与长为 $5l$、质量为 $5m$ 的浪木 DE 铰接。不计铰链摩擦，求系统在平衡位置做微幅振动的自然频率和周期。

25. 如图 5－92 所示的质量－杆－弹簧系统，设杆长为 l，质量为 m，且为均质杆，其他参数如图所示。试写出运动微分方程，并求出临界阻尼系数及阻尼自然频率。

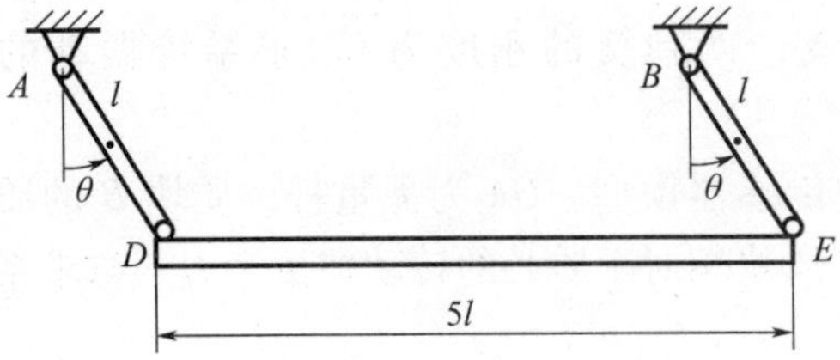

图 5 -91　训练海员用的浪木模型

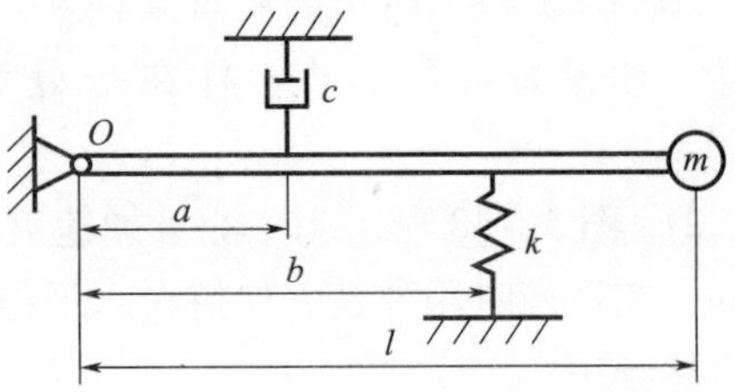

图 5 -92　质量 - 杆 - 弹簧系统

26. 如图 5 -93 所示的扭摆系统，弹簧沿切线连在圆盘上。如开始时圆盘旋转 4°，并放开做自由振动，求圆盘边缘上 A 点处的最大速度。

27. 如图 5 -94 所示的圆柱体，质量为 m，半径为 R。用一长为 l、直径为 d 的钢丝焊接在一起，钢丝的上端固定，钢丝材料的弹性模量为 E，剪切模量为 G，试计算：（1）圆柱体做铅垂振动的周期；（2）圆柱体做扭转振动的周期。钢丝的质量可忽略不计。

28. 如图 5 -95 所示的液体谐振系统，弹簧上悬挂的物体，浸没在液体中。物体的重力使弹簧有静伸长 $\delta_{st}=1.0\text{cm}$，液体的阻力与速度成正比，当 $v=1\text{m/s}$ 时，阻力为 15.7N。设弹簧悬挂点按 $y(t)=5\sin(\omega t)$ cm 上下运动，试求物体的振幅。

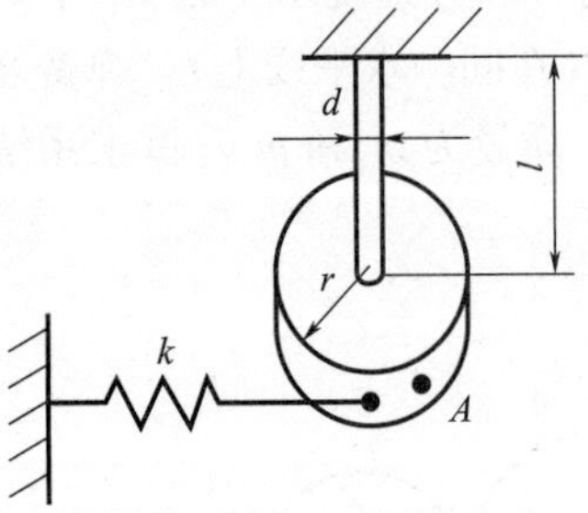

图 5 -93　扭摆系统

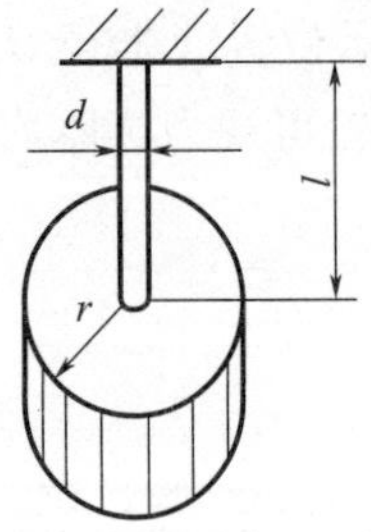

图 5 -94　圆柱体

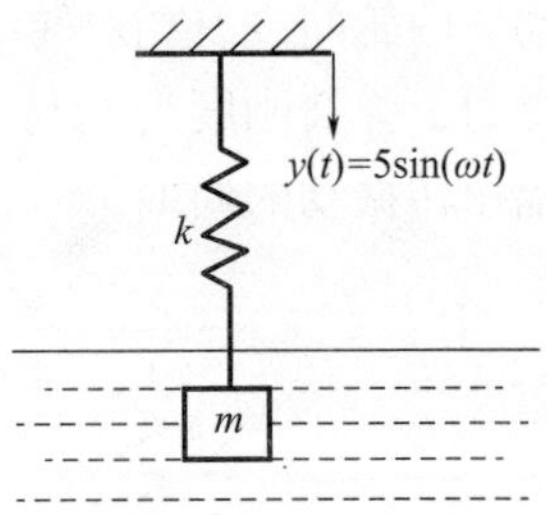

图 5 -95　液体谐振系统

29. 如图 5 -96 所示的液体摆，黏性阻尼摆支承做谐波振动，系统的参数如图所示。试导出质量 m 的振动微分方程，并求强迫振动。

30. 对如图 5 - 97 所示的倒置摆 - 弹簧系统，试推导在 P 点受到谐波激励 $A\cos(\omega t)$ 时的运动微分方程，并求微幅振动的解 $\theta(t)$。

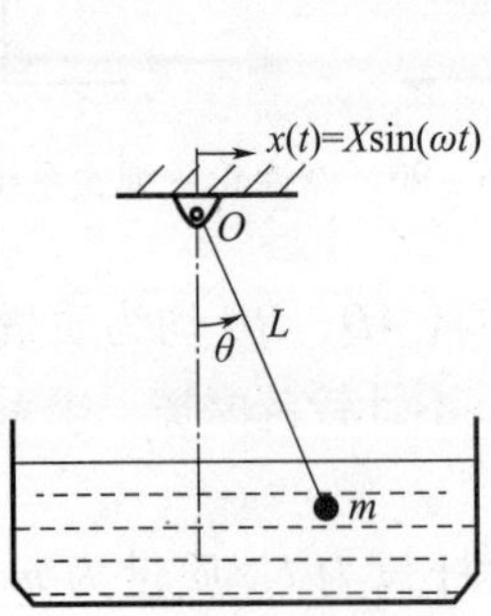

图 5 -96　液体摆

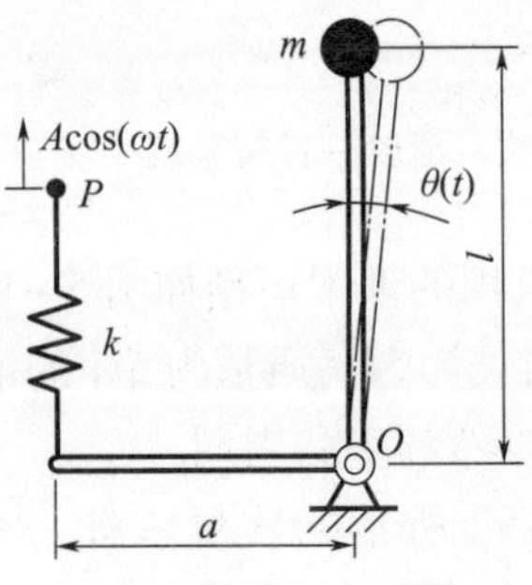

图 5 -97　倒置摆 - 弹簧系统

31. 求图 5－98（a）、（b）所示两种振动系统的运动微分方程，并求稳态振动解。

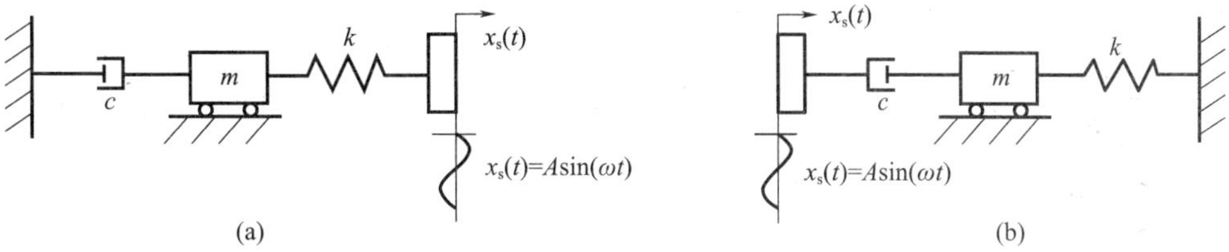

图 5－98　题 31 的振动系统

32. 图 5－99 所示的杆－质量－弹簧－阻尼系统，AB 杆为一刚性杆，平衡位置为水平，振动时杆的转角为微小值，设 m、k、c 及激励力 $F=F_0\sin(\omega t)$ 均为已知，求质量块的稳态强迫振动。

33. 如图 5－100 所示的轴系，求在谐波扭矩 $T=T_0\cos(\omega t)$ 激励下的稳态响应。

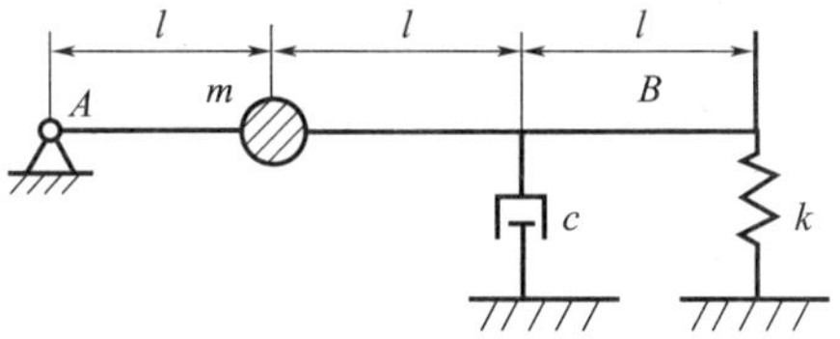

图 5－99　杆－质量－弹簧－阻尼系统

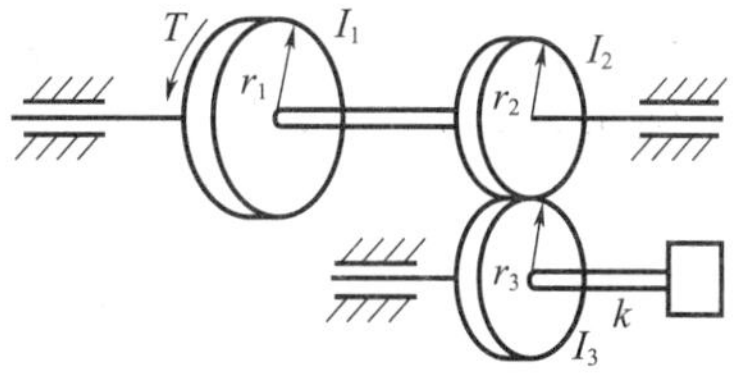

图 5－100　轴系

34. 如图 5－101 所示的圆盘－弹簧－阻尼系统。求通过圆盘中心并沿坐标 x 方向在谐波激励力 $F_0\cos(\omega t)$ 作用下的振幅及相角。

35. 如图 5－102 所示的单摆－阻尼系统，求在沿坐标 θ 方向的谐波扭矩 $T_0\cos(\omega t)$ 作用下的振幅及相角。

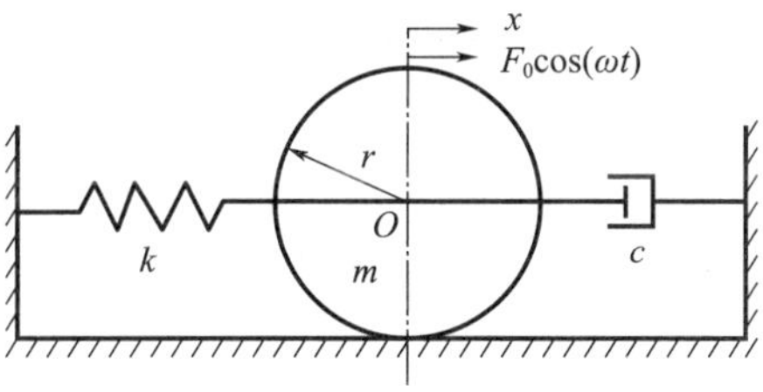

图 5－101　圆盘－弹簧－阻尼系统

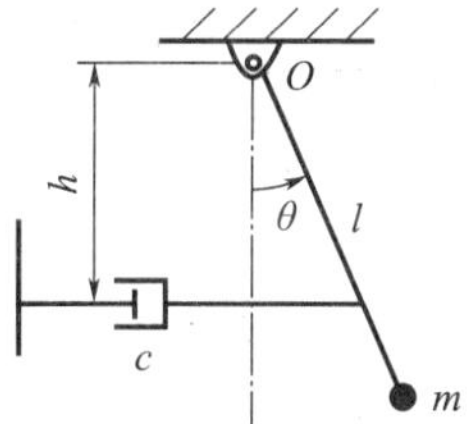

图 5－102　单摆－阻尼系统

36. 写出图 5－103 所示振动系统的运动微分方程，并求出其稳态振动的解。

37. 如图 5－104 所示的挂在匣子内的单摆。设匣子做水平谐波运动 $x_s=a\sin(\omega t)$，用图示坐标 x 写出单摆做微幅振动的运动微分方程，并求其振幅。

38. 如图 5－105（a）、（b）所示的两个微幅振动系统，假设杆是刚性的，质量可以忽略不计。试导出微幅振动的运动微分方程，并求无阻尼的自然频率。

39. 在图 5－106 所示的系统中，已知 $m=2\text{kg}$，$k=20\text{N/cm}$，激励力 $F=16\sin(60t)$（式中 t 以 s 计，F 以 N 计），$c=256\ \text{N}\cdot\text{s/cm}$。试求系统的稳态响应。

40. 一电动机安装在由弹簧支承的平台上，如图 5－107 所示。电动机与平台总质

量为 $M=100\text{kg}$，弹簧总刚度 $k=686\text{N/cm}$，电动机轴上有一偏心质量 $m=1\text{kg}$，偏心距为 $e=10\text{cm}$，电动机转速 $n=2000\text{r/min}$。求平台的振幅。

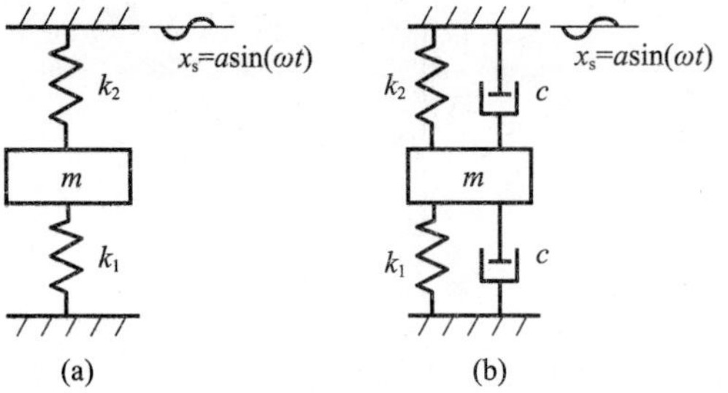

图 5－103　题 36 的振动系统

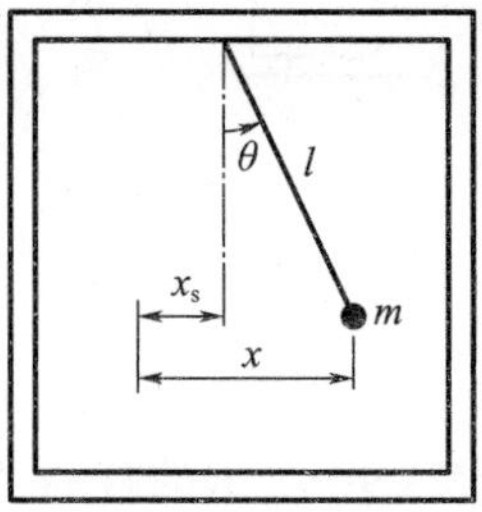

图 5－104　挂在匣子内的单摆

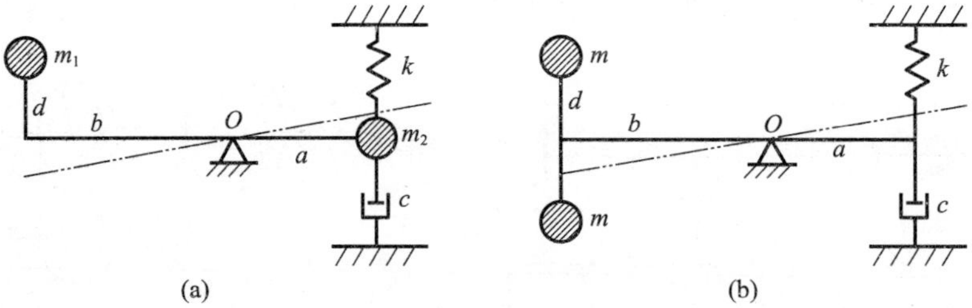

图 5－105　微幅振动系统

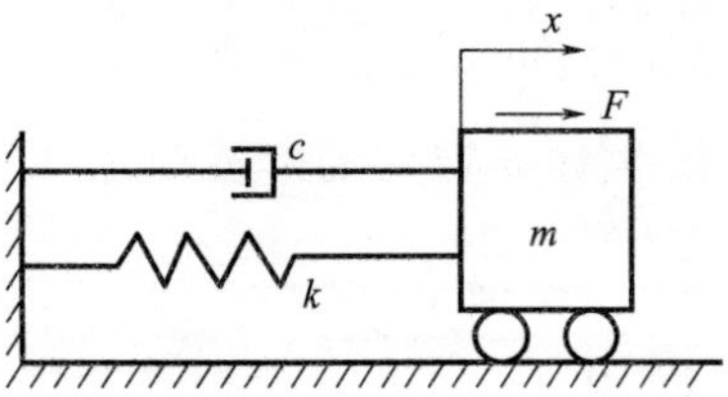

图 5－106　质块－弹簧－阻尼系统

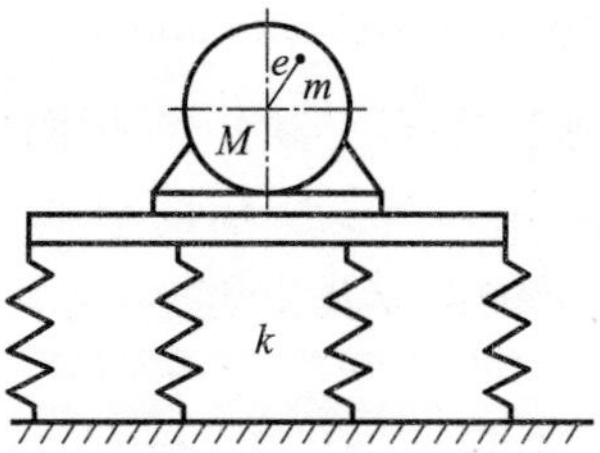

图 5－107　安装在弹性支承平台上的电动机

41. 求无阻尼系统对图 5－108 所示几种激励力函数的振动响应。

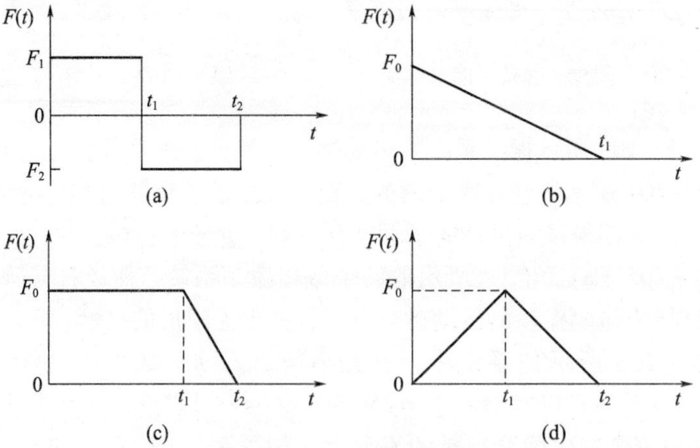

图 5－108　几种激励力函数

42. 如图5-109所示的直杆-弹簧系统，直杆AB的质量为m，长为l。A端与支座铰接，B端由一常数为k的弹簧支承，试求直杆AB在竖直平面内做微小振动时的周期T；若将弹簧放在C处连接，已知$AC=a$，求振动周期。

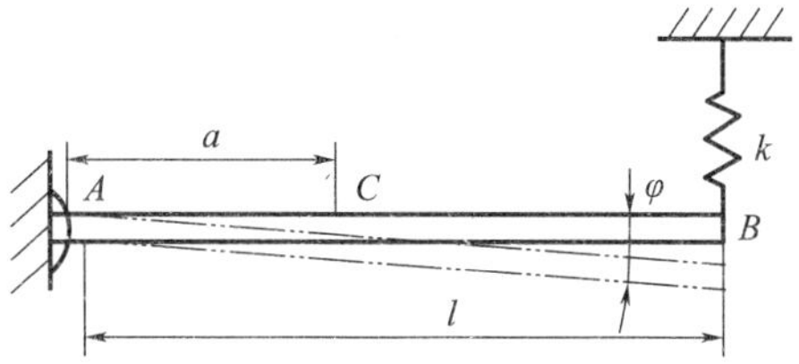

图5-109　直杆-弹簧系统

43. 如图5-110所示的质块-轮-弹簧系统，轮可绕水平轴转动，其转动惯量为I_0。轮缘绕有软绳，下端挂有质量为m的物体，绳与轮缘间无滑动。在图示位置由水平弹簧k维持平衡。半径R和长度a都已知，试确定微幅振动的周期。

44. 图5-111所示的等截面悬臂梁，截面弯曲刚度为EI，长为l，在自由端上有一质量m，①不计梁的质量，求系统的自然频率。②设梁具有分布质量，线密度为ρ，求系统的自然频率。

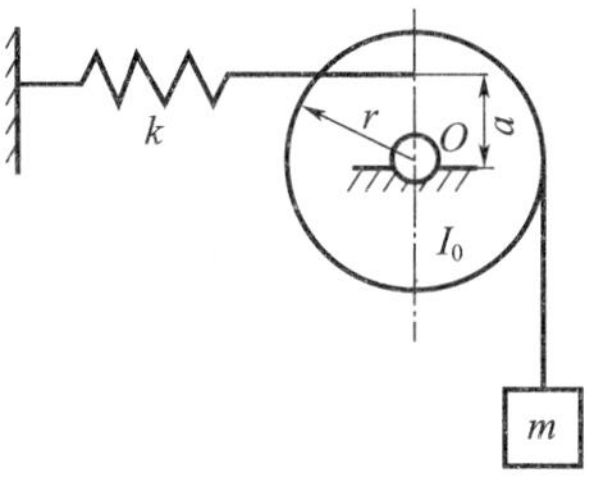

图5-110　质块-轮-弹簧系统

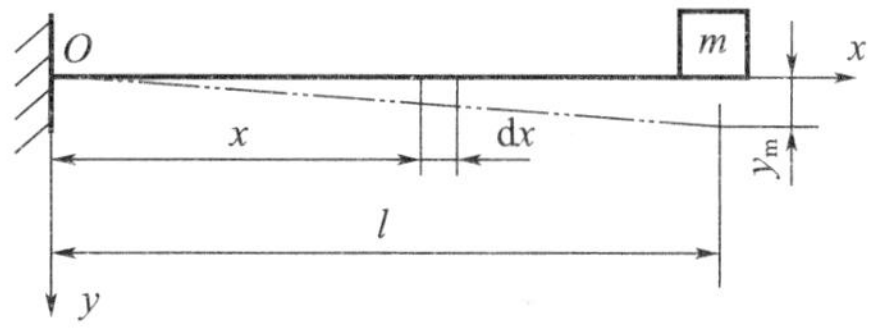

图5-111　等截面悬臂梁

45. 细管被弯成半径为$R=49$cm的圆环，并固定在铅锤平面内。质量为m的钢球，从管内最低平衡位置以速度$v_0=20$cm/s出发，在平衡位置附近振动。设阻力数值的大小为$F_d=4mv$，求钢球的运动规律。

46. 图5-112所示的两个轴系，受激励力偶$M=M_0\cos(\omega t)$作用，求系统的稳态响应。（提示：先简化为单轴系统）。

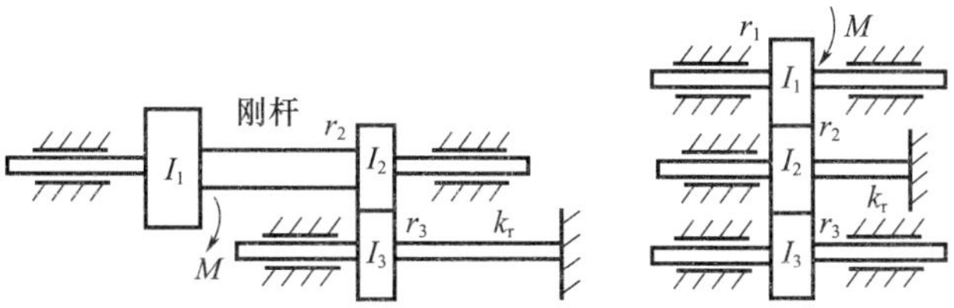

图5-112　轴系

47. 如图5-113所示的液体中的质块-阻尼系统，质块和液体的密度分别为γ_c与γ_ω。在静平衡时淹没入液体中的高度为h，受沿x方向的激励力$P=P_0\sin(\omega t)$的作用，如c为小阻尼系数，不计质块的横截面积，求系统共振时的振幅。

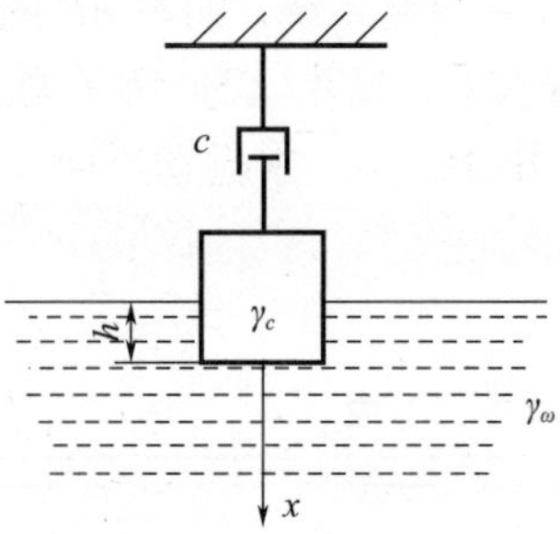

图5－113　液体中的质块－阻尼系统

48. 如图5－114所示平板 B 的质量可以忽略不计，当其按振幅 e、频率 ω 做谐波运动时，求下列各质点 m 的稳态响应；如由基础 A 传来位移激励，其振幅为 e_1，频率为 ω_1，并与 B 板的位移同相。求质点 m 的运动微分方程式。

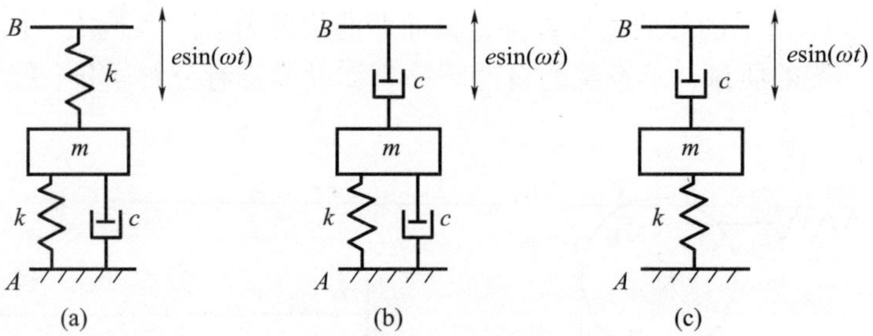

图5－114　题48的振动系统

49. 弹簧－质量系统，受激扰力 $f(t)$ 的作用。求在下述情况下运动微分方程的稳态解。

(1) $f(t)=F_0\omega^2 e^{i\omega t}$；

(2) $f(t)=A\cos(\omega t)+B\omega^2\sin(\omega t)$；

(3) $f(t)=A_1\cos(\omega t)+A_2\cos(\omega t+\pi/2)+A_3\sin(\omega t)$。

第6章　多自由度系统的振动

第5章讨论了单自由度系统的振动特性、分析方法及其应用问题。在最简单的情况下，一个离散的振动系统可以简化为一个集中质量和无质量的弹簧所组成的单自由度振动系统。应用单自由度系统的振动理论，可以解决很多实际问题。实际工程中的机器和结构，如机床、车辆等大多都是比较复杂的，用单自由度的模型进行分析，往往得不到满意的结果。一般而言，工程实际中的振动系统都是连续弹性体，其质量与刚度具有分布的性质，只有掌握无限个点在每瞬时的运动情况，才能全面描述系统的振动。因此，这些复杂机器都属于无限多自由度的系统，用连续模型进行分析才能获得理想的结果。实际上，可通过适当地简化，将系统抽象为由一些集中质量元件和弹性元件组成的有限多个自由度的模型来进行分析。如果简化的系统模型中有 n 个集中质量，便是一个 n 自由度的系统，需要 n 个独立坐标来描述其运动，系统的运动方程是 n 个互相耦合的二阶常微分方程。例如，在多级传动系统中的轴－盘系统是减速机或机械传动系统中常见的模型，如图6－1（a）所示，m_1 和 m_2 可以是齿轮或带轮。由于相对于盘来说，轴的质量较小可以忽略不计，盘可以视作集中质量的刚性盘，而轴的变形较大，故仅考虑其弹性。将该系统简化成为单自由度系统，与实际情况相差很远，分析的结果会产生很大的误差。如果考虑横向弯曲振动，则可简化为图6－1（b）所示的两自由度横向弯曲振动模型。如果研究轴－盘系统的扭转振动问题，两盘具有转动惯量，而轴具有扭转弹性，系统可以简化为如图6－1（c）所示的两自由度扭转振动系统。

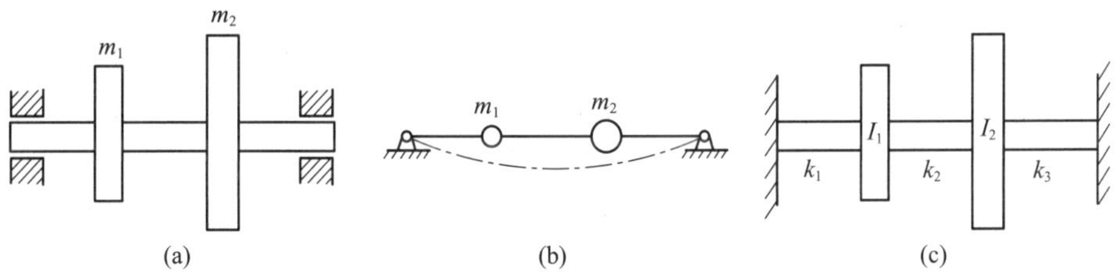

图6－1　多自由度轴盘系统及振动模型

多自由度系统的常用分析方法是振型叠加法和模态分析法。振型叠加法是将系统所有振型叠加起来进行分析；模态分析法（也称坐标变换法）是将模态矩阵作为变换矩阵，将物理坐标变换到自然坐标上，使系统在物理坐标下的耦合方程变成一组相互独立的二阶常微分方程，按照单自由度系统求解这些二阶常微分方程，得到系统的各阶模态后，通过坐标变换或模态叠加，得到物理坐标下的解。模态分析法能方便地应用于分析系统对于任意激励的响应，且能清晰地显示系统运动的构成及其与系统结构的关系。

多自由度系统的振动是机械振动学的核心内容，振动系统的性质和分析方法能够得到最充分的体现。本章讨论多自由度系统运动微分方程的建立方法、线性变换与坐标耦合、多自由度系统的自由振动、多自由度系统振动方程的求解方法和多自由度系统振动的应用等问题。

6.1 多自由度系统运动微分方程的建立方法

6.1.1 牛顿运动定律或定轴转动方程

牛顿运动定律或定轴转动方程是建立系统运动方程的基本方法，这种方法适用于具有串联关系的质量 - 弹簧系统。该方法的要点是选取广义坐标，对每个质量块进行隔离体分析，按照牛顿运动定律或定轴转动微分方程来列方程。对如图 6 - 2 所示系统，在选定的广义坐标下，对各质量块进行隔离分析，可以列出运动方程，其方程可以矩阵形式表示为多自由度系统振动方程的普遍形式

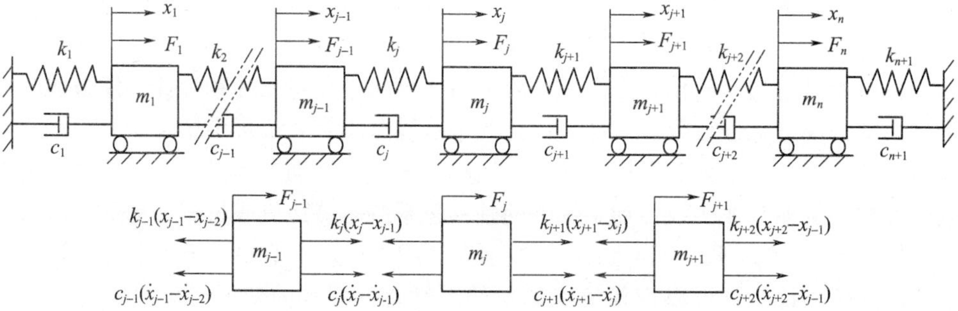

图 6 - 2 多自由度系统及隔离体受力分析

$$\boldsymbol{m}\ddot{\boldsymbol{x}}(t)+\boldsymbol{c}\dot{\boldsymbol{x}}(t)+\boldsymbol{k}\boldsymbol{x}(t)=\boldsymbol{F}(t) \tag{6-1}$$

式中：$\boldsymbol{m}$ 为质量矩阵；$\boldsymbol{c}$ 为阻尼矩阵；$\boldsymbol{k}$ 为刚度矩阵；$\boldsymbol{x}(t)$ 为位移列阵；$\boldsymbol{F}(t)$ 为激振力列阵。

质量矩阵 $\boldsymbol{m}$ 中各元素是系统动能 $T=\dot{\boldsymbol{x}}^{\mathrm{T}}(t)\boldsymbol{m}\dot{\boldsymbol{x}}(t)/2$ 的二次型表达式中的系数，只要把系统动能写成广义速度的二次型形式，则由各系数可求得 $\boldsymbol{m}$。由于动能 T 总是正值，所以 $\boldsymbol{m}$ 是正定对称矩阵，$\boldsymbol{m}^{\mathrm{T}}=\boldsymbol{m}$，其逆矩阵 $\boldsymbol{m}^{-1}$ 存在。刚度矩阵 $\boldsymbol{k}$ 是系统势能 $V=\boldsymbol{x}^{\mathrm{T}}(t)\boldsymbol{k}\boldsymbol{x}(t)/2$ 的二次型表达式中的系数，只要将系统势能写成广义位移的二次型形式，其系数就是 $\boldsymbol{k}$ 的各元素。

例 6 - 1 图 6 - 3（a）所示为一受外力作用有阻尼的多自由度振动系统，试建立其运动微分方程。

解 此系统为 3 质量 - 3 弹簧的串联连接形式。运用隔离体分析法，对每个质量块进行受力分析，如图 6 - 3（b）所示。应用牛顿运动定律得到运动方程为

$$m_1\ddot{x}_1(t)=-c_1\dot{x}_1(t)+c_2[\dot{x}_2(t)-\dot{x}_1(t)]-k_1x_1(t)+k_2[x_2(t)-x_1(t)]+F_1(t)$$

$$m_2\ddot{x}_2(t)=-c_2[\dot{x}_2(t)-\dot{x}_1(t)]+c_3[\dot{x}_3(t)-\dot{x}_2(t)]-k_2[x_2(t)-x_1(t)]+k_3[x_3(t)-x_2(t)]+F_2(t)$$

$$m_3\ddot{x}_3(t)=-c_3[\dot{x}_3(t)-\dot{x}_2(t)]-k_3[x_3(t)-x_2(t)]+F_3(t)$$

整理并写成矩阵形式为

$$\begin{bmatrix} m_1 & & \\ & m_2 & \\ & & m_3 \end{bmatrix}\begin{Bmatrix} \ddot{x}_1(t) \\ \ddot{x}_2(t) \\ \ddot{x}_3(t) \end{Bmatrix}+\begin{bmatrix} c_1+c_2 & -c_2 & 0 \\ -c_2 & c_2+c_3 & -c_3 \\ 0 & -c_3 & c_3+c_4 \end{bmatrix}\begin{Bmatrix} \dot{x}_1(t) \\ \dot{x}_2(t) \\ \dot{x}_3(t) \end{Bmatrix}$$

$$+\begin{bmatrix} k_1+k_2 & -k_2 & 0 \\ -k_2 & k_2+k_3 & -k_3 \\ 0 & -k_3 & k_3+k_4 \end{bmatrix}\begin{Bmatrix} x_1(t) \\ x_2(t) \\ x_3(t) \end{Bmatrix}=\begin{Bmatrix} F_1(t) \\ F_2(t) \\ F_3(t) \end{Bmatrix}$$

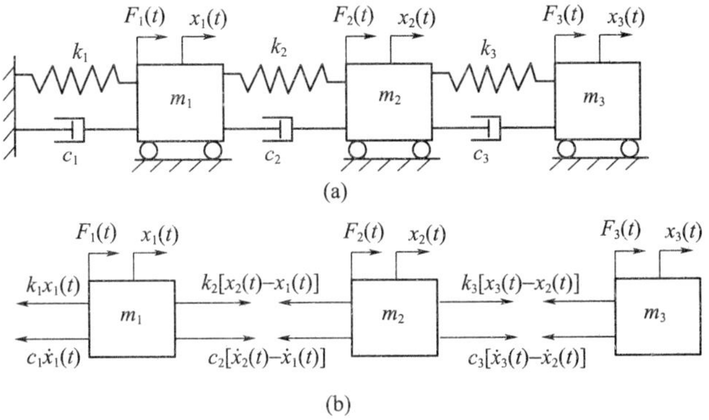

图 6－3　三自由度系统的力学模型及隔离体受力分析

例 6－2　图 6－4（a）所示为一滑轮机构，图 6－4（b）为其力学模型，试建立系统的运动微分方程。

解　该滑轮机构为 3 质量－4 弹簧系统，具有串联关系，因此可采用隔离体分析法建立运动微分方程。将各质量块取分离体，并分析其受力状况，如图 6－4（c）所示。取各质量块位移为广义坐标，按照牛顿运动定律得到

$$m_1\ddot{x}_1(t)=-k_1x_1(t)+k_2[x_2(t)-x_1(t)]$$

$$m_2\ddot{x}_2(t)=-k_2[x_2(t)-x_1(t)]-k_4x_2(t)+k_3[x_3(t)-x_2(t)]$$

$$m_3\ddot{x}_3(t)=-k_3[x_3(t)-x_2(t)]$$

整理后表示成矩阵形式为

$$\begin{bmatrix} m_1 & 0 & 0 \\ 0 & m_2 & 0 \\ 0 & 0 & m_3 \end{bmatrix}\begin{Bmatrix} \ddot{x}_1(t) \\ \ddot{x}_2(t) \\ \ddot{x}_3(t) \end{Bmatrix}+\begin{bmatrix} k_1+k_2 & -k_2 & 0 \\ -k_2 & k_2+k_3+k_4 & -k_3 \\ 0 & -k_3 & k_3 \end{bmatrix}\begin{Bmatrix} x_1(t) \\ x_2(t) \\ x_3(t) \end{Bmatrix}=\begin{Bmatrix} 0 \\ 0 \\ 0 \end{Bmatrix}$$

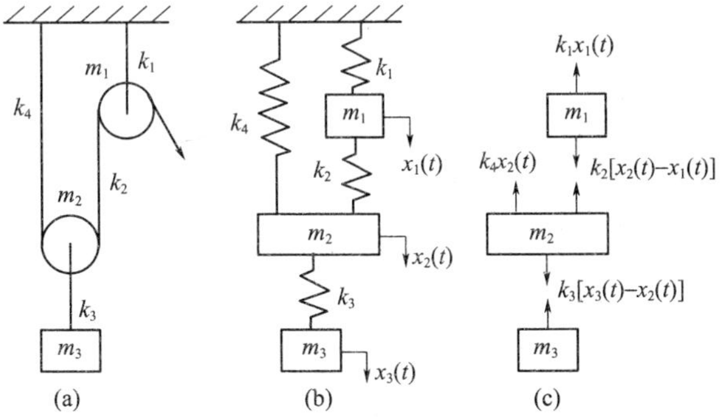

图 6－4　滑轮机构及力学模型

6.1.2 拉格朗日方程

对于比较复杂的多自由度系统，应用拉格朗日方程建立运动微分方程比较方便。具体步骤是选取广义坐标，求系统的动能和势能，将其表示为广义坐标、广义速度和时间的函数，然后代入拉格朗日方程，得到运动微分方程。对于非有势力对应的广义力 Q_i，按照虚功的方法来确定。当存在阻尼时，非有势力的阻尼广义力 R_i 的计算，需要确定系统的能量耗散系数 D，即由阻尼所耗散的能量为

$$D=\frac{1}{2}c\dot{q}_i^2(t)=\frac{1}{2}\dot{\boldsymbol{q}}^{\mathrm{T}}(t)\boldsymbol{c}\dot{\boldsymbol{q}}(t) \tag{6-2}$$

阻尼广义力可表示为

$$R_i=-\frac{\partial D}{\partial \dot{q}_i}=-\sum_{j=1}^{n}c_{ji}\dot{q}_i \tag{6-3}$$

例 6-3 图 6-5 所示为 3 质量-5 弹簧所组成的系统，试用拉格朗日方程建立系统的运动微分方程。

解 系统有 3 个质量块，是 3 自由度系统。选取各质量块的位移 $x_1(t)$、$x_2(t)$、$x_3(t)$ 为广义坐标，并设 $x_1(t)>x_2(t)>x_3(t)$，则系统动能为

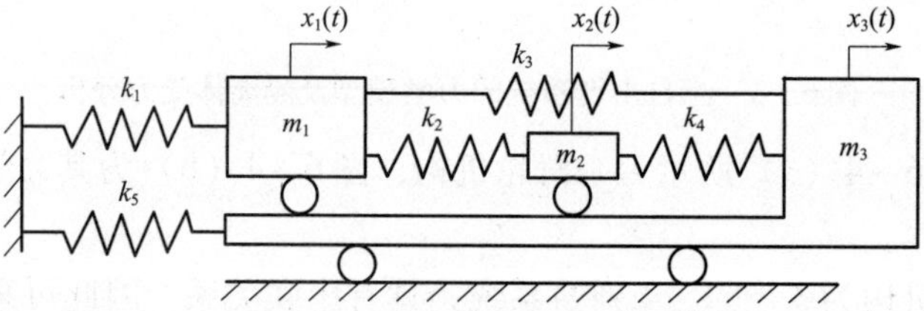

图 6-5 3 质量-5 弹簧系统

$$T=\frac{1}{2}m_1\dot{x}_1^2(t)+\frac{1}{2}m_2\dot{x}_2^2(t)+\frac{1}{2}m_3\dot{x}_3^2(t)$$

系统的势能为

$$T=\frac{1}{2}k_1x_1^2(t)+\frac{1}{2}k_2[x_1(t)-x_2(t)]^2+\frac{1}{2}k_3[x_1(t)-x_3(t)]^2+\frac{1}{2}k_4[x_2(t)-x_3(t)]^2+\frac{1}{2}k_5x_3^2(t)$$

代入拉格朗日方程并整理，得

$$\begin{aligned}
&m_1\ddot{x}_1(t)+(k_1+k_2+k_3)x_1(t)-k_2x_2(t)-k_3x_3(t)=0\\
&m_2\ddot{x}_2(t)-k_2x_1(t)+(k_2+k_4)x_2(t)-k_4x_3(t)=0\\
&m_3\ddot{x}_3(t)-k_3x_1(t)-k_4x_2(t)+(k_3+k_4+k_5)x_3(t)=0
\end{aligned}$$

用矩阵表示为

$$\begin{bmatrix}m_1&0&0\\0&m_2&0\\0&0&m_3\end{bmatrix}\begin{Bmatrix}\ddot{x}_1(t)\\\ddot{x}_2(t)\\\ddot{x}_3(t)\end{Bmatrix}+\begin{bmatrix}k_1+k_2+k_3&-k_2&-k_3\\-k_2&k_2+k_4&-k_4\\-k_3&-k_4&k_3+k_4+k_5\end{bmatrix}\begin{Bmatrix}x_1(t)\\x_2(t)\\x_3(t)\end{Bmatrix}=\begin{Bmatrix}0\\0\\0\end{Bmatrix}$$

6.1.3 刚度系数法

对图 6-2 所示多自由度系统，采用广义坐标 q_i ($i=1, 2, \cdots, n$) 来描述系统的运

动，系统的自由度为 n。广义力 Q_i 要同对应的广义坐标相适应，使得 q_iQ_i 为功的量纲。

设在系统的平衡位置有 $q_1=q_2=\cdots=q_n=0$，即选取系统的静平衡位置为广义坐标的坐标原点，则各集中质量偏离平衡位置的位移可用 q_1，q_2，…，q_n 描述。

1. 刚度矩阵、阻尼矩阵和质量矩阵

以广义坐标 q_i（$i=1$，2，…，n）来描述系统的运动时，多自由度系统的运动方程写成矩阵形式为

$$\boldsymbol{m}\ddot{\boldsymbol{q}}(t)+\boldsymbol{c}\dot{\boldsymbol{q}}(t)+\boldsymbol{k}\boldsymbol{q}(t)=\boldsymbol{Q}(t) \tag{6-4}$$

质量矩阵 $\boldsymbol{m}$、阻尼矩阵 $\boldsymbol{c}$ 和刚度矩阵 $\boldsymbol{k}$ 的元素 m_{ij}、c_{ij}、k_{ij} 分别称为质量系数、阻尼系数和刚度系数，列阵 $\boldsymbol{q}(t)$ 和 $\boldsymbol{Q}(t)$ 分别为广义位移列矢量和广义力列矢量。

刚度系数定义：只在坐标 q_j 上有单位位移，其他坐标上的位移为零，在坐标 q_i 上需要施加的力。

$$k_{ij}=Q_i\Big|_{\substack{q_j=1\\ q_r=0}},\quad r=1,2,\cdots,n,\ r\neq j \tag{6-5}$$

当系统是单自由度系统时，以上定义即为弹簧刚度的定义。对于图 6-2 所示的系统，假设质量 m_j 上有 $q_j=1$ 的位移，其余坐标上的位移为 0，为了使系统处于平衡状态，则必须在系统上施加一定的外力。由于弹簧 k_j 和 k_{j+1} 的变形都为单位长度，其余弹簧没有变形，如图 6-6 所示。如果约定向右为正，则作用于质量 m_{j-1} 上的弹性恢复力为 k_j，作用于 m_j 上的弹性恢复力为 $-(k_j+k_{j+1})$，作用于 m_{j+1} 上的弹性恢复力为 k_{j+1}，其余质量上没有弹性恢复力作用。因此，为了使系统处于上述状态，所需要施加的与弹性恢复力平衡的外力为：在 m_{j-1} 上的加外力 $Q_{j-1}=-k_j$，在 m_j 上加外力 $Q_j=k_j+k_{j+1}$，在 m_{j+1} 上加外力 $Q_{j+1}=-k_{j+1}$，而在其余质量上不加力，$Q_i=0$（$i\neq j-1$，j，$j+1$）。按照刚度系数的定义，可得到系统的刚度系数为

$$\begin{gathered} k_{j-1,j}=-k_j,\quad k_{jj}=k_j+k_{j+1},\quad k_{j+1,j}=-k_{j+1}\\ k_{ij}=0,\quad (i=1,2,\cdots,j-2,j+2,\cdots,n,\quad j=1,2,\cdots,n) \end{gathered} \tag{6-6}$$

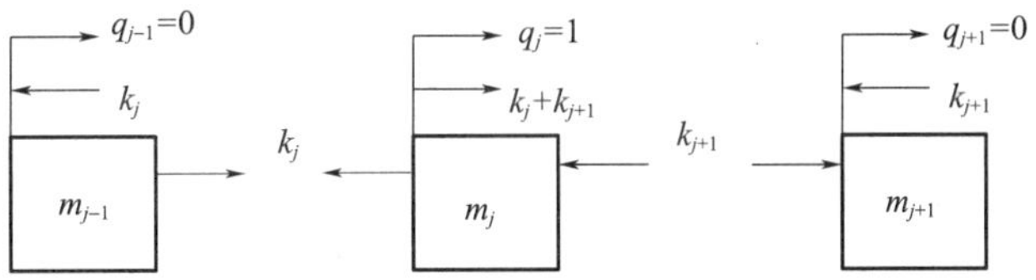

图 6-6　多自由度系统的分析

一个 n 自由度系统，共有 $n\times n$ 个刚度系数，将它们排列起来，便组成系统的刚度矩阵。对于图 6-2 所示系统，按照式（6-6），其刚度矩阵为

$$\boldsymbol{k}=\begin{bmatrix} k_1+k_2 & -k_2 & & & \\ -k_2 & k_2+k_3 & -k_3 & & \\ & -k_3 & k_3+k_4 & & \\ \vdots & \vdots & \vdots & \ddots & -k_n \\ & & & -k_n & k_n+k_{n+1} \end{bmatrix} \tag{6-7}$$

一般而言，$\boldsymbol{k}$ 是一个对称矩阵，即 $\boldsymbol{k}=\boldsymbol{k}^{\mathrm{T}}$。

阻尼系数定义：只在坐标 q_j上有单位速度，其他坐标上的速度为零，在坐标 q_i上需要施加的力。

$$c_{ij} = Q_i \Big|_{\dot{q}_r = 0}^{\dot{q}_j = 1}, \quad r = 1,\ 2,\ \cdots,\ n,\ r \neq j \tag{6-8}$$

类似刚度系数的求法，可以求出图 6 - 2 所示系统的阻尼系数为

$$c_{j-1,j} = -c_j, \quad c_{jj} = c_j + c_{j+1}, \quad c_{j+1,j} = -c_{j+1}$$
$$c_{ij} = 0, \quad (i = 1,\ 2,\ \cdots,\ j-2,\ j+2,\ \cdots,\ n, \quad j = 1,\ 2,\ \cdots,\ n \tag{6-9}$$

质量系数定义：只在坐标 q_j上有单位加速度，其它坐标上的加速度为零，在坐标 q_i上需要施加的力。

$$m_{ij} = Q_i \Big|_{\ddot{q}_r = 0}^{\ddot{q}_j = 1}, \quad r = 1,\ 2,\ \cdots,\ n,\ r \neq j \tag{6-10}$$

类似刚度系数的求法，可以求出图 6 - 2 所示系统的质量系数为

$$m_{ij} = \delta_{ij} m_i \quad (i,\ j = 1,\ 2,\ \cdots,\ n) \tag{6-11}$$

式中：δ_{ij}是 Kronecher 符号，即当 $i = j$ 时，$\delta_{ij} = 1$，当 $i \neq j$ 时，$\delta_{ij} = 0$。

可以将阻尼系数和质量系数分别综合为阻尼矩阵 $\boldsymbol{c}$ 和质量矩阵 $\boldsymbol{m}$。对于图 6 - 2 所示的系统，有

$$\boldsymbol{c} = \begin{bmatrix} c_1 + c_2 & -c_2 & & & \\ -c_2 & c_2 + c_3 & -c_3 & & \\ & -c_3 & c_3 + c_4 & & \\ \vdots & \vdots & \vdots & \ddots & -c_n \\ & & & -c_n & c_n + c_{n+1} \end{bmatrix} \tag{6-12}$$

$$\boldsymbol{m} = \begin{bmatrix} m_1 & & & \\ & m_2 & & \\ & & \ddots & \\ & & & m_n \end{bmatrix} \tag{6-13}$$

从上面的分析可知，对于弹簧 - 质量 - 阻尼系统，一般存在下述规律：

（1）刚度矩阵或阻尼矩阵中的对角元素等于连接在质量 m_i上的所有弹簧刚度或阻尼系数之和。

（2）刚度矩阵或阻尼矩阵中的非对角元素 k_{ij}等于直接连接在质量 m_i和 m_j之间的弹簧刚度或阻尼系数，取负值。

（3）一般情况下，刚度矩阵和阻尼矩阵是对称矩阵。

（4）如果将系统质心作为坐标原点，则质量矩阵是对角矩阵。否则，不一定是对角矩阵。

2. 多自由度系统的运动微分方程

利用刚度、阻尼、质量系数的定义，可建立系统的运动微分方程。对质块 m_j，当质块有单位位移 $q_j = 1$ 时，在 m_i上需加上与弹性恢复力相平衡的力 k_{ij}，则弹性恢复力为 $-k_{ij}$，如果 $q_j \neq 1$，由于系统是线性的，m_j上受到的弹性恢复力为 $-k_{ij}q_j(t)$。当各个质块 m_j均有位移 $q_j(t)$（$j = 1,\ 2,\ \cdots,\ n$）时，应用叠加原理，作用在 m_i上的弹性恢复

力、阻尼力和惯性力分别为

$$-\sum_{j=1}^{n}k_{ij}q_j(t),\ -\sum_{j=1}^{n}c_{ij}\dot{q}_j(t),\ -\sum_{j=1}^{n}m_{ij}\ddot{q}_j(t)$$

应用达朗贝尔原理，作用在质块 m_i 上的弹性恢复力、阻尼力、惯性力和外加激励力组成平衡力系：

$$-\sum_{j=1}^{n}\left[m_{ij}\ddot{q}_j(t)+c_{ij}\dot{q}_j(t)+k_{ij}q_j(t)\right]+Q_i(t)=0,\quad i=1,2,\cdots,n \qquad (6-14)$$

式（6－14）对每一个质量块 m_i 均应成立，从而得到 n 个等式，整理式（6－14），得

$$\sum_{j=1}^{n}\left[m_{ij}\ddot{q}_j(t)+c_{ij}\dot{q}_j(t)+k_{ij}q_j(t)\right]=Q_i(t),\quad i=1,2,\cdots,n \qquad (6-15)$$

式（6－15）是一个关于 q_i（t）（$i=1$，2，…，n）的一组联立的二阶常系数线性微分方程，可以表示为式（6－4）所示的矩阵形式。

例 6－4 用刚度系数法建立图 6－4 所示系统的运动微分方程，并与用拉格朗日方程得到的结果进行比较。

解 设 x_1（t）$=1$，x_2（t）$=x_3$（t）$=0$，则质量 m_1 承受弹性恢复力 $-(k_1+k_2+k_3)$，质量 m_2 承受弹性恢复力 k_2，质量 m_3 承受弹性恢复力 k_3 作用。为了维持上述条件下的平衡，必须在质量 m_1 上施加力 $k_1+k_2+k_3$，在质量 m_2 上施加力 $-k_2$，在质量 m_3 上施加力 $-k_3$。故可得 $k_{11}=k_1+k_2+k_3$，$k_{12}=-k_2$，$k_{13}=-k_3$。同理，分别设 x_2（t）$=1$，x_1（t）$=x_3$（t）$=0$ 和 x_3（t）$=1$，x_1（t）$=x_2$（t）$=0$，可得到刚度矩阵的其他元素。从而，质量矩阵和刚度矩阵分别为

$$\boldsymbol{m}=\begin{bmatrix}m_1 & & \\ & m_2 & \\ & & m_3\end{bmatrix},\quad \boldsymbol{k}=\begin{bmatrix}k_1+k_2+k_3 & -k_2 & -k_3\\ -k_2 & k_2+k_4 & -k_4\\ -k_3 & -k_4 & k_3+k_4+k_5\end{bmatrix}$$

从而得到系统的运动微分方程为

$$\begin{bmatrix}m_1 & & \\ & m_2 & \\ & & m_3\end{bmatrix}\begin{Bmatrix}\ddot{x}_1(t)\\ \ddot{x}_2(t)\\ \ddot{x}_3(t)\end{Bmatrix}+\begin{bmatrix}k_1+k_2+k_3 & -k_2 & -k_3\\ -k_2 & k_2+k_4 & -k_4\\ -k_3 & -k_4 & k_3+k_4+k_5\end{bmatrix}\begin{Bmatrix}x_1(t)\\ x_2(t)\\ x_3(t)\end{Bmatrix}=\begin{Bmatrix}0\\ 0\\ 0\end{Bmatrix}$$

通过上述分析可知，用刚度系数法建立的运动微分方程同用拉格朗日方程得到的结果完全相同。

在具体分析时，可以根据质量矩阵和刚度矩阵的形成规律直接写出质量矩阵和刚度矩阵。

例 6－5 如图 6－7 所示的 3 段轴 4 个盘的扭转振动系统，各盘的转动惯量和各轴段的弹性刚度如图所示，试用刚度系数法建立其振动方程。

解 系统为 4 自由度，选择 4 个盘的转角 θ_1（t）、θ_2（t）、θ_3（t）、θ_4（t）为广义坐标。根据质量矩阵和刚度矩阵的形成规律，质量矩阵和刚度矩阵分别为

$$\boldsymbol{m}=\begin{bmatrix}I_1 & & & \\ & I_2 & & \\ & & I_3 & \\ & & & I_4\end{bmatrix},\quad \boldsymbol{k}=\begin{bmatrix}k_1 & -k_1 & & \\ -k_1 & k_1+k_2 & -k_2 & \\ & -k_2 & k_2+k_3 & -k_3\\ & & -k_3 & k_3\end{bmatrix}$$

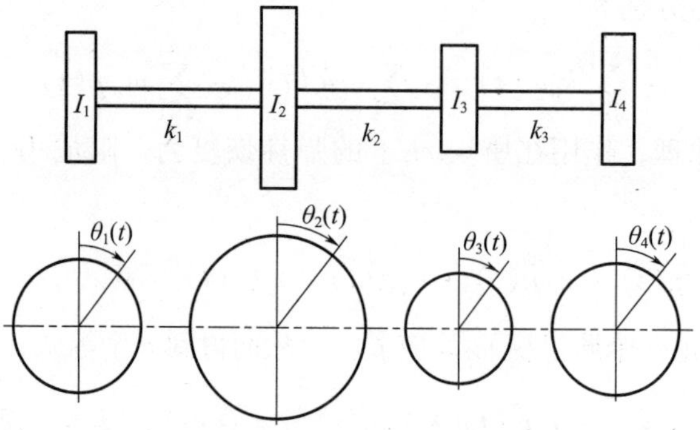

图 6-7 扭转振动系统

则系统的运动微分方程为

$$\begin{bmatrix} I_1 & & & \\ & I_2 & & \\ & & I_3 & \\ & & & I_4 \end{bmatrix}\begin{Bmatrix} \ddot{\theta}_1(t) \\ \ddot{\theta}_2(t) \\ \ddot{\theta}_3(t) \\ \ddot{\theta}_4(t) \end{Bmatrix}+\begin{bmatrix} k_1 & -k_1 & & \\ -k_1 & k_1+k_2 & -k_2 & \\ & -k_2 & k_2+k_3 & -k_3 \\ & & -k_3 & k_3 \end{bmatrix}\begin{Bmatrix} \theta_1(t) \\ \theta_2(t) \\ \theta_3(t) \\ \theta_4(t) \end{Bmatrix}=\begin{Bmatrix} 0 \\ 0 \\ 0 \\ 0 \end{Bmatrix}$$

6.1.4 柔度系数法

上面定义的刚度系数又称为刚度影响系数，它反映了系统的刚度特性。刚度系数法是单位位移方法。现在来定义柔度系数，又称柔度影响系数。

柔度系数法是单位力法，是将一个系统的动力学问题视为静力学问题来看待，用静力学的方法确定出系统的所有柔度系数，借助于这些柔度系数建立系统的运动微分方程。

对于图 6-2 所示的多自由度系统，柔度系数定义为：在坐标 $x_j(t)$ 处作用单位力 $F_j(t)=1$，而在坐标 $x_i(t)$ 处所引起的位移表征了线性系统在外力作用下的变形情况，即柔度特性。

对于图 6-2 所示的系统，按照柔度系数的定义，在 $x_i(t)$ 处的位移为 $a_{ij}F_j(t)$，应用叠加原理，系统在各个自由度上的作用力 $F_j(t)$ $(j=1, 2, \cdots, n)$ 在 $x_i(t)$ 上所产生的位移应为

$$x_i(t) = \sum_{j=1}^{n} a_{ij}F_j(t), \quad i = 1,2,\cdots,n \tag{6-16}$$

式中：$x_i(t)$ 为广义坐标；$F_j(t)$ 为广义力，以 $\boldsymbol{x}(t)$、$\boldsymbol{F}(t)$ 表示系统的广义坐标列矢量和广义力列矢量。

式（6-16）写成矩阵形式为

$$\boldsymbol{x}(t) = \boldsymbol{aF}(t) \tag{6-17}$$

式中：$\boldsymbol{a}$ 为由柔度系数 a_{ij} $(j=1, 2, \cdots, n)$ 组成的 $n\times n$ 方阵，称为柔度矩阵。而与弹性恢复力平衡的广义力为

$$F_i(t) = \sum_{j=1}^{n} k_{ij}x_j(t) \quad (i = 1,2,\cdots,n) \tag{6-18}$$

将式（6－18）写成矩阵形式为

$$\boldsymbol{F}(t)=\boldsymbol{k}\boldsymbol{x}(t) \tag{6-19}$$

式中：$\boldsymbol{k}$ 为系统的刚度矩阵，将式（6－19）代入式（6－17），得到 $\boldsymbol{x}(t)=\boldsymbol{a}\boldsymbol{k}\boldsymbol{x}(t)$，故有

$$\boldsymbol{a}\boldsymbol{k}=\boldsymbol{I} \tag{6-20}$$

由式（6－20）可知，当 $\boldsymbol{k}$ 存在逆矩阵时，柔度矩阵 $\boldsymbol{a}$ 与刚度矩阵 $\boldsymbol{k}$ 互为逆矩阵，即

$$\boldsymbol{a}=\boldsymbol{k}^{-1} \quad 或 \quad \boldsymbol{k}=\boldsymbol{a}^{-1} \tag{6-21}$$

这一性质与单自由度系统的刚度系数 k 和柔度系数 a 之间的关系非常相似，即它们互为倒数。

例 6－6 求例 6－1 中图 6－3 所示系统的柔度矩阵。

解 先计算 a_{i1}（$i=1, 2, \cdots, n$），在 m_1 上施加外力 $F_1=1$，此时各质块的位移为

$$x_1=x_2=x_3=F_1/k_1=1/k_1$$

按柔度系数的定义，得

$$a_{11}=x_1=1/k_1, \quad a_{21}=x_2=1/k_1, \quad a_{31}=x_3=1/k_1$$

再计算 a_{i2}（$i=1, 2, \cdots, n$），在 m_2 上施加外力 $F_2=1$，此时各质块的位移为

$$x_1=F_2/k_1=1/k_1, \quad x_2=F_2/k_1+F_2/k_2=1/k_1+1/k_2, \quad x_3=x_2=1/k_1+1/k_2$$

从而得到

$$a_{12}=x_1=1/k_1, \quad a_{22}=x_2=1/k_1+1/k_2, \quad a_{32}=x_3=1/k_1+1/k_2$$

最后在 m_3 上施加外力 $F_3=1$，此时各质块的位移为

$$x_1=F_3/k_1=1/k_1, \quad x_2=F_3/k_1+F_3/k_2=1/k_1+1/k_2$$

$$x_3=F_3/k_1+F_3/k_2+F_3/k_3=1/k_1+1/k_2+1/k_3$$

从而得到

$$a_{13}=1/k_1, \quad a_{23}=1/k_1+1/k_2, \quad a_{33}=1/k_1+1/k_2+1/k_3$$

系统的柔度矩阵为

$$\boldsymbol{a}=\begin{bmatrix} 1/k_1 & 1/k_1 & 1/k_1 \\ 1/k_1 & 1/k_1+1/k_2 & 1/k_1+1/k_2 \\ 1/k_1 & 1/k_1+1/k_2 & 1/k_1+1/k_2+1/k_3 \end{bmatrix}$$

例 6－7 两端简支梁上有 3 个集中质量 m、$2m$、m，如图 6－8（a）所示，梁的弯曲刚度为 EI，取三集中质量处的挠度 y_1、y_2、y_3 为系统的广义坐标，试求其柔度矩阵。

解 简支梁在单位集中力作用下的挠度公式为

$$\delta=\frac{ax}{6EIl}(l^2-x^2-a^2)$$

式中：a 为集中力作用点距右端支承的距离，如图 6－8（b）所示。可以直接求出柔度影响系数为

$$a_{11}=\frac{3l^3}{256EI}, \quad a_{12}=\frac{11l^3}{768EI}, \quad a_{13}=\frac{7l^3}{256EI}, \quad a_{22}=\frac{l^3}{48EI}$$

$$a_{31}=a_{13}, \quad a_{33}=a_{11}, \quad a_{32}=a_{23}=a_{21}=a_{12}$$

从而得到柔度矩阵为

$$a=\frac{l^3}{768EI}\begin{bmatrix}9 & 11 & 7\\11 & 16 & 11\\7 & 11 & 9\end{bmatrix}$$

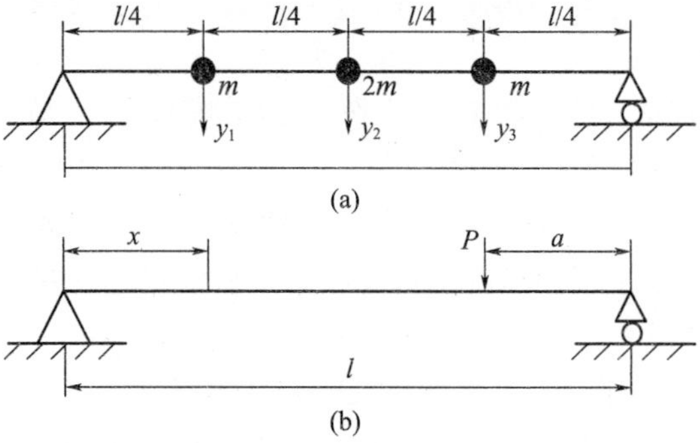

图 6 – 8　简支梁模型

6.2　多自由度系统振动方程的求解

6.2.1　两自由度振动系统的运动微分方程

两自由度系统是多自由度系统的一个最简单的特例，下面以两自由度系统为例，讨论多自由度系统运动微分方程的求解方法。要研究一个系统的动力问题，必须首先建立力学模型。图 6 – 9（a）所示为一个典型的两自由度系统的力学模型，质量 m_1 和 m_2 分别用刚度为 k_1 的弹簧，阻尼为 c_1 的阻尼器和刚度 k_3 的弹簧，阻尼为 c_3 的阻尼器连接于左、右两侧的支承点，并用刚度为 k_2 的弹簧，阻尼为 c_2 的阻尼器相互连接，质块 m_1 和 m_2 可沿光滑水平面移动。质块 m_1 和 m_2 在任何时刻的位置由独立坐标 x_1（t）和 x_2（t）完全确定。

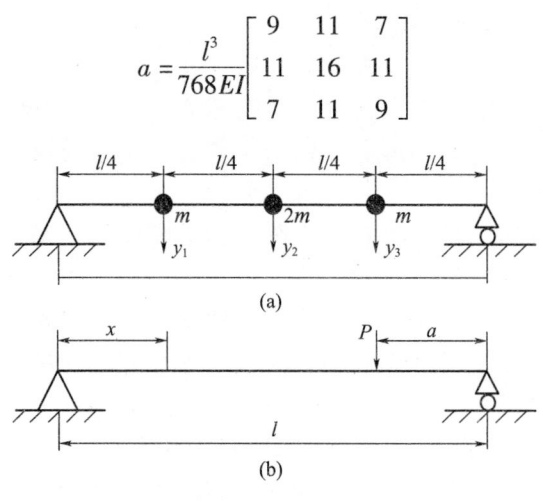

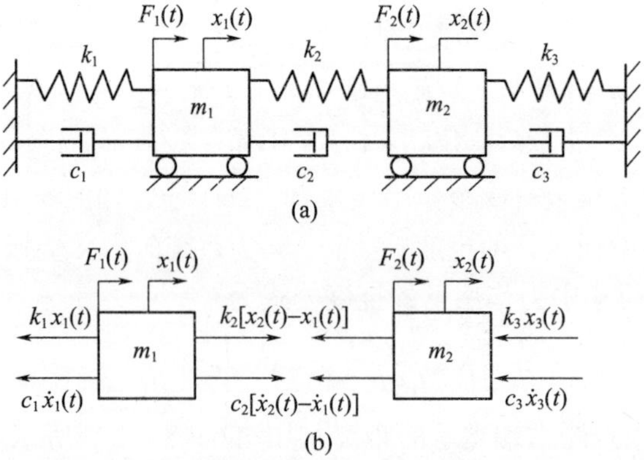

图 6 – 9　两自由度系统及隔离体受力分析

选取两个质块 m_1 和 m_2 的静平衡位置为坐标 x_1（t）和 x_2（t）的原点，取 m_1 和 m_2 的脱离体进行受力分析。在任一时刻，当 m_1、m_2 的位移为 x_1（t）、x_2（t）时，在水平方向上的受力如图 6 – 9（b）所示。根据牛顿运动定律，可得到系统的两个运动微分方

程为

$$m_1\ddot{x}_1(t) = -c_1\dot{x}_1(t) + c_2[\dot{x}_2(t) - \dot{x}_1(t)] - k_1x_1(t) + k_2[x_2(t) - x_1(t)] + F_1(t)$$
$$m_2\ddot{x}_2(t) = -c_3\dot{x}_2(t) - c_2[\dot{x}_2(t) - \dot{x}_1(t)] - k_3x_2(t) - k_2[x_2(t) - x_1(t)] + F_2(t)$$

整理上式，得

$$m_1\ddot{x}_1(t) + (c_1 + c_2)\dot{x}_1(t) - c_2\dot{x}_2(t) + (k_1 + k_2)x_1(t) - k_2x_2(t) = F_1(t)$$
$$m_2\ddot{x}_2(t) + (c_2 + c_3)\dot{x}_2(t) - c_2\dot{x}_1(t) + (k_2 + k_3)x_2(t) - k_2x_1(t) = F_2(t) \quad (6-22)$$

式（6－22）中，对 m_1 取脱离体的方程中包含了 $x_2(t)$ 和 $\dot{x}_2(t)$，对 m_2 取脱离体的方程中包含了 $x_1(t)$ 和 $\dot{x}_1(t)$，因而是耦合的常系数二阶线性微分方程组。当耦合项为零，即 $c_2 = k_2 = 0$ 时，原来的两自由度系统就成为两个单自由度系统。一般情况下，常系数二阶线性微分方程组可以用消去法求解，但消去法求解会提高方程的阶数，也不易体现方程的物理意义。因此，多自由度系统的振动分析，一般都要采用特殊的方法解除坐标耦合。

式（6－22）写成矩阵形式为

$$\boldsymbol{m}\ddot{\boldsymbol{x}}(t) + \boldsymbol{c}\dot{\boldsymbol{x}}(t) + \boldsymbol{k}\boldsymbol{x}(t) = \boldsymbol{F}(t) \quad (6-23)$$

式中

$$\boldsymbol{m} = \begin{bmatrix} m_1 & 0 \\ 0 & m_2 \end{bmatrix}, \quad \boldsymbol{c} = \begin{bmatrix} c_1 + c_2 & -c_2 \\ -c_2 & c_2 + c_3 \end{bmatrix}, \quad \boldsymbol{k} = \begin{bmatrix} k_1 + k_2 & -k_2 \\ -k_2 & k_2 + k_3 \end{bmatrix}$$

$$\boldsymbol{x}(t) = \begin{Bmatrix} x_1(t) \\ x_2(t) \end{Bmatrix}, \quad \boldsymbol{F}(t) = \begin{Bmatrix} F_1(t) \\ F_2(t) \end{Bmatrix} \quad (6-24)$$

由式（6－24）可知，质量矩阵 $\boldsymbol{m}$、阻尼矩阵 $\boldsymbol{c}$ 和刚度矩阵 $\boldsymbol{k}$ 都是对称矩阵。当且仅当它们都是对角矩阵，即对角元素为零时，方程才是无耦合的。式（6－23）表示的矩阵形式的运动方程，适合于任何自由度的线性系统问题，对于不同自由度问题，只不过是矩阵的维数需要与自由度相等。

6.2.2 两自由度无阻尼系统的自由振动与自然模态

当不考虑图 6－9（a）所示两自由度系统的阻尼和外界激励时，得到图 6－10 所示的两自由度无阻尼自由振动系统。在式（6－22）中，令 $c_1 = c_2 = c_3 = 0$，$F_1(t) = F_2(t) = 0$，得到无阻尼系统自由振动的运动微分方程为

$$m_1\ddot{x}_1(t) + (k_1 + k_2)x_1(t) - k_2x_2(t) = 0,$$
$$m_2\ddot{x}_2(t) - k_2x_1(t) + (k_2 + k_3)x_2(t) = 0 \quad (6-25)$$

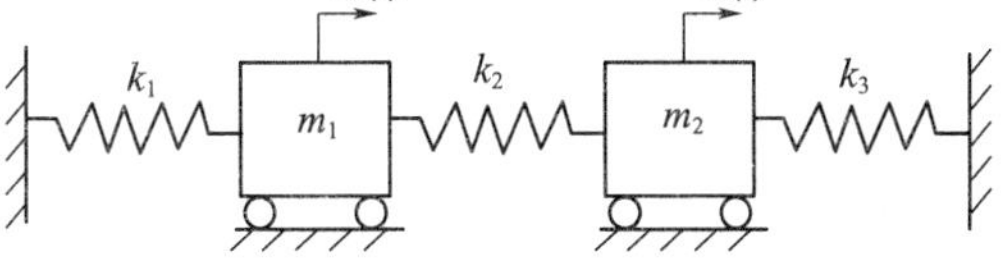

图 6－10　两自由度无阻尼系统

为方便讨论，采用记号

$$a = \frac{k_1 + k_2}{m_1}, \quad b = \frac{k_2}{m_1}, \quad c = \frac{k_2}{m_2}, \quad d = \frac{k_2 + k_3}{m_2} \quad (6-26)$$

从式（6-26）可见，a、b、c 和 d 均为正值，则系统的运动微分方程式（6-25）可表示为

$$\ddot{x}_1(t)+ax_1(t)-bx_2(t)=0,\quad \ddot{x}_2(t)-cx_1(t)+dx_2(t)=0 \tag{6-27}$$

1. 运动形式

方程式（6-27）是一个二阶常系数线性齐次微分方程组。为了研究其解，先试探一种最简单的、特殊形式的解：m_1 和 m_2 合拍地进行运动，即两坐标之比 $x_2(t)/x_1(t)$ 为常数，称这种运动为同步运动，设为

$$x_1(t)=u_1f(t),\quad x_2(t)=u_2f(t) \tag{6-28}$$

式中，振幅 u_1、u_2 和时间函数 $f(t)$ 待定。为了求得这种形式的解，确实需要满足上述 $x_2/x_1=u_2/u_1$ 为常数的要求。为了探讨这种解存在的可能性，以及确定 u_1、u_2 和 $f(t)$，对式（6-28）求一阶和二阶导数得到

$$\dot{x}_1(t)=u_1\dot{f}(t),\quad \dot{x}_2(t)=u_2\dot{f}(t)$$

$$\ddot{x}_1(t)=u_1\ddot{f}(t),\quad \ddot{x}_2(t)=u_2\ddot{f}(t) \tag{6-29}$$

将式（6-29）代入系统运动方程式（6-27），得

$$u_1\ddot{f}(t)+(au_1-bu_2)f(t)=0,\quad u_2\ddot{f}(t)+(du_2-cu_2)f(t)=0 \tag{6-30}$$

从式（6-30）得到

$$-\frac{\ddot{f}(t)}{f(t)}=\frac{au_1-bu_1}{u_1},\quad -\frac{\ddot{f}(t)}{f(t)}=\frac{du_2-cu_1}{u_2} \tag{6-31}$$

因为 a、b、c 和 d 及 u_1、u_2 均为常数，所以 $-\ddot{f}(t)/f(t)$ 也应该为常数，不妨记为 λ，则有

$$\ddot{f}(t)+\lambda f(t)=0 \tag{6-32}$$

由式（6-31），λ 应该满足

$$(a-\lambda)u_1-bu_2=0,\quad (d-\lambda)u_2-cu_1=0 \tag{6-33}$$

式（6-32）是最简单的二阶齐次微分方程，其解可表示为

$$f(t)=C_1\mathrm{e}^{-\sqrt{-\lambda}t}+C_2\mathrm{e}^{\sqrt{-\lambda}t} \tag{6-34}$$

由于已经假设系统为无阻尼，又不受外界激励，系统是保守的。因此 $x_1(t)$、$x_2(t)$ 和 $f(t)$ 都应该是有限值，从而式（6-34）中的 λ 必须为正数，不妨记 $\lambda=\omega^2$，这里 ω 为正实数。则方程式（6-32）便成为谐振子系统的运动方程，其解为

$$f(t)=C\cos(\omega t-\psi) \tag{6-35}$$

式中：C 为任意常数；ω 为谐波运动频率；ψ 为初相角。

2. 自然频率

从运动的性质可以看出，如果系统的同步运动确实存在，则应该是谐波运动，且方程式（6-33）应该成立，用 ω^2 取代方程式（6-33）中的 λ 得到

$$(a-\omega^2)u_1-bu_2=0,\quad (d-\omega^2)u_2-cu_1=0 \tag{6-36}$$

式（6-36）是关于 u_1、u_2 的线性齐次代数方程组。显然，$u_1=u_2=0$ 是方程组的一组解，但这组解仅对应于 $x_1(t)=x_2(t)=0$，即系统处于平衡状态。我们所关心的是 u_1、u_2 是否存在非零解。方程组（6-36）存在非零解的条件是特征行列式为零，即

$$\Delta(\omega^2)=\begin{vmatrix} a-\omega^2 & -b \\ -c & d-\omega^2 \end{vmatrix}=0 \tag{6-37}$$

式（6－37）称为特征行列式，给出了同步解的谐波振动频率与系统物理参数之间的确定性关系，展开后得到

$$\omega^4-(a+d)\omega^2+(ad-bc)=0 \tag{6-38}$$

式（6－38）是关于 ω^2 的二次代数方程，称为系统的特征方程或频率方程。从式（6－38）解出 ω^2 的两个根为

$$\omega_{1,2}^2=\frac{1}{2}(a+d)\mp\frac{1}{2}\sqrt{(a+d)^2-4(ad-bc)}=\frac{1}{2}(a+d)\mp\frac{1}{2}\sqrt{(a-d)^2+4bc} \tag{6-39}$$

对于实际系统，存在下列事实：① 因为系统的刚度、质量恒为正值，由式（6－26）确定的 a、b、c 和 d 均为正值，故从式（6－39）可知 ω_1^2 和 ω_2^2 都是实数；② 由 a、b、c 和 d 的定义式（6－26）可知 $ad>bc$，因此从式（6－39）知，"∓"后的项小于"∓"号前的项，所以 ω_1^2 和 ω_2^2 都是正数，式（6－38）仅有两个正实根；③ 式（6－38）仅有两个正实根的事实说明，系统可能有的同步运动不仅是谐波的，且只能以 ω_1 和 ω_2 两种频率做谐波运动；④ω_1 和 ω_2 由 a、b、c 和 d，即由系统参数唯一地确定，称为系统的自然频率。可见，两自由度系统有两个自然频率。

3. 固有振型

由于方程式（6－36）是齐次的，不能完全确定振幅 u_1 和 u_2，只能确定其比值 u_2/u_1。在满足方程式（6－37）的条件下，方程式（6－36）中的两式成为同解方程，即由该两式求出的 u_2/u_1 是相等的。于是，将 ω_1^2 和 ω_2^2 分别代入方程式（6－36）中的任一式，得

$$r_1=\frac{u_2^{(1)}}{u_1^{(1)}}=\frac{a-\omega_1^2}{b}=\frac{c}{d-\omega_1^2},\qquad r_2=\frac{u_2^{(2)}}{u_1^{(2)}}=\frac{a-\omega_2^2}{b}=\frac{c}{d-\omega_2^2} \tag{6-40}$$

式（6－40）表明，系统按其任一阶自然频率做谐波同步运动时，m_1 和 m_2 运动的振幅之比也由系统本身的物理性质决定，对于特定系统是一个确定的量。由于 m_1 和 m_2 做同步运动，任意时刻的位移之比 $x_2(t)/x_1(t)$ 等于振幅比 u_2/u_1，即其比值也是一个确定的值。因此，系统以频率 ω_1，ω_2 做同步谐波运动时，具有确定比值的常数 $u_1^{(1)}$、$u_2^{(1)}$ 和 $u_1^{(2)}$、$u_2^{(2)}$ 可以确定系统的振动型态，称为系统的固有振型。其表达式为

$$\boldsymbol{u}^{(1)}=\begin{Bmatrix} u_1^{(1)} \\ u_2^{(1)} \end{Bmatrix}=u_1^{(1)}\begin{Bmatrix} 1 \\ r_1 \end{Bmatrix},\qquad \boldsymbol{u}^{(2)}=\begin{Bmatrix} u_1^{(2)} \\ u_2^{(2)} \end{Bmatrix}=u_1^{(2)}\begin{Bmatrix} 1 \\ r_2 \end{Bmatrix} \tag{6-41}$$

式中：$\boldsymbol{u}^{(1)}$，$\boldsymbol{u}^{(2)}$ 为系统的模态矢量。每个模态矢量和其相应的自然频率 ω_1，ω_2 构成系统的一个自然模态。若 $\omega_1<\omega_2$，则 $\boldsymbol{u}^{(1)}$ 对应于较低的自然频率 ω_1（称为系统的基频），$\boldsymbol{u}^{(1)}$ 和 ω_1 构成系统的第一阶模态；$\boldsymbol{u}^{(2)}$ 和 ω_2 构成系统的第二阶模态。两自由度系统有两个自然模态，代表两种形式的同步运动。由于

$$r_1=\frac{a-\omega_1^2}{b}=\frac{a-\frac{1}{2}(a+d)+\frac{1}{2}\sqrt{(a-d)^2+4bc}}{b}=\frac{\frac{1}{2}(a-d)+\frac{1}{2}\sqrt{(a-d)^2+4bc}}{b}>0$$

$$r_2=\frac{a-\omega_2^2}{b}=\frac{a-\frac{1}{2}(a+d)-\frac{1}{2}\sqrt{(a-d)^2+4bc}}{b}=\frac{\frac{1}{2}(a-d)-\frac{1}{2}\sqrt{(a-d)^2+4bc}}{b}<0 \tag{6-42}$$

式（6－42）说明，系统以第一阶模态同步运动时，两物体在任一时刻的运动方向相同；系统以第二阶模态同步运动时，两物体在任一时刻的运动方向相反。

4. 两自由度无阻尼系统自由振动的通解

经过上述分析，可以写出两个同步解的具体形式为

$$x_1^{(1)}(t)=u_1^{(1)}C_1\cos(\omega_1 t-\psi_1),\quad x_2^{(1)}(t)=u_1^{(1)}C_1 r_1\cos(\omega_1 t-\psi_1) \tag{6-43}$$

$$x_1^{(2)}(t)=u_1^{(2)}C_2\cos(\omega_2 t-\psi_2),\quad x_2^{(2)}(t)=u_1^{(2)}C_2 r_2\cos(\omega_2 t-\psi_2) \tag{6-44}$$

式中，$u_1^{(1)}C_1$、ψ_1和$u_1^{(2)}C_2$、ψ_2为任意常数。式（6－43）和式（6－44）均为齐次微分方程组式（6－28）的特解，将两式叠加可得到该微分方程组的通解为

$$\begin{aligned}x_1(t)&=C_1\cos(\omega_1 t-\psi_1)+C_2\cos(\omega_2 t-\psi_2)\\ x_2(t)&=r_1C_1\cos(\omega_1 t-\psi_1)+C_2r_2\cos(\omega_2 t-\psi_2)\end{aligned} \tag{6-45}$$

这里，将式（6－43）和式（6－44）中的$u_1^{(1)}C_1$和$u_1^{(2)}C_2$分别写成了C_1和C_2。方程式（6－45）的矢量形式为

$$\{x(t)\}=C_1\begin{Bmatrix}1\\ r_1\end{Bmatrix}\cos(\omega_1 t-\psi_1)+C_2\begin{Bmatrix}1\\ r_2\end{Bmatrix}\cos(\omega_2 t-\psi_2) \tag{6-46}$$

可见，在一般情况下，两自由度无阻尼系统的自由振动是两个自然模态的叠加，即是两个不同频率的谐波运动的叠加，其结果一般不是谐波运动。

式（6－45）中ω_1、ω_2和r_1、r_2均由系统的物理特性决定，而C_1、C_2和ψ_1、ψ_2由初始条件决定。设$t=0$时，m_1和m_2的位移和速度分别为：x_{10}、x_{20}、$\dot{x}_{10}$和$\dot{x}_{20}$，代入式（6－45），得

$$x_1(0)=C_1\cos\psi_1+C_2\cos\psi_2=x_{10},\quad x_2(0)=C_1r_1\cos\psi_1+C_2r_2\cos\psi_2=x_{20}$$

$$\dot{x}_1(0)=C_1\omega_1\sin\psi_1+C_2\omega_2\sin\psi_2=\dot{x}_{10},\quad \dot{x}_2(0)=C_1r_1\omega_1\sin\psi_1+C_2r_2\omega_2\sin\psi_2=\dot{x}_{20}$$

这是以C_1、C_2和ψ_1、ψ_2为未知量的代数方程组，联立求解可得

$$C_1=\frac{1}{|r_2-r_1|}\sqrt{(r_2x_{10}-x_{20})^2+\frac{(r_2\dot{x}_{10}-\dot{x}_{20})^2}{\omega_1{}^2}},\quad C_2=\frac{1}{|r_2-r_1|}\sqrt{(x_{20}-r_1x_{10})^2+\frac{(\dot{x}_{20}-r_1\dot{x}_{10})^2}{\omega_2{}^2}}$$

$$\psi_1=\arctan\frac{r_2\dot{x}_{10}-\dot{x}_{20}}{\omega_1(r_2x_{10}-x_{20})},\quad \psi_2=\arctan\frac{r_1\dot{x}_{10}-\dot{x}_{20}}{\omega_2(r_1x_{10}-x_{20})} \tag{6-47}$$

到此，得到了系统对初始激励的响应，若$C_2=0$，系统以第一阶模态振动，若$C_1=0$，系统以第二阶模态振动，若C_1、C_2均不为零，系统的运动是两个自然模态振动的叠加，C_1、C_2决定了系统的总振动中第一阶模态和第二阶模态的振动所占的比例。

例 6－8 在图 6－10 所示的两自由度系统中，已知$m_1=m_2=m=0.1\text{kg}$，$k_1=k_2=k_3=k=10\text{N/m}$，初始条件如下：①$x_{10}=1\text{cm}$，$x_{20}=-1\text{cm}$，$\dot{x}_{10}=\dot{x}_{20}=0$；②$x_{10}=x_{20}=1\text{cm}$，$\dot{x}_{10}=\dot{x}_{20}=0$。试求两种初始条件下系统的响应。

解 （1）求系统的自然频率。将系统的已知参数代入式（6－26），得

$$a=\frac{2k}{m},\quad b=\frac{k}{m},\quad c=\frac{k}{m},\quad d=\frac{2k}{m}$$

将这些参数代入式（6－39）得到

$$\omega_{1,2}^2=\frac{1}{2}(a+d)\mp\frac{1}{2}\sqrt{(a-d)^2+4bc}=(2\mp1)\frac{k}{m}$$

从上式得到

$$\omega_1=\sqrt{\frac{k}{m}}=\sqrt{\frac{10}{0.1}}=10\text{rad/s},\quad \omega_2=\sqrt{\frac{3k}{m}}=\sqrt{\frac{3\times10}{0.1}}=17.32\text{rad/s}$$

（2）求系统的主振型。将上面得到的 ω_1、ω_2 代入式（6－42），得

$$r_1=\frac{a-\omega_1^2}{b}=\frac{2k/m-k/m}{k/m}=1,\quad r_2=\frac{a-\omega_2^2}{b}=\frac{2k/m-3k/m}{k/m}=-1$$

如果以横坐标表示系统中各点的静平衡位置，以纵坐标表示各点在振动过程中的振幅，则可得到如图 6－11 所示的振型图。由图 6－11（b）可见，在振动过程中始终有一点不动，这点称为节点，这是多自由度系统振动的一个特点。两自由度系统有一个节点，而 n 自由度系统有（$n-1$）个节点。通过振型图可以形象地描述系统在振动过程中的振动形态。

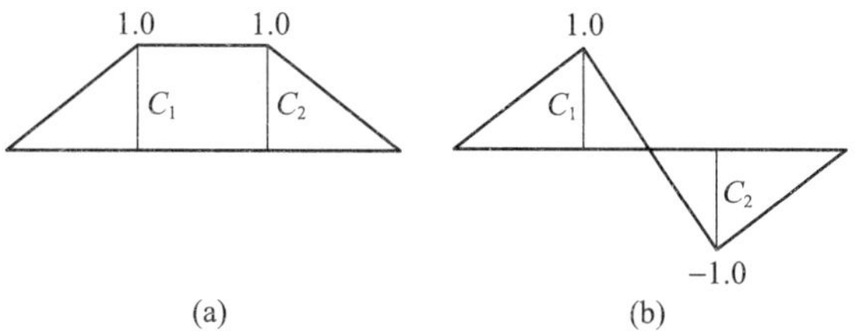

图 6－11　振型图

（3）确定给定初始条件下的响应。由式（6－45）得到系统的响应为

$$x_1(t)=C_1\cos(10t-\psi_1)+C_2\cos(17.32t-\psi_2)$$
$$x_2(t)=r_1C_1\cos(10t-\psi_1)+C_2r_2\cos(17.32t-\psi_2)$$

将初始条件①$x_{10}=1\text{cm}$，$x_{20}=-1\text{cm}$，$\dot{x}_{10}=\dot{x}_{20}=0$ 代入上面两式及其导数式得到

$$C_1=0,\ C_2=2,\quad \psi_1=\psi_2=0$$

从而得到该初始条件下系统的响应为

$$x_1(t)=2\cos17.32t,\quad x_2(t)=-2\cos17.32t$$

将初始条件②$x_{10}=x_{20}=1\text{cm}$，$\dot{x}_{10}=\dot{x}_{20}=0$ 代入上面两式及其导数式得到

$$C_1=2,\ C_2=0,\quad \psi_1=\psi_2=0$$

从而得到该初始条件下系统的响应为

$$x_1(t)=2\cos10t,\quad x_2(t)=2\cos10t$$

6.3　坐标耦合与自然坐标

6.3.1　坐标耦合

对于同一个多自由度系统，可以采用不同的独立坐标描述其运动，从而得到不同的微分运动方程。当采用不同的坐标时，运动方程表现为耦合与否或不同的耦合方式。如

果运动微分方程中，质量矩阵 $\boldsymbol{m}$ 或刚度矩阵 $\boldsymbol{k}$ 为非对角阵时，则方程存在惯性耦合或弹性耦合，如果质量矩阵 $\boldsymbol{m}$ 和刚度矩阵 $\boldsymbol{k}$ 均为非对角阵时，则方程存在复合耦合。下面通过实例来说明两自由度系统的坐标耦合问题。

车辆的车身、前后轮及其悬挂装置构成的系统，可以简化为图 6-12 所示的两自由度系统。设刚性杆质量为 m，绕质心 C 的转动惯量为 I_C，质心 C 与两弹簧 k_1 和 k_2 的距离分别为 l_1、l_2，下面通过取不同坐标来建立系统的运动方程，分析方程的耦合性质。

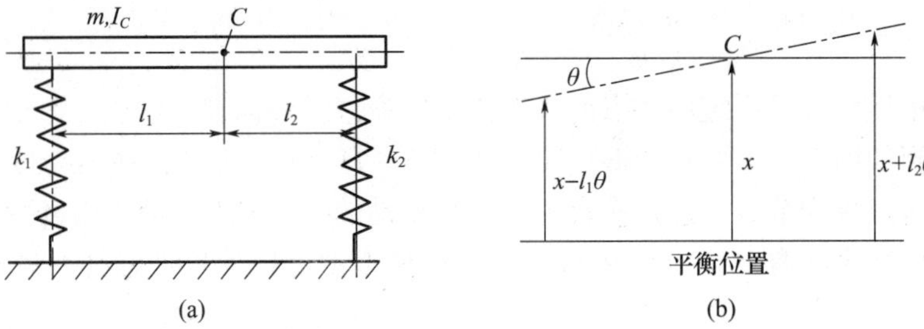

图 6-12　悬挂装置的弹性耦合

1. 弹性耦合

以质心 C 的垂直方向的位移 x 和绕质心 C 的转角 θ 为坐标，x 的坐标原点取在系统的静平衡位置，如果坐标 x 和 θ 均为微小值，对刚性杆应用质心运动定律和刚体转动定律，得到系统的运动微分方程为

$$m\ddot{x}=-k_1(x-l_1\theta)-k_2(x+l_2\theta),\qquad I_C\ddot{\theta}=k_1(x-l_1\theta)l_1-k_2(x+l_2\theta)l_2 \tag{6-48}$$

整理式（6-48），得

$$m\ddot{x}+(k_1+k_2)x-(k_1l_1-k_2l_2)\theta=0,\qquad I_C\ddot{\theta}-(k_1l_1-k_2l_2)x+(k_1l_1^2+k_2l_2^2)\theta=0 \tag{6-49}$$

式（6-49）写成矩阵形式为

$$\begin{bmatrix} m & 0 \\ 0 & I_C \end{bmatrix}\begin{Bmatrix} \ddot{x} \\ \ddot{\theta} \end{Bmatrix}+\begin{bmatrix} k_1+k_2 & -(k_1l_1-k_2l_2) \\ -(k_1l_1-k_2l_2) & k_1{l_1}^2+k_2{l_2}^2 \end{bmatrix}\begin{Bmatrix} x \\ \theta \end{Bmatrix}=\begin{Bmatrix} 0 \\ 0 \end{Bmatrix} \tag{6-50}$$

式（6-50）表明，质量矩阵是对角矩阵。在一般情况下，由于 $k_1l_1\neq k_2l_2$，刚度矩阵不是对角矩阵，方程通过坐标 x 和 θ 相互耦合，这种耦合称为弹性耦合或静力耦合。

2. 惯性耦合

如果选取不同的坐标，则运动方程的形式会发生变化。以杆上 O 点的垂直方向的位移 x_1 和绕 O 点的转角 θ 为坐标，如图 6-13 所示。x_1 的坐标原点取在系统平衡位置，O 点在杆上满足 $k_1l'_1=k_2l'_2$ 的位置处。设 I_O 为杆对 O 点的转动惯量，分别应用质心运动定律和刚体转动定律，得到系统的微分运动方程为

$$m[\ddot{x}_1+(l_1-l'_1)\ddot{\theta}]=-k_1(x_1-l'_1\theta)-k_2(x_1+l'_2\theta)$$

$$I_O\ddot{\theta}=k_1(x_1-l'_1\theta)l'_1-k_2(x_1+l'_2\theta)l'_2-m[\ddot{x}_1+(l_1-l'_1)\ddot{\theta}](l_1-l'_1)$$

记 $e=l_1-l'_1$，则有

$$m\ddot{x}_1+m\ddot{e\theta}+(k_1+k_2)x_1-(k_1l'_1-k_2l'_2)\theta=0$$

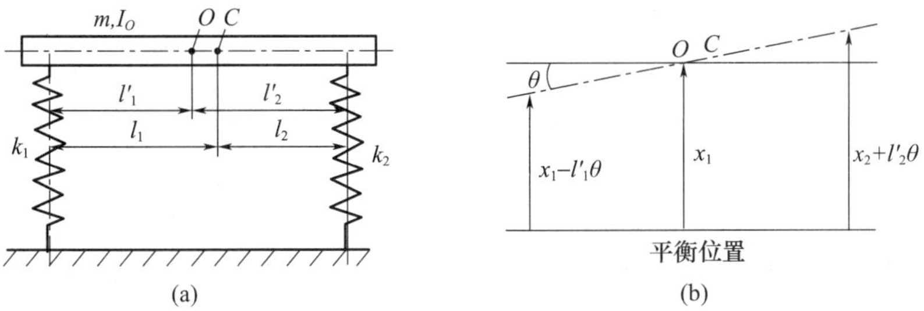

图 6－13　悬挂装置的惯性耦合

$$me\ddot{x}_1 + [I_O + me^2]\ddot{\theta} - (k_1 l'_1 - k_2 l'_2)x_1 + (k_1 l'^2_1 + k_2 l'^2_2)\theta = 0$$

考虑到 $k_1 l'_1 = k_2 l'_2$，则有

$$m\ddot{x}_1 + m\ddot{e}\theta + (k_1 + k_2)x_1 = 0, \quad me\ddot{x}_1 + [I_O + me^2]\ddot{\theta} + (k_1 l'^2_1 + k_2 l'^2_2)\theta = 0 \tag{6-51}$$

式（6－51）写成矩阵形式为

$$\begin{bmatrix} m & me \\ me & I_O + me^2 \end{bmatrix}\begin{Bmatrix} \ddot{x}_1 \\ \ddot{\theta} \end{Bmatrix} + \begin{bmatrix} k_1 + k_2 & 0 \\ 0 & k_1 l_1'^2 + k_2 l_2'^2 \end{bmatrix}\begin{Bmatrix} x_1 \\ \theta \end{Bmatrix} = \begin{Bmatrix} 0 \\ 0 \end{Bmatrix} \tag{6-52}$$

式（6－52）表明，刚度矩阵是对角矩阵，弹性耦合已经解除。质量矩阵是非对角矩阵，即两方程通过加速度 $\ddot{x}_1$ 和 $\ddot{\theta}$ 而相互耦合，这种耦合称为惯性耦合或动力耦合。

3. 复合耦合

上述两种坐标的选择具有特殊性，在实际问题中，需要选择更一般的坐标来分析问题。若以弹簧 k 的垂直方向的位移 x_2 和绕该点的转角 θ 为坐标，如图 6－14 所示。x_2 的坐标原点取在系统平衡位置，设 I_B 为杆对 B 点的转动惯量，分别应用质心运动定律和刚体转动定律，得到系统的微分运动方程为

$$m[\ddot{x}_2 + l_1\ddot{\theta}] = -k_1 x_1 - k_2[x_2 + (l_1 + l_2\theta)]$$

$$I_B\ddot{\theta} = -k_2[x_2 + (l_1 + l_2)\theta](l_1 + l_2) - m[\ddot{x}_2 + l_1\theta]l_1$$

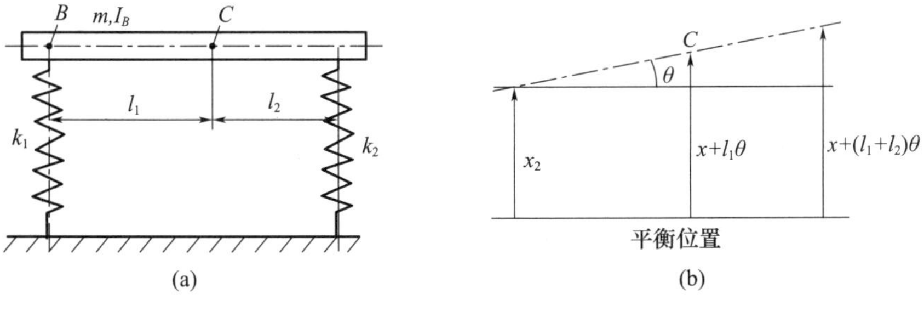

图 6－14　悬挂装置的复合耦合

整理得到

$$m\ddot{x}_2 + ml_1\ddot{\theta} + (k_1 + k_2)x_2 + k_2(l_1 + l_2)\theta = 0$$

$$ml_1\ddot{x}_2 + (I_B + ml_1{}^2)\ddot{\theta} + k_2(l_1 + l_2)x_2 + k_2(l_1 + l_2)^2\theta = 0 \tag{6-53}$$

式（6－53）写成矩阵形式为

$$\begin{bmatrix} m & ml_1 \\ ml_1 & I_B+ml_1^2 \end{bmatrix}\begin{Bmatrix} \ddot{x}_2 \\ \ddot{\theta} \end{Bmatrix}+\begin{bmatrix} k_1+k_2 & k_2(l_1+l_2) \\ k_2(l_1+l_2) & k_2(l_1+l_2)^2 \end{bmatrix}\begin{Bmatrix} x_2 \\ \theta \end{Bmatrix}=\begin{Bmatrix} 0 \\ 0 \end{Bmatrix} \tag{6-54}$$

在这种坐标形式下，质量矩阵和刚度矩阵均是非对角矩阵，方程通过位移 x_2 和 θ 及加速度 $\ddot{x}_2$ 和 $\ddot{\theta}$ 相互耦合，这种耦合方式是弹性和惯性的复合耦合。

比较式（6-50）、式（6-52）和式（6-54）三组方程可见，耦合的方式是依所选取的坐标而定的。坐标的选取是研究者的主观抉择，而非系统的本质特性。因此，这种耦合应该是坐标的耦合方式，或运动的耦合方式，而不是系统的耦合方式。

选取的坐标不同，得到的运动方程及其耦合方式均不同。对于一个多自由度系统，是否存在一组特定坐标，使得运动方程既无弹性耦合，也无惯性耦合，即刚度矩阵和惯性矩阵均为对角矩阵呢？答案是肯定的，这样的坐标就是下面要讨论的自然坐标或主坐标。

6.3.2 自然坐标

考虑图 6-10 所示的系统，其运动方程为式（6-27），其通解为式（6-45），若记

$$q_1(t)=C_1\cos(\omega_1 t-\psi_1),\quad q_2(t)=C_2\cos(\omega_2 t-\psi_2) \tag{6-55}$$

则式（6-45）可写为

$$x_1(t)=q_1(t)+q_2(t),\quad x_2(t)=r_1q_1(t)+r_2q_2(t) \tag{6-56}$$

式（6-56）写成矩阵形式为

$$\begin{Bmatrix} x_1(t) \\ x_2(t) \end{Bmatrix}=\begin{bmatrix} 1 & 1 \\ r_1 & r_2 \end{bmatrix}\begin{Bmatrix} q_1(t) \\ q_2(t) \end{Bmatrix} \tag{6-57}$$

如果将 $q_1(t)$ 和 $q_2(t)$ 作为一组独立坐标，式（6-55）就是（x_1，x_2）与（q_1，q_2）两组坐标之间的变换关系，其坐标变换矩阵为

$$\boldsymbol{u}=\begin{bmatrix} 1 & 1 \\ r_1 & r_2 \end{bmatrix}=[\boldsymbol{u}^{(1)},\ \boldsymbol{u}^{(2)}] \tag{6-58}$$

该变换矩阵的特殊之处在于矩阵的各列正好就是相应的模态矢量，故称为模态矩阵。将坐标变换解代入系统运动方程，得

$$\begin{aligned} &\ddot{q}_1(t)+\ddot{q}_2(t)+a[q_1(t)+q_2(t)]-b[r_1q_1(t)+r_2q_2(t)]=0 \\ &r_1\ddot{q}_1(t)+r_2\ddot{q}_2(t)-c[q_1(t)+q_2(t)]+d[r_1q_1(t)+r_2q_2(t)]=0 \end{aligned} \tag{6-59}$$

式（6-59）是复合耦合方程，可通过运算解除耦合。用 r_2 乘以式（6-59）的第一式，再与第二式相减得到

$$(r_2-r_1)\ddot{q}_1(t)+(ar_2+c-br_2r_1-dr_1)q_1(t)-(ar_2+c-br_2{}^2-dr_2)q_2(t)=0 \tag{6-60}$$

用 r_1 乘以式（6-59）的第二式，再与第一式相减得到：

$$(r_1-r_2)\ddot{q}_2(t)+(ar_1+c-br_1^2-dr_1)q_1(t)-(ar_1+c-br_1r_2-dr_2)q_2(t)=0 \tag{6-61}$$

考虑到式（6-40）和式（6-39），对式（6-60）和式（6-61）进行简化得到

$$\ddot{q}_1(t)+\omega_1^2q_1(t)=0,\quad \ddot{q}_2(t)+\omega_2^2q_2(t)=0 \tag{6-62}$$

从式（6－62）可见，以 q_1（t）和 q_2（t）为坐标的运动方程不存在任何形式的耦合，写成矩阵形式为

$$\begin{bmatrix}1 & 0\\0 & 1\end{bmatrix}\begin{Bmatrix}\ddot{q}_1\\\ddot{q}_2\end{Bmatrix}+\begin{bmatrix}\omega_1^2 & 0\\0 & \omega_2^2\end{bmatrix}\begin{Bmatrix}q_1\\q_2\end{Bmatrix}=\begin{Bmatrix}0\\0\end{Bmatrix} \tag{6-63}$$

式（6－63）中，刚度矩阵和质量矩阵均是对角矩阵，坐标（q_1，q_2）就是自然坐标。q_1（t）和 q_2（t）没有明显的物理意义，但由式（6－55）给出了明确的数学定义。因而与物理坐标（x_1，x_2）一样，自然坐标（q_1，q_2）可用来精确描述系统的运动，即得到式（6－45）所表达的运动形式，只是以坐标变换的观点代替了模态叠加的观点。

以上讨论表明，如果以一个系统的模态矩阵作为坐标变换矩阵，将物理坐标（x_1，x_2）变为自然坐标（q_1，q_2），则系统的运动方程没有耦合。

例 6－9 如图 6－15 所示，均质杆质量为 200kg，两端用弹簧支承，总长度为 $l=1.5$m，$k_1=18$kN/m，$k_2=22$kN/m，试确定系统的自然模态和自然坐标。

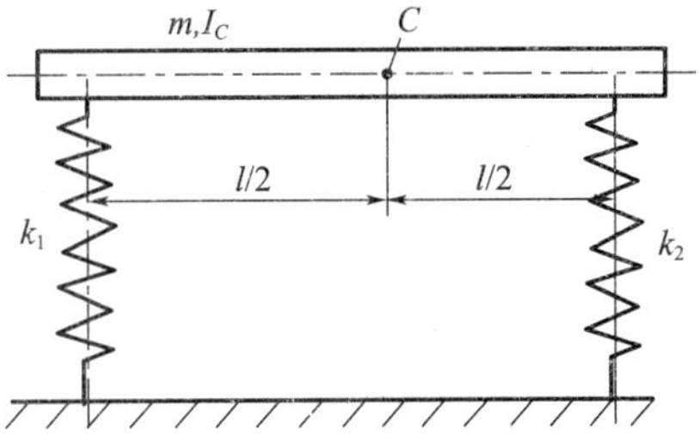

图 6－15 均质杆弹簧模型

解 设杆的质心为 C，取 C 点的垂直位移 x 和杆的转角 θ 为广义坐标。杆绕质心的转动惯量为

$$I_C=\frac{1}{12}ml^2=37.5\text{kg}\cdot\text{m}^2$$

将给出的有关参数代入式（6－50），得

$$\begin{bmatrix}200 & 0\\0 & 37.5\end{bmatrix}\begin{Bmatrix}\ddot{x}\\\ddot{\theta}\end{Bmatrix}+10^3\begin{bmatrix}40 & 3\\3 & 22.5\end{bmatrix}\begin{Bmatrix}x\\\theta\end{Bmatrix}=\begin{Bmatrix}0\\0\end{Bmatrix} \tag{6-64}$$

对应的特征值问题的方程为

$$-\omega^2\begin{bmatrix}200 & 0\\0 & 37.5\end{bmatrix}\begin{Bmatrix}u_1\\u_2\end{Bmatrix}+10^3\begin{bmatrix}40 & 3\\3 & 22.5\end{bmatrix}\begin{Bmatrix}u_1\\u_2\end{Bmatrix}=\begin{Bmatrix}0\\0\end{Bmatrix}$$

系统的频率方程为

$$\Delta(\omega)=\begin{bmatrix}4\times10^3-200\omega^2 & 3\times10^3\\3\times10^3 & 22.5\times10^3-37.5\omega^2\end{bmatrix}=0$$

由上式解得自然频率为 $\omega_1=14.036$rad/s，$\omega_2=24.6$rad/s，按照式（6－40），振幅比为

$$r_1=\frac{u_2^{(1)}}{u_1^{(1)}}=\frac{40\times10^3-200\times14.036^2}{-3\times10^3}=-0.199,\qquad r_2=\frac{u_2^{(2)}}{u_1^{(2)}}=\frac{40\times10^3-200\times24.6^2}{-3\times10^3}=26.9$$

按照式（6－58），坐标的变换矩阵为

$$\boldsymbol{u}=\begin{bmatrix}1 & 1\\r_1 & r_2\end{bmatrix}=\begin{bmatrix}1 & 1\\-0.199 & 26.9\end{bmatrix}$$

设系统的自然坐标为 q_1、q_2，则根据式（6－57），有

$$\begin{Bmatrix}x(t)\\\theta(t)\end{Bmatrix}=\begin{bmatrix}1 & 1\\r_1 & r_2\end{bmatrix}\begin{Bmatrix}q_1(t)\\q_2(t)\end{Bmatrix}=\begin{bmatrix}1 & 1\\-0.199 & 26.9\end{bmatrix}\begin{Bmatrix}q_1(t)\\q_2(t)\end{Bmatrix} \tag{6-65}$$

将式（6－65）代入以坐标 x、θ 表示的运动方程式（6－64），可得到以自然坐标表示的运动方程为

$$\ddot{q}_1(t)+14.036^2 q_1(t)=0,\quad \ddot{q}_2(t)+24.6^2 q_1(t)=0$$

上述方程已经解耦，其解为

$$q_1(t)=C_1\cos(14.036t-\psi_1),\quad q_2(t)=C_1\cos(24.6t-\psi_2)$$

从而以 x、θ 表示的系统的运动为

$$\begin{Bmatrix} x(t) \\ \theta(t) \end{Bmatrix}=C_1\begin{Bmatrix} 1 \\ -0.199 \end{Bmatrix}\cos(14.036t-\psi_1)+C_2\begin{Bmatrix} 1 \\ 26.9 \end{Bmatrix}\cos(24.6t-\psi_2)$$

若已知初始条件，可按照式（6－47）求出 C_1、C_2、ψ_1、ψ_2。

6.3.3 线性变换

模态分析法或坐标变换法是求解多自由度系统振动问题的基本方法之一。多自由度系统的运动微分方程式（6－15）或方程式（6－4）是一个二阶常系数线性微分方程组，虽然与两自由度系统的矩阵方程相似，但由于刚度矩阵、阻尼矩阵和质量矩阵的复杂性，耦合项更多，从而求解更加困难。如何解除耦合是解决问题的一条有效途径。为了讨论求解方程式（6－4）的模态分析法，首先讨论耦合的概念及解除耦合的方法。

对无阻尼系统，运动方程式（6－4）可简化为

$$\boldsymbol{m}\ddot{\boldsymbol{q}}(t)+\boldsymbol{k}\boldsymbol{q}(t)=\boldsymbol{Q}(t) \tag{6-66}$$

对一个振动系统，可以采用不同的广义坐标来建立运动方程。选用的坐标不同，得到的运动方程也不同。因此，运动方程的耦合是广义坐标选择的结果，并不是系统本身的特性。自然坐标是能使运动方程不存在耦合的一组广义坐标。任意一组广义坐标通过以模态矩阵为变换矩阵的线性变换，就可变换为自然坐标，从而使运动方程解除耦合。

考虑采用另一组广义坐标 $\eta_j(t)$（$j=1,2,\cdots,n$）来代替方程式（6－66）中的广义坐标 $q_j(t)$（$j=1,2,\cdots,n$）。对于线性振动系统，两组广义坐标之间的关系是一种线性变换，即坐标 $q_j(t)$（$j=1,2,\cdots,n$）可用坐标 $\eta_j(t)$（$j=1,2,\cdots,n$）的线性组合表示为

$$\boldsymbol{q}(t)=\boldsymbol{U}\boldsymbol{\eta}(t) \tag{6-67}$$

式中：$\boldsymbol{U}$ 为线性变换矩阵，是一个非奇异的 n 阶常系数方阵；$\eta_j(t)$ 为广义坐标的列阵，则有

$$\ddot{\boldsymbol{q}}(t)=\boldsymbol{U}\dot{\boldsymbol{\eta}}(t),\quad \ddot{\boldsymbol{q}}(t)=\boldsymbol{U}\ddot{\boldsymbol{\eta}}(t) \tag{6-68}$$

将式（6－67）和式（6－68）代入运动方程式（6－66），得

$$\boldsymbol{m}\boldsymbol{U}\ddot{\boldsymbol{\eta}}(t)+\boldsymbol{k}\boldsymbol{U}\boldsymbol{\eta}(t)=\boldsymbol{Q}(t) \tag{6-69}$$

式（6－69）中，系数矩阵是不对称的。为保持运动方程中系数矩阵的对称性，在方程两端左乘 $\boldsymbol{U}^{\mathrm{T}}$，得

$$\boldsymbol{M}\ddot{\boldsymbol{\eta}}(t)+\boldsymbol{K}\boldsymbol{\eta}(t)=\boldsymbol{N}(t) \tag{6-70}$$

式中

$$\boldsymbol{M}=\boldsymbol{U}^{\mathrm{T}}\boldsymbol{m}\boldsymbol{U},\ \boldsymbol{K}=\boldsymbol{U}^{\mathrm{T}}\boldsymbol{k}\boldsymbol{U},\quad \boldsymbol{N}(t)=\boldsymbol{U}^{\mathrm{T}}\boldsymbol{Q}(t) \tag{6-71}$$

分别为广义坐标 $\eta_j(t)$ 下的质量矩阵、刚度矩阵和广义力矢量。由于 $\boldsymbol{m}$ 和 $\boldsymbol{k}$ 是对称的，故 $\boldsymbol{M}$ 和 $\boldsymbol{K}$ 均为对称矩阵。由此可知，坐标变换对运动方程的影响表现为质量矩阵

和刚度矩阵按照式（6－71）进行变换。

通过坐标变换，已将原来以广义坐标 $\boldsymbol{q}(t)$ 表达的运动方程变换到以 $\boldsymbol{\eta}(t)$ 表达的方程。这种方程虽然没有改变系统本身的性质，但由于改变了质量矩阵和刚度矩阵，因而可能改变其运动方程的耦合情况。

6.4 多自由度系统的自由振动

6.4.1 多自由度无阻尼自由振动的特征值问题

考虑 n 自由度无阻尼系统的自由振动，其运动微分方程式（6－15）可展开为

$$\sum_{j=1}^{n} m_{ij}\ddot{q}_j(t) + \sum_{j=1}^{n} k_{ij}q_j(t) = 0, \quad i = 1,2,\cdots,n \tag{6-72}$$

为了求解该方程，首先寻求其同步解，即设

$$q_j(t) = u_j f(t), \quad j=1,2,\cdots,n \tag{6-73}$$

式中，u_j $(j=1,2,\cdots,n)$ 是一组常数，$f(t)$ 是与时间有关的实函数，对所有坐标都相同，由此可以得到

$$\frac{q_j(t)}{q_i(t)} = \frac{u_j}{u_i} = \text{常数}, \quad i,j=1,2,\cdots,n \tag{6-74}$$

即任意两坐标上的位移之比都是与时间无关的常数，这表明各坐标是在成比例的运动。将式（6－73）及其两阶导数代入方程式（6－72）中，得

$$\ddot{f}(t)\sum_{j=1}^{n} m_{ij}u_j + f(t)\sum_{j=1}^{n} k_{ij}u_j = 0, \quad i = 1,2,\cdots,n \tag{6-75}$$

将式（6－75）分离变量，得

$$-\frac{\ddot{f}(t)}{f(t)} = \frac{\sum_{j=1}^{n} k_{ij}u_j}{\sum_{j=1}^{n} m_{ij}u_j} = \lambda, \quad i = 1,2,\cdots,n \tag{6-76}$$

式（6－76）的左端仅与时间 t 有关，右端仅与位移有关，为使该等式能成立，其两端都必须等于一个常数。由于 $f(t)$ 是实函数，故该函数必为实数，不妨假设为 λ，于是得到

$$\ddot{f}(t) + \lambda f(t) = 0 \tag{6-77}$$

$$\sum_{j=1}^{n} (k_{ij} - \lambda m_{ij})u_j = 0, \quad i = 1,2,\cdots,n \tag{6-78}$$

式（6－77）的解为

$$f(t) = C\cos(\omega t - \psi) \tag{6-79}$$

式中，$\omega^2 = \lambda$，而 ω 是实数，为谐波运动的频率，C 和 ψ 是任意常数。

频率 ω（或 λ）不能是任意的，而应该由式（6－78）决定，将式（6－78）写成矩阵形式，并整理得到

$$(\boldsymbol{k} - \omega^2\boldsymbol{m})\boldsymbol{u} = \boldsymbol{0} \tag{6-80}$$

式（6－80）是关于 $\boldsymbol{u}$ 的 n 元线性齐次方程式，是广义特征值问题，有非零解的条件是特征行列式为零，即

$$\Delta(\omega^2)=|k_{ij}-\omega^2 m_{ij}|=0 \tag{6-81}$$

式（6－81）是系统频率方程，该行列式称为特征行列式。将其展开后可得到关于 ω^2 的 n 次代数方程为

$$\omega^{2n}+a_1\omega^{2(n-1)}+a_2\omega^{2(n-2)}+\cdots+a_{n-1}\omega^2+a_n=0 \tag{6-82}$$

当质量矩阵和刚度矩阵为正定的实对称矩阵时，式（6－82）有 n 个正实根，对应于系统的 n 个自然频率，n 个根满足 $\omega_1^2<\omega_2^2<\cdots<\omega_n^2$，其中最低的频率 ω_1 称为基频，是工程中最重要的一个自然频率。

将 ω_r 分别代入式（6－80）中，可求得相应的解 $\boldsymbol{u}^{(r)}$，称为系统的模态矢量或振型矢量。自然频率 ω_r 和模态矢量 $\boldsymbol{u}^{(r)}$ 构成了第 r 阶自然模态，表示系统的一种基本运动模式，即一种同步运动。n 自由度系统一般有 n 种同步运动，每一种均为谐波运动，但频率 ω_r 不同，而其振幅在各自由度上的分配方式，即模态矢量也不同。每一种同步运动可写为

$$\boldsymbol{q}(t)^{(r)}=\boldsymbol{u}^{(r)}\cos(\omega_r t-\psi_r),\quad r=1,2,\cdots,n \tag{6-83}$$

式（6－83）是齐次方程，因此以上 n 个解的线性组合仍是方程的解，由此得到系统自由振动的通解为

$$\boldsymbol{q}(t)=\sum_{r=1}^{n}C_r\boldsymbol{q}(t)^{(r)}=\sum_{r=1}^{n}C_r\boldsymbol{u}^{(r)}\cos(\omega_r t-\psi_r) \tag{6-84}$$

式中，ω_r 和 $\boldsymbol{u}^{(r)}$ 由系统参数决定，待定常数 ψ_r 和 C_r 由初始条件决定。特征值问题只能确定振型的形状不能确定振幅的大小。

例 6－10 图 6－16 所示为一个三自由度系统，$k_1=3k$，$k_2=2k$，$k_3=k$，$m_1=2m$，$m_2=1.5m$，$m_3=m$，求系统的自然频率与模态矢量。

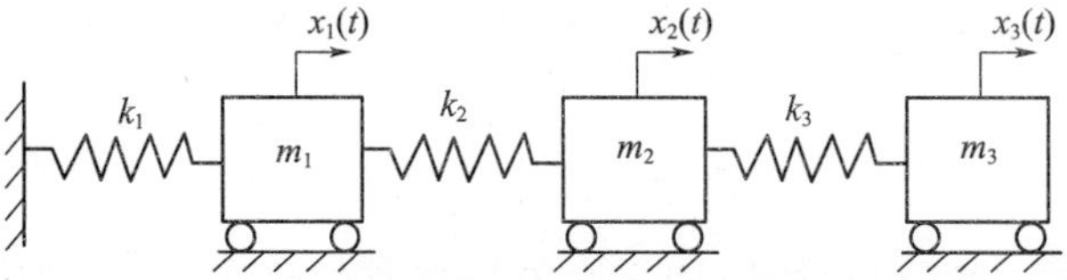

图 6－16　三自由度系统

解　取质块 m_1、m_2、m_3 的水平位移 $x_1(t)$、$x_2(t)$、$x_3(t)$ 为广义坐标，根据例 6－1的结果可以直接写出系统的质量矩阵和刚度矩阵为

$$\boldsymbol{m}=\begin{bmatrix}2m & & \\ & 1.5m & \\ & & m\end{bmatrix},\quad \boldsymbol{k}=\begin{bmatrix}5k & -2k & 0\\ -2k & 3k & -k\\ 0 & -k & k\end{bmatrix}$$

将上式的 $\boldsymbol{m}$、$\boldsymbol{k}$ 代入式（6－34）得到系统的系统频率方程为

$$\Delta(\omega^2)=\begin{bmatrix}5k-2m\omega^2 & -2k & 0\\ -2k & 3k-1.5m\omega^2 & -k\\ 0 & -k & k-m\omega^2\end{bmatrix}=0$$

将上式展开，得

$$\omega^6 - 1.5\left(\frac{k}{m}\right)\omega^4 + 7.5\left(\frac{k}{m}\right)^2\omega^2 - 2\left(\frac{k}{m}\right)^3 = 0$$

用数值法求解上式，可求出 3 个特征值为

$$\lambda_1 = \omega_{n1}^2 = 0.351465\,\frac{k}{m},\quad \lambda_2 = \omega_{n2}^2 = 1.606599\,\frac{k}{m},\quad \lambda_3 = \omega_{n3}^2 = 3.541936\,\frac{k}{m}$$

从而得到系统的自然频率为

$$\omega_{n1} = 0.592845\sqrt{k/m},\quad \omega_{n2} = 1.267517\sqrt{k/m},\quad \omega_{n3} = 1.882003\sqrt{k/m}$$

为求出模态矢量，将自然频率代入式（6－81），由于该方程仅有两个是独立的，可从中任取两个，若取其前两个，即

$$(5k - 2m\omega^2)\,u_1 - 2ku_2 = 0,\quad -2ku_1 + (3k - 1.5m\omega^2)\,u_2 - ku_3 = 0$$

取 $u_3 = 1$，以使模态矢量正规化，分别将 ω_{n1}、ω_{n2}、ω_{n3}代入上式求得

$$u_1^{(1)} = 0.301850,\quad u_1^{(2)} = -0.678977,\quad u_1^{(3)} = 2.439628$$
$$u_2^{(1)} = 0.648535,\quad u_2^{(2)} = -0.606599,\quad u_2^{(3)} = -2.541936$$

从而得到 3 个模态矢量为

$$\boldsymbol{u}^{(1)} = \begin{Bmatrix} 0.301850 \\ 0.648535 \\ 1 \end{Bmatrix},\quad \boldsymbol{u}^{(2)} = \begin{Bmatrix} -0.678977 \\ -0.606599 \\ 1 \end{Bmatrix},\quad \boldsymbol{u}^{(3)} = \begin{Bmatrix} 2.439628 \\ -2.541936 \\ 1 \end{Bmatrix}$$

图 6－17 所示为系统的三阶自然模态。第二阶自然模态有一次符号变化，在质块 m_2与 m_3之间有一个节点；第三阶自然模态有两次符号变化，在质块 m_1与 m_2，m_2与 m_3之间各有一个节点。

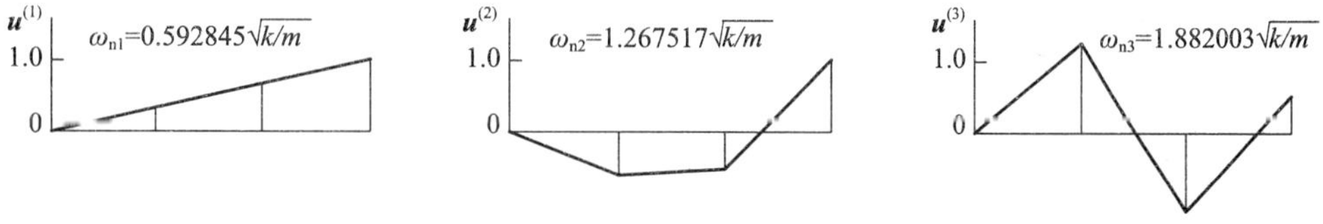

图 6－17　系统的三阶自然模态

6.4.2　模态矢量的正交性与正规性

1. 模态矢量的正交性

设 ω_r、ω_s及 $\boldsymbol{u}^{(r)}$、$\boldsymbol{u}^{(s)}$分别是多自由度系统的两个自然频率和模态矢量，且 $\omega_r \neq \omega_s$，它们均满足系统的特征值问题方程式（6－80），即有

$$\boldsymbol{k}\boldsymbol{u}^{(r)} - \omega_r^2\boldsymbol{m}\boldsymbol{u}^{(r)} = \boldsymbol{0},\quad \boldsymbol{k}\boldsymbol{u}^{(s)} - \omega_s^2\boldsymbol{m}\boldsymbol{u}^{(s)} = \boldsymbol{0} \tag{6-85}$$

在式（6－85）的第一式两端左乘 $u^{(s)\mathrm{T}}$，第二式两端左乘 $\boldsymbol{u}^{(r)\mathrm{T}}$，得到

$$\boldsymbol{u}^{(s)\mathrm{T}}\boldsymbol{k}\boldsymbol{u}^{(r)} = \omega_r^2\boldsymbol{u}^{(s)\mathrm{T}}\boldsymbol{m}\boldsymbol{u}^{(r)},\quad \boldsymbol{u}^{(r)\mathrm{T}}\boldsymbol{k}\boldsymbol{u}^{(s)} = \omega_s^2\boldsymbol{u}^{(r)\mathrm{T}}\boldsymbol{m}\boldsymbol{u}^{(s)} \tag{6-86}$$

将式（6－86）的第一式转置，并注意 $\boldsymbol{m}$、$\boldsymbol{k}$ 都是对称，故有

$$\boldsymbol{u}^{(r)\mathrm{T}}\boldsymbol{k}\boldsymbol{u}^{(s)} = \omega_r^2\boldsymbol{u}^{(r)\mathrm{T}}\boldsymbol{m}\boldsymbol{u}^{(s)} \tag{6-87}$$

将式（6－86）的第二式、式（6－87）两式相减得到

$$(\omega_r^2 - \omega_s^2)\,\boldsymbol{u}^{(r)\mathrm{T}}\boldsymbol{m}\boldsymbol{u}^{(s)} = \boldsymbol{0} \tag{6-88}$$

由于 $\omega_r \neq \omega_s$，故必有

$$\boldsymbol{u}^{(r)\mathrm{T}}\boldsymbol{m}\boldsymbol{u}^{(s)} = \boldsymbol{0}, \quad r, s = 1, 2, \cdots, n, r \neq s \tag{6-89}$$

将式（6-89）代回式（6-86）的第一式，得

$$\boldsymbol{u}^{(r)\mathrm{T}}\boldsymbol{k}\boldsymbol{u}^{(s)} = \boldsymbol{0}, \quad r, s = 1, 2, \cdots, n, r \neq s \tag{6-90}$$

式（6-89）和式（6-90）分别称为模态矢量对于质量矩阵和刚度矩阵的正交性。这是对于通常意义下的正交性

$$\boldsymbol{u}^{(r)\mathrm{T}}\boldsymbol{u}^{(s)} = u_1^{(r)}u_1^{(s)} + u_2^{(r)}u_2^{(s)} + \cdots + u_n^{(r)}u_n^{(s)} = 0 \tag{6-91}$$

的一种自然推广，即分别以 $\boldsymbol{m}$、$\boldsymbol{k}$ 作为权矩阵的一种正交性。当 $\boldsymbol{m}$、$\boldsymbol{k}$ 为单位矩阵时，式（6-89）和式（6-90）退化为式（6-91）。

2. 模态质量与模态刚度

设

$$\boldsymbol{u}^{(r)\mathrm{T}}\boldsymbol{m}\boldsymbol{u}^{(r)} = M_r, \quad r = 1, 2, \cdots, n \tag{6-92}$$

由于 m 是正定的，故 M_r是一个正实数，称为第 r 阶模态质量。同理，设

$$\boldsymbol{u}^{(r)\mathrm{T}}\boldsymbol{k}\boldsymbol{u}^{(r)} = K_r, \quad r = 1, 2, \cdots, n \tag{6-93}$$

由于已经假设 $\boldsymbol{k}$ 是正定矩阵，K_r也是正实数，称为第 r 阶模态刚度。将式（6-93）两端左乘 $\boldsymbol{u}^{(r)\mathrm{T}}$，得

$$\boldsymbol{u}^{(r)\mathrm{T}}\boldsymbol{k}\boldsymbol{u}^{(r)} = \omega_r^2\boldsymbol{u}^{(r)\mathrm{T}}\boldsymbol{m}\boldsymbol{u}^{(r)} \tag{6-94}$$

从式（6-94）得到

$$\omega_r^2 = \frac{\boldsymbol{u}^{(r)\mathrm{T}}\boldsymbol{k}\boldsymbol{u}^{(r)}}{\boldsymbol{u}^{(r)\mathrm{T}}\boldsymbol{m}\boldsymbol{u}^{(r)}}, \quad r = 1, 2, \cdots, n \tag{6-95}$$

即第 r 阶自然频率的平方值等于 K_r/M_r，这与单自由度系统的情况是一致的。

3. 正规化

模态矢量 $\boldsymbol{u}^{(r)}$ 的长度是不定的，因此可按照以下方法加以正规化，即将之除以对应的模态质量的平方根 $\sqrt{M_r}$，即记 $\{(\tilde{u}^{(r)}\} \Rightarrow \{u^{(r)}\} / \sqrt{M_r}$，这就是将模态矢量的正规化 $\boldsymbol{u}^{(r)}$。从式（6-92）得到

$$\boldsymbol{u}^{(r)\mathrm{T}}\boldsymbol{m}\boldsymbol{u}^{(r)} = \sqrt{M_r}\tilde{\boldsymbol{u}}^{(r)\mathrm{T}}\boldsymbol{m}\ \sqrt{M_r}\tilde{\boldsymbol{u}}^{(r)} = M_r$$

从而有

$$\tilde{\boldsymbol{u}}^{(r)\mathrm{T}}\ \boldsymbol{m}\tilde{\boldsymbol{u}}^{(r)} = 1 \tag{6-96}$$

将式（6-96）代回式（6-94），得

$$\tilde{\boldsymbol{u}}^{(r)\mathrm{T}}\ \boldsymbol{k}\tilde{\boldsymbol{u}}^{(r)} = \omega_r^2\tilde{\boldsymbol{u}}^{(r)\mathrm{T}}\ \boldsymbol{m}\tilde{\boldsymbol{u}}^{(r)} = \omega_r^2 \tag{6-97}$$

式（6-96）和式（6-97）是模态矢量的一种正规化条件。模态矢量的正交化和正规化条件可统一表示为

$$\tilde{\boldsymbol{u}}^{(r)\mathrm{T}}\ \boldsymbol{m}\tilde{\boldsymbol{u}}^{(s)} = \delta_{rs}, \quad \tilde{\boldsymbol{u}}^{(r)\mathrm{T}}\ \boldsymbol{k}\tilde{\boldsymbol{u}}^{(r)} = \delta_{rs}\omega_r^2, \quad r, s = 1, 2, \cdots, n, r \neq s \tag{6-98}$$

以上是假设系统的 n 个自然频率各不相同的情况，至于有相等自然频率的情况，这里不再讨论。

6.4.3 模态矩阵与正则矩阵

多自由度系统的运动微分方程可以用不同的广义坐标来描述。坐标不同，得出的运

动微分方程形式也不同，可能为弹性耦合、惯性耦合或两种形式都有。在两自由度系统的振动问题中，在自然坐标下，系统没有弹性耦合，也没有惯性耦合，即各个坐标之间有一定的几何关系，可以进行变换。在自然坐标下，n 个自由度系统的运动微分方程就变成 n 个单自由度系统的运动方程，这样求解就非常简单。下面讨论如何通过坐标变换求其自然坐标（主坐标）。下面先介绍两个重要的矩阵，即模态矩阵和正则矩阵。

1. 模态矩阵

将 n 个模态矢量 $\boldsymbol{u}^{(i)} = \{u_1^{(i)}, u_2^{(i)}, \cdots, u_n^{(i)}\}^{\mathrm{T}}$（$i=1, 2, \cdots, n$）按照次序顺序排列，构成一个 $n \times n$ 阶的矩阵，这个矩阵就称为模态矩阵或振型矩阵。由模态矢量构成的矩阵为

$$\boldsymbol{u} = [\boldsymbol{u}^{(1)}, \boldsymbol{u}^{(2)}, \cdots, \boldsymbol{u}^{(n)}] \tag{6-99}$$

对于模态矩阵，具有如下的特性：

$$\boldsymbol{u}^{\mathrm{T}}\boldsymbol{m}\boldsymbol{u} = \begin{bmatrix} m_1 & & \\ & \ddots & \\ & & m_n \end{bmatrix} = \boldsymbol{M}, \quad \boldsymbol{u}^{\mathrm{T}}\boldsymbol{k}\boldsymbol{u} = \begin{bmatrix} k_1 & & \\ & \ddots & \\ & & k_n \end{bmatrix} = \boldsymbol{K} \tag{6-100}$$

式中：$\boldsymbol{M}$ 为主质量矩阵；$m_i = \boldsymbol{u}^{(i)\mathrm{T}}\boldsymbol{m}\boldsymbol{u}^{(i)}$（$i=1, 2, \cdots, n$），为系统的第 i 阶主质量，$\boldsymbol{K}$ 为主刚度矩阵；$k_i = \boldsymbol{u}^{(i)\mathrm{T}}\boldsymbol{k}\boldsymbol{u}^{(i)}$（$i=1, 2, \cdots, n$），为系统的第 i 阶主刚度。

例 6－11 对于图 6－18 所示的三盘扭转振动系统，已知 $I_1 = I_2 = I_3 = I$，$k_1 = k_2 = k$，求各阶主质量和主刚度。

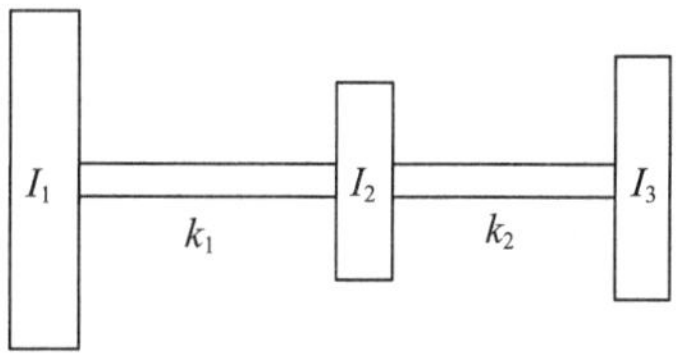

图 6－18　三盘扭转振动系统

解　通过计算得到系统的模态列矢量为

$$\boldsymbol{u}^{(1)} = \begin{Bmatrix} 1 \\ 1 \\ 1 \end{Bmatrix}, \quad \boldsymbol{u}^{(2)} = \begin{Bmatrix} -1 \\ 0 \\ 1 \end{Bmatrix}, \quad \boldsymbol{u}^{(3)} = \begin{Bmatrix} 1 \\ -2 \\ 1 \end{Bmatrix}$$

系统的质量矩阵、刚度矩阵和模态矩阵分别为

$$\boldsymbol{m} = I\begin{bmatrix} 1 & & \\ & 1 & \\ & & 1 \end{bmatrix}, \quad \boldsymbol{k} = k\begin{bmatrix} 1 & -1 & 0 \\ -1 & 2 & -1 \\ 0 & -1 & 1 \end{bmatrix}, \quad \boldsymbol{u} = \begin{bmatrix} 1 & -1 & 1 \\ 1 & 0 & -2 \\ 1 & 1 & 1 \end{bmatrix}$$

从而得到

$$\boldsymbol{u}^{\mathrm{T}}\boldsymbol{m}\boldsymbol{u} = I\begin{bmatrix} 1 & 1 & 1 \\ -1 & 0 & 1 \\ 1 & -2 & 1 \end{bmatrix}\begin{bmatrix} 1 & 0 & 0 \\ 0 & 1 & 0 \\ 0 & 0 & 1 \end{bmatrix}\begin{bmatrix} 1 & -1 & 1 \\ 1 & 0 & -2 \\ 1 & 1 & 1 \end{bmatrix} = \begin{bmatrix} 3I & 0 & 0 \\ 0 & 2I & 0 \\ 0 & 0 & 6I \end{bmatrix}$$

$$\boldsymbol{u}^{\mathrm{T}}\boldsymbol{k}\boldsymbol{u} = k\begin{bmatrix} 1 & 1 & 1 \\ -1 & 0 & 1 \\ 1 & -2 & 1 \end{bmatrix}\begin{bmatrix} 1 & -1 & 0 \\ -1 & 2 & -1 \\ 0 & -1 & 1 \end{bmatrix}\begin{bmatrix} 1 & -1 & 1 \\ 1 & 0 & -2 \\ 1 & 1 & 1 \end{bmatrix} = \begin{bmatrix} 0 & 0 & 0 \\ 0 & 2k & 0 \\ 0 & 0 & 18k \end{bmatrix}$$

则系统的各阶主质量和主刚度为

$$m_1 = 3I, \quad m_2 = 2I, \quad m_3 = 6I, \quad k_1 = 0, \quad k_2 = 2k, \quad k_3 = 18k$$

2. 正则矩阵

如果将模态矩阵 $\boldsymbol{u}$ 的各阶主振型分别乘以不同的系数，则得到一个新的矩阵 $\boldsymbol{N}$ 为

$$N=[\beta_1 u^{(1)},\ \beta_2 u^{(2)},\ \cdots,\ \beta_n u^{(n)}] \tag{6-101}$$

式中，矩阵 N 称为正则矩阵，β_i（$i=1, 2, \cdots, n$）为常数，可表示为

$$\beta_1=\frac{1}{\sqrt{m_1}},\ \beta_2=\frac{1}{\sqrt{m_2}},\quad \cdots,\ \beta_n=\frac{1}{\sqrt{m_n}} \tag{6-102}$$

式中：β_1，β_2，…，β_n 为正则因子；m_i为第 i 阶主质量。

正则矩阵就是正规化的模态矩阵，正则矩阵也有一个非常重要的性质，即

$$N^{\mathrm{T}}mN=I \tag{6-103}$$

正则矩阵 N 也可以使 k 对角化，并且使对角线上的元素为各阶自然频率的平方，即

$$N^{\mathrm{T}}kN=\begin{bmatrix}\omega_{n1}^2 & & \\ & \ddots & \\ & & \omega_{nn}^2\end{bmatrix} \tag{6-104}$$

特征值问题可综合为

$$kN=mN\begin{bmatrix}\omega_{n1}^2 & & \\ & \ddots & \\ & & \omega_{nn}^2\end{bmatrix} \tag{6-105}$$

例 6-12 试求例 6-11 中的正则矩阵，并利用这一矩阵使系统的刚度矩阵对角化。

解 由例 6-11 可知

$$k=\begin{bmatrix}k & -k & 0\\ -k & 2k & -k\\ 0 & -k & k\end{bmatrix},\quad u=\begin{bmatrix}1 & -1 & 1\\ 1 & 0 & -2\\ 1 & 1 & 1\end{bmatrix},\quad m=\begin{bmatrix}1 & & \\ & 1 & \\ & & 1\end{bmatrix},\quad u^{\mathrm{T}}mu=\begin{bmatrix}3I & 0 & 0\\ 0 & 2I & 0\\ 0 & 0 & 6I\end{bmatrix}$$

则正则因子为

$$\beta_1=\frac{1}{\sqrt{3I}},\quad \beta_2=\frac{1}{\sqrt{2I}},\quad \beta_3=\frac{1}{\sqrt{6I}}$$

从而得到正则矩阵为

$$N=\begin{bmatrix}1/\sqrt{3I} & -1/\sqrt{2I} & 1/\sqrt{6I}\\ 1/\sqrt{3I} & 0 & -2/\sqrt{6I}\\ 1/\sqrt{3I} & 1/\sqrt{2I} & 1/\sqrt{6I}\end{bmatrix}$$

将刚度矩阵对角化

$$N^{\mathrm{T}}kN=\begin{bmatrix}1/\sqrt{3I} & 1/\sqrt{3I} & 1/\sqrt{3I}\\ -1/\sqrt{2I} & 0 & 1/\sqrt{2I}\\ 1/\sqrt{6I} & -2/\sqrt{6I} & 1/\sqrt{6I}\end{bmatrix}\begin{bmatrix}k & -k & 0\\ -k & 2k & -k\\ 0 & -k & k\end{bmatrix}\begin{bmatrix}1/\sqrt{3I} & -1/\sqrt{2I} & 1/\sqrt{6I}\\ 1/\sqrt{3I} & 0 & -2/\sqrt{6I}\\ 1/\sqrt{3I} & 1/\sqrt{2I} & 1/\sqrt{6I}\end{bmatrix}$$

$$=\begin{bmatrix}0 & 0 & 0\\ 0 & k/I & 0\\ 0 & 0 & 3k/I\end{bmatrix}=\begin{bmatrix}\omega_{n1}^2 & 0 & 0\\ 0 & \omega_{n2}^2 & 0\\ 0 & 0 & \omega_{n3}^2\end{bmatrix}$$

6.4.4 自然坐标与正则坐标下的运动微分方程解耦

在研究系统的动力学问题，建立运动微分方程时，要选取一组广义坐标。为了使微分方程解耦，选取一组自然坐标（主坐标）可使得多自由度方程变成 n 个单自由度方程，常用 $q_j(t)$ $(j=1, 2, \cdots, n)$ 来描述。下面讨论自然坐标的选取问题。

如果选取几何坐标 $\boldsymbol{x}(t)=\boldsymbol{uq}(t)$，则 $\boldsymbol{q}(t)=\boldsymbol{u}^{-1}\boldsymbol{x}(t)$，对于一般几何坐标所描述的运动微分方程

$$\boldsymbol{m}\ddot{\boldsymbol{x}}(t)+\boldsymbol{kx}(t)=\boldsymbol{0}$$

就变成以自然坐标 $q(t)$ 所表示的运动微分方程

$$\boldsymbol{mu}\ddot{\boldsymbol{q}}(t)+\boldsymbol{kuq}(t)=\boldsymbol{0} \tag{6-106}$$

用 $\boldsymbol{u}^{\mathrm{T}}$ 左乘式（6-106）的两边得到

$$\boldsymbol{M}\ddot{\boldsymbol{q}}(t)+\boldsymbol{Kq}(t)=\boldsymbol{0} \tag{6-107}$$

式中，$\boldsymbol{M}=\boldsymbol{u}^{\mathrm{T}}\boldsymbol{mu}$，$\boldsymbol{K}=\boldsymbol{u}^{\mathrm{T}}\boldsymbol{ku}$ 分别为主质量矩阵 $\boldsymbol{M}$ 和主刚度矩阵 $\boldsymbol{K}$。

用自然坐标表示的运动方程既无弹性耦合，也无惯性耦合，变成为 n 个单自由度方程，很容易求解。

使方程解耦，广泛采用正则坐标，用 $s_j(t)$ $(j=1, 2, \cdots, n)$ 来表示。正则坐标与原坐标之间的关系为：$\boldsymbol{x}(t)=\boldsymbol{Ns}(t)$，$\boldsymbol{s}(t)=\boldsymbol{N}^{-1}\boldsymbol{x}(t)$。将用几何坐标表示的运动微分方程变成以正则坐标 $s(t)$ 所表示的运动微分方程为

$$\boldsymbol{mN}\ddot{\boldsymbol{s}}(t)+\boldsymbol{kNs}(t)=\boldsymbol{0} \tag{6-108}$$

用 $\boldsymbol{N}^{\mathrm{T}}$ 左乘式（6-108）的两边，得

$$\boldsymbol{N}^{\mathrm{T}}\boldsymbol{mN}\ddot{\boldsymbol{s}}(t)+\boldsymbol{N}^{\mathrm{T}}\boldsymbol{kNs}(t)=\boldsymbol{0}$$

考虑到式（6-103）和式（6-104），上式可表示为

$$\ddot{\boldsymbol{s}}(t)+\begin{bmatrix}\omega_{\mathrm{n1}}^2 & & \\ & \omega_{\mathrm{n2}}^2 & \\ & & \omega_{\mathrm{n3}}^2\end{bmatrix}\boldsymbol{s}(t)=\boldsymbol{0} \tag{6-109}$$

自然坐标和正则坐标是几何坐标用模态矩阵和正则矩阵进行变换所得到的，用这些坐标所描述的运动方程没有耦合，成为单自由度系统的振动方程，这样给求解带来极大地方便。

$$\boldsymbol{x}(t)=\boldsymbol{uq}(t)\rightarrow\boldsymbol{q}(t)=\boldsymbol{u}^{-1}\boldsymbol{x}(t),\quad \boldsymbol{x}(t)=\boldsymbol{Ns}(t)\rightarrow\boldsymbol{s}(t)=\boldsymbol{N}^{-1}\boldsymbol{x}(t) \tag{6-110}$$

由于求解 $\boldsymbol{N}^{-1}$ 和 $\boldsymbol{u}^{-1}$ 比较困难，因此常采用下列方法求 $\boldsymbol{q}(t)$ 和 $\boldsymbol{s}(t)$。因为 $\boldsymbol{x}(t)=\boldsymbol{uq}(t)$，用 $\boldsymbol{u}^{\mathrm{T}}\boldsymbol{m}$ 左乘得到

$$\boldsymbol{u}^{\mathrm{T}}\boldsymbol{mx}(t)=\boldsymbol{u}^{\mathrm{T}}\boldsymbol{muq}(t)=\boldsymbol{Mq}(t)$$

从而得到

$$\boldsymbol{q}(t)=\boldsymbol{M}^{-1}\boldsymbol{u}^{\mathrm{T}}\boldsymbol{mx}(t) \tag{6-111}$$

同理可得

$$\boldsymbol{s}(t)=\boldsymbol{I}^{-1}\boldsymbol{N}^{\mathrm{T}}\boldsymbol{mx}(t) \tag{6-112}$$

6.4.5 多自由度系统对初始激励的响应

从以上的分析可知，当系统按照某一阶自然频率振动时，其相对振幅比是系统本身

的固有特性，与初始条件无关。但是绝对振幅是由系统的初始条件决定的，对于自由振动，已知系统的初位移 $\boldsymbol{x}_0$ 和初速度 $\boldsymbol{x}_0$，可以求得其振幅 A 和相位角 φ 的值。

通过选取自然坐标 $q_j(t)$ $(j=1, 2, \cdots, n)$ 或正则坐标 $s_j(t)$ $(j=1, 2, \cdots, n)$，可以使微分方程解耦，变成为 n 个单自由度方程式（6－109），通过单自由度系统的求解得到

$$s_i(t)=s_{i0}\cos\omega_{ni}t+\frac{\dot{s}_{i0}}{\omega_{ni}}\sin\omega_{ni}t, \quad i=1, 2, \cdots, n \tag{6-113}$$

将式（6－113）表示的各阶模态响应叠加，得到系统的响应为

$$\boldsymbol{s}(t)=\boldsymbol{s}_{i0}\{\cos\omega_{ni}t\}+\left(\frac{\dot{\boldsymbol{s}}_{i0}}{\boldsymbol{\omega}_{ni}}\right)\{\sin\omega_{ni}t\} \tag{6-114}$$

在已知 s_{i0} 和 $\dot{s}_{i0}$ 的情况下，可以求得 s_i 的表达式。而实际的振动系统，初始条件是按照几何坐标给出的，即 $t=0$，$\boldsymbol{x}(0)=\boldsymbol{x}_0$，$\dot{\boldsymbol{x}}(0)=\dot{\boldsymbol{x}}_0$。在求解问题时，物理坐标下的初始条件需要转化为正则坐标下的初始条件。由 $\boldsymbol{x}(t)=\boldsymbol{N}\boldsymbol{s}(t)$ 得到

$$\boldsymbol{s}_0=\boldsymbol{I}^{-1}\boldsymbol{N}^{\mathrm{T}}\boldsymbol{m}\boldsymbol{x}_0, \quad \dot{\boldsymbol{s}}_0=\boldsymbol{I}^{-1}\boldsymbol{N}^{\mathrm{T}}\boldsymbol{m}\dot{\boldsymbol{x}}_0 \tag{6-115}$$

用式（6－112）求得 $\boldsymbol{s}(t)$ 的表达式，通过 $\boldsymbol{x}(t)=\boldsymbol{N}\boldsymbol{s}(t)$ 可以求出初始条件对于几何坐标下的响应为

$$\boldsymbol{x}(t)=\boldsymbol{N}\boldsymbol{s}(t)=\begin{bmatrix}\beta_1u_1^{(1)} & \beta_2u_1^{(2)} & \cdots & \beta_nu_1^{(n)}\\ \beta_1u_2^{(1)} & \beta_2u_2^{(2)} & \cdots & \beta_nu_2^{(n)}\\ \vdots & \vdots & & \vdots\\ \beta_1u_n^{(1)} & \beta_2u_n^{(2)} & \cdots & \beta_nu_n^{(n)}\end{bmatrix}\begin{Bmatrix}s_{10}\cos\omega_{n1}t+(\dot{s}_{10}/\omega_{n1})\sin\omega_{n1}t\\ s_{20}\cos\omega_{n2}t+(\dot{s}_{20}/\omega_{n2})\sin\omega_{n2}t\\ \vdots\\ s_{n0}\cos\omega_{nn}t+(\dot{s}_{n0}/\omega_{nn})\sin\omega_{nn}t\end{Bmatrix} \tag{6-116}$$

将上面的求解过程用框图来表示，如图 6－19 所示。

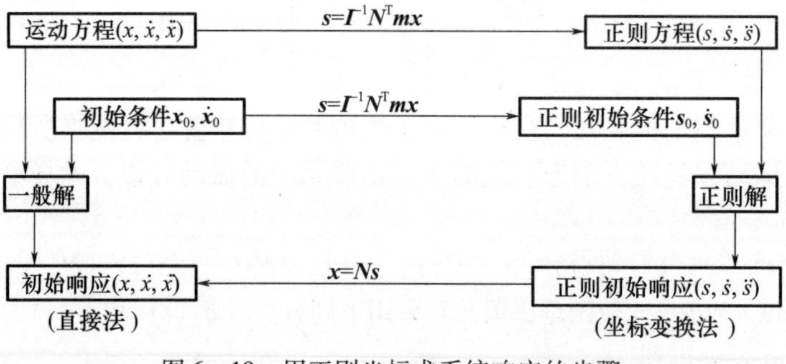

图 6－19　用正则坐标求系统响应的步骤

例 6－13　用坐标变换法求解例 6－11 所示系统的初始响应，设 $t=0$ 时，$\theta_{10}=\theta_{20}=\theta_{30}=0$，$\dot{\theta}_{10}=1$，$\dot{\theta}_{20}=\dot{\theta}_{30}=0$。

解　例 6－11 已经求出系统的质量矩阵 $\boldsymbol{m}$，各阶主振型 $\boldsymbol{u}^{(i)}$ 和自然频率 ω_{ni} 为

$$\boldsymbol{m}=\begin{bmatrix}I & & \\ & I & \\ & & I\end{bmatrix}, \quad \boldsymbol{u}^{(1)}=\begin{Bmatrix}1\\1\\1\end{Bmatrix}, \quad \boldsymbol{u}^{(2)}=\begin{Bmatrix}-1\\0\\1\end{Bmatrix}, \quad \boldsymbol{u}^{(3)}=\begin{Bmatrix}1\\-2\\1\end{Bmatrix}$$

$$\omega_{n1}=0, \quad \omega_{n2}=\sqrt{k/I}, \quad \omega_{n3}=\sqrt{3k/I}$$

系统的模态矩阵 $\boldsymbol{u}$ 和初始条件 $\boldsymbol{\theta}_0$ 和 $\dot{\boldsymbol{\theta}}_0$ 为

$$\boldsymbol{u}=\begin{bmatrix}1 & 1 & 1\\1 & 0 & -2\\1 & -1 & 1\end{bmatrix},\quad \begin{Bmatrix}\theta_{10}\\\theta_{20}\\\theta_{30}\end{Bmatrix}=\begin{Bmatrix}0\\0\\0\end{Bmatrix},\quad \begin{Bmatrix}\dot{\theta}_{10}\\\dot{\theta}_{20}\\\dot{\theta}_{30}\end{Bmatrix}=\begin{Bmatrix}1\\0\\0\end{Bmatrix}$$

利用上述已知结果得到

$$\boldsymbol{u}^{\mathrm{T}}\boldsymbol{m}\boldsymbol{u}=\begin{bmatrix}1 & 1 & 1\\1 & 0 & -1\\1 & -2 & 1\end{bmatrix}\begin{bmatrix}I & 0 & 0\\0 & I & 0\\0 & 0 & I\end{bmatrix}\begin{bmatrix}1 & 1 & 1\\1 & 0 & -2\\1 & -1 & 1\end{bmatrix}=\begin{bmatrix}3I & 0 & 0\\0 & 2I & 0\\0 & 0 & 6I\end{bmatrix}$$

从上式得到正则因子 β 和正则矩阵 $\boldsymbol{N}$ 为

$$\beta_1=\frac{1}{\sqrt{3I}},\quad \beta_2=\frac{1}{\sqrt{2I}},\quad \beta_3=\frac{1}{\sqrt{6I}}$$

$$\boldsymbol{N}=\begin{bmatrix}\beta_1\times 1 & \beta_2\times 1 & \beta_3\times 1\\\beta_1\times 1 & 0 & \beta_3\times(-2)\\\beta_1\times 1 & \beta_2\times(-1) & \beta_3\times 1\end{bmatrix}=\frac{1}{\sqrt{6I}}\begin{bmatrix}\sqrt{2} & \sqrt{3} & 1\\\sqrt{2} & 0 & -2\\\sqrt{2} & -\sqrt{3} & 1\end{bmatrix}$$

对于给定的初始条件，利用式（6－114），得

$$\begin{Bmatrix}s_{10}\\s_{20}\\s_{30}\end{Bmatrix}=\frac{I}{\sqrt{6I}}\begin{bmatrix}\sqrt{2} & \sqrt{2} & \sqrt{2}\\\sqrt{3} & 0 & -\sqrt{3}\\1 & -2 & 1\end{bmatrix}\begin{bmatrix}1 & 0 & 0\\0 & 1 & 0\\0 & 0 & 1\end{bmatrix}\begin{Bmatrix}0\\0\\0\end{Bmatrix}=\begin{Bmatrix}0\\0\\0\end{Bmatrix}$$

$$\begin{Bmatrix}\dot{s}_{10}\\\dot{s}_{20}\\\dot{s}_{30}\end{Bmatrix}=\frac{I}{\sqrt{6I}}\begin{bmatrix}\sqrt{2} & \sqrt{2} & \sqrt{2}\\\sqrt{3} & 0 & -\sqrt{3}\\1 & -2 & 1\end{bmatrix}\begin{bmatrix}1 & 0 & 0\\0 & 1 & 0\\0 & 0 & 1\end{bmatrix}\begin{Bmatrix}1\\0\\0\end{Bmatrix}=\sqrt{\frac{I}{6}}\begin{Bmatrix}\sqrt{2}\\\sqrt{3}\\1\end{Bmatrix}$$

正则响应为

$$\begin{Bmatrix}s_1(t)\\s_2(t)\\s_3(t)\end{Bmatrix}=\begin{Bmatrix}s_{10}\cos\omega_{n1}t+(\dot{s}_{10}/\omega_{n1})\sin\omega_{n1}t\\s_{20}\cos\omega_{n2}t+(\dot{s}_{20}/\omega_{n2})\sin\omega_{n2}t\\s_{30}\cos\omega_{n3}t+(\dot{s}_{n0}/\omega_{n3})\sin\omega_{n3}t\end{Bmatrix}=\sqrt{\frac{I}{6}}\begin{Bmatrix}\sqrt{2}t\\(\sqrt{3}/\sqrt{k_\theta/I})\sin\sqrt{k_\theta/I}t\\(1/\sqrt{3k_\theta/I})\sin\sqrt{3k_\theta/I}t\end{Bmatrix}$$

对于正则初始响应，作反变换 $\boldsymbol{\theta}(t)=\boldsymbol{N}\boldsymbol{s}(t)$，得到原几何坐标下的初始响应 $\boldsymbol{\theta}(t)$ 为

$$\begin{Bmatrix}\theta_1(t)\\\theta_2(t)\\\theta_3(t)\end{Bmatrix}=\frac{1}{\sqrt{6I}}\begin{bmatrix}\sqrt{2} & \sqrt{3} & 1\\\sqrt{2} & 0 & -2\\\sqrt{2} & -\sqrt{3} & 1\end{bmatrix}\sqrt{\frac{I}{6}}\begin{Bmatrix}\sqrt{2}t\\\sqrt{3I/k_\theta}\sin\sqrt{k_\theta/I}t\\\sqrt{I/3k_\theta})\sin\sqrt{3k_\theta/I}t\end{Bmatrix}$$

上式的初始响应可写成为

$$\theta_1(t)=\frac{1}{6}(2t+3\sqrt{I/k_\theta}\sin\sqrt{k_\theta/I}t+\sqrt{I/3k_\theta}\sin\sqrt{3k_\theta/I}t)$$

$$\theta_2 2(t)=\frac{1}{6}(2t-2\sqrt{I/3k_\theta}\sin\sqrt{3k_\theta/I}t)$$

$$\theta_3(t)=\frac{1}{6}(2t-3\sqrt{I/k_\theta}\sin\sqrt{k_\theta/I}t+/\sqrt{I/3k_\theta}\sin\sqrt{3k_\theta/I}t)$$

综上所述，利用正则坐标求解多自由度系统振动响应的过程步骤如下。

（1）选择物理坐标，建立物理坐标下系统的运动微分方程。

（2）计算系统无阻尼时的自然频率、特征矢量、主振型以及系统的模态矩阵。

（3）计算系统的正则因子及正则矩阵。

（4）利用正则矩阵对系统方程解耦，使之成为正则方程并写出方程的正则解。

（5）对原几何坐标初始条件进行坐标变换，使之成为正则初始条件，求出正则响应。

（6）对正则响应进行坐标反变换，得到原坐标表示的系统响应。

6.4.6 系统矩阵与动力矩阵

对于多自由度系统的自由振动问题，式（6－80）的广义特征值问题可以表示为

$$\boldsymbol{ku}=\lambda\boldsymbol{mu} \tag{6-117}$$

下面讨论如何将两个矩阵定义的广义特征值问题式（6－117）化为由一个矩阵定义的标准特征值问题。用柔度矩阵 $\boldsymbol{a}=\boldsymbol{k}^{-1}$ 左乘式（6－117）的两端，得

$$\boldsymbol{u}=\lambda\boldsymbol{amu} \tag{6-118}$$

令 $\mu=1/\lambda=1/\omega^2$，并引入动力矩阵 $\boldsymbol{D}=\boldsymbol{am}$，式（6－117）就成为

$$\boldsymbol{Du}=\mu\boldsymbol{u} \tag{6-119}$$

这样，广义特征值问题就化成了标准特征值问题。若以 $\boldsymbol{m}^{-1}$ 左乘式（6－117）的两端，得

$$\boldsymbol{m}^{-1}\boldsymbol{ku}=\lambda\boldsymbol{u} \tag{6-120}$$

引入系统矩阵 $\boldsymbol{S}=\boldsymbol{m}^{-1}\boldsymbol{k}$，式（6－120）成为

$$\boldsymbol{Su}=\lambda\boldsymbol{u} \tag{6-121}$$

式（6－121）也是标准特征值问题。系统矩阵 $\boldsymbol{S}$ 和动力矩阵 $\boldsymbol{D}$ 之间存在互逆关系，即

$$\boldsymbol{S}=\boldsymbol{m}^{-1}\boldsymbol{k}=(\boldsymbol{k}^{-1}\boldsymbol{m})^{-1}=\boldsymbol{D}^{-1} \tag{6-122}$$

需要注意，即使质量矩阵 $\boldsymbol{m}$ 和刚度矩阵 $\boldsymbol{k}$ 是对称矩阵，动力矩阵 $\boldsymbol{D}$ 和系统矩阵 $\boldsymbol{S}$ 一般也是非对称矩阵。因此，由式（6－119）所表示的标准特征值问题中，其矩阵一般是非对称的，这限制了一些有效的特征值问题求解方法的应用。

例 6－14 对图 6－16 所示的三自由度系统，$k_1=k_2=k$，$k_3=2k$，$m_1=m_2=m$，$m_3=2m$，采用标准特征值形式的方程求系统的自然模态。

解 例 6－10 中已经求出该系统的质量矩阵为

$$\boldsymbol{m}=\begin{bmatrix} m_1 & & \\ & m_2 & \\ & & m_3 \end{bmatrix}=m\begin{bmatrix} 1 & & \\ & 1 & \\ & & 2 \end{bmatrix}$$

利用柔度影响系数的基本原理，得到系统的柔度矩阵为

$$\boldsymbol{a}=\begin{bmatrix} \frac{1}{k_1} & \frac{1}{k_1} & \frac{1}{k_1} \\ \frac{1}{k_1} & \frac{1}{k_1}+\frac{1}{k_2} & \frac{1}{k_1}+\frac{1}{k_2} \\ \frac{1}{k_1} & \frac{1}{k_1}+\frac{1}{k_2} & \frac{1}{k_1}+\frac{1}{k_2}+\frac{1}{k_3} \end{bmatrix}=\frac{1}{k}\begin{bmatrix} 1 & 1 & 1 \\ 1 & 2 & 2 \\ 1 & 2 & 2.5 \end{bmatrix}$$

系统的动力矩阵为

$$D = am = \frac{m}{k}\begin{bmatrix} 1 & 1 & 1 \\ 1 & 2 & 2 \\ 1 & 2 & 2.5 \end{bmatrix}\begin{bmatrix} 1 & & \\ & 1 & \\ & & 2 \end{bmatrix} = \frac{m}{k}\begin{bmatrix} 1 & 1 & 2 \\ 1 & 2 & 4 \\ 1 & 2 & 5 \end{bmatrix}$$

这是一个非对称矩阵。系统的特征值问题方程为

$$\frac{m}{k}\begin{bmatrix} 1 & 1 & 2 \\ 1 & 2 & 4 \\ 1 & 2 & 5 \end{bmatrix}\begin{Bmatrix} u_1 \\ u_2 \\ u_3 \end{Bmatrix} = \frac{1}{\omega^2}\begin{Bmatrix} u_1 \\ u_2 \\ u_3 \end{Bmatrix}$$

整理上式，并令 $\mu = \frac{k}{m}\frac{1}{\omega^2}$，得

$$\begin{bmatrix} 1-\mu & 1 & 2 \\ 1 & 2-\mu & 4 \\ 1 & 2 & 5-\mu \end{bmatrix}\begin{Bmatrix} u_1 \\ u_2 \\ u_3 \end{Bmatrix} = \begin{Bmatrix} 0 \\ 0 \\ 0 \end{Bmatrix} \tag{6-123}$$

频率方程为

$$\Delta(\mu) = \begin{vmatrix} 1-\mu & 1 & 2 \\ 1 & 2-\mu & 4 \\ 1 & 2 & 5-\mu \end{vmatrix} = -(\mu^3 - 8\mu^2 + 6\mu - 1) = 0$$

从上式可解出 $\mu_1 = 7.1842$，$\mu_2 = 0.5728$，$\mu_3 = 0.2430$，从而得到自然频率为

$$\omega_{n1} = \sqrt{\frac{k}{m\mu_1}} = 0.3731\sqrt{\frac{k}{m}}, \quad \omega_{n2} = \sqrt{\frac{k}{m\mu_2}} = 1.3213\sqrt{\frac{k}{m}}, \quad \omega_{n3} = \sqrt{\frac{k}{m\mu_3}} = 2.0286\sqrt{\frac{k}{m}}$$

将 μ_1 代回式（6－123），取其前两式，得到

$$\begin{bmatrix} -6.1842 & 1 & 2 \\ 1 & -5.1842 & 4 \end{bmatrix}\begin{Bmatrix} u_1^{(1)} \\ u_2^{(1)} \\ u_3^{(1)} \end{Bmatrix} = \begin{Bmatrix} 0 \\ 0 \end{Bmatrix}$$

取 $u_1^{(1)} = 1$，可解得

$$\boldsymbol{u}^{(1)} = \begin{Bmatrix} 1 \\ 1.8608 \\ 2.1617 \end{Bmatrix}$$

同理可得

$$\boldsymbol{u}^{(2)} = \begin{Bmatrix} 1 \\ 0.2542 \\ -0.3407 \end{Bmatrix}, \quad \boldsymbol{u}^{(3)} = \begin{Bmatrix} 1 \\ -2.1152 \\ 0.6791 \end{Bmatrix}$$

若按式（6－98）的正规化条件，可得

$$\boldsymbol{u}^{(1)} = \frac{1}{\sqrt{m}}\begin{Bmatrix} 0.2691 \\ 0.5008 \\ 0.5817 \end{Bmatrix}, \quad \boldsymbol{u}^{(2)} = \frac{1}{\sqrt{m}}\begin{Bmatrix} 0.8781 \\ 0.2232 \\ -0.2992 \end{Bmatrix}, \quad \boldsymbol{u}^{(3)} = \frac{1}{\sqrt{m}}\begin{Bmatrix} 0.39541 \\ -0.8363 \\ 0.2685 \end{Bmatrix}$$

图 6－20 表示了系统三阶自然模态的振型。其中，第一阶模态没有节点，第二阶模态有一个节点；第三阶模态有两个节点。一般地，第 n 阶模态有 $n-1$ 个节点。

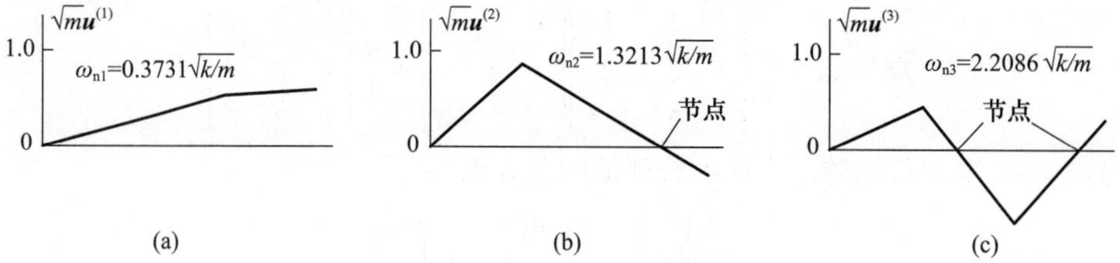

图 6 - 20　系统三阶自然模态的振型

6.5　多自由度系统的强迫振动

6.5.1　多自由度无阻尼系统的强迫振动

对于无阻尼系统的强迫振动，运动方程的一般形式为

$$\boldsymbol{m}\ddot{\boldsymbol{x}}(t)+\boldsymbol{k}\boldsymbol{x}(t)=\boldsymbol{Q}(t) \tag{6-124}$$

谐波激励力 $\boldsymbol{Q}(t)$ 可表示为

$$\boldsymbol{Q}(t)=\boldsymbol{Q}\sin\omega t \tag{6-125}$$

将式（6 - 125）代入式（6 - 124）得到谐波激励时的运动微分方程为

$$\boldsymbol{m}\ddot{\boldsymbol{x}}(t)+\boldsymbol{k}\boldsymbol{x}(t)=\boldsymbol{Q}\sin\omega t \tag{6-126}$$

采用坐标变换法，将运动微分方程采用 $\boldsymbol{x}(t)=\boldsymbol{N}\boldsymbol{s}(t)$ 进行变换，即

$$\boldsymbol{m}\boldsymbol{N}\ddot{\boldsymbol{s}}(t)+\boldsymbol{k}\boldsymbol{N}\boldsymbol{s}(t)=\boldsymbol{Q}\sin\omega t \tag{6-127}$$

在式（6 - 127）中左乘 $\boldsymbol{N}^{\mathrm{T}}$，得到

$$\boldsymbol{N}^{\mathrm{T}}\boldsymbol{m}\boldsymbol{N}\ddot{\boldsymbol{s}}(t)+\boldsymbol{N}^{\mathrm{T}}\boldsymbol{k}\boldsymbol{N}\boldsymbol{s}(t)=\boldsymbol{N}^{\mathrm{T}}\boldsymbol{Q}\sin\omega t \tag{6-128}$$

式（6 - 128）可以写为

$$\ddot{\boldsymbol{s}}(t)+\begin{bmatrix}\omega_{\mathrm{n1}}^2 & & \\ & \ddots & \\ & & \omega_{\mathrm{nn}}^2\end{bmatrix}\boldsymbol{s}(t)=\boldsymbol{N}^{\mathrm{T}}\boldsymbol{Q}\sin\omega t=\boldsymbol{Q}_s\sin\omega t \tag{6-129}$$

式中：$\boldsymbol{Q}_s=\boldsymbol{N}^{\mathrm{T}}\boldsymbol{Q}$ 为正则激振力。

将系统的正则方程展开，得到 n 个单自由度系统强迫振动的方程为

$$\ddot{\boldsymbol{s}}(t)+\omega_{\mathrm{nn}}^2\boldsymbol{s}(t)=\boldsymbol{Q}_s\sin\omega t \tag{6-130}$$

式（6 - 130）的各个方程没有耦合，可单独求解。由单自由度系统强迫振动的分析方法得到稳态解为

$$s(t)=\frac{Q_s}{\sqrt{(1-\lambda^2)^2+(2\xi\lambda)^2}}\sin(\omega t-\varphi)$$

对于无阻尼系统，$\xi=0$，$\varphi=0$，从而得到

$$\boldsymbol{s}(t)=\{\omega_{\mathrm{nn}}^2Q_s/(\omega_{nn}^2-\omega^2)\}\sin\omega t \tag{6-131}$$

式（6 - 131）是系统对激振力的正则响应。用 $\boldsymbol{x}(t)=\boldsymbol{N}\boldsymbol{s}(t)$ 进行坐标反变换，

求得稳态谐波响应为

$$\begin{Bmatrix} x_1(t) \\ x_2(t) \\ \vdots \\ x_n(t) \end{Bmatrix} = \begin{bmatrix} \beta_1 u_1^{(1)} & \beta_2 u_1^{(2)} & \cdots & \beta_n u_1^{(n)} \\ \beta_1 u_2^{(1)} & \beta_2 u_2^{(2)} & \cdots & \beta_n u_2^{(n)} \\ \vdots & \vdots & & \vdots \\ \beta_1 u_n^{(1)} & \beta_2 u_n^{(2)} & \cdots & \beta_n u_n^{(n)} \end{bmatrix} \begin{Bmatrix} \omega_{n1}^2 Q_{s1} / (\omega_{n1}^2 - \omega^2) \\ \omega_{n2}^2 Q_{s2} / (\omega_{n2}^2 - \omega^2) \\ \vdots \\ \omega_{n3}^2 Q_{sn} / (\omega_{nn}^2 - \omega^2) \end{Bmatrix} \sin\omega t \quad (6-132)$$

当激振力频率 ω 接近自然频率 ω_{n1}、ω_{n2}、…、ω_{nn} 中任何一个值时，系统的振幅将达到最大值，这就发生共振现象，n 个自由度系统具有 n 个共振频率。

6.5.2 多自由度有阻尼系统的强迫振动

当系统存在阻尼时，其运动微分方程为

$$\boldsymbol{m}\ddot{\boldsymbol{x}}(t) + \boldsymbol{c}\dot{\boldsymbol{x}}(t) + \boldsymbol{k}\boldsymbol{x}(t) = \boldsymbol{Q}(t) \quad (6-133)$$

利用 $\boldsymbol{x}(t) = \boldsymbol{N}\boldsymbol{s}(t)$ 进行坐标变换，得到

$$\boldsymbol{m}\boldsymbol{N}\ddot{\boldsymbol{s}}(t) + \boldsymbol{c}\boldsymbol{N}\dot{\boldsymbol{s}}(t) + \boldsymbol{k}\boldsymbol{N}\boldsymbol{s}(t) = \boldsymbol{Q}(t) \quad (6-134)$$

在式（6－134）中左乘 $\boldsymbol{N}^{\mathrm{T}}$，得到

$$\boldsymbol{I}\ddot{\boldsymbol{s}}(t) + \boldsymbol{c}_{\mathrm{s}}\boldsymbol{s}(t) + \begin{bmatrix} \omega_{n1}^2 & & \\ & \ddots & \\ & & \omega_{nn}^2 \end{bmatrix} \boldsymbol{s}(t) = \boldsymbol{Q}_{\mathrm{s}}(t) \quad (6-135)$$

在式（6－135）中，$\ddot{\boldsymbol{s}}(t)$ 和 $\boldsymbol{s}(t)$ 的系数矩阵经正则化后变成对角矩阵，而 $\boldsymbol{c}_{\mathrm{s}}$ 却不能化为对角矩阵。所以微分方程式（6－135）还是一组速度耦合的微分方程组。如果能使 $\boldsymbol{c}_{\mathrm{s}}$ 变成一个对角矩阵，则方程将会变成一组彼此独立的线性方程，这给求解工作带来很大方便。因此，在实际中常假设原阻尼矩阵 $\boldsymbol{c}$ 是与质量矩阵 $\boldsymbol{m}$ 和刚度矩阵 $\boldsymbol{k}$ 成正比，称为比例阻尼，即有

$$\boldsymbol{c} = \alpha\boldsymbol{m} + \beta\boldsymbol{k} \quad (6-136)$$

式中，α、β 为常数，该阻尼矩阵可以用振型矩阵 $\boldsymbol{u}$ 或正则矩阵 $\boldsymbol{N}$ 解耦，即

$$\boldsymbol{c}_s = \boldsymbol{N}^{\mathrm{T}}\boldsymbol{c}\boldsymbol{N} = \boldsymbol{N}^{\mathrm{T}}(\alpha\boldsymbol{m} + \beta\boldsymbol{k})\boldsymbol{N} = \alpha\boldsymbol{N}^{\mathrm{T}}\boldsymbol{m}\boldsymbol{N} + \beta\boldsymbol{N}^{\mathrm{T}}\boldsymbol{k}\boldsymbol{N}$$

$$= \alpha\begin{bmatrix} 1 & & & \\ & 1 & & \\ & & \ddots & \\ & & & 1 \end{bmatrix} + \beta\begin{bmatrix} \omega_{n1}^2 & & & \\ & \omega_{n2}^2 & & \\ & & \ddots & \\ & & & \omega_{nn}^2 \end{bmatrix}$$

$$= \begin{bmatrix} \alpha + \beta\omega_{n1}^2 & & & \\ & \alpha + \beta\omega_{n2}^2 & & \\ & & \ddots & \\ & & & \alpha + \beta\omega_{nn}^2 \end{bmatrix} \quad (6-137)$$

当系统的阻尼系数与质量和弹簧刚度不成正比例时，称为一般黏性阻尼，此时一般不能去耦，经正则处理后仍为一非对角矩阵。

$$\boldsymbol{c}_s=\boldsymbol{N}^{\mathrm{T}}\boldsymbol{c}\boldsymbol{N}=\begin{bmatrix} c_{s_{11}} & c_{s_{12}} & \cdots & c_{s_{1n}} \\ c_{s_{21}} & c_{s_{22}} & \cdots & c_{s_{2n}} \\ \vdots & \vdots & & \vdots \\ c_{s_{n1}} & c_{s_{n2}} & \cdots & c_{s_{nn}} \end{bmatrix} \tag{6-138}$$

实用中，将非对角元素取作零

$$\boldsymbol{c}_s=\begin{bmatrix} c_{s_{11}} & 0 & \cdots & 0 \\ 0 & c_{s_{22}} & \cdots & 0 \\ \vdots & \vdots & & \vdots \\ 0 & 0 & \cdots & c_{s_{nn}} \end{bmatrix} \tag{6-139}$$

式中：$\boldsymbol{c}_s$为正则振型阻尼矩阵。

系统在谐波力作用下，微分方程为

$$\boldsymbol{m}\ddot{\boldsymbol{x}}(t)+\boldsymbol{c}\dot{\boldsymbol{x}}(t)+\boldsymbol{k}\boldsymbol{x}(t)=\boldsymbol{Q}(t)\sin\omega t \tag{6-140}$$

与单自由度阻尼系统的强迫振动分析一样，其解由两部分组成，第一部分是齐次解，或称瞬态解，代表系统开始振动后一短暂时间内的衰减振动，很快消失。第二部分是稳态解，用坐标法求解，利用$\boldsymbol{x}(t)=\boldsymbol{N}\boldsymbol{s}(t)$进行坐标变换和解耦，得

$$\boldsymbol{N}^{\mathrm{T}}\boldsymbol{m}\boldsymbol{N}\ddot{\boldsymbol{s}}(t)+\boldsymbol{N}^{\mathrm{T}}\boldsymbol{c}\boldsymbol{N}\dot{\boldsymbol{s}}(t)+\boldsymbol{N}^{\mathrm{T}}\boldsymbol{k}\boldsymbol{N}\boldsymbol{s}(t)=\boldsymbol{N}^{\mathrm{T}}\boldsymbol{Q}\sin\omega t \tag{6-141}$$

将式（6－141）化简，得

$$\ddot{\boldsymbol{s}}(t)+\boldsymbol{c}_s\dot{\boldsymbol{s}}(t)+\omega_n^2\boldsymbol{s}(t)=\boldsymbol{Q}_s\sin\omega t \tag{6-142}$$

式（6－142）是一组无耦合的微分方程，按单自由度振动求解得到

$$s_i=\frac{Q_{s_i}}{\omega_{ni}^2}Z_i\sin(\omega t-\psi_i),\quad i=1,2,\cdots,n \tag{6-143}$$

式中，Z_i和ψ_i为

$$Z_i=\frac{1}{\sqrt{(1-\lambda_i^2)^2+(2\xi_i\lambda_i)^2}},\qquad \psi_i=\arctan\left(\frac{2\xi_i\omega_i}{1-\lambda_i^2}\right) \tag{6-144}$$

利用$\boldsymbol{x}(t)=\boldsymbol{N}\boldsymbol{s}(t)$，得到原几何坐标所表示的稳态响应为

$$\begin{Bmatrix} x_1(t) \\ x_2(t) \\ \vdots \\ x_n(t) \end{Bmatrix}=\begin{bmatrix} \beta_1A_1^{(1)} & \beta_2A_1^{(2)} & \cdots & \beta_nA_1^{(n)} \\ \beta_1A_2^{(1)} & \beta_2A_2^{(2)} & \cdots & \beta_nA_2^{(n)} \\ \vdots & \vdots & & \vdots \\ \beta_1A_n^{(1)} & \beta_2A_n^{(2)} & \cdots & \beta_nA_n^{(n)} \end{bmatrix}\begin{Bmatrix} s_1(t) \\ s_2(t) \\ \vdots \\ s_n(t) \end{Bmatrix} \tag{6-145}$$

例 6－15 对图 6－21 所示的系统，已知 $m_1=m_2=m_3=m$，$k_1=k_2=k_3=k$，阻尼比 $\xi_1=\xi_2=\xi_3=0.01$，求在谐波力 $Q_1(t)=Q_2(t)=Q_3(t)=Q\sin\omega t$（$\omega=1.25\sqrt{k/m}$）作用下，系统的响应。

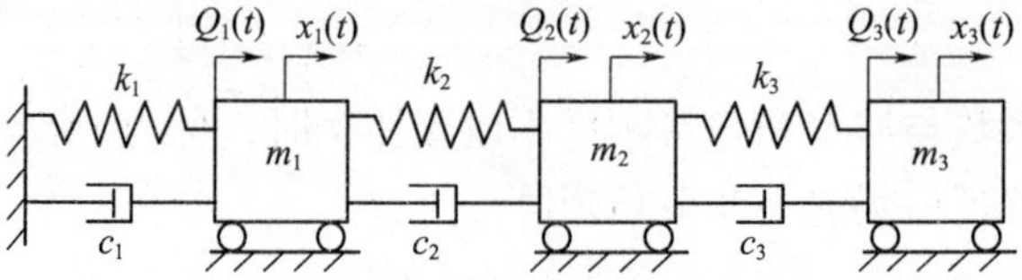

图 6－21 三自由度有阻尼系统

解 （1）建立系统的运动方程。系统的运动方程可用式（6－133）表示，其中

$$\boldsymbol{m}=\begin{bmatrix} m & 0 & 0 \\ 0 & m & 0 \\ 0 & 0 & m \end{bmatrix},\quad \boldsymbol{c}=\begin{bmatrix} c_1+c_2 & -c_2 & 0 \\ -c_2 & c_2+c_3 & -c_3 \\ 0 & -c_3 & c_3 \end{bmatrix}$$

$$\boldsymbol{k}=\begin{bmatrix} k_1+k_2 & -k_2 & 0 \\ -k_2 & k_2+k_3 & -k_3 \\ 0 & -k_3 & k_3 \end{bmatrix}=\begin{bmatrix} 2k & -k & 0 \\ k & 2k & -k \\ 0 & -k & k \end{bmatrix}$$

$$\boldsymbol{Q}(t)=\boldsymbol{Q}\sin\omega t,\quad \omega=1.25\sqrt{k/m}$$

（2）求系统无阻尼时自然频率 ω_{n}、主振型 $\boldsymbol{A}$ 和振型矩阵 $\boldsymbol{u}$。系统的特征方程为

$$\Delta(\omega^2)=|\boldsymbol{k}-\omega^2\boldsymbol{m}|=\begin{bmatrix} 2k-m\omega^2 & -k & 0 \\ -k & 2k-m\omega^2 & -k \\ 0 & -k & k-m\omega^2 \end{bmatrix}=0$$

将上式展开后整理，得

$$(\omega^2)^3-5\left(\frac{k}{m}\right)(\omega^2)^2+6\left(\frac{k}{m}\right)^2(\omega^2)-\left(\frac{k}{m}\right)^3=0$$

求解上式，得到自振频率和特征矢量为

$$\omega_{\mathrm{n1}}^2=0.198k/m,\quad \omega_{\mathrm{n2}}^2=1.555k/m,\quad \omega_{\mathrm{n3}}^2=3.247k/m$$

$$\omega_{\mathrm{n1}}=0.445\sqrt{k/m},\quad \omega_{\mathrm{n2}}=1.247\sqrt{k/m},\quad \omega_{\mathrm{n3}}=1.802\sqrt{k/m}$$

$$\boldsymbol{u}^{(1)}=\begin{Bmatrix} 1.000 \\ 1.802 \\ 2.247 \end{Bmatrix},\quad \boldsymbol{u}^{(2)}=\begin{Bmatrix} 1.000 \\ 0.445 \\ -0.802 \end{Bmatrix},\quad \boldsymbol{u}^{(3)}=\begin{Bmatrix} 1.000 \\ -1.247 \\ 0.555 \end{Bmatrix}$$

系统振型矩阵为

$$\boldsymbol{u}=\begin{bmatrix} 1.000 & 1.000 & 1.000 \\ 1.802 & 0.445 & -1.247 \\ 2.247 & -0.802 & 0.555 \end{bmatrix}$$

（3）计算正则因子 β 和正则矩阵 $\boldsymbol{N}$。通过计算 $\boldsymbol{u}^{\mathrm{T}}\boldsymbol{m}\boldsymbol{u}$，得到正则因子和正则矩阵为

$$\beta_1=0.328/\sqrt{m},\quad \beta_2=0.737/\sqrt{m},\quad \beta_3=0.591/\sqrt{m}$$

$$\boldsymbol{N}=\frac{1}{\sqrt{m}}\begin{bmatrix} 0.328 & 0.737 & 0.591 \\ 0.591 & 0.328 & -0.737 \\ 0.737 & -0.591 & 0.328 \end{bmatrix}$$

（4）计算正则因子、放大因子 Z、相位角及正则解。系统的激励为

$$\boldsymbol{Q}_s=\begin{Bmatrix} Q_{s1} \\ Q_{s2} \\ Q_{s3} \end{Bmatrix}=\frac{1}{\sqrt{m}}\begin{bmatrix} 0.328 & 0.737 & 0.591 \\ 0.591 & 0.328 & -0.737 \\ 0.737 & -0.591 & 0.328 \end{bmatrix}\begin{Bmatrix} Q \\ Q \\ Q \end{Bmatrix}\sin\omega t$$

$$Q_{s1}=\frac{1.656}{\sqrt{m}}Q\sin\omega t,\quad Q_{s2}=\frac{0.474}{\sqrt{m}}Q\sin\omega t,\quad Q_{s3}=\frac{0.182}{\sqrt{m}}Q\sin\omega t$$

由式（6－144）分别求得放大因子和初相角为

$$Z_1 = 0.1451,\quad Z_2 = 48.50,\quad Z_3 = 1.9266$$

$$\psi_1 = 179°31'58'' = 3.1334\text{rad},\quad \psi_2 = 103°30'28'' = 1.8065\text{rad},\quad \psi_3 = 1°31'54'' = 0.0267\text{rad}$$

正则响应为

$$s_1(t) = 1.2136\left(Q\sqrt{m/k}\right)\sin\left(1.25\sqrt{k/m}t - 3.1334\right)$$

$$s_2(t) = 14.784\left(Q\sqrt{m/k}\right)\sin\left(1.25\sqrt{k/m}t - 1.8065\right)$$

$$s_3(t) = 0.1080\left(Q\sqrt{m/k}\right)\sin\left(1.25\sqrt{k/m}t - 0.0267\right)$$

（5）求原几何坐标表示的稳态响应。由 $\boldsymbol{x}(t) = \boldsymbol{N}\boldsymbol{s}(t)$，得到几何坐标下的稳态响应为

$$\begin{Bmatrix} x_1(t) \\ x_2(t) \\ x_3(t) \end{Bmatrix} = \frac{Q}{k}\begin{bmatrix} 0.328 & 0.737 & 0.591 \\ 0.591 & 0.328 & -0.737 \\ 0.737 & -0.591 & 0.328 \end{bmatrix}\begin{Bmatrix} 1.2136\sin\left(1.25\sqrt{k/m}t - 3.1334\right) \\ 14.784\sin\left(1.25\sqrt{k/m}t - 1.8065\right) \\ 0.1080\sin\left(1.25\sqrt{k/m}t - 0.0267\right) \end{Bmatrix}$$

6.6 多自由度系统振动的应用

同其他自然现象一样，振动既有有利的性质，也有有害的性质。在科学研究和实际工程中，要系统研究振动利用工程和振动防治工程。单自由度系统的应用中讨论的材料参数确定，各类振动机械都是振动利用工程的具体实例。

机器在运转时，由于没有完全平衡或其他原因，往往会产生振动，从而在零件中引起附加的动应力。在一定条件下还会引起共振，振幅急剧增大，动应力相应增加以致超过其允许值。在某些工程装备中，加工过程也可能产生一种激振源，例如轧钢机在轧制周期断面产品时，压下系统和主传动系统所受的周期性激振力和力矩；行星轧机各工作辊上的轧制力；定尺飞剪和锯机锯齿对轧机的周期冲击等，都不可避免地要在机器本身引起强迫振动。

振动防治工程的主要措施体现在：①设法使激振力得到平衡，采取措施消除或减小激振力的波动幅度；②改变系统的自然频率与激振力频率的比值，即转移系统的共振区或使系统在非共振区内运转；③增加阻尼力以减小共振时的振幅，适当选择阻尼可以限制共振时的振幅在零件所允许的范围内；④采用振动隔离技术，阻断振动源对机械系统的影响；⑤利用减振原理，减小系统的振动幅值，即采用减振器。前 3 个措施主要体现在机械系统的设计中，隔振原理在单自由度系统中进行了系统阐述，下面主要讨论减振原理及其应用。

6.6.1 动力减振器

图 6－22 所示为动力减振器的两个应用实例及其动力学模型。其中 m_1、k_1 分别为主振系统简化后的等效质量和刚度，m_2、k_2 和 c 分别为动力减振器的质量、刚度和阻尼系数。

当主系统振动时，附加于其上的动力减振器也随之振动。利用减振器的动力作用，使其加到主系统上的力（或力矩）与激振力（或力矩）的方向相反，大小相近以至作用在主系统上的力或力矩相互抵消，达到控制主系统振动的目的。

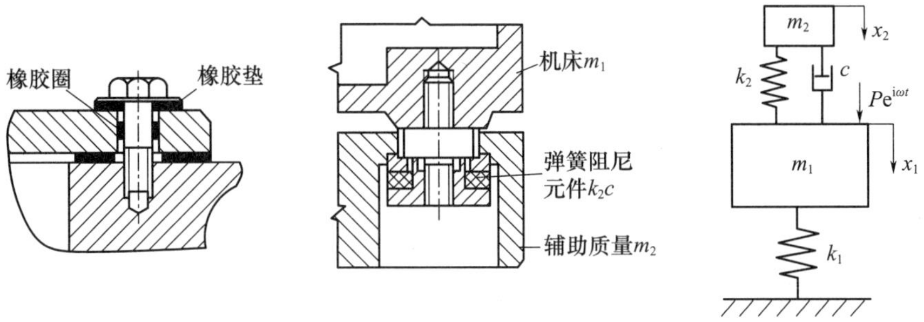

图6－22　有阻尼动力减振器及其力学模型

按照辅助质量加到主系统上的方式不同，动力减振器有许多类型：①有阻尼动力减振器。辅助质量与主质量之间，既有弹性元件，又有阻尼元件。②无阻尼动力减振器。辅助质量与主质量之间，只有弹性元件。③摩擦减振器。辅助质量与主质量之间，只有阻尼元件。④摆式减振器。辅助质量与主质量之间没有元件，只是辅助质量可以在主质量上能产生摆动。各种减振器有不同的特性，适用于不同的情况。

例6－16　如图6－23（a）所示，梁上装有一台电动机，由于电动机运转时产生离心力作用而使系统作强迫振动，当电动机的旋转角速度接近系统的自然频率时，$\omega=\sqrt{k_1/m_1}$，系统发生共振现象。试设计动力减振器，抑制梁的振动。

解　图6－23（a）所示的系统，可以简化为图6－23（b）所示的由质量为m_1的质块和刚度为k_1的弹簧组成的单自由度系统。为了抑制梁的振动，在梁的下面，用刚度为k_2的弹簧悬挂质量为m_2的质块，如图6－23（c）所示。当选择适当的参数m_2和k_2时，可使原来的主系统振动立即减小，而附加系统则振动不止，这个附加m_2和k_2系统就是动力减振系统，简称动力减振器。

下面研究怎么样选取参数m_2和k_2，可使主系统m_1的振动减小或消失。对于附加减振器后，可用图6－23（d）所示的两自由度系统来表示。

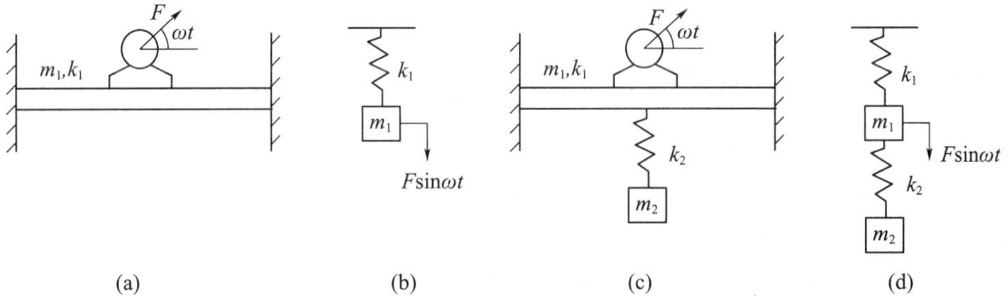

图6－23　动力减振原理及应用

根据图6－23（d）所示的模型，系统振动的运动微分方程为

$$\begin{cases}m_1\ddot{x}_1(t)+(k_1+k_2)x_1(t)-k_2x_2(t)=F\sin\omega t\\ m_2\ddot{x}_2(t)-k_2x_1(t)+k_2x_2(t)=0\end{cases}\tag{6-146}$$

设系统的响应为

$$x_1(t)=X_1\sin\omega t,\quad x_2(t)=X_2\sin\omega t\tag{6-147}$$

将式（6－147）代入式（6－146），利用多自由度系统的求解方法，可得系统振动

的振幅为

$$X_1(\omega)=\frac{[d-\omega^2]Q_1-bQ_2}{(a-\omega^2)(d-\omega^2)-bc},\quad X_2(\omega)=\frac{cQ_1-(a-\omega^2)Q_2}{(a-\omega^2)(d-\omega^2)-bc} \tag{6-148}$$

式中，$Q_1=F/m_1$，$Q_2=0$，由于 $k_3=0$，故 $c=d$，从而得到

$$X_1(\omega)=\frac{(c-\omega^2)Q_1}{(a-\omega^2)(d-\omega^2)-bc},\quad X_2(\omega)=\frac{cQ_1}{(a-\omega^2)(d-\omega^2)-bc} \tag{6-149}$$

从式（6－149）可见，当 $\omega^2=c=k_2/m_2$ 时，得

$$X_1(\omega)=0,\quad X_2(\omega)=-Q_1/b=-F/k_2 \tag{6-150}$$

从式（6－150）可见，选择减振器的自然频率 $\omega^2=c=k_2/m_2$ 时，主系统的振幅为零，表明梁不再振动，而减振器则以频率 ω 作 $x_2(t)=X_2\sin\omega t=-(F/k_2)\sin\omega t$ 的强迫振动。此时，减振器弹簧下端受到作用力为

$$k_2x_2(t)=-F\sin\omega t \tag{6-151}$$

式（6－151）表明，减振器弹簧下端受到的作用力在任何时刻恰好与上端的激振力平衡，因此使系统的振动转移到减振器上来。

从上述的实例可见，在设计动力减振器时，需要调整 m_2 和 k_2 的值，使减振系统的自然频率等于外激励的频率。为了使减振器安全工作，应该对 X_2 进行强度校核。动力减振器也可用于扭转振动系统中，单摆也可用作动力减振器。

6.6.2 变速减振器

动力减振器广泛应用于消除扰动频率基本不变的振动系统。只有在外加频率保持恒定的情况下，动力减振器才会给出满意的结果，其应用局限在保持常速运动的机器中或外部干扰力具有不变频率的情况下。对于转速可以在大范围内改变的机器，例如汽车内燃机与航空发动机，动力减振器就不适用了。当干扰频率随转速在很大范围内变动时，必须使减振器的自然频率能随转速自动调节，才能有效地达到减振的目的。变速减振器就是能自动调节自然频率，用于扭转振动系统的一种比较理想的减振器。

变速减振器一般为摆式减振器，即在产生扭转振动的旋转轴系中，安装离心摆，使其产生的惯性力矩与激振力矩相平衡，从而起到减振作用。旋转轴系的激振频率与旋转速度成正比，离心摆的自然频率也与旋转转速成正比。因此，摆式减振器在变速轴系的整个转速范围内，都有较好的减振效果，特别适用于减小变速运动机器的扭转振动。变速减振器有挂摆、滚摆、环摆等多种形式。图 6－24 所示为最简单的挂摆型摆式减振器及其动力学模型。下面通过实例讨论变速减振器的基本原理和设计方法。

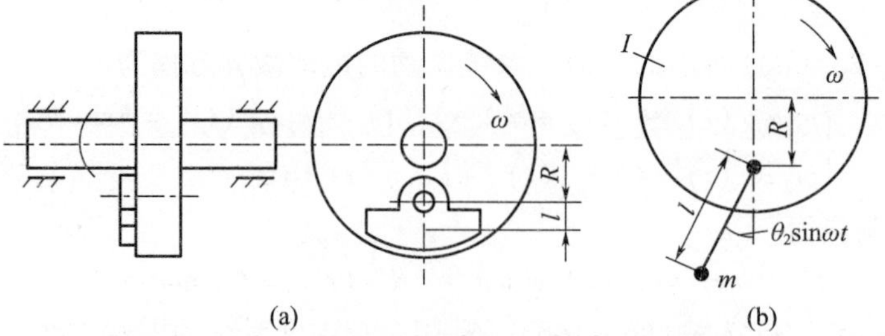

图 6－24　摆式减振器示意图及其动力学模型

例 6-17 如图 6-25 所示，有一个圆盘可绕通过自身圆心 O 的几何轴线转动，在圆盘上距离转动轴线为 r 的一点 A 处悬挂一摆，摆长为 l，质量为 m，设圆盘以等速 ω 做回转运动，而摆刚好处在圆盘半径方向 OA 的延长线上，这时系统处于稳定运转中。假如来自圆盘上的轻微干扰，引起了这个摆的轻微震荡 φ 和圆盘转速 ω 的相应波动 θ，试讨论系统在稳定运转过程中的减振原理。

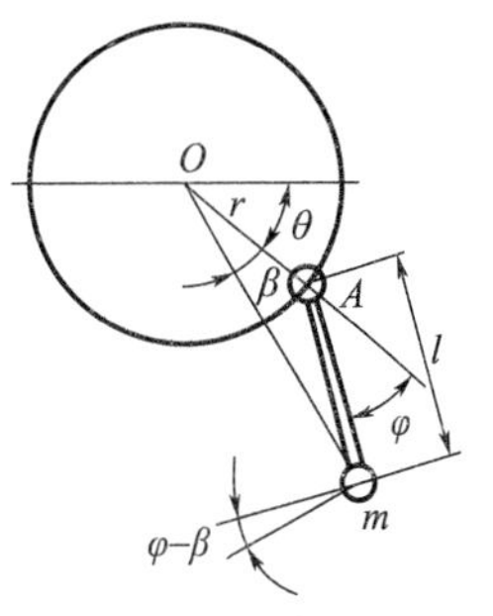

图 6-25 变速减振器模型

解 从图 6-25 可知，质量 m 的切向位移为 $(r+l)\theta+l\varphi$，则质量 m 和圆盘的运动方程分别为

$$m[(r+l)\ddot{\theta}+l\ddot{\varphi}]=-F_t,\qquad [I+m(r+l)^2]\ddot{\theta}=-ml\ddot{\varphi}(r+l) \tag{6-152}$$

式中：I 为圆盘绕中心 O 转动的转动惯量。在轻微干扰下，对于微小角度的摆动，由于 $\varphi-\beta$ 很小，则由于 $\sin(\varphi-\beta)\approx\varphi-\beta$，$(r+l)\beta\approx l\varphi$，则其离心力的切向分力为

$$\begin{aligned}F_t&=m(r+l)\omega^2\sin(\varphi-\beta)\approx m(r+l)\omega^2(\varphi-\beta)\\&=m(r+l)\omega^2\varphi-m(r+l)\omega^2\beta=mr\omega^2\varphi\end{aligned} \tag{6-153}$$

将式（6-153）代入式（6-152）的第一式，得到质量 m 的运动微分方程为

$$(r+l)\ddot{\theta}+l\ddot{\varphi}=-r\omega^2\varphi \tag{6-154}$$

由式（6-154）和式（6-152）的第二式消去 $\ddot{\theta}$，引用记号 $I_0=I+m(r+l)^2$，得

$$\frac{I}{I_0}\ddot{\varphi}+\frac{r\omega^2}{l}\varphi=0 \tag{6-155}$$

式（6-155）表明，摆的运动是谐波振动，其自然频率为

$$\omega_n=\omega\sqrt{\frac{rI_0}{lI}} \tag{6-156}$$

式（6-156）表明，摆的频率 ω_n 与圆盘在稳定运转中的角速度 ω 成正比，这一事实为设计变速减振器奠定了理论基础。如轧钢机在进行周期断面轧制时，压下系统和轧辊主传动系统都相应地产生强迫振动，其激振力的频率与轧辊的转速成正比。当轧辊的转速一定时，激振力的频率与轧辊圆周孔型的数目成正比，从而使设计的轧辊的自然频率与式（6-156）相匹配。

假设激振力（或力矩）$A\sin(n\omega t)$ 作用于圆盘（轧滚）上，其自然频率与圆盘的角速度 ω 成正比，由式（6-152）的第二式和式（6-154）得到强迫振动的方程为

$$(r+l)\ddot{\theta}+l\ddot{\varphi}+r\omega^2\varphi=0,\qquad I_0\ddot{\theta}+ml\ddot{\varphi}(r+l)=A\sin(n\omega t) \tag{6-157}$$

设式（6-157）的特解为

$$\theta=C\sin(n\omega t),\qquad \varphi=B\sin(n\omega t) \tag{6-158}$$

将式（6-158）代入式（6-157），求出振幅 B 和 C，得

$$\theta=-\frac{A\sin(n\omega t)}{n^2\omega^2I_0\left\{1-\dfrac{m(r+l)^2}{I_0[1-r/(n^2l)]}\right\}},\qquad \varphi=\frac{A(r+l)\sin(n\omega t)}{n^2\omega^2I_0l\left(1-\dfrac{r}{n^2l}\right)\left\{1-\dfrac{m(r+l)^2}{I_0[1-r/(n^2l)]}\right\}} \tag{6-159}$$

为了说明离心摆的作用，分析没有安装离心摆，圆盘承受同样激振力的振动情况。

此时运动微分方程为 $I\ddot{\theta}=A\sin(n\omega t)$，其稳态解为

$$\theta=-\frac{A}{In^2\omega^2}\sin(n\omega t) \tag{6-160}$$

比较式（6-160）和式（6-159）的第一式就可以得出结论，离心摆的作用是相当于增加了圆盘的转动惯量。转动惯量的不同为

$$\Delta I=I_0\left\{1-\frac{m(r+l)^2}{I_0[1-r/(n^2l)]}\right\}-I=\frac{m(r+l)^2}{1-n^2l/r} \tag{6-161}$$

由式（6-161）可见，如取：$n^2=r/l$，则 $\Delta I=\infty$。这样，减振器的作用相当于一个惯量极大的飞轮。在这种情况下，无论激振力多大，均不影响圆盘的运动，即 $\theta=0$。由此就设计出了满意的减振器。

由于离心摆本身仍做谐波振动，以 $\ddot{\theta}=0$ 代入式（6-158）的第二式直接求解得到

$$\varphi=-\frac{A\sin(n\omega t)}{ml(r+l)n^2\omega^2} \tag{6-162}$$

从式（6-162）可见，摆动角 φ 与激振力的相位相反，且有

$$ml\ddot{\varphi}(l+r)=A\sin(n\omega t) \tag{6-163}$$

式（6-163）说明，摆的振动恢复力矩恰好与激振力矩相抵消。

如果用作摆的滚动体质量很小，则其振幅就会很大，这与轻微振荡的假设不符合，因而就有相应的误差。同时在实际应用中还要考虑摩擦的影响及滚柱滑移的可能性。

6.6.3 阻尼减振器

动力减振器与变速减振器都是将主系统受到的激振力吸收并转移到附加系统上，从而达到消减主系统振动的目的。阻尼减振器是利用摩擦或黏滞阻尼消耗振动能量，以达到消减振动的目的。图6-26（a）所示为一种阻尼减振器，减振器外壳固定在轴上，壳的空腔内有一可以绕轴自由转动的自由质量，外壳与自由质量间充满阻尼油（硅油）。这种系统的黏性对轴产生了阻尼作用，阻尼力或扭矩正比于外壳和自由质量之间的相对速度。这种阻尼振动系统的力学模型可用图6-26（b）表示。

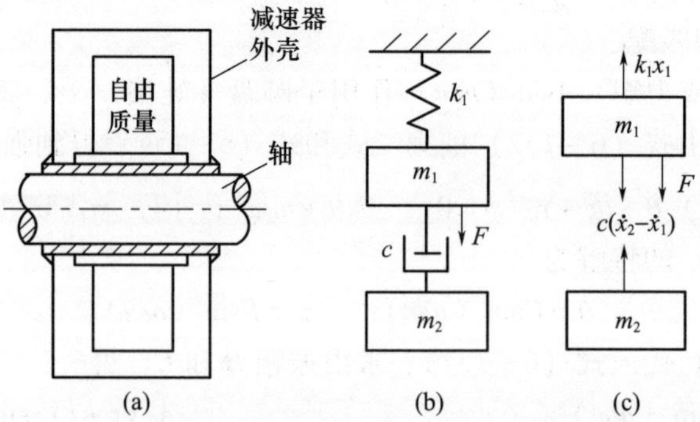

图6-26 阻尼减振器及力学模型

对图6-26（b）所示系统，利用图6-26（c）进行隔离体受力分析，得到运动微分方程为

$$m_1\ddot{x}_1(t)+c\dot{x}_1(t)+k_1x_1(t)-c\dot{x}_2(t)=F,\quad m_2\ddot{x}_2(t)+c\dot{x}_2(t)-c\dot{x}_1(t)=0 \tag{6-164}$$

若干扰力是谐波的，即 $F=F_0e^{i\omega t}$，按照两自由度系统振动的求解方法，得到系统振动的振幅为

$$X_1=\frac{F_0\sqrt{(m_2\omega)^2+(c\omega)^2}}{\sqrt{m_2^2\omega^4(k_1-m_1\omega^2)^2+c^2\omega^2[m_2^2\omega^2-(k_1-m_1\omega^2)^2]^2}} \tag{6-165}$$

若记：$X_0=F_0/k$，$\mu=m_2/m_1$，$\xi=c/(2k)$，$\lambda=\omega m_1/k$，式（6-165）成为

$$X_1=\frac{X_0\sqrt{\mu^2\lambda^2+4\xi^2}}{\sqrt{\mu^2\lambda^2(1-\lambda^2)^2+4\xi^2(\mu\lambda^2+\lambda^2-1)^2}} \tag{6-166}$$

式（6-166）说明 X_1/X_0 是 3 个参数 ξ、μ、λ 的函数，在选定 μ 后，可以画出 X_1/X_0 与 λ 的关系曲线，如图 6-27 所示。由图中可以看出，对于任一 ξ 值的曲线都与具有单一峰值的单自由度的幅频特性曲线相似。研究两个极端情况，即 $\xi=0$，$\xi=\infty$，具有重要意义。对于 $\xi=0$ 的无阻尼系统，具有共振频率 $\omega=\sqrt{k/m_1}$，在这一频率上振幅将无限增大。对于 $\xi=\infty$ 的情况，阻尼器质量与主系统质量将作为单一体而振动，且也是无阻尼系统，其自然频率为 $\omega=\sqrt{k/(m_1+m_2)}$。

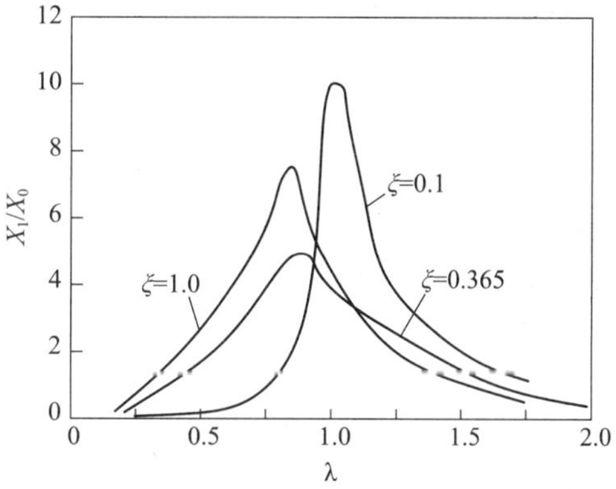

图 6-27　相对振幅随 λ 的变化曲线

思考题

1. 两自由度系统有两个自然频率 ω_1 和 ω_2，在自由振动时，系统的第一个坐标按自然频率 ω_1 做谐波振动，第二个坐标按自然频率 ω_2 做谐波振动。这种说法对吗？如果不对，正确的说法是什么？

2. 按照系统的耦合方式及耦合与否，可将两自由度系统划分为惯性耦合系统，弹性耦合系统，惯性-弹性耦合系统和无耦合系统。这种说法对吗？如果不对，正确的说法是什么？

3. 两自由度系统和单自由度系统发生拍振现象的条件是否相同？各是什么？

4. 振型矢量或模态矢量由什么条件决定？

5. 任何无阻尼的多自由度线性系统的运动方程，是否可以通过坐标变换使之解除

耦合?

6. 两自由度无阻尼系统自由振动时，两个自由度上的机械能是否都守恒?

7. 隔振系统的阻尼越大，隔振效果是否越好?

8. 对于动力减振器设计，只要满足 $\omega^2 = c = k_2/m_2$，不论 m_2 如何选择，是否均有很好的减振效果?

9. 多自由度线性系统的质量矩阵 $\boldsymbol{m}$、阻尼矩阵 $\boldsymbol{c}$、刚度矩阵 $\boldsymbol{k}$、柔度矩阵 $\boldsymbol{a}$、动态矩阵 $\boldsymbol{D}$ 和系统矩阵 $\boldsymbol{S}$ 在任何情况下都是对称矩阵，对吗? 若不对，给出正确说法。

10. 模态矢量的正交性和正规化条件 $\boldsymbol{u}^{(r)\mathrm{T}}\boldsymbol{m}\boldsymbol{u}^{(s)} = \delta_{rs}$ 是由振动系统的本质决定的，还是人为的规定?

11. 对于多自由度无阻尼线性系统，其任何可能的自由振动都可以被描述为模态运动的线性组合吗?

12. 如果对于多自由度无阻尼线性系统，给定特殊的初始条件，则系统的某阶模态可以被单独地或突出地激励起来，振动呈纯模态运动，或以某一阶模态运动为主，对吗? 若不对，给出正确说法。

13. 任何系统只要当所有自由度上的位移均为零时，系统的势能是否一定为零?

14. 任何系统的模态矢量的长度是否可以任意选取? 其方向是否是确定不变的?

习 题

1. 对如图 6-28 所示的三自由度系统，试求其刚度矩阵。

2. 如图 6-29 所示的三重摆，摆的质量 $m_1 = m_2 = m_3 = m$，摆长 $l_1 = l_2 = l_3 = l$，摆角很小。(1) 确定系统的自然频率和主振型，并画主振型图；(2) 求其柔度矩阵并列出运动方程。

3. 如图 6-30 所示的质块-滑轮-弹簧系统，以 x_1、x_2、θ 为广义坐标，建立系统的刚度矩阵和柔度矩阵，说明刚度矩阵和柔度矩阵的特点，并说明原因。

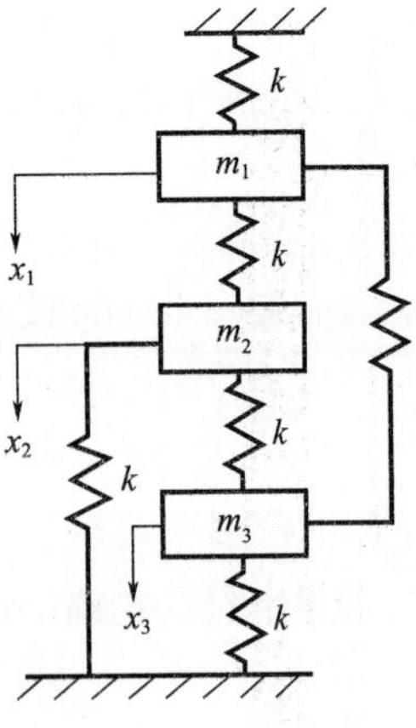

图 6-28 三自由度系统

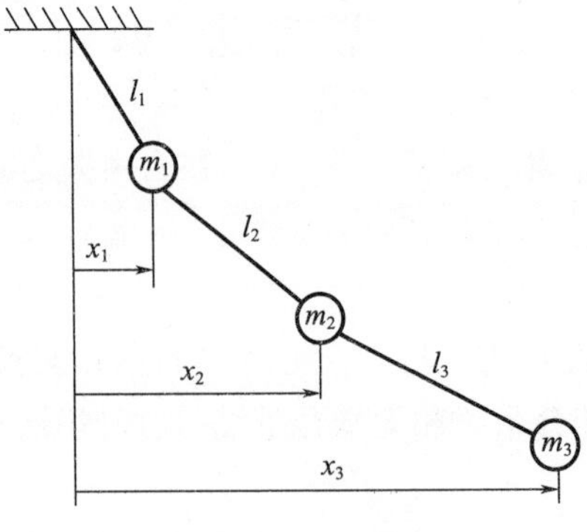

图 6-29 三重摆

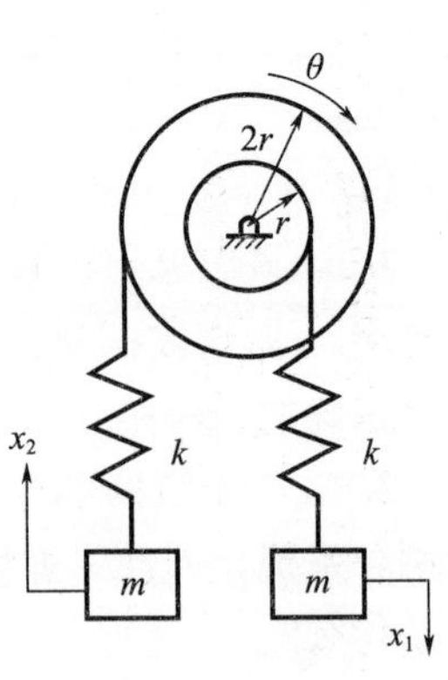

图 6-30 质块-滑轮-弹簧系统

4. 如图6－31所示的质块－杆－弹簧系统，水平杆刚性，且不计质量，求下列两种情况下系统的运动微分方程、自然频率和主振型，并说明存在何种耦合：（1）激振力 $F\sin(\omega t)$ 作用在质块 m 上；（2）激振力 $F\sin(\omega t)$ 作用在杆的自由端 A 处。

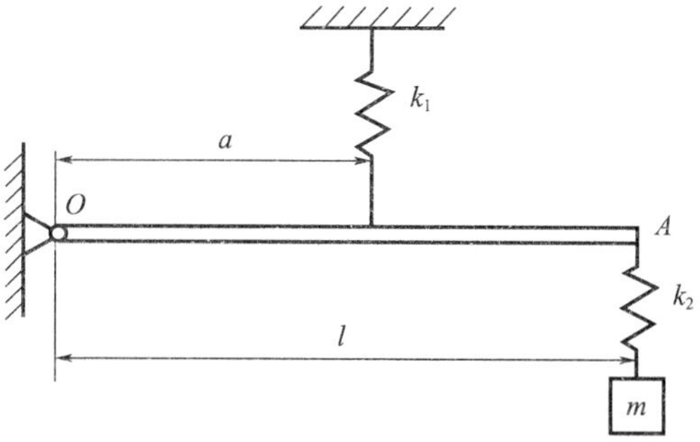

图6－31　质块－杆－弹簧系统

5. 如图6－32所示的杆－弹簧系统，以 x 和 θ 为广义坐标，建立系统的运动微分方程。

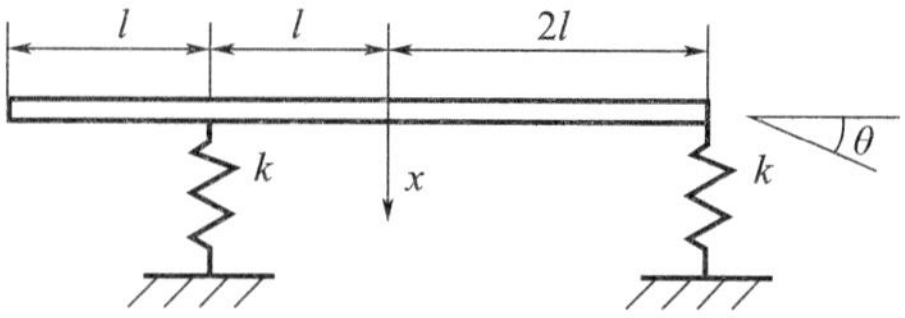

图6－32　杆－弹簧系统

6. 如图6－33所示的两杆－弹簧系统，两杆相同，杆长为 l，质量为 m，其他参数如图所示。以 θ_1 和 θ_2 为广义坐标，建立系统的运动微分方程。

7. 图6－34所示的摆－弹簧－阻尼系统，杆长为 l，质量为 $2m$，以质块 m 的位移 x 和摆的转角 θ 为广义坐标，建立系统的运动微分方程。

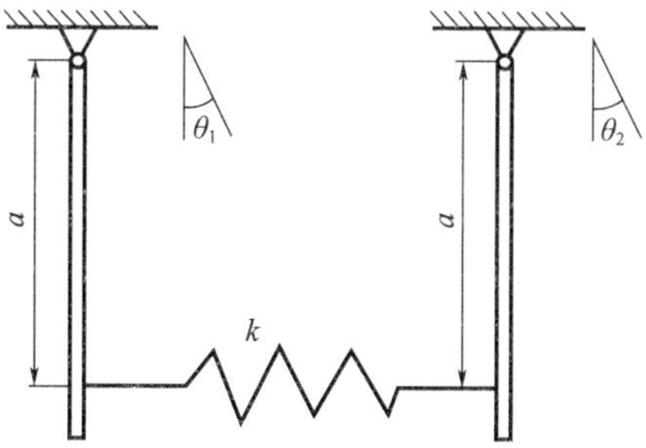

图6－33　两杆－弹簧系统

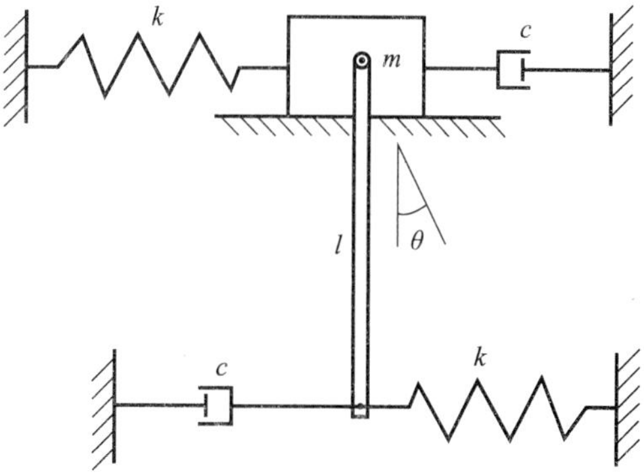

图6－34　摆－弹簧－阻尼系统

8. 如图6－35所示的椭圆摆。滑块 A 的质量为 m_1，在光滑的水平面上滑动，两端各用一弹簧常数为 k 的弹簧连于固定面上。摆锤 B 的质量为 m，用长为 l 的无质量杆与 A 块铰接，系统在铅直平面内做自由微振动。（1）试建立系统运动微分方程；（2）求系统振动的频率方程及其自然频率。

9. 如图6-36所示的质量-杆-弹簧系统，杆为刚性，长为 l，质量为 m，质心在距右端 $l/4$ 处。右端装有质量为 m_1 的集中质量，两端以两个刚度为 k 的弹簧支承起来，求系统的自然频率和相应的主振型。

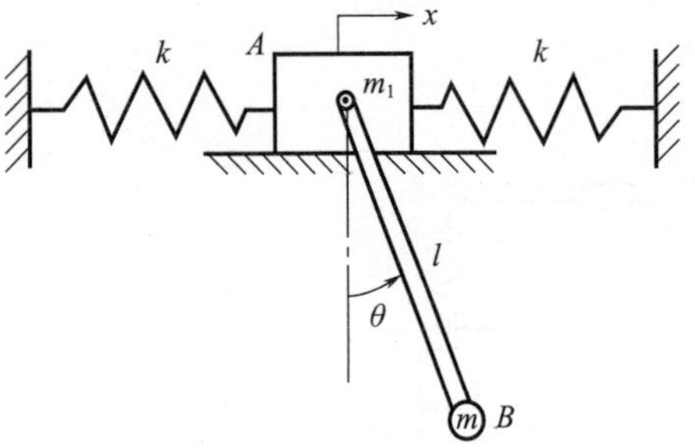

图6-35　椭圆摆

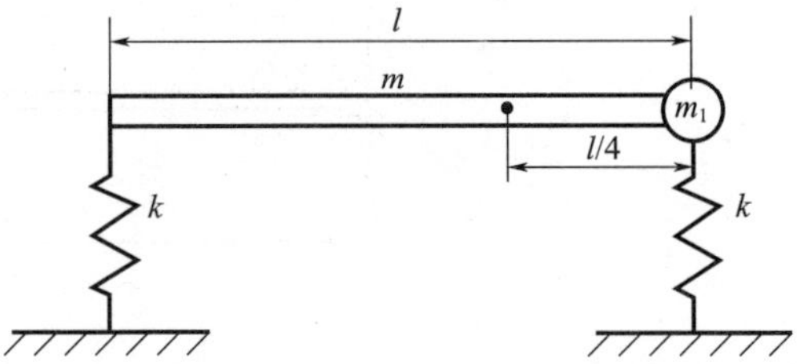

图6-36　质量-杆-弹簧系统

10. 图6-37所示的圆轴-转子-弹簧系统，用一根弹簧连接着两个装在相同圆轴上的相同转子。弹簧刚度为 k，各段轴的扭转刚度为 k_θ，各转子对轴的转动惯量为 I，弹簧端点至转子轴线距离为 a，试建立系统自由振动的运动微分方程，并求系统的自然频率与主振型。

11. 图6-38所示的质量-弹簧系统，其质块的质量为 m，弹簧的刚度 $k_1 = k_2 = k_3 = k$，确定系统在所在平面内自由振动的自然频率。

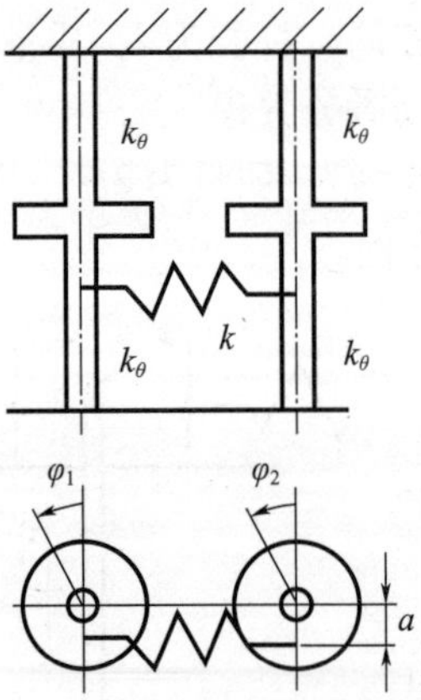

图6-37　圆轴-转子-弹簧系统

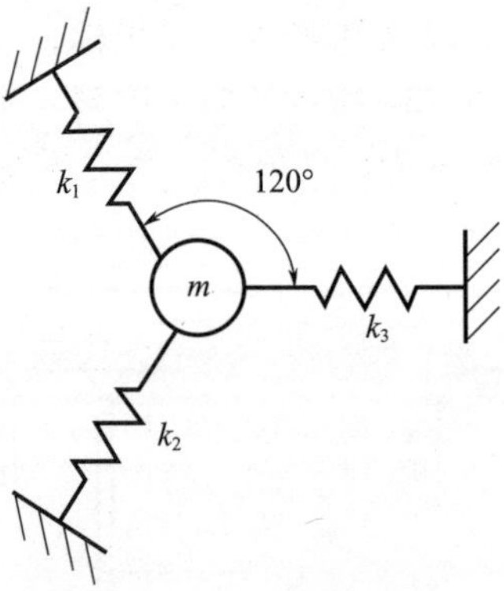

图6-38　质量-弹簧系统

12. 图6-39所示的摆杆-弹簧系统，两根质量均为 m 的相同均质杆在中点简支，杆长为 $2l$，两杆的端点以弹簧 k_1 和 k_2 连接。求系统的自然频率和相应的主振型。

13. 图6-40所示的弹簧连接的双摆，已知摆锤的质量为 m，弹簧刚度均为 k，支点离两根弹簧连接处的距离为 a，摆锤离支点距离为 l，摆杆的质量略去不计。确定双摆的自然频率。

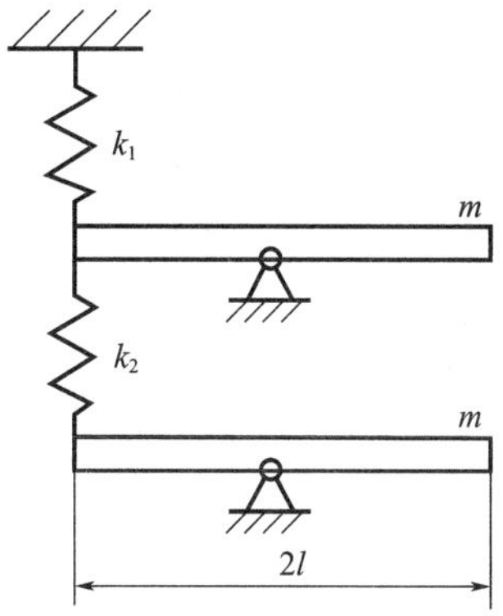

图 6－39 摆杆－弹簧系统

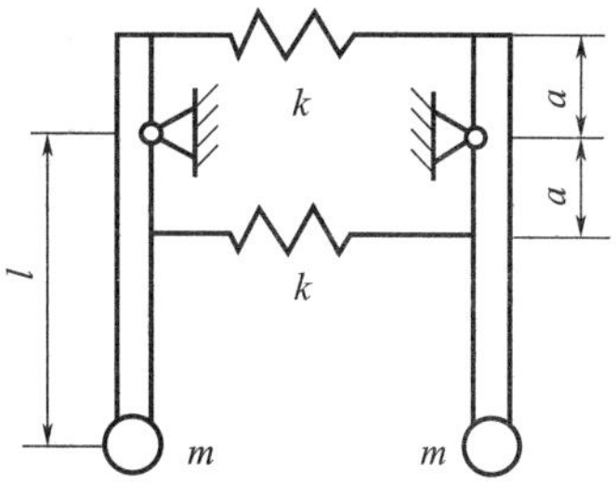

图 6－40 弹簧连接的双摆

14. 如图 6－41 所示的 2 质量－2 弹簧系统，其支撑点作谐波运动 $x_s = a\sin(\omega t)$，求系统的稳态振动。

15. 如图 6－42 所示的 2 质量－3 弹簧系统，试求：（1）当上面的质量不动时，谐波激振力的频率 ω；（2）当上面的质量不动时，下面质量块的振幅。

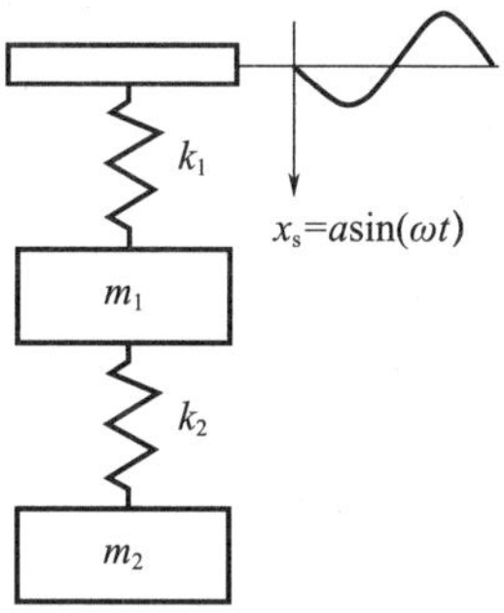

图 6－41 2 质量－2 弹簧系统

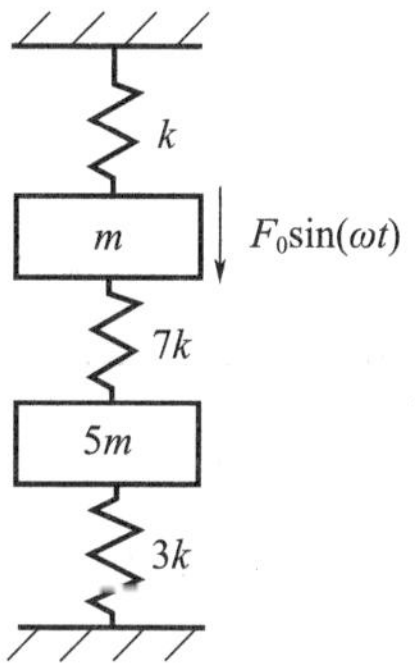

图 6－42 2 质量－3 弹簧系统

16. 如图 6－43 所示的水平台－圆柱体系统，质量为 m_1 的水平台用两根长度为 l 的绳子悬挂起来，其上有一半径为 r，质量为 m_2 的圆柱体，沿水平台做无滑动滚动。以 φ 和 x 为广义坐标，建立系统的运动微分方程。

17. 如图 6－44 所示的椭圆摆，滑块的质量为 m_1，在光滑水平面上滑动，其一端与弹簧 k 相连。摆锤 B 的质量为 m，用长为 l 的无质量杆与滑块铰接，滑块在受到水平谐波激励力 $Q_0\sin(\omega t)$ 作用下，系统发生强迫振动。试确定：（1）激励频率 ω 满足何种条件时，滑块停止不动；（2）滑块不动时，摆的振幅为多少。

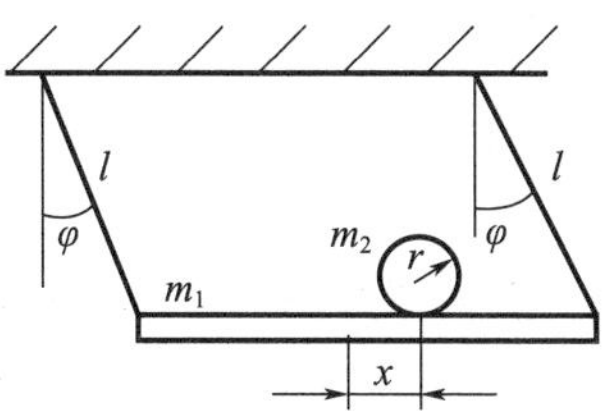

图 6－43 水平台－圆柱体系统

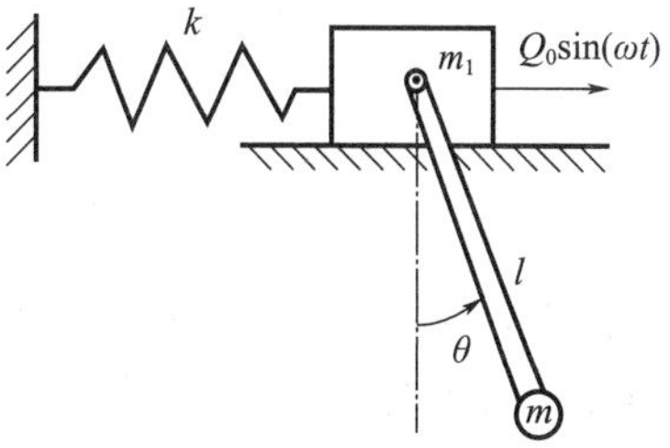

图 6－44 椭圆摆

18. 如图 6 -45 所示的 2 圆盘 - 弹簧系统，质量为 m，半径为 r 的两个相同的圆柱体，用刚度为 k_1 的弹簧相连，其中一个圆柱体用刚度为 k_2 的弹簧与固定壁连接，设圆柱体在水平面上做无滑动的纯滚动。试用拉格朗日方程列出系统运动方程，并求自然频率。

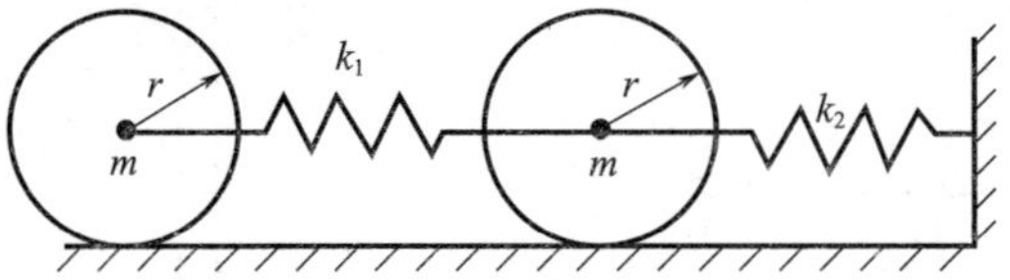

图 6 -45　2 圆盘 - 弹簧系统

19. 如图 6 -46 所示的两端固定弦，弦长为 $4l$，在两端各为 l 处连接两个质量 m，弦的质量不计，弦的张力保持不变，在左边质块上作用有激振力 $F_0\sin(\omega t)$，其中 $\omega = \sqrt{3T/2ml}$，求系统稳态强迫振动时两质块的振幅。

20. 如图 6 -47 所示的双摆，两个相同的单摆用弹簧 k 相连形成双摆。当两摆在铅锤位置时，弹簧不受力。确定系统在铅垂直面内做微振动时的自然频率和主振型。

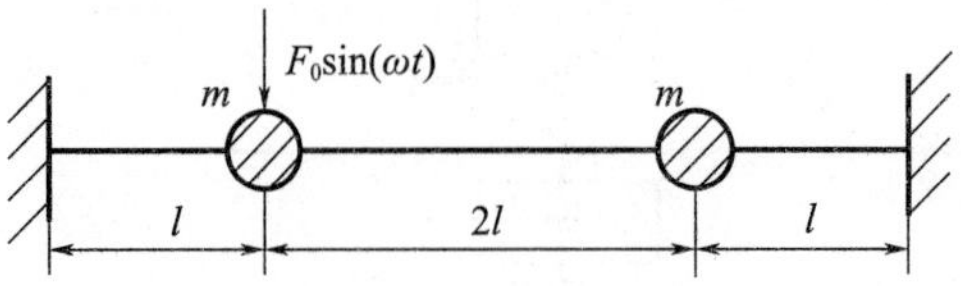

图 6 -46　两端固定弦

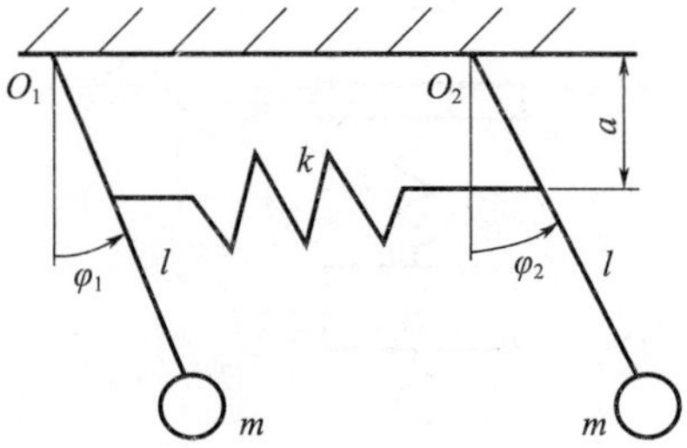

图 6 -47　双摆

21. 如图 6 -48 所示两端固定的轴 - 圆盘系统，轴长为 $3l$，不计其质量，轴上装有两圆盘。已知两圆盘的转动惯量为 $I_1 = I$，$I_2 = I/2$，三段轴的扭转刚度均为 k。试确定：(1) 轴 - 圆盘系统的自然频率和主振型；(2) 设圆盘 I_1 上作用一激振力矩 $F_0\sin(\omega t)$，系统的稳态响应。

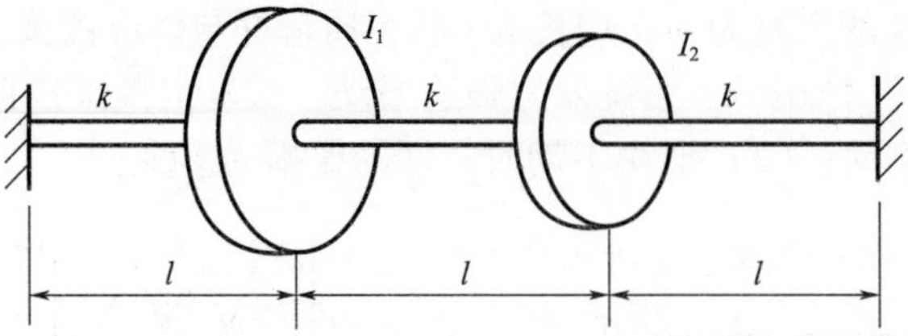

图 6 -48　两端固定的轴 - 圆盘系统

22. 如图 6 -49 所示装有吸振器的机器，已知机器质量为 $m_1 = 90\text{kg}$，吸振器质量为 $m_2 = 2.25\text{kg}$，若机器有一偏心质量 $m_3 = 0.5\text{kg}$，偏心距为 $e = 1\text{cm}$，机器的转速 $n = 1800\text{r/min}$。试确定：(1) 吸振器的弹簧刚度 k_2 为多大，才能使机器的振幅为零?

(2) 机器的振幅为零时，吸振器的振幅 B_2 为多大？

(3) 若使吸振器的振幅 B_2 不超过 2mm，应如何改变吸振器的参数？

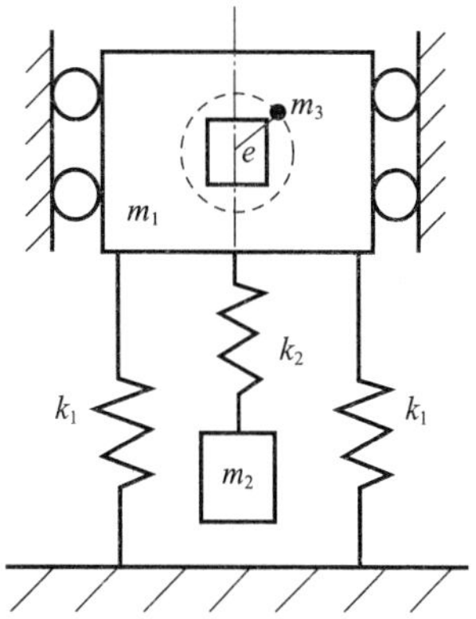

图 6 – 49　装有吸振器的机器

23. 如图 6 – 50 所示的双摆，用弹簧常数为 k_1 和 k_2 的弹簧与摆锤相连，下摆铰接在上摆的摆锤上，摆的质量分别为 m_1 和 m_2。摆在铅垂位置平衡，取摆的水平位移 x_1 和 x_2 为广义坐标，摆做微幅振动，确定系统的刚度矩阵和质量矩阵，并写出矩阵形式的运动微分方程。

24. 如图 6 – 51 所示的弹性支承梁系统，不计杆的质量，试以质量为 m 和 $2m$ 两个质点的运动方向 x_1 和 x_2 为广义坐标，确定系统的运动微分方程。

25. 如图 6 – 52 所示简支梁上有质量为 m_1 和 m_2 的两个质块，设梁的弯曲刚度为 EI，试用位移 y_1 和 y_2 为广义坐标，确定系统的柔度系数，并写出矩阵形式的运动微分方程。

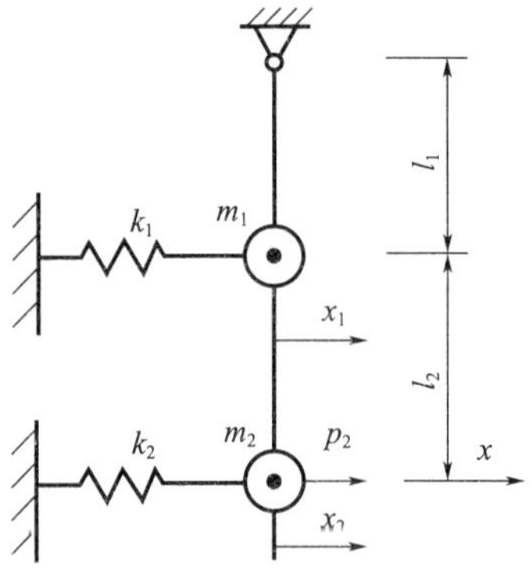

图 6 – 50　双摆

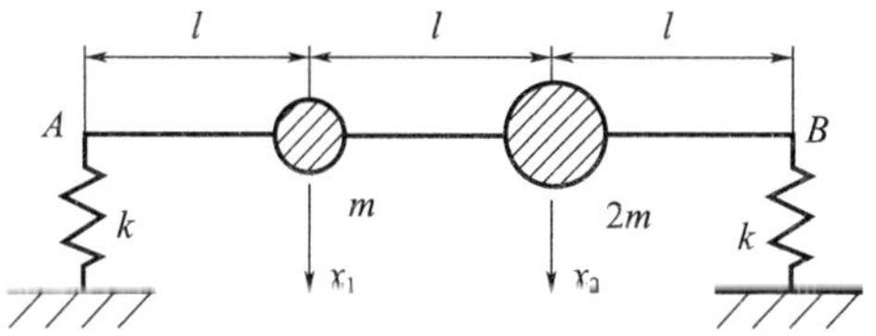

图 6 – 51　弹性支承梁系统

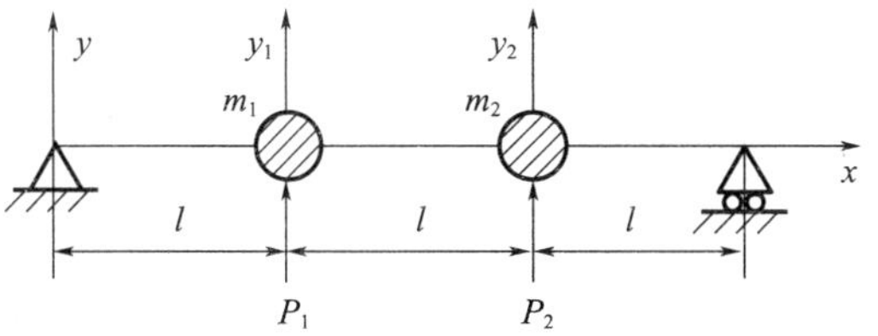

图 6 – 52　简支梁系统

26. 如图 6 – 53 所示的浮船 – 跳板系统，刚性跳板的质量为 $3m$，长为 l，左端以铰链支承于地面，右端通过支架支承于浮船上，支架的弹簧常数为 k，阻尼系数为 c，浮船质量为 m。如果水浪引起的激励力 $F = F_0\sin(\omega t)$ 作用于浮船上。试求跳板的最大摆动角度 θ_{max}。

27. 如图 6 – 54 所示的质量 – 弹簧系统，确定系统在图示谐波激励力作用下强迫振动的振幅。

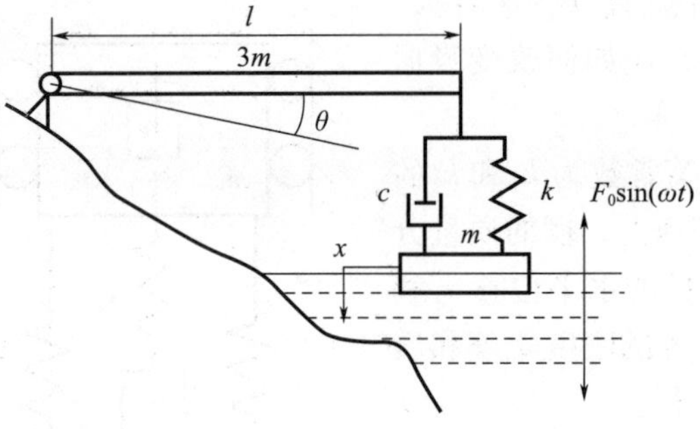

图 6 – 53　浮船 – 跳板系统

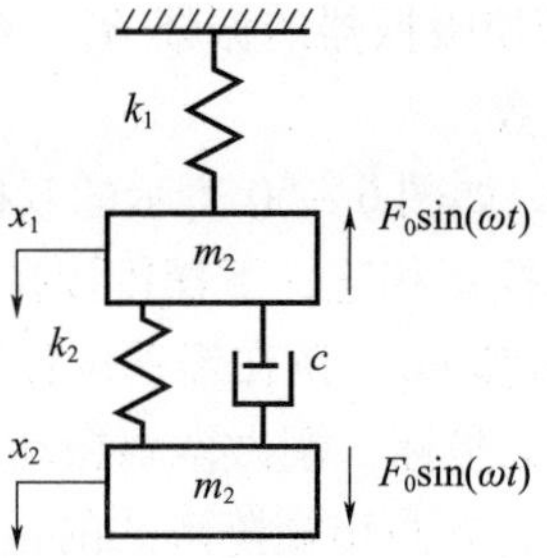

图 6 – 54　质量 – 弹簧系统

28. 如图 6 – 55 所示的三自由度系统，（1）已知：$k_1 = k_2 = k$，$k_3 = 2k$，$m_1 = m_2 = m$，$m_3 = 2m$，确定系统的自然频率和主振型，并画出主振型图。（2）已知：$k_1 = k_2 = 3k$，$k_3 = k$，$m_1 = 2m$，$m_2 = 1.5m$，$m_3 = 2m$，确定系统的自然频率和正则振型。

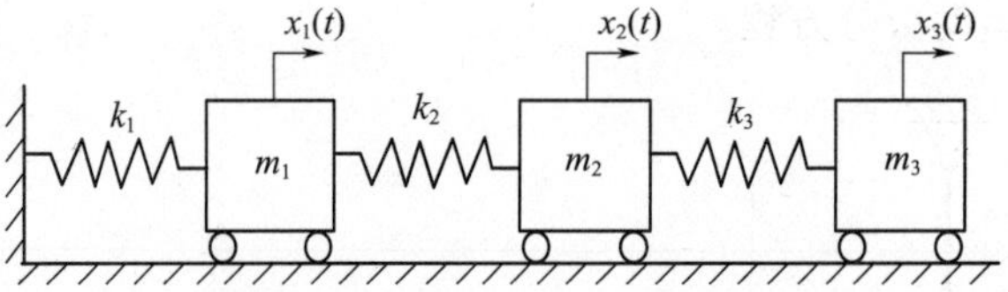

图 6 – 55　题 28 的三自由度系统

29. 如图 6 – 56 所示的扭转振动系统，各盘的转动惯量为：$I_1 = I_2 = I_3 = I$，各轴的刚度为：$k_1 = k_2 = k_3 = k$，不计轴的质量，试确定系统的自然频率和主振型。

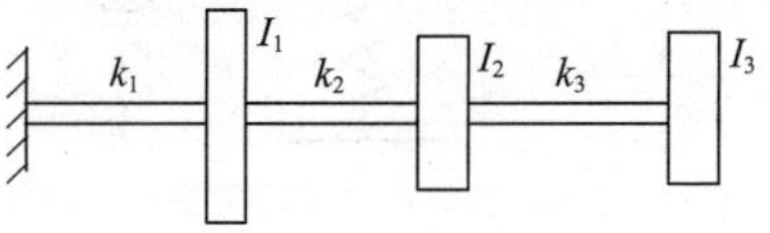

图 6 – 56　扭转振动系统

30. 如图 6 – 57 所示的三自由度系统，$k_1 = k_2 = k_3 = k_4 = k$，$m_1 = m_2 = m_3 = m$，试利用柔度系数法确定系统的自然频率和主振型。

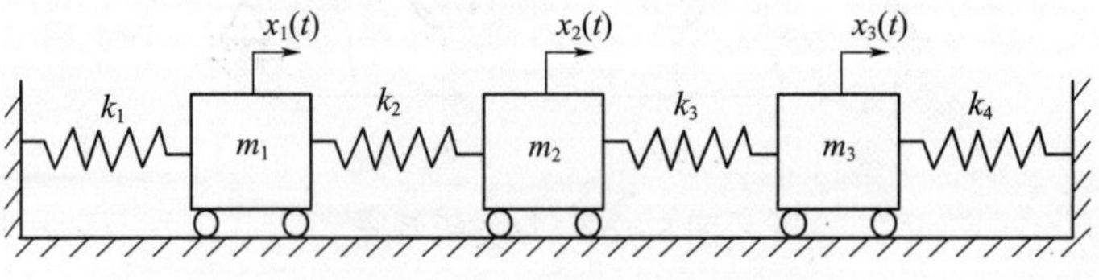

图 6 – 57　题 30 的三自由度系统

31. 如图 6 – 58 所示的固支梁系统，抗弯刚度 EI 为常数，梁的质量不计。3 个互不相等的质量等距离地固结在张力大小均为 T 的弦上，已知，$m_1 = 2m$，$m_2 = m$，$m_3 = 3m$。试确定系统的运动微分方程及系统的自然频率。

32. 如图 6 – 59 所示的简支梁系统，梁的抗弯刚度 EI 为常数，梁的质量不计。3 个质点的质量相等，$m_1 = m_2 = m_3 = m$。确定系统的运动微分方程及系统的自然频率和主振型。

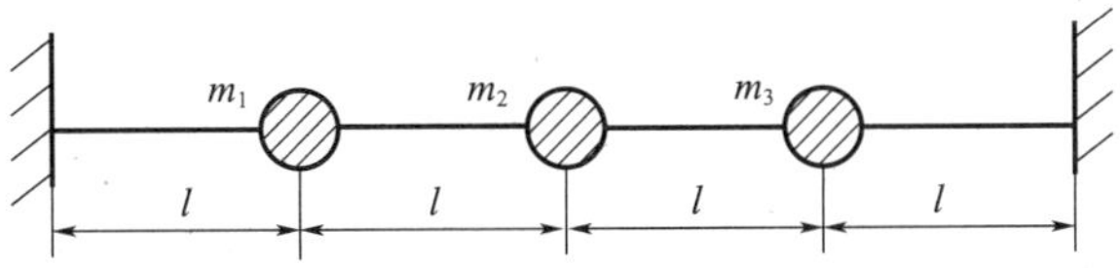

图 6－58　固支梁系统

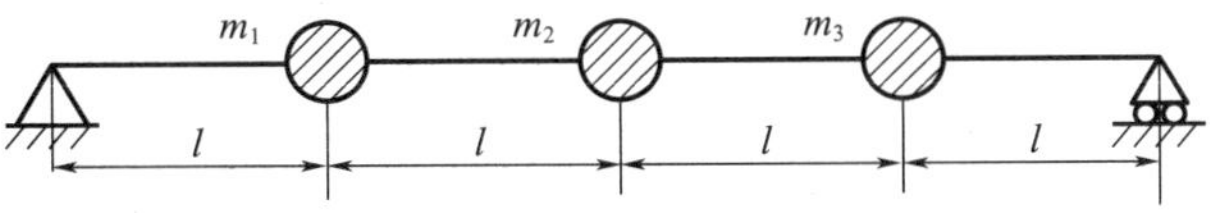

图 6－59　简支梁系统

33. 如图 6－60 所示的质量－弹簧系统，用刚度系数法确定系统的运动微分方程。

34. 如图 6－61 所示的三摆系统，试求系统的自然频率。

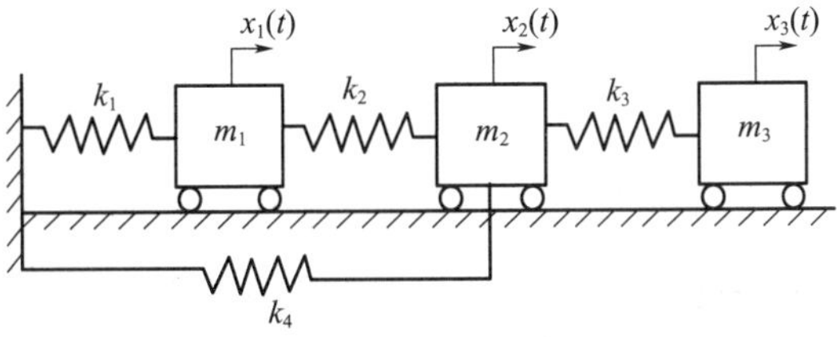

图 6－60　质量－弹簧系统

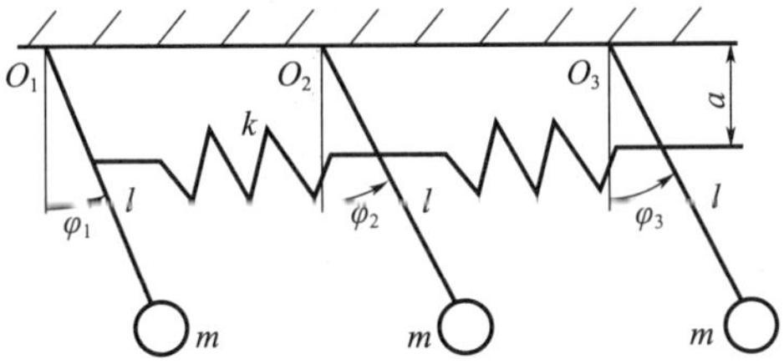

图 6－61　三摆系统

35. 如图 6－62 所示的质量－滑轮－2 弹簧系统，以 θ_1、θ_2、x 为广义坐标，确定系统的刚度矩阵，并建立系统的运动微分方程。

36. 如图 6－63 所示的质量－滑轮－3 弹簧系统，以 x_1、x_2、θ 为广义坐标，确定系统的刚度矩阵，并建立系统的运动微分方程。

37. 如图 6－64 所示的质量－杆－弹簧系统，杆为刚性的，以 x_1、x_2、θ 为广义坐标，确定系统的刚度矩阵，并建立系统的运动微分方程。

38. 汽车的悬挂系统可简化为如图 6－65 所示的四自由度模型，以 x_1、x_2、x_3、x_4 为广义坐标，确定系统的运动微分方程。

39. 如图 6－66（a）、（b）所示的两种梁－质量－弹簧系统，梁的抗弯刚度 EI 为常数，以 x_1、x_2、x_3 为广义坐标，确定两个系统的刚度矩阵和柔度矩阵。

40. 在图 6－67 所示的三自由度系统，$k_1 = k_2 = k_3 = k$，$m_1 = m_2 = m_3 = m$，各阶正则振型阻尼比 $\xi_1 = \xi_2 = \xi_3 = 0.01$，激励频率 $\omega = 1.25\sqrt{K/m}$。（1）$F_1 = F_2 = F_3 = F\sin$

(ωt)，用振型叠加法确定系统的稳态响应。（2）系统受谐波力作用，$F_1 = 1\sin(\omega t)$，$F_2 = F_3 = 0$，试确定系统对激振力的响应。

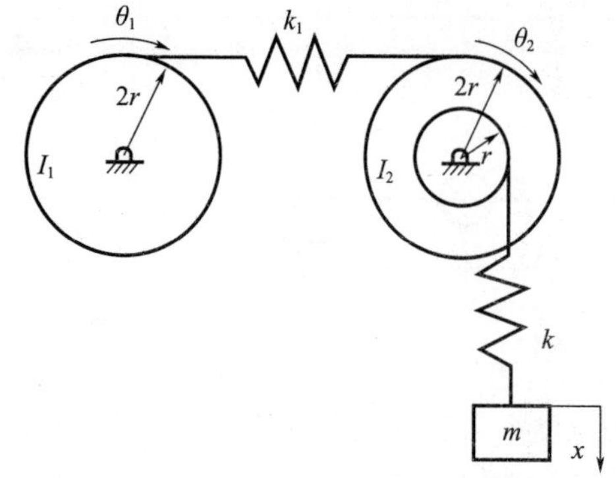

图 6-62　质量-滑轮-2 弹簧系统

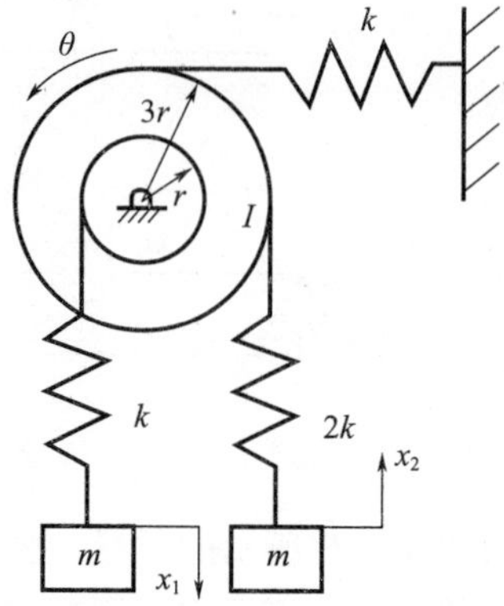

图 6-63　质量-滑轮-3 弹簧系统

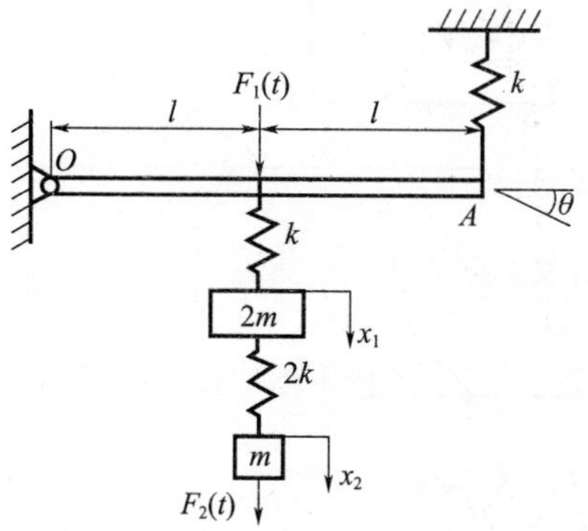

图 6-64　质量-杆-弹簧系统

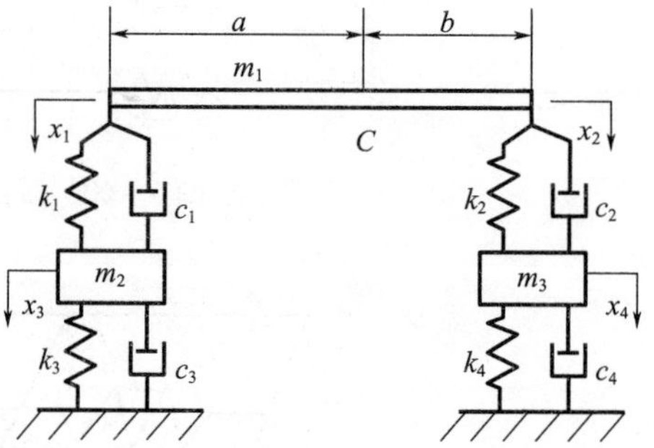

图 6-65　汽车悬挂系统的四自由度模型

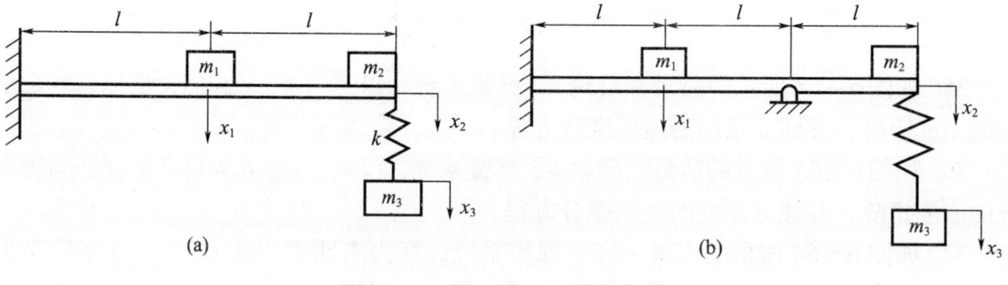

图 6-66　梁-质量-弹簧系统

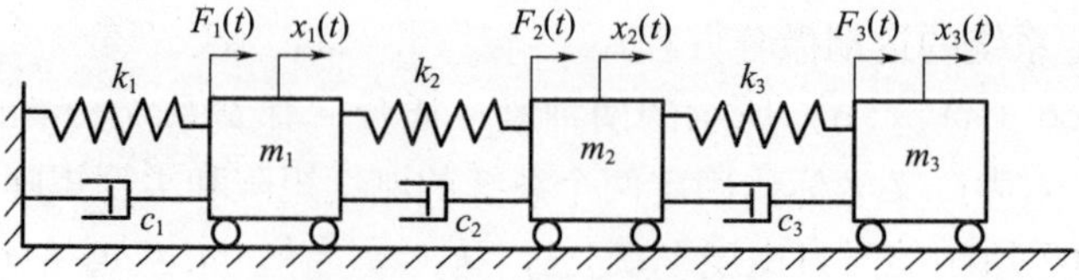

图 6-67　三自由度系统

41. 如图 6 - 68 所示的三盘扭转振动系统，初始条件为：$t=0$ 时，$\theta_{10}=\theta_{20}=\theta_{30}=0$，$\dot{\theta}_{10}=1$，$\dot{\theta}_{20}=\dot{\theta}_{30}=0$，用坐标换算法确定系统在给定初始条件下的响应，并证明系统的频率方程式为

$$\omega^4-\left[\frac{k_t}{I_1}+\frac{k_2}{I_2}\left(1+\frac{k_1}{k_2}+\frac{I_1}{I_2}\right)\right]\omega^2+\frac{k_1}{I_1}\frac{k_2}{I_2}\left(\frac{I_1+I_2+I_3}{I_3}\right)=0$$

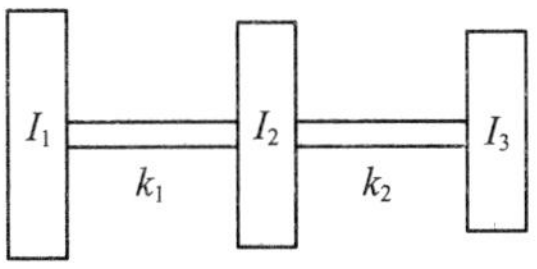

图 6 - 68　三盘扭转振动系统

42. 如图 6 - 69 所示的杆 - 弹簧系统，两匀质杆的长度相同，质量不同，系统的参数如图所示。确定系统的运动微分方程，自然频率和振型。

43. 如图 6 - 70 所示的 3 质量 - 6 弹簧系统，各质量只能沿铅垂线方向运动。设在质量 $4m$ 上作用有铅垂力 $F_0\cos(\omega t)$，确定：(1) 各个质量强迫振动的振幅；(2) 系统的各阶共振频率。

44. 如图 6 - 71 所示的杆 - 小球 - 弹簧系统，AB、CD 为无质量的杆，其上分别附有 E、B 及 F、D 四个小球，质量分别为 m_1、m_2、m_3、m_4。已知弹簧的刚度为 k_1、k_2、k_3。系统在铅垂平面内做微幅振动，建立系统的运动微分方程。

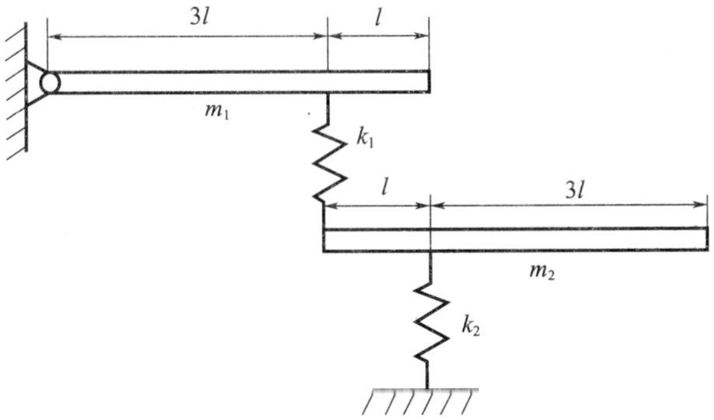

图 6 - 69　杆 - 弹簧系统

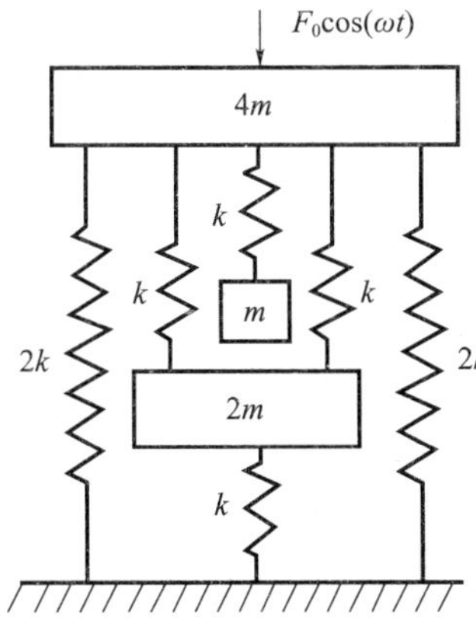

图 6 - 70　3 质量 - 6 弹簧系统

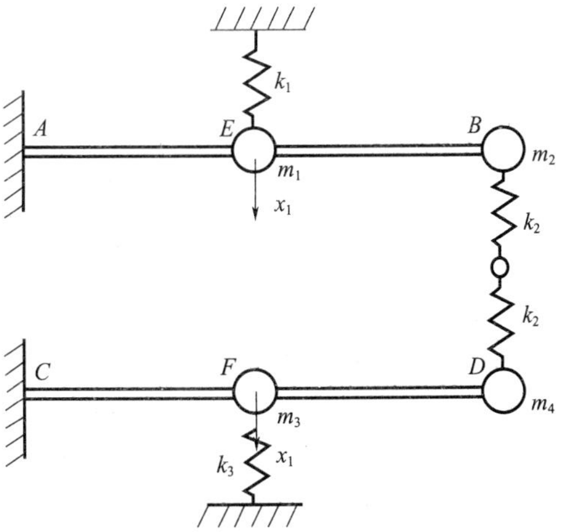

图 6 - 71　杆 - 小球 - 弹簧系统

45. 如图 6－72 所示的 2 质量－6 弹簧系统，两个质量被限制在平面内运动，对于微小振动，在相互垂直的两个方向彼此独立，建立系统的运动微分方程，确定系统的自然频率。

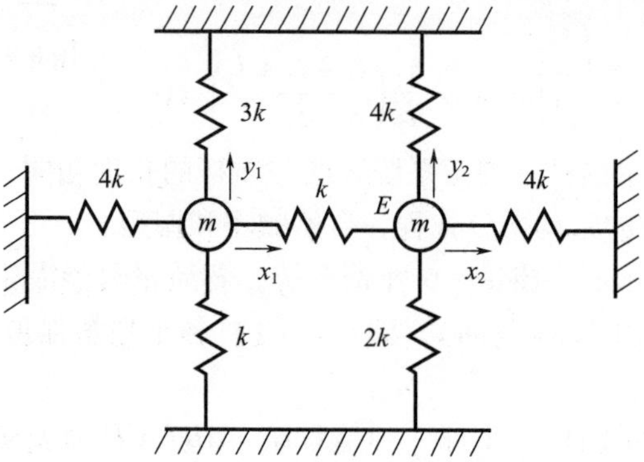

图 6－72　2 质量－6 弹簧系统

46. 如图 6－73 所示三自由度系统，已知：$m_1 = m_2 = m$，$m_3 = 2m$，$k_1 = k$，$k_2 = k_3 = 2k$，$k_4 = 5k$，$c_1 = 2c$，$c_2 = 3c$，$c_3 = c_4 = c$，试分别用拉格朗日法和柔度影响系数法建立系统的运动方程，确定系统的自然频率。

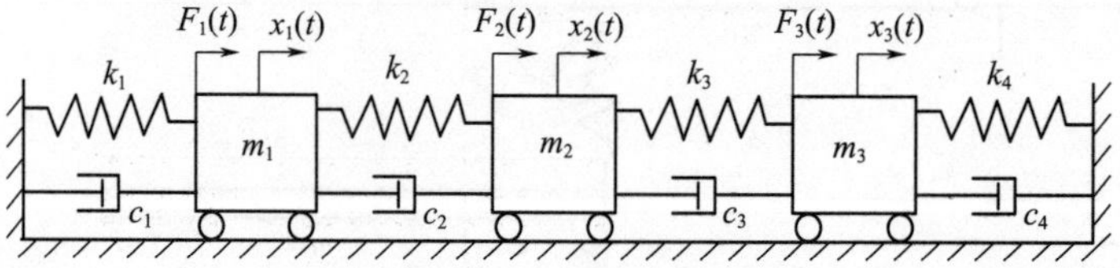

图 6－73　三自由度系统

47. 如图 6－74 所示，由两个质量和弹簧组成的半确定系统，以恒速运动速度 v_0 冲击一个刚度为 k_1 的停止器，弹簧 k_1 无初始应力，$m_1 = m_2 = m$，$k_1 = 2k$，确定半确定系统传给停止器基础的最大力。

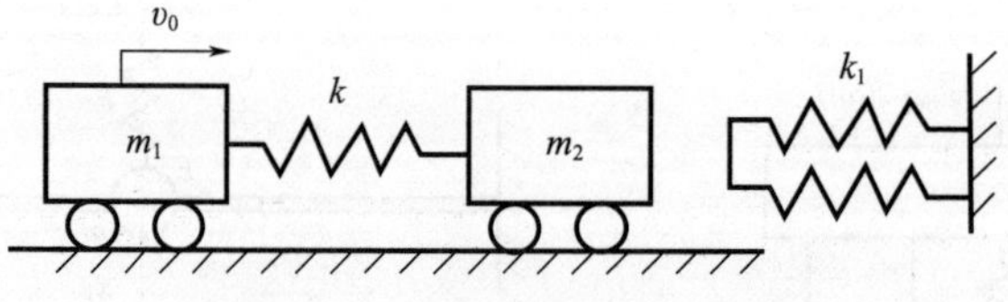

图 6－74　半确定系统和停止器系统

48. 图 6－75 所示的系统由两个质块和两个弹簧组成，质块 m_1 上有偏心质量 m，偏心距为 e，偏心质量 m 以角速度绕质量 m_1 的质心旋转，试确定系统的稳态响应。

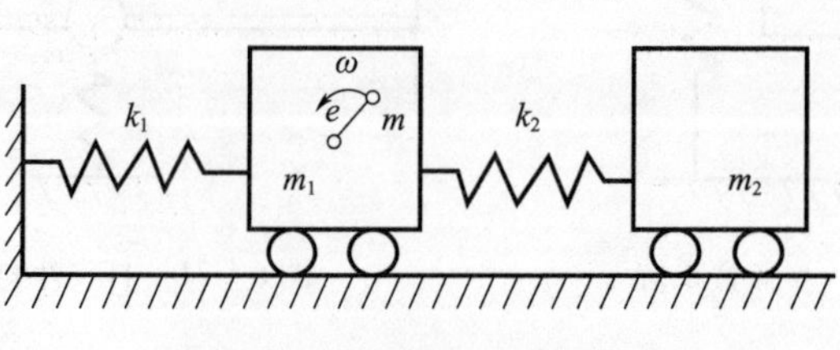

图 6－75　2 质量－2 弹簧系统

第 7 章　机械系统弹性动力学

7.1　机械系统弹性动力学概述

在刚性机械系统的动力学分析中，假设所有构件都是刚体，弹性元件只有刚度、没有质量。随着机械运动速度的提高，构件本身的弹性成为不可忽略的因素。讨论考虑构件弹性是现代机械设计的主要问题之一。

7.1.1　构件弹性对机械系统的影响

机械系统的组成构件，不可避免地存在各种类型的弹性变形。机械构件具有弹性变形时，将对机械系统的运动精度，构件的使用寿命等产生重要的影响。构件弹性对机械系统的影响主要有以下几方面。

（1）弹性变形容易引起机械系统运动配合关系失调。在机械结构，尤其是精密机械结构中，构件间的运动有严密的配合关系，弹性变形会引起运动配合关系的失调。因此，在需要有准确运动配合关系的机械系统，如生产线上使用的机械手在高速运动时，就不能按要求抓取或运送机件。

（2）弹性变形会降低精密机械系统的运动精度。在机械系统，尤其是精密机械系统中，系统的各组成构件之间具有精确的运动关系。弹性变形的存在，破坏了系统的这种运动关系，例如在一些仪表的测量装置中，引起指针指示位置的偏差则会使测量数据不准确。

（3）弹性变形会引起机械系统激振频率和自然频率的变化。机械装备在运动过程中，应该避免共振的发生。因此，在机械设计中要严格计算系统的自然频率和激振频率。构件的弹性变形会引起机械系统激振频率和自然频率的变化，引起系统发生共振。强烈的振动会造成机件损坏，甚至整机毁坏的严重后果。

（4）弹性变形所产生的交变应力会影响构件的疲劳强度。由于机械周期性运转，构件的弹性也随着周期性变化，周期性变化所产生的交变应力降低了构件的疲劳强度，引起构件的疲劳破坏。

因为构件的弹性变形的诸多影响，考虑构件弹性变形的机械系统动力学成为机械结构动态设计的主要内容。研究含弹性构件的机械系统动力学问题的方法，包括力学模型的简化，动力学方程的建立、求解，所讨论的问题包括动力学正问题和动力学反问题两类。动力学正问题是在已知外力（外界条件）的条件下确定系统的响应；动力学反问题是已知系统参数和所要求的运动，确定作用于系统的外力。通过这两类动力学问题，进行系统参数设计。在考虑构件弹性后，系统的自由度将大大增加，系统的参数也更多、更复杂。由于存在弹性变形，系统的势能也会发生变化，在设计过程中必须加以考虑。

7.1.2 构件弹性变形的类型

机构中构件的弹性变形，主要有以下几种形式。

（1）纵向变形。构件受到拉压载荷作用时，会发生纵向变形。纵向变形通常发生在承受拉压载荷的细长构件中。如图7－1（a）所示，凸轮机构中，在外力和惯性力作用下，从动件的纵向变形有时比较大。

（2）弯曲变形。构件承受弯曲载荷时，会产生弯曲变形。在如图7－1（b）所示的四杆构件中，3个构件均可能发生弯曲变形，使从动件的运动规律与刚性机构不同。细长的转轴也常产生较大的弯曲变形。

（3）扭转变形。构件受到扭转载荷时，会产生扭转变形。扭转变形通常发生在跨距较大的旋转类机械构件中，例如纺织机械、大功率发电机组等，如图7－1（c）所示。

（4）接触变形。相互接触的构件，由于接触压力和摩擦等原因，会产生接触变形。接触变形通常发生在高副相接触的构件中。例如齿轮、凸轮以及有间隙的低副中，如图7－1（d）所示为发生接触变形的高副示意图。

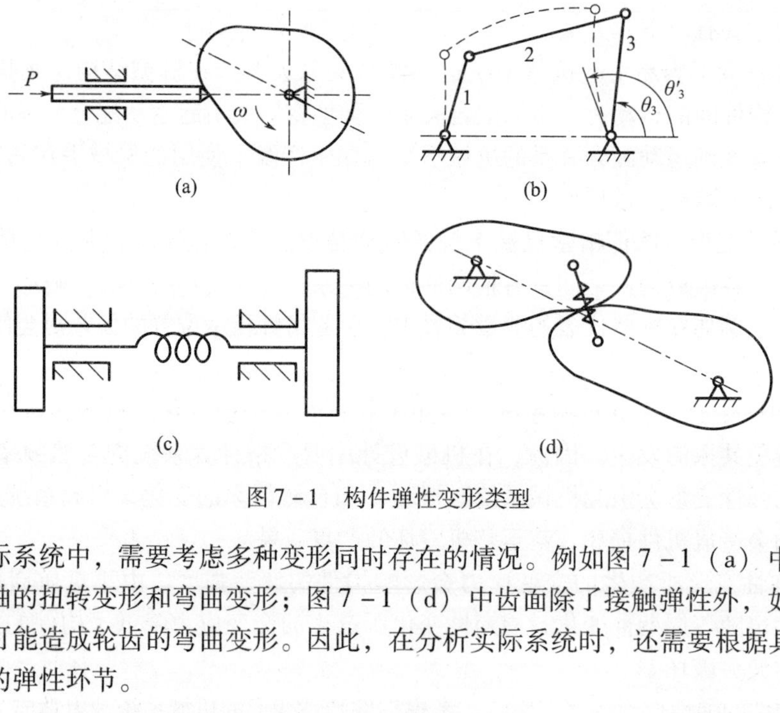

图7－1 构件弹性变形类型

在实际系统中，需要考虑多种变形同时存在的情况。例如图7－1（a）中可能同时存在凸轮轴的扭转变形和弯曲变形；图7－1（d）中齿面除了接触弹性外，如果轮齿刚度弱，也可能造成轮齿的弯曲变形。因此，在分析实际系统时，还需要根据具体条件确定要考虑的弹性环节。

7.1.3 建立机械弹性动力学模型的原则

由于构件形状、变形形式和影响因素的复杂性，要进行机械系统弹性动力学分析是非常困难的。因此，必须通过对实际的工程问题进行必要的简化和抽象，建立一个繁简适度的力学模型和数学模型，该过程称为建立动力学模型。建立各种机构和机械系统的动力学模型应遵循如下原则。

1. 连续系统的离散化

由于弹性构件的各种物理参数，如质量、刚度和阻尼都具有连续分布的性质，连续弹性体的动力学模型为偏微分方程，求解比较困难。因此，应将连续弹性体离散成由若干基本单元通过节点相互连接而成的组合体，把无限自由度的连续系统简化为具有有限自由度的离散系统，这样建立的动力学模型为常微分方程，求解比较容易。通过建立集中参数模型和有限元模型两类动力学模型，可以实现连续系统的离散化。

2. 非线性系统的线性化

实际的机械系统多为非线性系统，而非线性微分方程求解比较复杂，因此在建立系统数学模型时，忽略掉非线性因素，将非线性系统简化为线性系统。非线性系统的特性和线性系统有着本质的区别，在非线性系统中存在着一些特有的现象，如分叉、混沌等，用简化了的线性方程无法揭示。目前在机械系统弹性动力学中有 3 种处理方法：正确地忽略掉非线性因素，建立简化的线性模型，以求分析的简便性；考虑必要的非线性因素，建立适当简化的非线性模型，兼顾分析的简便性与精确性；计入所有的非线性因素，建立非线性模型，以求分析的精确性并揭示非线性现象。

3. 抓主要因素，忽略次要因素

影响机械系统动力学特性的因素非常多，全面考虑这些因素会使问题变得异常复杂。在建立模型时，应根据系统的特性抓住主要的影响因素，忽略次要的影响因素。例如简化构件的形状、忽略次要的变形、忽略弹性运动和刚体运动的耦合、用等效线性阻尼替代非线性阻尼等。

7.2 齿轮机构的动力学模型与分析

7.2.1 齿轮机构及其动力学特征

齿轮机构包括齿轮副、传动轴、支承轴承和箱体，也可以包括与齿轮传动有关的联轴器、飞轮、原动机和负载等。齿轮机构中零部件及相互连接关系是一个复杂的弹性机械系统。齿轮机构动力学是研究齿轮机构在传递动力和运动过程中的动力学行为的科学。

齿轮机构的动力学行为包括轮齿动态啮合力和动载系数，以及齿轮机构的振动和噪声特性等。通过齿轮机构动力学的研究，可以了解齿轮的结构形式、几何参数、加工方法等对这些动力学行为的影响，从而指导高质量齿轮机构的设计与制造。

齿轮传动是机械装备中传递动力的关键构件，被广泛应用于航空、船舶、汽车、装备制造业等领域，齿轮机构品质的优劣直接影响整机的工作性能。机械装备的高速、高精度、智能化等对齿轮传动可靠性和系统动力学品质的要求日益提高，时变啮合刚度、时变齿侧间隙、齿面摩擦、传递误差等使得齿轮传动系统成为一类含多参数的非线性强时变动力系统，如图 7－2 所示。齿轮机构的非线性动力学特性（如分岔和多稳态等）较之其他系统更加错综复杂、新颖和独特。

齿轮机构中的动力和运动通过轮齿共轭齿面间连续相互作用而传递，因此齿轮副的啮合传动问题是其核心问题之一。对齿轮机构动力学的研究，主要体现在以下 3 个方面。

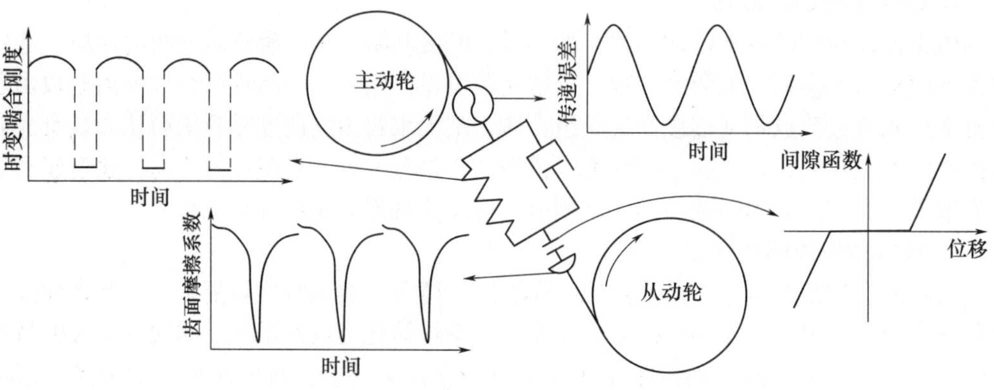

图 7-2　齿轮机构动力学的影响因素与物理模型

（1）在分析理论方面。齿轮机构动力学经历了冲击理论、振动理论两个阶段。目前主要以振动理论为基础，分析在啮合刚度、传递误差和啮合冲击作用下的动力学行为。在振动理论的框架内，齿轮机构动力学又经历了由线性振动理论向非线性振动理论的发展。在线性振动理论的范畴内，以平均啮合刚度替代时变啮合刚度，并由此计算齿轮副的自然频率、振型和响应。在分析中，不考虑时变啮合刚度引起的动力稳定性问题，且避开齿侧间隙引起的非线性，忽略多对齿轮副、齿轮副与支承轴承、支承间隙等时变刚度的相互关系和相互作用对系统动态响应的影响。齿轮机构的非线性振动理论则考虑了啮合刚度的时变性、齿侧间隙、齿轮啮合误差等非线性因素，将齿轮机构作为非线性的参数振动系统，研究其理论、方法和性质。在振动理论的框架内，将啮合轮齿模拟成时变的弹性元件，统一描述和研究轮齿啮合中刚度的时变激励、误差的周期性激励和冲击的瞬态激励。将这种弹性元件作为整个齿轮机构的组成部分，研究激励、系统、响应间的相互作用和影响，从激励和系统行为的统一性方面研究系统参数与结构的优化。

（2）在系统分析方面。齿轮机构动力学经历了由一对齿轮副组成的机构，包含齿轮、传动轴、支承轴承和箱体结构的复杂结构两个阶段。将整个齿轮机构作为分析对象，可以全面分析齿轮机构的动态性能、研究齿轮啮合过程及其他零件对啮合过程的影响，并可研究动态激励在系统中的传递特性和传递路线，还可以同时研究轮齿动态啮合力、轴承支反力，齿轮、传递轴和箱体的振动特性以及系统的振动噪声的产生、传播与辐射等。

（3）在分析方法方面。齿轮动力学研究有解析方法、数值方法和实验方法。在进行分析时，可采用时域方法和频域方法。采用这些方法，能够从多方面综合研究齿轮机构的瞬态特性、稳态特性和混沌特性。

7.2.2　齿轮机构动力学的基本问题

1. 齿轮机构的时变特性与动态激励

激励是系统的输入，是进行系统动力学分析的先决条件。齿轮机构的动态激励分为内部激励和外部激励两大类。外部激励是系统外部对系统的激励，主要是原动机的主动力矩和负载的阻力及阻力矩。外部激励的确定与一般的机械系统相同。内部激励是在齿轮副啮合过程中在系统内部产生的，是齿轮机构动力学的核心问题之一。

齿轮机构的时变啮合参量是产生内部激励的主要因素，通过时变啮合参量（时变啮合刚度、时变啮合阻尼、时变齿侧间隙、时变摩擦因数、传递误差）的计算和啮合状态（双齿齿面啮合、单齿齿面啮合、轮齿脱啮、双齿齿背接触、单齿齿背接触）的分类以及各啮合状态间的切换关系分析，实现齿轮系统时变啮合特性的表征，如图7-3所示。在齿轮机构内部激励的分析中，需要进行以下几方面的工作。

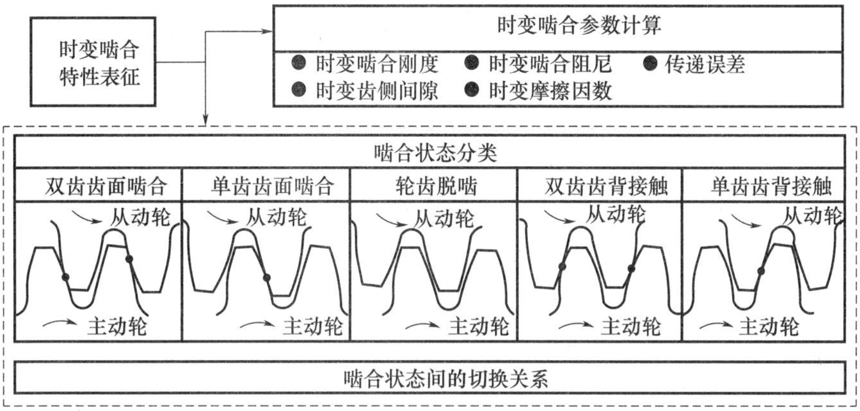

图7-3　时变啮合特性的表征

（1）时变啮合参量计算。将齿轮轮齿等效为悬臂梁，基于能量法计算时变啮合刚度；通过分析啮合阻尼与啮合刚度之间的关系，计算时变啮合阻尼；计算啮合轮齿对在啮合点的弹性变形、热变形及润滑状态下的油膜厚度变形，并考虑变位系数与重合度的影响，建立时变齿侧间隙的计算模型；基于热弹流润滑理论，计算时变摩擦因数；传递误差作为齿轮系统内部激励，用谐波函数表征。

（2）啮合状态分类。根据啮合点沿啮合齿廓的位置及同时参与啮合的轮齿对数，齿轮啮合状态可划分为单齿啮合和双齿啮合；根据轮齿接触齿廓（齿面或齿背），可划分为齿面啮合、脱啮或齿背接触。综合分析啮合点的接触轮齿对数和接触齿廓特性，实现啮合状态的细化分类。

（3）啮合状态间的切换关系。根据重合度确定单、双齿啮合齿廓边界位置；通过实时分析啮合轮齿相对位移与齿侧间隙的几何关系，确定齿面啮合、脱啮和齿背接触的边界条件；综合分析啮合点位置与齿面啮合、脱啮和齿背接触间的协同关系，实现啮合状态间切换关系或边界条件的确定。

2. 齿轮机构的分析模型

只有建立了分析模型才能有效地对系统进行动力学分析和动态设计。基于齿轮机构的时变啮合特性，建立齿轮机构的动力学模型，首先根据重合度识别单、双齿啮合区域。以时间 t 为参量，确定任意时刻的啮合区域。通过分析任意时刻轮齿的相对位移与齿侧间隙的几何关系，确定轮齿接触状态（齿面或齿背），实现5种啮合状态（单齿齿面啮合、双齿齿面啮合、脱啮、单齿齿背接触、双齿齿背接触）的表征；根据牛顿运动定律，对啮合点受力分析，分别建立5种状态下的齿轮系统动力学模型。根据单双齿切换位置及齿面、齿背和脱啮间的切换条件，构建啮合状态映射（切换）方程，通过引入啮合状态函数、啮合力函数、摩擦状态函数，建立基于时变啮合特性（时变啮合参量与多状态啮合）的齿轮机构动力学模型。

不同类型的模型应该采用不同的方法求解。齿轮机构的分析模型主要有以下几种。

（1）动载系数模型。这种模型是齿轮动力学研究的单自由度模型，主要用来确定轮齿啮合的动载系数。

（2）齿轮副扭转振动模型。这种模型以一对齿轮副为分析对象，不考虑支承的弹性和齿轮间的横向振动位移，以齿轮间的扭转角度为广义坐标，主要用来研究齿轮副的动态啮合问题。由于轮齿啮合动态激励导致齿轮副的扭转振动，因此扭转振动模型也是齿轮机构动力学模型的最基本形式。

（3）传动系统模型。这种模型以机构中的传动系统作为建模对象，模型包含了齿轮副、传动轴，还可以包含支承轴承、原动机和负载的惯性。这类模型根据所考虑的振动形式（广义自由度的性质）又分为纯扭转模型和弯、扭、轴、摆等多类自由度相互耦合的耦合模型。根据耦合性质，耦合模型又可分为啮合耦合型、转子耦合型和全耦合型等多种形式。利用传动系统模型，不仅可以分析啮合轮齿的动载荷，而且可以确定系统中所有零件的动态特性及相互作用。

（4）齿轮机构模型。这种模型同时以机构中的传动系统和结构系统作为建模对象。这种模型可以在分析中同时考虑两种系统的相互作用，全面确定齿轮机构的动态特性，尤其适用于分析齿轮机构振动噪声的产生与传递。

上述 4 类模型中，后 3 种模型是目前常用的分析模型。其中齿轮副扭转振动模型最简单，常用于传递轴和支承系统刚度较大的齿轮机构的建模，主要用于研究轮齿啮合的动态特性；齿轮机构模型最复杂，当需要全面研究系统的动态特性时采用。利用这种模型不仅可以全面了解系统中各零件的动态特性，而且还可以研究动态啮合力和啮合力由轮齿至箱体的动态传递过程以及箱体的振动特性和噪声的辐射特性。

3. 齿轮机构动力学的主要内容

（1）动载系数的计算方法。动载系数是各类齿轮强度计算标准中用于考虑轮齿啮合力因系统振动而增大的定量指标。随着齿轮机构动力学理论的发展，动载系数的计算方法也不断发展。采用更合理的振动理论基础和更简洁的计算方法以获得更可靠的计算公式，是现代设计的重要目标。

（2）振动和噪声控制。齿轮机构动力学从动态激励、系统设计、响应特性等方面全面研究齿轮机构产生振动和噪声的机理、性质、特点和影响因素。采取相应的措施降低齿轮机构的振动和噪声，是齿轮机构动力学理论的主要应用领域之一。

（3）状态监控和故障诊断。齿轮机构作为机器设备的动力和运动传递部件，其工作状态对整个机器设备的运行状态和安全生产有重要影响，齿轮机构的状态监控和故障诊断研究具有重要意义。

（4）齿轮机构动态性能。建立齿轮机构的动力学分析模型，研究机构在各种工况、各种参数、各种加工方法下的动力学性能，从而指导齿轮机构设计。

（5）载荷识别。研究齿轮机构动力学问题，通过对动态激励机理及其传递过程的研究，由系统在工作状态的动态响应，识别轮齿啮合的动态激励。

（6）动态优化设计理论与方法。把齿轮机构作为一种复杂的弹性结构系统，根据动态设计的思路，设计高性能的齿轮机构。

7.2.3 齿轮机构的动力学模型

在建立齿轮机构的动态分析模型时，应根据齿轮系统的具体情况和分析目的、要求等，建立不同类型的分析模型：①扭转模型。当齿轮机构的传动轴、轴承和箱体等的支承刚度相对较大，可不考虑其弹性时，建立扭转模型。②齿轮副动力学模型。当齿轮机构的输入、输出轴的刚度相对较小时，则可将齿轮机构与原动机和负载隔离，单独建立齿轮副动力学模型。③啮合耦合模型。当传动轴和轴承的弹性较大时，由于轮齿啮合的耦合效应（包括弹性耦合和黏性耦合），需要建立啮合耦合模型。由于传动轴的振动位移、齿轮的质量偏心等原因，产生了离心力和惯性力，从而导致动力耦合效应。因此，啮合耦合模型又可分为转子动力耦合型和全耦合型（同时含有啮合型耦合和转子动力型耦合的分析模型）。这类模型主要有弯－扭耦合、弯－扭－轴耦合、弯－扭－轴－摆耦合的动力学分析模型。④齿轮－转子－支承系统模型。当需要考虑箱体及其支承箱体的影响时，必须建立齿轮－转子－支承系统模型。

在上述模型中，齿轮－转子－支承系统模型是最一般、最复杂的模型，其他类型的模型均是这种模型的简化形式。在实际工作中，最佳选择是根据结构的具体情况和分析目的、精度要求等，确定能满足分析要求的动力学模型。下面讨论几种齿轮机构的动力学模型。

1. 扭转模型

扭转模型是仅考虑系统扭转振动的模型，在齿轮机构的动力学分析中，若不需考虑传动轴的横向和轴向弹性变形以及支承系统的弹性变形，则可将系统简化成纯扭转的动力学系统。由于不存在扭转角位移自由度与横向线位移或轴向线位移自由度间的耦合关系，因此这种模型属于非耦合型模型。

1）齿轮副的扭转振动模型

在不考虑传动轴、轴承和箱体等的弹性变形时，圆柱齿轮机构可以简化处理成为齿轮副的扭转振动系统，典型的一对齿轮副的扭转振动模型如图7－4（a）所示。

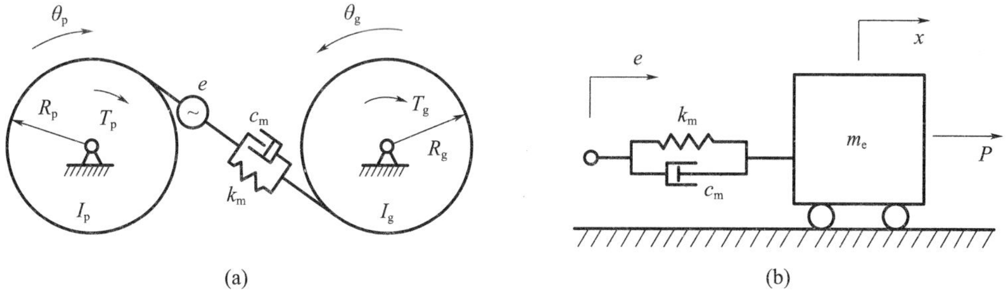

图7－4 齿轮副的扭转动模型

设齿轮副的重合度在1～2，则由图7－4（a）可得到一对齿轮副的扭转振动的运动微分方程为

$$
\begin{cases}
I_p\ddot{\theta}_p + R_p c_m (R_p\dot{\theta}_p - R_g\dot{\theta}_g) - R_p c_1 \dot{e}_1 - R_p c_2 \dot{e}_2 + R_p k_m (R_p\theta_p - R_g\theta_g) - R_p k_1 e_1 - R_p k_2 e_2 = T_p \\
I_g\ddot{\theta}_g + R_g c_m (R_g\dot{\theta}_g - R_p\dot{\theta}_p) + R_g c_1 \dot{e}_1 + R_g c_2 \dot{e}_2 + R_g k_m (R_g\theta_g - R_p\theta_p) + R_g k_1 e_1 + R_g k_2 e_2 = -T_g
\end{cases}
\tag{7-1}
$$

式中：θ_p、θ_g为主、被动齿轮的扭转振动位移；$\dot{\theta}_p$、$\dot{\theta}_g$、$\ddot{\theta}_p$、$\ddot{\theta}_g$为主、被动齿轮的扭转振动速度和加速度；I_p、I_g为主、被动齿轮的转动惯量；R_p、R_g为主、被动齿轮的基圆半径；k_1、k_2为第 1、2 对轮齿的综合刚度；c_1、c_2为第 1、2 对轮齿的阻尼系数；k_m为齿轮副的啮合综合刚度；c_m为齿轮副的啮合阻尼；e_1、e_2为第 1、2 对轮齿的误差；T_p、T_g为作用在主、被动齿轮上的外载荷力矩。

设啮合线上两齿轮的相对位移 x 为

$$x = R_p\theta_p - R_g\theta_g \tag{7-2}$$

则式（7-1）可以表示为

$$m_e\ddot{x} + c_m\dot{x} + k_m x = P \tag{7-3}$$

式中

$$m_e = \frac{I_p I_g}{(I_p R_g^2 + I_g R_p^2)},\quad P = P_0 + c_1\dot{e}_1 + c_2\dot{e}_2 + k_1 e_1 + k_2 e_2 \tag{7-4}$$

式中：$P_0 = T_p/R_p = T_g/R_g$；m_e为等效质量；P 为等效载荷。

式（7-3）的等效系统力学模型如图 7-4（b）所示，为简化分析过程，将轮齿啮合综合误差表示为 e，由各轮齿误差 e_1 和 e_2 按照轮齿的实际啮合状态组合而成。由图 7-4（b）可以看出，啮合综合误差是齿轮机构的一种位移型动态激励。由式（7-3），略去动态项（惯性力项和阻尼力项），则得到静传递误差为

$$x_s = \frac{P_0}{k_m} + \frac{k_1 e_1 + k_2 e_2}{k_m} \tag{7-5}$$

齿轮间的动态啮合力 P_d可表示为

$$P_d = c_m\dot{x} - c_1\dot{e}_1 - c_2\dot{e}_2 + k_m x - k_1 e_1 - k_2 e_2 \tag{7-6}$$

从而得到动传递误差 x（动态位移）为

$$x = \frac{P}{k_m} + \frac{k_1 e_1 + k_2 e_2}{k_m} - \frac{c_m\dot{x}}{k_m} + \frac{(c_1\dot{e}_1 + c_2\dot{e}_2)}{k_m} \tag{7-7}$$

2）齿轮-转子系统的扭转振动模型

在一对齿轮副扭转振动模型的基础上，若再考虑传动轴的扭转刚度和原动机（电动机等）和负载（执行机构）的转动惯量等，则形成了齿轮-转子系统的扭转振动问题，其典型的动力学模型如图 7-5 所示。

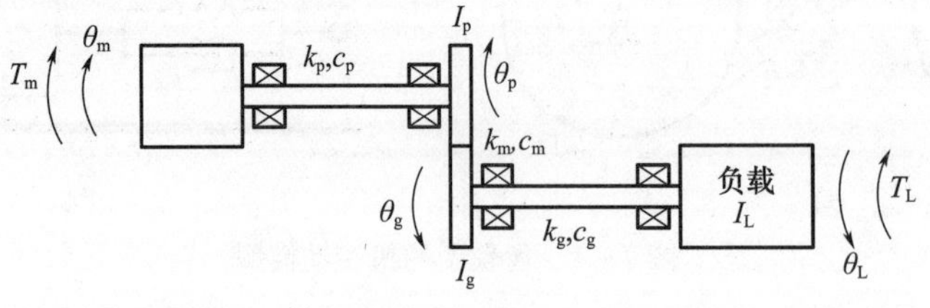

(a)

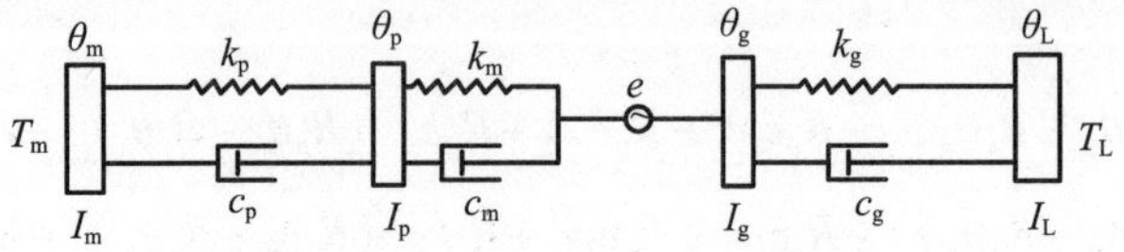

(b)

图 7-5 齿轮-转子系统扭转振动模型

对于图 7－5 所示的动力学系统，不考虑传动轴的质量，将原动机、主被动齿轮和负载分别处理成 4 个集中的转动惯量元件。因此，模型是四自由度扭转振动动力学系统，4 个自由度分别描述 4 个转动惯量元件的扭转振动位移 θ_m、θ_p、θ_g和 θ_L，从而得到系统的运动微分方程为

$$
\begin{gathered}
I_m\ddot{\theta}_m + c_p(\dot{\theta}_m - \dot{\theta}_p) + k_p(\theta_m - \theta_p) = T_m,\\
I_p\ddot{\theta}_p + c_p(\dot{\theta}_p - \dot{\theta}_m) + k_p(\theta_p - \theta_m) + R_pP_d = 0\\
I_g\ddot{\theta}_g + c_g(\dot{\theta}_g - \dot{\theta}_L) + k_g(\theta_g - \theta_L) - R_gP_d = 0, \quad I_L\ddot{\theta}_L + c_p(\dot{\theta}_L - \dot{\theta}_g) + k_g(\theta_L - \theta_g) = -T_L
\end{gathered}
\tag{7-8}
$$

式中：I_m、I_p、I_g、I_L分别为 4 个质量元件的转动惯量；c_p、c_g为主、被动连接轴的扭转阻尼；k_p、k_g为主、被动连接轴的扭转刚度；T_m、T_L为作用在原动机和负载上的扭矩；P_d为轮齿的动态啮合力。

轮齿的动态啮合力 P_d可表示为

$$
P_d = c_m(R_p\dot{\theta}_p - R_g\dot{\theta}_g - \dot{e}) + k_m(R_p\theta_p - R_g\theta_g - e) \tag{7-9}
$$

将式（7－9）代入式（7－8），经整理可得齿轮－转子系统扭转振动的运动微分方程，写成矩阵形式为

$$
\boldsymbol{m}\ddot{\boldsymbol{q}} + \boldsymbol{c}\dot{\boldsymbol{q}} + \boldsymbol{k}\boldsymbol{q} = \boldsymbol{P} \tag{7-10}
$$

式中

$$
\boldsymbol{q} = \{\theta_m\ \theta_p\ \theta_g\ \theta_L\}^T,\quad \boldsymbol{P} = \begin{Bmatrix} T_m \\ -c_mR_p\dot{e} - k_mR_pe \\ c_mR_g\dot{e} + k_mR_ge \\ -T_L \end{Bmatrix},\quad \boldsymbol{m} = \begin{bmatrix} I_m & & & \\ & I_p & & \\ & & I_g & \\ & & & I_L \end{bmatrix}
$$

$$
\boldsymbol{c} = \begin{bmatrix} c_p & -c_p & 0 & 0 \\ -c_p & c_p + R_p^2c_m & -c_mR_pR_g & 0 \\ 0 & -c_mR_pR_g & c_g + c_mR_g^2 & -c_g \\ 0 & 0 & -c_g & c_g \end{bmatrix},\quad \boldsymbol{k} = \begin{bmatrix} k_p & -k_p & 0 & 0 \\ -k_p & k_p + k_mR_p^2 & -R_pR_gk_m & 0 \\ 0 & -k_mR_pR_g & k_g + k_mR_g^2 & -k_g \\ 0 & 0 & -k_g & k_g \end{bmatrix}
\tag{7-11}
$$

式中：$\boldsymbol{q}$ 为振动位移列阵；$\boldsymbol{P}$ 为载荷列阵；$\boldsymbol{m}$、$\boldsymbol{c}$、$\boldsymbol{k}$ 分别为质量矩阵、阻尼矩阵、刚度矩阵。

2. 齿轮机构的啮合耦合模型

在齿轮机构的分析中，若需考虑齿轮副支承系统（包括传动轴、轴承和箱体等）弹性的影响，则分析中除考虑扭转振动外，还必须考虑其他的振动形式，如横向弯曲振动，轴向振动和扭摆振动等。在这种情况下，轮齿的相互啮合使得各种形式的振动相互耦合，从而形成了齿轮动力学中独特的啮合耦合振动。由于考虑了传动轴的弹性，齿轮机构在力学上可以处理成为一种具有啮合齿轮的齿轮－转子系统，由于齿轮轮体的偏心误差，会产生离心力和附加惯性，还会引起各有关振动形式间的静力耦合和动力耦合。下面仅讨论直齿圆柱齿轮副的啮合耦合振动模型。

1）不考虑齿面摩擦时的啮合耦合模型

在不考虑齿面摩擦的情况下，典型的直齿圆柱齿轮副的啮合耦合模型如图 7－6 所

示。由于不考虑传动轴等的具体振动形式，因此可将传动轴、轴承和箱体等的支承刚度和阻尼用组合等效值 k_{py}、k_{gy} 和 c_{py}、c_{gy} 来表示。

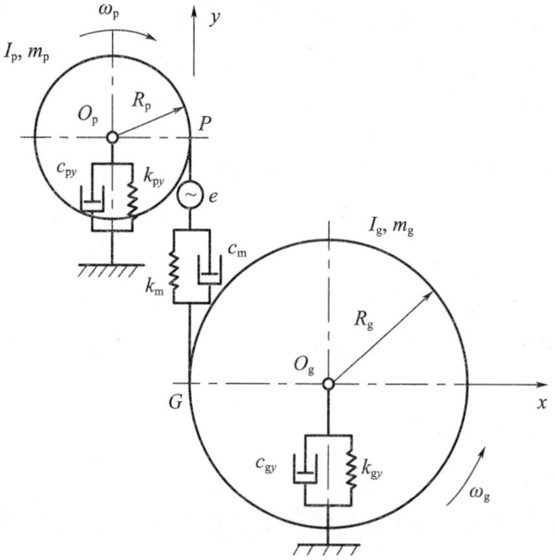

图 7－6　不考虑摩擦时的啮合耦合模型

图 7－6 所示的啮合耦合模型是一个平面振动系统模型，由于不考虑齿面摩擦，轮齿的动态啮合力沿啮合线方向作用，模型具有 4 个自由度，分别为主、被动齿轮绕旋转中心的转动自由度和沿 y 方向的平移自由度，记这 4 个自由度的振动位移分别为 θ_p、θ_g、y_p、y_g，则系统的广义位移列阵可表示为

$$\boldsymbol{q}=\{y_p\ \theta_p\ y_g\ \theta_g\}^{T} \tag{7-12}$$

若图 7－6 中 P 点和 G 点沿 y 方向的位移分别为 $\bar{y}_p$、$\bar{y}_g$，该位移与系统振动位移间的关系可表示为

$$\bar{y}_p=y_p+R_p\theta_p,\qquad \bar{y}_g=y_g-R_g\theta_g \tag{7-13}$$

式中：R_p、R_g 分别为主、被动齿轮的基圆半径。

啮合轮齿间的弹性啮合力 F_k 和黏性啮合力 F_c 可表示为

$$\begin{aligned}F_k&=k_m(\bar{y}_p-\bar{y}_g-e)=k_m(y_p+R_p\theta_p-y_g+R_g\theta_g-e)\\F_c&=c_m(\dot{\bar{y}}_p-\dot{\bar{y}}_g-\dot{e})=c_m(\dot{y}_p+R_p\dot{\theta}_p-\dot{y}_g+R_g\dot{\theta}_g-\dot{e})\end{aligned} \tag{7-14}$$

式中：k_m、c_m 分别为齿轮副啮合综合刚度和综合阻尼。

作用在主、被动齿轮上的轮齿动态啮合力 F_p 和 F_g 分别为

$$F_p=F_k+F_c,\qquad F_g=-F_p=-(F_k+F_c) \tag{7-15}$$

式（7－14）是耦合的方程，转动自由度和平移自由度分别耦合在第一式的弹性啮合力方程和第二式的黏性啮合力方程中，这种现象称为具有弹性耦合和黏性耦合。由于这种耦合是由轮齿的相互啮合引起的，使得齿轮的扭转振动与平移振动相互影响，因此又称为啮合弯－扭耦合。在一般情况下，由于阻尼力的影响较小，分析中常略去啮合耦合型振动中的黏性耦合。

根据上述分析，可得到结构的运动微分方程为

$$m_p\ddot{y}_p+c_{py}\dot{y}_p+k_{py}y_p=-F_p,\qquad I_p\ddot{\theta}_p=-F_pR_p-T_p$$

$$m_g\ddot{y}_g + c_{gy}\dot{y}_g + k_{gy}y_g = -F_g = F_p, \quad I_g\ddot{\theta}_g = -F_gR_g - T_g = F_pR_g - T_p \tag{7-16}$$

利用式（7－14）～式（7－16），得到运动微分方程为

$$m_p\ddot{y}_p + c_{py}\dot{y}_p + k_{py}y_p = -c_m(\dot{y}_p + R_p\dot{\theta}_p - \dot{y}_p + R_g\dot{\theta}_g - \dot{e}) - k_m(y_p + R_p\theta_p - y_g + R_g\theta_g - e)$$

$$I_p\ddot{\theta}_p = -[c_m(\dot{y}_p + R_p\dot{\theta}_p - \dot{y}_p + R_g\dot{\theta}_g - \dot{e}) + k_m(y_p + R_p\theta_p - y_g + R_g\theta_g - e)]R_p - T_p$$

$$m_g\ddot{y}_g + c_{gy}\dot{y}_g + k_{gy}y_g = c_m(\dot{y}_p + R_p\dot{\theta}_p - \dot{y}_p + R_g\dot{\theta}_g - \dot{e}) + k_m(y_p + R_p\theta_p - y_g + R_g\theta_g - e)$$

$$I_g\ddot{\theta}_g = [c_m(\dot{y}_p + R_p\dot{\theta}_p - \dot{y}_p + R_g\dot{\theta}_g - \dot{e}) + k_m(y_p + R_p\theta_p - y_g + R_g\theta_g - e)]R_p - T_p \tag{7-17}$$

式中：m_p、I_p为主动齿轮的质量和转动惯量；m_g、I_g为被动齿轮的质量和转动惯量；c_{py}、c_{gy}为主、被动齿轮平移振动阻尼系数；k_{py}、k_{gy}为主、被动齿轮平移振动刚度系数。

式（7－17）写成矩阵形式为

$$\boldsymbol{m}\ddot{\boldsymbol{q}} + \boldsymbol{c}\dot{\boldsymbol{q}} + \boldsymbol{k}\boldsymbol{q} = \boldsymbol{P} \tag{7-18}$$

式中

$$\boldsymbol{m} = \begin{bmatrix} m_p & & & \\ & I_p & & \\ & & m_g & \\ & & & I_g \end{bmatrix}, \quad \boldsymbol{c} = \begin{bmatrix} c_{py} + c_m & c_mR_p & -c_m & c_mR_g \\ c_mR_p & c_mR_p^2 & -c_mR_p & c_mR_gR_p \\ -c_m & -c_mR_p & c_m + c_{gy} & -c_mR_g \\ -c_mR_g & -c_mR_pR_g & c_mR_g & -c_mR_g^2 \end{bmatrix}$$

$$\boldsymbol{k} = \begin{bmatrix} k_{py} + k_m & k_mR_p & -k_m & k_mR_g \\ k_mR_p & k_mR_p^2 & -k_mR_p & k_mR_gR_p \\ -ck_m & -k_mR_p & k_m + k_{gy} & -k_mR_g \\ -k_mR_g & -k_mR_pR_g & k_mR_g & -k_mR_g^2 \end{bmatrix}, \quad \boldsymbol{P} = \begin{Bmatrix} c_m\dot{e} + k_me \\ c_m\dot{e}R_p + k_meR_p - T_p \\ -c_m\dot{e} - k_me \\ c_m\dot{e}R_g - k_meR_g - T_g \end{Bmatrix} \tag{7-19}$$

2）考虑齿面摩擦时的啮合耦合模型

在考虑齿面摩擦的影响时，必须考虑齿轮在垂直于啮合线方向的平移自由度，相应的结构动力学模型如图7－7所示。系统为六自由度的平面振动系统，其中4个平移自由度，2个转动自由度，系统的广义位移列阵可表示为

$$\boldsymbol{q} = \{x_p\ y_p\ \theta_p\ x_g\ y_g\ \theta_g\}^T \tag{7-20}$$

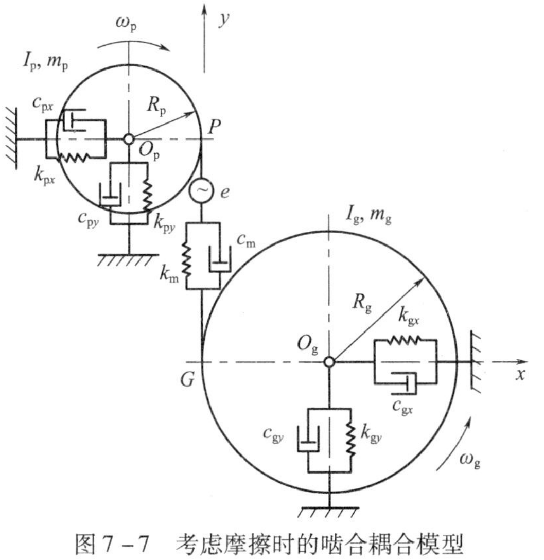

图7－7　考虑摩擦时的啮合耦合模型

与不考虑齿面摩擦时的情况类似，轮齿的动态啮合力可以表示为

$$F_{\mathrm{p}}=k_{\mathrm{m}}\left(y_{\mathrm{p}}+R_{\mathrm{p}}\theta_{\mathrm{p}}-y_{\mathrm{g}}+R_{\mathrm{g}}\theta_{\mathrm{g}}-e\right)+c_{\mathrm{m}}\left(\dot{y}_{\mathrm{p}}+R_{\mathrm{p}}\dot{\theta}_{\mathrm{p}}-\dot{y}_{\mathrm{g}}+R_{\mathrm{g}}\dot{\theta}_{\mathrm{g}}-\dot{e}\right)\tag{7-21}$$

齿面摩擦力可近似表示为

$$F_{\mathrm{f}}=\lambda fF_{\mathrm{p}}\tag{7-22}$$

式中：f 为等效摩擦因数；λ 为轮齿摩擦力方向系数，F_f 沿 x 正方向时取为 +1，反之取为 -1。

考虑摩擦时结构的运动微分方程为

$$\begin{aligned}
&m_{\mathrm{p}}\ddot{x}_{\mathrm{p}}+c_{\mathrm{p}x}\dot{x}_{\mathrm{p}}+k_{\mathrm{p}x}x_{\mathrm{p}}=F_{\mathrm{f}}\qquad m_{\mathrm{p}}\ddot{y}_{\mathrm{p}}+c_{\mathrm{p}y}\dot{y}_{\mathrm{p}}+k_{\mathrm{p}y}y_{\mathrm{p}}=-F_{\mathrm{p}}\\
&I_{\mathrm{p}}\ddot{\theta}_{\mathrm{p}}=-F_{\mathrm{p}}R_{\mathrm{p}}-T_{\mathrm{p}}+F_{\mathrm{f}}\left(R_{\mathrm{p}}\tan\beta-H\right)\qquad m_{\mathrm{g}}\ddot{x}_{\mathrm{g}}+c_{\mathrm{g}x}\dot{x}_{\mathrm{g}}+k_{\mathrm{g}x}x_{\mathrm{g}}=-F_{\mathrm{f}}\\
&m_{\mathrm{g}}\ddot{y}_{\mathrm{g}}+c_{\mathrm{g}y}\dot{y}_{\mathrm{g}}+k_{\mathrm{g}y}y_{\mathrm{g}}=F_{\mathrm{p}}\qquad I_{\mathrm{g}}\ddot{\theta}_{\mathrm{g}}=-F_{\mathrm{p}}R_{\mathrm{g}}-T_{\mathrm{g}}+F_{\mathrm{f}}\left(R_{\mathrm{g}}\tan\beta+H\right)
\end{aligned}\tag{7-23}$$

式中：β 为啮合角；H 为啮合点至节点间的距离，齿轮间的啮合关系如图 7-8 所示。

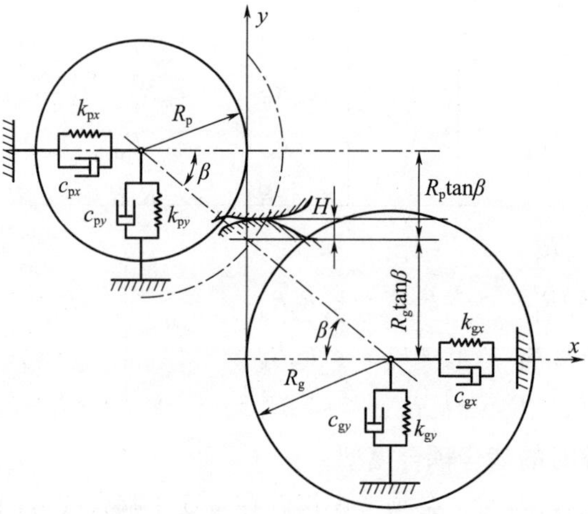

图 7-8　齿轮间的几何关系

将式（7-21）和式（7-22）代入式（7-23），得

$$\begin{aligned}
&m_{\mathrm{p}}\ddot{x}_{\mathrm{p}}+c_{\mathrm{p}x}\dot{x}_{\mathrm{p}}+k_{\mathrm{p}x}x_{\mathrm{p}}=\lambda f\left[k_{\mathrm{m}}\left(y_{\mathrm{p}}+R_{\mathrm{p}}\theta_{\mathrm{p}}-y_{\mathrm{g}}+R_{\mathrm{g}}\theta_{\mathrm{g}}-e\right)+c_{\mathrm{m}}\left(\dot{y}_{\mathrm{p}}+R_{\mathrm{p}}\dot{\theta}_{\mathrm{p}}-\dot{y}_{\mathrm{g}}+R_{\mathrm{g}}\dot{\theta}_{\mathrm{g}}-\dot{e}\right)\right]\\
&m_{\mathrm{p}}\ddot{y}_{\mathrm{p}}+c_{\mathrm{p}y}\dot{y}_{\mathrm{p}}+k_{\mathrm{p}y}y_{\mathrm{p}}=-\left[k_{\mathrm{m}}\left(y_{\mathrm{p}}+R_{\mathrm{p}}\theta_{\mathrm{p}}-y_{\mathrm{g}}+R_{\mathrm{g}}\theta_{\mathrm{g}}-e\right)+c_{\mathrm{m}}\left(\dot{y}_{\mathrm{p}}+R_{\mathrm{p}}\dot{\theta}_{\mathrm{p}}-\dot{y}_{\mathrm{g}}+R_{\mathrm{g}}\dot{\theta}_{\mathrm{g}}-\dot{e}\right)\right]\\
&I_{\mathrm{p}}\ddot{\theta}_{\mathrm{p}}=-R_{\mathrm{p}}\left[k_{\mathrm{m}}\left(y_{\mathrm{p}}+R_{\mathrm{p}}\theta_{\mathrm{p}}-y_{\mathrm{g}}+R_{\mathrm{g}}\theta_{\mathrm{g}}-e\right)+c_{\mathrm{m}}\left(\dot{y}_{\mathrm{p}}+R_{\mathrm{p}}\dot{\theta}_{\mathrm{p}}-\dot{y}_{\mathrm{g}}+R_{\mathrm{g}}\dot{\theta}_{\mathrm{g}}-\dot{e}\right)\right]+\\
&\qquad\lambda f\left(R_{\mathrm{g}}\tan\beta+H\right)\times\left[k_{\mathrm{m}}\left(y_{\mathrm{p}}+R_{\mathrm{p}}\theta_{\mathrm{p}}-y_{\mathrm{g}}+R_{\mathrm{g}}\theta_{\mathrm{g}}-e\right)+\right.\\
&\qquad\left.c_{\mathrm{m}}\left(\dot{y}_{\mathrm{p}}+R_{\mathrm{p}}\dot{\theta}_{\mathrm{p}}-\dot{y}_{\mathrm{g}}+R_{\mathrm{g}}\dot{\theta}_{\mathrm{g}}-\dot{e}\right)\right]-T_{\mathrm{p}}\\
&m_{\mathrm{g}}\ddot{x}_{\mathrm{g}}+c_{\mathrm{g}x}\dot{x}_{\mathrm{g}}+k_{\mathrm{g}x}x_{\mathrm{g}}=-\lambda f\left[k_{\mathrm{m}}\left(y_{\mathrm{p}}+R_{\mathrm{p}}\theta_{\mathrm{p}}-y_{\mathrm{g}}+R_{\mathrm{g}}\theta_{\mathrm{g}}-e\right)+c_{\mathrm{m}}\left(\dot{y}_{\mathrm{p}}+R_{\mathrm{p}}\dot{\theta}_{\mathrm{p}}-\dot{y}_{\mathrm{g}}+R_{\mathrm{g}}\dot{\theta}_{\mathrm{g}}-\dot{e}\right)\right]\\
&m_{\mathrm{g}}\dot{y}_{\mathrm{g}}+c_{\mathrm{g}y}\dot{y}_{\mathrm{g}}+k_{\mathrm{g}y}y_{\mathrm{g}}=k_{\mathrm{m}}\left(y_{\mathrm{p}}+R_{\mathrm{p}}\theta_{\mathrm{p}}-y_{\mathrm{g}}+R_{\mathrm{g}}\theta_{\mathrm{g}}-e\right)+c_{\mathrm{m}}\left(\dot{y}_{\mathrm{p}}+R_{\mathrm{p}}\dot{\theta}_{\mathrm{p}}-\dot{y}_{\mathrm{g}}+R_{\mathrm{g}}\dot{\theta}_{\mathrm{g}}-\dot{e}\right)\\
&I_{\mathrm{g}}\ddot{\theta}_{\mathrm{g}}=-R_{\mathrm{g}}\left[k_{\mathrm{m}}\left(y_{\mathrm{p}}+R_{\mathrm{p}}\theta_{\mathrm{p}}-y_{\mathrm{g}}+R_{\mathrm{g}}\theta_{\mathrm{g}}-e\right)+c_{\mathrm{m}}\left(\dot{y}_{\mathrm{p}}+R_{\mathrm{p}}\dot{\theta}_{\mathrm{p}}-\dot{y}_{\mathrm{g}}+R_{\mathrm{g}}\dot{\theta}_{\mathrm{g}}-\dot{e}\right)\right]\\
&\qquad+\lambda f\left(R_{\mathrm{g}}\tan\beta+H\right)\times\left[k_{\mathrm{m}}\left(y_{\mathrm{p}}+R_{\mathrm{p}}\theta_{\mathrm{p}}-y_{\mathrm{g}}+R_{\mathrm{g}}\theta_{\mathrm{g}}-e\right)+\right.\\
&\qquad\left.c_{\mathrm{m}}\left(\dot{y}_{\mathrm{p}}+R_{\mathrm{p}}\dot{\theta}_{\mathrm{p}}-\dot{y}_{\mathrm{g}}+R_{\mathrm{g}}\dot{\theta}_{\mathrm{g}}-\dot{e}\right)\right]-T_{\mathrm{g}}
\end{aligned}\tag{7-24}$$

式（7-24）可以写成式（7-18）所示的矩阵形式，其中的各矩阵为

$$
\boldsymbol{m}=\begin{bmatrix} m_{\mathrm{p}} & & & & & \\ & m_{\mathrm{p}} & & & & \\ & & I_{\mathrm{p}} & & & \\ & & & m_{\mathrm{g}} & & \\ & & & & m_{\mathrm{g}} & \\ & & & & & I_{\mathrm{g}} \end{bmatrix}
$$

$$
\boldsymbol{c}=\begin{bmatrix} c_{\mathrm{p}x} & -\lambda f c_{\mathrm{m}} & -\lambda f c_{\mathrm{m}} R_{\mathrm{p}} & 0 & \lambda f c_{\mathrm{m}} & -\lambda f c_{\mathrm{m}} R_{\mathrm{g}} \\ 0 & c_{\mathrm{p}y}+c_{\mathrm{m}} & c_{\mathrm{m}} R_{\mathrm{p}} & 0 & -c_{\mathrm{m}} & c_{\mathrm{m}} R_{\mathrm{g}} \\ 0 & c_{\mathrm{m}}(R_{\mathrm{p}}-\bar{R}_{\mathrm{p}}) & c_{\mathrm{m}} R_{\mathrm{p}}(R_{\mathrm{p}}-\bar{R}_{\mathrm{p}}) & 0 & -c_{\mathrm{m}}(R_{\mathrm{p}}-\bar{R}_{\mathrm{p}}) & c_{\mathrm{m}} R_{\mathrm{g}}(R_{\mathrm{p}}-\bar{R}_{\mathrm{p}}) \\ 0 & \lambda f c_{\mathrm{m}} & \lambda f c_{\mathrm{m}} R_{\mathrm{p}} & c_{\mathrm{g}x} & -\lambda f c_{\mathrm{m}} & \lambda f c_{\mathrm{m}} R_{\mathrm{g}} \\ 0 & -c_{\mathrm{m}} & -c_{\mathrm{m}} R_{\mathrm{p}} & 0 & c_{\mathrm{g}y}+c_{\mathrm{m}} & -c_{\mathrm{m}} R_{\mathrm{g}} \\ 0 & c_{\mathrm{m}}(R_{\mathrm{g}}-\bar{R}_{\mathrm{g}}) & c_{\mathrm{m}} R_{\mathrm{p}}(R_{\mathrm{g}}-\bar{R}_{\mathrm{g}}) & 0 & -c_{\mathrm{m}}(R_{g}-\bar{R}_{\mathrm{g}}) & c_{\mathrm{m}} R_{\mathrm{g}}(R_{\mathrm{p}}-\bar{R}_{\mathrm{p}}) \end{bmatrix}
$$

$$
\boldsymbol{k}=\begin{bmatrix} k_{\mathrm{p}x} & -\lambda f k_{\mathrm{m}} & -\lambda f k_{\mathrm{m}} R_{\mathrm{p}} & 0 & \lambda f k_{\mathrm{m}} & -\lambda f k_{\mathrm{m}} R_{\mathrm{g}} \\ 0 & k_{\mathrm{p}y}+k_{\mathrm{m}} & k_{\mathrm{m}} R_{\mathrm{p}} & 0 & -k_{\mathrm{m}} & k_{\mathrm{m}} R_{\mathrm{g}} \\ 0 & k_{\mathrm{m}}(R_{\mathrm{p}}-\bar{R}_{\mathrm{p}}) & k_{\mathrm{m}} R_{\mathrm{p}}(R_{\mathrm{p}}-\bar{R}_{\mathrm{p}}) & 0 & -k_{\mathrm{m}}(R_{\mathrm{p}}-\bar{R}_{\mathrm{p}}) & k_{\mathrm{m}} R_{\mathrm{g}}(R_{\mathrm{p}}-\bar{R}_{\mathrm{p}}) \\ 0 & \lambda f k_{\mathrm{m}} & \lambda f k_{\mathrm{m}} R_{\mathrm{p}} & k_{\mathrm{g}x} & -\lambda f k_{\mathrm{m}} & \lambda f k_{\mathrm{m}} R_{\mathrm{g}} \\ 0 & -k_{\mathrm{m}} & -k_{\mathrm{m}} R_{\mathrm{p}} & 0 & k_{\mathrm{g}y}+k_{\mathrm{m}} & -k_{\mathrm{m}} R_{\mathrm{g}} \\ 0 & k_{\mathrm{m}}(R_{\mathrm{g}}-\bar{R}_{\mathrm{g}}) & k_{\mathrm{m}} R_{\mathrm{p}}(R_{\mathrm{g}}-\bar{R}_{\mathrm{g}}) & 0 & -k_{\mathrm{m}}(R_{\mathrm{g}}-\bar{R}_{\mathrm{g}}) & k_{\mathrm{m}} R_{\mathrm{g}}(R_{\mathrm{p}}-\bar{R}_{\mathrm{p}}) \end{bmatrix}
$$

$$
\boldsymbol{P}=\begin{Bmatrix} -\lambda f e k_{\mathrm{m}}-\lambda f \dot{e} c_{\mathrm{m}} \\ k_{\mathrm{m}} e+c_{\mathrm{m}} \dot{e} \\ R_{\mathrm{p}} k_{\mathrm{m}} e+R_{\mathrm{p}} c_{\mathrm{m}} \dot{e}-\bar{R}_{\mathrm{p}} e k_{\mathrm{m}}-\bar{R}_{\mathrm{c}} c_{\mathrm{m}} \dot{e}-T_{\mathrm{g}} \\ \lambda f k_{\mathrm{m}} e+\lambda f c_{\mathrm{m}} \dot{e} \\ -k_{\mathrm{m}} e-c_{\mathrm{m}} \dot{e} \\ R_{\mathrm{g}} k_{\mathrm{m}} e+R_{\mathrm{g}} c_{\mathrm{m}} \dot{e}-\bar{R}_{\mathrm{g}} e k_{\mathrm{m}}-\bar{R}_{\mathrm{g}} \dot{e} c_{\mathrm{m}}-T_{\mathrm{g}} \end{Bmatrix} \tag{7-25}
$$

式中

$$
\bar{R}_{\mathrm{p}}=\lambda f(R_{\mathrm{p}}\tan\beta-H), \quad \bar{R}_{\mathrm{g}}=\lambda f(R_{\mathrm{g}}\tan\beta+H) \tag{7-26}
$$

7.3 凸轮机构的动力学模型与分析

7.3.1 凸轮机构动力学模型概述

1. 凸轮机构组成

凸轮机构是一种由凸轮、从动件或从动件系统、主体机架组成的机构。由凸轮的回转运动或往复运动推动从动件做规定往复移动或摆动的高副机构，如图 7－9 所示。凸轮机构特别适用于要求从动件做间歇运动的场合，与液压和气动的类似结构比较，凸轮机构结构紧凑，运动可靠，因此在自动机床、内燃机、印刷机和纺织机等设备中得到广泛应用。当凸轮机构作为传动机构时，可以使从动件满足高速度、高分度、高精度、匀速及大范围变速等复杂的运动规律的要求。当凸轮机构实现控制机构的功能时，可以使从动件或从动系统产生往复运动或自动循环运动。当凸轮机构用于导引机构时，可以产生复杂的轨迹或平面运动。就某些用途而言，连杆机构也能实现凸轮机构同样的功能，但凸轮机构比连杆结构易于设计和制造，因而在机械设备中常使用凸轮机构。

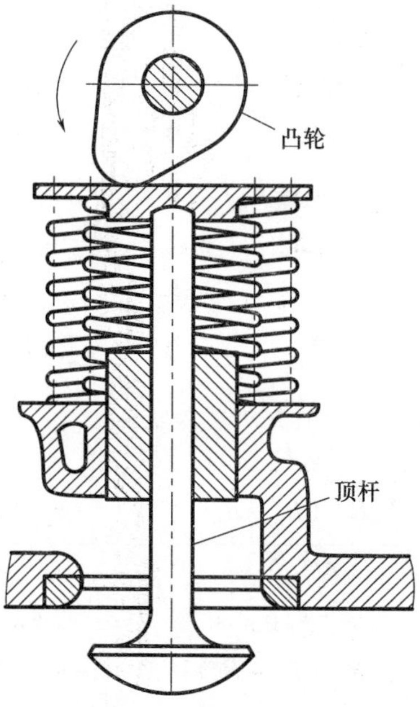

图 7－9　凸轮结构组成

凸轮是一个具有曲线轮廓或凹槽的构件，做等速回转运动或往复直线运动，把运动传递给紧靠其边缘移动的滚轮或在槽面上自由运动的从动件或从动件系统，从而实现预定运动的目的。一般情况下凸轮是主动构件，但也有从动或固定的凸轮。多数凸轮是单自由度，但也有双自由度的劈锥凸轮。

从动件或从动件系统是与凸轮轮廓接触，并传递动力和实现预定的运动规律的构件，一般做往复直线运动或摆动。凸轮机构的基本特点在于能使从动件获得较复杂的运动规律。因为从动件的运动规律取决于凸轮轮廓曲线，根据从动件的运动规律即可设计凸轮的轮廓曲线。

2. 凸轮机构分类

工程实际中所使用的凸轮机构型式多种多样，可以按凸轮形状、从动件形状、高副接触和从动件运动形式等几方面进行分类。

按凸轮形状，凸轮可分为：盘形凸轮、移动凸轮和圆柱凸轮。

按从动件形状，从动件与凸轮有点接触与线接触之分，凸轮机构的从动件可分为尖顶从动件、滚子从动件、平底从动件和曲面从动件。

按高副接触，凸轮机构可分为力封闭型凸轮机构和形封闭型凸轮机构。

按照从动件运动形式，凸轮可以分为往复运动凸轮机构和分度凸轮机构。

往复运动是工程中常用的运动形式，凸轮机构是实现往复运动的基本结构之一。这种凸轮机构的从动件的运动规律为与凸轮轴线平行的往复运动。凸轮基体绕自身轴线做回转运动，从动件通过与螺旋槽相接触的从动件滑块沿平行于凸轮轴线的导路移动，通过特殊设计凸轮螺旋廓线的参数，能够满足从动件的各种运动规律要求。合理设计过渡曲线，能有效减小从动件的能量损耗，从而改善从动件系统的运动学和动力学性能。按从动件运动规律，往复运动凸轮机构一般为螺旋廓线圆柱凸轮，如图 7－10 所示。螺旋廓线圆柱凸轮机构主要有单向匀速运动、双向匀速运动、变速运动等，可按从动件的要求设计凸轮轮廓曲线。

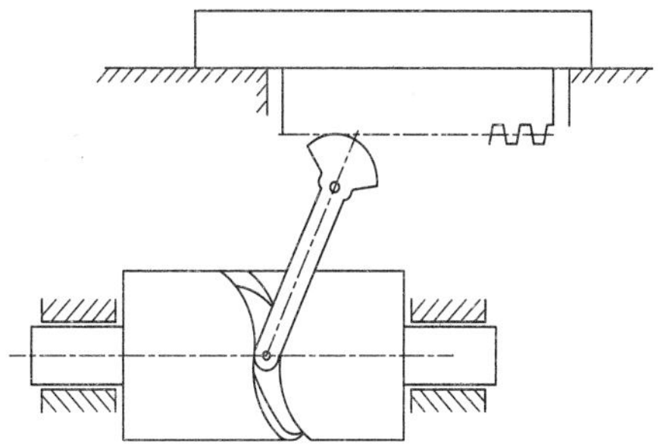

图 7－10　螺旋廓线圆柱凸轮结构形式

分度凸轮机构是最常用的间歇运动机构之一，因其具有结构简单、定位精度高、可自由选择动静比，特别适合自动化高速工况下使用等特点，被广泛应用于电子、印刷、包装等高度自动化的机械领域中，日益成为现代间歇运动机构的主要发展方向。常用的分度凸轮机构如图 7－11 所示，图 7－11（a）、（b）、（c）分别为平行分度、弧面分度和圆柱分度的凸轮机构。

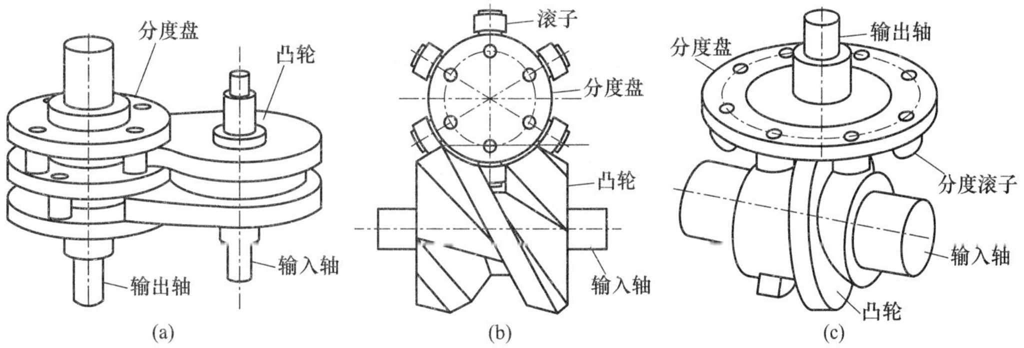

图 7－11　分度凸轮机构常用的三种结构形式

凸轮的结构形式众多，动力学问题的内容也十分广泛。下面以往复式凸轮机构为例，讨论凸轮机构的动力学问题。

7.3.2　移动从动件凸轮机构的刚柔耦合动力学模型

考虑从动件弹性的凸轮机构的分析模型与从动件的结构及设计时所选用的运动规律有关。对图 7－12（a）所示的移动从动件凸轮机构，只考虑从动件的纵向变形。从动件可以简化为单集中质量模型，用牛顿运动定律或达朗贝尔原理建立动力学方程，如图 7－12（b）所示；可以简化为两集中质量模型，用达朗贝尔原理或拉格朗日方程建立动力学方程，如图 7－12（c）所示；或采用多集中质量模型，采用传递矩阵法建立动力学方程，如图 7－12（d）所示。下面以单集中质量模型（图 7－12（b））为例说明进行动力学分析的方法。

在外力为 0，不计摩擦力的情况下，由达朗伯原理可得运动方程为

$$\ddot{y}+\frac{(k_r+k_s)}{m}y=\frac{k_r}{m}s \tag{7-27}$$

式中：y 为推杆输出运动；s 为凸轮作用于推杆底部的运动规律，可视为推杆的输入运动；m 为推杆质量；k_r，k_s分别为推杆的等效刚度系数和凸轮机构复位弹簧的刚度系数。对单集中质量模型，有

$$\omega_n^2=(k_r+k_s)/m,\quad s=s(\theta),\quad \theta=\omega t \tag{7-28}$$

式中：θ 为凸轮转角；ω 为凸轮的角速度。

式（7－27）成为

$$\ddot{y}+\omega_n^2 y=\frac{k_r}{m}s(\theta) \tag{7-29}$$

式（7－29）即为图 7－12 所示凸轮机构的动力学方程，其解就是推杆的输出运动规律，与凸轮输入的运动规律 $s(\theta)$ 有关。图 7－13（a）所示的等速运动规律可表示为

$$s(\theta)=\frac{h}{\theta_1}\theta=\frac{h}{\theta_1}\omega t$$

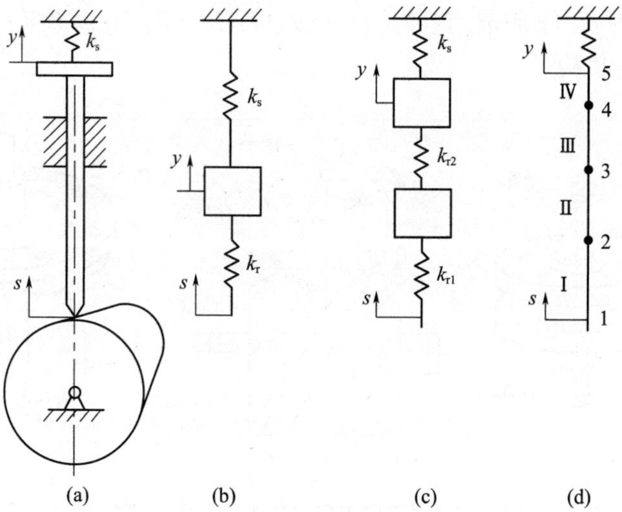

图 7－12　凸轮机构及其动力学模型

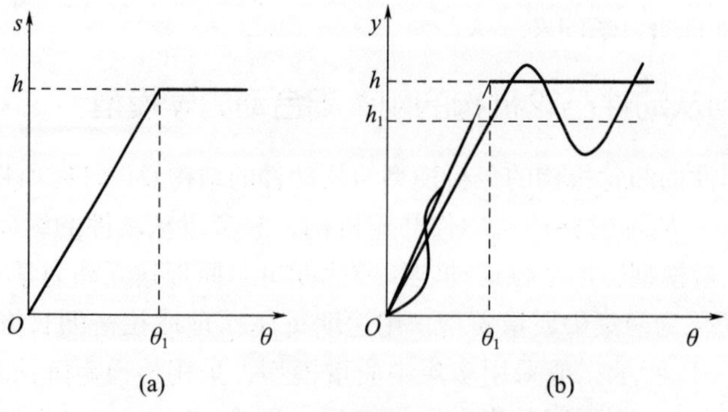

图 7－13　等速运动及推杆弹性对运动的影响

将上式代入式（7－29），可得等速运动的动力学方程。其解为

$$y = A\cos\omega_n t + B\sin\omega_n t + \frac{k_r}{\omega^2 m}\frac{h}{\theta_1}\omega t \tag{7-30}$$

式中：A、B 为常数，由初始条件确定。

设初始条件为：$t=0$ 时，$y_0=0$，$\dot{y}_0=0$，利用式（7－30）及其导数可解出

$$A=0,\qquad B=-\frac{k_r}{\omega_n^3 m}\frac{h}{\theta_1}\omega \tag{7-31}$$

将式（7－31）代入式（7－30），得

$$y=-\frac{k_r}{\omega_n^3 m}\frac{h}{\theta_1}\omega\sin\omega_n t+\frac{k_r}{\omega_n^2 m}\frac{h}{\theta_1}\omega t \tag{7-32}$$

若以凸轮转角为参考坐标，将式（7－28）的第一式代入式（7－32），得

$$y=\frac{k_r}{k_r+k_s}\left(\frac{h}{\theta_1}\theta-\frac{h}{\theta_1}\frac{\omega}{\omega_n}\sin\frac{\omega_n}{\omega}\theta\right) \tag{7-33}$$

式（7－33）表示机构在推杆上升阶段（$\theta=0\sim\theta_1$ 区间）输出运动的规律。图 7－13（b）表示推杆弹性对运动的影响，凸轮转角为 θ_1 时，推杆的升程为 h_1。在升程由 $0\sim h_1$ 的过程中，在匀速运动的基础上叠加了一个正弦规律的运动。若推杆刚度很大，凸轮转速较低，则 $\omega\ll\omega_n$，由式（7－33）可知输出运动与刚性结构很接近。

在 $\theta>\theta_1$ 的区间，推杆的理想情况是静止在最高点位置。求解输出真实运动的方法是先由式（7－27）求出 $\theta=\theta_1$ 时推杆的位移 $y(\theta_1)$ 和速度 $y(\dot{\theta}_1)$，以它们为初始条件求解这一时段的动力学方程

$$\ddot{y}+\omega_n^2 y=\frac{k_r}{m}h \tag{7-34}$$

式（7－34）的全解为

$$y=A_1\cos\omega_n t+B_1\sin\omega_n t+\frac{k_r}{\omega_n^2 m}h=A_1\cos\frac{\omega_n}{\omega}\theta+B_1\sin\frac{\omega_n}{\omega}\theta+\frac{k_r}{k_r+k_s}h \tag{7-35}$$

根据初始条件 $\theta=\theta_1$，由式（7－35）及其导数式可得

$$y(\theta_1)=\frac{k_r}{k_r+k_s}\left(h-\frac{h}{\theta_1}\frac{\omega}{\omega_n}\sin\frac{\omega_n}{\omega}\theta_1\right)$$

$$\dot{y}(\theta_1)=\frac{k_r}{k_r+k_s}\left(\frac{h}{\theta_1}\omega-\frac{h}{\theta_1}\omega\cos\frac{\omega_n}{\omega}\theta_1\right)=\frac{k_r h\omega}{(k_r+k_s)\theta_1}\left(1-\cos\frac{\omega_n}{\omega}\theta_1\right)$$

记 $\frac{k_r}{k_r+k_s}=k$，$\frac{\omega_n}{\omega}\theta=\varphi$，$\frac{\omega_n}{\omega}\theta_1=\varphi_1$，$y(\theta_1)=h_1$，$\dot{y}(\theta_1)=V_1$，由式（7－35）可解得

$$A_1=(h_1-kh)\cos\varphi_1-\frac{V_1}{\omega_n}\sin\varphi_1,\qquad B_1=(h_1-kh)\sin\varphi_1+\frac{V_1}{\omega_n}\cos\varphi_1$$

故在 $\theta>\theta_1$ 的凸轮静止区间，输出运动为

$$y=kh+(h_1-kh)\cos(\varphi-\varphi_1)+(V/\omega_n)\sin(\varphi-\varphi_1)=kh+H\sin(\varphi-\varphi_1+\alpha) \tag{7-36}$$

式中，α 和 H 分别为

$$\alpha=\arctan\frac{h_1-kh}{V_1}\omega_n,\qquad H=\sqrt{(h_1-kh)^2+\left(\frac{V_1}{\omega_n}\right)^2} \tag{7-37}$$

式（7-36）所代表的输出运动，相当于推杆在图7-13（b）的h_1位置上，叠加一个频率为ω的正弦运动，可称为推杆在上停歇区的余振。

以上分析了等速运动情况下，含弹性从动件的凸轮机构在上升阶段及上停歇区的输出运动。对于下降阶段以及其他运动规律，可用类似的方法分析。对于余弦运动的凸轮，输入端为

$$s=\frac{h}{2}\left(1-\cos\frac{\pi}{\theta_1}\theta\right) \tag{7-38}$$

式中：h为推杆升程；θ_1为达到升程时凸轮的转角。

凸轮的动力学方程为

$$\ddot{y}+\omega^2 y=\frac{h}{2}\left(1-\cos\frac{\pi}{\theta_1}\theta\right) \tag{7-39}$$

式（7-39）的全解为

$$y=A\cos\frac{\omega_n}{\omega}\theta+B\sin\frac{\omega_n}{\omega}\theta+\frac{hk_r}{2m\omega}\left[1-\frac{1}{1-[\pi\omega/(\theta_1\omega_n)]^2}\cos\frac{\pi}{\theta_1}\theta\right] \tag{7-40}$$

在初始条件$\theta=0$，$y=0$，$\dot{y}=0$时，利用式（7-40）及其导数可求得

$$A=\frac{hk_r}{2m\omega_n^2}\left[\frac{1}{1-[\pi\omega/(\theta_1\omega_n)]^2}-1\right],\qquad B=0 \tag{7-41}$$

将式（7-41）代入式（7-40），得方程的解为

$$y=\frac{hk_r}{2m\omega_n^2}\left[\frac{1}{1-[\pi\omega/(\theta_1\omega_n)]^2}-1\right]\cos\frac{\omega_n}{\omega}\theta+\frac{hk_r}{2m\omega_n}\left[1-\frac{1}{1-[\pi\omega/(\theta_1\omega_n)]^2}\cos\frac{\pi}{\theta_1}\theta\right] \tag{7-42}$$

从式（7-33）、式（7-42）表达的分析结果可以看出推杆弹性对凸轮输出运动的影响：

（1）原设计的运动幅值有变化，而且叠加了一个频率等于自然频率ω_n的谐波运动，即谐波振动。

（2）推杆振动的幅值与凸轮转速ω和自然频率ω_n的比值有关，当$\omega \ll \omega_n$时，各项影响均很小。一般当$\omega/\omega_n=10^{-2}\sim10^{-1}$时，应考虑构件弹性的影响。

7.3.3 摆动从动件凸轮机构的刚柔耦合动力学模型

在凸轮机构的分析中一般采用集中参数模型，将弹性较大的部分用无质量弹簧来模拟，惯性较大的部分用集中质量来模拟。有的杆件本身既有弹性、又有质量，则用等效弹簧替代杆件的弹性，替代前后的变形能保持不变；用等效集中质量替代杆件的质量，替代前后的动能保持不变。下面以图7-14（a）所示的内燃机配气凸轮机构为例，建立具有摆动构件的凸轮机构的动力学模型。

内燃机配气凸轮机构系统可分为两个子系统，即凸轮-推杆子系统和凸轮轴-凸轮子系统。

1. 凸轮-推杆子系统

将构件质量作如下的集中化处理：①推杆质量m_2按质心不变原则集中于A、B两端，分别为m_{A2}、m_{B2}，且有$m_{A2}+m_{B2}=m_2$。②由于转臂BC的摆角不大，近似认为

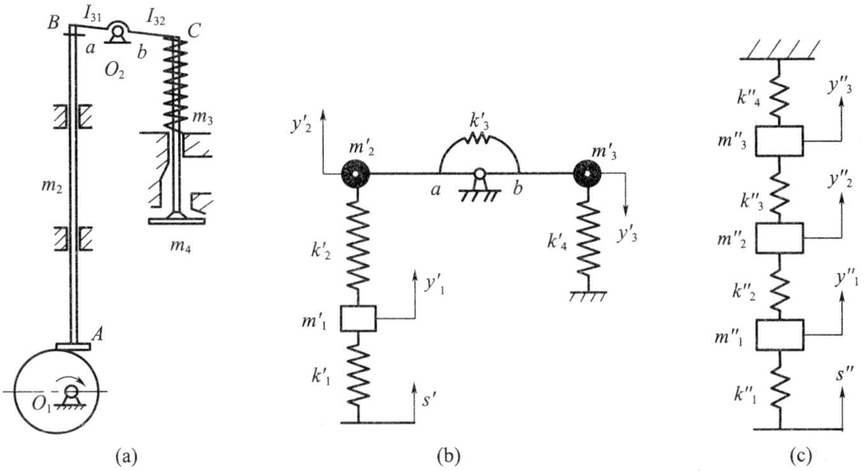

图 7－14　内燃机配气凸轮机构及其凸轮－推杆子系统动力学模型

B、C 两点做小幅直线运动。按照转动惯量不变原则，用集中于 B、C 两点的集中转动惯量代替转臂左右两部分的转动惯量，即：$m_{B3}=I_{31}/a^2$，$m_{C3}=I_{32}/b^2$。其中，I_{31}、I_{32}为转臂左右两部分对 O_2的转动惯量。③忽略阀的弹性，将其质量集中于 C 点，并记阀的质量为 m_4，弹簧的质量为 m_s，弹簧质量可取其 1/3 集中于端部，则有 $m_{C4}=m_4+m_s/3$。

这样就可得到如图 7－14（b）所示的动力学模型。图中：$m'_1=m_{A2}$，$m'_2=m_{B2}+m_{B3}$，$m'_3=m_{C2}+m_{C4}$；k'_1为凸轮与推杆接触表面的接触刚度；k'_2为推杆 AB 的拉伸刚度；k'_3为转臂 BC 的弯曲刚度；k'_4为弹簧刚度；s'为凸轮作用于推杆的理论位移。

坐标变换：以推杆为等效构件，将转臂右边的位移、质量、刚度折算到推杆上，折算时保持动能、势能不变，则可得到如图 7－14（c）所示的动力学模型。其中

$$s''=s',\quad y''_1=y'_1,\quad y''_2=y'_2,\quad y''_3=(a/b)\,y'_3,\quad k''_1=k'_1,\quad k''_2=k'_2,\quad k''_3=k'_3$$
$$k''_4=(a/b)\,k'_4,\quad m''_1=m'_1,\quad m''_2=m'_2,\quad m''_3=(a/b)\,m'_3 \tag{7-43}$$

2. 凸轮轴－凸轮子系统

凸轮轴－凸轮子系统的动力学模型如图 7－15（a）所示，其中

$$I'_1=I_1+I_{T1},\quad I'_2=I_2+I_{T2} \tag{7-44}$$

式中：I_1、I_2为驱动盘和凸轮的转动惯量；I_{T1}、I_{T2}为集中到驱动盘和凸轮轴自身的转动惯量。

坐标变换：以推杆为等效构件，将子系统的角位移、转动惯量、刚度和外力矩都折算到推杆的移动轴线上。如图 7－15（b）所示，推杆位移 s 与凸轮转角 θ_2间的关系可用微分形式表示为

$$\mathrm{d}s=\rho\mathrm{d}\theta_2 \tag{7-45}$$

式中：ρ 为凸轮转动中心 O 至相对速度瞬心 P 间的距离，是凸轮转角 θ_2的函数。

力矩 T 可用等效力 $F_e=T/\rho$ 来代替，两转角 θ_1、θ_2转化到推杆轴线上，可用等效线位移 $y_{\theta1}=\rho\theta_1$，$y_{\theta2}=\rho\theta_2=s$ 代替，两转动惯量 I_1、I_2可用两等效质量代替，即

$$m_{I1}=I_1/\rho^2,\quad m_{I2}=I_2/\rho^2 \tag{7-46}$$

因此，凸轮轴－凸轮子系统可等效为质量 m_{I1}、m_{I2}和弹性元件组成的两自由度系

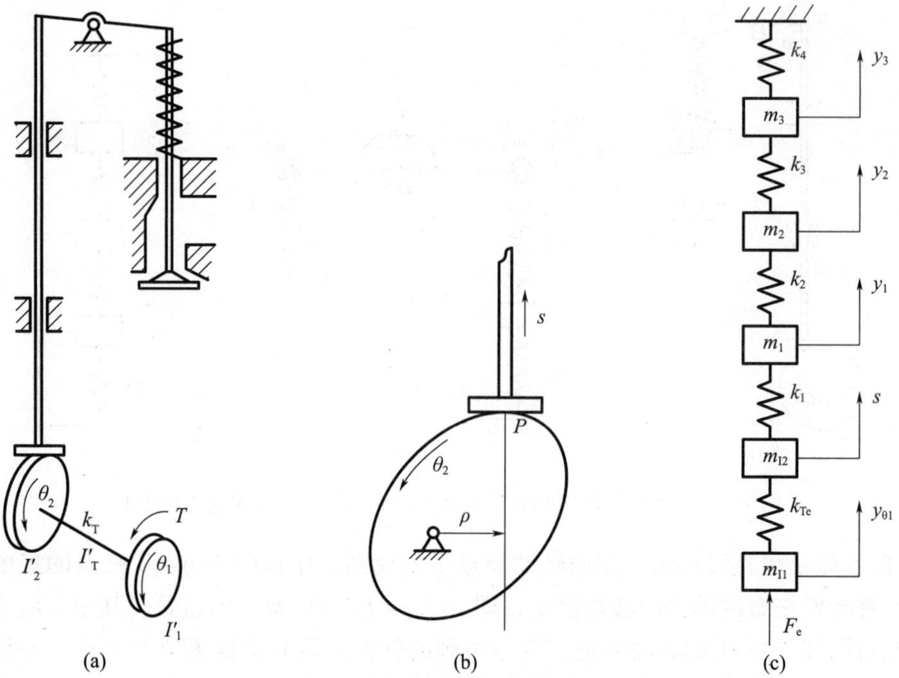

图 7－15　凸轮轴－凸轮子系统及其系统的动力学模型

统，弹性元件的等效刚度为

$$k_{Te} = k_T/\rho^2 \tag{7-47}$$

将凸轮－推杆子系统的三自由度系统和凸轮轴－凸轮子系统的两自由度系统结合起来，得到图 7－15（c）所示的五自由度的集中质量模型。

3. 运动方程

利用牛顿运动定律，建立图 7－15（c）所示的五自由度系统的运动方程，可用矩阵形式表示为

$$\boldsymbol{m}\ddot{\boldsymbol{U}} + \boldsymbol{k}\boldsymbol{U} = \boldsymbol{F} \tag{7-48}$$

式中：$\boldsymbol{U}$，$\boldsymbol{F}$ 分别为系统广义坐标列阵和系统广义力列阵，即

$$\boldsymbol{U} = \{y_{\theta 1} \quad s \quad y_1 \quad y_2 \quad y_3\}^{\mathrm{T}}, \quad \boldsymbol{F} = \{F_e \quad 0 \quad 0 \quad 0 \quad 0\}^{\mathrm{T}}$$

$$\boldsymbol{m} = \begin{bmatrix} m_{I1} & & & & \\ & m_{I2} & & & \\ & & m_1 & & \\ & & & m_2 & \\ & & & & m_3 \end{bmatrix}, \quad \boldsymbol{k} = \begin{bmatrix} k_T & -k_T & & & \\ -k_T & k_T + k_1 & -k_1 & & \\ & -k_1 & k_1 + k_2 & -k_2 & \\ & & -k_2 & k_2 + k_3 & -k_3 \\ & & & -k_3 & k_3 + k_4 \end{bmatrix} \tag{7-49}$$

从式（7－46）和式（7－47）来看，$\boldsymbol{m}$ 和 $\boldsymbol{k}$ 与各个等效质量和等效刚度有关，其元素中包含有 ρ，这是一个随转角位置变化的量。因而是一个变系数的微分方程。所以，计入凸轮轴振动时的分析难度较大。

7.4 传动系统的动力学模型与分析

在机床、水轮机等机械设备中，经常用到由齿轮机构、皮带轮、轴承等组成的传动系统。图 7 - 16（a）所示为常见的串联齿轮机构，当传动轴的长度比较大时，由于轴的弹性，在机械的启动、停车或载荷变化时会发生同一轴上零件运动的不同步或振动等现象，从而影响机械设备的正常工作。为了研究传动系统的动力学问题，对传动系统进行适当简化：①不计轴的质量，将其看成无质量的扭簧；②不考虑传动机构内部的弹性，各轴间的传动比为常数；③不考虑轴的弯曲变形和纵向变形；④认为支承是刚性的，不考虑支承的弹性变形；⑤不考虑系统的阻尼。

7.4.1 串联传动系统的等效力学模型

1. 串联传动系统模型的简化

下面以图 7 - 16（a）所示的传动系统为例说明传动系统动力学模型的建立与简化。根据上述的假定，将系统简化为图 7 - 16（b）所示的模型，图中，I_1、I_2、I_2'、I_3、I_3'、I_4为转盘的转动惯量；θ_1、θ_2、θ_2'、θ_3、θ_3'、θ_4为转盘的转角；k_1、k_2、k_3为轴的扭转刚度，可用材料力学的方法来确定。

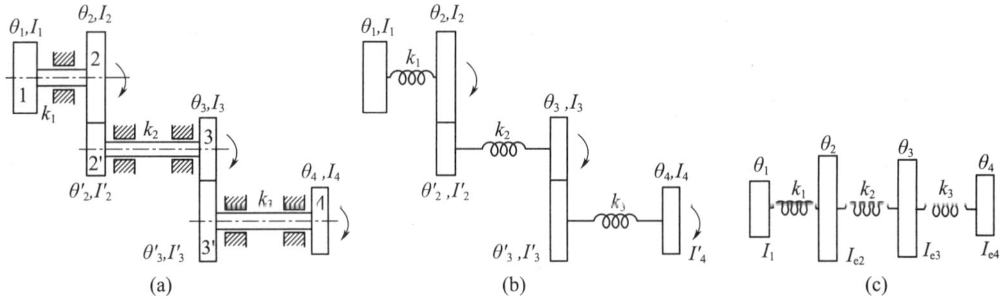

图 7 - 16　传动系统及其简化的动力学模型

根据材料力学，对于如图 7 - 17（a）所示的等截面轴，若轴的直径为 d，则轴的转动惯量为

$$I = \frac{\pi d^4}{32} \tag{7-50}$$

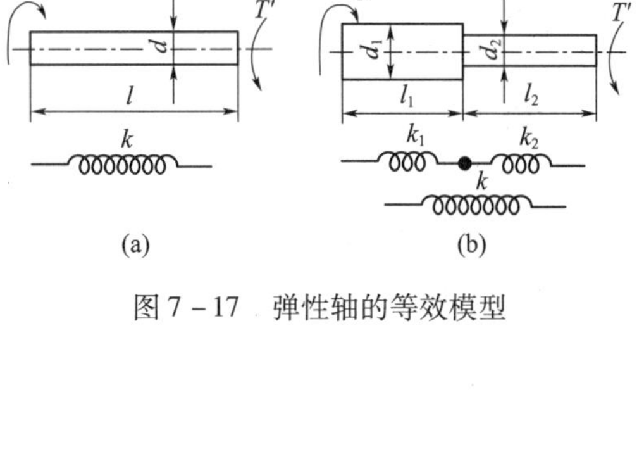

图 7 - 17　弹性轴的等效模型

对于等截面轴，轴两端的相对扭转角可表示为

$$\theta=\frac{Tl}{IG}=\frac{32Tl}{\pi Gd_4} \tag{7-51}$$

式中：T 为轴所受到的扭矩；l 为轴的长度；G 为材料的剪切模量。

等截面轴的扭转刚度为

$$k=\frac{\theta}{T}=\frac{\pi Gd^4}{32l} \tag{7-52}$$

对于如图 7－17（b）所示的变截面，利用式（7－52），两个轴段的扭转刚度为

$$k_1=\frac{\pi Gd_1^4}{32l_1},\qquad k_2=\frac{\pi Gd_2^4}{32l_2} \tag{7-53}$$

按照串联弹簧的计算公式（5－40），得到变截面轴的等效刚度为

$$k=\frac{k_1k_2}{k_1+k_2} \tag{7-54}$$

为了对图 7－16（b）所示的模型作进一步的简化，先分析系统的自由度，并选择广义坐标。由于轴的扭转变形，使得 θ_1 与 θ_2，θ_2' 与 θ_3，θ_3' 与 θ_4 不相等。在不考虑齿轮啮合弹性变形时，θ_2 和 θ_2'，θ_3 和 θ_3' 之间有确定的关系，即

$$\theta_2'=i_{2'2}\theta_2=i_{31}\theta_1,\qquad \theta_3'=i_{3'3}\theta_3=i_{43}\theta_3 \tag{7-55}$$

式中：$i_{2'2}=n_2'/n_2$，$i_{3'3}=n_3'/n_3$ 分别为轮 2 和 2′、3 和 3′的转速比；i_{31} 和 i_{43} 表示刚性机械传动系统中，轮 3 和轮 1，轮 4 和轮 3 的转速比。这种确定的转速比关系，减少了系统的自由度，即在 θ_2、θ_2' 和 θ_3、θ_3' 中，只有两个是独立的，因此系统的自由度为 4，选择 θ_1、θ_2、θ_3、θ_4 为广义坐标，用拉格朗日方程式（2－65）来建立系统的动力学方程。

系统的动能和势能分别为

$$T=\frac{1}{2}I_1\dot\theta_1^2+\frac{1}{2}(I_2+i_{2'2}^2I_2')\dot\theta_2^2+\frac{1}{2}(I_3+i_{3'3}^2I_3')\dot\theta_3^2+\frac{1}{2}I_4\dot\theta_4^2 \tag{7-56}$$

$$\begin{aligned}V&=\frac{1}{2}k_1(\theta_2-\theta_1)^2+\frac{1}{2}k_2(\theta_3-\theta_2')^2+\frac{1}{2}k_3(\theta_4-\theta_3')^2\\&=\frac{1}{2}k_1(\theta_2-\theta_1)^2+\frac{1}{2}k_2(\theta_3-i_{2'2}\theta_2)^2+\frac{1}{2}k_3(\theta_4-i_{3'3}\theta_3)^2\end{aligned} \tag{7-57}$$

将式（7－56）和式（7－57）代入式（2－65），进行相应的求导计算，整理简化后得到动力学方程为

$$\begin{gathered}I_1\ddot\theta_1+k_1\theta_1-k_2\theta_2=0,\qquad (I_2+i_{2'2}^2I_2')\ddot\theta_2-k_1\theta_1+(k_1+i_{2'2}^2k_2)\theta_2-i_{2'2}k_2\theta_3=0\\(I_3+i_{3'3}^2I_3')\ddot\theta_3-i_{2'2}k_2\theta_2+(k_2+i_{3'3}^2k_3)\theta_3-i_{3'3}k_3\theta_4=0,\qquad I_4\ddot\theta_4+i_{3'3}k_3\theta_3+k_3\theta_4=0\end{gathered} \tag{7-58}$$

式（7－58）写成矩阵形式为

$$\begin{bmatrix}I_1&&&\\&I_2+i_{2'2}^2I'_2&&\\&&I_3+i_{3'3}^2I'_2&\\&&&I_4\end{bmatrix}\begin{Bmatrix}\ddot\theta_1\\\ddot\theta_2\\\ddot\theta_3\\\ddot\theta_4\end{Bmatrix}+\begin{bmatrix}k_1&-k_1&0&0\\-k_1&k_1+i_{2'2}^2k_2&-i_{2'2}k_2&0\\0&-i_{2'2}k_2&k_2+i_{3'3}^2k_3&-i_{3'3}k_3\\0&0&-i_{3'3}k_3&k_3\end{bmatrix}\begin{Bmatrix}\theta_1\\\theta_2\\\theta_3\\\theta_4\end{Bmatrix}=\begin{Bmatrix}0\\0\\0\\0\end{Bmatrix} \tag{7-59}$$

对广义坐标进行变换，令

$$\begin{Bmatrix}\theta_1\\ \theta_2\\ \theta_3\\ \theta_4\end{Bmatrix}=\begin{bmatrix}1&0&0&0\\0&1&0&0\\0&0&i_{31}&0\\0&0&0&i_{41}\end{bmatrix}\begin{Bmatrix}\theta_1\\ \theta_2\\ \theta_{e3}\\ \theta_{e4}\end{Bmatrix}\tag{7-60}$$

式中：$i_{31}=i_{2'2}$和$i_{41}=i_{3'3}i_{2'2}=i_{43}i_{31}$分别为刚性系统中轮3和轮4对轮1的转速比。

将式（7-60）代入式（7-58），并对式（7-58）中的后两式分别乘以i_{31}和i_{41}，得

$$I_1\ddot{\theta}_1+k_1\theta_1-k_2\theta_2=0,\quad (I_2+i_{31}^2I'_2)\ddot{\theta}_2-k_1\theta_1+(k_1+i_{31}^2k_2)\theta_2-i_{31}^2k_2\theta_{e3}=0$$

$$(I_3+i_{41}^2I'_3)\ddot{\theta}_{e3}-i_{31}^2k_2\theta_2+(i_{31}^2k_2+i_{41}^2k_3)\theta_{e3}-i_{41}^2k_3\theta_{e4}=0,\quad i_{41}^2I_4\ddot{\theta}_{e4}+i_{41}^2k_3\theta_{e3}+i_{41}^2k_3\theta_{e4}=0\tag{7-61}$$

若记

$$I_{e2}=I_2+i_{31}^2I'_2,\quad I_{e3}=i_{31}^2I_3+i_{41}^2I'_3,\quad I_{e4}=i_{41}^2I_4,\quad k_{e2}=i_{31}^2k_2,\ k_{e3}=i_{41}^2k_3\tag{7-62}$$

则式（7-61）变为

$$I_1\ddot{\theta}_1+k_1\theta_1-k_2\theta_2=0,\quad I_{e2}\ddot{\theta}_2-k_1\theta_1+(k_1+k_{e2})\theta_2-k_{e2}\theta_{e3}=0$$

$$(I_{e3}\ddot{\theta}_{e3}-k_{e2}\theta_2+(k_{e2}+k_{e3})\theta_{e3}-k_{e3}\theta_{e4}=0,\quad I_{e4}\ddot{\theta}_{e4}+k_{e3}\theta_{e3}+k_{e3}\theta_{e4}=0\tag{7-63}$$

写成矩阵形式为

$$\begin{bmatrix}I_1&&&\\&I_{e2}&&\\&&I_{e3}&\\&&&I_{e4}\end{bmatrix}\begin{Bmatrix}\ddot{\theta}_1\\ \ddot{\theta}_2\\ \ddot{\theta}_{e3}\\ \ddot{\theta}_{e4}\end{Bmatrix}+\begin{bmatrix}k_1&-k_1&0&0\\-k_1&k_1+k_{e2}&-k_{e2}&0\\0&-k_{e2}&k_{e2}+k_{e3}&-k_{e3}\\0&0&-k_{e3}&k_{e3}\end{bmatrix}\begin{Bmatrix}\theta_1\\ \theta_2\\ \theta_{e3}\\ \theta_{e4}\end{Bmatrix}=\begin{Bmatrix}0\\0\\0\\0\end{Bmatrix}\tag{7-64}$$

应用式（7-60）~式（7-64）的变换，可将图7-16（b）的力学模型等效为图7-16（c）所示的单轴系统，两个系统具有相同的动能和势能。式（7-64）为等效系统无外力时的动力学方程。

如果在转盘（齿轮）上作用有外力矩T_1、T_2、T_3、T_4，可将它们按功能等效原理，转换到等效系统中去。等效力矩（广义力）的计算式为

$$Q_i=\sum_{j=1}^{4}T_j\frac{\partial\theta_j}{\partial\theta_i},\quad i=1,2,3,4\tag{7-65}$$

式中：$\partial\theta_j/\partial\theta_i$为力矩作用的转盘对广义坐标的偏导数，在此等于二者的转速比。在有外力作用的情况下，式（7-64）的右端将不为零，而是由广义力组成的列矢量$\boldsymbol{Q}$。

2. 串联传动系统模型的简化步骤

对于由N个轴组成的多级串联传动系统，如图7-18（a）所示，可用同样方法简化为单轴系统，即图7-18（b）。简化步骤如下。

（1）根据齿轮的齿数，计算各轴间的传动比，即

$$i_{\mathrm{II}-\mathrm{I}}=\frac{\omega''_2}{\omega'_2}=-\frac{z_2}{z'_2},\quad i_{\mathrm{III}-\mathrm{I}}=\frac{\omega''_3\omega''_2}{\omega'_3\omega'_2}=(-1)^2\frac{z_2z_3}{z'_2z'_3},\quad i_{(N-1)-\mathrm{I}}=(-1)^p\frac{z_{n-1}z_{n-2}\cdots z_3z_2}{z'_{n-1}z'_{n-2}\cdots z'_3z'_2}\tag{7-66}$$

式中：p 为外啮合齿轮对的数目。

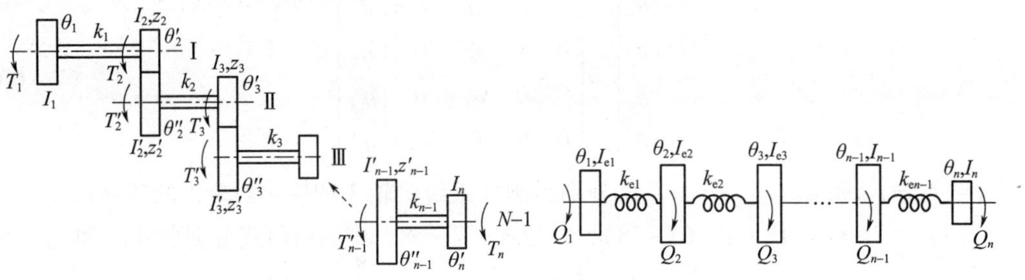

(a)　　　　(b)

图 7－18　串联齿轮传动系统等效力学模型

（2）进行坐标变换，确定广义坐标，即有

$$\theta_1=\theta_1,\quad \theta_2=\theta'_2=\frac{\theta''_2}{i_{\mathrm{II}-\mathrm{I}}},\quad \theta_3=\frac{\theta'_3}{i_{\mathrm{II}-\mathrm{I}}}=\frac{\theta''_3}{i_{\mathrm{III}-\mathrm{I}}},\ \cdots,$$

$$\theta_{n-1}=\frac{\theta'_{n-1}}{i_{(N-2)-\mathrm{I}}}=\frac{\theta''_{n-1}}{i_{(N-1)-\mathrm{I}}},\ \theta_n=\frac{\theta'_n}{i_{(N-1)-\mathrm{I}}} \tag{7-67}$$

（3）计算等效转动惯量，即有

$$I_{e1}=I_1,\quad I_{e2}=I_2+I'_2 i^2_{\mathrm{II}-\mathrm{I}},\quad I_{e3}=I_3 i^2_{\mathrm{II}-\mathrm{I}}+I'_3 i^2_{\mathrm{III}-\mathrm{I}},\ \cdots,$$

$$I_{e(n-1)}=I_{n-1} i^2_{(N-2)-\mathrm{I}}+I'_3 i^2_{(N-1)-\mathrm{I}},\quad I_{en}=I_{n-1}+I'_2 i^2_{(N-1)-\mathrm{I}} \tag{7-68}$$

（4）计算等效扭转刚度

$$k_{e1}=k_1,\quad k_{e2}=k_2 i^2_{\mathrm{II}-\mathrm{I}},\quad k_{e3}=k_3 i^2_{\mathrm{III}-\mathrm{I}},\ \cdots,\quad I_{e(n-1)}=k_{n-1} i^2_{(N-1)-\mathrm{I}} \tag{7-69}$$

（5）求广义力

$$Q_1=T_1,\quad Q_2=T_2+T'_2 i_{\mathrm{II}-\mathrm{I}},\quad Q_3=T_3 i''_{\mathrm{II}-\mathrm{I}}+T'_3 i''_{\mathrm{III}-\mathrm{I}},\ \cdots,$$

$$Q_{n-1}=T_{n-1} i_{(N-2)-\mathrm{I}}+I'_{n-1} i_{(N-1)-\mathrm{I}},\quad Q_n=T_n i_{(N-1)-\mathrm{I}} \tag{7-70}$$

上述变换后得到的等效力学模型如图 7－18（b）所示，由此便可直接用等效模型来建立动力学方程。对此类等效模型，用达朗贝尔原理更为方便。

7.4.2　串联齿轮传动系统的动力学方程

应用达朗贝尔原理，可建立图 7－18（b）所示等效模型的动力学方程。为了书写方便，在不引起歧义的情况下，将等效转动惯量、等效力矩、等效刚度等符号中的下标 e 省略。这样，对于每一个盘写出动力学方程为

$$I_1\ddot{\theta}_1=Q_1-k_1(\theta_1-\theta_2),\quad I_2\ddot{\theta}_2=Q_2+k_1(\theta_1-\theta_2)-k_2(\theta_2-\theta_3)$$

$$I_3\ddot{\theta}_3=Q_3+k_2(\theta_2-\theta_3)-k_3(\theta_3-\theta_4)$$

$$\cdots,\quad I_{n-1}\ddot{\theta}_{n-1}=Q_{n-1}+k_{n-2}(\theta_{n-2}-\theta_{n-1})-k_{n-1}(\theta_{n-1}-\theta_n),$$

$$I_n\ddot{\theta}_n=Q_n+k_{n-1}(\theta_{n-1}-\theta_n) \tag{7-71}$$

对等效系统的动力学方程求解的结果，还需要利用式（7－66）~式（7－70）转换到原系统中去。由于传统系统所受的外力通常是变化的，例如金属切削机床中的切削力等，在有弹性元件的情况下，会引起机械振动。所以式（7－71）的一个重要用途是进行传动系统的振动分析。

7.4.3 弹性动力学分析中的传递矩阵法

设有一传动系统，用上面介绍的方法得到等效力学模型如图 7－19（a）所示。取出其中第 i 个轴段和第 i 圆盘来分析。规定轴线方向向右为正，轴段两端的转角及扭矩用右手螺旋法则来表示，其正方向如图 7－19（b）所示。第 i 个圆盘两侧受力如图 7－19（c）所示，圆盘 i 的转角为 θ_i。

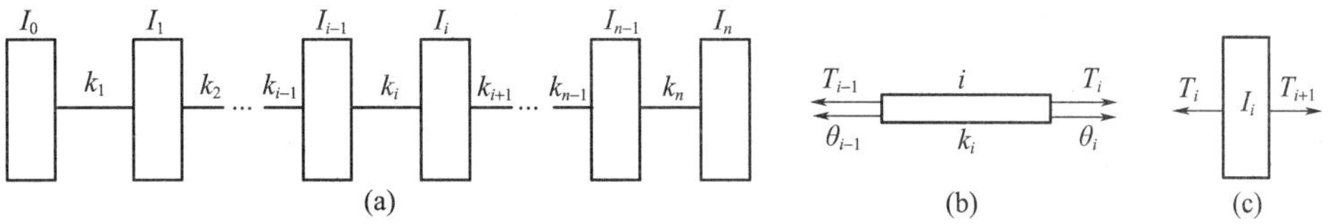

图 7－19 扭转振动等效力学模

对第 i 个圆盘，其动力学方程为

$$I_i\ddot{\theta}_i = T_{i+1} - T_i \tag{7-72}$$

设轴系以频率 ω 做谐波扭转振动，即令

$$\theta_i = A_i \sin(\omega t - \alpha) \tag{7-73}$$

将式（7－73）代入式（7－72），得

$$T_{i+1} = T_i - I_i\omega^2\theta_i \tag{7-74}$$

由式（7－74）可知，圆盘左右两边的状态矢量之间的关系为

$$\begin{Bmatrix}\theta\\T\end{Bmatrix}_{i\mathrm{R}} = \begin{bmatrix}1 & 0\\-\omega^2 I_i & 1\end{bmatrix}_i \begin{Bmatrix}\theta\\T\end{Bmatrix}_{i\mathrm{L}} \tag{7-75}$$

式中：$\{\theta \quad T\}_{i\mathrm{L}}^{\mathrm{T}}$和$\{\theta \quad T\}_{i\mathrm{R}}^{\mathrm{T}}$为第 i 个圆盘左右两边的转角和扭矩列矢量，这些矢量称为状态矢量；二阶矩阵体现了从第 i 个圆盘坐标状态到右边状态的传递关系，称为点传递矩阵。

对于图 7－19（b）所示的轴段 i，当忽略了轴的惯性后，两端的扭矩相等，两端扭矩和两端转角间的关系分别为

$$T_i = T_{i+1}, \qquad \theta_i = \theta_{i-1} + \frac{T_{i-1}}{k_i} \tag{7-76}$$

式（7－76）写成矩阵形式为

$$\begin{Bmatrix}\theta\\T\end{Bmatrix}_{i\mathrm{L}} = \begin{bmatrix}1 & 1/k\\0 & 1\end{bmatrix}_i \begin{Bmatrix}\theta\\T\end{Bmatrix}_{i-1,\mathrm{R}} \tag{7-77}$$

式中，轴段 i 右边的状态矢量与第 i 个圆盘的状态矢量是相同的，而轴段 i 左边的状态矢量与第 $i-1$ 个圆盘右边的状态矢量相同。

式（7－77）中的方矩阵体现了从第 i 个轴段的左边到右边的传递关系，称为场传递矩阵。将式（7－77）代入式（7－75），可以建立第 i 个圆盘左边的状态矢量和第 $i-1$个圆盘的右边状态矢量间的传递关系，即

$$\begin{aligned}\begin{Bmatrix}\theta\\T\end{Bmatrix}_{i\mathrm{R}} &= \begin{bmatrix}1 & 0\\-\omega^2 I_i & 1\end{bmatrix}_i \begin{Bmatrix}\theta\\T\end{Bmatrix}_{i\mathrm{L}} = \begin{bmatrix}1 & 0\\-\omega^2 I_i & 1\end{bmatrix}_i \begin{bmatrix}1 & 1/k\\0 & 1\end{bmatrix}_i \begin{Bmatrix}\theta\\T\end{Bmatrix}_{i-1,\mathrm{R}}\\ &= \begin{bmatrix}1 & 1/k\\-\omega^2 I_i & 1-\omega^2 I_i/k\end{bmatrix}_i \begin{Bmatrix}\theta\\T\end{Bmatrix}_{i-1,\mathrm{R}}\end{aligned} \tag{7-78}$$

式（7－78）中方矩阵表示了第 $i-1$ 个点的右边状态矢量和第 i 个点右边状态矢量间的关系，称为第 i 段的传递矩阵。下面介绍如何应用传递矩阵来解决传递系统扭转弹性动力学分析问题。

1. 用传递矩阵求解系统的自然频率和主振型

有了传递矩阵后，可以建立轴上从最左端到最右端点的状态矢量之间的关系。再根据两端已知的边界条件，就可以求出轴、盘扭转系统的自然频率和主振型。

在图 7－19（a）所示的系统中，从 0 点左边到第 n 点右边，状态矢量的传递关系为

$$\begin{Bmatrix}\theta\\T\end{Bmatrix}_{nR}=\begin{bmatrix}1&0\\-\omega^2I_n&1\end{bmatrix}_n\begin{bmatrix}1&0\\-\omega^2I_{n-1}&1\end{bmatrix}_{n-1}\cdots\begin{bmatrix}1&0\\-\omega^2I_1&1\end{bmatrix}_1\begin{bmatrix}1&1/k\\0&1\end{bmatrix}_{n-1}\begin{Bmatrix}\theta\\T\end{Bmatrix}_{nR}\begin{Bmatrix}\theta\\T\end{Bmatrix}_{0L}=U_n\begin{Bmatrix}\theta\\T\end{Bmatrix}_{0L} \tag{7-79}$$

式中，$\boldsymbol{U}_n$ 为从 0 点到第 n 点间（$n+1$）个传递矩阵相乘的结果，仍然是一个 4 阶矩阵，则式（7－79）可表示为

$$\begin{Bmatrix}\theta\\T\end{Bmatrix}_{nR}=\begin{bmatrix}U_{11}&U_{12}\\U_{21}&U_{22}\end{bmatrix}_n\begin{Bmatrix}\theta\\T\end{Bmatrix}_{0L} \tag{7-80}$$

式（7－80）展开后写为

$$\theta_{nR}=U_{11n}\theta_{0L}+U_{12n}T_{0L},\qquad T_{nR}=U_{21n}\theta_{0L}+U_{22n}T_{0L} \tag{7-81}$$

在图 7－19（a）所示的系统中，两端 0 和 n 处，在无外力作用时边界条件为 $T_{0L}=0$，$T_{nR}=0$，代入式（7－81）可得

$$\theta_{nR}=U_{11n}\theta_{0L},\qquad T_{nR}=U_{21n}\theta_{0L}=0 \tag{7-82}$$

式（7－82）的第二式中 $\theta_{0L}\neq0$，否则系统静止不动，故有

$$U_{21n}=0 \tag{7-83}$$

由于总的传递矩阵总是由 n 段矩阵相乘得到的，而每一段传递矩阵中都含有自振频率 ω 的平方，而 $\omega^2=\lambda$ 为系统的特征值，所以 U_{21} 为含 λ^n 的多项式，式（7－83）是系统的特征方程。求解后可得到 n 个特征值 λ_i（$i=1,2,\cdots,n$）。求出特征值后，代入式（7－82）的第一式可得 θ_{nR} 与 θ_{0L} 的比值，所有点的 θ_i 与 θ_0 的比值便构成主振型。由于每一个点 i 上都有一个从 0 传至 i 的传递矩阵 $\boldsymbol{U}_i$，使

$$\begin{Bmatrix}\theta\\T\end{Bmatrix}_{iR}=\begin{bmatrix}U_{11}&U_{12}\\U_{21}&U_{22}\end{bmatrix}_i\begin{Bmatrix}\theta\\T\end{Bmatrix}_{0L} \tag{7-84}$$

因此，将求解出的 λ_i 值代入式（7－84），便可求得对应于 λ_j 的各点对 θ_{ij} 的比值的列矢量，即以 $\sqrt{\lambda_j}=\omega_j$ 为频率振动时的主振型。

2. 用传递矩阵求解有分支的传动系统的动力学问题

图 7－20（a）为纺织机械中抽纱机的传动示意图，其中罗拉上装有纱锭，下面以其中的一部分为例讨论如何用传递矩阵分析有分支的传动系统的动力学问题。图 4－20（b）为简化的力学模型，运动由轴Ⅰ经点 A 传至轴Ⅲ，经点 B 传至轴Ⅱ。由于Ⅱ、Ⅲ轴属于细长轴，刚度低，将它们离散成 $n_{\text{Ⅱ}}+1$ 和 $n_{\text{Ⅲ}}+1$ 个集中圆盘和 $n_{\text{Ⅱ}}$、$n_{\text{Ⅲ}}$ 个无质量的弹性轴段。如果将Ⅰ轴选为主传递系统，Ⅰ至Ⅱ的传动系统属于串联系统，可以将Ⅱ轴中的弹性元件和转动惯量等效到Ⅰ轴上。对于Ⅰ轴至Ⅲ轴传动系统，可以用传递矩阵法将Ⅲ轴的动力学效应包含在Ⅰ轴 A 点作用状态矢量之间的传递矩阵中。

解决的具体方法为：设Ⅲ轴与Ⅰ轴间的速度比 $i_{\text{Ⅲ}-\text{Ⅰ}}=\omega_{\text{Ⅲ}}/\omega_{\text{Ⅰ}}$，在不计齿轮传动的弹性情况下，有

$$\theta_{A\text{Ⅰ},\text{L}}=\theta_{A\text{Ⅰ},\text{R}}=-\frac{\theta_{A\text{Ⅲ},\text{R}}}{i_{\text{Ⅲ}-\text{Ⅰ}}},\qquad T_{A\text{Ⅰ},\text{L}}=T_{A\text{Ⅰ},\text{R}}=i_{\text{Ⅲ}-\text{Ⅰ}}T_{A\text{Ⅲ},\text{R}} \tag{7-85}$$

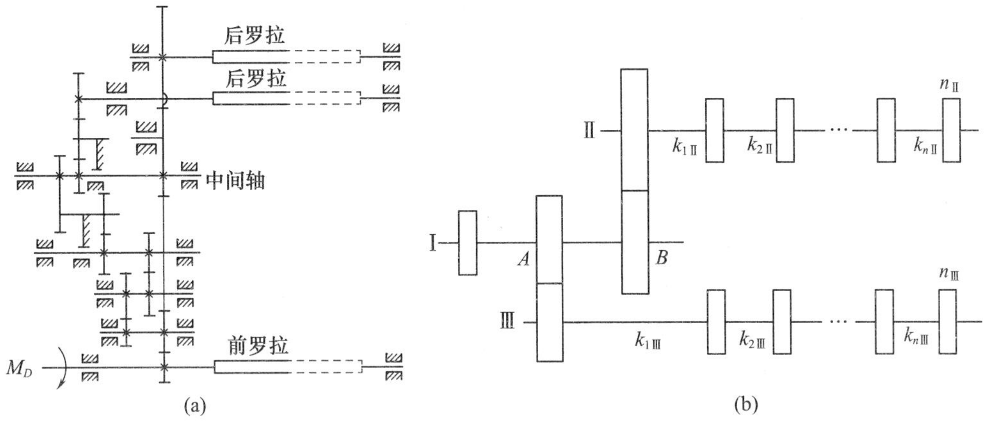

图 7-20　有分支的传动系统

式中：$A_{\text{Ⅰ}}$ 为Ⅰ轴上的 A 点；$A_{\text{Ⅲ}}$ 为Ⅲ轴上的 A 点。

根据式（7-85）可知，只要建立 $\theta_{A\text{Ⅲ}}$ 和 $T_{A\text{Ⅲ}}$ 在Ⅲ轴内的传动关系，便可将其代入，得到 $\theta_{A\text{Ⅰ}}$ 和 $T_{A\text{Ⅰ}}$ 与Ⅲ轴的关系。在Ⅲ轴中，A 点的状态矢量可通过Ⅲ轴的传递矩阵得到。当状态矢量由 $A_{\text{Ⅲ}}$ 传至 $A_{n\text{Ⅲ}}$ 时，由式（7-79）得到

$$\begin{Bmatrix}\theta\\T\end{Bmatrix}_{n\text{Ⅲ},\text{R}}=\boldsymbol{U}_{n\text{Ⅲ}}\begin{Bmatrix}\theta\\T\end{Bmatrix}_{A\text{Ⅲ},\text{R}},\qquad \begin{Bmatrix}\theta\\T\end{Bmatrix}_{A\text{Ⅲ},\text{R}}=\boldsymbol{U}_{n\text{Ⅲ}}^{-1}\begin{Bmatrix}\theta\\T\end{Bmatrix}_{n\text{Ⅲ},\text{R}}=\boldsymbol{H}\begin{Bmatrix}\theta\\T\end{Bmatrix}_{n\text{Ⅲ},\text{R}}=\begin{bmatrix}H_{11}&H_{12}\\H_{21}&H_{22}\end{bmatrix}\begin{Bmatrix}\theta\\T\end{Bmatrix}_{n\text{Ⅲ},\text{R}} \tag{7-86}$$

式中，$\boldsymbol{H}=\boldsymbol{U}_{n\text{Ⅲ}}^{-1}$。由边界条件可知，Ⅲ轴末端力矩 $T_{n\text{Ⅲ},\text{R}}=0$，故有

$$\theta_{A\text{Ⅲ},\text{R}}=H_{11}\theta_{n\text{Ⅲ},\text{R}},\qquad T_{A\text{Ⅲ},\text{R}}=H_{21}\theta_{n\text{Ⅲ},\text{R}} \tag{7-87}$$

将式（7-87）的第一式代入第二式，得

$$T_{A\text{Ⅲ},\text{R}}=\frac{H_{21}}{H_{11}}\theta_{A\text{Ⅲ},\text{R}}=\frac{H_{21}}{H_{11}}\theta_{A\text{Ⅰ},\text{R}}i_{\text{Ⅲ}-\text{Ⅰ}} \tag{7-88}$$

将式（7-88）代入式（7-85）的第二式，得到

$$T_{A\text{Ⅰ},\text{R}}=i_{\text{Ⅲ}-\text{Ⅰ}}^2\frac{H_{21}}{H_{11}}\theta_{A\text{Ⅰ},\text{R}} \tag{7-89}$$

Ⅰ轴上 A 点的左右状态矢量中，$\theta_{A\text{Ⅰ},\text{R}}=\theta_{A\text{Ⅰ},\text{L}}$，状态矢量的传递关系为

$$\begin{Bmatrix}\theta\\T\end{Bmatrix}_{A\text{Ⅰ},\text{R}}=\begin{bmatrix}1&0\\i_{\text{Ⅲ}-\text{Ⅰ}}^2H_{21}/H_{11}&1\end{bmatrix}\begin{Bmatrix}\theta\\T\end{Bmatrix}_{A\text{Ⅰ},\text{L}} \tag{7-90}$$

式（7-90）的矩阵包含了Ⅲ轴的所有参数。此处计算的 $T_{A\text{Ⅰ},\text{R}}$ 没有计入齿轮转动惯量的影响，如果需要计入，则需要在计算力矩时加上齿轮的惯性力，即

$$\begin{Bmatrix}\theta\\T\end{Bmatrix}_{A\text{Ⅰ},\text{R}}=\begin{bmatrix}1&0\\i_{\text{Ⅲ}-\text{Ⅰ}}^2H_{21}/H_{11}-\omega^2I_{A\text{Ⅰ}}&1\end{bmatrix}\begin{Bmatrix}\theta\\T\end{Bmatrix}_{A\text{Ⅰ},\text{L}} \tag{7-91}$$

式中：ω 为系统的自然频率。

经过上述变换后，就可以以Ⅰ轴为等效模型，用传递矩阵法求解各种动力学问题。

3. 用传递矩阵降低传动系统的自由度

当传动系统的自由度很多时，用前述方法求解系统的自然频率需要求解高次代数方程，计算比较复杂。在实际机械系统中，机械运转速度总在某种速度以下，因此没有必要求解所有的自然频率。在这种情况下，可以将等效模型进一步简化，只计算前几阶频率和振型。利用传递矩阵可以简化等效模型，大大降低系统的自由度。

在前面的分析中，已经建立了如图 7 - 19（a）所示的等效模型中的点传递矩阵式（7 - 75）、场传递矩阵式（7 - 77）和由（i - 1）点至 i 点状态矢量的传递关系矩阵式（7 - 78）。为了降低传动系统的自由度，把系统分成两种类型的单元，即 A 型单元和 B 型单元，分别如图 7 - 21（a）和（b）所示。

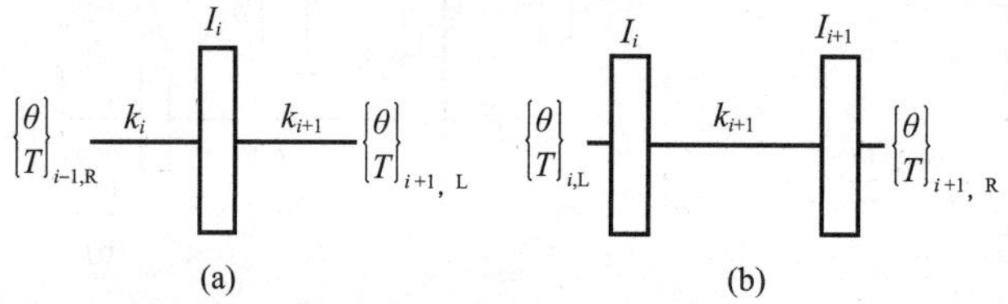

图 7 - 21　单元类型分类

对 A 型单元，两端状态矢量的关系为

$$\begin{Bmatrix}\theta\\T\end{Bmatrix}_{i+1,L}=\begin{bmatrix}1 & 1/k_{i+1}\\0 & 1\end{bmatrix}\begin{Bmatrix}\theta\\T\end{Bmatrix}_{i,R}=\begin{bmatrix}1 & 1/k_{i+1}\\0 & 1\end{bmatrix}\begin{bmatrix}1 & 1/k_i\\-\omega^2 I_i & 1-\omega^2 I_i/k_i\end{bmatrix}\begin{Bmatrix}\theta\\T\end{Bmatrix}_{i-1,R}$$

$$=\begin{bmatrix}1-\omega^2 I_i/k_{i+1} & 1/k_i+(1-\omega^2 I_i/k_i)/k_{i+1}\\-\omega^2 I_i & 1-\omega^2 I_i/k_i\end{bmatrix}\begin{Bmatrix}\theta\\T\end{Bmatrix}_{i-1,R}=\boldsymbol{A}\begin{Bmatrix}\theta\\T\end{Bmatrix}_{i-1,R}\qquad(7-92)$$

对 B 型单元，两端状态矢量的关系为

$$\begin{Bmatrix}\theta\\T\end{Bmatrix}_{i+1,R}=\begin{bmatrix}1 & 1/k_{i+1}\\-\omega^2 I_i & 1-\omega^2 I_{i+1}/k_{i+1}\end{bmatrix}\begin{bmatrix}1 & 0\\-\omega^2 I_i & 1\end{bmatrix}\begin{Bmatrix}\theta\\T\end{Bmatrix}_{i,L}$$

$$=\begin{bmatrix}1-\omega^2 I_i/k_{i+1} & 1/k_{i+1}\\-\omega^2 I_{i+1}-\omega^2 I_i(1-\omega^2 I_{i+1}/k_{i+1}) & 1-\omega^2 I_{i+1}/k_{i+1}\end{bmatrix}\begin{Bmatrix}\theta\\T\end{Bmatrix}_{i,L}=\boldsymbol{B}\begin{Bmatrix}\theta\\T\end{Bmatrix}_{i,L}$$

（7 - 93）

比较 A、B 两种单元，在式（7 - 92）和式（7 - 93）中 $\boldsymbol{A}$、$\boldsymbol{B}$ 矩阵的各对应元素相等或近似相等，则可以相互转换。在将 A 型单元转换成 B 型单元时，设转换后的 B 型单元的参数为 I'_i，I'_{i+1}，k'_{i+1}，如图 7 - 22 所示，令 $\boldsymbol{A}$、$\boldsymbol{B}$ 矩阵中的第一行第一列元素（1，1）相等，得

$$\frac{I_i}{k_{i+1}}=\frac{I'_i}{k'_{i+1}}\qquad(7-94)$$

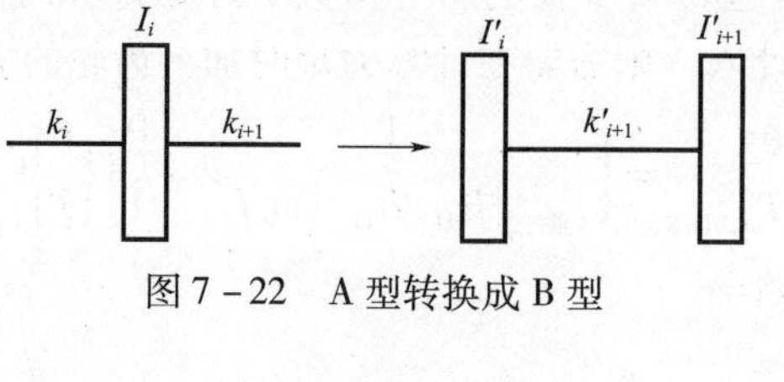

图 7 - 22　A 型转换成 B 型

令（2，2）元素相等，得

$$\frac{I_i}{k_i}=\frac{I'_{i+1}}{k'_{i+1}} \tag{7-95}$$

对于（1，2）元素，**A** 矩阵中的（1，2）元素为

$$\frac{1}{k_i}+\frac{1}{k_{i+1}}\left(1-\frac{\omega^2 I_i}{k_i}\right)=\left(\frac{1}{k_i}+\frac{1}{k_{i+1}}\right)\left(1-\frac{\omega^2 I_i}{k_i+k_{i+1}}\right)=\left(\frac{1}{k_i}+\frac{1}{k_{i+1}}\right)\left(1-\frac{\omega^2}{n_a^2}\right) \tag{7-96}$$

式中：$n_a^2=(k_i+k_{i+1})/I_i$。

如果在某一 A 型单元中，$n_a \gg \omega$（这种情况在计算低阶频率时很常见），则 **A** 中的（1，2）元素近似等于 $k_i^{-1}+k_{i+1}^{-1}$，因此在转换后的 B 型单元中有

$$\frac{1}{k'_{i+1}}=\frac{1}{k_i}+\frac{1}{k_{i+1}} \tag{7-97}$$

由式（7-94）、式（7-95）和式（7-97）可得转换后的 B 型单元的参数为

$$k'_{i+1}=\frac{k_i k_{i+1}}{k_i+k_{i+1}},\quad I'_i=\frac{I_i k_i}{k_i+k_{i+1}},\quad I'_{i+1}=\frac{I_i k_{i+1}}{k_i+k_{i+1}} \tag{7-98}$$

转换条件为

$$n_a^2=\frac{k_i+k_{i+1}}{I_i}\gg\omega^2 \tag{7-99}$$

式（7-99）是由 **A**、**B** 矩阵中（1，1），（2，2）和（1，2）三个元素分别相等或近似相等时得出的，将 A 型单元转换成 B 型单元的计算式。可以证明此时两矩阵中的（2，1）元素也近似相等，因为转换后 **B** 矩阵中的（2，1）元素为

$$\begin{aligned}\omega^2 I'_{i+1}-\omega^2 I'_i\left(1-\frac{\omega^2 I'_{i+1}}{k'_{i+1}}\right)&=-\omega^2\ (I'_{i+1}+I'_i)\ \left[1-\frac{\omega^2}{k'_{i+1}(I_i'^{-1}+I'^{-1}_{i+1})}\right]-\\ &\omega^2\ (I'_{i+1}+I'_i)\ \left[1-\frac{\omega^2}{n_b^2}\right]\\ &=-\omega^2 I_i\end{aligned} \tag{7-100}$$

式中：$n_b^2=k'_{i+1}(I_i'^{-1}+I'^{-1}_{i+1})$。

将式（7-98）代入，得

$$n_b^2=\frac{k_i k_{i+1}}{k_i+k_{i+1}}\left(\frac{k_i+k_{i+1}}{I_i k_i}+\frac{k_i+k_{i+1}}{I_i k_i}\right)=\frac{k_i+k_{i+1}}{I_i}=n_a^2 \tag{7-101}$$

前面已经讨论过，当 $n_a=n_b\gg\omega$ 时，在计算低阶自然频率时可忽略 ω^2/n_a^2，所以转换后 **A**、**B** 矩阵中各元素均近似相等。将 A 型单元转换成 B 型单元后，可以将原 A 型单元中圆盘的转动惯量分解到相邻的两个圆盘上，从而减少了一个自由度。反过来，如果将 B 型单元转换成 A 型单元，则是将两个相邻圆盘的转动惯量合成为一个，也同样减少了系统的自由度。在将 B 型单元转换成 A 型单元时，如图 7-23 所示，只需将式（7-98）中已知量和未知量调换，便可求得转换后的 A 型单元的参数 k'_i、I'_i、k'_{i+1} 为

$$I'_i=I_i+I_{i+1}\quad k'_i=\frac{I_i+I_{i+1}}{I_{i+1}}k_i\quad k'_{i+1}=\frac{I_i+I_{i+1}}{I_i}k_{i+1} \tag{7-102}$$

转换条件为

$$n_c^2=k_{i+1}\ (I_i^{-1}+I_{i-1}^{-1})\ \gg\omega^2 \tag{7-103}$$

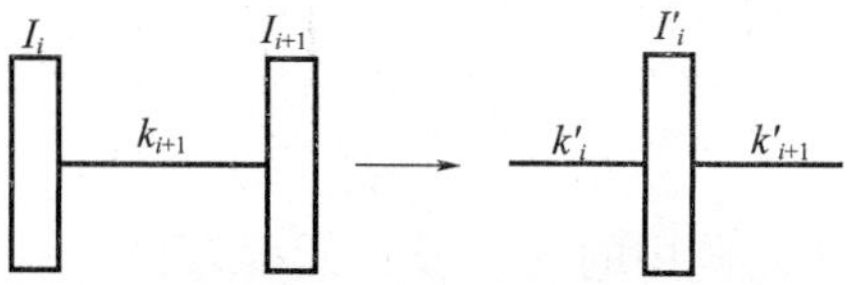

图 7－23　B 型转换成 A 型

在实际的转换过程中，为了计算方便，可用轴的柔度代替刚度进行运算。下面通过实例说明应用传递矩阵简化多自由度系统的过程。

例 7－1　一铣床传递系统的等效模型如图 7－24（a）所示，图中圆盘上面的数字表示转动惯量，单位为 kg · m^2，圆盘之间轴上的数字为等效柔度系数，等于等效刚度系数的倒数，即 k_i^{-1}。为了便于书写，图中的数值应乘以10^{-6}为真正的柔度值。试将模型进行简化，用来计算低阶自然频率。

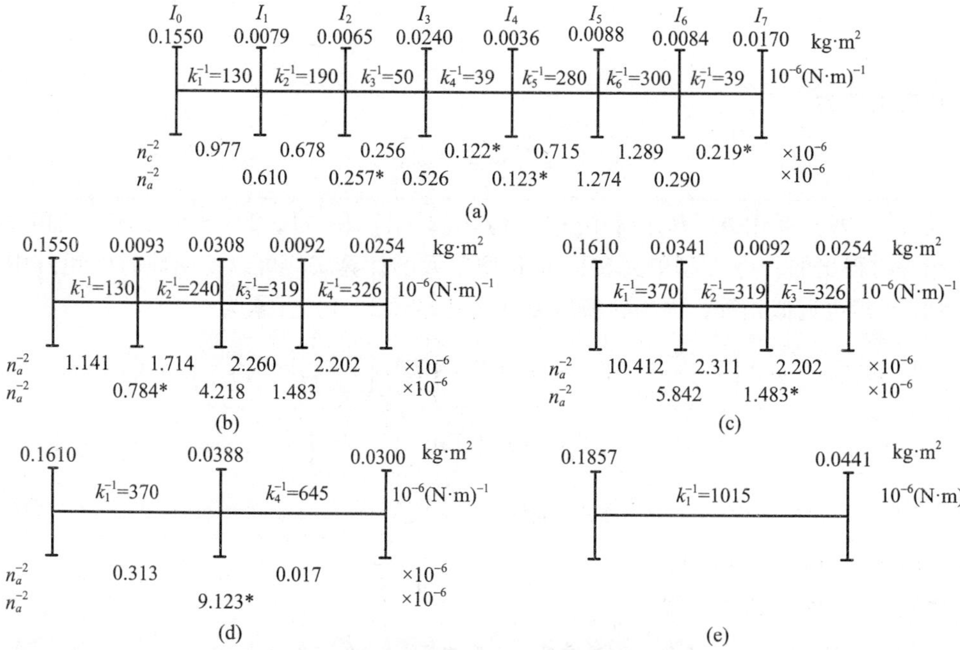

图 7－24　铣床传递系统简化过程

解　图 7－24（a）所示的系统力学模型是八自由度系统，利用第 5 章讨论的方法，可以得到系统的运动方程和频率方程，求解频率方程即可得到系统的各阶自然频率，利用图 7－24（a）中的相关数据，求解得到前 3 阶自然频率为 $\omega_1 = 30.2$，$\omega_2 = 61.4$，$\omega_3 = 133.1$。

首先将所有的 A 型单元转换成 B 型单元，由式（7－103）计算相关的 $1/n_c^2$ 值。从式（7－103）知，$1/n_c^2$ 值与轴段相对应。为了便于查看和理解，将 $1/n_c^2$ 的所得结果列于图中各轴段下。

然后利用式（7－99）计算 A 型转换为 B 型时的 $1/n_a^2$ 值。由式（7－99）知，$1/n_a^2$ 值与两端均有弹簧的盘相对应，所得结果列于图中各对应盘的下面。

利用转换的条件式（7－99）和从上述结果中选取数值最小的单元（图中数值中标有“ * ”）进行第一次转换。在第一次转换中，利用转换条件式（7－99），将 $1/n_a^2$ 值

较小的 I_2 和 I_4 进行分解，I_2 分解到 I_1 和 I_3，I_4 分解到 I_3 和 I_5；利用转换条件式（7-103），将 $1/n_c^2$ 值较小的 I_6 合并到 I_7 中。转换后各盘的转动惯量需要将原盘转动惯量和转换的转动惯量相加，转换后的系统模型如图 7-24（b）所示，相关的转动惯量和轴的柔度标在图中。第一次转换后系统成为五自由度系统，利用图 7-24（b）中的相关数据，求解得到前 3 阶自然频率为 $\omega_1=30.8$，$\omega_2=61.2$，$\omega_3=132.8$。

用上述同样的方法进行各次变换。第二次转换得到图 7-24（c）所示的四自由度模型，利用图中的相关数据，求解得到前 3 阶自然频率为 $\omega_1=30.8$，$\omega_2=61.6$，$\omega_3=135.4$。第三次转换得到图 7-24（d）所示的三自由度模型，利用图中的相关数据，求解得到前 2 阶的自然频率为 $\omega_1=30.4$，$\omega_2=59.3$。第四次转换得到图 7-24（e）所示的两自由度模型，利用图中的数据，得到第一阶的自然频率为 $\omega_1=26.5$。从上述结果可见，前 3 次简化后得到的结果与实际模型的结果接近，这说明简化后的模型可以用来计算低阶频率。

7.5 有多种弹性机构的机械系统动力学

在机械系统中，有时会遇到不同类型的弹性构件同时存在的情况。例如一个高速凸轮机构，除了从动杆的弹性需要考虑外，由于凸轮轴本身长度长、刚性低，还需要考虑轴本身的扭转变形和弯曲变形。在处理在这类问题时，需要首先建立各部分的力学模型，确定相关的等效参数，建立局部的动力学方程。利用局部相关联（耦合）的关系将动力学方程联立求解。下面以图 7-25 所示的凸轮机构为例来讨论解决此类问题的方法。

1. 考虑轴扭转的凸轮机构与坐标建立

对图 7-25（a）所示的凸轮机构，可以建立如图 7-25（b）所示的动力学模型。不考虑凸轮本身的变形，而考虑推杆的弹性，考虑凸轮轴具有扭转变形及垂直方向的弯曲变形，忽略其水平方向的弯曲变形。

设主动轴做等速运动，从动件上端的位移为 y，主动轮的转角为 θ_1，凸轮的转角为 θ_2，则作用在从动件上的力为 $F=F_0+F(y)$。

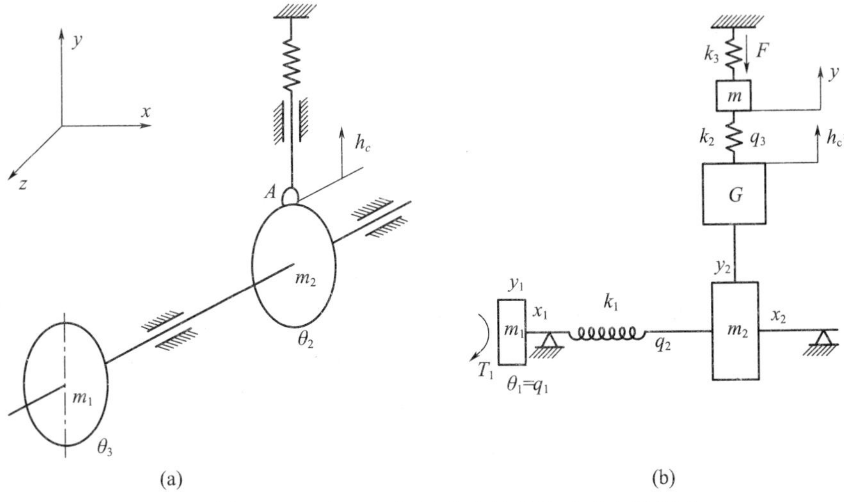

图 7-25　具有扭转轴的凸轮机构及其力学模型

轴的扭轴刚度系数为 k_1，垂直方向弯曲变形可简化为一简支梁的变形。凸轮从动件 A 点的位移可用函数 G 表示，是凸轮的转角 θ_2 的函数，推杆简化为一具有弹簧常数 k_2 的压缩弹簧。为简便起见，推杆及从动部分的质量用等效质量 m 表示，从动件上的压力弹簧的弹簧常数为 k_3。作用在主动轮上的力矩为 T_1。

图 7－25（b）所示的动力学模型为五自由度系统，以凸轮轴在轮 1 及凸轮 2 处的垂直方向变形为 y_1 和 y_2，主动轮转角 q_1，凸轮轴扭转角 q_2，推杆的变形 q_3 为广义坐标，则广义坐标具有如下关系

$$\theta_1 = q_1, \quad \theta_2 = q_1 + q_2, \quad h_c = G + y_2, \quad y = h_c + q_3 = q_3 + G + y_2 \qquad (7-104)$$

2. 系统的运动微分方程

对于轴的弯曲振动，应用位移法可得

$$y_1 = -a_{11}m_1\ddot{y}_1 + a_{12}(-m_2\ddot{y}_2 + k_2q_3), \qquad y_2 = -a_{21}m_1\ddot{y}_1 + a_{22}(-m_2\ddot{y}_2 + k_2q_3) \qquad (7-105)$$

式中：m_1 为主动轮质量；m_2 为凸轮质量；a_{ij} 为 j 点作用单位力对 i 处的影响系数。考虑到凸轮上受有垂直方向的力 k_2q_3，故在右边第二项中除了惯性力 $-m_2\ddot{y}_2$ 外还有 k_2q_3 力的作用。

方程式（7－105）整理后成为

$$a_{11}m_1\ddot{y}_1 + a_{12}m_2\ddot{y}_2 + y_1 = a_{12}k_2q_3, \quad a_{21}m_1\ddot{y}_1 + a_{22}m_2\ddot{y}_2 + y_2 = a_{22}k_2q_3 \qquad (7-106)$$

对图 7－25 所示的系统，动能包括主动轮、凸轮的转动动能和质量 m 的平动动能，可以表示为

$$T = \frac{1}{2}I_1\dot{\theta}_1^2 + \frac{1}{2}I_2\dot{\theta}_2^2 + \frac{1}{2}m\dot{y}^2 = \frac{1}{2}I_1\dot{q}_1^2 + \frac{1}{2}I_2(\dot{q}_1^2 + \dot{q}_2^2)^2 + \frac{1}{2}m(\dot{q}_3^2 + \dot{G} + \dot{y}_2)^2 \qquad (7-107)$$

式中

$$\dot{G} = \frac{dG}{dt} = \frac{dG}{d\theta_2}\frac{d\theta_2}{dt} = G'\dot{\theta}_2 = G'(\dot{q}_1 + \dot{q}_2) \qquad (7-108)$$

系统的势能包括轴的扭转势能及弹簧 k_2、k_3 的势能，忽略质量在重力场中的位能变化，可以表示为

$$V = \frac{1}{2}k_1q_2^2 + \frac{1}{2}k_2q_3^2 + \frac{1}{2}k_2y^2 \qquad (7-109)$$

系统的广义力 Q_i 为

$$Q_i = \sum_{j=1}^{3}\left(F_{jx}\frac{\partial x_j}{\partial q_i} + F_{jy}\frac{\partial y_j}{\partial q_i} + F_{jz}\frac{\partial z_j}{\partial q_i}\right), \quad i = 1,2,3 \qquad (7-110)$$

根据式（7－110），系统的广义力为

$$Q_1 = T_1\frac{\partial G}{\partial q_1} - F\frac{\partial y}{\partial q_1} - F\frac{\partial \theta_2}{\partial q_1} = T_1 - FG', \qquad Q_2 = T_1\frac{\partial \theta_1}{\partial q_2} - F\frac{\partial y}{\partial q_2} = -F\frac{dG}{d\theta_2}\frac{\partial \theta_2}{\partial q_2} = -FG'$$

$$Q_3 = T_1\frac{\partial \theta_1}{\partial q_3} - F\frac{\partial y}{\partial q_3} = -F \qquad (7-111)$$

将式（7－107）～式（7－111）代入拉格朗日方程式（2－68），整理简化，得

$$(I_1 + I_2 + mG'')\ddot{q}_1 + (I_2 + mG'')\ddot{q}_2 + mG'\ddot{q}_3 + mG'\ddot{y}_2 = -mG'G''(\dot{q}_1 + \dot{q}_2)^2 - k_2G'(q_3 + G + y_2) + T_1 - FG'$$

$$(I_2 + mG'')\ddot{q}_1 + (I_2 + mG'')\ddot{q}_2 + mG'(\ddot{q}_3 + mG'\ddot{y}_2) = -mG'G''(\dot{q}_1 + \dot{q}_2)^2 - k_1q_2 - k_2G'(q_3 + G + y_2) - FG'$$

$$mG'\ddot{q}_1 + mG'\ddot{q}_2 + m\ddot{q}_3 + m\ddot{y}_2 = -mG''(\dot{q}_1 + \dot{q}_2)^2 - k_2q_3 - k_2(q_3 + G + y_2) - F \qquad (7-112)$$

式（7－112）是耦合方程，可以通过数学运算解除方程的耦合。用式（7－112）的第一式减去第二式，第二式减去第三式乘以 G'，得

$$I_1\ddot{q}_1 = T_1 - k_1q_2, \quad I_2\ddot{q}_1 + I_2\ddot{q}_2 = -k_1q_2 + k_2G'q_3$$

$$mG'\ddot{q}_1 + mG'\ddot{q}_2 + m\ddot{q}_3 + m\ddot{y}_2 = -mG''(\dot{q}_1 + \dot{q}_2)^2 - k_2q_3 - k_2(q_3 + G + y_2) - F \qquad (7-113)$$

将式（7－113）简化、整理，得

$$\ddot{q}_1 = \frac{T_1}{I_1} + \frac{k_1}{I_1}q_2, \quad \ddot{q}_2 = -k_1\left(\frac{1}{I_1} + \frac{1}{I_2}\right)q_2 + \frac{k_2G'}{I_2}q_3 - \frac{T_1}{I_1}$$

$$\ddot{q}_3 = -G''(\dot{q}_1^2 + \dot{q}_2^2)^2 - \left(\frac{k_2 + k_3}{m} + \frac{k_2G'^2}{I_2}\right)q_3 - \frac{k_3G + F}{m} - \frac{k_3y_2}{m} + \frac{G'k_1}{I_2}q_2 - \ddot{y}_2 \qquad (7-114)$$

式（7－106）和式（7－114）中共有 5 个方程，有 5 个未知量 T_1、q_2、q_3、y_1、y_2，通过求解上述 5 个二阶非线性微分方程组，得到 4 个广义坐标及所需的外力矩 T_1。式（7－106）和式（7－114）即为运动微分方程。

3. 运动微分方程的求解

为求解方便，将式（7－106）和式（7－114）进行改写。由式（7－106）解出 $\ddot{y}_1$ 和 $\ddot{y}_2$，代入式（7－114）得到

$$\ddot{y}_1 = \frac{-a_{22}y_1 + a_{12}y_2}{m_1(a_{11}a_{22} - a_{21}a_{12})}, \quad \ddot{y}_2 = \frac{a_{11}y_1 - a_{12}y_2}{m_2(a_{11}a_{22} - a_{21}a_{12})} + \frac{k_2q_3}{m_2}$$

$$\ddot{q}_1 = \frac{T_1 + k_1q_2}{I_1}, \quad \ddot{q}_2 = -k_1\left(\frac{1}{I_1} + \frac{1}{I_2}\right)q_2 + \frac{k_2G'}{I_2}q_3 - \frac{T_1}{I_1}$$

$$\ddot{q}_3 = -G''(\dot{q}_1 + \dot{q}_2)^2 - \left(\frac{k_2 + k_3}{m} + \frac{k_2G'}{I_2} - \frac{k_2}{m_2}\right)q_3 + \frac{G'k'_1}{I_2}q_2 - \frac{k_3G' + F}{m} -$$

$$\left[\frac{k_3}{m} + \frac{a_{11}}{m_2(a_{12}a_{21} - a_{11}a_{22})}\right]y_2 + \frac{a_{21}}{m_2(a_{12}a_{21} - a_{11}a_{22})}y_1 \qquad (7-115)$$

设外力 $F = F(y, \dot{y}) = F(q_2, q_3, y_2, \dot{q}_2, \dot{q}_3, \dot{y}_2)$，令 $q_1 = \theta_1 = \omega t$ 为已知，其中 ω 为主动轮的等角速度，则 $\dot{q}_1 = \omega$，$\ddot{q}_1 = 0$，由式（7－115）的第三式，得

$$T_1 = k_1q_2 \qquad (7-116)$$

将式（7－116）代入式（7－115），得

$$\ddot{y}_1 = f_1(y_1, y_2), \quad \ddot{y}_2 = f_2(y_1, y_2, q), \quad \ddot{q}_2 = f_3(q_2, q_3),$$

$$\ddot{q}_3 = f_4(q_2, q_3, y_1, y_2, \dot{q}_1, \dot{q}_2, \dot{y}_2) \qquad (7-117)$$

式（7－117）中前两个为线性方程，后两个为非线性方程。因为 G，G'，G''为 q_1，q_2的非线性函数，同时还包含有 $\dot{q}_2^2$ 项。在已知初始条件下，可采用龙格－库塔法进行数值求解，将解出的结果代入式（7－116）即可求出所需要的力矩，然后利用式（7－115），依据已知的 T_1及 F 求解 q_1，q_2，q_3，y_1，y_2，从而得到已知力作用下结构的真实运动结果。

7.6 考虑构件弹性的机构设计

从上一节的分析可知，构件的弹性对机构的运动、动力学特性具有一定的影响。在有些情况下，特别是当机构的工作速度接近系统的自然频率时，这种影响是很大的。因

此，考虑构件弹性的机构设计是机构学中日益关注的问题。

考虑构件弹性时，为了得到理想的运动学、动力学特性，在设计时应采取的措施有：①合理设计机构的运动学参数，例如连杆机构的构件参数、凸轮机构的轮廓等；②合理选择机构的动力学参数，即系统的质量、转动惯量的大小及其分布、构件的刚度、阻尼等。例如机构惯性力的平衡问题，就是通过改变机构的质量分布来解决机构的不平衡产生的振动问题，属于刚性机构动力学设计。

下面结合高速凸轮机构、连杆机构设计，讨论机构弹性动力学设计的基本方法。

7.6.1 特定运动规律下的凸轮机构设计

在7.3节中，分析了由于从动杆弹性变形，使得从动杆和凸轮相接触的输入端运动 $s(\theta)$ 与输出端运动 $y(\theta)$ 不一致，二者之差为动态误差。比较 $s(\theta)$ 与 $y(\theta)$ 可以看出，动态误差包括两部分。

（1）与 $s(\theta)$ 同步的误差。这种误差在等速运动规律中，可由式（7－33）得出为

$$\delta_{1d}=\left(1-\frac{k_r}{k_r+k_s}\right)\frac{h}{\theta_1}\theta \tag{7-118}$$

余弦运动规律可由式（7－42）得出为

$$\delta_{1s}=\frac{h}{2}\left\{\left(1-\frac{1}{1-m\omega^2}\right)+\left[1-\frac{1}{1-[\pi\omega/(\theta_1\omega_n)]^2}\right]\cos\frac{\pi\theta}{\theta_1}\right\} \tag{7-119}$$

在一定转速下，这一部分误差可以通过对 $s(\theta)$ 的修正消除或减小。例如对等速运动规律，可将 $s(\theta)=h\theta/\theta_1$ 修改为

$$\bar{s}=\frac{k_r+k_s}{k_r}h\frac{\theta}{\theta_1} \tag{7-120}$$

即可在从动杆变形后，仍能达到升程 h。

（2）由于以自然频率 ω_n 的振动产生的误差。即式（7－33）右边第二项和式（7－42）右边第一项。如果从动杆选用多质量模型或有限元模型，见图7－12（b）、（c），这种振动是多个自然频率的振动相叠加后的结果。这部分振动虽然是由于输入端的冲击引起的自由振动，其振幅可以由于阻尼的存在而衰减，但由于凸轮的周期性运动，使冲击不断发生，从而很难完全消失。这种振动往往是有害的，例如发动机的配气机构中，这种振动会直接影响发动机的性能。在确定的运动规律下，减小这种振动的途径是合理设计系统的质量、刚度和阻尼等动力学参数。在进行动力学参数设计时，通常以动态误差最小为目标函数。设理想的输出运动为 y_{id}，则目标函数为

$$\psi=\min\left[\sum_{i=1}^{N}(y_{id}-y)_i^2\right] \tag{7-121}$$

式中：N 为运动周期内的取样点数。

设计变量为

$$\{X_1\quad X_2\quad\cdots\}=\{m_1\quad m_2\quad\cdots\quad k_{r1}\quad k_{r2}\quad\cdots\quad k_s\quad c_1\quad c_2\quad\cdots\} \tag{7-122}$$

此外，还应建立约束条件，如从动杆的总质量、刚度系统的限制值等。确定了这些条件以后，就可对动力学参数进行优化设计。由于弹性构件的动态响应与机构运行速度有关，因此，这些设计只能满足某一速度，或很小的一个速度范围的要求。不仅凸轮机

构设计如此，所有考虑构件弹性的设计均有这一特征。

7.6.2 高速凸轮运动规律设计

当从动件的运动规律可以改变时，作为动力学设计问题，可以用类似逆动力学的思路来处理凸轮的运动规律设计问题。即可以令从动杆输出运动 $y(\theta)$ 为所要求的运动，反过来求输入端的运动规律 $s(\theta)$。

对从动杆输出运动 $y(\theta)$ 求二阶导数，得

$$\ddot{y}=\frac{\mathrm{d}^2y}{\mathrm{d}\theta^2}\left(\frac{\mathrm{d}\theta}{\mathrm{d}t}\right)^2=\omega^2\frac{\mathrm{d}^2y}{\mathrm{d}\theta^2} \tag{7-123}$$

利用式（7-29）的输出运动结果代入式（7-123），得

$$\omega^2\frac{\mathrm{d}^2y}{\mathrm{d}\theta^2}+\omega^2y=\frac{k_r}{m}s(\theta) \tag{7-124}$$

从式（7-124），得

$$s(\theta)=\frac{m}{k_r}\omega^2\frac{\mathrm{d}^2y}{\mathrm{d}\theta^2}+\frac{m}{k_r}\omega^2y \tag{7-125}$$

为了减小由于 $s(\theta)$ 不连续产生的冲击，$s(\theta)$ 至少应具有连续的一阶导数。因此$y(\theta)$至少应具有连续的三阶导数 $\mathrm{d}^3y/\mathrm{d}\theta^3$。在满足高阶导数连续性的函数中，多项式是比较容易实现的。从这一点出发，可以采用一种多项式动力凸轮，即根据凸轮的动力学特性，用多项式来设计凸轮的运动规律。为了满足 $y(\theta)$ 三阶连续，且满足条件

$$\begin{cases}y=y'=y''=y'''=0, & \theta=0\\ y=h,\ y'=y''=y'''=0, & \theta=\theta_1\end{cases} \tag{7-126}$$

则应取的多项式最低阶次为4，最高阶次为7，即

$$y(\theta)=C_4\theta^4+C_5\theta^5+C_6\theta^6+C_7\theta^7 \tag{7-127}$$

将式（7-127）代入式（7-126），取无量纲形式 $\theta_1=1$，$h=1$，可解出

$$C_4=35,\quad C_5=-84,\quad C_6=70,\quad C_7=-20 \tag{7-128}$$

将式（7-128）代入式（7-127）得到7次多项式为

$$y(\theta)=35\theta^4-84\theta^5+70\theta^6-20\theta^7 \tag{7-129}$$

在保证最低阶次的前提下，可以用提高最高阶次的方法来改善运动特性。例如，可以把多项式的最高阶次提高到9，即

$$y(\theta)=C_4\theta^4+C_5\theta^5+C_6\theta^6+C_7\theta^7+C_8\theta^8+C_9\theta^9 \tag{7-130}$$

此外，可以在 $\theta=0\sim1$ 之间选取一些限制条件，诸如限制最低速度等，来调整多项式运动规律。目前应用的多项式，最高阶次已达50。

7.6.3 高速平面连杆机构设计

在高速机械设计中，例如空间科学用的探测装置、航空航天设施等，不仅要求能在高速下满足工作性能的需要，还要求质量轻。这往往导致构件刚度下降，从而产生过大的变形和动应力。因此，在进行高速连杆机构设计时，通常以构件的截面形状与尺寸为设计变量，用优化设计的方法，在满足一定的条件下，取得最优解。这些条件可以是：①由于弹性变形产生的运动误差在预先设定的范围内；②机构的质量达到最小；③构件

中的动应力不超过允许值；④各种条件的组合。

考虑构件弹性的动力学设计过程如图7－26所示。在优化设计中，目标函数可定为所有构件质量之和最小，即

$$\psi = \min\left[\sum_{i=1}^{N} m_i\right] \tag{7-131}$$

也可以将多种指标组合成多目标函数，即

$$\psi = \min\left[C_1\sum_{i=1}^{N} m_i + C_2\sum_{j=1}^{Q}\delta_j + C_3\sum_{k=1}^{F}\sigma_k\right] \tag{7-132}$$

式中：m_i为每个构件的质量；δ_j为由于构件弹性产生的运动误差；σ_k为各构件的动应力。

设计的约束条件要根据机构工作的特定要求来确定。例如对图7－27所示的实现预定轨迹的四杆机构，需选择P点在x、y方向的最大偏移不超过限定值，即

$$|\delta_{Px}(D, t)|_{\max} \leqslant [\delta_{Px}], \quad |\delta_{Py}(D, t)|_{\max} \leqslant [\delta_{Py}] \tag{7-133}$$

有关应力的约束条件，应分别考虑各构件的最大正应力给出，即

$$|\sigma_K(D, t)|_{\max} \leqslant [\sigma]_K, \quad K=1, 2, \cdots, N \tag{7-134}$$

式中：D为设计变量；N为构件数。

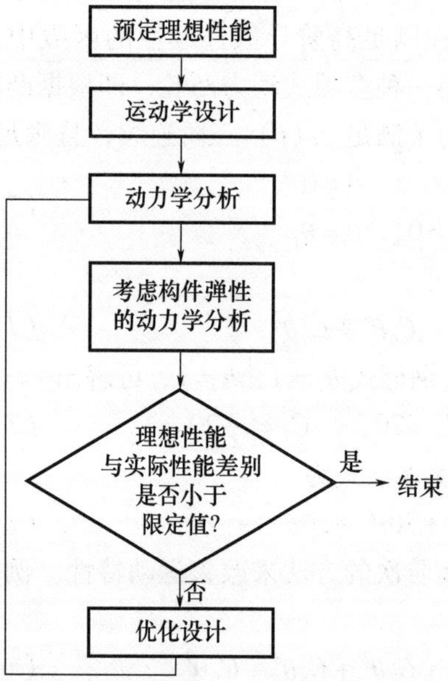

图7－26　机构动力学参数设计过程

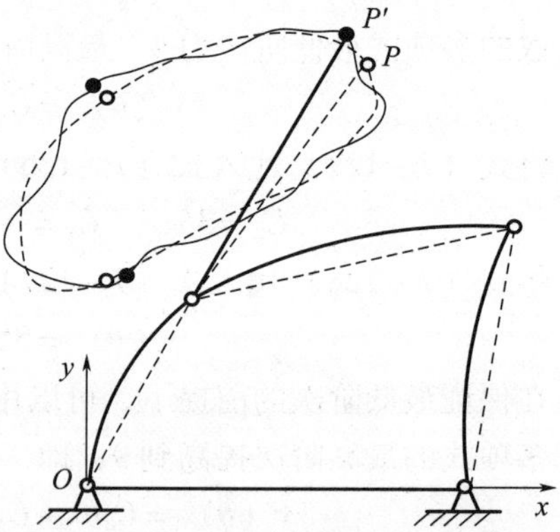

图7－27　实现预定轨迹的四杆机构

例7－2　对图7－28所示弹性四杆机构，设计要求：在P点运动轨迹在任何方向与刚性机构的误差不大于0.5cm的条件下，构件质量之和最小。在设计中选择所有构件为铝质等截面均质杆，材料弹性模量$E=1\times10^9\text{N/m}^2$，密度$\rho=2.77\times10^3\text{kg/m}^3$，机构中曲柄的转速为300r/min。按刚性构件进行运动学设计后，各构件的长度为：$a_1=30.5\text{cm}$，$a_2=54.8\text{cm}$，$a_3=91.4\text{cm}$，$a_4=76.2\text{cm}$，$a_0=91.4\text{cm}$。若要求考虑杆件弹性进行动力学优化设计，试给出机构运动弹性动力学方程设计过程。

解　(1) 建立优化设计的数学模型。根据给出的要求，目标函数为

$$\psi = \min\left[\sum_{i=1}^{N} m_i\right] = \min\left[\sum_{i=1}^{N} \rho A_i a_i\right]$$

式中：A_i为构件的截面面积。

根据设计要求，约束条件为

$$\max\delta_{P_x} \leqslant 0.5, \quad \max\delta_{P_y} \leqslant 0.5$$

设计变量为四杆的截面面积：A_1、A_2、A_3、A_4。

（2）建立有限元中单元动力学方程和系统动力学方程。

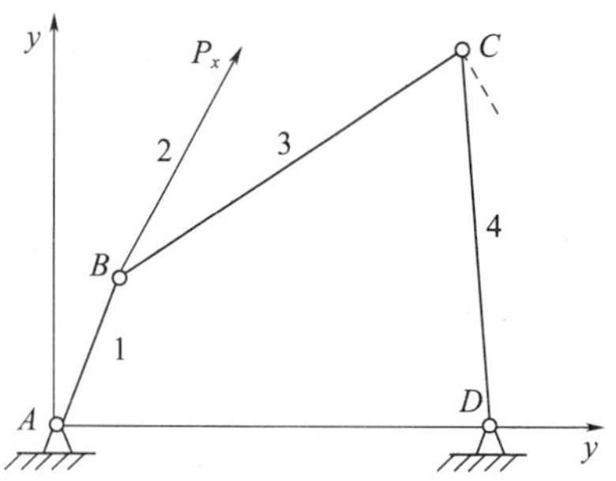

图 7-28　弹性四杆机构设计示例

（3）用优化设计方法进行变量的搜索和迭代，此处采用直接搜索和罚函数进行迭代，优化过程如图 7-26 所示。设计结果为：$A_1 = 13.03$、$A_2 = 9.29$、$A_3 = 18.87$、$A_4 = 1.72$，单位为 cm^2。总质量为$\Sigma m_i = 7.39$kg，最大变形为 0.5cm。

在上例进行的设计中，是以限制构件 2 上 P 点的最大变形为约束条件进行优化的。在这种情况下，各构件承受的最大应力并未达到允许的最大值。因此，如果各构件承受的应力进一步提高，机构的总质量还可以进一步减小。当以构件承受的最大动应力为约束条件进行优化，设：

$$(\sigma_i)_{\max} \leqslant 1.33 \times 10^7 \mathrm{kg/m^3}, \quad i = 1, 2, 3, 4$$

则所得结果为 $\Sigma m_i = 1.5$kg，此时 P 点的最大位置偏移误差增加至 5.5cm。

通常将使杆件承受应力最大以达到机构质量最小的设计称为满应力设计。这种设计的优点是可以充分利用材料以使机构最轻。为了克服在满应力时，构件变形承受的运动误差过大的问题，可以在满应力设计后，再对机构的运动学参数进行调整，以减小误差。下面介绍两种调整运动尺寸的方法。

1. 矢量延伸旋转法

矢量延伸旋转的基本原理如图 7-29 所示。设某一杆件由初始位置 OP_0逆时针转动，要运动到 OP_j的位置。但由于杆件的弹性变形（包括伸长和弯曲）或者由于从动件运动规律受外力影响产生的变化，使杆件处于 OP'_j。杆件的预期位置可用矢量 $\boldsymbol{A}_j$表示为

$$A_j = a_j e^{i\theta_j} \tag{7-135}$$

式中：a_j为杆件原始长度；θ_j为杆件原始角度。杆件实际所处的位置用矢量 $\boldsymbol{A}'_j$表示为

$$\boldsymbol{A}'_j = a_j e^{i(\theta_j + \Delta\theta_j + \Delta L_j)} \tag{7-136}$$

式中：Δa_j，$\Delta\theta_j$ 分别为杆件长度及角位置与原始状态之差；ΔL_j 可表示为

$$\Delta L_j = \ln \frac{a_j + \Delta a_j}{a_j} \tag{7-137}$$

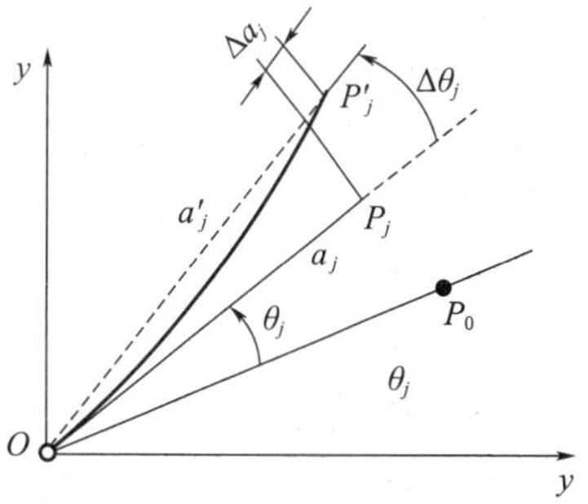

图 7-29　延伸旋转向量

式（7-136）中，$e^{i(\theta_j + \Delta\theta_j + \Delta L_j)}$称为运动弹性动力学的延伸旋转操作因子，在进行构件尺寸调整时非常有用。

例 7-3　对图 7-28 所示弹性四杆机构，左边两个构件在刚性机构运动（图 7-30）中，构件 1、2 应由 AB_0P_0运动到 AB_jP_j，1 杆转动角度为 θ_j，1 杆转动角度

为β_j，由于杆件弹性和其他动力学因素，使得两个杆件的实际运动由AB_0P_0至$AB_0'P_0'$和$AB_j'P_j'$。两杆的长度分别为a_1，a_2，利用矢量延伸旋转法调整运动尺寸。

解　P点位置差用$\Delta\boldsymbol{R}_0$和$\Delta\boldsymbol{R}_j$表示，由P_0至P_j的预期位移为$\boldsymbol{S}_j$，实际位移为$\boldsymbol{S}_j'$；$\boldsymbol{A}_1$、$\boldsymbol{A}_2$为刚性杆起始位置矢量；$\boldsymbol{A}_1'$、$\boldsymbol{A}_2'$为弹性杆的起始位置矢量的幅值。则刚性机构的封闭多边形可表示为

$$a_1e^{i\theta_j}+a_1e^{i\beta_j}-\boldsymbol{A}_1-\boldsymbol{A}_2=\boldsymbol{S}_j \tag{7-138}$$

实际运动的封闭多边形为

$$a_1'e^{i\theta_j'}+a_2'e^{i\beta_j'}-\boldsymbol{A}_1'-\boldsymbol{A}_2'=\boldsymbol{S}_j' \tag{7-139}$$

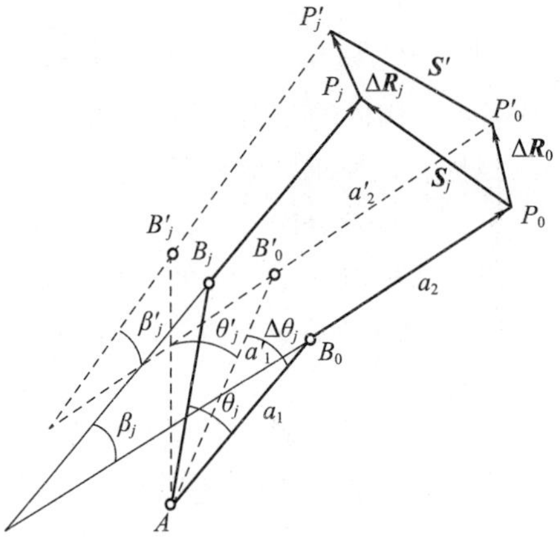

图 7－30　刚性构件的运动分析

当用延伸旋转操作因子表示时，式（7－139）表示为

$$a_1e^{i(\theta_j+\Delta\theta_j+\Delta L_{1j})}+a_2e^{i(\beta_j+\Delta\beta_j+\Delta L_{2j})}-a_1e^{i(\Delta\theta_j+\Delta L_{1j})}-a_2e^{i(\Delta\beta_j+\Delta L_{2j})}=\boldsymbol{S}_j' \tag{7-140}$$

而

$$\boldsymbol{S}_j'=\boldsymbol{S}_j-\Delta\boldsymbol{R}_0+\Delta\boldsymbol{R}_j \tag{7-141}$$

式中：$\boldsymbol{S}_j$为设计所要求的P点位移。

将式（7－141）代入式（7－140）得到机构实际运动的封闭多边形为

$$a_1e^{i(\theta_j+\Delta\theta_j+\Delta L_{1j})}+a_2e^{i(\beta_j+\Delta\beta_j+\Delta L_{2j})}-a_1e^{i(\Delta\theta_j+\Delta L_{1j})}-a_2e^{i(\Delta\beta_j+\Delta L_{2j})}=\boldsymbol{S}_j-\Delta\boldsymbol{R}_0+\Delta\boldsymbol{R}_j \tag{7-142}$$

在理想情况下，$\Delta\boldsymbol{R}_0$和$\Delta\boldsymbol{R}_j$均应为0，而θ_j，$\Delta\theta_j$，β_j，$\Delta\beta_j$，ΔL_{1j}和ΔL_{2j}可以在初始设计，即不考虑构件弹性情况下对所设计的机构进行运动分析和运动弹性动力学分析后得出，将它们代入式（7－142）并令$\Delta\boldsymbol{R}_0$和$\Delta\boldsymbol{R}_j$为0时得到方程

$$a_1'e^{i(\theta_j+\Delta\theta_j+\Delta L_{1j})}+a_2'e^{i(\beta_j+\Delta\beta_j+\Delta L_{2j})}-a_1'e^{i(\Delta\theta_j+\Delta L_{1j})}-a_2'e^{i(\Delta\beta_j+\Delta L_{2j})}=\boldsymbol{S}_j \tag{7-143}$$

由式（7－143）求解出构件长度a_1'、a_2'，它们与初始设计尺寸有所不同，是在考虑构件弹性变形及其他动力因素引起的误差情况下，满足要求的新的机构尺寸。在对新机构进行运动弹性动力学分析后，可确定新机构所实现的运动与原始要求的误差，看其是否满足要求，其结果应是更接近原始要求。

2. 运动改善法

假设弹性机构微小位移变化以及机构运动学尺寸关系与刚性结构相同，这样便可由刚性机构运动学分析得出的关系，求出某点位移对机构尺寸的偏导数，从而建立补偿弹性变形所需的尺寸调整与补偿的方程式，求解出尺寸修改量。

进行几何尺寸修改时，经常要取机构的多个位置来建立方程，因此可以修改的几何参数越多，能满足的位置更多。如果方程数多于需修改的尺寸数，则会出现矛盾，又需要用优化方法（如最小二乘法）求解。如果是在满应力设计的基础上修改尺寸，则当运动学尺寸修改较大时，应检验构件的最大动应力。

以上介绍了考虑构件弹性时，机构设计的基本方法。机构的动力学设计与其他设计的不同在于：①所设计的结果与机构的工作速度和条件有关，所得结果只适用于某个速度范围；②在设计过程中，构件的惯性力是重要因素。当改变构件结构尺寸时，例如提高构件刚度，有可能引起惯性力增加，因此需要全面考虑。

思考题

1. 机械系统中，构件的弹性变形会产生什么不良后果？

2. 离散系统的各个自然频率是离散的，连续系统的自然频率在一定范围内是否是连续分布的？

3. 当构件有两种以上的弹性变形时，如何进行动力学分析？

4. 对于齿轮传动机构，考虑的弹性变形类型发生变化，建立系统的动力学方程时，系统的自由度是否会发生变化？

5. 往复运动凸轮机构中，移动从动件和摆动从动件的动力学分析有何异同？

6. 在考虑传动系统中轴的扭转弹性时，系统的自由度如何确定？选择坐标与系统自由度有何关系？

7. 怎样由单元动力学方程得出系统动力学方程？为什么不能直接求解单元动力学方程？

8. 用传递矩阵法时，怎样选择状态矢量中的元素？传递矩阵有何物理意义？点传递矩阵和场传递矩阵如何确定？

9. 用有限元法研究有弹性构件的平面连杆机构，如何处理机构刚性运动与弹性运动的关系？

习　题

1. 已知一传动轴系，轴Ⅰ为一阶梯轴，两轴间通过一对齿轮传动，齿轮齿数为 $z_1=100$，$z_2=50$；轴的结构尺寸如图 7－31 所示，单位为 mm。材料扭转弹性模量 $G=8\times10^4\ \mathrm{N/cm^2}$；各轮转动惯量为 $I_1=0.005\mathrm{kg\cdot m^2}$，$I_2=0.01\mathrm{kg\cdot m^2}$，$I'_2=0.002\mathrm{kg\cdot m^2}$，$I_3=0.01\mathrm{kg\cdot m^2}$；$M_\mathrm{d}=500\mathrm{N\cdot m}$，$M_\mathrm{r}=200\mathrm{N\cdot m}$，试以轴Ⅰ为等效轴，计算等效转动惯量、等效刚度和等效力矩。

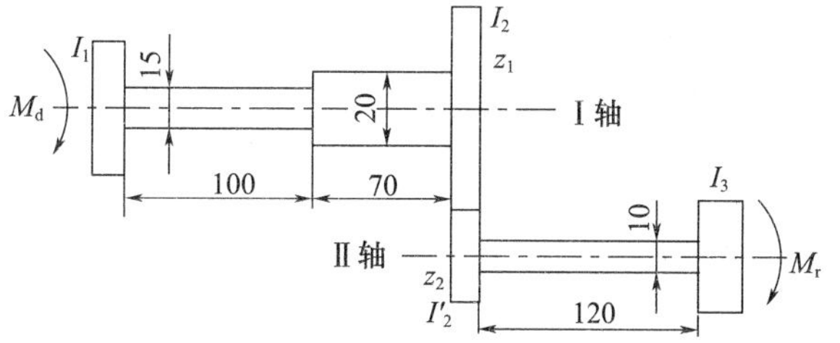

图 7－31　传动轴系

2. 图 7－32 中，轴Ⅰ、轴Ⅱ之间通过一对齿轮传动，齿轮齿数分别为 $z_1=20$，$z_2=40$；轴上各轮的转动惯量为 $I_1=1\mathrm{kg\cdot m^2}$，$I_2=0.2\mathrm{kg\cdot m^2}$，$I_3=0.8\mathrm{kg\cdot m^2}$，$I_4=3\mathrm{kg\cdot m^2}$；轴Ⅰ、轴Ⅱ的扭转刚度分别为 $k_1=3\times10^2\mathrm{N\cdot m/rad}$，$k_2=5\times10^2\mathrm{N\cdot m/rad}$。若忽略轴的质量和齿轮啮合面弹性，完成下列问题：①用等效模型写出机构的动力学方程；

②求出系统扭转振动的自然频率和主振型；③用简化模型计算第一阶自然频率，并与②的结果比较；④设力矩 $M_1 = 10\text{N}\cdot\text{m}$，$M_2 = 20 + 50\sin(10t)$，当轮 1 匀速运动时，确定轮 4 的运动规律。

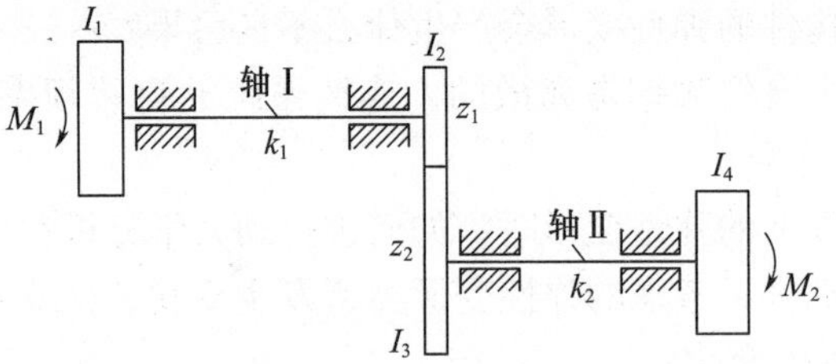

图 7－32　齿轮传动

3. 如图 7－33 所示，一等直杆左端固定，右端附一质量为 m 的质块，并和一弹簧相连，已知：杆长为 l，单位长度的质量为 ρA，弹簧的刚度为 k，杆的弹性模量为 E。求系统纵向自由振动的频率方程。

4. 如图 7－34 所示，一等直圆杆的两端附有两个相同圆盘，已知杆的长度为 l，杆对自身轴线的转动惯量为 I_s，圆盘对杆的轴线的转动惯量为 I_0，求系统扭转振动的频率方程。

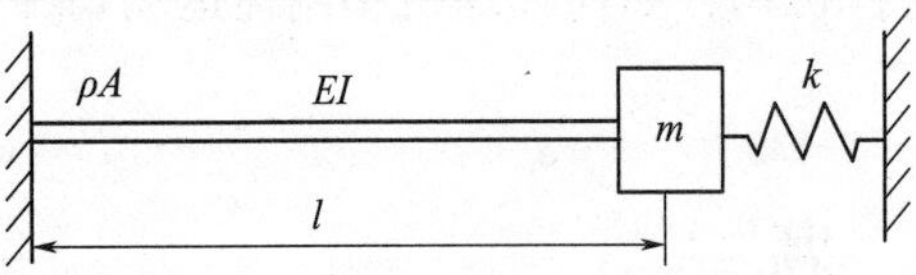

图 7－33　直杆－质量－弹簧系统

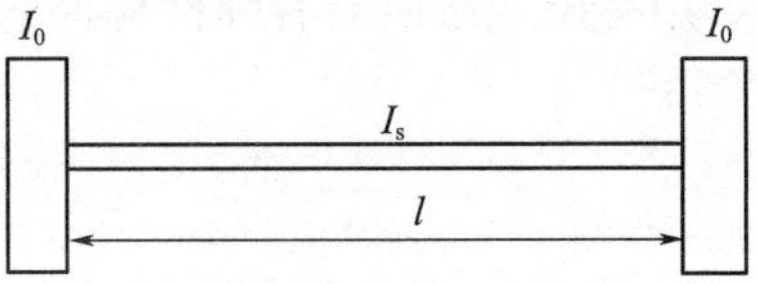

图 7－34　等直圆杆－圆盘系统

5. 图 7－35 所示为传动系统的等效模型，具有 1 个刚性自由度和 4 个扭转弹性自由度。系统的参数为：$I_1 = 0.02\text{kg}\cdot\text{m}^2$，$I_2 = 0.08\text{kg}\cdot\text{m}^2$，$I_3 = 0.006\text{kg}\cdot\text{m}^2$，$I_4 = 0.03\text{kg}\cdot\text{m}^2$，$I_5 = 0.05\text{kg}\cdot\text{m}^2$；$k_1 = 0.09\times10^6\text{N}\cdot\text{m/rad}$，$k_2 = 0.007\times10^6\text{N}\cdot\text{m/rad}$，$k_3 = 0.01\times10^6\text{N}\cdot\text{m/rad}$，$k_4 = 0.03\times10^6\text{N}\cdot\text{m/rad}$。试分别计算将其简化为三自由度和两自由度模型时的系统的第一阶、第二阶频率。

6. 图 7－36 所示为考虑轴的扭转变形的传动系统等效模型，轴上有两个转动惯量分别为 I_1 和 I_2 的圆盘，3 个轴段的刚度系数为 k_1、k_2、k_3，系统两边的边界条件为固定端，即转角 $\theta = 0°$，扭矩 $M \neq 0$。要求：①用传递矩阵法推导系统的动力学方程，并求出系统的自然频率和振型；②设 $I_1 = I_2 = 1\text{kg}\cdot\text{m}^2$，$k_1 = k_2 = k_3 = 1\text{N}\cdot\text{m/rad}$，使用推导出的公式计算系统的自然频率和振型。

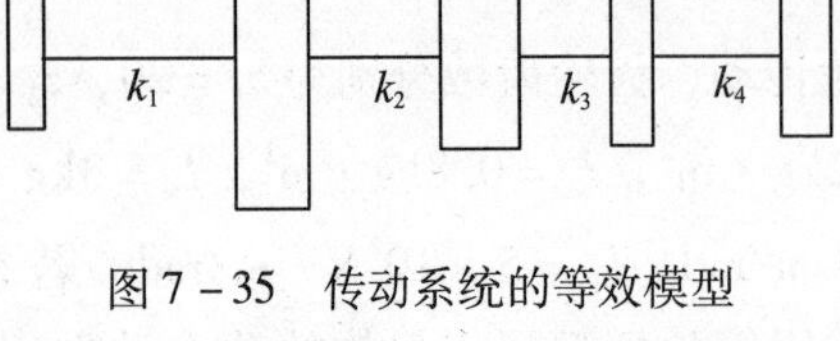

图 7－35　传动系统的等效模型

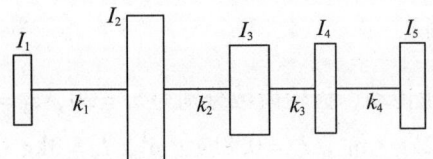

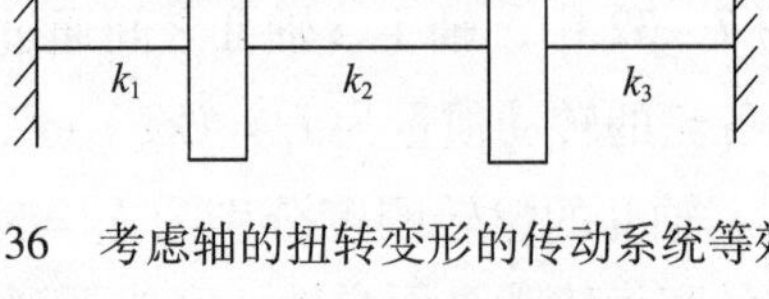

图 7－36　考虑轴的扭转变形的传动系统等效模型

7. 如图 7－37 所示的曲柄连杆机构中，设曲柄可认为是刚性构件，长度为 $r=20\text{mm}$，质心在转动中心 O 点，连杆为弹性均质构件，长度为 $l=18\text{mm}$，截面为长方形，高 $h=8.3\text{mm}$，宽 $b=8\text{mm}$，截面惯性矩为 $I=bh^3=0.03812\text{cm}^4$，质量为 0.1kg，对质心的转动惯量为 $2.7\text{kg}\cdot\text{cm}^2$，材料的弹性模量 $E=2.06\times10^7\ \text{N/cm}^2$；滑块的质量为 0.4kg，作用的外力 $P=20\text{N}$。若曲柄以角速度 $\omega=50\text{s}^{-1}$ 匀速转动，列出机构在图示位置的动力学方程。

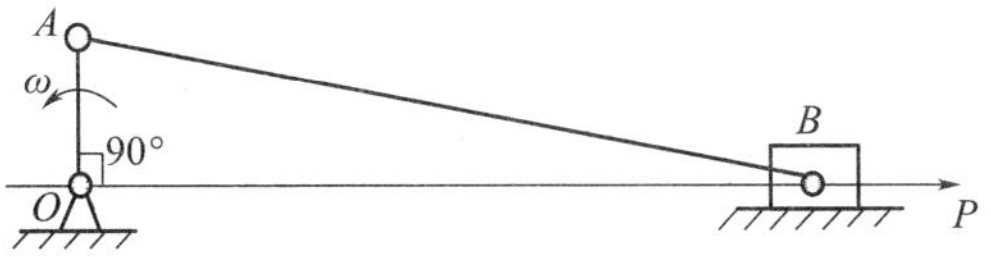

图 7－37　曲柄连杆机构

8. 如图 7－38 所示的导杆机构，设构件长度 $l_{O_1A}=l_1$，$l_{O_1O_2}=l_2$，在此位置时 $l_{O_2A}=l_3$；构件 1、3 为均质导杆，截面尺寸及材料弹性模量均为已知，滑块可视为刚性构件，质心在 A 点，不计尺寸对运动的影响，要求：①选择用有限元法分析时的单元坐标和系统坐标，写出坐标转换矩阵；②假设仅考虑构件的纵向变形，单元位移函数仅为 3 次抛物线，试写出单元质量矩阵和刚度矩阵；③列出系统的动力学方程。

9. 图 7－39 所示为回转导杆机构，由电动机 1 通过轴 Ⅰ 带动曲柄 2 通过导杆 3 及轴 Ⅱ 带动负载 4。设电动机转动惯量为 I_1，曲柄绕 Ⅰ 轴的转动惯量为 I_2，导杆对 Ⅱ 轴的转动惯量为 I_3，负载的转动惯量为 I_4；轴 Ⅰ、轴 Ⅱ 的扭转刚度系数为 k_1、k_2；主动力矩为 M_1，阻力矩为 M_4。若不计曲柄和导杆的弹性变形和轴的横向变形，忽略滑块质量和运动副中的摩擦，试列出系统的动力学方程。

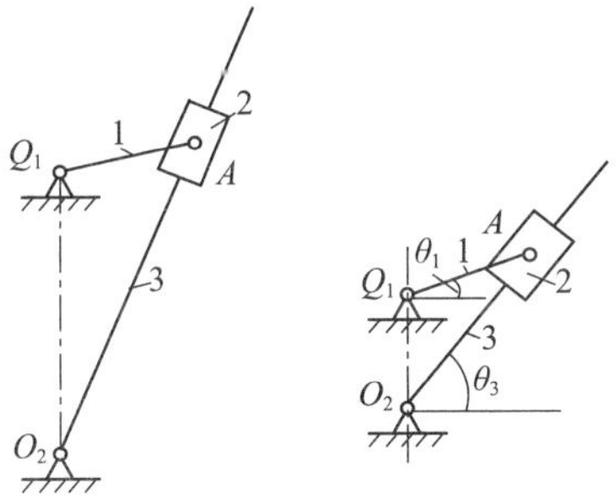

图 7－38　导杆机构

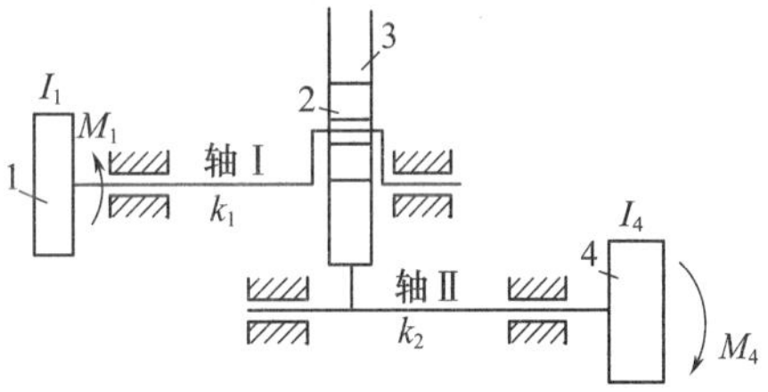

图 7－39　回转导杆机构

10. 图 7－40 所示凸轮机构中，凸轮轮廓是按刚性从动件的加速度以正弦规律变化设计的，运动规律为

升程：$0\leqslant\varphi_2\leqslant\pi$，$s=h\left(\dfrac{\varphi_2}{\phi_0}-\dfrac{1}{2\pi}\sin\dfrac{2\pi}{\phi_0}\varphi_2\right)$

回程：$0\leqslant\varphi_2\leqslant\pi$，$s=h\left(\dfrac{\varphi_2}{\phi_0}-\dfrac{1}{2\pi}\sin\dfrac{2\pi}{\phi_0}\varphi_2\right)$

式中，$\phi_0=\pi$，$h=0.01\text{m}$，φ_2 为凸轮角。设轮 1 和凸轮的转动惯量分别为 $I_1=0.02\text{kg}\cdot\text{m}^2$，$I_2=0.1\text{kg}\cdot\text{m}^2$，从动杆质量 $m=2\text{kg}$；轴的扭转刚度 $k_1=1500\text{N}\cdot\text{m/rad}$，

从动杆刚度$k_2=8\times10^5\mathrm{N/m}$，封闭弹簧刚度系数 $k_3=5\times10^3\mathrm{N/m}$；驱动力矩 $M_1=1-0.01\omega_1$（N·m），推杆向上运动时，负载 $F_r=140\mathrm{N}$，向下运动时，阻力负载 $F'_r=20\mathrm{N}$，初始运动时，$t=0$，$\varphi_2=0°$，$\omega_1=\dot{\varphi}_1=50\mathrm{rad}$。试分析在考虑轴的扭转变形和从动杆纵向变形时，质量 m 的运动，并比较与不计构件弹性时，二者运动的差别。

11. 图 7-41 所示内燃机凸轮机构，凸轮轴为等加速运动的刚性构件，挺杆、摇臂和气门为弹性构件，构件的尺寸 l_1、l_2、l_3、l_4为已知（在此不考虑由于 B、C 处接触点位置引起的 l_2、l_3长度变化），且均为等截面杆，单位长度的质量为 m_1、m_2、m_3，气门 D 处有一集中质量 m_D，摇臂有弯曲变形，其抗弯刚度为 EI，挺杆和气门有纵向变形，抗拉刚度为EA_2和 EA_3，试用有限元法建立系统的动力学方程。

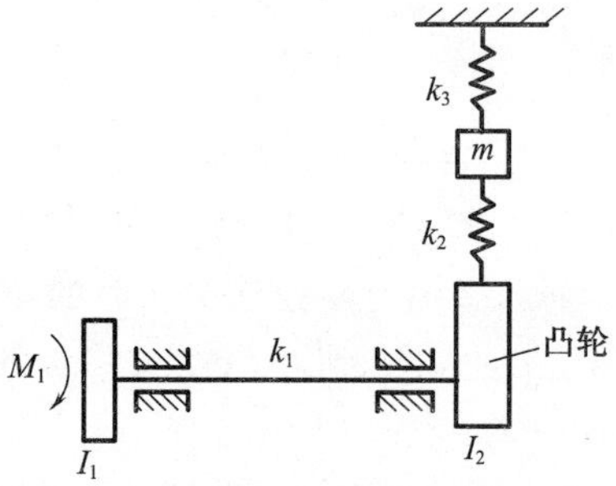

图 7-40　凸轮机构

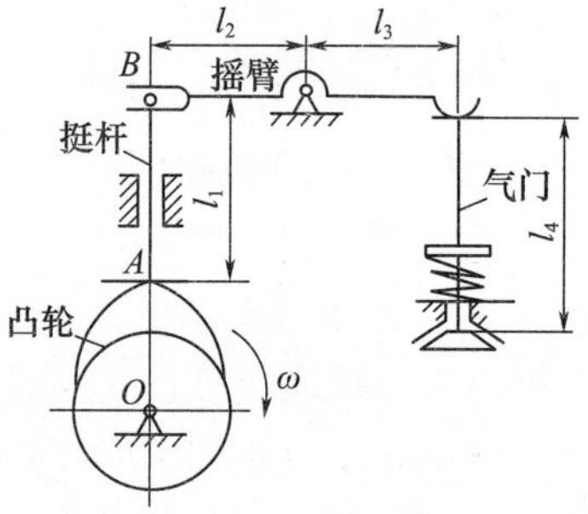

图 7-41　内燃机凸轮机构

第8章　转子系统的动平衡与振动分析

8.1　转子系统的类型及特点

8.1.1　旋转机械及其分类

转子是人类有史以来最重要的机械发明之一，自工业革命以来几乎所有的机器都涉及转子这一发明。人们已经无法想象任何机械系统可以没有转子或者任何一个对称部件可以不围绕着转轴进行圆周运动。旋转机械就是依靠转子的旋转完成特定功能的机械，典型的旋转机械有汽轮机、燃气轮机、离心式和轴流式压缩机、风机、泵、水轮机、发电机和航空发动机等，广泛应用于电力、石化、冶金和航空航天等行业。

旋转机械种类繁多，按其工作性质分类，大致可以分为以下3类。

（1）动力机械。动力机械又分为原动机、电动机和流体输送机械3类。原动机是利用高压蒸汽或气体的压力能膨胀做功推动转子旋转，如蒸汽涡轮机、燃气涡轮机等；电动机是利用电能产生旋转运动；流体输送机械就是向流体做功以提高流体机械能的装置。通常，将输送液体的机械称为泵；将输送气体的机械按其产生的压力高低分别称之为通风机、鼓风机、压缩机和真空泵。这类机械的转子被原动机或电动机拖动，又可分为风力机械、水力机械和热力发动机三大类。如离心式和轴流式压缩机、风机及泵涡轮机械，还有螺杆式压缩机、螺杆泵、罗茨风机、齿轮泵等容积式机械。

（2）过程机械。石油化工、炼油与天然气加工、轻工、核电与火电、冶金、环境工程、食品及制药等流程型工业中处理气、液和粉的设备和机器，可分为过程容器、过程设备和过程机器3类，如离心式分离机、换热器、风机、过滤机械、干燥机械、输送机械等。

（3）加工机械。机械加工是指通过一种机械设备对工件的外形尺寸或性能进行改变的过程。按加工方式，机械加工可分为切削加工和压力加工。实现切削加工和压力加工的装备一般都为旋转机械，如车床、铣床、磨床、压力机床等。

8.1.2　转子系统的类型

旋转机械无论在构造、材料及运动形态上都是一个比较复杂的系统，其主要的振动故障有不平衡、不对中、碰摩和松动等。旋转机械设计和制造的核心是转子问题，故转子动力学的研究是旋转机械设计和制造的基础。

转子动力学是固体力学的分支，主要研究转子－支承系统在旋转状态下的振动、平衡和稳定性问题，尤其是研究接近或超过临界转速运转状态下转子的横向振动问题。

根据转子的工作状态和力学特性，从平衡的观点出发，常把转子分成刚性转子和挠性转子两类。

（1）刚性转子。如果转子的工作转速相对比较低，其旋转轴线挠曲变形可忽略不计，这样的转子称为刚性转子。刚性转子可以在一个或任意选定的两个校正平面上，以低于转子工作转速的任意转速进行平衡校正，且校正之后，在最高工作转速及低于工作转速的任意转速和接近实际的工作条件下，其不平衡量均不明显超过所规定的平衡要求。一般情况下，工作转速远低于转子的一阶弯曲临界转速的转子视为刚性转子，一般工作转速小于6000r/min的机械系统属于刚性转子系统。

（2）柔性转子。工作转速接近或超过转子的一阶弯曲临界转速的转子视为挠性转子。随着机组容量的增大，机组转子的轴向尺寸也越来越大，细而长的转子，挠（柔）性增加，使得转子的临界转速大大下降，工作转速将超过第一阶临界转速或第二、第三阶临界转速。较之刚性转子，挠性转子由于在运转及平衡时将产生挠曲变形，其情况要复杂得多。一般工作转速大于6000r/min的机械系统属于柔性转子系统。

8.1.3 转子系统的特点

转子系统具有如下的特点。

（1）由于转子有回转效应，系统的运动方程中出现了一个反对称的陀螺矩阵，求解难度大大增加。

（2）由于油膜系统的阻尼主要来自油膜，因而，转子系统通常不是保守系统，油膜力的刚度矩阵、阻尼矩阵不是对称矩阵，而且是转速的函数。在某些场合，还必须考虑油膜力的非线性特性。

（3）转子系统的阻尼主要来自轴承的油膜，这是一个激振阻尼，且与转速等因素有关。这与结构计算中通常假设的比例阻尼相距甚远。

综合以上特点，转子系统的运动微分方程式应写为

$$\boldsymbol{M}\ddot{\boldsymbol{z}}+(\boldsymbol{C}+\boldsymbol{G})\dot{\boldsymbol{z}}+(\boldsymbol{K}+\boldsymbol{S})\boldsymbol{z}=\boldsymbol{F} \tag{8-1}$$

式中：$\boldsymbol{M}$为质量矩阵；$\boldsymbol{C}$为阻尼矩阵，是非对称矩阵；$\boldsymbol{G}$为陀螺矩阵，是反对称矩阵；$\boldsymbol{K}$为刚度矩阵的对称部分，$\boldsymbol{S}$为刚度矩阵的不对称部分；$\boldsymbol{F}$为转子系统的激励力矢量。各矩阵常常是转速ω的函数。

8.1.4 旋转机械的振动类型

旋转机械的主要功能由旋转部件完成，旋转机械出现故障通常会出现振动异常，通过对振动信号幅域、频域和时域的分析，能够得到很多机器故障的信息。了解旋转机械的振动机理，对于检测机器的运行状态和提高故障的诊断准确率都非常重要。

（1）强迫振动。强迫振动又称同步振动，是由外界持续周期性激振力作用而引起的振动。强迫振动从外界不断地获得能量来补偿阻尼所消耗的能量，使系统始终保持持续的等幅振动。该振动反过来并不影响扰动力。产生强迫振动的主要原因有转子质量的不平衡、联轴器不对中、转子的静摩擦、机械部件松动、转子部件或轴承破损等。强迫振动的特征频率总是等于扰动力的频率。例如，由于转子质量不平衡引起的强迫振动，其振动频率恒等于转速频率。

（2）自激振动。机器运行过程中由机械内部运动本身产生的交变力引起的振动称为

自激振动，一旦振动停止，交变力也自然消失；自激振动频率即机械的自然频率（或临界频率），与外来激励的频率无关。旋转机械中常见的自激振动有油膜涡动和油膜振荡，这类振动主要由转子内阻、动静部件的干摩擦等引起。与强迫振动相比，自激振动出现比较突然，振动的强度大，短时间内就会对机器造成严重破坏。

（3）非定常强迫振动。非定常强迫振动是由外来扰动力引起的一种强迫振动，其特点是与扰动力具有相同的频率。振动本身反过来会影响扰动力的大小与相位，振动的幅值和相位都是变化的。例如转子轴上某一部位出现不均匀的热变形，就相当于给转子增加了不平衡质量，将会使振动的幅值和相位都发生变化。反过来，振动幅值和相位的变化影响不均匀热变形的大小与部位，从而使强迫振动连续不断地发生变化。

为了避免机器因强烈振动而造成损坏，大型旋转机械一般安装有振动监测保护和故障诊断系统，对旋转机械进行在线监测，更有效地指导设备的维修管理，将早期的事后维修方式和计划维修方式发展为预知维修，可让机器在有限的使用寿命期内创造最大的价值。

8.1.5　转子振动的基本特性

实际运行中的转子多种多样，有离心的、轴流的、单级的、多级的，有刚性转子、也有挠性转子，等等。为了便于分析和计算，通常都将转子简化为一个单圆盘转子的力学模型，如图 8-1 所示。无论这个转子有多少个叶轮、多长的轴、多么复杂，都将其简化成一个单圆盘的形式，这个有质量的圆盘装在一根没有质量的弹性转轴上，两端由两个刚性轴承支承，这就是典型的单圆盘转子模型。利用这种简化的分析方法得出来的结论，对于复杂的旋转机械而言存在一定的误差，但基本上能够说明转子振动的基本特征。

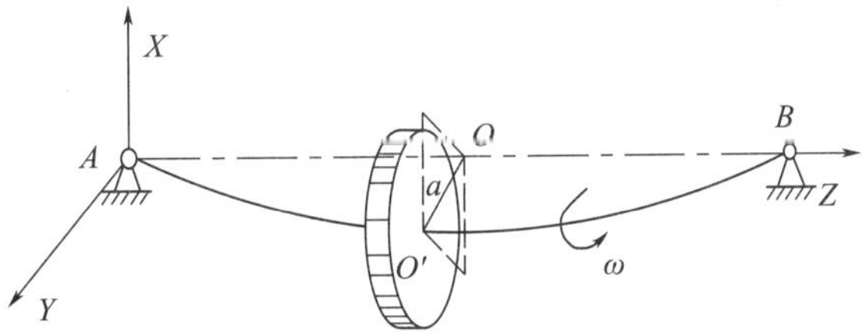

图 8-1　单圆盘转子的力学模型

如果圆盘的质量为 m，A 和 B 是转子的轴承支承点，轴的弹性系数是 k，O 是几何中心，O'是圆盘的质量中心，几何中心和质量中心的距离 OO'等于 a，整个转子系统的转速为 n，角速度为 ω。假设轴没有质量、有弹性，圆盘有质量，即便在静止的时候，圆盘的质量也会使转子产生弯曲变形，也就是静挠度。一般情况下，这个变形很小，对系统的影响不大。

一旦转子开始转动，则会有两种运动：一种是围绕自身的轴线 $AO'B$ 的自转；另一种是围绕着 AOB 进行公转，即弯曲的轴心线 $AO'B$ 和轴承连线 AOB 组成的平面绕 AB 轴线转动，这种运动称为涡动，或称为进动。如果转子的涡动方向和转子的转动角速度方向一致，就是正进动；如果方向相反，则是反进动。

转子系统转动时，由于圆盘有质量，而且质量中心和几何中心不一致，所以会产生离心力；又由于轴有弹性，离心力产生的弹性变形会导致弹性力的产生。一般情况下，离心力和弹性力相等。由于圆盘在 X 和 Y 两个方向上的受力不相等，所以 O' 点的轨迹一般情况下是椭圆。

振动响应涉及三要素：幅值、频率和相位。

（1）幅值。幅值 X 和 Y 是振动强度和能量水平的标志，也是评判机器运转状态优劣的指标。在实际工作中有不同的表述，如振动强度、振动烈度、轴振、壳振等。振幅有 3 种描述方法：位移、速度和加速度。一般情况下，可以认为低频范围内，振动强度跟位移成正比；中频范围内，振动强度跟速度成正比；高频范围内，振动强度跟加速度成正比。也可以认为位移反映了振动幅度的大小，速度反映了振动能量的大小，加速度反映了振动冲击力的大小。3 种表述方法是在不同的范围内，从不同的角度，对振动的不同描述。

在实际工程中，汽轮机、压缩机这类大型旋转机械，轴承一般是滑动轴承，测振时采用电涡流位移传感器测轴振，用位移的峰值表示，单位是 μm；轴承箱、壳体、管道、中小型机泵一般用磁电式速度传感器或者压电式速度传感器来测量，用速度的有效值表示，单位是 mm/s；滚动轴承和齿轮这种高频振动，一般是用压电式加速度传感器来测量，用加速度的峰值表示，单位是 m/s^2。

（2）频率。振动物体在单位时间内的振动次数称为频率，常用符号 f 表示，频率的单位为次/秒，又称赫兹。振动频率表示物体振动的快慢，在振动的诊断与分析中，频率起着重要作用。振动系统的角频率，也称圆频率，表示单位时间内变化的相角弧度值。角频率是描述物体振动快慢的物理量，与振动系统的固有属性有关，常用符号 ω 表示。角频率的单位是 rad/s，每个物体都有由其本身性质决定的与振幅无关的频率，称为自然频率，或固有角频率。

（3）相位。相位是在给定时刻，振动体被测点相对于固定参考点的角位置，相位反映的是两个振动在时间先后关系上或者空间位置关系上的相位差。不同的相位差，反映出不同的故障类型。

8.2 转子系统的基本模型与物理效应

在转子动力学中，经常采用的动力学模型有分布参数模型和集总参数模型两类。两类模型各有特点，分别适用于不同的问题或不同的实际需求。分布质量模型基本按转子的实际结构，将转子视为质量连续分布的弹性体，在数学上描述分布质量模型的运动通常用偏微分方程。分布质量模型在数学建模上较为接近实际，因而简化产生的误差较小。但由于实际转子几何结构复杂，在数学上很难列出偏微分方程定解问题的边界条件，求解较为困难，因而在实际应用中受到很大限制。而集总参数模型将实际结构离散化，将连续的无限自由度模型变成离散的有限自由度模型，描述其运动方程往往用常微分方程。集总参数模型的数学建模及其求解相对容易，并且当离散模型的自由度足够多时，计算结果足以满足工程精度需要。下面讨论转子动力学分析时常用的模型。

8.2.1 转子系统的普遍运动方程

1. 普遍运动方程

图 8－2（a）所示为一黏弹性轴，以 Ω 自旋。取静止坐标系 $Oxyz$，x 沿轴未变形时

的中性轴方向，记中性轴在 $Oxyz$ 系中的变形为 $y=y\ (x,\ t)$，$z=z\ (x,\ t)$。再在转轴的任一截面上取局部坐标系 $O_1y_1z_1$，其中 O_1 为变形后中性轴与轴截面的交点，y_1，z_1 与 y，z 平行，如图 8-2 (b)所示。依据工程梁理论，轴截面（y_1，z_1）处的纵向纤维的拉伸应变为

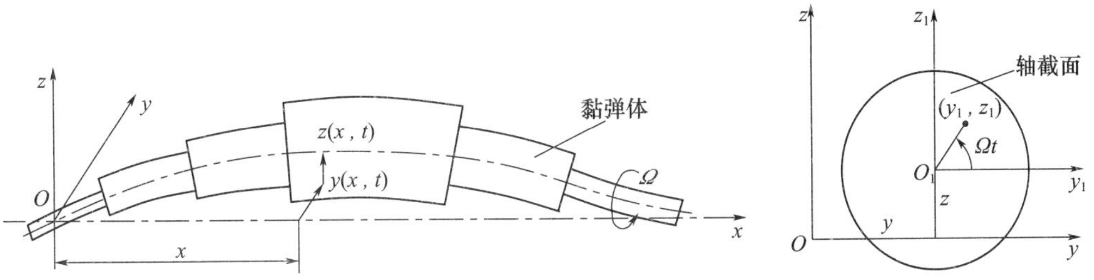

(a) (b)

图 8-2 黏弹转轴

$$\varepsilon_x = -\left[y''(x,\ t)\ y_1 + z''(x,\ t)\ z_1\right] \tag{8-2}$$

式中，y'' 和 z'' 为 y，z 对 x 的二阶导数，因为

$$y_1 = r\cos\Omega t,\qquad z_1 = r\sin\Omega t \tag{8-3}$$

将式（8-3）代入式（8-2），得

$$\varepsilon_x = -r\left[y''(x,\ t)\ \cos\Omega t + z''(x,\ t)\ \sin\Omega t\right]$$

$$\dot{\varepsilon}_x = \left[\dot{y}''(x,\ t)\ + \Omega z''(x,\ t)\right]\ r\cos\Omega t - \left[\dot{z}''(x,\ t)\ - \Omega y''(x,\ t)\right]\ r\sin\Omega t \tag{8-4}$$

对于一般应变历程 $\varepsilon\ (t)$，由线性叠加原理，得应力方程为

$$\sigma_x = \int_{-\infty}^{t} G(t-\xi)\,\frac{\mathrm{d}\varepsilon_x(\xi)}{\mathrm{d}\xi}\mathrm{d}\xi = \int_0^{\infty} G(\xi)\,\frac{\mathrm{d}\varepsilon_x(t-\xi)}{\mathrm{d}t}\mathrm{d}\xi$$

将式（8-2）代入上式，得

$$\begin{aligned}\sigma_x = -\int_0^{\infty} G(\xi)\{&[\dot{y}''(x,t-\xi) + \Omega z''(x,t-\xi)](y_1\cos\Omega\xi + z_1\sin\Omega\xi) + \\ &[\dot{z}''(x,t-\xi) - \Omega y''(x,t-\xi)](z_1\cos\Omega\xi - y_1\sin\Omega\xi)\}\mathrm{d}\xi\end{aligned} \tag{8-5}$$

于是沿 z 和 $-y$ 方向的弯矩分量 M_z 和 M_y 分别为

$$\begin{aligned}M_z &= -\int_A \sigma_x y_1 \mathrm{d}A = I(x)\int_0^{\infty} G(\xi)\{[\dot{y}''(x,t-\xi) + \Omega z''(x,t-\xi)]\cos\Omega\xi - \\ &\quad [\dot{z}''(x,t-\xi) - \Omega y''(x,t-\xi)]\sin\Omega\xi\}\mathrm{d}\xi \\ M_y &= -\int_A \sigma_x z_1 \mathrm{d}A = I(x)\int_0^{\infty} G(\xi)\{[\dot{y}''(x,t-\xi) + \Omega z''(x,t-\xi)]\sin\Omega\xi - \\ &\quad [\dot{z}''(x,t-\xi) - \Omega y''(x,t-\xi)]\cos\Omega\xi\}\mathrm{d}\xi\end{aligned} \tag{8-6}$$

式（8-6）的两式合并为

$$M = I(x)\int_0^{\infty} G(\xi)\mathrm{e}^{\mathrm{i}\Omega t}[\dot{p}''(x,t-\xi) - \mathrm{i}\Omega p''(x,t-\xi)]\mathrm{d}\xi \tag{8-7}$$

式中，$M=M_y+\mathrm{i}M_z$；$p=y+\mathrm{i}z$ 分别为复弯矩和复位移。

设 $m\ (x)$、$c\ (x)$、$f_y\ (x)$、$f_z\ (x)$ 分别为转轴的质量线密度、外阻尼系数密度和沿 y、z 方向的分布外载荷线密度，则运动方程为

$$m\ddot{p} + c\dot{p} + M'' = F \tag{8-8}$$

式中，$F=f_y+\mathrm{i}f_z$，将式（8－7）代入式（8－8），得

$$\left\{I(x)\int_0^{\infty}G(\xi)\mathrm{e}^{\mathrm{i}\Omega t}\left[\dot{p}''(x,t-\xi)-\mathrm{i}\Omega p''(x,t-\xi)\right]\mathrm{d}\xi\right\}''+m\ddot{p}+c\dot{p}=F \tag{8-9}$$

若计入转动惯量，则转轴的运动方程为

$$m\ddot{p}+c\dot{p}=-Q'+F,\ I_{\mathrm{d}}\ddot{\theta}+(c-\mathrm{i}I_{\mathrm{p}}\Omega)\dot{\theta}=M'-Q \tag{8-10}$$

式中，$Q=Q_y+\mathrm{i}Q_z$，$\theta=\theta_y+\mathrm{i}\theta_z$分别为复剪力和复转角，$c$是外阻尼力矩系数线密度。因$\theta=p'$，从式（8－10）的两式中消去$Q$，得

$$m\ddot{p}+c\dot{p}=-\left[I_{\mathrm{d}}\ddot{p}'+(c-\mathrm{i}I_{\mathrm{p}}\Omega)\dot{p}'\right]'+\left\{I(x)\int_0^{\infty}G(\xi)\mathrm{e}^{\mathrm{i}\Omega t}\left[\dot{p}''(x,t-\xi)-\mathrm{i}\Omega p''(x,t-\xi)\right]\mathrm{d}\xi\right\}''=F \tag{8-11}$$

式（8－11）即为计入转动惯量后黏弹性转轴的普遍运动方程。

用Rayleigh－Ritz法将上述方程离散化，取n个假设模态$\phi_1(x)$，…，$\phi_n(x)$，令

$$y(x,t)=\boldsymbol{\Phi}(x)\boldsymbol{q}_1(t),\quad z(x,t)=\boldsymbol{\Phi}(x)\boldsymbol{q}_2(t) \tag{8-12}$$

式（8－12）的两式合并为

$$\boldsymbol{p}(x,t)=\boldsymbol{\Phi}(x)\boldsymbol{q}(t) \tag{8-13}$$

式中

$$\boldsymbol{\Phi}(x)=[\phi_1(x),\cdots,\phi_n(x)],\quad \boldsymbol{q}(t)=\boldsymbol{q}_1(t)+\mathrm{i}\,\boldsymbol{q}_2(t) \tag{8-14}$$

将式（8－13）代入式（8－11），左乘$\boldsymbol{\Phi}^{\mathrm{T}}$后积分，得到离散型运动方程为

$$\boldsymbol{M}\ddot{\boldsymbol{q}}+(\boldsymbol{C}-\mathrm{i}\boldsymbol{I}\Omega)\dot{\boldsymbol{q}}+\frac{\boldsymbol{K}}{E}\int_0^{\infty}G(\xi)\mathrm{e}^{\mathrm{i}\Omega\xi}\left[\dot{\boldsymbol{q}}(t-\xi)-\mathrm{i}\Omega\boldsymbol{q}(t-\xi)\right]\mathrm{d}\xi=\boldsymbol{F}_{\mathrm{q}} \tag{8-15}$$

式中

$$\boldsymbol{M}=\int_0^l m\,\boldsymbol{\Phi}^{\mathrm{T}}\boldsymbol{\Phi}\mathrm{d}x+\int_0^l I_{\mathrm{d}}\,\boldsymbol{\Phi}'^{\mathrm{T}}\boldsymbol{\Phi}'\mathrm{d}x,\quad \boldsymbol{C}=\int_0^l c\,\boldsymbol{\Phi}^{\mathrm{T}}\boldsymbol{\Phi}\mathrm{d}x+\int_0^l d\,\boldsymbol{\Phi}'^{\mathrm{T}}\boldsymbol{\Phi}'\mathrm{d}x$$

$$\boldsymbol{I}=\int_0^l I_{\mathrm{p}}\,\boldsymbol{\Phi}'^{\mathrm{T}}\boldsymbol{\Phi}'\mathrm{d}x,\quad \boldsymbol{K}=E\int_0^l I(x)\,\boldsymbol{\Phi}''^{\mathrm{T}}\boldsymbol{\Phi}''\mathrm{d}x,\quad \boldsymbol{F}_{\mathrm{q}}=\int_0^l \boldsymbol{\Phi}^{\mathrm{T}}\boldsymbol{F}\mathrm{d}x \tag{8-16}$$

若采用的是转轴有限元模型，取节点处的位移和转角为广义坐标，则只需取$\phi_i(x)$为对应的广义坐标的形函数$N_i(x)$即可。

2. 聚集参数多盘转子系统的普遍运动方程

对于图8－3所示的多盘聚集参数转轴系统，设第j个盘的质心的位移和转角分别为y_j、z_j、θ_{yj}、θ_{zj}，令$p_j=y_j+\mathrm{i}z_j$，$\theta_j=\theta_{yj}+\mathrm{i}\theta_{zj}$，则该盘的运动方程为

$$m_j\ddot{p}_j+c_j\dot{p}_j=-\Delta Q_j+f_j,\quad I_{\mathrm{d}j}\ddot{\theta}_j+(d_j-\mathrm{i}I_{\mathrm{p}j}\Omega)\dot{\theta}=\Delta M_j+l_j,\quad j=1,2,\cdots,n \tag{8-17}$$

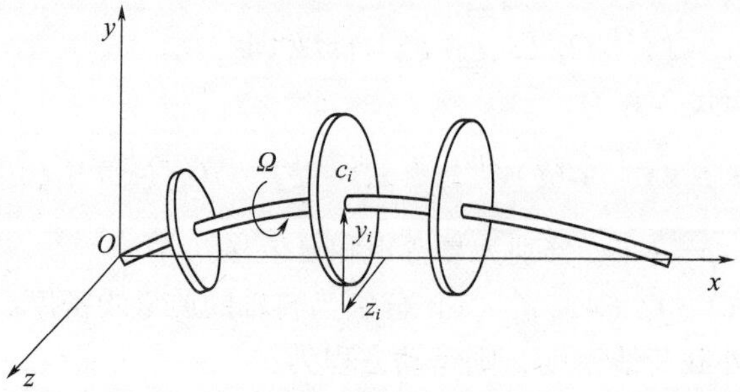

图8－3　多盘聚集参数转子系统

式中：m_j、I_{dj}、I_{pj}分别为j盘的质量、赤道转动惯量和极转动惯量；c_j、d_j为作用于j盘上的外阻尼力系数和外阻尼力矩系数；f_j、l_j为作用于盘上的外力和外力矩；ΔQ_j、ΔM_j为弹性轴作用于盘两侧的复剪力差和复弯矩差。

式（8－17）可以写成矩阵形式为

$$\boldsymbol{M}\ddot{\boldsymbol{q}} + (\boldsymbol{C} - \mathrm{i}\boldsymbol{I}\Omega)\dot{\boldsymbol{q}} = \{-\Delta\boldsymbol{Q} \quad \Delta\boldsymbol{M}\}^{\mathrm{T}} + \{\boldsymbol{F} \quad \boldsymbol{L}\}^{\mathrm{T}} \tag{8-18}$$

式中：$\boldsymbol{F}$ 为激励力向量；$\boldsymbol{L}$ 为激励力矩向量，其余参量为

$$\boldsymbol{q} = \begin{Bmatrix} \boldsymbol{p} \\ \boldsymbol{\Theta} \end{Bmatrix},\quad \boldsymbol{M} = \begin{bmatrix} \boldsymbol{m} & \\ & \boldsymbol{I}_{\mathrm{d}} \end{bmatrix},\quad \boldsymbol{C} = \begin{bmatrix} \boldsymbol{c} & \\ & \boldsymbol{d} \end{bmatrix},\quad \boldsymbol{I} = \begin{bmatrix} \boldsymbol{0} & \\ & \boldsymbol{I}_{\mathrm{p}} \end{bmatrix}$$

$$\Delta\boldsymbol{Q} = \begin{Bmatrix} \Delta Q_1 \\ \vdots \\ \Delta Q_n \end{Bmatrix},\quad \Delta\boldsymbol{M} = \begin{Bmatrix} \Delta M_1 \\ \vdots \\ \Delta M_n \end{Bmatrix},\quad \boldsymbol{F} = \begin{Bmatrix} f_1 \\ \vdots \\ f_n \end{Bmatrix},\quad \boldsymbol{L} = \begin{Bmatrix} l_1 \\ \vdots \\ l_n \end{Bmatrix},$$

$$\boldsymbol{p} = \begin{Bmatrix} p_1 \\ \vdots \\ p_n \end{Bmatrix},\quad \boldsymbol{\Theta} = \begin{Bmatrix} \theta_1 \\ \vdots \\ \theta_n \end{Bmatrix},\quad \boldsymbol{m} = \begin{bmatrix} m_1 & & \\ & \ddots & \\ & & m_n \end{bmatrix}$$

$$\boldsymbol{I}_{\mathrm{d}} = \begin{bmatrix} I_{\mathrm{d}1} & & \\ & \ddots & \\ & & I_{\mathrm{d}n} \end{bmatrix},\quad \boldsymbol{I}_{\mathrm{p}} = \begin{bmatrix} I_{\mathrm{p}1} & & \\ & \ddots & \\ & & I_{\mathrm{p}n} \end{bmatrix},\quad \boldsymbol{c} = \begin{bmatrix} c_1 & & \\ & \ddots & \\ & & c_n \end{bmatrix},\quad \boldsymbol{d} = \begin{bmatrix} d_1 & & \\ & \ddots & \\ & & d_n \end{bmatrix} \tag{8-19}$$

设轻质柔性轴的变形曲线为$p(x,t) = y(x,t) + \mathrm{i}z(x,t)$，由式（8－7）可得

$$\Delta\boldsymbol{M} = \int_0^{\infty} G(\xi)\mathrm{e}^{\mathrm{i}\Omega\xi}[\Delta(\boldsymbol{I}\dot{\boldsymbol{p}}'') - \mathrm{i}\Omega\Delta(\boldsymbol{I}\boldsymbol{p}'')]\mathrm{d}\xi \tag{8-20}$$

式中

$$\Delta(\boldsymbol{I}\dot{\boldsymbol{p}}'') = \mathrm{col}\left[I(x)\,\dot{p}''(x, t-\xi)\Big|_{x_i-0}^{x_i+0}\right],\quad \Delta(\boldsymbol{I}\boldsymbol{p}'') = \mathrm{col}\left[I(x)\,p''(x, t-\xi)\Big|_{x_i-0}^{x_i+0}\right] \tag{8-21}$$

对轻质柔性轴有：$\boldsymbol{I}_{\mathrm{p}} = \boldsymbol{I}_{\mathrm{d}} = \boldsymbol{d} = \boldsymbol{0}$，故得到

$$\Delta\boldsymbol{Q} = \Delta\boldsymbol{M}' = \int_0^{\infty} G(\xi)\mathrm{e}^{\mathrm{i}\Omega\xi}[\Delta(\boldsymbol{I}\dot{\boldsymbol{p}}'')' - \mathrm{i}\Omega\Delta(\boldsymbol{I}\boldsymbol{p}'')]\mathrm{d}\xi \tag{8-22}$$

式中

$$\Delta(\boldsymbol{I}\dot{\boldsymbol{p}}'')' = \mathrm{col}\left[I(x)\,\dot{p}''(x, t-\xi)'\Big|_{x_i-0}^{x_i+0}\right],\quad \Delta(\boldsymbol{I}\boldsymbol{p}'') = \mathrm{col}\left[I(x)\,p''(x, t-\xi)'\Big|_{x_i-0}^{x_i+0}\right] \tag{8-23}$$

根据工程中的弹性梁理论，有

$$E\begin{Bmatrix} \Delta(\boldsymbol{I}\boldsymbol{p}'')' \\ \Delta(\boldsymbol{I}\boldsymbol{p}'') \end{Bmatrix} = \begin{bmatrix} \boldsymbol{K}_{11} & \boldsymbol{K}_{12} \\ \boldsymbol{K}_{21} & \boldsymbol{K}_{22} \end{bmatrix}\begin{Bmatrix} \boldsymbol{p} \\ \boldsymbol{\Theta} \end{Bmatrix} = \boldsymbol{K}\boldsymbol{q} \tag{8-24}$$

式中：E 为弹性模量。

从而得到

$$\begin{Bmatrix} -\Delta\boldsymbol{Q} \\ \Delta\boldsymbol{M} \end{Bmatrix} = -\frac{\boldsymbol{K}}{E}\int_0^{\infty} G(\xi)\mathrm{e}^{\mathrm{i}\Omega\xi}[\dot{\boldsymbol{q}}(t-\xi) - \mathrm{i}\Omega\boldsymbol{q}(t-\xi)]\mathrm{d}\xi \tag{8-25}$$

将式（8-25）代入式（8-18），得到聚集参数多盘转子系统的普遍运动方程为

$$\boldsymbol{M}\ddot{\boldsymbol{q}}+(\boldsymbol{C}-\mathrm{i}\boldsymbol{I}\Omega)\dot{\boldsymbol{q}}+\frac{\boldsymbol{K}}{E}\int_0^{\infty}G(\xi)\mathrm{e}^{\mathrm{i}\Omega\xi}[\dot{\boldsymbol{q}}(t-\xi)-\mathrm{i}\Omega\boldsymbol{q}(t-\xi)]\mathrm{d}\xi=\{\boldsymbol{F}\quad \boldsymbol{L}\}^{\mathrm{T}} \tag{8-26}$$

式（8-26）和式（8-15）具有相同的形式，只是 $\boldsymbol{M}$、$\boldsymbol{C}$、$\boldsymbol{K}$、$\boldsymbol{I}$ 的具体形式不同而已。

3. 静载荷下黏弹性轴的静变形

取 $\dot{\varepsilon}=\ddot{\varepsilon}=0$，代入式（8-14），得

$$\frac{\boldsymbol{K}}{E}(-\mathrm{i}\Omega)\overline{G}(-\mathrm{i}\Omega)\boldsymbol{q}=\boldsymbol{F} \tag{8-27}$$

从式（8-27）解出

$$\boldsymbol{q}=\frac{\mathrm{i}E}{\Omega\overline{G}(-\mathrm{i}\Omega)}\boldsymbol{K}^{-1}\boldsymbol{F} \tag{8-28}$$

若水平转轴承受垂直方向的静载荷 $\boldsymbol{F}=-\mathrm{i}\boldsymbol{W}$，则由式（8-28）得到

$$\boldsymbol{q}_y=\frac{E}{\Omega|\overline{G}|^2}\overline{G}_1(-\mathrm{i}\Omega)\boldsymbol{K}^{-1}\boldsymbol{W},\quad \boldsymbol{q}_z=-\frac{E}{\Omega|\overline{G}|^2}\overline{G}_2(-\mathrm{i}\Omega)\boldsymbol{K}^{-1}\boldsymbol{W} \tag{8-29}$$

式中：$\overline{G}_1(-\mathrm{i}\Omega)$，$\overline{G}_2(-\mathrm{i}\Omega)$ 为 $\overline{G}(-\mathrm{i}\Omega)$ 的实部和虚部。

可见，轴的变形属于平面变形，变形平面和垂直面的夹角 β 如图 8-4 所示，可表示为

$$\tan\beta=-\frac{\boldsymbol{q}_y}{\boldsymbol{q}_z}=\frac{\overline{G}_1(-\mathrm{i}\Omega)}{\overline{G}_2(-\mathrm{i}\Omega)} \tag{8-30}$$

如图 8-5 所示，对于 K-V 模型，$\tan\beta=\mu\Omega$，对三参数模型，$\tan\beta=(E_0-E_\infty)\tau_\sigma\Omega/(E_\infty+E_0\tau_\sigma^2\Omega^2)$。

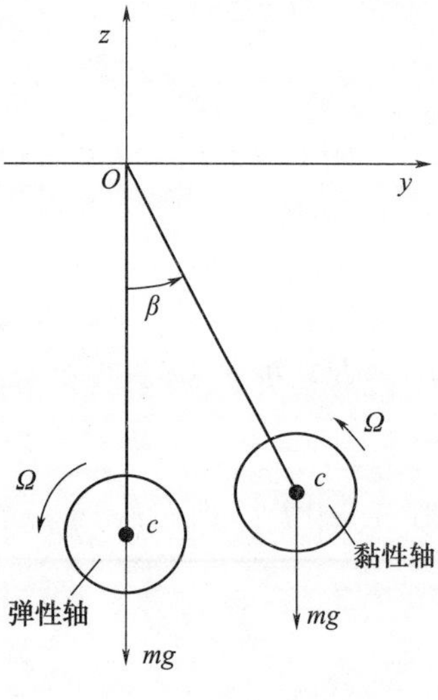

图 8-4　黏弹性轴的自重变形

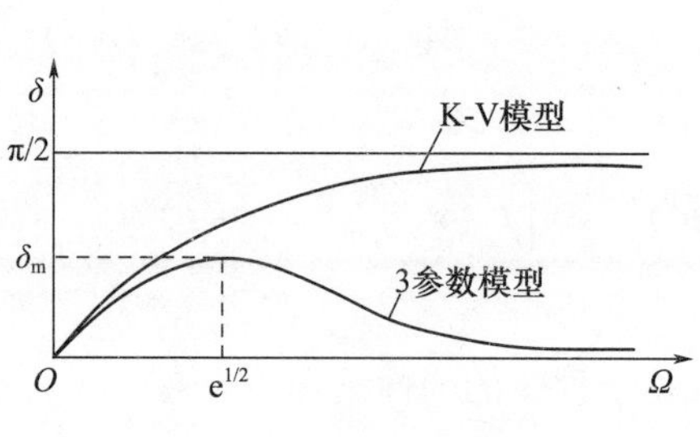

图 8-5　静变位偏离角

8.2.2　转子系统的动力稳定性与动力失稳

1. 动力稳定性

取外力 $\boldsymbol{F}=0$，并令 $\boldsymbol{q}(x,t)=\boldsymbol{q}(x)\mathrm{e}^{\lambda t}$，代入式（8-15），得

$$\{\lambda^2\boldsymbol{M}+\lambda(\boldsymbol{C}-\mathrm{i}\Omega\boldsymbol{I})+[(\lambda-\mathrm{i}\Omega)\overline{G}(\lambda-\mathrm{i}\Omega)]\boldsymbol{K}/E\}\boldsymbol{q}=\boldsymbol{0} \tag{8-31}$$

对弹性轴，$\overline{G}(s)=E/s$，式（8-31）化为

$$[\lambda^2\boldsymbol{M}+\lambda(\boldsymbol{C}-\mathrm{i}\Omega\boldsymbol{I})+\boldsymbol{K}]\boldsymbol{q}=\boldsymbol{0} \tag{8-32}$$

式（8-32）是弹性转轴对应的特征值问题。比较式（8-31）和式（8-32）可知，较之弹性转子的特征值，黏弹性转轴的特征值在 $\boldsymbol{K}$ 前增加了一个标量因子 $(\lambda-\mathrm{i}\Omega)\overline{G}(\lambda-\mathrm{i}\Omega)/E$，就是这么一个因子，大大影响了特征根的性质，从而影响了黏弹转子的动力稳定特性。

设 $(\boldsymbol{K}-\omega^2\boldsymbol{M})\boldsymbol{q}=0$ 的主模态集 $\boldsymbol{\Phi}=\{\phi_1,\cdots,\phi_n\}$，将 $\boldsymbol{q}$ 用主模态展开，$\boldsymbol{q}=\boldsymbol{\Phi x}$，代入式（8-26），左乘$\boldsymbol{\Phi}^{\mathrm{T}}$，只计入 $\overline{\boldsymbol{C}}=\boldsymbol{\Phi}^{\mathrm{T}}\boldsymbol{C\Phi}$ 和 $\overline{\boldsymbol{I}}=\boldsymbol{\Phi}^{\mathrm{T}}\boldsymbol{I\Phi}$ 的对角项 $\bar{c}_j\bar{I}_j$ $(j=1,2,\cdots,n)$，则式（8-31）被解耦为 n 个独立方程，即

$$[\lambda^2+(c_j-\mathrm{i}\Omega I_j)\lambda+[(\lambda-\mathrm{i}\Omega)\overline{G}(\lambda-\mathrm{i}\Omega)]\omega_j^2/E]x_j=0,\quad j=1,2,\cdots,n \tag{8-33}$$

若 $n=1$，则对应单模态模型或单盘转子。对于 K-V 模型，将拉普拉斯变换 $\overline{G}(s)=E(1/s+\mu)$代入式（8-33），不计 $\bar{I}_j$，得特征方程为

$$\lambda^2+(c_j+\mu\omega_j^2)\lambda+(1-\mathrm{i}\mu\Omega)\omega_j^2=0,\quad j=1,2,\cdots,n \tag{8-34}$$

由广义 Routh-Hurwitz 准则，得稳定性条件为 $\Omega<\omega_j+c_j/(\mu\omega_j)$ $(j=1,2,\cdots,n)$，即有

$$\Omega<\Omega_{\mathrm{t}}=\min_j[\omega_j+c_j/(\mu\omega_j)],\quad j=1,2,\cdots,n \tag{8-35}$$

若 $\Omega>\Omega_{\mathrm{t}}$，系统失稳，$\Omega_{\mathrm{t}}$称为失稳阈值。当外阻尼为零时，失稳阈值是最小临界转速 ω_1，只要存在外阻尼，K-V 模型黏弹性转子的内耗失稳阈值就大于 ω_1。

设式（8-35）右边最小值在 $j=k$ 处达到，则该转子可越过前 k 个临界转速而在 $\Omega<\omega_k+c_k/(\mu\omega_k)$ 失稳，被激发的失稳形态为 ϕ_k。可见，外阻尼提高了黏弹性转子的自旋稳定性。

2. 三参数模型下黏弹转轴的动力失稳

大多黏弹物质宜用三参数模型表征，三参数模型用 3 个可调参数 E_0、E_∞、τ 表征，取 $E_0=E_\infty$，得到

$$(\lambda-\mathrm{i}\Omega)[\lambda^2+(c_j-\mathrm{i}\Omega I_j)\lambda+\omega_j^2]+[\lambda^2+(c_j-\mathrm{i}\Omega I_j)\lambda+\alpha\omega_j^2]/\tau=0,\quad j=1,2,\cdots,n \tag{8-36}$$

式中，$\alpha=E_\infty/E_0<1$。若 $c_j=I_j=0$，则有

$$(\lambda-\mathrm{i}\Omega)(\lambda^2+\omega_j^2)+(\lambda^2+\alpha\omega_j^2)/\tau=0,\quad j=1,2,\cdots,n \tag{8-37}$$

根据广义 Routh-Hurwitz 准则，得稳定性条件为 $\Omega<\sqrt{\alpha}\omega_j$ $(j=1,2,\cdots,n)$，取最小 ω_j的值 ω_1，得稳定性条件为

$$\Omega<\sqrt{\alpha}\omega_1=\omega_{\infty 1} \tag{8-38}$$

式中：$\omega_{\infty 1}$为黏弹转轴在终态刚度下的最低阶自然频率。可见，在低于基频的转速下，转子总是稳定的。

当 $c_j\neq 0$，$I_j\neq 0$ 时，采用广义 Routh-Hurwitz 准则讨论式（8-36）的运动稳定性将十分烦琐。考虑到对实际黏弹体，松弛时间 τ 很长，要用天、周、月甚至年来度量，而外阻尼引起的衰减时间却极为短促，因此，$1/\tau$ 将是一个小参数。此时，可对式（8-36）直接用摄动法求其特征根的摄动解，直接由其根的实部来判断系统的稳定

性，这比用 R－H 准则判断稳定性简捷得多。设式（8－36）的摄动解为

$$\lambda = \lambda_0 + \lambda_1/\tau + \cdots \tag{8-39}$$

将式（8－39）代入式（8－36），分别令 $1/\tau$ 的零次项和一次项为零，得

$$\begin{gathered}[\lambda_0^2 + (c_j - \mathrm{i}\Omega I_j)\lambda_0 + \omega_j^2](\lambda_0 - \mathrm{i}\Omega) = 0 \\ [\lambda_0^2 + (c_j - \mathrm{i}\Omega I_j)\lambda_0 + \omega_j^2](\lambda_1 + 1) + (2\lambda_0 + c_j - \mathrm{i}\Omega I_j)(\lambda_0 - \mathrm{i}\Omega)\lambda_1 = (1-\alpha)\omega_j^2\end{gathered} \tag{8-40}$$

由式（8－40）的第一式得

$$\lambda_0^2 + (c_j - \mathrm{i}\Omega I_j)\lambda_0 + \omega_j^2 = 0 \quad 或 \quad \lambda_0 = \mathrm{i}\Omega \tag{8-41}$$

式（8－41）的第一式的解实际上就是弹性转轴的阻尼涡动频率，即

$$\lambda_0 = \frac{1}{2}\left[-(c_j - \mathrm{i}\Omega I_j) \pm \sqrt{(c_j - \mathrm{i}\Omega I_j)^2 - 4\omega_j^2}\right] \tag{8-42}$$

将式（8－42）代入式（8－40）的第二式，得

$$\lambda_1 = \pm \frac{(1-\alpha)\omega_j^2}{(\lambda_0 - \mathrm{i}\Omega)\sqrt{(c_j - \mathrm{i}\Omega I_j)^2 - 4\omega_j^2}} \tag{8-43}$$

于是，特征值的摄动解为

$$\lambda = -\frac{c_j - \mathrm{i}\Omega I_j}{2} \pm \sqrt{\left(\frac{c_j - \mathrm{i}\Omega I_j}{2}\right)^2 - \omega_j^2} \pm \frac{1}{\tau}\frac{(1-\alpha)\omega_j^2}{(\lambda_0 - \mathrm{i}\Omega)\sqrt{(c_j - \mathrm{i}\Omega I_j)^2 - 4\omega_j^2}} \tag{8-44}$$

因为 $\tau \gg 1$，式（8－44）右边第三项与第一、第二项比较，是极小的修正项，对涡动稳定性无本质影响。因此有如下结论：考虑转轴的弱黏弹性，对转轴的涡动特性无本质影响，不会引起涡动失稳。式（8－41）的第二式表示的摄动解，表示转子作同步涡动，将式（8－41）的第二式代入式（8－40）的第二式，得

$$\lambda_1 = -\frac{\alpha\omega_j^2 + \mathrm{i}c_j\Omega - (1-I_j)\Omega^2}{\omega_j^2 + \mathrm{i}c_j\Omega - (1-I_j)\Omega^2} \tag{8-45}$$

因为 $\lambda = \mathrm{i}\Omega + \lambda_1/\tau$，故该同步涡动的失稳条件为 $\mathrm{Re}(\lambda_1) > 0$，即

$$(1-I_j)^2\Omega^4 + [c_j^2 - (1-I_j)(1+\alpha)\omega_j^2]\Omega^2 + \alpha\omega_j^4 < 0 \tag{8-46}$$

由此得到 Ω 的失稳范围为

$$\Omega_{1j} \leqslant \Omega \leqslant \Omega_{2j} \tag{8-47}$$

式中

$$\begin{gathered}\Omega_{1j}^2 = \omega_j^2[b_j - \sqrt{b_j^2 - \alpha_j}], \quad \Omega_{2j}^2 = \omega_j^2[b_j + \sqrt{b_j^2 - \alpha_j}] \\ b_j = \frac{1}{2}\left[\frac{1+\alpha}{1-I_j} - \frac{c_j^2}{(1-I_j)^2\omega_j^2}\right], \quad \alpha_j = \frac{\alpha}{(1-I_j)^2}\end{gathered} \tag{8-48}$$

当 $b_j^2 < \alpha_j$ 时

$$\frac{c_j^2}{(1-I_j)^2\omega_j^2} > (1-\sqrt{\alpha})^2 \tag{8-49}$$

失稳区消失，可见加大外阻尼可以抑制蠕变失稳的发生，如图 8－6 所示是 $I_j = 0$ 时的失稳范围。

上述与自旋同步的涡动失稳称为蠕变失稳。由于实部的量级是 $1/\tau$，蠕变失稳是一个慢变失稳过程。需要用天、周、月甚至年才能观察到失稳的累积增幅效应。在一般的

短时间范围内，即使用仪器也难以观察到增幅失稳过程，但对长期连续运转的机械，对这一失稳现象还是要引起重视。由式（8－45）取虚部，得到

$$\mathrm{Im}\left(\frac{\lambda_1}{\tau}\right)=-\frac{1}{\tau}\frac{c\Omega\ (1-\alpha)\ \omega_j^2}{[\omega_j^2-\ (1-I_j)\ \Omega^2]^2+c_j^2\Omega^2}<0 \tag{8-50}$$

因此，从与 Ω 同步旋转的坐标系观察，蠕变失稳还伴随着逆向缓慢进动。

若 $c_j=I_j=0$，由式（8－47）可知失稳范围为

$$\sqrt{\alpha}\,\omega_j\leqslant\Omega\leqslant\omega_j \tag{8-51}$$

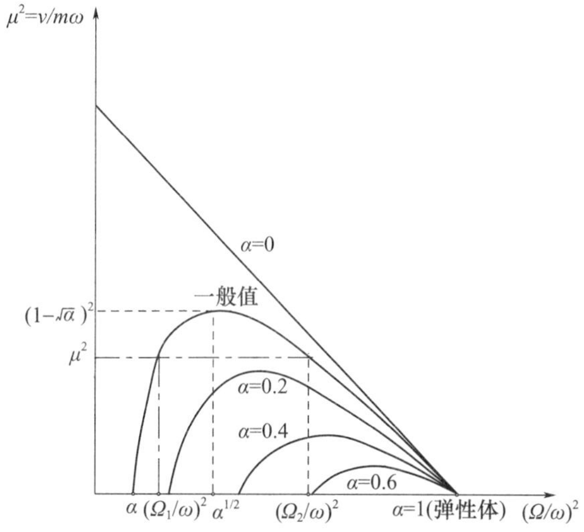

图 8－6　三参数黏弹轴的蠕变失稳区

由此可见，由广义 R－H 准则得出的稳定性条件是充分条件而非充要条件。

8.2.3　转子系统的内耗失稳与结构内阻尼

1. 内耗失稳的物理解释

在振动问题中，阻尼总起稳定作用，但材料内耗对转子的扰动运动会起到失稳作用。如图 8－7（a）所示，质点质量 m 用 4 根相同的弹簧对称悬吊在转环中央，弹簧刚度为 $k/2$，转环由四周轴承定位，只能做自旋，角速度为 Ω。该系统是两自由度稳定保守系统，自然频率为 $\omega_0=\sqrt{k/m}$。如果该质量与静止的外壁之间装有对称布局的外阻尼，阻尼系数为 $c_s/2$，如图 8－7（b）所示，则这些阻尼器无疑对质点的振动起阻尼作用，系统是渐进稳定的。如果在质点和转环之间安装内阻尼器，如图 8－7（c）所示，由于转环以 Ω 旋转，这些阻尼器的作用有可能使偏离状态下的质点被转环拖拽（当 $\Omega>\omega_0$ 时），而使扰动进一步加剧。转环的自转能量通过阻尼器源源不断地输入到质点上，转换成质点的涡动能量。取绝对静止坐标系 Oxy，质点的扰动速度 $\boldsymbol{v}=\dot{x}\boldsymbol{i}+\dot{y}\boldsymbol{j}$，内阻尼器的作用是产生一个与质量对转环的相对速度成正比的拖拽力 $c_r\ (\boldsymbol{\Omega}\times\boldsymbol{r}-\boldsymbol{v})\ =c_r[-\ (\Omega y+\dot{x})\ \boldsymbol{i}+\ (\Omega x-\dot{y})\ \boldsymbol{j}]$，其中 $c_r/2$ 是单个阻尼器的内阻尼系数。质点的扰动方程为

$$m\begin{Bmatrix}\ddot{x}\\ \ddot{y}\end{Bmatrix}+\ (c_r+c_s)\ \begin{Bmatrix}\dot{x}\\ \dot{y}\end{Bmatrix}+\begin{bmatrix}k & c_r\Omega\\ -c_r\Omega & k\end{bmatrix}\begin{Bmatrix}x\\ y\end{Bmatrix}=\begin{Bmatrix}0\\ 0\end{Bmatrix} \tag{8-52}$$

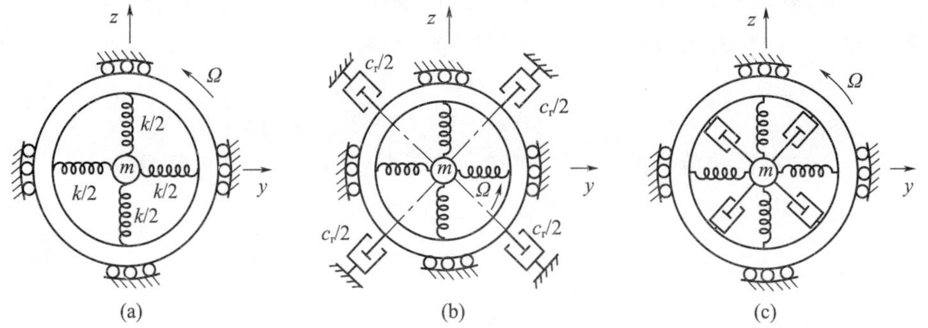

图 8-7　内耗失稳的物理解释

其特征值问题方程为

$$m\lambda^2 + (c_r + c_s)\lambda + (k - ic_r\Omega) = 0 \tag{8-53}$$

式（8-53）对应于式（8-34）中 K-V 模型 $j=1$ 的情况，其中取 $\mu = c_r/m\omega_0^2$，$c_j = c_s/m$，代入式（8-34），得失稳阈值为

$$\Omega_t = \omega_0 (1 + c_s/c_r) \tag{8-54}$$

此时质点的涡动频率为 ω_0。式（8-54）的物理意义是在失稳转速下，内阻尼的功 $c_r(\Omega_t - \omega_0)$ 等于外阻尼的功 $c_s\omega_0$。一旦内阻尼的功大于外阻尼的功，系统失稳。用图 8-8 所示的装置可以直观地说明图 8-7 中的力学模型。一个圆筒放在可自旋的平台上，筒内装有黏性流体，单摆垂直悬吊在圆筒上，图 8-7 中的任一物理量在图 8-8 中都可找到对应关系，单摆的弹性恢复力即为横向弹簧力，平台相对于转环，流体对质点的阻力为内阻尼，如果不计外阻尼，则当 $\Omega > \omega_0 = \sqrt{g/l}$ 时单摆失稳。

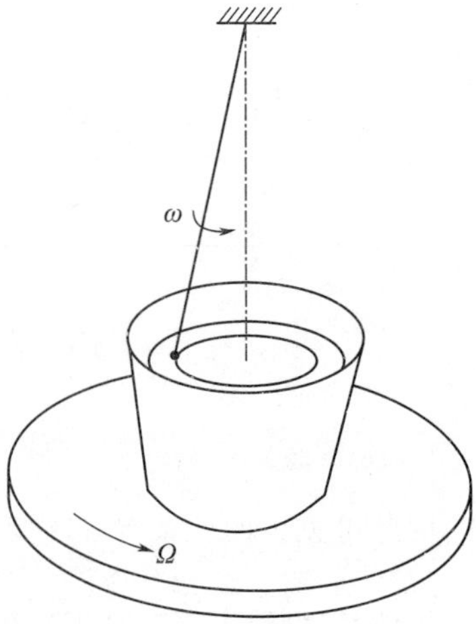

图 8-8　内耗失稳的演示

2. 结构内阻尼

在许多旋转机械结构中，当各部件发生变形时，会发生相对滑动而产生内摩擦力，如汽轮机、燃气轮机中叶轮和转轴之间的热套配合，转子的套齿联轴器等。当转轴发生弯曲变形时，轴与轮毂接触面之间发生相对错动。当轴向上弯曲时，凸面处轴向纤维伸长，凹面处轴向纤维收缩，轮毂接触面对轴的凸面处有一向内的摩擦力，而凹面处的摩擦力向外，形成一个合力偶作用在轴上，如图 8-9 所示。这一力偶可等价为一个集中力 F，根据能量等效性原则，得到

$$\frac{l^3}{48EI}F^2 = \frac{l}{12EI}M^2 \quad 或 \quad F = 2M/l \tag{8-55}$$

作为干摩擦力，当轴上下振动时，F 也正负改变，但量值基本不变，$\boldsymbol{F} = -F\dot{\boldsymbol{r}}/|\dot{\boldsymbol{r}}|$。为了便于数学处理，常将干摩擦力等效简化为线性阻尼力。当量阻尼系数可由自由衰减振动法测定，也可用能量等效来计算。在分析系统的运动稳定性问题时，这种当量线性化方法十分有效。于是可取

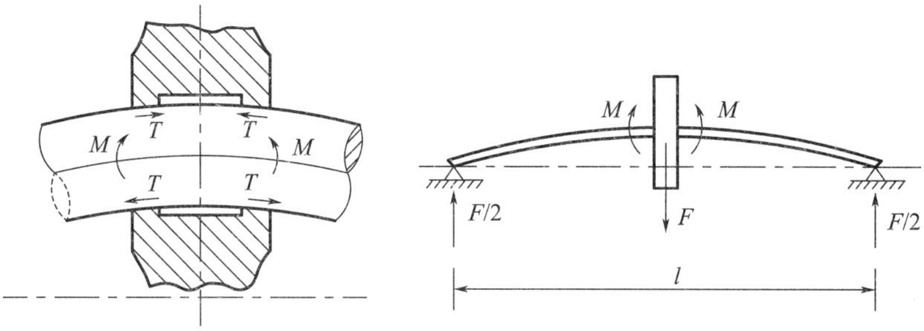

图 8-9　盘-轴热套配合

$$\boldsymbol{F} = -c_r \dot{\boldsymbol{r}} \tag{8-56}$$

如果转子和转盘同以 Ω 自旋，则转轴相对于转盘的变形速度不再是 $\dot{\boldsymbol{r}}$ 而是 $\dot{\boldsymbol{r}}-\boldsymbol{\Omega}\times\boldsymbol{r}$，这里 $\boldsymbol{r}$ 和 $\dot{\boldsymbol{r}}$ 是轴的绝对位移和绝对速度。于是有

$$\boldsymbol{F} = -c_r (\dot{\boldsymbol{r}} - \boldsymbol{\Omega}\times\boldsymbol{r}) \tag{8-57}$$

式（8-57）可写为

$$F_y + \mathrm{i}F_x = -c_r (\dot{z} - \mathrm{i}\Omega z) \tag{8-58}$$

可见，K-V 黏弹性体本构关系可用来描述结构内阻尼，从而将结构内阻尼转化为黏弹性体内耗。在工程实际中，结构内阻尼在量级上往往大于材料内阻尼，因此，K-V 模型有其应用价值。

8.2.4　转子系统的陀螺效应

考虑一个如图 8-10 所示的质量模型，图 8-10（a）、（b）分别是第一阶模态和第二阶模态。第二阶模态上轮盘没有运动，如果轴是无质量的，则整个系统没有动能，因此将无法预测第二阶模态。如果这个质量是一个具有横向惯性的轮盘，如图 8-11 所示，图 8-11（a）、（b）分别是第一阶模态和第二阶模态。该模型在第二阶模态上存在由于旋转而形成的动能。该轮盘的旋转运动状态由一个角度（等于斜率 $\partial v/\partial x$）确定，而 $\partial v/\partial x$ 正是角速度的导数，因此动能的表达式为

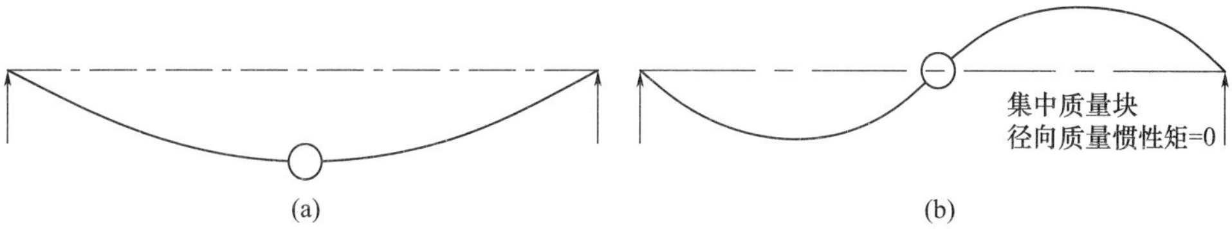

图 8-10　质量模型

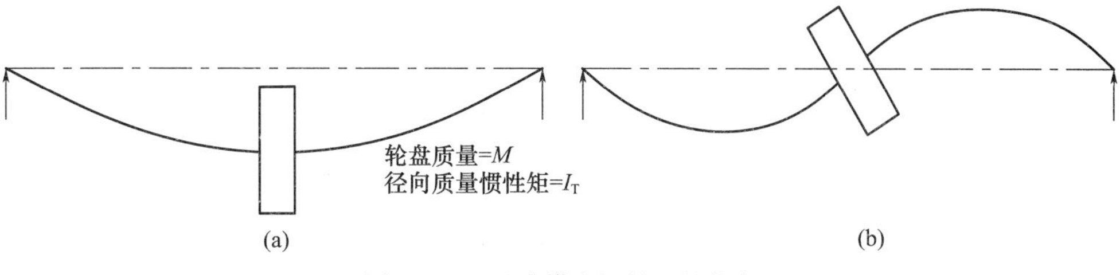

图 8-11　具有横向惯性 I_T 的轮盘

$$T=\frac{1}{2}I_{\mathrm{T}}\left[\frac{\mathrm{d}}{\mathrm{d}t}\left(\frac{\partial v}{\partial x}\right)\right]^{2} \tag{8-59}$$

对于静态梁，I_{T}就是转动惯量，当轴旋转时，轮盘就像旋转的陀螺。在转子动力学中这一结构具有重要的作用。图 8－12 是一个三维的旋转轮盘，绕 x 轴发生涡动。由于涡动的存在，在轮盘中心处会发生一定的进动并导致轴的倾斜。这样的进动使得轮盘的运动与陀螺旋转类似，并为结构带来了陀螺效应。

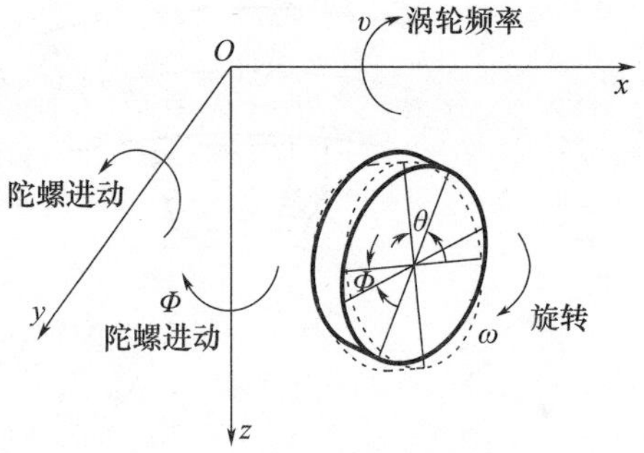

图 8－12　自由旋转的轮盘

轮盘的旋转和进动带来了陀螺力偶，这是质量极惯性矩、旋转角速度和进动角速度的产物，由此形成的力偶沿着右手螺旋法则的方向。这两个进动会引起两个直交的弯曲平面内的陀螺力偶，如图 8－13 所示。惯性和陀螺扭矩产生了如图 8－13 所示的轮盘单元上的弯矩。轮盘I在 xz 和 yz 平面内的弯矩关系式为

$$M_{yi}^{\mathrm{R}}=M_{yi}^{\mathrm{L}}+I_{\mathrm{p}}\,\omega\dot{\phi}_{i}+I_{\mathrm{T}}\ddot{\theta}_{i},\qquad M_{zi}^{\mathrm{R}}=M_{zi}^{\mathrm{L}}+I_{\mathrm{p}}\,\omega\dot{\theta}_{i}+I_{\mathrm{T}}\ddot{\phi}_{i} \tag{8-60}$$

考虑图 8－14 所示的系统，由一个无质量轴和一个悬垂的轮盘构成，左端的两个轴承非常接近，由此可以得到一个悬臂式的转子。轴以角速度 ω 旋转，同时发生一个同角速度同方向的涡动。

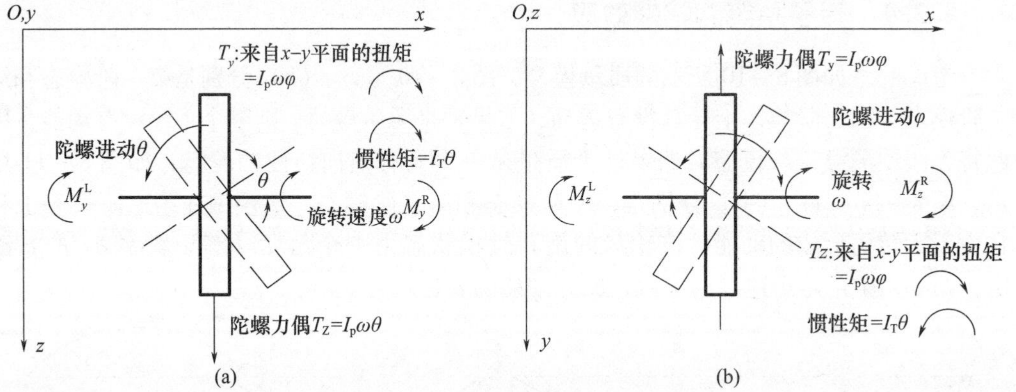

图 8－13　轮盘的两个进动

同步涡动类似于月球的自转和绕地球的公转。在开始位置，轴的中心位于 S_1 点，而轮盘边界上最远的一点为 P_1。当轴沿着轴承中心线 O 发生涡动，从 S_1 点沿着顺时针方向抵达 S_2 点时，轮盘外侧的最远点 P 恰好从 P_1 点旋转到 P_2 点。这一过程不断重复，在每个完整的旋转结束后，P 点都仍然在距中心最远的位置上。如果由一个坐在 O 点的人进行观察，当轮盘以角速度 ω 旋转并沿着相同方向以角速度 ω 涡动时，点 P 将始终保持在同一位置。

对这个悬垂的转子，可以推导出其自然频率的关系式为

$$\omega_{\mathrm{n}}^{4}I_{\mathrm{T}}+\omega_{\mathrm{n}}^{2}\,\frac{12EI}{ml^{3}}\left(\frac{1}{3}ml^{2}-I_{\mathrm{T}}\right)-\frac{12E^{2}I^{2}}{ml^{4}}=0 \tag{8-61}$$

式中：m 为轮盘质量；EI 为抗弯刚度；l 为长度；I_{T}为轮盘的横向质量惯性矩。

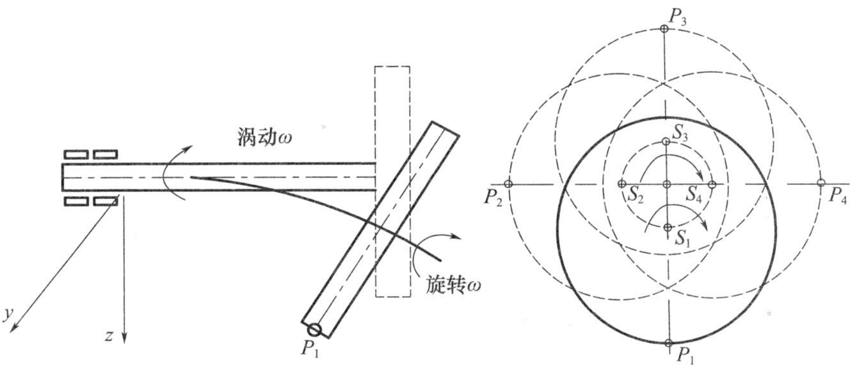

图 8－14　发生突变涡动的悬垂轴

对质量模型，由式（8－61）可得

$$\omega_{\mathrm{n}}^2 \frac{12EI}{ml^3}\left(\frac{1}{3}ml^2\right)-\frac{12E^2I^2}{ml^4}=0,\ \omega_{\mathrm{n}}=\sqrt{\frac{3EI}{ml^3}} \tag{8-62}$$

假设横向惯量 I_{T} 无限大，则式（8－61）可简化为

$$\omega_{\mathrm{n}}^4+\omega_{\mathrm{n}}^2\frac{12EI}{ml^3}=0,\qquad \omega_{\mathrm{n}}=\sqrt{\frac{12EI}{ml^3}} \tag{8-63}$$

由无量纲频率参数 $\lambda=\omega_{\mathrm{n}}\sqrt{ml^3/EI}$ 定义的频率可以表示为轮盘参数 $\delta=I_{\mathrm{T}}/ml^2$ 的函数，即

$$\lambda_{1,2}^2=\left(6-\frac{2}{\delta}\right)\pm\sqrt{\left(6-\frac{2}{\delta}\right)^2+\frac{12}{\delta}} \tag{8-64}$$

由此可以推出结论，在一个同向的同步涡动中（同步正进动），自然频率会由于轮盘陀螺效应而增加，这体现在从质量模型到具有相同质量但半径无限大的轮盘模型变化过程中自然频率的变化。该效应在所有的转了动力学分析中都应当考虑。

由此注意到一个重要的事实，当扰动一个稳定旋转的转子时，其响应取决于轮盘的分布形式，该涡动的响应频率将与转子的自然频率相同。实际中还需要考虑非同步涡动的情况，即转子以角速度 ω 旋转，而角速度 v 正向或反向涡动，可以将自然频率、旋转转子的涡动频率参数 $\lambda=\sqrt[v]{ml^3/(3EI)}$ 和无量纲的旋转参数 $\Omega=\sqrt[\omega]{ml^3/(3EI)}$ 表示为轮盘参数 $\delta=3I_{\mathrm{T}}/ml^2$ 的函数，即

$$v^4-2mv^3-EI\left(\frac{12}{ml^3}+\frac{4}{I_{\mathrm{T}}l}\right)v^2+\frac{24\omega EI}{ml^3}v+\frac{12E^2I^2}{I_{\mathrm{T}}ml^4}=0$$

$$\lambda^4-2\Omega\lambda^3-4\frac{\delta+1}{\delta}\lambda^2+8\Omega\lambda+\frac{4}{\delta}=0 \tag{8-65}$$

式（8－65）可以形成如图 8－15 所示的曲线。对正的旋转速度 ω，如果存在负的 λ 根，则意味着轴的涡动方向与旋转方向相反，即反进动。图 8－15 中将这些反进动的值标注为 B。将正进动的值，即 ω 的正根标注为 F。当轴在静

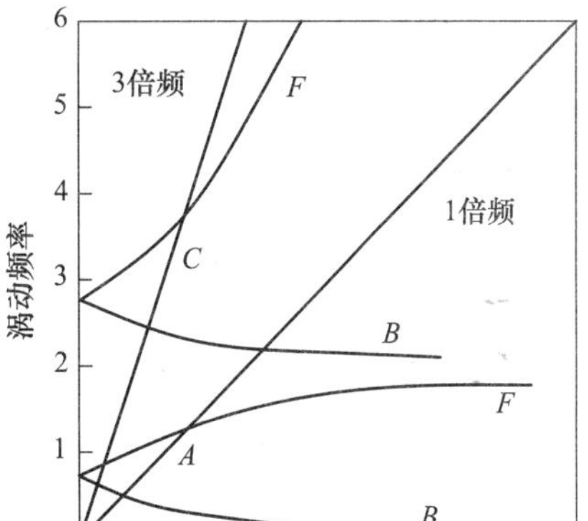

图 8－15　悬臂转子的非同步涡动

止状态时，其响应频率将会是结构的自然频率。当增加转速，转子首先在穿过 A 时发生共振，但通常很难观察到，因为反进动方向没有激励。随后转子通过 C，此时达到涡动响应的峰值，这是第一阶临界转速。由于轮盘效应的存在造成了第一阶临界转速的不同。

陀螺效应引入了旋转对自然频率的影响，但是由转速带来的任何自然频率的变化并不直接与离心力场有关，这仅仅是轮毂陀螺效应的作用。传统的转子动力学模型都是梁模型，因此即使存在转子的偏心，也不会有离心力。如果实体转子模型分析中考虑应力硬化和旋转软化，则正进动和反进动的临界转速也将发生变化。

8.2.5 转子系统的内摩擦和滞后效应

内摩擦，又称为滞后效应，也会引起失稳，松散安装在转轴上的一个零件也会在旋转坐标系下发生相对运动，这种情况与内摩擦等效。图 8－16 所示为一个典型的滞后环，在一个周期内损失的功被表示为环内的面积。从最大应变点 A_1 出发沿顺时针方向到零应力位置 B_1，然后抵达零应变位置 A_2，在 A_3 点获得最大压缩应变，随后在完成整个周期前后通过另一个零应变点 B_2 和另一个零应变点 A_4。

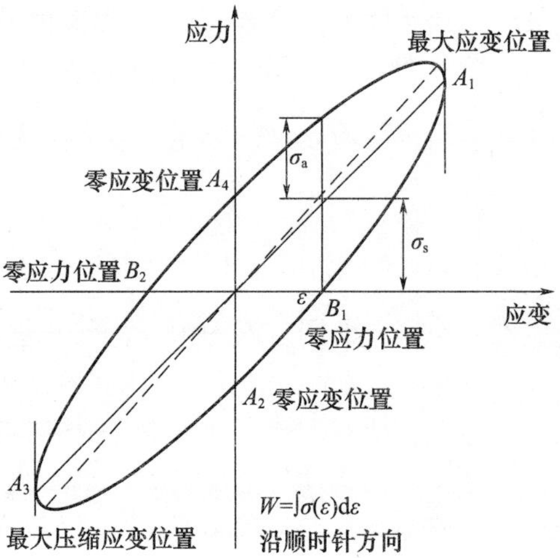

图 8－16　滞后环

在任何一点，令其应变为 ε，其应力由一个稳态分量 σ_s 和一个交变分量 σ_a 组成。在每个周期中损失的功等于在旋转坐标系的阻尼，为了确定其大小，将材料特性设为黏弹性，则得到应力应变关系为

$$\sigma = E\varepsilon + D\dot{\varepsilon} \tag{8-66}$$

式中：E 为弹性模量；D 为阻尼模量。

将一个滞后环的功与物体在 1/4 周期内的变形功进行对比，可以得到系统的相对阻尼，又称为阻尼容量。为简单起见，取一个弧度内的滞后效应的功，由此可以得到损耗因子。

一个周期中每单位体积的变形功为

$$W = \oint \sigma(\varepsilon)\mathrm{d}\varepsilon \tag{8-67}$$

1/4 周期中每个单位体积的变形功为

$$U = \frac{1}{2}\hat{\sigma}\hat{\varepsilon} \tag{8-68}$$

从式（8 - 67）和式（8 - 68）可以得到相对阻尼或阻尼容量为

$$\beta = \frac{W}{U} = \frac{2\oint\sigma(\varepsilon)\mathrm{d}\varepsilon}{\hat{\sigma}\hat{\varepsilon}} \tag{8-69}$$

损耗因子为

$$\eta = \frac{\beta}{2\pi} \tag{8-70}$$

对谐波应变 $\varepsilon = \hat{\varepsilon}\sin\omega t$，应变率为 $\dot{\varepsilon} = \hat{\varepsilon}\omega\cos\omega t$。由 $\cos\omega t = \sqrt{1-\sin^2\omega t} = \sqrt{1-(\varepsilon/\hat{\varepsilon})^2}$，式（8 - 66）可写为

$$\sigma = E\varepsilon + D\omega\hat{\varepsilon}\sqrt{1-(\varepsilon/\hat{\varepsilon})^2} = E\varepsilon + D\omega\sqrt{\hat{\varepsilon}-\varepsilon^2} = \sigma_s + \sigma_a \tag{8-71}$$

式中，谐波分量 $\sigma_a = D\omega\sqrt{\hat{\varepsilon}-\varepsilon^2}$ 按周期变化，在峰值应变点时该分量为零。黏性效应与应变率成正比，该比例系数称为阻尼模量，可以利用交变应力来确定损耗因子，从而利用黏弹性模量逐步计算出内阻尼。式（8 - 67）~式（8 - 70）可分别表示为

$$W = \pi D\omega\hat{\varepsilon}^2,\ U = \frac{1}{2}E\hat{\varepsilon}^2,\quad \beta = \frac{2\pi D\omega}{E},\quad \eta = \frac{D\omega}{E} \tag{8-72}$$

令等效阻尼因子为 h，则有

$$W_d = \pi h\omega X^2,\quad U = \frac{1}{2}kX^2,\quad \beta = \frac{2\pi h\omega}{k} \tag{8-73}$$

考虑到式（8 - 70），从式（8 - 73）的第三式可得到

$$h = \frac{\beta k}{2\pi\omega} = \frac{\eta k}{\omega} \tag{8-74}$$

由此可以得到等效的黏性阻尼比为

$$\xi_e = \frac{hp}{2k} = \frac{\eta p}{2\omega} \tag{8-75}$$

对给定的材料损耗因子可以由实验获得，因此材料内阻尼系数或等效内阻尼可以由式（8 - 75）来确定。

（1）同步涡动的轴（$v=\omega$）。考虑如图 8 - 17 所示的转子，轮盘位于轴中心 O，并绕轴承中心线 B 发生涡动，涡动角为 $\theta=\omega t$。在同步涡动中，转轴绕其中心 O 的旋转角也是 $\theta=\omega t$。因此，轮盘边缘最远点的 A_1 仍然保持在 A_1' 的位置。图中 A_2 和 A_4 为中性应变点，而不是中性应力点。

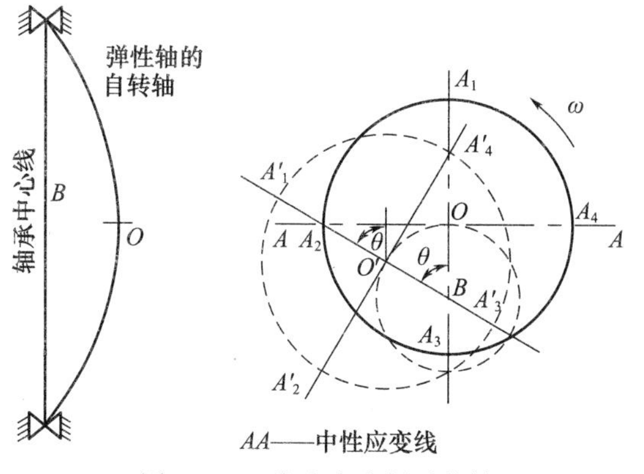

图 8 - 17　发生突变涡动的轴

（2）次同步涡动的轴（$v<\omega$）。对于涡动频率 v 低于转速 ω 的情况，轴心 O 绕轴承中心线的涡动角为 $\theta=vt$。而转轴绕其中心 O 的旋转角为 $\omega t>\theta$。因此轮盘边缘最远的点 A_1 会超过突变涡动中 A_1' 的位置而抵达一个更接近 A_2' 的位置 A_1''。因此，得到的零应力点 B_1 会在 A_1 和 A_2 之间。此时 P 在水平方向的分量会形成一个绕 O 点的转矩。从而加剧涡动，造成轴的失稳。以转速 ω 旋转的轴，在受到扰动时发生的涡动频率 v 与自然频率 ω_n 相等。因此，这种失稳只有在 $\omega>\omega_n$ 时才会发生。

（3）超同步涡动的轴（$v>\omega$）。此时轴心 O 绕轴承中心线的涡动角为 $\theta=vt$，如图 8－18所示。转轴绕其中心 O 的旋转角 $\omega t<\theta$，在 $\omega<\omega_n$ 时永远不会发生这种失稳。

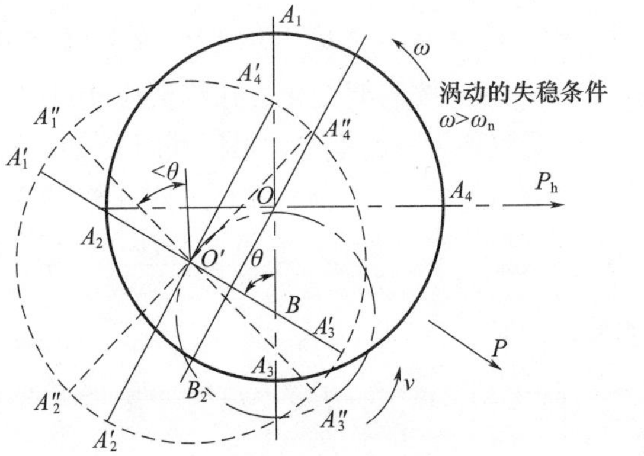

图 8－18　发生超突变涡动

图 8－19（a）所示为一个在旋转坐标系 $\xi\eta$ 中的轮盘，其平衡条件也是在旋转坐标系中定义的，使用旋转坐标系中的加速度来描述惯性力，用旋转坐标系中的速度来描述外部阻尼。在静止坐标系下轴心的位移是 $r=z+\mathrm{i}y$，而在旋转坐标系下其位移为 $\zeta=\xi+\mathrm{i}\eta$，则 G 点的速度和加速度可以表示为

$$v_\xi=\dot{\xi}-\omega(\eta+a_2),\quad v_\eta=\dot{\eta}+\omega(\xi+a_1)$$

$$a_\xi=\ddot{\xi}-2\omega\dot{\eta}-\omega^2(\xi+a_1),\quad a_\eta=\ddot{\eta}+2\omega\dot{\xi}-\omega^2(\eta+a_2) \qquad (8-76)$$

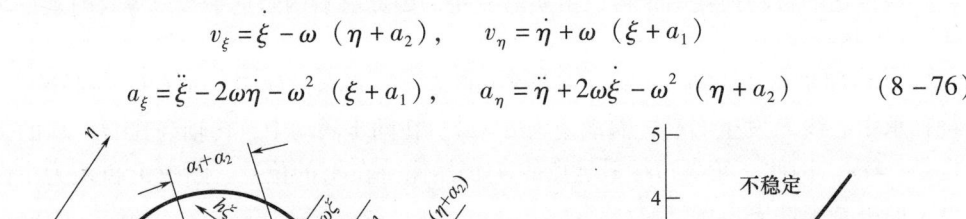

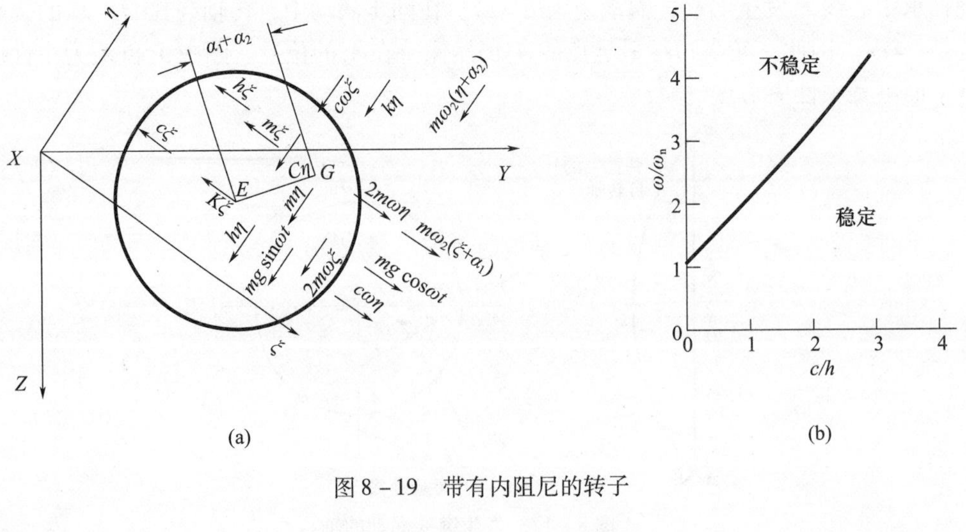

图 8－19　带有内阻尼的转子

旋转坐标系下的控制方程为

$$m\left(\ddot{\xi}-2\omega\dot{\eta}-\omega^2\xi\right)+c\left(\dot{\xi}-\omega\eta\right)+h\dot{\xi}+k\xi=ma_1\omega^2+mg\cos\omega t$$

$$m\left(\ddot{\eta}+2\omega\dot{\xi}-\omega^2\eta\right)+c\left(\dot{\eta}+\omega\xi\right)+h\dot{\eta}+k\eta=ma_2\omega^2+mg\sin\omega t$$

$$m\left(\ddot{\zeta}+2\omega\dot{\zeta}-\omega^2\zeta\right)+c\left(\dot{\zeta}+\mathrm{i}\omega\zeta\right)+h\dot{\zeta}+k\zeta=ma\omega^2+mg\mathrm{e}^{-\mathrm{i}\omega t} \tag{8-77}$$

若记 $c/m=2\delta_{\mathrm{v}}$，$h/m=2\delta_{\mathrm{h}}$，则式（8－77）的第三式为

$$\ddot{\zeta}+2\omega\dot{\zeta}-\omega^2\zeta+2\delta_{\mathrm{v}}\left(\dot{\zeta}+\mathrm{i}\omega\zeta\right)+2\delta_{\mathrm{h}}\dot{\zeta}+\omega_{\mathrm{n}}^2\zeta=a\omega^2+g\mathrm{e}^{-\mathrm{i}\omega t} \tag{8-78}$$

将式（8－78）转换到静态坐标下求解，其稳定性取决于两个指数的衰减和增长项。

$$\zeta=r\mathrm{e}^{-\mathrm{i}\omega t},\quad \ddot{r}+2\delta_{\mathrm{v}}\dot{r}+2\delta_{\mathrm{h}}\left(\dot{r}-\mathrm{i}\omega r\right)+\omega_{\mathrm{n}}^2r=a\omega^2\mathrm{e}^{\mathrm{i}\omega t}+g$$

$$r=\mathrm{e}^{\mathrm{i}\lambda t},\quad \lambda^2-\mathrm{i}2\lambda\left(\delta_{\mathrm{v}}+\delta_{\mathrm{h}}\right)+\mathrm{i}2\omega\delta_{\mathrm{h}}-\omega_{\mathrm{n}}^2=0$$

$$r=A_1e^{-(\delta_{\mathrm{v}}+\delta_{\mathrm{h}}+\delta_{\mathrm{h}}\omega/\omega_{\mathrm{n}})t}\mathrm{e}^{-\mathrm{i}\omega_{\mathrm{n}}t}+A_2\mathrm{e}^{-(\delta_{\mathrm{v}}+\delta_{\mathrm{h}}-\delta_{\mathrm{h}}\omega/\omega_{\mathrm{n}})t}\mathrm{e}^{\mathrm{i}\omega_{\mathrm{n}}t} \tag{8-79}$$

具有内摩擦转轴的稳定性图如图 8－19（b）所示。在实际中，一个松散安装的轮盘、齿轮、飞轮等都会造成转子和零件的两个表面的摩擦。与静止部件和移动部件之间的摩擦不同，这里的摩擦是相对于转子的，是在一个旋转坐标系下。令这两个表面之间的摩擦因数为 h，如果 h 较大，或者外部阻尼 c 较小，失稳可能会在第一阶临界转速后很快发生。这种情况下需要用外部摩擦来抵抗由于松散连接的部件所引起的失稳。假设令 $c=3h$，则发生失稳的转速为第一阶临界转速的 4 倍。注意到在转速低于第一阶临界转速时，内摩擦带来的滞后效应不会引起失稳。

8.3 挠性转子的平衡

随着转速的提高，转子易产生振动。引起高速转子振动的原因有外界交变载荷、转子自身的不平衡、油膜轴承的性能以及转子内部的裂纹等。高速转子不平衡而产生的惯性力所引起的机械系统振动问题，是转子动力学的基础问题。本节内容主要介绍挠性转子的平衡原理和方法。

8.3.1 挠性转子的平衡原理

挠性转子的不平衡由两部分组成，一部分是由原始质量偏心 $\boldsymbol{a}(x)$ 引起的 $\boldsymbol{u}_0(x)$；二是由转子弹性变形 $\boldsymbol{s}(x)$ 引起的挠性不平衡量 $\boldsymbol{u}_{\mathrm{s}}(x)$，即

$$\boldsymbol{u}_0(x)=m(x)\boldsymbol{a}(x),\quad \boldsymbol{u}_{\mathrm{s}}(x)=m(x)\boldsymbol{s}(x) \tag{8-80}$$

在刚性转子平衡时，由于只存在 $\boldsymbol{u}_0(x)$，可以用一个集中的校正量，达到静平衡，用两个校正面的校正量达到动平衡。对于挠性不平衡能否用集中的校正量来消除和需要多少校正量，这是研究挠性转子平衡的关键问题。如果试图用 m 个集中的校正量 U_k（$k=1, 2, \cdots, m$）来平衡挠性转子，如图 8－20 所示，则完

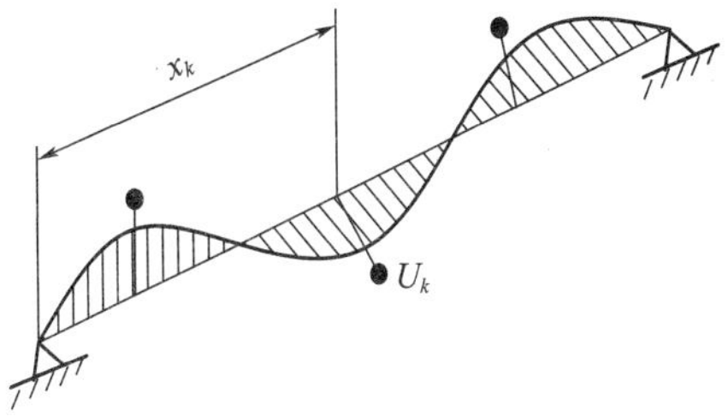

图 8－20　转子的集中校正量

全平衡的条件为

$$\int_0^l m(x)\boldsymbol{s}_{\mathrm{b}}(x)\mathrm{d}x + \int_0^l \boldsymbol{u}_0(x)\mathrm{d}x + \sum_{k=1}^{m}\boldsymbol{U}_k = 0$$

$$\int_0^l xm(x)\boldsymbol{s}_{\mathrm{b}}(x)\mathrm{d}x + \int_0^l x\boldsymbol{u}_0(x)\mathrm{d}x + \sum_{k=1}^{m}x_k\boldsymbol{U}_k = 0 \qquad (8-81)$$

式中：x_k为校正量所在平面的坐标；方程左边后两项为刚性转子的平衡条件，这部分可以通过在低速下进行刚性平衡来满足。$\boldsymbol{s}_{\mathrm{b}}$（$x$）是加了校正量以后转子的动挠度。如果校正量$\boldsymbol{U}_k$（$k=1$，2，…，$m$）能够消除挠性不平衡，则应满足$s_{\mathrm{b}}$（$x$）$=0$，即若干集中的校正量产生的弹性变形与原始不平衡产生的变形相抵消。集中的校正量可以用δ函数表示，即

$$\delta(x-x_k)=\begin{cases}1, & x=x_k\\ 0, & x\neq x_k\end{cases} \qquad (8-82)$$

于是，有

$$\boldsymbol{U}_k=\boldsymbol{U}_k\delta(x-x_k) \qquad (8-83)$$

在有集中校正量时，转子动挠度曲线方程可表示为

$$\frac{\mathrm{d}^2}{\mathrm{d}x^2}\left[EI(x)\frac{\mathrm{d}^2\boldsymbol{s}_{\mathrm{b}}(x)}{\mathrm{d}x^2}\right]+m(x)\Omega^2\boldsymbol{s}_{\mathrm{b}}(x) = \Omega^2 m(x)\sum_{n=1}^{\infty}\boldsymbol{C}_n\boldsymbol{\Phi}_n(x) + \Omega^2\sum_{k=1}^{m}\boldsymbol{U}_k\delta(x-x_k)$$

$$(8-84)$$

将$\boldsymbol{U}_k\delta$（$x-x_k$）按振型函数展开，得

$$\boldsymbol{U}_k\delta(x-x_k) = \sum_{i=1}^{n}m(x)\boldsymbol{B}_{kn}\boldsymbol{\Phi}_n(x) \qquad (8-85)$$

在求第r阶的$\boldsymbol{B}_{kr}$（r为1，2，…，∞的任意整数）时，可以将等式两边乘以$\boldsymbol{\Phi}_n$（x），再对x积分，然后利用振型函数的正交性求出，即

$$\int_0^l \boldsymbol{U}_k\boldsymbol{\Phi}_r(x)\delta(x-x_k)\mathrm{d}x = \int_0^l\sum_{n=1}^{\infty}\boldsymbol{B}_{kn}m(x)\boldsymbol{\Phi}_n(x)\boldsymbol{\Phi}_r(x)\mathrm{d}x \qquad (8-86)$$

从式（8-86），得

$$\boldsymbol{B}_{kn}=\frac{1}{N_r}\boldsymbol{U}_k\boldsymbol{\Phi}_r(x_k),\quad r=1,2,\cdots,\infty \qquad (8-87)$$

式中，N_r为第r阶正交模，可表示为

$$N_r=\int_0^l m(x)\boldsymbol{\Phi}_r^2(x) \qquad (8-88)$$

将式（8-87）代入式（8-85），得

$$\boldsymbol{U}_k\delta(x-x_k) = m(x)\sum_{n=1}^{\infty}\frac{\boldsymbol{U}_n(x_k)}{N_r}\boldsymbol{\Phi}_n(x) \qquad (8-89)$$

将式（8-89）代入式（8-84），得

$$\frac{\mathrm{d}^2}{\mathrm{d}x^2}\left[EI(x)\frac{\mathrm{d}^2\boldsymbol{s}_{\mathrm{b}}(x)}{\mathrm{d}x^2}\right]+m(x)\Omega^2\boldsymbol{s}_{\mathrm{b}}(x) = \Omega^2 m(x)\sum_{n=1}^{\infty}\boldsymbol{C}_n\boldsymbol{\Phi}_n(x) + m(x)\Omega^2\sum_{n=1}^{\infty}\sum_{k=1}^{m}\frac{\boldsymbol{U}_n(x_k)}{N_r}\boldsymbol{\Phi}_n(x)$$

$$(8-90)$$

式（8-84）的解可表示为

$$s_b(x) = \sum_{n=1}^{\infty} \frac{\Omega^2}{\omega_n^2 - \Omega^2} C_n \Phi_n(x) + \sum_{n=1}^{\infty} \sum_{k=1}^{m} \frac{\Omega^2}{\omega_n^2 - \Omega^2} \frac{U_n(x_k)}{N_r} \Phi_n(x) \tag{8-91}$$

考虑到转子的平衡条件 $s_b(x) = \mathbf{0}$，从式（8－91）得到

$$\sum_{n=1}^{\infty} C_n \Phi_n(x) + \sum_{n=1}^{\infty} \sum_{k=1}^{m} \frac{U_n(x_k)}{N_r} \Phi_n(x) = 0 \tag{8-92}$$

对每一阶分量 $n=r$，应满足

$$C_r + \sum_{k=1}^{m} \frac{U_n(x_k)}{N_r} = 0 \tag{8-93}$$

从式（8－93），得

$$\sum_{k=1}^{m} U_n(x_k) = -C_r N_r = -\Psi_r \tag{8-94}$$

式（8－94）即为振型平衡方程式，有无穷多个。将刚性平衡条件和挠性平衡条件合起来写成矩阵形式，并利用式（8－88），将 Ψ_r 表示为

$$\Psi_r = \int_0^l a(x) m(x) \Phi_r(x) \mathrm{d}x = \int_0^l u_0(x) \Phi_r(x) \mathrm{d}x \tag{8-95}$$

于是得到转子平衡条件为

$$\begin{bmatrix} 1 & 1 & \cdots & 1 \\ x_1 & x_2 & \cdots & x_m \\ \Phi_1(x_1) & \Phi_1(x_2) & \cdots & \Phi_1(x_m) \\ \Phi_2(x_1) & \Phi_2(x_2) & \cdots & \Phi_2(x_m) \\ \vdots & \vdots & & \vdots \\ \Phi_\infty(x_1) & \Phi_\infty(x_2) & \cdots & \Phi_\infty(x_m) \end{bmatrix} \begin{Bmatrix} U_1 \\ U_2 \\ \vdots \\ U_m \end{Bmatrix} = \begin{Bmatrix} \int_0^l u_0(x) \mathrm{d}x \\ \int_0^l x u_0(x) \mathrm{d}x \\ \int_0^l \Phi_1(x) u_0(x) \mathrm{d}x \\ \int_0^l \Phi_2(x) u_0(x) \mathrm{d}x \\ \vdots \\ \int_0^l \Phi_\infty(x) u_0(x) \mathrm{d}x \end{Bmatrix} \tag{8-96}$$

式（8－96）表明，要完全平衡挠性转子，应满足无穷多个方程式，因此集中校正的数目 m 在理论上为无穷多个，这就否定了能用若干个集中的校正量完全平衡挠性转子的可能性。然而，式（8－96）仍然给出了寻求接近挠性转子平衡的途径。从原理上讲，挠性转子的平衡方法主要有振型平衡法、影响系数法、振型圆法和谐量法等。当转速不同时，离心力的大小不同，轴与转子的挠曲变形也不相同，即挠性转子的不平衡状态是随转速而变化的。在某一转速下，一个挠性转子已经平衡，但转速变化时，它又可能失去平衡。因此，可根据其实际工作情况，选定若干个平衡转速，在有限的几个校正平面内加校正质量，以保证转子在一定转速范围内达到预定的平衡目标。

8.3.2 振型平衡法

振型平衡法是根据振型分离的原理对转子逐阶进行平衡的一种方法。转子在某一临界转速下，其挠度曲线主要是该阶的振型曲线，因此在某一阶临界转速下平衡转子，其结果就是平衡了该阶的振型分量。但是，每次平衡时必须保证本阶平衡所加的平衡量不

破坏其他阶的平衡，即本阶所加的平衡量与其他阶的振型正交。下面以图 8－21（a）所示的转子，当工作转速超过二阶临界转速为例来说明振型平衡法的步骤。

（1）确定转子的临界转速、振型函数及平衡平面的位置。图 8－21（b）为振型函数 Φ_1、Φ_2，可用普劳尔法，或者实验方法测出转子在临界转速时的挠度曲线，它和该阶振型曲线成比例。但实验法会遇到一些困难，因为未经平衡的转子有时会振动太大而不能达到所要求的临界转速。

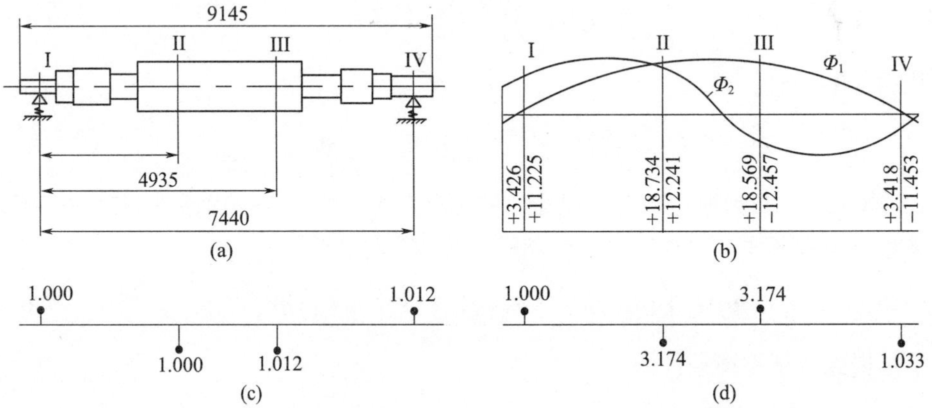

图 8－21　振型平衡法的步骤

平衡平面的数目在采用 $N+2$ 法时，该转子应该选择 4 个平衡平面，4 个平面的位置可根据振型曲线来确定。4 个平面的轴向坐标分别为 x_1、x_2、x_3、x_4。

（2）在低于第一临界转速 70% 的转速范围内对转子做刚性平衡。

（3）将转子开动到第一临界转速附近（约为第一临界转速的 90%）进行一阶平衡，这时所加的 4 个配重 $U_1^{(1)} \sim U_4^{(1)}$ 应满足如下关系式（上标（1）表示第一阶平衡量）为

$$U_1^{(1)}+U_2^{(1)}+U_3^{(1)}+U_4^{(1)}=0,\quad x_1U_1^{(1)}+x_2U_2^{(1)}+x_3U_3^{(1)}+x_4U_4^{(1)}=0$$

$$\boldsymbol{\Phi}_1(x_1)U_1^{(1)}+\boldsymbol{\Phi}_1(x_2)U_2^{(1)}+\boldsymbol{\Phi}_1(x_3)U_3^{(1)}+\boldsymbol{\Phi}_1(x_4)U_4^{(1)}=-\boldsymbol{\Psi}_1$$

$$\boldsymbol{\Phi}_2(x_1)U_1^{(1)}+\boldsymbol{\Phi}_2(x_2)U_2^{(1)}+\boldsymbol{\Phi}_2(x_3)U_3^{(1)}+\boldsymbol{\Phi}_2(x_4)U_4^{(1)}=0 \quad (8-97)$$

式（8－97）的前两式表示一阶平衡不应破坏已有的刚性平衡状态；式（8－97）的第三式是一阶振型平衡的条件；式（8－97）的第四式为正交条件，即保证一阶振型平衡不影响二阶振型平衡。

将 x_1、x_2、x_3、x_4 及对应的 $\boldsymbol{\Phi}_1(x_1)$、$\boldsymbol{\Phi}_1(x_2)$、$\boldsymbol{\Phi}_1(x_3)$、$\boldsymbol{\Phi}_1(x_4)$ 和 $\boldsymbol{\Phi}_2(x_1)$、$\boldsymbol{\Phi}_2(x_2)$、$\boldsymbol{\Phi}_2(x_3)$、、$\boldsymbol{\Phi}_2(x_4)$ 的值代入式（8－97），可得计算结果为

$$U_1^{(1)}=3.264\boldsymbol{\Psi}_1,\quad U_2^{(1)}=-3.264\boldsymbol{\Psi}_1,\quad U_3^{(1)}=-3.303\boldsymbol{\Psi}_1,\quad U_4^{(1)}=3.303\boldsymbol{\Psi}_1$$

这时所得的结果只是 4 个配重的比值，也就是说，要达到平衡一阶振型而又不影响刚性平衡及其他阶振型平衡的目的，4 个配重必须符合此比例关系。这 4 个配重均在转子中心线的同一个平面内。

（4）配重的绝对量及相位可用试加法来确定。方法为：先在不加任何平衡量的情况下开机达到平衡一阶所需的转速，记录下初始的轴承振动值及相位 $\boldsymbol{A}_0$（$\boldsymbol{A}_0$ 可为某一轴承振动量或多个轴承振动值的平均值），然后在转子上按所算出的比例加上总量为 P_1 的一组试重 $U_{10}^{(1)} \sim U_{40}^{(1)}$，再在同样转速时记录下振动幅值与相位 $\boldsymbol{A}_1$。根据 $\boldsymbol{A}_0$ 和 $\boldsymbol{A}_1$ 可以

算出试重的效应系数 $\boldsymbol{\alpha}_1$ 为

$$\boldsymbol{\alpha}_1=\frac{\boldsymbol{A}_1-\boldsymbol{A}_0}{P_1} \tag{8-98}$$

$\boldsymbol{\alpha}_1$ 是个矢量，其大小表示单位总加重对振动幅值的影响，其相位表示加重平面和由于加重所产生的振动之间的相位差。应加的平衡总量 Q_1应满足：$\boldsymbol{\alpha}_1 Q_1+\boldsymbol{A}_0=\mathbf{0}$，即

$$Q_1=-\frac{|\boldsymbol{A}_0|}{|\boldsymbol{\alpha}_1|}=\frac{|\boldsymbol{A}_0|}{|\boldsymbol{A}_0-\boldsymbol{A}_1|}P \tag{8-99}$$

各个平面应加平衡量则相应为 $U_{10}^{(1)}\sim U_{40}^{(1)}$乘以 Q_1/P_1。

（5）将转子开动到第二阶临界转速附近做第二阶振型平衡。方法和步骤（3）相同，不过此时配重的比例关系应按下式计算：

$$U_1^{(2)}+U_2^{(2)}+U_3^{(2)}+U_4^{(2)}=0,\quad x_1U_1^{(2)}+x_2U_2^{(2)}+x_3U_3^{(2)}+x_4U_4^{(2)}=0$$

$$\Phi_1(x_1)U_1^{(2)}+\Phi_1(x_2)U_2^{(2)}+\Phi_1(x_3)U_3^{(2)}+\Phi_1(x_4)U_4^{(2)}=0$$

$$\Phi_2(x_1)U_1^{(2)}+\Phi_2(x_2)U_2^{(2)}+\Phi_2(x_3)U_3^{(2)}+\Phi_2(x_4)U_4^{(2)}=-\Psi_2 \tag{8-100}$$

由式（8-100）可解出

$$U_1^{(2)}=1.821\Psi_2,\quad U_2^{(2)}=-5.718\Psi_2,\quad U_3^{(2)}=5.799\Psi_2,\quad U_4^{(2)}=-1.822\Psi_2$$

（6）确定二阶平衡量的大小和相位，方法与步骤（4）类似。

用振型平衡法平衡后，转子在不同的相位上存在两组平衡量。由上述的平衡步骤可知振型平衡法要求先知道振型，所以有时用起来不太方便，而且振型的计算及测量的不准确，会使平衡效果不理想。

8.3.3 影响系数法

1. 影响系数及其求法

在平衡时采用的影响系数可定义为：在 j 校正面上的单位平衡量（或称校正量）在 i 点处产生的振动。由于不平衡量与振动量之间有相位差，故影响系数为复数。影响系数法是假设系统为线性，不平衡量与轴的振动量之间存在线性关系，从而建立一组包含未知平衡量的方程组。这些方程组可以根据不同速度下的振动测量值来建立，因此可以保证在各阶临界转速的平衡。如果平衡速度与平衡平面选择合理，采用影响系数法可得到良好的效果。

影响系数 $\boldsymbol{\alpha}_{ij}$可以用计算法或者实验法求得。由于系统参数变化，计算法精度较差。所以多采用实验法，即用加试重的方法求出影响系数。具体过程如下：首先在不加任何试重的情况下开机到某一稳定转速，测出转子上 i 点的原始振动值 $\boldsymbol{s}_{i0}$，然后在 j 校正面上加一个已知的不平衡量 U_j，开车到原来转速，测量出点 i 的振动值 $\boldsymbol{s}_{i1}$。$\boldsymbol{s}_{i1}$为 i 平面处在该转速下由原始不平衡量引起的振动 $\boldsymbol{s}_{i0}$与在 j 校正面上加不平衡量 U_j引起的振动 $\boldsymbol{s}_{ij}$的矢量之和，如图 8-22所示，即

$$\boldsymbol{s}_{i0}+\boldsymbol{s}_{ij}=\boldsymbol{s}_{i1} \tag{8-101}$$

则影响系数为

$$\boldsymbol{\alpha}_{ij}=\frac{\boldsymbol{s}_{i1}-\boldsymbol{s}_{i0}}{U_j} \tag{8-102}$$

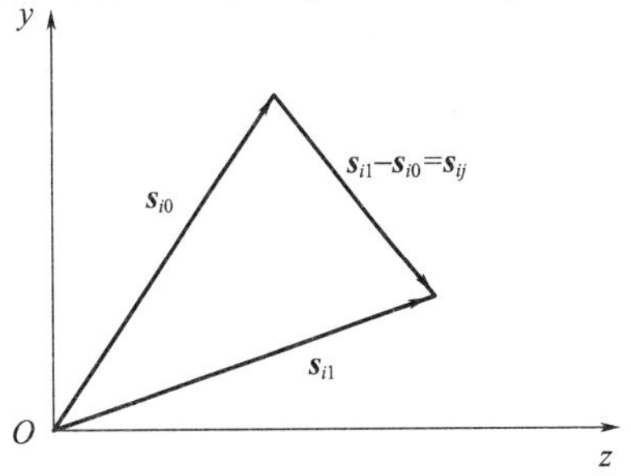

图 8-22　振动量的合成

对挠性转子来说，在不同速度下，两个平面之间的影响系数是不同的，所以在测某一速度下的影响系数时，必须保证 $\boldsymbol{s}_{i0}$ 和 $\boldsymbol{s}_{i1}$ 是在同一速度下测得的结果，否则误差很大。

2. 用影响系数法平衡挠性转子

影响系数法用于刚性转子平衡可以取得良好的效果。用来进行挠性转子平衡时，必须注意挠性转子的特点，即需要根据挠性转子的工作速度及振型正确选定转子平衡的速度、平衡平面的位置和数量。否则可能只消除了测振点处的振动，而不能很好地消除转子上其他截面处的变形。影响系数法的作用是确定在各平衡平面内应加的平衡量的大小和相位，以使测振点的振动减小或消除。

若选 N 个平衡转速 n_1，n_2，…，n_N；K 个校正平面，其轴向位置坐标分别为 x_1，x_2，…，x_K；在转子上选取 M 个测振点，其轴向位置为 x'_1，x'_2，…，x'_M。

影响系数可测定如下：设原始不平衡转子以转速 n_n 转动时，测得 x'_m点的振动值为 s_0（x'_m，n_n）；在 x_k 处的校正平面上加试重 U_k 后，x'_m点的振动值为 s_k（x'_m，n_n），由式（8－102），得到影响系数为

$$\boldsymbol{\alpha}_{mk}^{(n)}=\frac{\boldsymbol{s}_k(x'_m, n_n)-\boldsymbol{s}_0(x'_m, n_n)}{U_k} \tag{8－103}$$

如果令 $n=1, 2, \cdots, N$，$m=1, 2, \cdots, M$，$k=1, 2, \cdots, K$，分别按照式（8－103）测定影响系数 $\boldsymbol{\alpha}_{mk}^{(n)}$，把求得的影响系数排成一个 MN 行 K 列的影响系数矩阵，则有

$$\boldsymbol{A}=\begin{bmatrix} \boldsymbol{\alpha}_{11}^{(1)} & \boldsymbol{\alpha}_{21}^{(1)} & \cdots & \boldsymbol{\alpha}_{M1}^{(1)} & \boldsymbol{\alpha}_{11}^{(2)} & \boldsymbol{\alpha}_{21}^{(2)} & \cdots & \boldsymbol{\alpha}_{M1}^{(2)} & \cdots & \boldsymbol{\alpha}_{M1}^{(N)} \\ \boldsymbol{\alpha}_{12}^{(1)} & \boldsymbol{\alpha}_{22}^{(1)} & \cdots & \boldsymbol{\alpha}_{M2}^{(1)} & \boldsymbol{\alpha}_{12}^{(2)} & \boldsymbol{\alpha}_{22}^{(2)} & \cdots & \boldsymbol{\alpha}_{M2}^{(2)} & \cdots & \boldsymbol{\alpha}_{M2}^{(N)} \\ \vdots & \vdots & & \vdots & \vdots & \vdots & & \vdots & & \vdots \\ \boldsymbol{\alpha}_{1K}^{(1)} & \boldsymbol{\alpha}_{2K}^{(1)} & \cdots & \boldsymbol{\alpha}_{MK}^{(1)} & \boldsymbol{\alpha}_{1K}^{(2)} & \boldsymbol{\alpha}_{2K}^{(2)} & \cdots & \boldsymbol{\alpha}_{MK}^{(2)} & \cdots & \boldsymbol{\alpha}_{MK}^{(N)} \end{bmatrix}^{\mathrm{T}} \tag{8－104}$$

影响系数法的目标是保证在转速 n_n（$n=1, 2, \cdots, N$）下，x'_m 转轴上（$m=1, 2, \cdots, M$）各点的振动为0。因为在测定影响系数时，这些点的原始振动 s_0（x'_m，n_n）已经测得，设在校正面上选的校正量为 U_k（$k=1, 2, \cdots, K$），且有

$$\boldsymbol{U}=\{U_1 \quad U_2 \quad \cdots \quad U_K\}^{\mathrm{T}} \tag{8－105}$$

则必须使这些校正量所产生的振动量与原始振动量相抵消，才可达到平衡的目的。即满足

$$\boldsymbol{A}\begin{Bmatrix} U_1 \\ U_2 \\ \vdots \\ U_K \end{Bmatrix}+\begin{Bmatrix} \boldsymbol{s}_0(x'_1, n_1) \\ \boldsymbol{s}_0(x'_2, n_1) \\ \vdots \\ \boldsymbol{s}_0(x'_m, n_1) \\ \boldsymbol{s}_0(x'_1, n_2) \\ \boldsymbol{s}_0(x'_2, n_2) \\ \vdots \\ \boldsymbol{s}_0(x'_M, n_2) \\ \vdots \\ \boldsymbol{s}_0(x'_M, n_N) \end{Bmatrix}=\boldsymbol{0} \tag{8－106}$$

式（8－106）中，当$\boldsymbol{A}$为非奇异方阵时，有唯一解，可解得所需的一组校正量U_k的值。这就是说，应当满足$K=MN$，即校正平面数等于测振点数与平衡转速数的乘积。

8.3.4 平衡量的优化

从前面的讨论可知，满足$K=MN$时才能实现完全平衡。实际上，转子系统往往不能提供足够多的校正面，这就不能保证所要求的转速范围内能够选择合适的测振点，达到消除振动的目的。只能在所给条件下，选取残余振动量最小的最佳平衡量。在实际工程中，在对挠性转子进行平衡时，希望残余振动量越小越好，这就需要对平衡量进行优化。挠性转子平衡量的优化主要有最小二乘法和加权迭代法。

1. 最小二乘法

当$K<MN$时，找不到一组U_k值能够满足式（8－106），即任何一组U_k值都不能使其右端为0，说明有残余振动，可表示为

$$\boldsymbol{AU}+\boldsymbol{s}_0=\boldsymbol{\delta} \tag{8-107}$$

式中：$\boldsymbol{\delta}$为残余振动，其数量为K个。

如果考虑一组数据$\{U_z \quad U_y\}^{\mathrm{T}}$，则式（8－107）成为

$$\begin{bmatrix} \boldsymbol{a}_z & -\boldsymbol{a}_y \\ \boldsymbol{a}_y & \boldsymbol{a}_z \end{bmatrix}\begin{Bmatrix} U_z \\ U_y \end{Bmatrix}+\begin{Bmatrix} \boldsymbol{s}_{0z} \\ \boldsymbol{s}_{0y} \end{Bmatrix}=\begin{Bmatrix} \boldsymbol{\delta}_z \\ \boldsymbol{\delta}_y \end{Bmatrix} \tag{8-108}$$

式中

$$\boldsymbol{\delta}_z=\{\delta_{1z} \quad \delta_{2z} \quad \cdots \quad \delta_{Nz}\}^{\mathrm{T}}, \quad \boldsymbol{\delta}_y=\{\delta_{1y} \quad \delta_{2y} \quad \cdots \quad \delta_{Ny}\}^{\mathrm{T}} \tag{8-109}$$

式中

$$\delta_{i0z}=s_{i0z}+\sum_{j=1}^{M}(\alpha_{ijz}U_{jz}-\alpha_{ijy}U_{jy}),\ \delta_{i0y}=s_{i0y}+\sum_{j=1}^{M}(\alpha_{ijy}U_{jy}-\alpha_{ijz}U_{jz}) \tag{8-110}$$

式中，$i=1$，2，…，N。最小二乘法是寻求一组最佳解，使残余振动振幅的平方和为最小，即

$$\min\left[\delta^2=\sum_{i=1}^{N}(\delta_{iz}^2+\delta_{iy}^2)\right] \tag{8-111}$$

式中，δ_{1z}，δ_{1y}均为U_{1z}，U_{1y}，…，U_{Mz}，U_{My}的函数。根据求极值的方法得到

$$\frac{\partial\delta^2}{\partial U_{1z}}=\frac{\partial\delta^2}{\partial U_{1y}}=\frac{\partial\delta^2}{\partial U_{2z}}=\frac{\partial\delta^2}{\partial U_{2y}}=\cdots=\frac{\partial\delta^2}{\partial U_{Mz}}=\frac{\partial\delta^2}{\partial U_{My}}=0 \tag{8-112}$$

将式（8－112）代入式（8－110），再将结果代入式（8－111）可得

$$\frac{\partial\delta^2}{\partial U_{kz}}=2\sum_{i=1}^{N}\left\{\alpha_{ikz}\left[s_{i0z}+\sum_{j=1}^{M}(\alpha_{ijz}U_{jz}-\alpha_{ijy}U_{jy})\right]+\alpha_{iky}\left[s_{i0y}+\sum_{j=1}^{M}(\alpha_{ijy}U_{jz}-\alpha_{ijz}U_{jy})\right]\right\}=0$$
$$\frac{\partial\delta^2}{\partial U_{ky}}=2\sum_{i=1}^{N}\left\{-\alpha_{iky}\left[s_{i0z}+\sum_{j=1}^{M}(\alpha_{ijz}U_{jz}-\alpha_{ijy}U_{jy})\right]+\alpha_{ikz}\left[s_{i0y}+\sum_{j=1}^{M}(\alpha_{ijy}U_{jz}-\alpha_{ijz}U_{jy})\right]\right\}=0$$
$$\tag{8-113}$$

式中，$k=1$，2，…，M。式（8－113）可写成矩阵形式为

$$\boldsymbol{\alpha}^{\mathrm{T}}\boldsymbol{U\alpha}+\tilde{\boldsymbol{\alpha}}^{\mathrm{T}}\boldsymbol{s}_0=\boldsymbol{0} \tag{8-114}$$

式中：$\tilde{\boldsymbol{\alpha}}$为影响系数矩阵的共轭矩阵，其元素$\tilde{\boldsymbol{\alpha}}_{ij}$和$\boldsymbol{\alpha}_{ij}$共轭，即有

$$\boldsymbol{\alpha}_{ij}=\alpha_{ijz}+\mathrm{i}\alpha_{ijy}, \quad \tilde{\boldsymbol{\alpha}}_{ij}=\alpha_{ijz}-\mathrm{i}\alpha_{ijy} \tag{8-115}$$

求解式（8－114）所得的结果，将保证式（8－111）为最小。但在 M 个测点中，可能有的点残余振动很大，甚至超过允许值。为了消除这一现象，使残余振动均化可采用加权最小二乘法。

2. 加权迭代均化残余振动

在实际数据处理中，常用已知加权平均值，其意义为：设对同一物理量采用不同的方法测定或对同一物理量由不同的人测定，得到 x_1，x_2，…，x_i，…，x_n。在计算平均值时可以对比较可靠的数值予以加重平均，这种平均值称为加权平均值，即

$$x_m = \frac{\lambda_1 x_1 + \lambda_2 x_2 + \cdots + \lambda_N x_N}{\lambda_1 + \lambda_2 + \cdots + \lambda_N} \tag{8-116}$$

式中：λ_1，λ_2，…，λ_N代表与各观测值对应的权，称为加权因子。从加权的基本思想出发，如果用最小二乘法解出的配重代入式（8－108）后，其中某些点残余振动过大，则可对该方程乘以大的加权因子，而残余振动小的乘以小的加权因子，加权后求出的结果达到这样的目标

$$\min\left(\delta^2 = \sum_{i=1}^{N} \lambda_i \delta_i^2\right) \tag{8-117}$$

加权因子的大小可这样来确定，先求出所有残余振动的均方根，即

$$R = \sqrt{\frac{1}{2}\sum_{i=1}^{N} |\delta_i|^2} \tag{8-118}$$

然后求出加权因子 $\lambda_i^{(0)}$ 为

$$\lambda_i^{(0)} = \sqrt{|\delta_i|^2 / R} \tag{8-119}$$

式中，$i=1$，2，…，M。用$\lambda_i^{(0)}$ 分别乘以式（8－106）中的各方程，即对式（8－119）相应项乘以$(\lambda_i^{(0)})^2$，再解此方程，可得一次加权后的配重 U_i（$i=1$，2，…，M）。将U_i代入式（8－108）可得一次加权后的残余振动。如果还达不到要求，可按照上述方法进行第二次加权。需要指出：第二次加权时并不是按照第一次加权的残余振动 $\delta_i^{(i)}$ 求出的 $\lambda_i^{(i)}$ 进行加权，而是 $\lambda_i^{(0)}$ 与 $\lambda_i^{(i)}$ 的乘积。因为第二次加权是在第一次加权的基础上继续加权。

8.4 转子在不平衡力作用下的振动

8.4.1 刚性转子在弹性支承上的振动

对于刚性转子的这种振动现象，如果将这种转子系统简化为两个自由度的线性振动系统，如图 8－23 所示，并取质心 S 的位移 y_S和绕质心 S 的转角 θ 为两个广义坐标，如果将支承的弹性力作为外力处理，就可以用拉格朗日方程式（2－68）推出这个系统的动力学方程。

设转子的质量为 M，绕质心并垂直于 Oxy 平面的轴的转动惯量为 I_S，两支承的刚度系数为 k_1、k_2。则系统的动能为

$$T = \frac{1}{2}\left(M\dot{y}_S^2 + I_S\dot{\theta}^2\right) \tag{8-120}$$

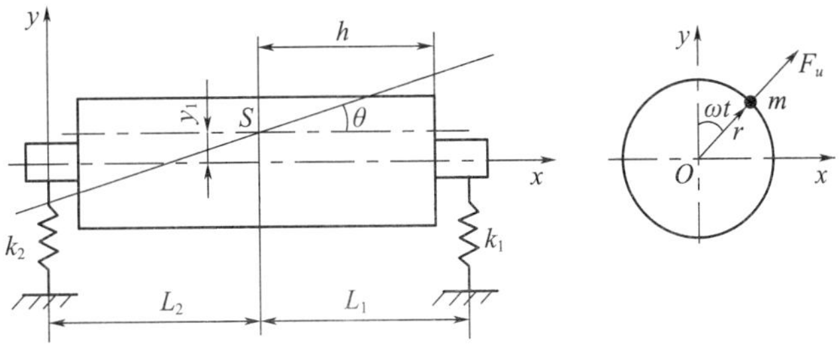

图 8－23　弹性支承上的刚性转子

将式（8－120）对 y_S 和 θ 求导数，得

$$\frac{\partial T}{\partial \dot{y}_S}=M\dot{y}_S,\quad \frac{\partial T}{\partial \dot{\theta}}=I_S\dot{\theta},\quad \frac{\partial T}{\partial y_S}=\frac{\partial T}{\partial \theta}=0 \tag{8-121}$$

支承的弹性力为

$$F_1=-k_1\left(L_1\theta+y_S\right),\quad F_2=-k_2\left(-L_2\theta+y_S\right) \tag{8-122}$$

设转子上对质心距离为 h 的平面上所具有的不平衡质量为 mr。因为一般转子的不平衡质量不是很大，所以只考虑它所产生的不平衡力，而不计对转子转动惯量等系统参数的影响，则转子的不平衡力为

$$F_u=mr\omega^2 \tag{8-123}$$

式中：ω 为转子转动的角速度。

将式（8－121）～式（8－123）代入拉格朗日方程式（2－68），并运算整理，得到系统的运动方程为

$$M\ddot{y}_S+\left(k_1+k_2\right)y_S-\left(k_2L_2-k_1L_1\right)\theta=mr\omega^2\cos\omega t \tag{8-124}$$

$$I_S\ddot{\theta}-\left(k_2L_2-k_1L_1\right)y_S+\left(k_1L_1^2+k_2L_2^2\right)\theta=mr\omega^2h\cos\omega t \tag{8-125}$$

若该转子系统的结构对称，即 $k_1=k_2=k$，$L_1=L_2=L$，则式（8－124）、式（8－125）简化为

$$M\ddot{y}_S+2ky_S=mr\omega^2\cos\omega t,\quad I_S\ddot{\theta}+2kL^2\theta=mr\omega^2h\cos\omega t \tag{8-126}$$

式（8－126）的特解为

$$y_S=\frac{mr\omega^2}{2k-M\omega^2}\cos\omega t,\quad \theta=\frac{hmr\omega^2}{2kL^2-I_S\omega^2}\cos\omega t \tag{8-127}$$

由式（8－127）可以看出，刚性转子在不平衡力作用下的振动特点为：①振动的幅值和原始不平衡量的大小 mr 成正比；②当转子的角速度 $\omega=\omega_{yc}=\sqrt{2k/M}$ 和 $\omega=\omega_{\theta c}=\sqrt{2kL^2/I_S}$ 时，转子振动的幅值趋于∞，ω_{yc}、$\omega_{\theta c}$ 就是在弹性支承上的刚性转子的临界转速。这种振动现象在低速弹性支承动平衡机上可以观察到。

8.4.2　挠性转子在刚性支承上的振动

刚性支承单圆盘挠性转子系统如图 8－24 所示。O_1 为圆盘形心，G 为质心，O 为回转中心。假设轴的质量不计，其横向刚度为 $k_x=k_y=k$。系统是黏性阻尼，阻尼系数为 $c_x=c_y=c$，ξ 为阻尼率。圆盘的偏心矩为 e，不平衡量为 $U=me$。当转子以角速度 ω 稳

定转动时，根据圆盘的受力可以写出 O_1 点的横向振动的微分方程为

$$\begin{cases} m\ddot{x} + c_x\dot{x} + k_x x = me\omega^2\cos\omega t \\ m\ddot{y} + c_x\dot{y} + k_x y = me\omega^2\sin\omega t \end{cases} \tag{8-128}$$

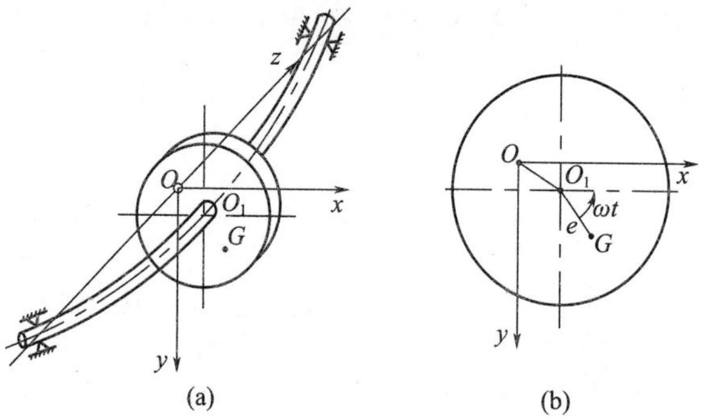

图 8－24　刚性支承上的弹性转子

式（8－128）的稳态解为

$$x = B_x\cos(\omega t - \psi_x), \quad y = B_y\cos(\omega t - \psi_y) \tag{8-129}$$

式中：B_x、B_y分别为 x 和 y 方向的振幅，ψ_x、ψ_y分别为 x 和 y 方向的位移滞后于激励的相位角。可表示为

$$B_x = \frac{e\lambda_x{}^2}{\sqrt{(1-\lambda_x^2)^2 + (2\xi\lambda_x)^2}}, \quad B_y = \frac{e\lambda_y{}^2}{\sqrt{(1-\lambda_y{}^2)^2 + (2\xi\lambda_y)^2}} \tag{8-130}$$

$$\psi_x = \arctan\frac{2\xi\lambda_x}{1-\lambda_x^2}, \quad \psi_y = \arctan\frac{2\xi\lambda_y}{1-\lambda_y^2} \tag{8-131}$$

式中：λ_x、λ_y 分别为 x、y 方向的频率比，即 $\lambda_x = \omega/\omega_{nx}$，$\lambda_y = \omega/\omega_{ny}$；$\omega_{nx}$、$\omega_{ny}$为转子系统在 x、y 方向的自然频率。由于 $\omega_{nx} = \omega_{ny} = \omega_n$，$\lambda_x = \lambda_y = \lambda$，$B_x = B_y = B$，$\psi_x = \psi_y = \psi$，则转子在 x、y 方向的强迫振动响应为

$$x = B\cos(\omega t - \psi), \quad y = B\sin(\omega t - \psi) \tag{8-132}$$

圆盘在 x、y 方向做等幅、相同频率的谐波振动，两者的相位角为 $\pi/2$。因此，这两个方向振动合成之后，形心 O_1的轨迹为圆，圆心在坐标原点，其半径为

$$R = \sqrt{x^2 + y^2} = \frac{e\lambda^2}{\sqrt{(1-\lambda^2)^2 + (2\xi\lambda)^2}} \tag{8-133}$$

圆盘形心 O_1点转动的角速度为 ω，圆盘自转的角速度也为 ω。转子的这种既有自转又有公转的运动称为弓形回旋。图 8－25 表示矢量 OO_1 和 O_1G 之间的相位角 ψ 与频率比 λ 的关系。从图中可知，当 $\omega < \omega_n$ 时，$\psi < \pi/2$，如图 8－25（a）所示，质心 G 位于形心 O_1的外侧；当 $\omega = \omega_n$ 时，$\psi = \pi/2$，如图 8－25（b）所示；当 $\omega > \omega_n$ 时，$\psi > \pi/2$，如图 8－25（c）所示，质心 G 位于形心 O_1的内侧。可以看到，当 $\omega = \omega_n$ 时，回转半径即转轴的横向位移达到最大值 $R = e/2\xi$，转轴产生剧烈的弓形回旋，而且当 ω 一定时，O、O_1和 G 三点的相互位置是保持不变的。

若不计系统阻尼，即 $\xi = 0$ 时，振幅为

$$B_x = \frac{e\lambda^2}{1-\lambda^2} \tag{8-134}$$

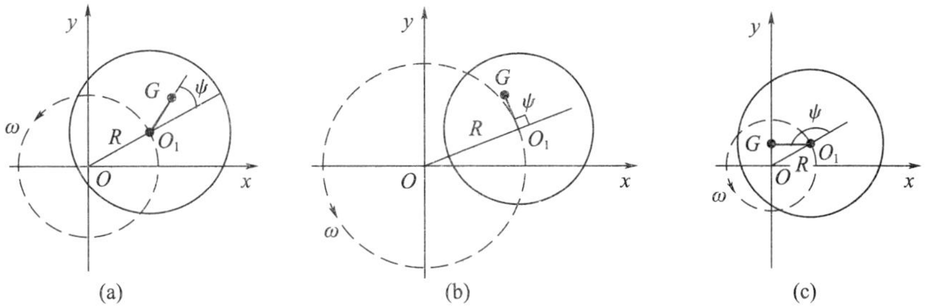

图 8-25　相位角 ψ 与频率比 λ 的关系

当 $\psi=0$ 时，O、O_1 和 G 三点在同一直线上，如图 8-26 所示。当 $\omega<\omega_n$ 时，G 点在 O_1 的外侧，如图 8-26（a）所示；当 $\omega=\omega_n$ 时，G 点与 O_1 点重合，$B\to\infty$；当 $\omega>\omega_n$ 时，如图 8-26（b）所示，G 点在 OO_1 之间；当 $\omega\gg\omega_n$ 时，G 点与 O 点重合，如图 8-26（c）所示。

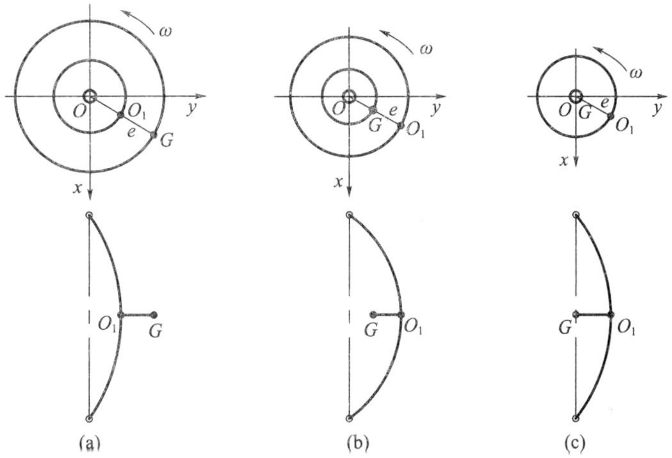

图 8-26　$\psi=0$ 时 O、O_1 和 G 三点的关系

$B\to\infty$ 时的 ω 为临界转速，用 ω_{cr} 表示。在不考虑其他因素时，$\omega_{cr}=\omega_n$，即临界转速 ω_{cr} 在数值上与转轴横向弯曲振动的自然频率 ω_n 相等。

临界转速虽然在数值上与转轴横向弯曲振动的自然频率相等，但是弓形回旋与横向振动完全是不同的物理现象。弓形回旋是挠曲轴绕轴承回转曲线的回转，转轴自身的弯曲应力不产生交变，但它所产生的动挠度会导致轴的破坏。同时，弓形回旋作用于轴承一个交变应力，导致支承系统发生强迫振动，这就是机器在通过临界转速时产生剧烈振动的原因。

8.4.3　挠性转子在弹性支承上的振动

对于一般的旋转式机械，轴的刚度比支承刚度要小很多，因此，可将支承视为刚性。严格来讲，支承弹性对机械系统有较大的影响，这种影响将首先表现为转轴临界转速的下降。

一般支承结构中，水平刚度 k_h 不等于垂直刚度 k_v，通常 $k_h<k_v$，所以在水平与垂直方向的临界转速也不相等。

图 8-27 所示为一个弹性支承单圆盘挠性转子，不计阻尼与轴的质量。系统刚度是

支承刚度和轴刚度 k 的串联组合，可得

$$k_x=\frac{2k_{\mathrm{h}}k}{2k_{\mathrm{h}}+k},\quad k_y=\frac{2k_{\mathrm{v}}k}{2k_{\mathrm{v}}+k} \tag{8-135}$$

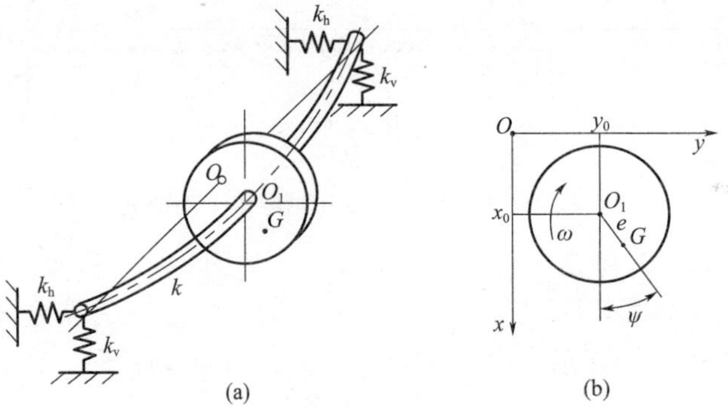

图 8－27　弹性支承上的挠性转子

当转轴有动挠度，且稳定运行时，可得到圆盘（形心为 O_1）的振动微分方程为

$$m\ddot{x}+k_x x=me\omega^2\cos\omega t,\quad m\ddot{y}+k_y y=me\omega^2\sin\omega t \tag{8-136}$$

方程式（8－136）的全解为转轴的动挠度，即

$$x=A_x\cos\left(\omega_{\mathrm{n}x}t+\psi_x\right)+e\frac{\omega^2}{\omega_{\mathrm{n}x}^2+\omega^2}\cos\omega t,\quad y=A_y\cos\left(\omega_{\mathrm{n}y}t+\psi_y\right)+e\frac{\omega^2}{\omega_{\mathrm{n}y}^2+\omega^2}\sin\omega t \tag{8-137}$$

式中：x、y 方向的自然频率分别为 $\omega_{\mathrm{n}x}=\sqrt{k_x/m}$，$\omega_{\mathrm{n}y}=\sqrt{k_y/m}$。

转子系统的振动由自由振动和强迫振动所组成。如果系统存在一定的阻尼，其自由振动将逐渐衰减，稳态强迫振动为

$$x=B_x\cos\omega t,\quad y=B_y\sin\omega t \tag{8-138}$$

强迫振动的振幅是角速度 ω（或频率比 λ）的函数，如图 8－28 所示。振幅为

$$B_x=e\frac{\omega^2}{\omega_{\mathrm{n}x}^2-\omega^2}=\frac{e\lambda_x^2}{1-\lambda_x^2},\quad B_y=e\frac{\omega^2}{\omega_{\mathrm{n}y}^2-\omega^2}=\frac{e\lambda_y^2}{1-\lambda_y^2} \tag{8-139}$$

转轴中心 O_1的运动轨迹是一个椭圆，如图 8－29 所示。其主轴与坐标轴方向一致，半轴为 B_x、B_y, 由式（8－138）可得椭圆方程为

$$\left(\frac{x_0}{B_x}\right)^2+\left(\frac{y_0}{B_y}\right)^2=1 \tag{8-140}$$

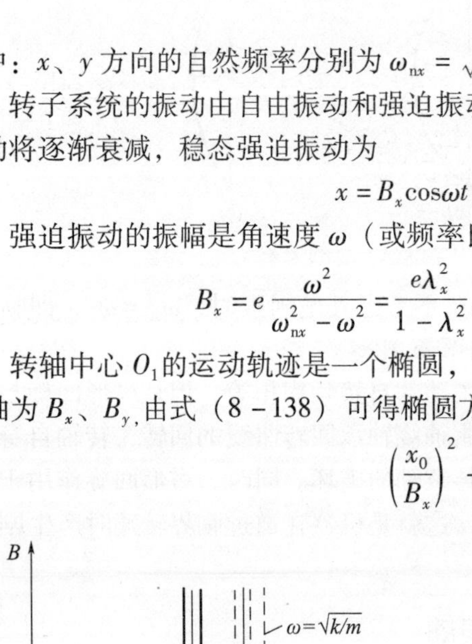

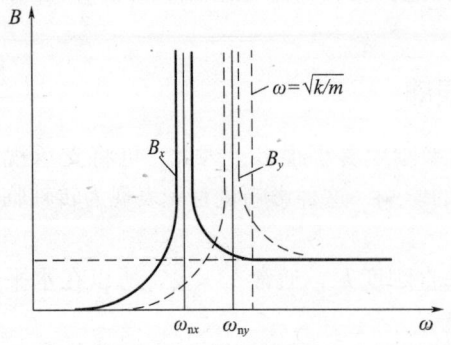

图 8－28　振幅与角速度 ω 的关系

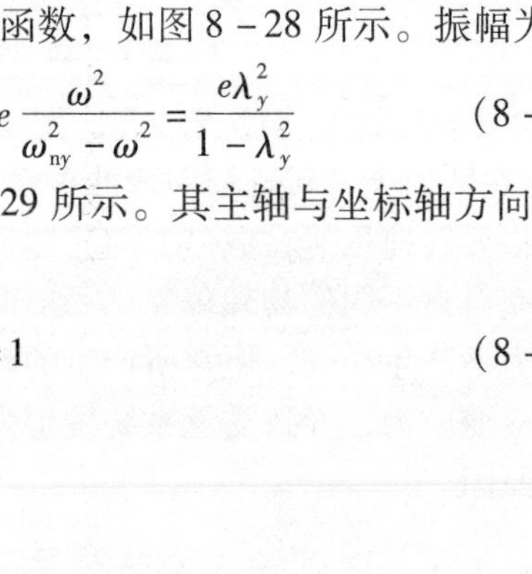

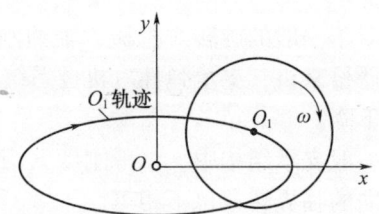

图 8－29　转轴中心 O_1的运动轨迹

当转速 ω 不同时，转轴中心 O_1 的运动轨迹椭圆也具有不同形状。假设 $k_h < k_v$ （$k_x < k_y$），则 $\omega_{nx} < \omega_{ny}$；当 $0 < \omega < \omega_{nx}$ 时，$\lambda_x < \lambda_y < 1$，椭圆长轴在 x 方向，O_1 在椭圆轨迹上的运动方向和轴的转向一致；当 $\omega_{nx} < \omega < \omega_{ny}$ 时，$\lambda_y < 1 < \lambda_x$，$B_y$ 为负值，O_1 在椭圆轨迹上的运动方向和轴的转向相反；当 $\omega > \omega_{ny}$ 时，$\lambda_y < 1$，B_x 和 B_y 均为负值，O_1 在椭圆轨迹上的运动方向和轴的转向一致，椭圆长轴在 y 方向，如图 8－29 所示；当 $\omega = \omega_{nx}$ 或 $\omega = \omega_{ny}$，即 $\lambda_x = 1$ 或 $\lambda_y = 1$ 时，B_x 或 B_y 相应的趋向无穷大。通过临界转速时，转向发生变化；当 $\omega = \sqrt{(\omega_{nx}^2 + \omega_{ny}^2)/2}$，或 $\omega \gg \omega_{nx}$ 或 $\omega \gg \omega_{ny}$ 时，O_1 的运动轨迹为圆。

图 8－30 概括了上面的 3 种情况，表示了转子转速与支承刚度、挠性转子与刚性转子的关系。图的左侧为支承刚度小的情况，在该区域内，当速度不太高时发生转子为刚体时的共振，高速时发生弯曲振动。同一根转子，当支承刚度增大后，变成图中右方所示的情况，该区域没有出现刚性转子－支承系统的共振现象。图中虚线为刚性转子和挠性转子的分界线。

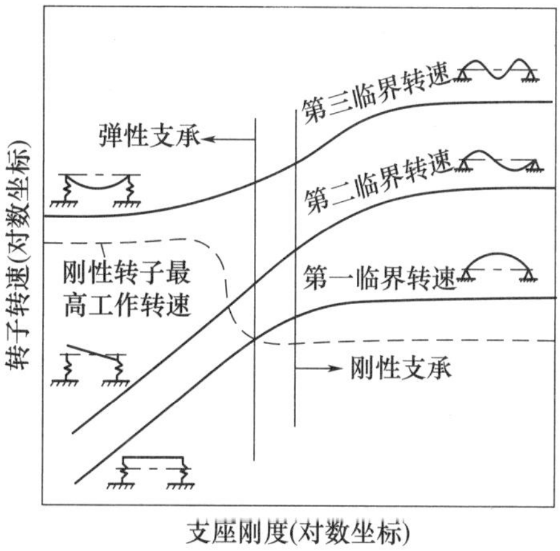

图 8－30　不同支承刚度和转速时的临界速度

8.5　转子系统的集中参数振动分析

8.5.1　单圆盘挠性转子的振动

1. 刚性支承单盘对称转子的动力学模型

刚性支承单盘对称转子是最简单的转子系统，也是研究其他复杂转子系统的基础。设有一等截面圆轴，两端用两个相同的轴承支承，两轴承之间的距离（跨距）为 l，在跨中央装有一个刚性薄圆盘。薄圆盘是指圆盘厚度 δ 与两简支支承间跨距 l 之比 $\delta/l < 0.1$，这样的刚性支承单盘对称转子称为杰夫考特（Jeffcott）转子。其基本假设为：①不考虑刚性薄圆盘厚度，安装在轴的中央；②轴为等直圆轴，不考虑其质量和半径，具有一定的弯曲刚度和无限大的扭转刚度；③忽略轴承动力特性的影响，且不考虑其质量，将轴承简化为铰支，并认为轴承座刚性；④垂直安装，或水

平安装但忽略重力的影响。基于这些假设，可对杰夫考特转子进行动力学分析，揭示转子的临界转速及其动力学特征。

杰夫考特转子的动力学模型如图 8－31（a）所示。取 $Oxyz$ 为固定坐标系，圆盘所在平面与弹性轴两端支承点连线的交点 O 为固定坐标系原点，z 轴沿转子轴线，圆盘所在平面为 Oxy 坐标参考平面，如图 8－31（b）所示。图中 O' 为圆盘形心，C 为圆盘质心，形心 O' 到坐标原点 O 的距离为 $\overline{O'O}$，即转盘弯曲在圆盘形心处初始挠度为 r，圆盘形心 O' 到其质心 C 的距离为 $\overline{O'C}$，即偏心矩为 e。圆盘质量为 m，圆盘绕 O' 自转的角速度为 Ω，盘因圆盘偏心而产生弯曲涡动的角速度为 ω，因为圆盘安装在轴的中间，并且轴弯曲变形所引起的各横截面的轴向位移是高阶小量，可以忽略，所以薄圆盘始终在自身平面内运动。假设弹性轴的扭转刚度无限大，在分析转子涡动时，即使转子受到变化的外扭矩的作用，也不考虑圆盘的扭转振动，而只考虑合成扭矩所引起的圆盘转速的变化。在上述假设下，圆盘刚体做平面运动。取圆盘形心 O' 为基点，圆盘的运动可以看作是圆盘随基点 O' 的运动（进动）与绕基点的转动（自转）的合成。选取 $x(t)$，$y(t)$ 为圆盘盘心 O' 的广义坐标，$\varphi(t)$ 为圆盘绕转轴的旋转角位移。对于稳定涡动，假设外力矩的作用使自转角速度 $\dot{\varphi}(t)=\Omega$ 保持为常数，于是杰夫考特转子的稳态涡动问题就变成确定圆盘形心 O' 点的运动，即 $x(t)$ 和 $y(t)$。

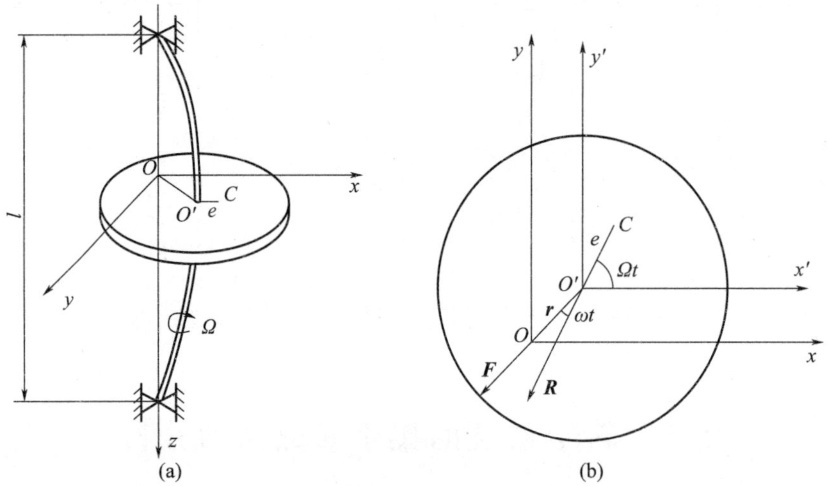

图 8－31　杰夫考特转子及其圆盘的瞬时变化

2. 转子涡动微分方程

设转轴处于稳定涡动状态，则圆盘受到的力有轴弯曲引起的弹性恢复力和阻尼力。

1）轴弯曲引起的弹性恢复力

设圆盘在 t 瞬时的运动状态如图 8－31（b）所示，弹性轴的动挠度为 $\boldsymbol{r}$，作用在圆盘上的弹性恢复力为 $\boldsymbol{F}$，该力在固定坐标轴上的投影为

$$F_x=-kx,\quad F_y=-ky \tag{8-141}$$

式中：k 为弹性轴在跨中的刚度系数。因为弹性轴是等截面圆轴，在 Ox 和 Oy 两方向的弯曲刚度相同。由材料力学可知，两端简支梁在跨中的刚度为 $k=48EI/l^3$。

2）圆盘在运动中的阻尼力

设圆盘受到的黏性外阻尼力为 $\boldsymbol{R}$，该力在坐标轴上的分力分别为

$$R_x = -c\dot{x}, \quad R_y = -c\dot{y} \tag{8-142}$$

式中：c 为黏性阻尼系数，一般由实验测定。根据质心运动定理 $m\ddot{\boldsymbol{r}}_C = \sum \boldsymbol{F}$，得

$$m\ddot{x}_C = \sum F_{ix} = F_x + R_x, \quad m\ddot{y}_C = \sum F_{iy} = F_y + R_y \tag{8-143}$$

形心与质心的关系为

$$x_C = x + e\cos\Omega t, \quad y_C = y + e\sin\Omega t \tag{8-144}$$

将式（8－144）对时间求二次导数，因 $\Omega = C$（常数），得到

$$\ddot{x}_C = \ddot{x} - e\Omega^2\cos\Omega t, \quad \ddot{y}_C = \ddot{y} - e\Omega^2\sin\Omega t \tag{8-145}$$

将式（8－141）、式（8－142）和式（8－145）代入式（8－143），得

$$m(\ddot{x} - e\Omega^2\cos\Omega t) = F_x + R_x = -kx - c\dot{x},\ m(\ddot{y} - e\Omega^2\sin\Omega t) = F_y + R_y = -ky - c\dot{y}$$

整理得到质心 O' 的运动微分方程为

$$m\ddot{x} + c\dot{x} + kx = me\Omega^2\cos\Omega t, \quad m\ddot{y} + c\dot{y} + ky = me\Omega^2\sin\Omega t \tag{8-146}$$

式（8－146）可写成标准形式为

$$\ddot{x} + 2\xi\omega_n\dot{x} + \omega_n^2 x = e\Omega^2\cos\Omega t, \quad \ddot{y} + 2\xi\omega_n\dot{y} + \omega_n^2 y = e\Omega^2\sin\Omega t \tag{8-147}$$

式中：$\omega_n^2 = \sqrt{k/m} = \sqrt{48EI/(ml^3)}$ 为在质量不计的弹性轴跨中固结有集中质量圆盘，做无阻尼涡动时的自然频率；$2\xi\omega_n = c/m$ 为相对阻尼系数。对照式（8－147）和不计质量的弹性梁跨中固结有几种质量做横向振动时的运动微分方程，可知杰夫考特转子的涡动可视为 xz 平面和 yz 平面内的弯曲振动的合成。

3. 转子的稳态涡动响应与临界转速

由于杰夫考特转子涡动微分方程与单自由度线性强迫振动的微分方程在数学形式上是一致的，因此可以用单自由度线性强迫振动的稳态解作为圆盘形心点 O' 涡动方程的解，设

$$x = X\cos(\Omega t - \varphi), \quad y = Y\sin(\Omega t - \varphi) \tag{8-148}$$

将式（8－148）代入运动的微分方程式（8－147），求解得到

$$X = Y = \frac{e\Omega^2}{\sqrt{(\omega_n^2 - \Omega^2)^2 + (2\xi\omega_n\Omega)^2}} = \frac{e\lambda^2}{\sqrt{(1-\lambda^2)^2 + (2\xi\lambda)^2}}, \quad \tan\varphi = \frac{2\xi\omega_n\Omega}{\omega_n^2 - \Omega^2} = \frac{2\xi\lambda}{1-\lambda^2} \tag{8-149}$$

式中：$\lambda = \Omega/\omega_n$ 为频率比，$\xi = c/(2m\omega_n)$ 为阻尼比。

由此可见，圆盘形心 O' 点绕固定坐标的 Oz 轴做圆周运动。对照直角坐标和极坐标的几何关系

$$x = r\cos\theta, \quad y = r\sin\theta \tag{8-150}$$

可见，圆周运动的半径就是轴的动挠度 $\boldsymbol{r}$，角速度等于弯曲轴线绕两支承连线转动的角速度，即涡动角速度 ω。因为有阻尼，动挠度 $\boldsymbol{r}$ 与偏心 e 之间存在相位差 φ。动挠度 $\boldsymbol{r}$ 与相位差 φ 可分别表示为

$$r = |\boldsymbol{r}| = \frac{e\Omega^2}{\sqrt{(\omega_n^2 - \Omega^2)^2 + (2\xi\omega_n\Omega)^2}}, \quad \theta(t) = \Omega t - \varphi \tag{8-151}$$

根据式（8－151）可以绘出不同阻尼比 ξ 时，动挠度 $\boldsymbol{r}$ 幅值和相位差 φ 随 ω 值变

化的曲线，即响应的幅频特性曲线和相频特性曲线，如图 8－32 所示。

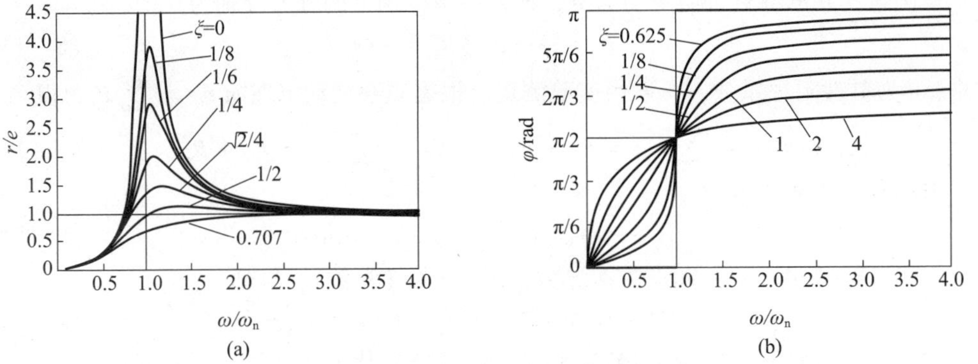

图 8－32　转子动挠度的特性曲线

由于 φ 的存在，圆盘的涡动存在两种情况，即重边飞出和轻边飞出。在一般情况下 O、O'、C 三点并不在一条直线上，而总是成一个三角形 $\triangle OO'C$，如图 8－33（a）所示。因为动挠度 r 绕 O 点的角速度和偏心量 e 绕 O' 的角速度都等于 Ω，使 $\triangle OO'C$ 的形状在转动过程中保持不变。只有当 $\Omega \ll \omega_n$ 时，$\varphi \to 0$，这 3 点才近似在一条直线上，并且 O' 点位于 O 和 C 之间，即圆盘的重边飞出，如图 8－33（b）所示。当 $\Omega \gg \omega_n$ 时，$\varphi \to \pi$，这 3 点又近似在一条直线上，但这时 C 点位于 O 和 O' 之间，即圆盘的轻边飞出，如图 8－33（c）所示，工程上称为自动定心。

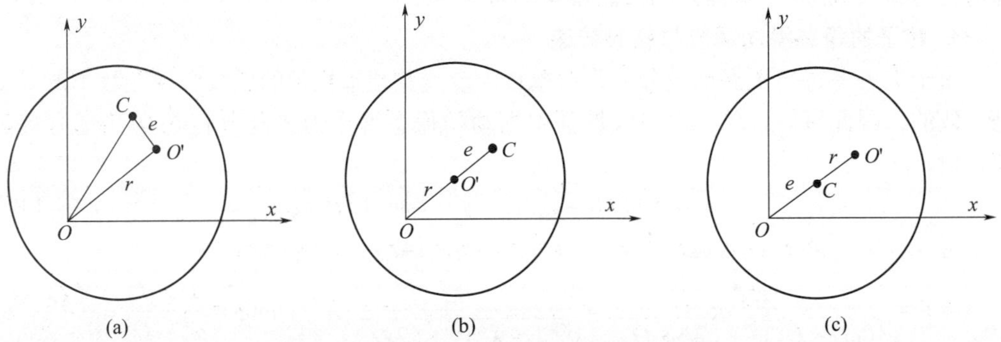

图 8－33　不同转速下圆盘形心的位置

从转子动挠度表达式可知，当转子自转角速度等于转轴做无阻尼横向振动时的自然频率（$\Omega = \omega_n$）时，转子系统发生共振，扰度无限大。对于有阻尼系统，动挠度虽非无限大，但也非常大，这在设计与实际工作中是需要避免的。工程中将系统发生共振响应时所对应的转子的转速称为临界转速，这就是使动挠度 r 取得极值时的转速。对于 $\Omega \gg \omega_n$ 转子，这个共振响应可以由动挠度极值条件 $\mathrm{d}r/\mathrm{d}\Omega = 0$ 来确定临界转速，用 ω_{cr} 表示，单位为rad/s。工程中通常用 r/min 为单位来计量临界转速，用 n_{cr} 表示，而 ω_{cr} 称为临界角速度。将 r 的表达式（8－151）代入 $\mathrm{d}r/\mathrm{d}\Omega = 0$，得

$$\frac{\mathrm{d}r}{\mathrm{d}\Omega} = \frac{e\Omega^2\left[(2\xi\omega_n\Omega)^2 + 2(\omega_n^2 - \Omega^2)\omega_n^2\right]}{2\left[(\omega_n^2 - \Omega^2)^2 + (2\xi\omega_n\Omega)^2\right]^{3/2}} = 0 \qquad (8-152)$$

从式（8－152）中解得

$$\omega_{cr} = \omega_n (1-2\xi^2)^{-1/2} \tag{8-153}$$

即圆盘的外阻尼使转子的临界角速度略大于其横向振动自然频率。在图 8-32 中转子共振峰值出现在转速比等于 1 的右侧，这与阻尼对在谐波激励下单自由度强迫振动的自然频率的影响有所不同。后者共振峰值对应的频率为 $\Omega = \omega_n\sqrt{1-2\xi^2}$，即共振峰值出现在转速比等于 1 的左侧。转子涡动幅频曲线共振峰值所对应的转子转速并不是转子的临界转速，而是略大于后者，但两者相差不大。所以在工程中往往将转子涡动响应最大时所对应的转速作为临界转速。

对于小阻尼情况，可近似取为 $\omega_{cr} \approx \omega_n$，将其代入式（8-149），考虑到 $r_{max} = \sqrt{X^2+Y^2}$，得

$$r_{max} \approx \frac{e}{2\xi}, \quad \varphi \approx \frac{\pi}{2} \tag{8-154}$$

可见，在临界转速时，动挠度在数值上取得极值，而在相位上落后于偏心距 e 的角度为 $\pi/2$。此时转子两端支承连线与圆盘交点 O、圆盘几何中心 O' 和质心 C 这 3 点之间的关系如图 8-33（a）所示。

旋转转子的涡动与不旋转的固结在弹性轴上的圆盘横向振动具有不同的物理性质。转子涡动时转轴上不产生交变力，但在轴承上产生交变应变，其幅值与动挠度幅值成正比；转轴横向振动时，轴上下两侧产生交变应变，进而引起交变应力。

如果用复数表示涡动，就可以将两个实数变量用一个复数变量表示。设 $z = x + \mathrm{i}y$，其中 z 是复数而不是坐标。转轴不平衡质量引起的运动用复数表示为

$$\ddot{z} = 2\xi\omega_n\dot{z} + \omega_n^2 z = e\Omega^2 \mathrm{e}^{\mathrm{i}\Omega t} \tag{8-155}$$

设式（8-155）的特解为：$z = |A|\mathrm{e}^{\mathrm{i}(\Omega t-\varphi)}$，其中 A 为涡动响应的复数幅值；$\Omega t-\varphi$ 为涡动响应的相位。因为阻尼的作用，涡动响应的相位滞后一个角度，所以特征方程为

$$(\omega_n^2 - \Omega^2 + \mathrm{i}2\xi\omega_n\Omega)\,|A| = e\Omega^2\mathrm{e}^{\mathrm{i}\varphi} = e\Omega^2(\cos\varphi + \mathrm{i}\sin\varphi) \tag{8-156}$$

分离实部和虚部，得

$$(\omega_n^2 - \Omega^2)\,|A| = e\Omega^2\cos\varphi, \quad 2n\Omega|A| = e\Omega^2\sin\varphi \tag{8-157}$$

两端平方相加，解得相应的实数幅值和相角为

$$|A| = \frac{e\Omega^2}{\sqrt{(\omega_n^2-\Omega^2)^2+(2\xi\omega_n\Omega)^2}} = \frac{e\lambda^2}{\sqrt{(1-\lambda^2)^2+(2\xi\lambda)^2}}, \quad \tan\varphi = \frac{2\xi\omega_n\Omega}{\omega_n^2-\Omega^2} = \frac{2\xi\lambda}{1-\lambda^2} \tag{8-158}$$

在转子动力学中，也常用转动坐标系描述转子的涡动。取转动坐标系 $O\xi\eta\zeta$，其中动坐标系和固定坐标系 $Oxyz$ 的原点重合，动坐标系固接在转子上随转子以自转角速度 Ω 绕 Oz 轴转动。固定坐标（也称绝对坐标）为 $z = x + \mathrm{i}y$，而相对坐标为 $\zeta = \xi + \mathrm{i}\eta$。动坐标系与固定坐标的坐标关系为 $z = \zeta\mathrm{e}^{\mathrm{i}\Omega t}$，转子的动挠度在固定坐标系和动坐标系中分别为 $z = r\mathrm{e}^{\mathrm{i}(\Omega t+\varphi)}$ 和 $\zeta = r\mathrm{e}^{\mathrm{i}\varphi}$，如图 8-34 所示。

将 $z = r\mathrm{e}^{\mathrm{i}(\Omega t+\varphi)}$ 对时间 t 分别求一次和二次导数，得

$$\dot{z} = (\dot{\zeta} + \mathrm{i}\Omega\zeta)\,\mathrm{e}^{\mathrm{i}\Omega t}, \quad \ddot{z} = (\ddot{\zeta} + 2\mathrm{i}\Omega\dot{\zeta} - \Omega^2\zeta)\,\mathrm{e}^{\mathrm{i}\Omega t} \tag{8-159}$$

将 $z = r\mathrm{e}^{\mathrm{i}(\Omega t+\varphi)}$ 和式（8-159）的第二式代入圆盘无阻尼自由涡动的方程 $\ddot{z} + \omega_n^2 z = 0$ 中，得

$$\ddot{\zeta}+2\mathrm{i}\Omega\dot{\zeta}+\left(\omega_{\mathrm{n}}^{2}-\Omega^{2}\right)\zeta=0 \tag{8-160}$$

式（8－160）的解为

$$\zeta=A\mathrm{e}^{\mathrm{i}(\omega_{\mathrm{n}}-\Omega)t}+B\mathrm{e}^{-\mathrm{i}(\omega_{\mathrm{n}}+\Omega)t} \tag{8-161}$$

式中，A、B 均为复数，由初始条件决定，代表圆盘中心 O' 点的运动轨迹。轴心涡动可能有几种情况：①$A\neq0$，$B=0$，轨迹为圆，正向涡动；②$A=0$，$B\neq0$，轨迹也为圆，反向涡动；③$A=B$，轨迹为沿 z 轴的直线，$A=-B$，轨迹为沿 y 轴的直线；④$A\neq B$，轨迹一般为椭圆；⑤在转动坐标系下圆盘的涡动由两部分组成，前一部分为反进动，后一部分为正进动，两者的角速度不相同，其运动合成的轨迹不是椭圆而成花瓣形，如图 8－35所示。

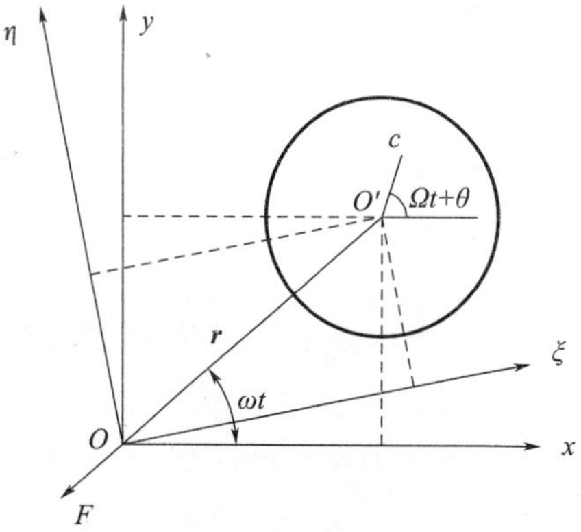

图 8－34　动、定坐标系的关系

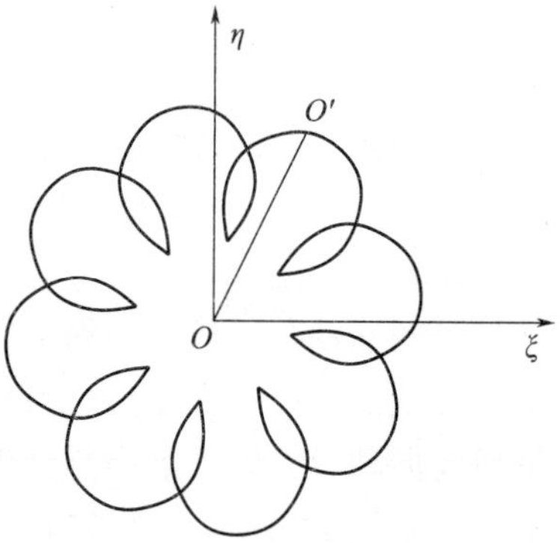

图 8－35　圆盘的涡动轨迹

将 $z=r\mathrm{e}^{\mathrm{i}(\Omega t+\varphi)}$ 及其二阶导数代入圆盘无阻尼涡动方程 $\ddot{z}+\omega_{\mathrm{n}}^{2}z=e\Omega^{2}\mathrm{e}^{\mathrm{i}\Omega t}$ 中，得

$$\ddot{\zeta}+2\mathrm{i}\Omega\dot{\zeta}+\left(\omega_{\mathrm{n}}^{2}-\Omega^{2}\right)\zeta=e\Omega^{2} \tag{8-162}$$

式（8－162）的特解为

$$\zeta=\frac{e\Omega^{2}}{\omega_{\mathrm{n}}^{2}-\Omega^{2}}=\frac{e\left(\Omega/\omega_{\mathrm{n}}^{2}\right)^{2}}{1-\left(\Omega/\omega_{\mathrm{n}}^{2}\right)^{2}}=\frac{e\lambda^{2}}{1-\lambda^{2}} \tag{8-163}$$

由式（8－163）可以看出，该特解与时间无关，所以有 $\dot{\zeta}=0$，$\ddot{\zeta}=0$，即盘心在动坐标系中不动，相对平衡，对应于重边飞出。转轴弯曲引起的弹性恢复力 $\boldsymbol{F}$ 等于盘在转动坐标系中惯性离心力 $\boldsymbol{S}$，其中 $\boldsymbol{F}=k\boldsymbol{r}$，$\boldsymbol{S}=m\left(\boldsymbol{r}+\boldsymbol{e}\right)\Omega^{2}$，即

$$k\boldsymbol{r}=m\left(\boldsymbol{r}+\boldsymbol{e}\right)\Omega^{2}=m\boldsymbol{r}\Omega^{2}+m\boldsymbol{e}\Omega^{2} \tag{8-164}$$

因而动挠度为

$$\boldsymbol{r}=\frac{\boldsymbol{e}\Omega^{2}}{\omega_{\mathrm{n}}^{2}-\Omega^{2}}=\frac{\boldsymbol{e}\left(\Omega/\omega_{\mathrm{n}}^{2}\right)^{2}}{1-\left(\Omega/\omega_{\mathrm{n}}^{2}\right)^{2}}=\frac{\boldsymbol{e}\lambda^{2}}{1-\lambda^{2}} \tag{8-165}$$

8.5.2　多圆盘挠性转子的振动

实际转子系统往往是连续的弹性体。为便于分析，通常将其离散为由多个刚性薄圆盘组成，彼此之间用不计质量的弹性轴连接而成的有限多自由度系统，这样的系统称为多盘转子系统。某些圆柱形或锥形结构的转子，经过适当的质量集中，可以简化为多盘转子系统模型。

多盘转子系统的基本假设同刚性支承下的单盘转子类似，即假设：①不考虑刚性薄圆盘的厚度，具有质量、惯量和几何半径；②不考虑弹性轴的质量，具有一定的弯曲刚度和无限大的扭转刚度；③不计转轴及圆盘的轴向位移；④忽略重力的影响。

对于多盘转子系统，多个薄圆盘导致振动过程中的涡动运动。为了使问题简化，不考虑涡动运动时圆盘的转动惯量，把圆盘简化为集中质量。对于多盘转子系统，可以用不同的方法建立其涡动微分方程。

下面仅介绍用影响系数法建立动力学方程。对于动力学问题，影响系数为动态影响系数。如果在 x_j 处有一激振力 $F_j e^{i\omega t}$，引起的 x_i 的振动为 $S_i e^{i(\omega t+\beta)}$，则影响系数可表示为

$$\alpha_{ij} = \frac{S_i e^{i(\omega t+\beta)}}{F_j e^{i\omega t}} = |\boldsymbol{\alpha}_{ij}| e^{i\beta} \tag{8-166}$$

图 8-36 表示此时影响系数的物理意义，$\boldsymbol{\alpha}_{ij}$ 的模为 $|\boldsymbol{\alpha}_{ij}|$，表示单位激振力在 x_i 处产生的振幅；β 为作用力与振动的相位差。在不计阻尼时，$\beta=0°$ 即影响系数为一实数。

1. 多盘转子的动力学方程

为了简化问题，只讨论在 Oxy 平面中的横向振动，如图 8-37 所示。在不考虑 Oxy 和 Oxz 两个平面运动和力的耦合作用的前提下，两个运动可以分别求解。在 Oxy 平面内，各圆盘的运动为

$$y_i = \alpha_{i1}(F_1 - m_1\ddot{y}_1) + \alpha_{i2}(F_2 - m_2\ddot{y}_2) + \cdots = \sum_{j=1}^{m} \alpha_{ij}(F_j - m_j\ddot{y}_j),\ i = 1,2,\cdots,n \tag{8-167}$$

式（8-167）写成矩阵形式为

$$\boldsymbol{\alpha m \ddot{y}} + \boldsymbol{y} = \boldsymbol{\alpha F} \tag{8-168}$$

式中：$\boldsymbol{\alpha}$ 为影响系数矩阵；$\boldsymbol{m}$ 为质量矩阵；$\boldsymbol{F}$ 为外力矢量。可表示为

$$\boldsymbol{\alpha} = \begin{bmatrix} \alpha_{11} & \alpha_{12} & \cdots & \alpha_{1n} \\ \alpha_{21} & \alpha_{22} & \cdots & \alpha_{2n} \\ \vdots & \vdots & & \vdots \\ \alpha_{n1} & \alpha_{n2} & \cdots & \alpha_{nn} \end{bmatrix},\quad \boldsymbol{m} = \begin{bmatrix} m_1 & & & \\ & m_2 & & \\ & & \ddots & \\ & & & m_n \end{bmatrix},\quad \boldsymbol{F} = \begin{Bmatrix} F_1 \\ F_2 \\ \vdots \\ F_n \end{Bmatrix} \tag{8-169}$$

式（8-168）可用刚度矩阵表示为

$$\boldsymbol{m\ddot{y}} + \boldsymbol{ky} = \boldsymbol{F} \tag{8-170}$$

式中：$\boldsymbol{k}$ 为刚度矩阵，$\boldsymbol{k} = \boldsymbol{\alpha}^{-1}$。式（8-168）和式（8-170）是常用的两种形式的动力学方程。

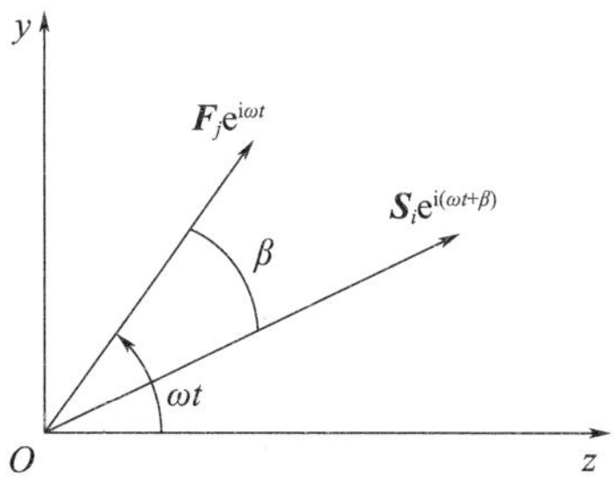

图 8-36　动态影响系数示意图

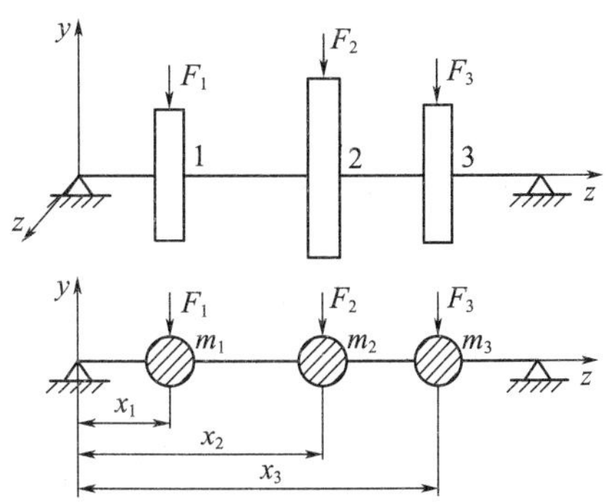

图 8-37　多圆盘转子简化模型

2. 多盘转子的临界转速和振型

多圆盘转子的临界转速和振型可以通过求解式（8－168）的齐次方程的特征值和特征向量而求得。

式（8－168）的齐次方程为

$$\boldsymbol{\alpha m}\ddot{\boldsymbol{y}}+\boldsymbol{y}=\boldsymbol{0} \tag{8-171}$$

设圆盘以某一自振频率 ω 振动，第 i 个圆盘的振动表示为

$$y_i=A_i\sin(\omega t+\beta),\ i=1,\ 2,\ \cdots,\ n \tag{8-172}$$

将式（8－172）代入式（8－171），得

$$(-\omega^2\boldsymbol{\alpha m}+\boldsymbol{I})\ \boldsymbol{A}=\boldsymbol{0} \tag{8-173}$$

式中，$\boldsymbol{I}$ 为单位矩阵。由于 $\boldsymbol{A}$ 中必定有非零元素（否则系统静止不动），式（8－173）有非零解的条件是系数行列式为零，即

$$|-\omega^2\boldsymbol{\alpha m}+\boldsymbol{I}|=0 \tag{8-174}$$

式（8－174）为系统的特征方程。如果用式（8－170）表示系统的动力学方程，则特征方程的形式为

$$|-\omega^2\boldsymbol{m}+\boldsymbol{k}|=0 \tag{8-175}$$

令 $\omega^2=\lambda$，式（8－174）、式（8－175）为 λ 的 n 次多项式，可解出 n 个根，$\lambda_1<\lambda_2<\cdots<\lambda_n$。将 n 个 λ 值代入式（8－174）可求出 n 个特征矢量。设

$$\lambda\boldsymbol{\alpha m}+\boldsymbol{I}=\boldsymbol{B} \tag{8-176}$$

当 $\lambda=\lambda_r$ 时代入 $\boldsymbol{B}$ 矩阵，计算出其中各个元素，得

$$\begin{bmatrix} b_{11}^{(r)} & b_{12}^{(r)} & \cdots & b_{1n}^{(r)} \\ b_{21}^{(r)} & b_{22}^{(r)} & \cdots & b_{2n}^{(r)} \\ \vdots & \vdots & & \vdots \\ b_{n1}^{(r)} & b_{n2}^{(r)} & \cdots & b_{nn}^{(r)} \end{bmatrix}\begin{Bmatrix} A_1^{(r)} \\ A_2^{(r)} \\ \vdots \\ A_n^{(r)} \end{Bmatrix}=\boldsymbol{0} \tag{8-177}$$

由式（8－177）可求出的 $\boldsymbol{A}_{(r)}$ 比例解，即

$$A_1^{(r)}\{1\quad A_2^{(r)}/A_1^{(r)}\quad A_3^{(r)}/A_1^{(r)}\quad \cdots\quad A_n^{(r)}/A_1^{(r)}\}^{\mathrm{T}}=A_1^{(r)}\boldsymbol{u}^{(r)} \tag{8-178}$$

式中，$\boldsymbol{u}^{(r)}=\{u_1^{(r)}\quad u_2^{(r)}\quad u_3^{(r)}\quad \cdots\quad u_n^{(r)}\}^{\mathrm{T}}$ 为特征矢量。即主振型。n 个圆盘系统有 n 个主振型，构成振型矩阵，即有

$$\boldsymbol{u}=\{\boldsymbol{u}_1\quad \boldsymbol{u}_2\quad \boldsymbol{u}_3\quad \cdots\quad \boldsymbol{u}_n\}^{\mathrm{T}} \tag{8-179}$$

特征值与特征矢量的物理意义是当系统以某一主频率振动时，特征矢量即主振型，代表各质量振幅的比例，如图 8－38 所示。

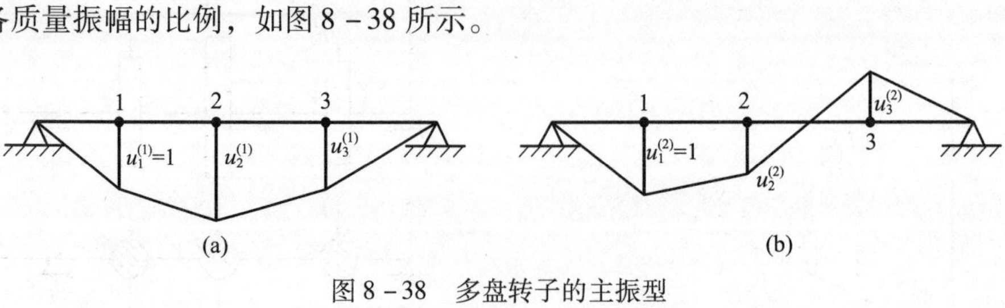

图 8－38　多盘转子的主振型

解出特征值和特征矢量后，式（8－172）表示的振动解表示为

$$\boldsymbol{y}=\boldsymbol{u}\ [A\sin(\omega t+\beta)] \tag{8-180}$$

式（8－180）展开后表示为

$$y_i = A_1 u_{i(1)} \sin(\omega_1 t + \beta_1) + A_2 u_{i(2)} \sin(\omega_2 t + \beta_2) + \cdots + A_n u_{i(n)} \sin(\omega_n t + \beta_n),\ i = 1, 2, \cdots, n \tag{8-181}$$

式（8－181）中的每一列代表一阶主振型，A_i（$i=1, 2, \cdots, n$）代表各阶振型的幅值，β_i（$i=1, 2, \cdots, n$）表示各阶振型的相位。分析式（8－181）中的每一个方程可知，任何一质量的振动幅值是各阶振型在该点的幅值以不同比例组合而成。各阶振型不仅比例不同，而且相位也不同，A_i（$i=1, 2, \cdots, n$）和β_i（$i=1, 2, \cdots, n$）的值需要根据初始条件确定。设$t=0$时，$\boldsymbol{y}=\boldsymbol{y}_0$，$\dot{\boldsymbol{y}}=\dot{\boldsymbol{y}}_0$，代入式（8－181）及其微分式$\dot{\boldsymbol{y}}=\boldsymbol{u}[\omega A\cos(\omega t+\beta)]$可得$2n$个方程组，解这组方程即可求得$A_i$（$i=1, 2, \cdots, n$）和$\beta_i$（$i=1, 2, \cdots, n$）的值。

以上分析了Oxy平面内的解，在Oxz平面内的解可用相同的方法得到

$$\boldsymbol{z} = \boldsymbol{u}[B\sin(\omega t + \psi)] \tag{8-182}$$

将式（8－180）和式（8－182）合起来，可写成

$$\boldsymbol{s} = \boldsymbol{z} + \mathrm{i}\boldsymbol{y} = \boldsymbol{u}[B\sin(\omega t + \psi) + \mathrm{i}A\sin(\omega t + \beta)] \tag{8-183}$$

多圆盘转子在不计圆盘转动惯量的情况下，转子的临界转速就是其自振频率，所以n个圆盘的转子有n个临界转速，依次称为第一阶临界转速、第二阶临界转速，等等。

3. 多圆盘转子的不平衡响应

设在图8－39所示的多盘转子上，每个圆盘均有不平衡产生的质量偏心a_i（$i=1, 2, \cdots, n$），产生的不平衡力为旋转的矢量$\boldsymbol{F}_i$（$i=1, 2, \cdots, n$），可用旋转矢量表示为

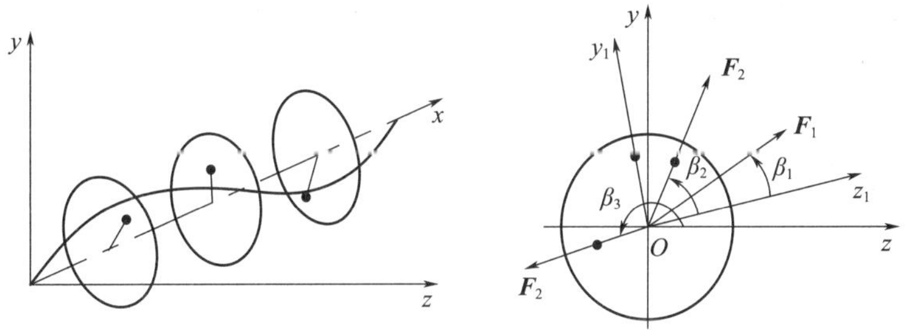

图8－39　有不平衡量的多圆盘转子

$$\boldsymbol{F}_i = m_i a_i \Omega^2 \mathrm{e}^{\mathrm{i}\beta_i} \mathrm{e}^{\mathrm{i}\Omega t} \tag{8-184}$$

式中：β_i为不平衡力在转动坐标系中的相位角。

因此，可以用影响系数法直接写出求不平衡响应的动力学方程为

$$\boldsymbol{am}\ddot{\boldsymbol{s}} + \boldsymbol{s} = \boldsymbol{aF} = \boldsymbol{af}\mathrm{e}^{\mathrm{i}\Omega t} \tag{8-185}$$

式中，$\boldsymbol{s}=z+\mathrm{i}y$，$\boldsymbol{f}$可表示为

$$\boldsymbol{f} = \{\Omega^2 m_1 a_1 \mathrm{e}^{\mathrm{i}\beta_1} \quad \Omega^2 m_2 a_2 \mathrm{e}^{\mathrm{i}\beta_2} \quad \cdots \quad \Omega^2 m_n a_n \mathrm{e}^{\mathrm{i}\beta_n}\}^{\mathrm{T}} \tag{8-186}$$

设式（8－185）的特解为$\boldsymbol{s}=\boldsymbol{s}_1\mathrm{e}^{\mathrm{i}\Omega t}$，代入式（8－183），得

$$(-\Omega^2 \boldsymbol{ams}_1 + \boldsymbol{s}_1)\mathrm{e}^{\mathrm{i}\Omega t} = \boldsymbol{af}\mathrm{e}^{\mathrm{i}\Omega t} \tag{8-187}$$

从式（8－187）得到

$$\boldsymbol{s}_1 = (-\Omega^2 \boldsymbol{am} + \boldsymbol{I})^{-1}\boldsymbol{af} \tag{8-188}$$

式中，$\boldsymbol{s}_1$即为不平衡响应在动坐标中的解。$\boldsymbol{s}_1$中各元素均为矢量，其模代表各圆盘中心

偏离转动中心的距离，其方向代表在转动坐标中的相位角。为了进一步了解这个解的物理意义，进一步分析 $\boldsymbol{s}_1$ 的构成情况。记

$$\boldsymbol{C} = (-\Omega^2 \boldsymbol{am} + \boldsymbol{I})^{-1} \boldsymbol{a} \tag{8-189}$$

则有 $\boldsymbol{s}_1 = \boldsymbol{Cf}$，即

$$\boldsymbol{s}_{1i} = \boldsymbol{C}_{i1} m_1 a_1 \Omega^2 \mathrm{e}^{\mathrm{i}\beta_1} + \boldsymbol{C}_{i2} m_2 a_2 \Omega^2 \mathrm{e}^{\mathrm{i}\beta_2} + \cdots \tag{8-190}$$

式（8-190）表明，任一盘中心的偏离量为各圆盘上不平衡力单独作用时产生偏离量的线性组合。各圆盘不仅振幅不同，相位也不同。因此，各圆盘中心的连线形成一空间曲线，称为动挠度曲线。对于单圆盘转子，动挠度曲线为弓形，是一条平面曲线。

由式（8-188）可知，当 Ω 趋近于某一自然频率 ω_i 时，行列式 $|-\Omega^2 \boldsymbol{am} + \boldsymbol{I}| \to 0$，振动幅值理论上为无穷大，这就是共振现象，此时的转速为临界转速。

矩阵 $\boldsymbol{C}$ 实质上就是计算不平衡响应的影响系数矩阵，该矩阵和某一常力作用下静挠度的影响系数矩阵 $\boldsymbol{\alpha}$ 是不同的。由于在分析中没有计入阻尼因素，$\boldsymbol{C}$ 中各元素均为实数。在有阻尼存在时，影响系数将成为复数，因为阻尼使不平衡力和变形间产生相位差。

8.6 转子系统的分布质量振动分析

8.6.1 自由振动的自然频率和振型函数

连续质量系统的动力学方程为偏微分方程。通常只能在极简单的情况下，可求解出其精确解。挠性转子在不平衡力作用下的振动，相当于弹性梁在周期激励力作用下的振动。

在分析连续质量振动系统时，假设转轴各向同性，且支承是刚性的，如图 8-40 所示。由梁的弯曲计算公式可知，当梁上沿 x 方向作用分布载荷 $q(x)$ 时，有

$$q(x) = \frac{\mathrm{d}Q(x)}{\mathrm{d}x} = \frac{\mathrm{d}^2 M(x)}{\mathrm{d}x^2}, \quad M(x) = EI(x)\frac{\mathrm{d}^2 y(x)}{\mathrm{d}x^2} \tag{8-191}$$

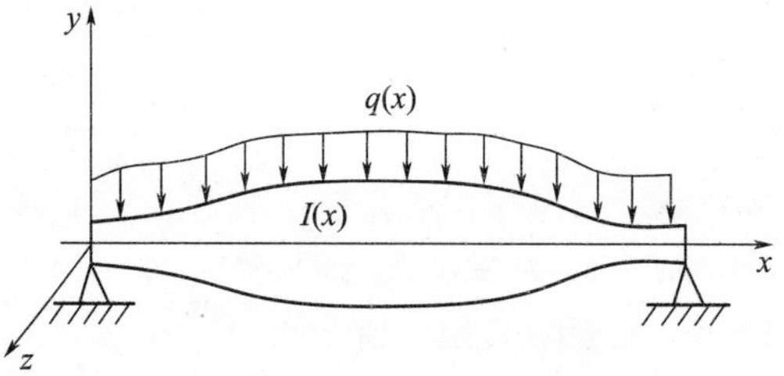

图 8-40 连续质量转子

从式（8-191）得到

$$q(x) = \frac{\mathrm{d}^2}{\mathrm{d}x^2}\left[EI(x)\frac{\mathrm{d}^2 y(x)}{\mathrm{d}x^2}\right] \tag{8-192}$$

式中：$M(x)$ 为弯矩；$I(x)$ 为截面惯性矩；$y(x)$ 为挠度；E 为弹性模量。

当将式（8-192）用于转轴横向振动时，分布载荷就是振动的惯性力，惯性力不仅是 x 的函数，也是时间 t 的函数，故有

$$q(x,t) = -m(x)\frac{\partial^2 y(x,t)}{\partial t^2} = \frac{\partial^2}{\partial x^2}\left[EI(x)\frac{\partial^2 y(x,t)}{\partial x^2}\right] \tag{8-193}$$

式（8－193）可表示为

$$\frac{\partial^2}{\partial x^2}\left[EI(x)\frac{\partial^2 y(x,t)}{\partial x^2}\right]+m(x)\frac{\partial^2 y(x,t)}{\partial t^2}=0 \tag{8-194}$$

设式（8－194）的解为 $y(x,t)=Y(x)\sin\omega t$，代入式（8－194），并简化得到

$$\frac{d^2}{dx^2}\left[EI(x)\frac{d^2 y(x,t)}{dx^2}\right]-m(x)\omega^2 Y(x)=0 \tag{8-195}$$

式（8－195）为系统的特征方程，解此方程可求出系统的自然频率和振型函数。下面以均质轴为例说明方程的解法。

对于均质轴，$m(x)=m$，$I(x)=I$，则式（8－195）成为

$$\frac{d^4 Y(x)}{dx^4}-m\omega^2 Y(x)=0 \tag{8-196}$$

若记

$$k^4=\frac{m\omega^2}{EI} \tag{8-197}$$

则式（8－196）成为

$$\frac{d^4 Y(x)}{dx^4}-k^4 Y(x)=0 \tag{8-198}$$

式（8－198）的解为

$$Y(x)=Ae^{kx}+Be^{-kx}+C\cos kx+D\sin kx \tag{8-199}$$

式中，A、B、C、D 为待定常数，由边界条件决定。在不同支承下的边界条件如图 8－41 所示，图 8－41（a）、（b）、（c）分别是转子的左端为自由、固定和简支条件。以图 8－41（c）的边界条件为例，可得方程

$$A+B+C=0,\ Ae^{kl}+Be^{-kl}+C\cos kl+D\sin kl=0$$
$$A+B-C=0,\ Ae^{kl}+Be^{-kl}-C\cos kl-D\sin kl=0 \tag{8-200}$$

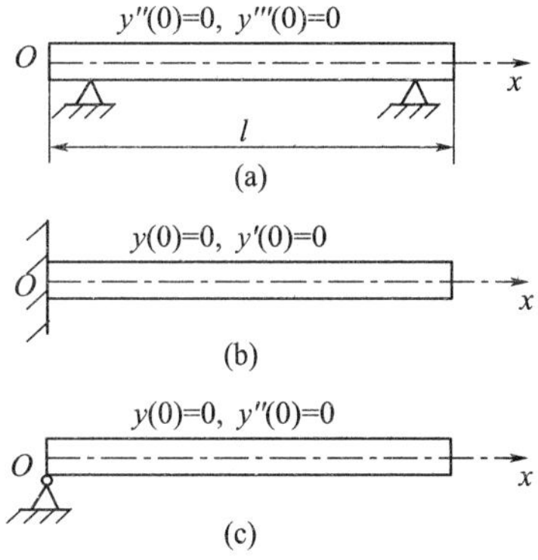

图 8－41　转子的边界条件

求解方程式（8－200）得到

$$A=B=C=0,\quad D\sin kl=0 \tag{8-201}$$

由于 D 不能为零，否则轴静止不动，所以 $\sin kl=0$，从而得到 $k=n\pi/l$，n 为正整数。

将 k 的值代入式（8－197），则可求出各阶的自然频率 ω_i（$i=1,2,\cdots,n$）。同样，将 k 值代入式（8－201）即可得到各阶的振型函数，即有

$$\begin{cases} k_1=\dfrac{\pi}{l}, & \omega_1=\dfrac{\pi^2}{l^2}\sqrt{\dfrac{EI}{m}}, & Y_1(x)=D_1\sin\dfrac{\pi}{l}x \\ k_2=\dfrac{2\pi}{l}, & \omega_2=\dfrac{4\pi^2}{l^2}\sqrt{\dfrac{EI}{m}}, & Y_2(x)=D_2\sin\dfrac{2\pi}{l}x \\ & \vdots & \\ k_n=\dfrac{n\pi}{l}, & \omega_n=\dfrac{n^2\pi^2}{l^2}\sqrt{\dfrac{EI}{m}}, & Y_n(x)=D_n\sin\dfrac{n\pi}{l}x \end{cases} \tag{8-202}$$

连续质量系统有无穷多个自由度，所以 n 取值为 $n=1, 2, \cdots, \infty$，自然频率和振型也有无穷多个。前 3 阶振型函数的形状如图 8－42 所示。系统的全解为

$$y(x,t) = \sum_{n=1}^{\infty} Y_n(x)\sin(\omega_n t+\varphi_n) = \sum_{n=1}^{\infty} D_n \sin\frac{n\pi}{l}x\sin(\omega_n t+\varphi_n) \tag{8-203}$$

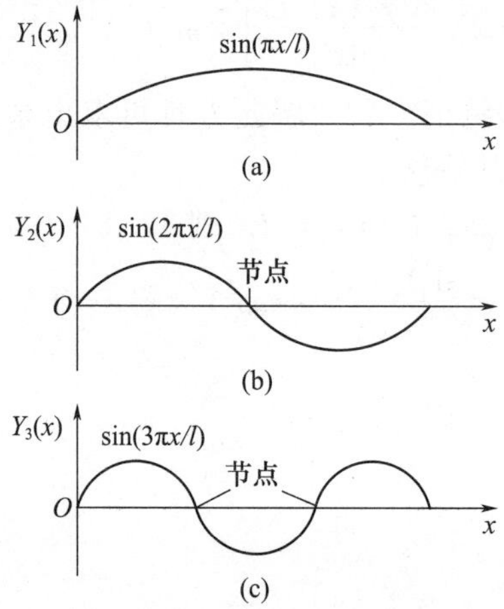

图 8－42　连续质量转子的振型

全解由无穷多阶振型分量组成，其中 D_n 和 φ_n 根据初始条件决定。D_n 为各阶振型分量，φ_n 为各阶振型分量的相位。

对于非均质轴，振型函数将是比较复杂的函数。连续轴的振型函数同样具有正交性，表示为

$$\int_0^l m(x)\Phi_i(x)\Phi_j(x)\mathrm{d}x = \begin{cases}0, & i\neq j\\ N_n, & i=j=n\end{cases} \tag{8-204}$$

式中：N_n 为正交模。

8.6.2　不平衡响应分析

连续转子上的不平衡量一般也是连续分布的。设沿 x 向各截面上的质心偏移量 $\boldsymbol{a}(x)$ 为

$$\boldsymbol{a}(x) = a(x)\mathrm{e}^{\mathrm{i}\beta(x)} \tag{8-205}$$

如图 8－43（a）所示，转子各截面的轴心位置可以用矢量 $\boldsymbol{S}(x, t)$ 表示为

$$\boldsymbol{S}(x, t) = z(x, t) + \mathrm{i}y(x, t) \tag{8-206}$$

根据式（8－194）可知，转子的振动方程为

$$\frac{\partial^2}{\partial x^2}\left[EI(x)\frac{\partial^2 \boldsymbol{S}(x, t)}{\partial x^2}\right] + m(x)\frac{\partial^2 \boldsymbol{S}(x, t)}{\partial t^2} = \Omega^2 m(x)\boldsymbol{a}(x)\mathrm{e}^{\mathrm{i}\Omega t} \tag{8-207}$$

式中，Ω 为转子旋转角速度。

设式（8－207）的解为 $\boldsymbol{S}(x, t) = \boldsymbol{s}_1(x)\mathrm{e}^{\mathrm{i}\Omega t}$，将解代入方程，简化后得到。

$$\frac{\mathrm{d}^2}{\mathrm{d}x^2}\left[EI(x)\frac{\mathrm{d}^2 \boldsymbol{s}_1(x)}{\mathrm{d}x^2}\right] + m(x)\Omega^2 \boldsymbol{s}_1(x) = \Omega^2 m(x)\boldsymbol{a}(x) \tag{8-208}$$

为了便于求解 $\boldsymbol{s}_1(x)$，可利用振型函数正交性对不平衡量 $\boldsymbol{a}(x)$ 进行振型分解，即

$$\boldsymbol{a}(x) = a(x)\mathrm{e}^{\mathrm{i}\beta(x)} = a(x)[\cos\beta(x) + \mathrm{i}\sin\beta(x)] \tag{8-209}$$

式（8－209）表示将 $\boldsymbol{a}(x)$ 分解到 Oxy_1 和 Oxz_1 平面内。由于振型函数是平面曲线，可把分解后的 $\boldsymbol{a}(x)$ 的实部和虚部展开为

$$a_z(x) = a(x)\cos\beta(x) = \sum_{n=1}^{\infty} C_{nz}\Phi_n(x)],\quad a_y(x) = a(x)\sin\beta(x) = \sum_{n=1}^{\infty} C_{ny}\boldsymbol{\Phi}_n(x) \tag{8-210}$$

将式（8－210）代入式（8－209），得

$$\boldsymbol{a}(x) = \sum_{n=1}^{\infty}(C_{nz} + \mathrm{i}C_{ny})\boldsymbol{\Phi}_n(x) = \sum_{n=1}^{\infty}\boldsymbol{C}_n\boldsymbol{\Phi}_n(x) = \sum_{n=1}^{\infty}|\boldsymbol{C}_n|\mathrm{e}^{\mathrm{i}\beta_n}\boldsymbol{\Phi}_n(x) \tag{8-211}$$

式中：$|\boldsymbol{C}_n|$ 为各阶不平衡分量的大小（即以振型函数为基坐标值）；β_n 为各阶分量所在的方位，可表示为

$$|\boldsymbol{C}_n| = \sqrt{C_{nz}^2 + C_{ny}^2},\quad \beta_n = \arctan(C_{ny}/C_{ny}) \tag{8-212}$$

图 8－43（b）和（c）表示了这种分解的几何说明，图 8－43（b）表示轴段及其不平衡量，而图 8－43（c）表示第 1、2、3 阶不平衡分量，分别处于与 Ox_1z_1 平面交角为 β_i 的平面上。$\boldsymbol{C}_n$ 可利用振型函数的正交性求出，例如如当 $n=r$ 时，由 $\boldsymbol{C}_r$ 可先求出 $\boldsymbol{C}_{ry}$ 和 $\boldsymbol{C}_{rz}$，再利用式（8－212）计算 $|\boldsymbol{C}_n|$ 和 β_n。由于

$$\begin{aligned}\int_0^l a_y(x)m(x)\boldsymbol{\Phi}_r(x)\mathrm{d}x &= \int_0^l m(x)\boldsymbol{\Phi}_r(x)\sum_{n=1}^{\infty}C_{ny}\boldsymbol{\Phi}_n(x)\mathrm{d}x \\ &= C_{ry}\int_0^l m(x)\boldsymbol{\Phi}_r^2(x) = C_{ry}N_r\end{aligned} \tag{8-213}$$

式中：N_r 为第 r 阶正交模。

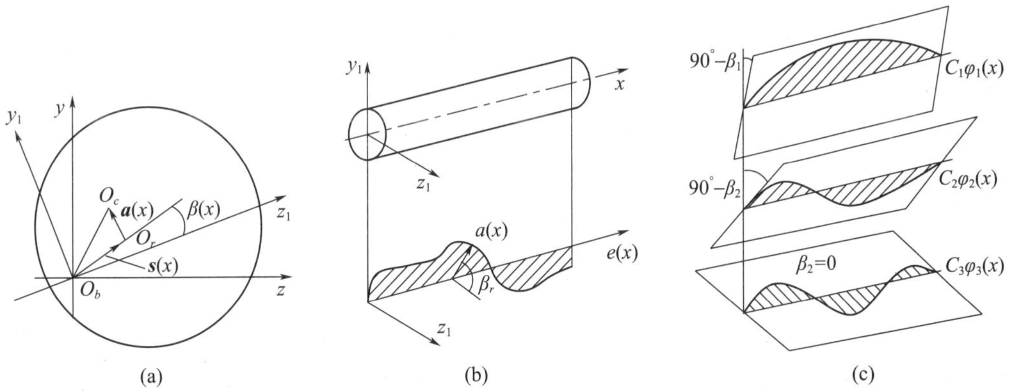

图 8－43　连续质量转子的不平衡量

从式（8－213）得到

$$C_{ry} = \frac{1}{N_r}\int_0^l a_y(x)m(x)\boldsymbol{\Phi}_r(x)\mathrm{d}x \tag{8-214}$$

用同样的方法可以得到 C_{rz}。将式（8－211）代入式（8－208），得

$$\frac{d^2}{dx^2}\left[EI(x)\frac{d^2\boldsymbol{s}_1(x)}{dx^2}\right]+m(x)\Omega^2\boldsymbol{s}_1(x) = m(x)\Omega^2\sum_{n=1}^{\infty}|\boldsymbol{C}_n|e^{i\beta_n}\boldsymbol{\Phi}_n(x) \quad (8-215)$$

由式（8－215）可见，微分方程的解 s_1（x）也可表示为各阶振型函数的叠加。设

$$\boldsymbol{s}_1(x) = \sum_{n=1}^{\infty}\boldsymbol{A}_n\boldsymbol{\Phi}_n(x) \quad (8-216)$$

将式（8－216）代入式（8－215），为了书写方便，只取式中的一项 $n=r$ 来说明如何确定 $\boldsymbol{A}_r$

$$\boldsymbol{A}_r\frac{d^2}{dx^2}\left[EI(x)\frac{d^2\boldsymbol{\Phi}_r(x)}{dx^2}\right]-m(x)\Omega^2\boldsymbol{A}_r\boldsymbol{\Phi}_r(x)=m(x)\Omega^2C_re^{i\beta_n}\boldsymbol{\Phi}_r(x) \quad (8-217)$$

从式（8－195）可知系统的特征方程为

$$\frac{d^2}{dx^2}\left[EI(x)\frac{d^2\boldsymbol{s}_1(x)}{dx^2}\right]-m(x)\omega^2\boldsymbol{s}_1(x)=0 \quad (8-218)$$

转子的自然频率 ω_i（$i=1, 2, \cdots, r$）和振型函数 $\boldsymbol{\Phi}_i$（$i=1, 2, \cdots, r$）必然满足特征方程，故有

$$\frac{d^2}{dx^2}\left[EI(x)\frac{d^2\boldsymbol{\Phi}_r(x)}{dx^2}\right]=m(x)\omega^2\boldsymbol{\Phi}_r(x) \quad (8-219)$$

将式（8－219）代入式（8－217），得

$$[-m(x)\Omega^2\boldsymbol{\Phi}_r(x)+m(x)-\omega_r^2\boldsymbol{\Phi}_r(x)]\boldsymbol{A}_r=\Omega^2m(x)C_re^{i\beta_n}\boldsymbol{\Phi}_r(x) \quad (8-220)$$

从式（8－220）中得到

$$\boldsymbol{A}_r=\frac{\Omega^2}{\omega_r^2-\Omega^2}C_ne^{i\beta_n} \quad (8-221)$$

将式（8－221）代入式（8－216），得到系统振动响应的全解为

$$\boldsymbol{s}_1(x) = \sum_{n=1}^{\infty}\frac{\Omega^2}{\omega_r^2-\Omega^2}C_ne^{i\beta_n}\boldsymbol{\Phi}_n(x) \quad (8-222)$$

式（8－222）为分布不平衡力作用下转子的动挠度曲线。动挠度曲线的特性有：①转子动挠度曲线由无穷多阶振型分量叠加而成。各阶分量在各自的相位平面内；②各阶振型分量的大小正比于该阶的不平衡分量 C_n；③动挠度曲线与转子转速有关。当 Ω 接近于某一临界转速时，该阶振型分量趋于无穷大，动挠度曲线将呈现为该阶振型函数。所以，在临界转速时，转子的动挠度曲线是一平面曲线。

8.6.3 非均匀挠性转子的振动

机械中的转子一般是非均质的阶梯轴，不平衡质量沿轴向分布往往是不连续的函数，求解转子系统的动力学方程式（8－195）非常困难，因此常采用数值解法。在工程实际中常用的解法有分解代换法、解析法、当量直径法和普劳尔法等。普劳尔法是将轴分成若干段，用传递矩阵法计算出横向振动的自然频率。对转速不太高、挠度不太大的转子，常以此自然频率作为临界转速。下面介绍普劳尔法的基本过程。

（1）转轴质量的离散化。将转轴连续系统简化为若干个集中质量的离散系统，如图8－44（a）所示。离散系统由 $n+1$ 个集中质量 m_i（$i=0, 1, \cdots, n$）和 n 个无质量的弹性梁组成。梁的柔度系数为 a_i（$i=0, 1, \cdots, n$），具有 m 个支承，其刚度为 k_i（$i=1,$

2，…，m）。

如图 8－44（b）所示，取第 i 段梁，其中三个小梁段和一个集中质量 m_{i4}，现说明 m_i 和 α_i 的确定方法。

质量简化原则是简化后应保证该段质心不变。现将 Δx_i 段梁的总质量 M_i 分为左右两部分：

$$m_i^{\mathrm{R}} = \frac{1}{g\Delta x_i}\sum_{k=1}^{4} G_{ik}\Delta x_{ik}, \quad m_{i-1}^{\mathrm{L}} = m_i - m_i^{\mathrm{R}} \tag{8-223}$$

式中：m_i^{R} 为 i 段梁简化到 i 点的部分质量；m_{i-1}^{L} 为 i 段梁简化到 $i-1$ 点的部分质量；G_{ik}，Δx_{ik} 为 i 段梁第 k 小段集中质量的重量和长度。简化后的集中质量 m_i 由 m_i^{R} 和 m_{i-1}^{L} 组成。因此，柔度系数为

$$\alpha_i = \frac{\Delta x_i}{EI_i} = \sum_{i=1}^{3}\frac{\Delta x_{ik}}{EI_{ik}} \tag{8-224}$$

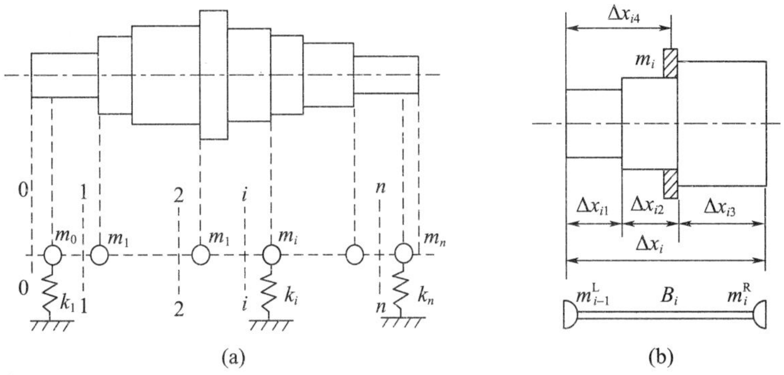

图 8－44　非均匀轴及轴段描述

（2）传递矩阵。第 i 段质量右侧截面的状态参数（挠度 y、转角 θ、弯矩 M 及剪力 Q）为

$$\begin{Bmatrix} y \\ \theta \\ M \\ Q \end{Bmatrix}_i^{\mathrm{R}} = \begin{bmatrix} 1 & \Delta x & \dfrac{\alpha\Delta x}{2} & \dfrac{\alpha\Delta x^2}{6} \\ 0 & 1 & \alpha & \dfrac{\alpha\Delta x}{2} \\ 0 & 0 & 1 & \\ m\omega_{\mathrm{n}}^2 & m\Delta x\omega_{\mathrm{n}}^2 & m\Delta x & 1+\dfrac{\alpha m\omega_{\mathrm{n}}^2\Delta x^2}{6} \end{bmatrix}_i \begin{Bmatrix} y \\ \theta \\ M \\ Q \end{Bmatrix}_{i-1}^{\mathrm{R}} \tag{8-225}$$

式（8－225）简写为

$$\boldsymbol{z}_i^{\mathrm{R}} = \boldsymbol{U}_i\boldsymbol{z}_{i-1}^{\mathrm{R}} \tag{8-226}$$

式中：$\boldsymbol{U}_i$ 为第 i 段梁的传递矩阵。第 i 点的状态参数可由 0 点的状态参数推出，即

$$\boldsymbol{z}_i^{\mathrm{R}} = \boldsymbol{U}_i\boldsymbol{U}_{i-1}\cdots\boldsymbol{U}_0\boldsymbol{z}_0^{\mathrm{L}} \tag{8-227}$$

从 0 点（左端）到 n 点（右端）之间的传递关系为

$$\boldsymbol{z}_n^{\mathrm{R}} = \boldsymbol{U}_n\boldsymbol{U}_{n-1}\cdots\boldsymbol{U}_0\boldsymbol{z}_0^{\mathrm{L}} = \boldsymbol{U}_0\boldsymbol{z}_0^{\mathrm{L}} \tag{8-228}$$

式中：$\boldsymbol{U}$ 为系统的总传递矩阵，可表示为

$$U=\begin{bmatrix} u_{11} & u_{12} & u_{13} & u_{14} \\ u_{21} & u_{22} & u_{23} & u_{24} \\ u_{31} & u_{32} & u_{33} & u_{34} \\ u_{41} & u_{42} & u_{43} & u_{44} \end{bmatrix} \tag{8-229}$$

代入0点和n点的边界条件后，可整理出频率方程组。

铰支端：左右两端均为铰链支承时，又可分为刚性支承与弹性支承。两端均为刚性支承时，边界条件为$y_0=M_0=y_n=M_n=0$；两端均为弹性支承时，可以认为转轴两端均为自由端，边界条件为$M_1=Q_1=M_n=Q_n=0$。

固定端与自由端：设0端为自由端，n端为固定端，则边界条件为$M_0=Q_0=y_n=\theta_n=0$。

固定端与铰支端：设0端为铰支端，n端为固定端，则边界条件为$y_0=Q_0=y_n=\theta_n=0$。

（3）自然频率和振型的确定。频率方程一般用数值解法。现以两端为自由端的轴为例说明其解法。其频率方程为

$$\Delta(\omega)=\begin{vmatrix} u_{31} & u_{32} \\ u_{41} & u_{42} \end{vmatrix}=0 \tag{8-230}$$

假设一系列的ω值，代入频率方程，如果ω值不是ω_{n}，则行列式不为零。找到$\Delta(\omega)$与ω的变化关系，绘出曲线，$\Delta(\omega)=0$的曲线交点即为自然频率，如图8-45所示。将$\omega_{\mathrm{n}i}$（$i=1,2,\cdots,n$）依次代入式（8-225），计算出各点的挠度y_i（$i=1,2,\cdots,n$），它们都是y_0的相对值，故称为振型曲线。

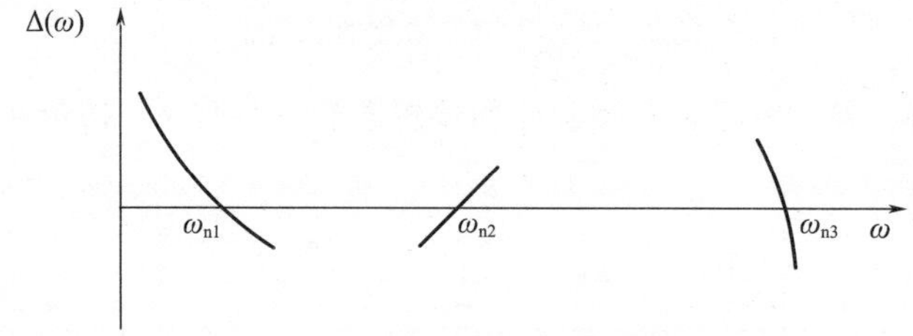

图8-45　非均匀轴的自然频率

思考题

1. 什么是转子的临界转速？有哪些系统参数影响转子临界转速？

2. 判断转子属于挠性转子还是刚性转子的标准是什么？

3. 在用影响系数平衡法时，影响系数的物理意义是什么？影响系数与哪些因素有关？

4. 单圆盘转子自由振动时，轴心轨迹有几种可能？影响轴心轨迹的因素有哪些？

5. 在理论上完全平衡挠性转子需要多少个校正面？在实际机械中，为什么可以选取有限个校正平面来平衡挠性转子？

6. 比较单圆盘转子自由振动和仅有不平衡力作用时转子振动有何不同?

7. 在转子有不平衡时，多盘转子的动挠度曲线为什么是空间曲线?

8. 用影响系数法平衡挠性转子时，平衡方程为什么不成立? 用什么方法解决?

9. 为什么求解复杂转子的动力学问题用传递矩阵法比较方便?

10. 如何用传递矩阵法得出转子系统的特征方程? 如何求解转子系统的临界转速和振型?

11. 为什么在考虑圆盘转动惯量时转子的临界转速和自振频率不同?

12. 具有连续质量的挠性转子的动力学方程和离散质量的转子有何不同?

13. 说明对分布不平衡量进行振型分解的过程和意义。

14. 在分布不平衡力作用下转子的动挠度曲线有什么特性?

15. 如何用实验法确定影响系数?

16. 影响系数法能否用于刚性转子的动平衡?

习　题

1. 图 8-46 所示为一刚性转子，支承在油膜轴承上，轴承的刚度系数为 k_{yy}、k_{zz}、k_{zy}、k_{yz}；转子的质量为 M，质心在 S 处，绕质心的转动惯量为 I，试写出该转子无外力时的动力学方程。

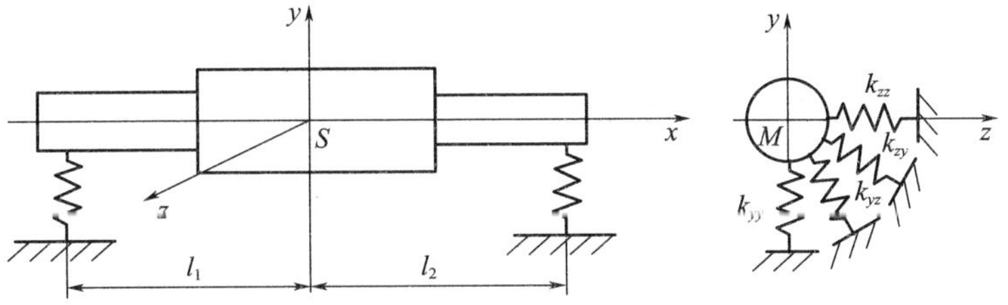

图 8-46　弹性支承刚性转子

2. 图 8-47（a）所示为仅有一个圆盘的转子，以图 8-47（b）和（c）两种模型分析圆盘在 y 方向的振动。图 8-47（b）所示模型考虑轴的弹性，不计轴的质量，圆盘简化成集中质量 M，支承为刚性；图 8-47（c）所示模型考虑轴的弹性，轴的质量简化成 4 个集中质量 m，圆盘简化成集中质量 M，支承为刚性。试确定：①在分别采用两种模型时，系统的自由度，各有几个临界转速? ②采用哪个模型算出的第一阶临界转速高?

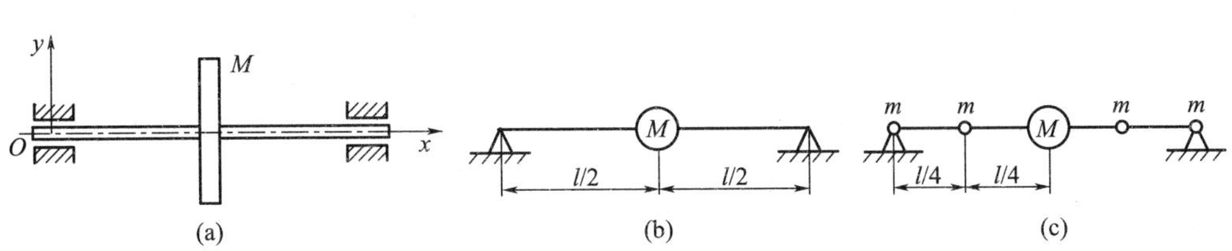

图 8-47　单盘转子及简化

3. 图 8-48（a）所示为一单圆盘转子，圆盘质量为 $M=5\text{kg}$，不考虑其转动惯量时，可简化为图 8-48（b）所示的集中质量模型。轴的直径为 $d=10\text{mm}$，圆盘到两支承间的距离分别为，$a=40\text{mm}$，$b=60\text{mm}$，材料的弹性模量 $E=2.1\times10^{11}\text{N/m}^2$，支承可认为是刚性的。试确定：①计算该转子的临界转速；②设转子按图示方向旋转，初始条件为 $t=0$，$y=0.2\text{mm}$，$z=\dot{z}=0$，$\dot{y}=100\text{mm/s}$，确定圆盘涡动的轨迹；③若圆盘上有不平衡，使质量偏离圆心距离 $e=0.01\text{mm}$，求转子转速分别为 $\Omega=6000\text{r/min}$ 和 9500r/min 时的不平衡响应。

轴的挠度计算公式为：$y_a=\dfrac{Pab}{6lEI}(l^2-a^2-b^2)$，　$I=\dfrac{\pi d^4}{64}$

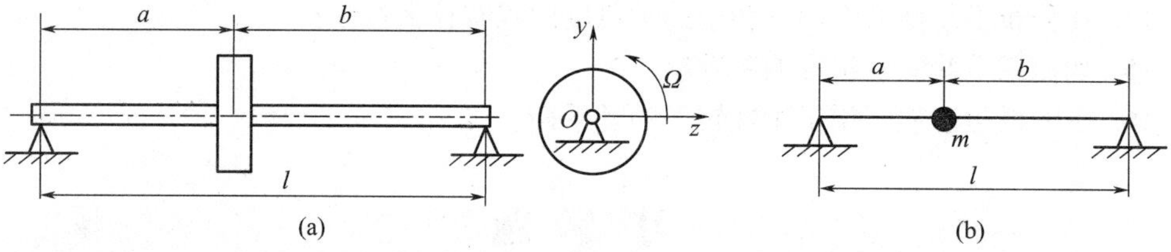

图 8-48　单盘转子及模型

4. 对于图 8-49 所示转子，系统参数：圆盘质量 $M=3\text{kg}$，$l=900\text{mm}$，支承刚度系数 $k_{b1}=k_{b2}=2\times10^6\text{N/m}$，轴为均质，直径 $d=10\text{mm}$，弹性模量 $E=2.1\times10^{11}\text{N/m}^2$。计算在转速 $n=1550\text{r/min}$ 和 $n=6500\text{r/min}$ 时，属于刚性转子还是挠性转子？

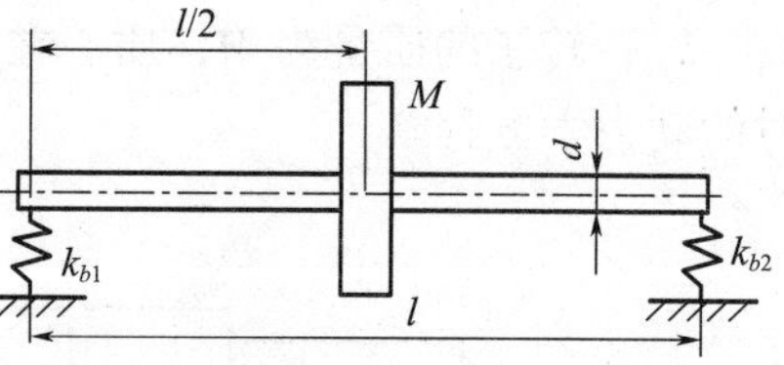

图 8-49　弹性支承单盘转子

5. 在图 8-50（a）所示的弹性支承转子，圆盘的质量为 M，不计转动惯量，质心位于 S 点，与圆盘中心距离为 a；轴为圆截面，如图 8-50（b）所示，各向同性，刚度为 k_r，不计轴的质量；支承刚度在 y、z 方向分别为 k_y、k_z，试推导当转子转速为 y 方向临界转速的 70% 时，轴心轨迹的表达式。

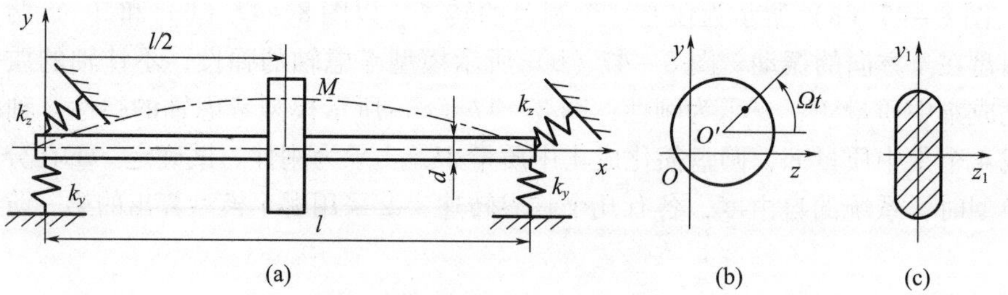

图 8-50　弹性支承转子及截面形状

6. 对于图 8-50（a）所示的弹性支承转子，若支承刚度各向同性，轴为非圆截面，如图 8-50（c）所示。在转动坐标中，刚度分别为 k_{y1}、k_{z1}，其他参数不变，试推导系统的动力学方程。

7. 对于图 8-51 所示的两盘转子，已知从 0 点坐标到 3 点之间的传递矩阵由式（8-229）表示，试根据边界条件写出求自然频率的特征方程。

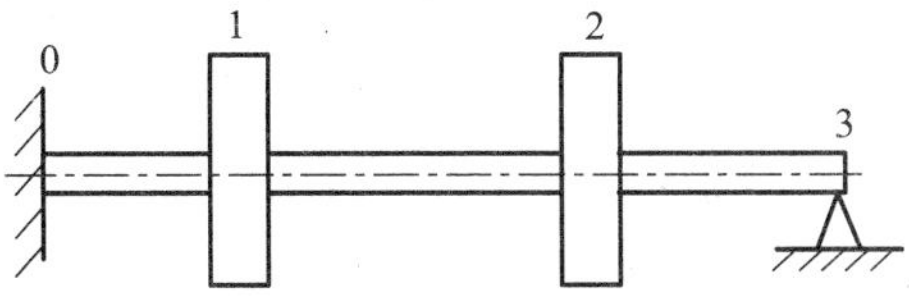

图 8－51　两盘转子

8. 设一单圆盘转子，轴与支承均为各向同性，其自然频率为 ω，转子的角速度 $\Omega = 3\omega$，圆盘上无不平衡量。转子在旋转过程中受到干扰，使圆心 O'沿 z 方向移动 1mm，然后无初速释放。求圆盘轴心点 O'在固定坐标和动坐标中的轨迹，并用图表示出来。

9. 如图 8－52 所示为三盘转子，在两端支承处装有位移传感器，可测出两处轴颈的振动幅值，并且通过仪器，可测出它们相对于基准信号的相位。设 1 处原始振动振幅为 62μm，相位角为 234°，2 处原始振动振幅为 100μm，相位角为 20°。当在平面Ⅰ上加试重 178g · cm，相位 240°后，1 处振动幅值为 78μm，相位角为 150°，2 处振动幅值为 80μm，相位角为 90°。试计算根据上述数据可得到的所有影响系数，并说明其物理意义。如果在 3 个平面上都分别加试重，并测量出两支承处的振动，利用这些数据能计算出哪些影响系数？

10. 图 8－53 所示为一需要平衡的双盘转子，在两端支承处装有位移传感器，振动测量方法与上题相同。设 1 处原始振动振幅为 30μm，相位角为 150°，2 处原始振动振幅为 90μm，相位角为 30°。当在平面Ⅰ上加试重 30g · cm，相位 180°后，1 处振动幅值为 50μm，相位角为 200°，2 处振动幅值为 40μm，相位角为 50°。当在平面Ⅱ上加试重 30g · cm，相位 180°后，1 处振动幅值为 40μm，相位角为 150°，2 处振动幅值为 55μm，相位角为 70°。试求出平衡该转子在Ⅰ、Ⅱ面上所需加的平衡量的大小与方位。

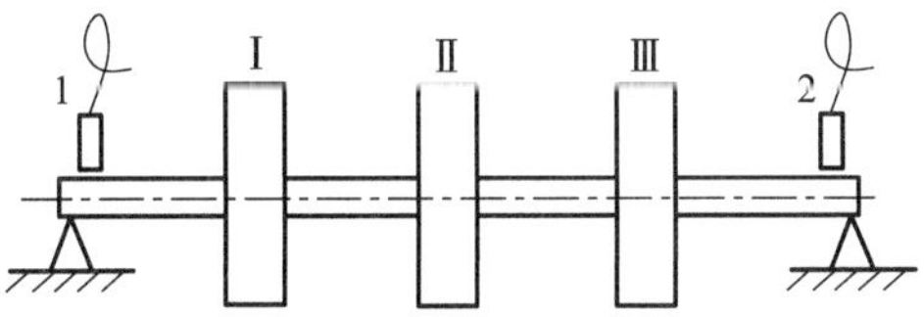

图 8－52　支承处装有传感器的三盘转子

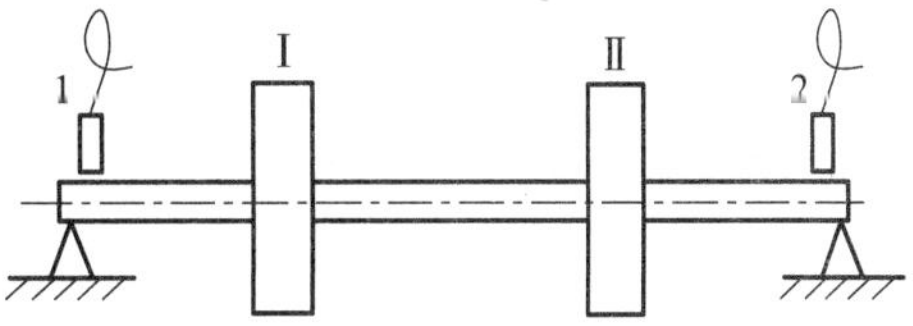

图 8－53　支承处装有传感器的两盘转子

11. 图 8－54 所示为实验台用双圆盘转子，转子参数为：$l_1 = 70\text{mm}$，$l_2 = 95\text{mm}$，$l = 260\text{mm}$，$d = 10\text{mm}$，$D = 75\text{mm}$，$B = 20\text{mm}$，圆盘质量 $m_1 = m_2 = 0.77\text{kg}$，材料的弹性模量为$E = 2.1 \times 10^{11}\text{N/m}^2$。试确定：①将圆盘简化为集中质量，轴简化为无质量的弹性段，支承为刚性简支，试用影响系数法列出动力学方程，计算转子的临界转速及主振型；②若初始条件为 $t = 0$，$y_1 = 0.1\text{mm}$，$y_2 = 0$，$\dot{y}_1 = 0$，$\dot{y}_2 = 0$，试求出该初始条件下的解 y_1，y_2；③用传递矩阵法列出系统方程，将①所得临界转速值代入传递矩阵，验算它们是否为特征方程的根；④用传递矩阵法，计算考虑圆盘转动惯量时系统的一阶自然频率。计算时，转

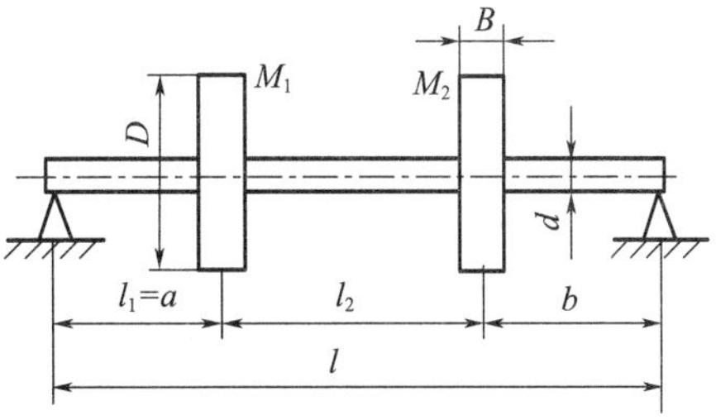

图 8－54　实验台用双盘转子

子的转速可设定为等于①中计算出的临界转速以及为其 ±20% 时的转速。分析圆盘转动惯量对临界转速的影响；⑤在有相应的实验台的情况下，将实验测量的临界转速及在临界转速附近的轴的变形与计算结果对比，分析它们的一致性与差别及产生差别的原因。

注：双盘简支梁柔度为：$\alpha_{ab}=\dfrac{ab}{6EIl}(l^2-a^2-b^2)$，　$I=\dfrac{\pi d^4}{64}$

圆盘的转动惯量：$I_{\mathrm{p}}=\dfrac{1}{2}MR^2$，　$I_{\mathrm{T}}=\dfrac{1}{4}MR^2+\dfrac{1}{12}MB^2$

第9章 机械系统动力学仿真分析

9.1 概　　述

机械系统的动力学分析和动态设计是现代机械设计的主要手段。前面各章讨论了机械系统动力学问题的基本原理与分析方法，由于机械系统的复杂性，完全利用数学方法进行动力学分析面临很多困难。在解决实际的机械系统动力学问题时，可以直接制作样机进行动力学实验，并根据样机实验的结果进行改进设计、动力学分析与评价。采用制作模型样机进行实验，称为实验模型。

利用实验模型进行动力学分析，存在实验周期长、实验成本高等问题。在机械系统较为复杂、结构尺寸很大、或者在一些特殊和极端条件下，可能根本无法完成实验模型。在现代计算技术、大数据技术、虚拟样机技术、数字孪生技术等的推动下，动力学问题的数值仿真分析被广泛应用。

数值仿真就是对机械系统建立力学模型和数学模型，依靠计算机对于数学模型进行分析和计算，预测机械系统的真实运动状况和动力学特性。数值仿真中所建立的模型称为仿真模型。数值仿真的关键问题是模型的准确性和技术方法的有效性。计算方法所依据的是数值计算原理，将描述机械系统动力学特征的微分方程进行离散化处理，然后运用计算机进行运动学和动力学分析与计算。机械系统动力学仿真分析需要依靠一些理论和模型来支撑，其中最基本的是牛顿运动定律。

在机械系统动力学仿真分析中，常用的力学模型包括单自由度系统、多自由度系统和连续系统等。在仿真过程中，关键问题是寻找合适的、能够对数学模型进行离散化的数值计算方法，并且对机械系统求其数值解，通过数值解的结果分析系统的动力学特性。由于工程实际结构一般比较复杂，建模、仿真分析工作量大，商业化动力学分析软件为实际结构的仿真分析提供了便利。对于具体的仿真分析软件，用户可以在一个集成环境中进行建模、仿真和后处理等工作。这种类型的机械系统仿真技术，先后出现了虚拟样机技术、数字孪生技术等。

虚拟样机技术是20世纪后期发展起来的一项计算机辅助工程技术，其核心是通过求解代数方程组，确定引起系统及其各种构件运动所需的作用力和反作用力等。利用计算机系统的辅助分析技术进行机械系统动态分析，以确定系统及各构件在任意时刻的位置、速度和加速度。虚拟样机技术在概念设计阶段可以对整个系统进行完整的分析，可以观察并试验各组成部件的相互运动情况。

数字孪生技术是伴随人工智能技术发展而产生的数值分析方法，数字孪生是充分利用物理模型、传感器更新、运行历史等数据，集成多学科、多物理量、多尺度、多概率的仿真过程，在虚拟空间中完成映射，从而反映相对应的实体装备的全生命周期过程。数字孪生是一种超越现实的概念，可以被视为一个或多个重要的、彼此依赖的装备系统的数字映射系统。目前，数字孪生技术在产品设计、产品制造等领域应用非常广泛。

目前，可应用于机械系统动力学分析的软件很多，如 Adams、Pro/E、Ansys、MATLAB、Catia、SolidWorks、Stella、Vensim 等。各软件系统处理问题的功能有所侧重，在实际问题的处理中，一般需要用户根据接口要求编制相关的子程序。

9.2 动力学方程的求解方法

9.2.1 数值积分方法

若给出函数 $y=f(x)$，要计算积分

$$F = \int_{x_A}^{x_B} f(x)\,\mathrm{d}x \tag{9-1}$$

这种积分就是求解曲线 $y=f(x)$、横轴及直线所包围的面积，如图 9-1 所示。如果式（9-1）的积分无法用函数积分方法求出，尤其是在 $y=f(x)$ 是用曲线图或表格数值形式给出时，则无法用解析法求出这些积分。因此，在很大情况下，积分只能用近似的数值方法解决。

最常用的数值积分方法是将区间 AB 分成 n 个等分，每个等分长度为 h，则

$$h = \frac{x_B - x_A}{n} \tag{9-2}$$

用各种近似方法计算每一小块面积，如图 9-1 中的阴影所示，将各小块面积加起来就得到整个区域的面积。计算小区间面积用近似计算方法，如图 9-2 所示。常用的近似计算方法有梯形方法和辛普生方法。

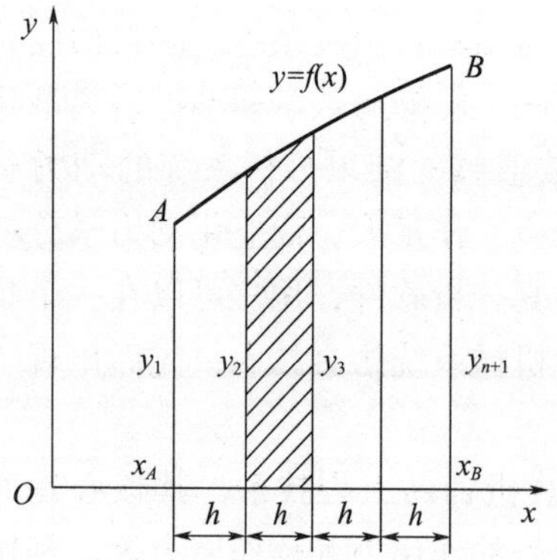

图 9-1　数值积分方法

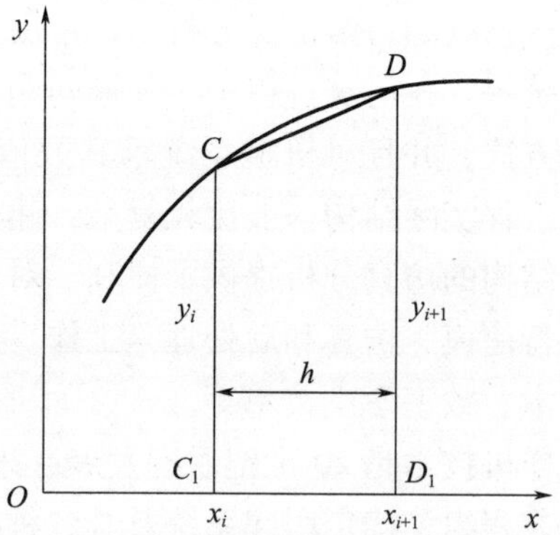

图 9-2　计算小区间面积的近似计算方法

1. 梯形方法

梯形方法是最简单的计算方法。区间的曲线 CD 近似用直线 CD 来代替，曲线 CD 下面的面积近似用梯形面积 C_1CDD_1 来代替，即

$$F = \int_{x_i}^{x_{i+1}} f(x)\,\mathrm{d}x \approx S_{C_1CDD_1} = \frac{1}{2}(y_{i+1} + y_i)h \tag{9-3}$$

对于图 9－1 所示曲线下的面积可表示为

$$\int_{x_A}^{x_B} f(x)\,\mathrm{d}x = \frac{1}{2}\left[(y_1 + y_2) + \frac{1}{2}(y_2 + y_3) + \cdots + \frac{1}{2}(y_n + y_{n+1})\right]h$$

$$= \frac{x_B - x_A}{n}\left[\frac{1}{2}(y_1 + y_{n+1}) + y_2 + y_3 + y_n\right] \tag{9-4}$$

例 9－1 计算积分

$$F = \int_1^{13} x^{-1}\,\mathrm{d}x \tag{9-5}$$

解 式（9－5）的积分可以直接积分求得，可得到精确解为

$$F = \int_1^{13} x^{-1}\,\mathrm{d}x = \ln x\,\Big|_1^{13} = 2.565 \tag{9-6}$$

用梯形方法进行积分，可知 $y_i = f(x_i) = x_i^{-1}$。若取 $n=3$，则得到 $x_1=1$，$x_2=5$，$x_3=9$，$x_4=13$；$y_1=1$，$y_2=1/5$，$y_3=1/9$，$y_4=1/13$。由式（9－2）得到 $h=4$。利用式（9－4）计算可得到

$$F = F_3 = 4\left(\frac{1}{2}\times 1 + \frac{1}{5} + \frac{1}{9} + \frac{1}{2}\times\frac{1}{13}\right) \approx 3.398$$

若取 $n = 6$，则 $x_1=1$，$x_2=3$，$x_3=5$，$x_4=7$，$x_5=9$，$x_6=11$，$x_7=13$，$h = 2$。利用式（9－4）计算可得到

$$F = F_6 = 2\left(\frac{1}{2}\times 1 + \frac{1}{3} + \frac{1}{5} + \frac{1}{7} + \frac{1}{9} + \frac{1}{11} + \frac{1}{2}\times\frac{1}{13}\right) \approx 2.833$$

同理，若取 $n = 12$，则可得到

$$F = F_{12} = \left(\frac{1}{2}\times 1 + \frac{1}{2} + \frac{1}{3} + \frac{1}{4} + \cdots + \frac{1}{12} + \frac{1}{2}\times\frac{1}{13}\right) \approx 2.642$$

从上面的计算结果可见，$n=3$，$n=6$，$n=12$ 时的计算误差分别为 32.5%、10.4%、3.0%。可见，步长 h 越小，计算精度越高。为了提高梯形公式的计算精度，可用下述方法进行修改。

因为等分点的数目多一倍，误差可近似地看成相差 4 倍，若记 F_m 为将积分区域分成 m 等分时用梯形公式计算得到的近似积分值，这时得到的误差为 Δ_m，则有 $F_m = F + \Delta_m$。再令 $F_{2m} = F + \Delta_{2m}$，认为 $\Delta_m = 4\Delta_{2m}$，则有 $F = F_m - 4\Delta_{2m} = F_{2m} - \Delta_{2m}$，$F_m - F_{2m} = 3\Delta_{2m}$。从而得到

$$F = F_{2m} - \Delta_{2m} = F_{2m} - \frac{1}{3}(F_m - F_{2m}) \tag{9-7}$$

即用梯形公式计算一次 F_m，一次 F_{2m}，按照式（9－7）计算，即能得到比较精确的计算结果。

例 9－2 利用梯形公式修正误差方法计算例 9－1 的积分。

解 在例 9－1 中有 $F_6=2.833$，$F_{12}=2.642$，代入式（9－7），得

$$F = F_{12} - \frac{1}{3}(F_6 - F_{12}) = 2.578$$

这个结果与准确值 2.565 比较接近，误差只有 0.51%。

2. 辛普生方法

为求式（9-1）的积分，将区间 AB 分成 $n=2m$ 个等分，每一等分为 $h=(x_B-x_A)/(2m)$。取出其中相邻的两个窄条，如图 9-3 所示，记 $x_i=a$，$x_{i+2}=b$，则有

$$x_{i+1}=\frac{1}{2}(a+b),\quad b-a=2h$$

则这两个窄条的面积为

$$F_i=\frac{h}{3}(y_i+4y_{i+1}+y_{i+2}) \tag{9-8}$$

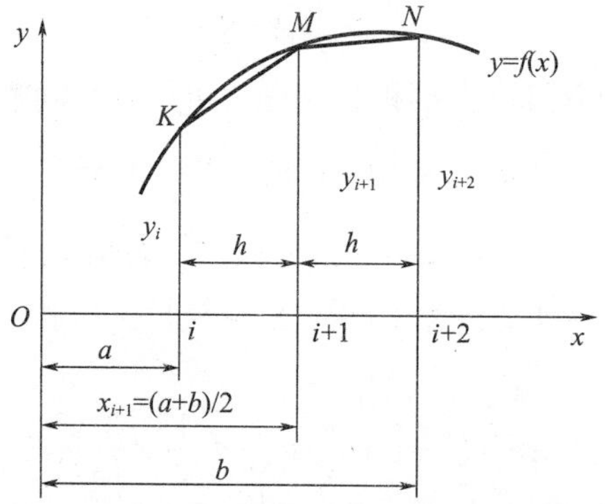

图 9-3　辛普生方法原理

式（9-8）就是计算窄条面积的辛普生公式，该式所表示的 F_i 值和曲线 KN 下面的面积相当接近，这是因为如果将曲线 KN 用三次抛物线近似，其积分所得结果与式（9-8）重合。因此，辛普生公式相当于将曲线用一个三次抛物线替代后的结果，这比梯形公式中以两条直线 KM、MN 来近似要精确得多。

若对整个区间 AB 计算，则得到辛普生公式为

$$\begin{aligned}F&=\frac{x_B-x_A}{3n}(y_1+4y_2+2y_3+4y_4+\cdots+2y_{n-1}+4y_n+y_{n+1})\\&=\frac{h}{3}\left(y_1+y_{n+1}+2\sum_{i=1}^{n/2-1}y_{i+1}+4\sum_{i=1}^{n/2}y_i\right)\end{aligned} \tag{9-9}$$

例 9-3　利用辛普生公式计算例 9-1 的积分。

解　设取 $h=1$，即 $n=2m=12$，这时有 $x_1=1$，$x_2=2$，…，$x_{12}=12$，$x_{13}=13$，由于已知 $y_i=x_i^{-1}$，将这些值代入式（9-9），得

$$F=\frac{1}{3}\left[\left(1+\frac{1}{13}\right)+2\left(\frac{1}{2}+\frac{1}{4}+\frac{1}{6}+\frac{1}{8}+\frac{1}{10}+\frac{1}{12}\right)+4\left(\frac{1}{3}+\frac{1}{5}+\frac{1}{7}+\frac{1}{9}+\frac{1}{11}\right)\right]\approx 2.578$$

这个结果与梯形公式修正误差方法的结果相当，与准确值 2.565 的误差只有 0.51%。

9.2.2　常微分方程的数值解法

设微分方程为

$$y=\frac{\mathrm{d}y}{\mathrm{d}t}=\varphi(t,y) \tag{9-10}$$

给定初始条件：$t = t_0$，$y = y_0$，求在已给初始条件下式（9－10）的解。

1. 折线法——欧拉公式

设式（9－10）的解 $y = y(t)$ 为图9－4所示的某一曲线 A_0B，将横坐标 t 分成若干区间，每个区间的间隔为 $\Delta t = h$。当已知区间 i 的起始点 $t = t_i$ 时，$y = y_i$。欲近似地求区间末 $t = t_{i+1} = t_i + h$ 时的 y 值 y_{i+1}，如能求得，则由初值 t_0、y_0 可求得 t_1、y_1，再以 t_1、y_1 作为初始值，求得 t_2、y_2；以此类推，可求得整个方程的解。下面讨论如何由 t_i、y_i 求 y_{i+1}。

将 $y_{i+1} = y(t_{i+1}) = y(t_i + h)$ 按照泰勒级数展开，取前两项有

$$y_{i+1} = y_i + h\dot{y}_i \tag{9-11}$$

式中，$\dot{y}_i = \varphi(t_i, y_i)$，$t_i$、$y_i$ 求为已知，故可由式（9－10）计算 $\dot{y}_i$，代入式（9－11）即能求出 y_{i+1}。换言之，可用区间开始点求得该区间末点的 y 值。这样就能逐步由 t_0、y_0 可求出 $t = t_0 + h$，$t = t_0 + 2h$，…，$t = t_0 + nh$ 时的 y 值，这就是 y 的离散形式的解。这种方法称为折线法，也称为欧拉方法，式（9－11）就是欧拉公式。

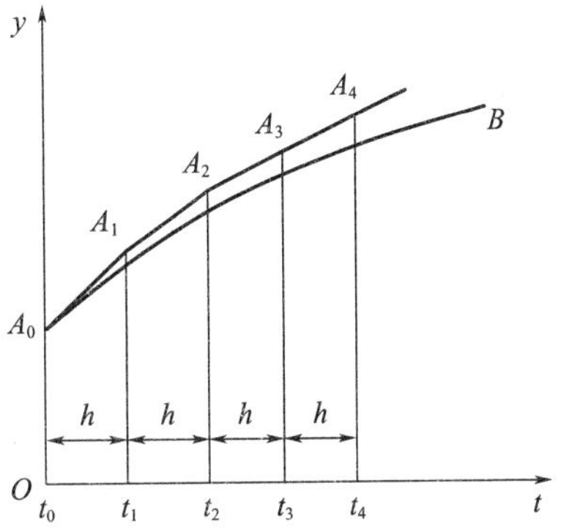

图9－4　折线法原理

如将式（9－11）用图表示，如图9－4所示，则为一段直线，$\dot{y}_i$ 为 t_i 时 $y(t)$ 的切线斜率。这样由 A_0 画一段直线 A_0A_1，其斜率为 $\dot{y}_0$，交过点 t_1 的垂线得点 A_1，再由点 A_1 画直线，斜率为 $\dot{y}_1$，得点 A_2；以此类推，得出的解为 $A_0A_1A_2\cdots$，这就好像用折线来近似替代真正的解 A_0B，所以这种方法称为折线法。用折线法得出的结果，累计误差较大，在精度要求高时不能满足需要。为提高计算精度，可用龙格－库塔法。

2. 龙格－库塔法

1）一阶一元微分方程的求解

若一元微分方程为

$$\dot{y} = \varphi(t, y), \quad y(t_0) = y_0 \tag{9-12}$$

在已知 t_i、y_i 后，要求 $t = t_{i+1} = t_i + \Delta t$ 时的 y_{i+1}。令 $h = \Delta t$，设解为 $y = y(t)$，则有

$$y_{i+1} = y(t_{i+1}) = y(t_i + h) \tag{9-13}$$

将式（9－13）右边按照泰勒级数展开，取前 $p+1$ 项，式（9－13）成为

$$y_{i+1} = y_i + h\dot{y} + \frac{h^2}{2!}\ddot{y}_i + \cdots + \frac{h^2}{p!}y_i^{(p)} \tag{9-14}$$

式（9－14）的精度比只取前两项的欧拉方法要好，误差将在 h^{p+1} 上。但式（9－14）中包含有 $\dot{y}$，$\ddot{y}_i$，…，$y_i^{(p)}$，要计算高阶导数是比较麻烦的，因而通常直接应用式（9－14）来计算是不方便的。龙格－库塔法就是间接应用泰勒级数展开式，不用 y 的高阶导数在点（t_i、y_i）的值，而用函数 φ 在 q 个点上的值的线性组合来代替 y 的高阶导数计算。即令：

$$y_{i+1} = y_i + \sum_{j=1}^{q} b_j k_j, \quad k_i = h\varphi\left(t_i + c_j h, y_i + \sum_{m=1}^{j-1} a_{jm} k_m\right) \tag{9-15}$$

式中：$c_1=0$；$j=1, 2, \cdots, q_i$，b_j，c_j，a_{jm}为待定系数。

将各 k_i值再按泰勒级数展开，使式（9-15）第一式的前若干项与式（9-14）相同来决定这些系数。例如 $k_1=h\varphi(t, y)=h\varphi_i$，$\varphi_i$ 表示函数 φ 在点（t_i、y_i）的值，则有

$$k_2=h\varphi(t_i+c_2h, y_i+a_{21}k_1)=h\varphi_i+h^2(c_2\varphi_{ti}+a_{21}\varphi_i\varphi_{yi})+h^3(\cdots)+\cdots$$

$$\begin{aligned}k_3&=h\varphi(t_i+c_3h, y_i+a_{31}k_1+a_{31}k_2)\\&=h\varphi_i+h^2(c_3\varphi_{ti}+a_{31}\varphi_i\varphi_{yi}+a_{32}\varphi_i\varphi_{yi})+h^3(\cdots)+\cdots\end{aligned} \tag{9-16}$$

将式（9-16）代入式（9-15）第一式，与式（9-14）相比较，求出各待定系数，则可得到求解一元微分方程的解。取不同的 q_i值，就得到不同阶数的龙格-库塔公式。当取$q_i=2$ 时，得

$$y_{i+1}=y_i+h\varphi\left(t_i+\frac{h}{2}, \quad y_i+\frac{h}{2}\varphi_i\right) \tag{9-17}$$

式（9-17）称为二阶龙格-库塔公式。

常用的求解方法为 $q_i=4$ 时的四阶龙格-库塔公式，可表示为

$$y_{i+1}=y_i+\frac{1}{6}(k_1+2k_2+2k_3+k_4) \tag{9-18}$$

式中

$$k_1=h\varphi(t_i, y_i), \quad k_2=h\varphi\left(t_i+\frac{h}{2}, \quad y_i+\frac{k_1}{2}\right),$$

$$k_3=h\varphi\left(t_i+\frac{h}{2}, y_i+\frac{k_2}{2}\right), \quad k_4=h\varphi(t_i+h, y_i+k_3)$$

四阶龙格-库塔公式的截断误差将在 h^3数量级上，与函数按照泰勒级数展开而取前五项的精度相当，已经有足够的精度，因此，更高阶的龙格-库塔公式一般很少使用。

2）一阶多元微分方程的求解

设一阶多元微分方程组为

$$\dot{y}_j=\varphi_j(t, y_1, y_2, \cdots, y_n), \quad j=1, 2, \cdots, n \tag{9-19}$$

对于式（9-19）的一阶多元微分方程，给定初始条件，就可应用四阶龙格-库塔公式求解，求解公式为

$$y_j(t_{i+1})=y_{j(i+1)}=y_{ji}+\frac{1}{6}(k_{j1}+2k_{j2}+2k_{j3}+k_{j4}), j=1, 2, \cdots, n \tag{9-20}$$

式中

$$k_{j1}=h\varphi_j(t_i, y_{1i}, y_{2i}, \cdots, y_{ni},), \quad k_{j2}=h\varphi_j\left(t_i+\frac{h}{2}, y_{1i}+\frac{k_{11}}{2}, y_{2i}+\frac{k_{21}}{2}, \cdots, y_{ni}+\frac{k_{n1}}{2}\right)$$

$$k_{j3}=h\varphi_j\left(t_i+\frac{h}{2}, y_{1i}+\frac{k_{12}}{2}, y_{2i}+\frac{k_{22}}{2}, \cdots, y_{ni}+\frac{k_{n2}}{2}\right),$$

$$k_{j4}=h\varphi_j(t_i+h, y_{1i}+k_{13}, y_{2i}+k_{23}, \cdots, y_{ni}+k_{n3}) \tag{9-21}$$

式中，步长为 $h=\Delta t$。

3）二阶多元微分方程组的求解

设方程为

$$\ddot{y}_j=\varphi_j(t, y_1, y_2, \cdots y_n, \dot{y}_1, \dot{y}_2, \cdots \dot{y}_n), \quad j=1, 2, \cdots, n \tag{9-22}$$

$t = t_0$ 时的初始条件为

$$y_j = y_j(t_0) = y_{j0}, \quad \dot{y}_j = \dot{y}_j(t_0) = \dot{y}_{j0} \tag{9-23}$$

一个二阶微分方程可化为两个一阶微分方程，令 $\dot{y}_j = u_j$，则有

$$\ddot{y}_j = \dot{u}_j \tag{9-24}$$

将式（9－22）改写为

$$\dot{u}_j = \varphi_j(t, y_1, y_2, \cdots, y_n; u_1, u_2, \cdots, u_n), \quad \dot{y}_j = u_j, \quad j = 1, 2, \cdots, n \tag{9-25}$$

式（9－25）成为 $2j$ 个一阶微分方程，可用四阶龙格－库塔公式来求解这些方程，即

$$u_{j(i+1)} = u_{ji} + \frac{1}{6}(c_{j1} + 2c_{j2} + 2c_{j3} + c_{j4}), \quad y_{j(i+1)} = y_{ji} + \frac{1}{6}(d_{j1} + 2d_{j2} + 2d_{j3} + d_{j4}) \tag{9-26}$$

式中

$$\begin{aligned}
&d_{j1} = hu_{ji}, \quad d_{j2} = h\left(u_{ji} + \frac{c_{j1}}{2}\right), \quad d_{j3} = h\left(u_{ji} + \frac{c_{j2}}{2}\right), \ d_{j4} = h(u_{ji} + c_{j3}) \\
&c_{j1} = h\varphi_j(t_i, y_{1i}, y_{2i}, \cdots, y_{ni}; u_{1i}, u_{2i}, \cdots, u_{ni}) \\
&c_{j2} = h\varphi_j\left(t_i + \frac{h}{2}, y_{1i} + \frac{d_{11}}{2}, y_{2i} + \frac{d_{21}}{2}, \cdots, y_{ni} + \frac{d_{n1}}{2}; u_{1i} + \frac{c_{11}}{2}, y_{2i} + \frac{c_{21}}{2}, \cdots, u_{ni} + \frac{u_{n1}}{2}\right) \\
&c_{j3} = h\varphi_j\left(t_i + \frac{h}{2}, y_{1i} + \frac{d_{12}}{2}, y_{2i} + \frac{d_{22}}{2}, \cdots, y_{ni} + \frac{d_{n2}}{2}; u_{1i} + \frac{c_{12}}{2}, y_{2i} + \frac{c_{22}}{2}, \cdots, u_{ni} + \frac{u_{n2}}{2}\right) \\
&c_{j4} = h\varphi_j(t_i + h, y_{1i} + d_{13}, y_{2i} + d_{23}, \cdots, y_{ni} + d_{n3}; u_{1i} + c_{13}, y_{2i} + c_{23}, \cdots, u_{ni} + u_{n3})
\end{aligned} \tag{9-27}$$

计算时，先计算 d_{j1}、c_{j1}，代入式（9－27）计算 d_{j2}、c_{j2}，再计算 d_{j3}、c_{j3} 和 d_{j4}、c_{j4}。将这些系数代入式（9－26），求得 $u_{j(i+1)}$ 和 $y_{j(i+1)}$。从已知的初值 $i = 0$ 开始，逐步按步长 h 求出 u_{j1}，y_{j1}，u_{j2}，$y_{j2}\cdots$。这些值相应于 $t = t_0 + ih$（$i = 1, 2, \cdots, n$）时的 $\dot{y}_j$ 和 y_j 的值，这样就得到了方程式（9－22）的数值解。

9.3 ADAMS 动力学仿真分析

ADAMS（automatic dynamics analysis of mechanical system）软件是世界上使用范围最广的机械系统动力学分析软件，广泛应用于制造装备、航空航天、汽车工程、铁路车辆、工程机械等领域。

ADAMS 用户可以对虚拟样机进行静力学、运动学和动力学分析，其开放性的程序结构和多种接口，可以成为特殊行业用户进行特殊类型机械系统动态仿真的二次开发工具平台。ADAMS 与 CAD（如 UG、Pro/E）以及 CAE 软件（如 ANSYS）可以通过计算机图形交换格式文件相互交换，以保持数据的一致性，支持同大多数 CAD、FEA 和控制设计软件包之间的双向通信，具有供用户自定义和运动发生器的函数库，具有开放式结构，允许用户集成自己的子程序。

ADAMS 可利用交互图形环境和零件库、约束库、力库建立机械系统三维参数化模

型，分析类型包括运动学、静力学分析，以及线性和非线性动力学分析，包含刚体和柔性体分析，具有先进的数值分析技术和强有力的求解器，使求解快速、准确；具有组装、分析和动态显示不同类型或同一个模型在某一个过程中变化的能力，提供多种虚拟样机方案，可以预测机械系统的性能、运动范围、碰撞、包装、峰值载荷以及计算有限元的输入载荷；可以自动输出位移、速度、加速度和反作用力曲线，仿真结果显示为动画和曲线图形；还可以进行设计研究、试验设计和优化分析。

9.3.1 ADAMS 中的坐标系及自由度

坐标的选择是动力学问题求解的关键，ADAMS 采用了两种坐标系，即总体坐标系和局部坐标系，这两种坐标之间通过关联矩阵相互转换。总体坐标系是固定坐标系，不随任何机构而运动，是用来确定构件的位移、速度、加速度等的参考系。局部坐标系固定在构件上，随构件一起运动。构件在空间内运动时，其运动的线物理量（如线位移、线速度、线加速度等）和角物理量（如角位移、角速度、角加速度）都可由局部坐标系相对于总体坐标系移动、转动时的相应物理量确定。约束方程表达式均由相连接的两构件的局部坐标系的坐标描述。机构的自由度决定了该机构所具有的可能的独立运动状态的数目。在ADAMS软件中，机构的自由度决定了该机构的分析类型：运动学分析和动力学分析。当机构自由度大于 0 时，对机构进行动力学分析，即分析其运动是由于保守力和非保守力的作用而引起的，并要求构件运动不仅满足约束要求，而且要满足给定的运动规律。当机构自由度小于 0 时，属于超静定问题，ADAMS 无法解决。

一个三维空间自由浮动的刚体有 6 个自由度，因此，机械系统的自由度可表示为

$$F = 6n - \sum_{i=1}^{m} p_i - \sum_{j=1}^{l} q_j - R_k \tag{9-28}$$

式中：n 为活动构件总数；p_i、m 为第 i 个运动副的约束条件数、运动副总数；q_j、l 为第 j 个运动机构的约束条件数、原动机总数；R_k为其他的约束条件数。

机械系统的自由度与原动机的数量和机械系统的运动特性有着密切的关系，只有当 $F=1$ 且 $\sum q_j > 0$ 时，机械系统具有确定的运动。在计算系统自由度时应注意以下一些特殊问题。

（1）复合铰链：两个以上的构件同在一处以转动副相连接，构成了复合铰链，当有 m 个构件（包括固定构件）以及复合铰链相连接时，其转动副的数目应为 $m-1$ 个。

（2）局部自由度：与机械系统中需要分析的构件运动无关的自由度称为局部自由度。在计算机械系统自由度时，局部自由度可以除去不计。

（3）虚约束：起重复限制作用的约束称为虚约束，虚约束又称多余约束。虚约束常出现于下列情况中：①轨迹重合，如果机构上有两构件用转动副相连接，而两构件上连接点的轨迹相重合，则该连接将带入虚约束。在机构运动过程中，当不同构件上两点间的距离保持恒定时，用一个构件和两个转动副将此两点相连，也将带入虚约束。②转动副轴线重合，当两构件构成多个转动副且其轴线互相重合时，只有一个转动副起约束作用，其余转动副都是虚约束。③移动副导路平行，两构件构成多个移动副且其导路相互平行，这时只有一个移动副起约束作用，其余移动副都是虚位移。④机构存在对运动重复约束作用的对称部分。在机械系统中，某些不影响机构运动传递的重复部分所代入

的约束也是虚约束。虚约束的存在虽然对机械系统的运动没有影响，但引入虚约束后不仅可以改善机构的受力情况，还可以增加系统的刚性，因此在机械系统的结构中得到较多使用。

用数值方法求解运动方程组时，不应有虚约束（相关方程）的存在。因此，采用数值方法进行机械系统运动分析时，程序将自动查找虚约束，如果机械模型中有虚约束存在，计算机会随机地将多余的约束删除。这种处理方法使得计算结果同实际情况有所不同，而且可能出现多组解。

9.3.2 ADAMS 的建模与求解过程

ADAMS 的整个计算过程指从数据输入到结果的输出，不包括前、后处理功能模块。

1. 模型的组成及定义

（1）构件：构件是机构内可以相互运动的刚体或刚体固定件。当定义构件时，需要给出构件局部坐标系的原点及方向，构件质心的位置，质量及参考坐标系的转动惯量、惯性矩等。在机构中，还要定义一个固定件作为参考系，当定义机构其他要素（如约束力、力、标识点）时，必须给定该要素所对应的构件。

（2）标识点：标识点是构件内具有方向的矢量点。用标识点可以表明两构件约束的连接点相对运动方向、作用力的大小及方向等。

（3）约束：约束是机构内两构件间的连接关系。

（4）运动激励（或驱动）：运动激励是机构内一个构件相对于另一构件按约束允许的运动方式，以给定的规律进行的运动，该运动不受机构运动的影响。

（5）力：包括机构内产生的作用力和外界对机构所加的作用力。

（6）属性文件：属性文件是指各种数据的文件，例如减振器的速度与力的关系、轮胎的属性或者各种试验数据等的文件。

2. ADAMS 计算过程

ADAMS 计算过程可以分成以下部分：①数据的输入；②数据的检查；③机构的装配及约束的消除；④运动方程的自动形成；⑤积分迭代运算；⑥运算过程中的错误检查和信息输出；⑦结果的输出。

在进行建模仿真时应该注意以下几点。

（1）采用渐进的，从简单分析逐步发展到复杂机械系统分析的策略。①在最初的仿真分析建模时，不必过分追求构件几何形体的细节部分同实际构件完全一致，因为这往往需要花费大量的几何建模时间，此时的关键是能够顺利地进行仿真，并获得初步结果，从程序的求解原理来看，只要仿真构件几何形体的质量、质心位置、惯性矩和惯性积同实际构件相同，仿真结果是等价的。在获得满意的仿真结果后，再完善构件几何形体的细节部分和视觉效果。②如果样机模型中含有非线性阻尼，可以先从分析线性阻尼开始，在线性阻尼分析顺利完成后，再对非线性阻尼进行分析。

（2）在进行较复杂的机械系统仿真时，可以将整个系统分解为若干个子系统，先对这些子系统进行仿真分析和试验，逐个排除建模等仿真过程中隐含的问题，最后进行整个系统的仿真分析试验。

（3）在设计虚拟样机时，应该尽量减少机械系统的规模，仅考虑影响样机性能的构件。

在完成样机虚拟建模和输出设置后（即在开始仿真之前），对样机进行最后的检验，排除建模过程中隐含的错误，如检查不恰当的连接和约束、没有约束的构件、无质量的构件、样机的自由度等，进行装配分析，检查所有的约束是否被破坏或者错误定义；进行动力学分析前先进行静态分析，检查虚拟样机是否处于静平衡状态等。

3. ADAMS 的仿真及后处理

样机检验结束后，就可以对模型进行仿真分析，在后处理程序中通过对响应的快速傅里叶变换求得响应的频域特征。快速傅里叶变换是一种常用的信号处理数学运算规则，可以处理样机中任何与时间有关的函数或测量，并可将其转换为频域函数，从中分离出正弦曲线，对获取样机的自然频率非常有用。

ADAMS/Solver 默认的仿真输出包括两大类：一是样机各种对象（如构件、力、约束等）基本信息的描述，如构件的质心位置等，二是输出各种对象的有关分量信息，包括：

（1）运动副、原动机、载荷和弹簧连接等产生的力和力矩。①FX、FY、FZ、FMAG 分别表示 *X*、*Y*、*Z* 方向的分力和合力；②TX、TY、TZ、TMAG 分别表示 *X*、*Y*、*Z* 方向的分力矩和合力矩。

（2）构件的各种运动状态。①X、Y、Z、MAG 分别表示 *X*、*Y*、*Z* 方向的位移分量和总位移；②PSI、THETA、PHI 分别表示 *X*、*Y*、*Z* 方向的刚体方向角；③VX、VY、VZ 分别表示 *X*、*Y*、*Z* 方向的速度分量；④WX、WY、WZ 分别表示 *X*、*Y*、*Z* 方向的角速度分量；⑤ACCX、ACCY、ACCZ 分别表示 *X*、*Y*、*Z* 方向的加速度分量；⑥WDX、WDY、WDZ 分别表示 *X*、*Y*、*Z* 方向的角加速度分量。

（3）可以利用 ADAMS/View 提供的测量手段和指定输出方式，自定义一些特殊的输出。

ADAMS/View 还提供了参数化建模和分析功能，在建模和分析过程中可以使用参数表达式、参数化点坐标、运动参数化、使用设计变量 4 种参数化方法，通过参数化方法可以进行设计研究、试验设计、优化分析 3 种参数化分析过程。

（1）设计研究：主要考虑在设计变量发生变化时样机的有关性能可能的变化范围、样机有关性能的变化对设计参数变化的敏感程度、在一定的分析范围内最佳的设计参数值。

（2）试验设计：当对样机性能有影响的设计参数较多时，常常要借助试验设计，其步骤是：①确定试验的目的，如确定哪个设计参数对样机性能有最大的影响；②为待试验的样机选择一套参数（因素），并确定测量有关系统响应的方法；③为每一个参数选择一套参数值（水平）；④采用不同的参数组合，设计一套试验过程或步骤。

通过试验设计可以获得如下的分析结果：①确定是哪一个设计变量，以及所有设计变量在怎样的组合情况下，对样机的性能有最大的影响；②控制由于制造和操作条件的变化带来的影响；③产生一个多项式，近似地表示样机的性能，以使用该多项式来快速分析和优化样机的性能。

（3）参数优化：在满足各种设计条件和指定的变量变化范围内，通过自动选择设计变量，由分析程序求取目标函数的最大值和最小值。参数优化与试验设计互为补充，对有多个影响因素的复杂系统分析，利用试验设计可以确定影响最大的若干设计参数，然后用这些设计参数进行优化分析，并自动生成优化样机模型，提供优化算法的可靠性和运算速度。

9.3.3 ADAMS 仿真分析模块

1. 用户界面模块

ADAMS/View 提供了一个直接面向用户的基本操作对话环境和虚拟样机分析的前处理功能。包括样机模型的建立和各种建模工具、样机模型数据的输入和编辑、与求解器和后处理等程序的自动连接、虚拟样机分析参数的设置、各种数据的输入和输出、同其他应用程序的接口、试验设计和最优化设计等。

2. 几何建模工具

几何建模工具有两种：在主工具箱上选择几何建模工具图标，或通过菜单栏选择几何建模工具命令。

1）利用几何建模工具图标建模

在主工具箱中，用鼠标右键选择几何建模工具按钮，弹出几何建模工具箱；在几何建模工具集中用鼠标左键选择相应的图标，或按住右键不放，将鼠标移动到所要选择的建模图标上，然后释放右键，即可选中相应的建模工具。此时，主工具箱下部显示内容发生变化，显示与所选建模工具箱对应的基本参数设置对话框，用户可以通过设置这些基本参数来控制创建的几何体。假如选中连杆建模工具，主工具箱的下标显示与创建连杆相关的参数设置项：连杆的长度、宽度和厚度。当用户设置这些参数后，ADAMS/View 就会按照用户设定的尺寸来创建连杆，而忽略鼠标拖动的作用，如果希望显示更为详细的浮动建模工具和基本参数设置对话框，可以选择几何建模工具集中的相应图标。按照 ADAMS/View 主窗口状态栏的提示，绘制几何图形。

启动 ADAMS/View 后，主工具箱中几何建模按钮图形的默认值为连杆工具图标。以后自动保持上一次所用的建模工具图标。对于主工具箱中的默认图标，可以直接在默认图标上单击左键完成选取。

2）通过菜单建模

在主窗口菜单栏中选择 Build 菜单，并选择 Bodies/Geometry 项，显示浮动建模工具对话框，从中选择绘制几何形体工具，再选择输入建模参数并绘制模型。

3. 约束模型构件

ADAMS/View 中约束定义了构件（刚体、柔性体和点质量）间的连接方式和相对运动方式。ADAMS/View 为用户提供了非常丰富的约束库，主要包括 4 种类型的约束：①理想约束。包括转动副、移动副和圆柱副等。②虚约束。限制构件某个运动方向，例如约束一个构件始终平行于另一个构件运动。③运动产生器。驱动构件以某种运动方式运动。④接触限制。定义两构件在运动中发生接触时，是怎样相互约束的。

ADAMS/View 为用户提供了 12 个常用的理想约束工具，如图 9－5 所示。图中列出了约束的自由度。通过这些运动副，用户可以将两个构件连接起来，约束它们的相对运动。被连接的构件可以是刚性构件、柔性构件或者是点质量。

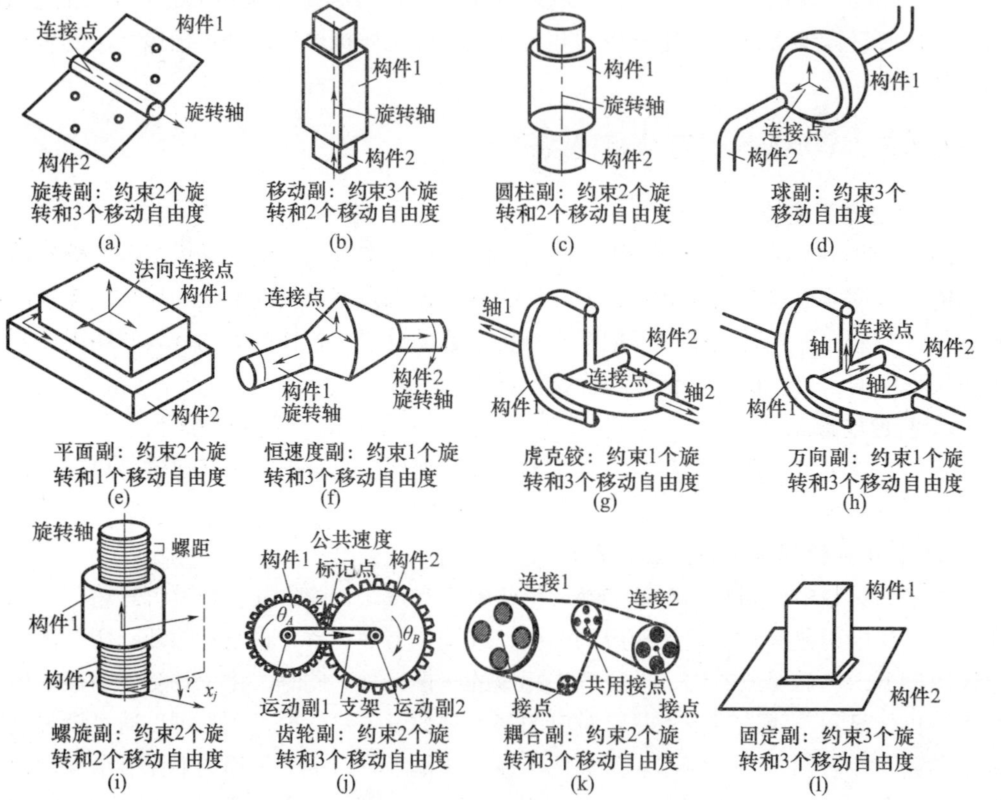

旋转副：约束2个旋转和3个移动自由度 (a)
移动副：约束3个旋转和2个移动自由度 (b)
圆柱副：约束2个旋转和2个移动自由度 (c)
球副：约束3个移动自由度 (d)
平面副：约束2个旋转和1个移动自由度 (e)
恒速度副：约束1个旋转和3个移动自由度 (f)
虎克铰：约束1个旋转和3个移动自由度 (g)
万向副：约束1个旋转和3个移动自由度 (h)
螺旋副：约束2个旋转和2个移动自由度 (i)
齿轮副：约束2个旋转和3个移动自由度 (j)
耦合副：约束2个旋转和3个移动自由度 (k)
固定副：约束3个旋转和3个移动自由度 (l)

图 9－5　常用的理想约束工具

4. 施加载荷

ADAMS/View 为用户提供了 4 种类型的载荷：①作用力。②柔性连接：柔性连接阻碍运动的进行，用户只需要提供产生柔性连接力的常系数。因此，柔性连接比作用力更简单易用，这种力包括梁、轴衬、移动弹簧阻尼器和扭矩弹簧。③特殊力：常见的特殊力有轮胎力和重力等。④接触：接触定义了运动模型中相互接触构件间的相互作用关系。

1）定义载荷值和方向

定义载荷值时，用户可以定义沿某方向的矢量值，也可以定义在 3 个坐标轴方向的分量。ADAMS/View 允许用户采取下列方式定义载荷值：

（1）输入阻尼和刚度系数。在这种情况下，ADAMS/View 会自动地根据两点之间的距离和速度确定力的方向。

（2）利用 ADAMS/View 的函数库，输入函数表达式。用户可以为各种类型的力输入函数表达式。①位移、速度和加速度函数；使力和点或构件的运动相关。②力函数：力函数取决于系统中其他的力，例如库仑力的大小和两构件间的法向力成正比关系。③数学函数：包括正弦函数、余弦函数、级数、多项式等。④样条函数：借助样条函数，可以由数据表插值的方法获得力的值。⑤冲击函数：使力的作用像只受压缩的弹簧一样作用，但构件相互接触时函数起作用，当构件分开时函数失效。⑥输入传递给用户自定义的子程序的参数。

有两种定义载荷方向的方法：①沿坐标标记的坐标轴定义载荷的方向；②沿两点连线的方向定义载荷。

2）施加载荷

在 ADAMS/View 中施加的载荷，可以是单方向的作用力，也可以是 3 个方向的分量，或者 6 个方向的分量（3 个力的分量和 3 个力矩的分量）。单方向的作用力可以用施加单作用力的工具来定义，而组合作用力工具可以同时定义多个方向的力和力矩分量。

在定义力时，需要指明是力还是力矩、力作用的构件和作用点、力的大小和方向。可以指定力作用在一对构件上，构成作用力和反作用力；也可以定义一个力作用在构件和地基之间，此时反作用力作用在地基上，对样机没有影响。

（1）施加单方向作用力。在定义单方向作用力和力矩时，需要说明表示力的方式（参照的坐标系），力作用的构件和作用点、力的大小和方向，具体的施加方法如下。

①根据施加单方向力还是单方向力矩，在作用力工具集中选择单方向力工具图标，或单方向力矩图标。

②系统打开设置栏。首先在 Run - Time Direction 设置栏，选择力的作用方式。Space Fixed（参照地面坐标系）：力的作用方向不随构件的运动而变化，力的反作用力作用在地面上，在分析时不考虑、不输出反作用力；Body Moving（参照构件参考坐标系）：力的方向随作用构件的运动而变化，但相对于指定的构件参考坐标始终没有变化。如果反作用力在地面框架上，分析时将不考虑。Two Bodies（参照两构件的运动）：ADAMS/View 沿两个构件的力作用点，分别作用两个大小相等、方向相反的力。

如果以上选择了采用 Space Fixed 或 Body Moving 方式定义力的方式，需要在 Construction 栏，选择力方向的定义方法：Normal to Grid（定义力垂直于栅格平面，如果工作栅格没有打开，则垂直于屏幕），或 Pick Feature（利用方向矢量定义力的方向）。然后在 Characteristic 栏，选择定义力值的方法：输入力值（Constant），输入力或力矩数值或自定义（Custom）。如果要采用自定义函数或定义子程序定义力，选择 Custom 项。

③根据状态栏的提示，首先选择力或力矩作用的构件，然后选择力或力矩作用的作用点。如果选择了 Two Bodies 的作用方式，首先选择的构件是产生作用力构件，其次选择的构件是产生反作用力的构件。

④如果选择采用方向矢量定义力的方向，需定义方向矢量。环绕力作用点移动鼠标，此时可以看见一个方向矢量随鼠标的移动而改变方向，选择合适的方向，然后按鼠标左键，完成施加力。

⑤如果用户选择了使用定义函数或自定义子程序定义力，此时将显示修改力对话框，可以利用修改力对话框，输入自定义函数或自定义子程序的传递函数。

（2）施加分量作用力。任何力都可以用沿着 X、Y、Z 轴方向的 3 个力分量来表示，任何扭矩也都可以用绕 X、Y、Z 轴方向的 3 个扭矩分量来表示，ADAMS/View 为用户提供了通过施加分力和分力矩的方法施加载荷的工具。ADAMS/View 允许用户施加分力的类型为：3 个力分量、3 个扭矩分量和 6 个分量的一般载荷（3 个力分量和 3 个扭矩分量）。

在施加作用力时，用户先选择的构件为力作用的构件，其次是反力作用的构件。ADAMS/View 在两个构件上分别建立一个标记点，力作用的构件上的标记点称为作用力标记点，记为 *I* 标记点，反力作用的构件上的标记点称为反作用力标记点，记为 *J* 标记点。*J* 标记点是浮动的，始终随 *I* 标记点一起运动。ADAMS/View 同时还创建第三个标记点，称为参考标记点，它指定力的方向。在施加作用力时，用户可以指定参考标记点的方向。

施加分量作用力的方法如下。

①在作用力工具集中选择分量作用力工具图标：施加 3 个分力工具图标，施加 3 个分力矩工具图标，同时施加 3 个分力和 3 个分力矩工具图标。

②打开设置对话框，设置各项参数。力的定义方式：1 Loc – Bodies Implied，用户只需选择一个力的作用点，ADAMS/View 自动选择距力作用点最近的两个构件为力作用的构件，如果在力作用点附件只有一个构件，则力作用于该构件和大地之间。此种方法只适合相距很近的两构件，并且力作用的构件和反力作用的构件顺序不重要的场合；2 Bodies – 1 Location，用户需先后选择两个构件和力在两构件上的公共作用点。用户选择的第一个构件为力作用的构件，第二个为反力作用的构件；2 Bodies – 2 Location，此种方法允许用户先后选择两个构件和不同的两个力作用点。如果两个力作用点的坐标标记不重合，在仿真开始时，可能会出现力不为 0 的现象。

力方向的定义方法：Normal to Grid，力或力矩矢量的分析垂直于工作栅格或屏幕；Pick Geometry Geature，使力或力矩矢量的分量方向沿着某一方向，例如：沿着构件的一个边，或垂直于构件的一个面。

定义力值方法：Constant，直接键入力值的大小，选中 Force Value，在后面的文本输入框中输入力值；Bushing – Like，键入刚度系数 *K* 和阻尼系数 *C*；Custom，自定义，ADAMS/View 不设置任何值，力创建以后，用户可以通过输入函数表达式或传递函数给用户自定义子程序的参数来修改力。

③根据状态栏的提示，选择作用力和反作用力作用的构件、力的作用点和力的方向，完成力的施加。

④如果希望用函数表达式或自定义子程序定义力，可以利用修改力对话框，输入函数表达式或自定义子程序的传递函数。

通过修改对话框，用户可以改变力作用的构件、参考标记点、力的各分量值和力的显示。

5. 接触

接触定义了在仿真过程中，自由运动物体间发生碰撞时，物体间的相互作用。接触分为两种类型：平面接触和三维接触。

ADAMS/View 允许的几何体间发生的平面接触有：圆弧、圆、曲线、作用点和平面；ADAMS/View 允许的几何体间发生的三维接触有：球体、圆柱体、圆锥体、矩形块、一般三维实体（包括拉伸实体和旋转实体）、壳体（具有封闭体积）。

ADAMS/View 为用户提高了 10 种类型的接触情况，如表 9 – 1 所列。用户可以通过这些基本接触的不同组合，仿真复杂的接触情况。

表 9-1　不同的接触

序号	接触类型	第一个几何体	第二个几何体	应用实例
1	内球与球	椭球体	椭球体	具有偏心和摩擦的球铰
2	外球与球	椭球体	椭球体	三维点-点接触
3	球与平面	椭球体	标记点（Z 轴）	壳体的凸点与平面接触
4	圆与平面	圆	标记点（Z 轴）	圆锥或圆柱与平面接触
5	内圆与圆	圆	圆	具有偏心和摩擦的转动副
6	外圆与圆	圆	圆	三维点与点接触
7	点与曲线	点	曲线	尖点从动机构
8	圆与曲线	圆	曲线	凸轮机构
9	平面与曲线	平面	曲线	凸轮机构
10	曲线与曲线	曲线	曲线	凸轮机构

ADAMS/Solver 采用回归法和 IMPACT 函数法两种方法计算接触力（法向力）。回归法要定义两个参数，即惩罚函数和回归系数。惩罚函数起加强接触中单边约束的作用，而回归系数则起到控制接触过程中能量消耗的作用。ADAMS/Solver 采用 IMPACT 函数法，接触力实际上相当于一个弹簧阻尼器产生的力。

接触施加的方法：①在作用力工具集中选择接触图标。②在 Contact Type 选择栏，选择接触的类型：Solid to Solid，Curve to Curve，Point to Curve，Point to Plane，Curve to Plane，Sphere to Plane。③在 Contact Type 选择栏下方，根据对话框提示，分别输入第一个几何体和第二个几何体的名称。用户也可以通过初始菜单来选择相互接触的几何体。具体方法为：在文本输入框中单击右键，选择接触体命令下的 Pick 命令，然后用鼠标在屏幕上选择用户已经创建好的接触几何体。也可以用 Browse 命令，显示数据库浏览器，从中选择几何体。还可以用 Guesses 命令直接选择相互接触的几何体的名称。④设置是否在仿真过程中显示接触力，选中 Force Display 则显示接触力，否则不显示。⑤选中接触力（法向力）计算方法：Restitution 或 Impact。当选择 Restitution 时，用户要输入惩罚函数（Penalty）和回归系数（Restitution Coefficient）。当选择 Impact 时，用户要输入刚度系数（Stiffness）、力的非线性系数（Force Exponent）、最大滞阻尼系数（Damping）、最大阻尼时构件的变形深度（Penetration Depth）。⑥设置摩擦力。⑦选择 OK 按钮，完成接触的创建。

施加接触之后，用户可以利用弹出式对话框，显示接触修改对话框。修改对话框和施加接触对话框相似，各设置参数和施加时的参数相同。

6. 主要的专业模块

1）振动模块

ADAMS/Vibration 振动分析模块通过利用激振器虚拟测试，以代替物理模型进行振动分析，物理模型的振动测试通常是在设计产品的最后阶段进行，而通过 ADAMS/Vibration 振动分析模块可以在产品的设计初期就得以进行，大大降低了设计时间和成本。

利用 ADAMS/Vibration 振动分析模块可以实现：分析模型在不同作用点的频域受迫响应；具有水力学、控制模块和用户自定义系统在频率分析中的影响；从 ADAMS 线性模型到 ADAMS/Vibration 振动分析模块的完全快速的传递；为振动分析建立输入/输出通道；指定频域输入函数，如正弦扫描、功率谱等；建立了用户自定义、基于频率的作用力；求解特定频域的系统模态；计算频域响应函数，求幅频特性；动态显示受迫振动响应及单个模态响应；列表显示系统各模态对受迫响应的影响；列表显示系统各阶模态对动态、静态和发散能量的影响。

ADAMS/Vibration 振动分析模块可以将不同子系统装配起来，进行线性振动分析，利用 ADAMS 后处理工具将结果以图表或动画的形式显示出来。要进行振动分析，首先通过 ADAMS/Aircraft，ADAMS/Car，ADAMS/Engine，ADAMS/Rail，ADAMS/View 等模块进行前处理。然后利用 ADAMS/Vibration 振动分析模块建立和进行振动分析。最后通过 ADAMS/PostProcessor 对结果进行后处理，包括绘制和动画显示受迫振动和频率响应函数，生成模态坐标列表，显示其他的时间和频率数据。

2）控制模块

ADAMS/Controls 控制系统可以有交互式和批处理式两种使用方式。交互式在 ADAMS/Car，ADAMS/Chassis，ADAMS/Rail，ADAMS/View 等模块中添加 ADAMS/Aircraft，通过运动仿真查看控制系统和模型结构变化的效果。批处理式是为了获得更快的仿真结果，直接利用 ADAMS/Solver 这个强有力的分析工具运行 ADAMS/Controls。

设计 ADAMS/Controls 控制系统主要有 4 个步骤：①建模。机械系统模型既可以在 ADAMS/Controls 下直接建立，也可以从外部输入已经建好的模型，模型要完整包括所需的几何条件、约束、力、测量等。②确定输入、输出。确定 ADAMS 的输入、输出变量，可以在 ADAMS 和控制软件之间形成闭环回路，如图 9－6 所示。③建立控制模型。通过一些控制软件，如 MATLAB，Easy5 或者 Matrix 等建立控制系统模型，并将其与 ADAMS 机械系统连接起来。④仿真模型。使用交互式或批处理式进行仿真机械系统与控制系统连接在一起的模型。通过 ADAMS/Controls 控制系统构建的计算机仿真系统模型如图 9－7 所示。

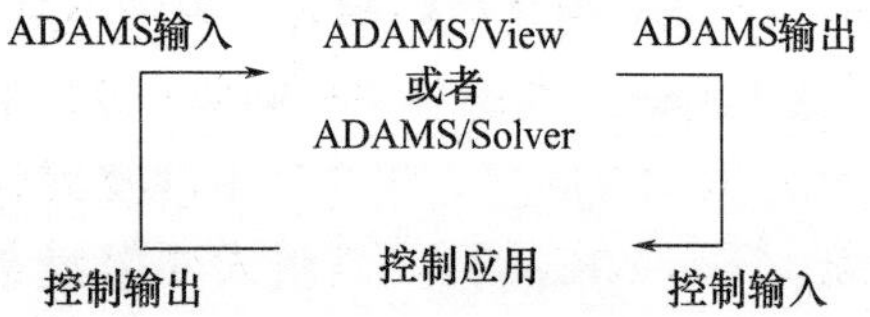

图 9－6　输入、输出变量的闭环回路

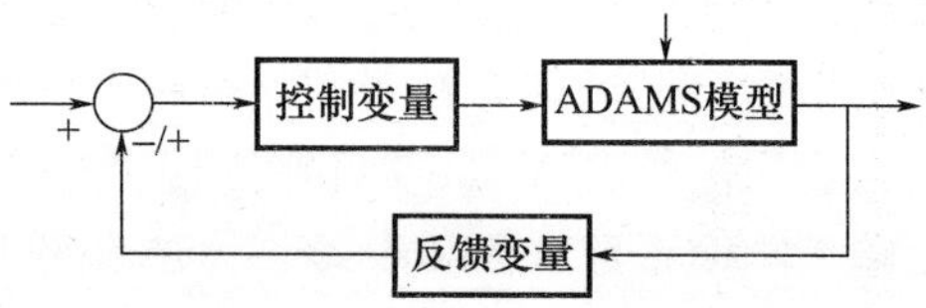

图 9－7　计算机辅助系统

3）车辆与发动机模块

使用 ADAMS/Car，可以建立整车的虚拟样机，修改各种参数并快速观察车辆的运转状态，动态显示仿真数据结果。

在专家模式中使用 ADAMS/Car，可以根据本企业的工程经验建立用户自定义模块，以帮助新来的工程师应用模板进行各种工况标准的整车性能仿真试验。运用 ADAMS/Car 在制造实验物理样机之前进行研究，以降低费用、缩短产品开发时间；使用模板，标准化车辆设计过程；按照特定的车辆设计过程，用户自定义模板，并与设计小组共享；简化模型并减少数据输入，加快设计进程。其应用范围覆盖紧凑型或者全尺寸客车、豪华轿车、轻型客车或重型卡车、公共汽车、军用车辆等。

运用 ADAMS/Engine 可以在设计初期，发现并解决发动机设计中出现的问题，可以大大节省开发费用；使用模板建模，可以分享集体的过程经验和专家意见；减少实验物理样机的数量，节省成本和时间；设计更可靠的发动机以降低风险。该模块可以应用到汽车 OEM 厂商和提供商、压缩机或者小型发动机输出商、赛车车队、轮船或机车发动机生产商。

4）铁道机车模块

要建立一个铁道机车车辆的模型，只需按用户所熟悉的格式提供简单、必需的装配数据即可。用户可以使用标准建模模板很快建立前、后转向架（包括轮对、构架、一、二系悬挂、阻尼及蛇形减震器等）和车体，然后由 ADAMS/Rail 即可自动构造子系统模型和整车装配模型。ADAMS/Rail 中的轨道模型，是定义轨道的中心线，指定一些相关的参数，如曲率、超高角、轨距等。线路的测试数据由不平顺参数定义，包括线路平面图、水平位置和轨距变化等；钢轨的截面形状和坡度可按线路逐段进行定义，可以方便地对虚拟样机进行运动学、静力学和动力学仿真，以便进行机车车辆的稳定性、脱轨安全、间隙、预载荷和舒适性等研究。运用该模块的优点有：可以节省资金；相比物理样机的测试而言，分析过程更为快速，成本更为低廉；不同的部门之间共享模型，包括生产厂家和客运部门，使技术人员之间的交流和产品的开放更为有效；易于进行各种分析试验，无需修改实物试验仪器、试验设备和试验的过程；利用 MSC、Software 虚拟产品开发 VPD Campus Licensing 模式，使用该产品，可降低用户在仿真技术上的投资。该模块可以应用到脱轨和翻滚预测，磨耗预测，牵引/制动仿真和动车/传动系设计等。

9.4 Pro/E 动态仿真与工程分析

Pro/Engineer（简称 Pro/E）是美国 PTC 公司研制的一套由设计到制造一体化的三维设计软件。利用该软件，可以建立零件模型、部件和整机的装配图，还可以对设计的产品在计算机上预先进行动态仿真、机构动力学分析。

9.4.1 集成运动模块

Pro/Mechanica Motion 模块为 Pro/Engineer 的集成运动模块，是设计机构运动强有力的工具。该模块可以让设计师设定装配件在特定环境中的机构动作并给予评估，能够判断出改变哪些参数能够满足工程及性能上的要求，使产品设计达到最佳状态。Pro/Mechanica Motion 模块具有的功能：①校验机构运动的正确性，对运动进行仿真，计算机构任意时刻的位置、速度以及加速度。②可以通过运动分析，得出装配的最佳配置。③根据给出的力决定运动状态及反作用力。④根据运动反求所需要的力。⑤求出铰接点所受的力及轴承力。⑥通过尺寸变量对机构进行优化设计。⑦干涉检查。

实际上，这些功能并不是在每个机构设计过程中都需要用到，可以根据具体的问题有选择地进行。运用该模块的难点在于模型的建立，模型处理正确，其他问题就迎刃而解了。

Pro/Mechanica Motion 模块是一个完整的三维实体静力学、运动学、动力学和逆动力学仿真与优化设计工具。Motion 模块可以快速创建机构模型并能方便地进行分析，从而改善机构设计。Pro/Engineer 的使用者不需要离开 Pro/Engineer 操作界面就可以使用更多的 Pro/Mechanica Motion 模块中的函数，也可以从 Pro/Engineer 中直接连接独立版本的 Motion 模块。采用 Pro/Mechanica Motion 模块能够创建机构运动模型，并能进行机构优化设计，还可以分析机构的运动和力。例如检验机构的运动是否正确，仿真机构运动，检测机构中各个组元的位移、速度和加速度及检验机构运动过程中各个装配件是否正确。只有装配模型才可以使用 Motion 模块，图 9 - 8 为采用 Pro/Mechanica Motion 模块进行运动分析的流程。

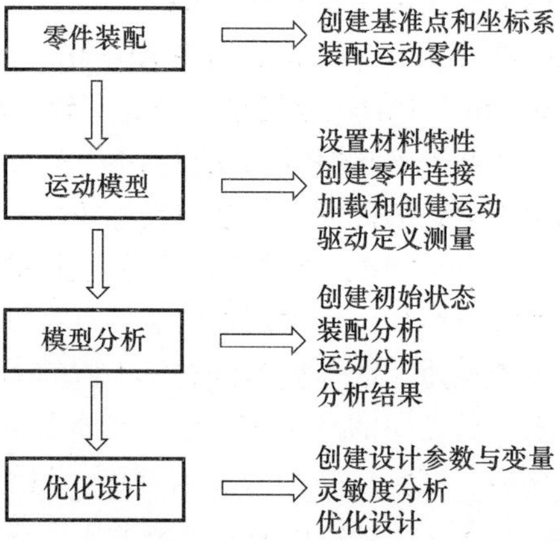

图 9 - 8　Pro/Mechanica Motion 模块运动分析流程

9.4.2　机构运动与有限元分析

用户在 Pro/Engineer 环境下完成零件的几何模型后，无需退出设计环境就能进行有限元分析，由 Pro/Mechanica 还可以进行模型的灵敏度分析和优化设计。Pro/Mechanica 软件包括 3 个主要模块：①结构分析模块：可进行机械零件、汽车结构、桥梁、航空结构等结构优化设计，完成静力学分析、模态分析、屈曲分析、疲劳分析、非线性大变形分析。②温度分析模块：可进行零件的稳态和瞬态温度场分析，分析数据可返回结构分析模块。③运动分析模块：可进行机构的运动学、动力学、三维静态分析和干涉检查。

1. Pro/Mechanica Structure 模块

Pro/Mechanica Structure 模块是进行结构分析的软件包，可帮助机械设计师在一个模拟真实环境的虚拟环境下对设计模型进行结构性能和动态性能的评估。在设计阶段就对设计模型进行优化，及时发现错误，提高产品设计质量，降低设计成本。

1）Pro/Mechanica Structure 模块的主要功能

结构分析模块能够完成的主要功能有：①在几何模型上直接定义载荷、约束和材料特性，为设计模型建立一个真实工作环境，以评价设计的优劣。②控制 Pro/Mechanica 划分网格，确保获得有效的解决方案。③可以选择一个或多个在某个特定范围内变化的设计参数，对它们进行灵敏度分析，以图形的方式显示研究目标随着设计参数的变化情况。④优化设计。⑤用 Pro/Mechanica 的自适应求解器求解 NASTRAN 或者 ANSYS 软件中的有限元模型。⑥在模拟之前指定收敛方式，并且可以观察 Pro/Mechanica 自动检查错误、收敛方案求解过程和产生收敛信息的过程，⑦可以用云图、等值线和查询显示等方式显示和存储选定几何模型元素的位移、应力和应变等计算结果。⑧用矢量显示位移结果、主应力结果和标准梁截面的计算结果，也可以动画显示位移的变化、模态振型以及几何形状的优化过程。⑨用云图、等值线和查询显示等方式保存和反复显示位移、速度、加速度和应力的计算结果，用线性图表或对数图表显示测量值的每一步变化。⑩获取所有单值（如最大值、最小值、最大绝对值、均方根值）评价方法的概要数值。

2）Pro/Mechanica Structure 的分析类型

Pro/Mechanica Structure 模块能进行如下分析：①线性静态分析；②模态分析；③线性屈曲分析；④非线性大变形分析。

采用 Pro/Mechanica Structure 模块进行分析的模型和单元类型有：实体单元，薄壳单元，梁单元，三角形单元或四边形单元，质量和弹簧单元，混合单元模型，矩形单元、楔形单元和四面体单元，圆周对称模型。载荷类型有：点的合力、轴承载荷和载荷函数，从温度分析或运动分析中输入载荷。

2. Pro/Mechanica Structure 模块的工作流程

Pro/Mechanica Structure 工作流程主要包括 4 个步骤，即创建模型、分析模型、定义设计参数与变量，优化模型，每一步又包含不同的内容。Pro/Mechanica Structure 的工作流程如图 9－9 所示。

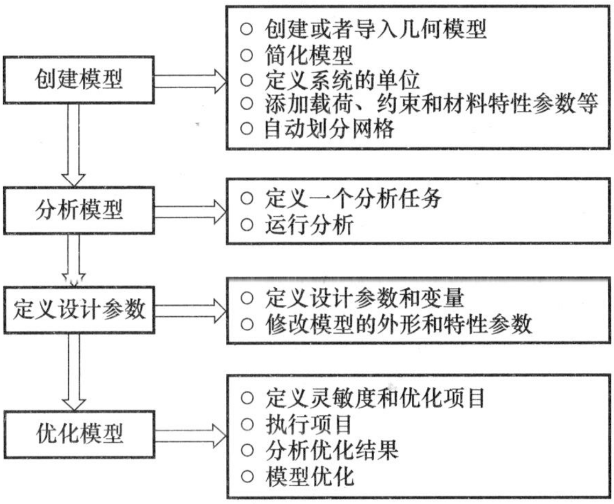

图 9－9　Pro/Mechanica Structure 的工作流程

3. Pro/Mechanica 运动分析

Pro/Mechanica Motion 模块用于机械设计，可以进行结构的运动学和动力学分析。在运动学分析中，可以定义一个机构，使它运动起来并分析其运动规律，如建立零件之间的连接及装配自由度，对输入轴添加相应的电动机来产生设计所要求的运动等。在运动分析过程中，可以检查部件之间是否产生干涉，测量速度、加速度、位置等，还可以建立零部件的运动行为的轨迹曲线和运动包络线。运动学分析的工作流程如图 9－10 所示。

在机构动力学中，可以根据机构中各要素需要的力、各要素的位置、速度及加速度定义电动机，可执行机构的动力、静力及力平衡分析，也可以建立多种测量类型检测机构中各零件的受力、速度、加速度等情况。动力学分析的工作流程如图 9－11 所示。

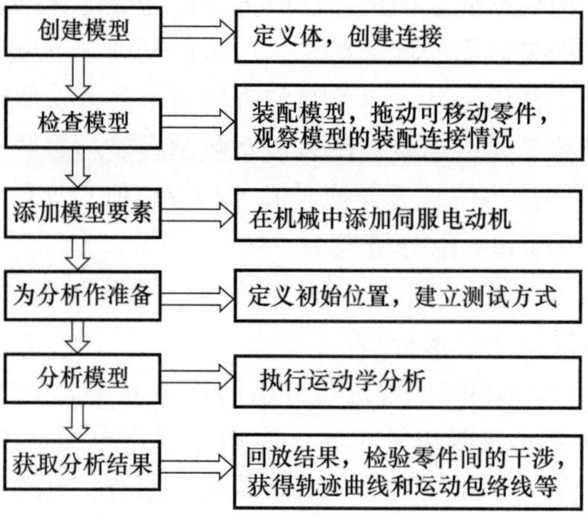

图 9 – 10　运动学分析的工作流程

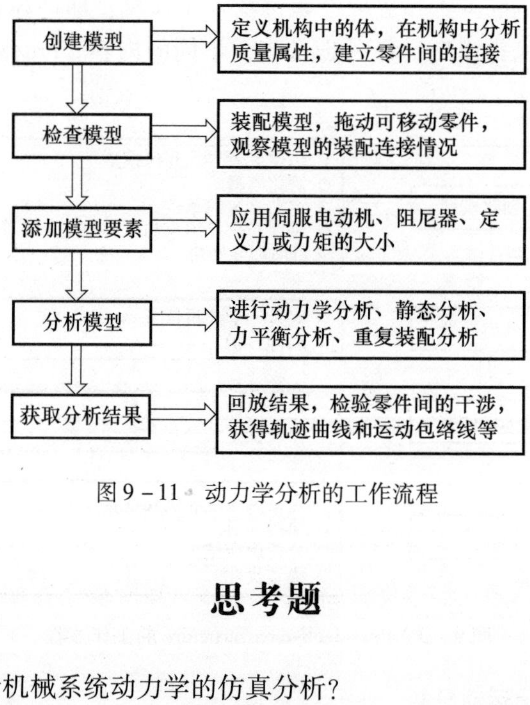

图 9 – 11　动力学分析的工作流程

思考题

1. 为什么要进行机械系统动力学的仿真分析？
2. 机械系统动力学仿真的关键问题是什么？
3. 机械系统动力学仿真分析中，常用的力学模型包括哪些？
4. 试述虚拟样机技术的理论基础和执行过程？
5. 试述数字孪生技术的理论基础和应用特点？
6. 求解动力学方程的梯形方法和辛普生方法有何区别？为什么要对梯形方法进行修正？
7. 求解常微分方程的数值方法，折线法和龙格 – 库塔法有何区别？为什么常用四阶龙格 – 库塔法？
8. 动力学仿真常用的软件有哪些？

9. ADAMS 软件中有哪两种坐标系？为什么要规定两种坐标系？

10. 不同的动力学仿真软件之间，能否建立相互关联？用 AutoCAD 软件建立的三维模型，能否用于 ADAMS 软件的动力学分析？

习　　题

1. 试对机械装备中常用的曲柄连杆滑块机构进行运动仿真分析。

2. 建立转子系统仿真模型，并进行运动仿真和动力学仿真分析。

3. 图 9 – 12（a）所示为一 4 自由度的机械臂系统，由 3 个转动副和 1 个移动副组成。在进行实现工作端点 D 特定轨迹的运动规划时，其解是不唯一的，即可以有不同的机构构型使 D 达到同一位置，例如图 9 – 12（b）中的实线和虚线分别表示的构型。试以提高系统的刚度为目标，用 ADAMS 软件寻找最优的构型，以降低由于关节弹性产生的运动误差。

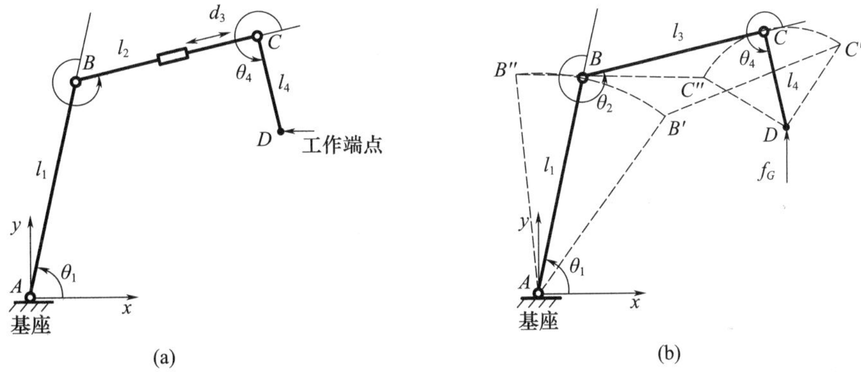

图 9 – 12　4 自由度机械臂系统

4. 为了实现对三维粗糙表面的磨削，安装在可移动的小车上的机械臂有 4 个自由度，如图 9 – 13 所示，其中 θ_1、θ_2、θ_4 为转动副，d_3 为移动副。在此系统中存在一个冗余自由度，可用来调整系统的刚度，降低由于弹性引起的变形，减小振幅和用于避开障碍物。机构的运动学参数为 $l_1 = 0.35\text{m}$，$l_2 = 0.3\text{m}$，$l_3 = d_3 = 0.2 \sim 0.28\text{m}$，$l_4 = 0.3\text{m}$。试建立该系统的动力学模型，并对其进行运动学和动力学仿真分析。

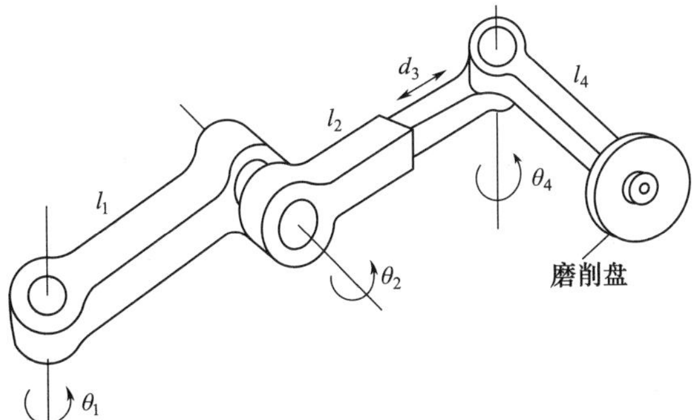

图 9 – 13　4 自由度机械臂

附录　中英文对照表
（按汉语拼音字母顺序）

A

阿佩尔方程　Appell's equation
艾里应力函数　Airy stress function
安全系数　safety coefficient

B

摆　pendulum
板　plate
半功率点　half power point
半功率带宽　half power bandwidth
半正定系统　positive semidefinite system
半正弦脉冲　half - sinusoid impulse
伴随矩阵　adjoint matrix
包辛格效应　Bauschinger effect
保守系统　conservative systems
爆炸结构动力学　dynamic response of structures to explosion loads
被动隔振　passive vibration isolation
被动隔振系数　coefficient of passive vibration isolation
本构关系　constitutive relations
比例极限　proportional limit
比例黏性阻尼　proportional viscous damping
边界条件　boundary condition
变参数系统　system with alterable parameters
变分　variation
变分法　variational method
变分原理　variational principle
变换矩阵　transformation matrix
变形方程　deformation equation
变形能　energy of deformation
表面张力　surface tension
并联　connected in parallel
波动方程　wave equation
波动解　wave solution
波腹　loop
波松比　Poisson ratio
波速　wave speed
薄板的振动　vibration of thin plate

C

材料力学 mechanics of materials
材料阻尼　material damping
颤振　flutter
参数振动　parametric vibration
常参数系统　systems with constant parameters
常微分方程　ordinary differential equations
场传递矩阵　field transfer matrix
超谐共振　superharmonic resonance
冲击波　shock wave
冲击激励 impact excitation
冲量　impulse
冲量矩　moment of impulse
重根　repeated roots
初参数法　initial parameter method
初始条件　initial condition
初始速度　initial velocity
初始位移　initial displacement
初相角　initial phase angle
初值问题　initial value problem
传递函数　transfer function
传递矩阵　transfer matrix
传递矩阵法　transfer matrix method
传动装置　drive equipment
传动系统　drive system
串联　collected in series

D

达朗贝尔原理　d'Alembert principle

过阻尼情况　overdamped cases
带状稀疏矩阵　band spares matrix
单摆　simple pendulum
单位脉冲　unit impulse
单位矩阵　unit matrix
单自由度系统　systems with one degree of freedom
导纳　admittance
等效刚度　equivalent stiffness
等效弹簧　equivalent spring
等效质量　equivalent mass
等效黏性阻尼　equivalent viscous damping
等效静荷载　equivalent static load
等效增量荷载　equivalent incremental load
等效应力　equivalent stress
邓克利法　Dunkerley's method
低阶振型　low order modes
狄利克雷条件　Dirichlet's conditions
狄拉克－δ函数　Dirac delta function
第一阶固有频率　the first natural frequency
第一阶主振型　the first principal mode
第一瑞利商　the first Rayleigh's quotient
递推公式　recurrence formula
点传递矩阵　point transfer matrix
电气系统　electrical systems
叠加原理　principle of superposition
定常系统　steady systems
定常约束　steady constraint
定轴转动　rotation about a fixed axis
动能　kinetic energy
动反力　dynamic constraint reaction
动位移　dynamic displacement
动刚度　dynamic stiffness
动静法　dynamic static method
动柔度　dynamic flexibility
动柔度系数　dynamic flexibility coefficient
动柔度矩阵　dynamic flexibility matrix
动内力　dynamic internal force
动力耦合　dynamic coupling
动力系数　magnification factor
动力学普遍方程　general equation of dynamics
动力学阻抗　dynamic impedance
动力装置　power equipment
动力系统　power systems
动力黏性系数　coefficient of dynamic
动态分析　dynamic analysis
动态设计　dynamic design
动态特性　dynamic characteristics
动态系统　dynamic systems
动量定理　momentum theorem
动量守恒　conservation of momentum
动量矩守恒　conservation of moment of momentum
动能　kinetic energy
断裂动力学 dynamics of fracture
断裂力学　mechanics of fracture
杜阿梅尔积分　Duhamel's integral
对称性　symmetry
对称系统　symmetric systems
对称矩阵　symmetric matrix
对角矩阵　diagonal matrix
对角线元素　diagonal elements
对数衰减率　logarithmic decrement
多自由度系统　systems with multiple degrees of freedom

E

二阶偏微分方程　second order partial differential equation
二自由度系统　systems with two degrees of freedom

F

反馈　feedback
反共振　antiresonance
反对称振型　antisymmetric mode
非保守系统　non－conservative system
非定常系统　unsteady systems
非定常约束　unsteady constraint
非对角线元素　off－diagonal element
非工程系统　non－engineering system
非简谐周期激励　non－harmonic periodic excitation
非零解　nontrivial solution
非齐次微分方程　inhomogeneous differential equation
非线性系统　nonlinear systems
非线性振动　nonlinear vibration

非匀速支座运动　support motion with non – uniform velocity
非黏性阻尼　inviscid damping
非周期的　non – periodic
非周期函数　non – periodic functions
分布参数系统　distributed parameter systems
分离变量法　variable mechanics
分析力学　analytical mechanics
封闭解　closed – form solution
复摆　compound pendulum
复合材料　composite materials
复刚度　complex stiffness
复模态　complex mode
复响应　complex response
复阻尼　complex damping
复振幅　complex amplitude
幅频特性曲线　complex – frequency characteristic curve
辅助变量　auxiliary variable
附加约束　attached constraint
傅里叶变换　Fourier transformation
傅里叶变换对　Fourier transformation pair
傅里叶级数　Fourier series
傅里叶积分　Fourier integral
傅里叶逆变换　inverse Fourier transformation
傅里叶系数　Fourier coefficient

G

干摩擦阻尼　dry friction damping
杆的扭转振动　torsional vibration of bars
杆的纵向振动　longitudinal vibration of bars
刚度法　stiffness method
刚度系数　stiffness coefficient
刚度矩阵　stiffness matrix
刚体振动频率　rigid – body vibration frequency
刚性动力学　dynamics of rigidity
刚性转子 rigid rotor
刚性力学　mechanics of rigidity
高阶振型　higher order modes
隔振　vibration isolation
隔振器　vibration isolator
工程系统　engineering system
功　work
功率　power
共振　resonance
共振区　resonance region
滚动摩擦　rolling friction
固定端　clamped end
固有模态 natural mode
固有频率　natural frequency
固有周期 natural period
固有振型　natural modes
惯性　inertia
惯性半径　radius of inertia
惯性力　inertial force
惯性力幅值　amplitude of inertial force
惯性耦合　inertial coupling
惯性式测振仪　inertial vibrometer
广义刚度矩阵　generalized stiffness matrix
广义力　generalized force
广义力矢量　generalized force vector
广义力幅值　amplitude of generalized force
广义柔度矩阵　amplitude flexibility matrix
广义质量矩阵　amplitude mass matrix
广义坐标　generalized coordinates
广义坐标法　generalized coordinate method
过渡阶段　transition stage

H

哈密顿原理　Hamilton's principle
哈密顿方程　Hamilton equation
耗能元件　energy – consuming component
核　kernel
横波　transversal wave
横向振动　transverse vibration
横向弯曲振动　transverse bending vibration
胡克定律　Hooke's law
互等定理　reciprocal theorem
互等功定理　reciprocal theorem of work
互等位移定理　reciprocal theorem of displacement
滑动摩擦　sliding friction
滑移阻尼　slip damping
缓冲器　dashpot
环境预测　environmental forecast
恢复力　restoring force

J

机械能守恒　conservation of mechanical energy
机械系统　mechanical systems
机械效率　mechanical efficiency
机械振动　mechanical vibration
机械阻抗　mechanical impedance
基频　fundamental frequency
基函数　base functions
几何中心　geometry center
迹　trace
激励　excitation
激励函数　excitation functions
激励力幅值　amplitude of excitation force
激励位移　excitation displacement
集中参数系统　lumped parameter systems
集中质量法　lumped mass method
加权正交性　weighted orthogonality
加速度计　accelerometer
加速度导纳　acceleration admittance
加速度阻抗　acceleration impedance
加速度增量　acceleration increment
加速度频率特性　frequency characteristic of acceleration
加速度矢量　acceleration vector
加载　loading
剪切变形　shear deformation
剪切角　shear angle
剪切模量　shear modulus
剪应变　shear strain
剪切波　shear wave
简谐函数　simple harmonic functions
简谐激励 simple harmonic excitation
简谐振动　simple harmonic vibration
交变力　alternating force
铰支座端　simply – supported end
角频率　angular frequency
阶跃函数　step function
节点　node
节面　nodal section
结构力学　structural mechanics
结构阻尼　structural damping
截面形状系数　section shape coefficient
解耦　decoupling
静变形　static deformation
静力耦合　static coupling
静力平衡方程　static equilibrium equation
静平衡位置　static equilibrium position
静态系统　static systems
矩形脉冲　rectangular impulse
矩阵变换　matrix transformation
矩阵迭代　matrix iteration
矩阵分解　matrix decomposition
矩阵迭代法　matrix iteration method
卷积积分　convolution integral
绝对速度　absolute velocity

K

抗弯刚度　flexural stiffness
克莱姆法则　Cramer's rule
克雷洛夫函数　Krylov functions
可靠性设计　reliability design

L

拉压刚度　tension – compression stiffness
拉格朗日方程　Lagrange's equations
拉格朗日函数　Lagrange's function
拉普拉斯变换　Laplace transformation
累积误差　accumulated error
力学　mechanics
离散系统　discrete systems
离散谱　discrete spectrum
离心力　centrifugal force
里兹法　Ritz's method
理论力学　theoretical mechanics
连续系统　continuous systems
连续性方程　equation of continuity
链状结构　chain – type structures
临界阻尼系数　critical damping coefficient
临界压力　critical pressure
灵敏度　sensitivity

M

脉冲　impulse
脉冲响应法　impulsive response method
脉冲响应函数　impulsive response function

模态 modes
模态参数 modal parameter
模态叠加法 method of modal super - position
模态分析 modal analysis
模态刚度 modal stiffness
模态刚度矩阵 modal stiffness matrix
模态平衡法 modal balancing method
模态识别 modal identification
模态质量 modal mass
模态质量矩阵 modal mass stiffness
模态综合法 component modes synthesis method
模态阻尼矩阵 modal damping stiffness

N

挠度 deflection
能量 energy
拟周期运动 quasi - periodic motion
黏性系数 coefficient of viscosity
牛顿第二定律 Newton's second law
扭转刚度 torsional stiffness
扭转振动 torsional vibration
纽马克 $-\beta$ 法 Newmark $-\beta$ method

O

欧拉 - 伯努利梁 Euler - Bernoulli beam
欧拉公式 Euler's formula
耦合 coupling

P

拍 beat
偏微分方程 partial differential equations
频率 frequency
频率特性 frequency characteristic
频率响应函数 frequency response functions
频率方程 frequency equation
频率函数 frequency functions
频率域 frequency domain
频谱 frequency spectrum
频域分析 frequency domain analysis
品质因数 quality factor
泊松比 Poisson's ratio
谱分析 spectrum analysis

Q

齐次微分方程 homogeneous differential equation
气动系统 pneumatic system
欠阻尼情况 underdamped cases
强迫振动 forced vibration
权函数 weight functions
确定性激励 deterministic excitation
确定性系统 deterministic systems

R

任意激励 arbitrary excitation
柔性转子 flexible rotor
柔度法 flexibility method
柔度系数 flexibility coefficient
瑞利法 Rayleigh's method
弱阻尼 weak damping

S

舍入误差 round off error
时间域 time domain
时域分析 time domain analysis
试函数 trial functions
势能 potential energy
收敛性 convergence
双曲函数 hyperbolic functions
瞬态振动 transient vibration
塑性动力学 dynamics of plasticity
塑性力学 mechanics of plasticity
速度导纳 velocity admittance
速度阻抗 velocity impedance
随机激励 random excitation
随机性系统 random excitation
随机性系统 random systems
随机振动 random vibration
衰减振动 attenuation vibration
损耗因子 loss factor

T

弹簧 spring
弹簧支座 spring support
弹簧质量系统 spring - mass system
弹性 elasticity

弹性动力学 dynamics of elasticity
弹性固定端 elastically - fixed end
弹性力 elastic force
弹性力学 mechanics of elasticity
弹性波 elastic wave
弹性耦合 elastic force
弹性基础 elastic foundation
特解 special solution
特征值 eigenvalue
特征矢量 eigenvector
特征值问题 eigenvalue problem
特征方程 characteristic equation
特征多项式 characteristic polynomial
铁木辛柯梁 Timoshenko beam
通解 general solution

W

外载荷 external load
弯曲刚度 bending stiffness
完整约束 complete constraint
威尔逊 - θ 法 Wilson - θ method
位移计 displacement meter
位移导纳 displacement admittance
位移阻抗 displacement impedance
稳态强迫振动 steady - static forced vibration
稳定性 stability
无阻尼强迫振动 undamped forced vibration
无阻尼自由振动 undamped free vibration

X

吸振器 vibration absorber
系统 system
系统矩阵 system matrix
系统识别 system identification
弦 string
线性加速度法 linear acceleration method
线性空间 linear space
线性弹簧 linear spring
线性系统 linear systems
线性振动 linear vibration
线性阻尼 linear damping
线性阻尼器 linear damper
相对运动 relative motion
响应 response
响应谱 response spectra
相位角 phase angle
相位畸变 phase distortion
相频特性曲线 phase - frequency characteristic curve
小阻尼情况 small damping cases
谐波振动 harmonic wave vibration
卸载 unloading
行进波 traveling of wave
虚功原理 principle of virtual work
虚位移原理 principle of virtual displacement
旋转矢量 rotating vector
选择性 selectivity

Y

压缩波 compressive wave
雅可比法 Jacobi's method
杨氏模量 Young's modulus
液压系统 hydraulic systems
移频法 frequency shift method
应变能 strain energy
应变速度 strain velocity
应力应变曲线 stress - strain curve
有势力 potential force
有条件稳定 conditionally stable
有限单元法 finite element method
有限自由度系统 systems with finite degrees of freedom
有阻尼强迫振动 damped forced vibration
有阻尼自由振动 damped free vibration
圆频率 circular frequency
约束 constraint
约束方程 constraint equation
约束反力 constraint reaction
运动方程 equations of motion

Z

增量平衡方程 incremental equilibrium equation
增量微分方程 incremental differential equation
增量代数方程 incremental algebraic equation
黏弹性材料 viscoelastic materials
黏性阻尼 viscoelastic damping
张力 tension force

振荡　vibration
振动　vibration
振动分析　vibration analysis
振动环境预测　vibration environment prediction
振动解　vibration solution
振动力学　vibration mechanics
振动系统　vibration systems
振动系统设计　vibration system design
振动系统模型　vibration system model
振幅　amplitude
振幅比　amplitude ratio
振幅衰减率　amplitude decrement
振型叠加法　modal superposition method
振型阻尼比　modal damping ratio
振型函数　mode functions
正定系统　positive definite systems
正对称振型　symmetric modes
正交性　orthogonality
正则化　normalization
正则坐标　normalized coordinates
正则刚度矩阵　normalized stiffness matrix
正则质量矩阵　normalized mass matrix
正则振型矩阵　normalized mode matrix
质量　mass
质量中心　mass center
质量矩阵　mass matrix
滞后回线　hysteresis loop
中性轴 neutral axis
周期　period
周期的　periodic
周期激励　periodic excitation
周期函数　periodic functions
轴向力　axial force
主动隔振　active vibration isolation
主刚度　principal stiffness
主质量　principal mass
主振动　principal vibration
主振型　principal modes
主坐标　principal coordinates
转动惯量　rotary vector
转子　rotor 转子
状态矢量　state vector
子空间迭代法　subspace iteration method
自由度　degrees of freedom
自由端　free end
自由振动　free vibration
自激振动　self - excited vibration
纵波　longitudinal wave
纵向振动　longitudinal vibration
纵向对称平面　longitudinal symmetric plane
逐步积分法　step - by - step integration method
阻抗　impedance
阻力　resistance
阻尼　damping
阻尼比容　specific volume of damping
阻尼影响系数　damping influence coefficients
阻尼比　damping ratio
阻尼矩阵　damping matrix
阻尼器　damper

参考文献

［1］陈安华，刘德顺．振动诊断的动力学理论与方法［M］．北京：机械工业出版社，2002.
［2］陈文一，张庸一．应用机械振动学［M］．重庆：重庆大学出版社，1989.
［3］郭应龙．机械动力学［M］．北京：水利电力出版社，1994.
［4］胡宗武．工程振动分析基础［M］．上海：上海交通大学出版社，1999.
［5］黄镇东，何大伟．机械动力学［M］．西安：西北工业大学出版社，1989.
［6］李润方，王建军．齿轮系统动力学［M］．北京：科学出版社，1994.
［7］李有堂．机械振动理论与应用［M］．北京：科学出版社，2020.
［8］李有堂．高等机械系统动力学：原理与方法［M］．北京：科学出版社，2019.
［9］李有堂．高等机械系统动力学：结构与系统［M］．北京：科学出版社，2022.
［10］李有堂．高等机械系统动力学：检测与分析［M］．北京：科学出版社，2023.
［11］李有堂．高等机械系统动力学：疲劳与断裂［M］．北京：科学出版社，2024.
［12］林鹤．机械振动理论与应用［M］．北京：冶金工业出版社，1990.
［13］倪振华．振动力学［M］．西安：西安交通大学出版社，1992.
［14］邵忍平．机械系统动力学［M］．北京：机械工业出版社，2005.
［15］石端伟．机械动力学［M］．北京：中国电力出版社，2007.
［16］师汉民，谌刚，吴雅．机械振动系统［M］．武汉：华中理工大学出版社，1992.
［17］孙进才，王冲．机械噪声控制原理［M］．西安：西北工业大学出版社，1993.
［18］唐锡宽，金德闻．机械动力学［M］．北京：高等教育出版社，1983.
［19］谢官模．振动力学［M］．北京：国防工业出版社，2007.
［20］徐业宜．机械系统动力学［M］．北京：机械工业出版社，1991.
［21］徐章遂，房立清．故障信息诊断原理及应用［M］．北京：国防工业出版社，2000.
［22］杨义勇，金德闻．机械系统动力学［M］．北京：清华大学出版社，2009.
［23］张策．机械动力学［M］．北京：高等教育出版社，2000.
［24］张建民．机械振动［M］．北京：中国地质大学出版社，1995.
［25］庄表中，刘明杰．工程振动学［M］．北京：高等教育出版社，1989.
［26］OGATA K. 离散时间控制系统（英文版·第2版）［M］．北京：机械工业出版社，2004.
［27］KELLY S G. 机械振动［M］．贾启芬，刘习军，译．北京：科学出版社，2002.